普通高等教育"十三五"规划教材

无机及分析化学

第二版

王秀彦　马凤霞　主　编
王　丰　吴　华　副主编
董宪武　主　审

化学工业出版社
·北京·

“厚基础，强能力，高素质，广适应”为本书修订的指导思想，本书坚持教材为学生服务的宗旨，针对高等农林类院校相关专业的特点，在内容选择和体系编排上，既考虑了无机及分析化学学科的系统性、规律性和科学性，又兼顾相关专业对无机及分析化学的不同需求，注重基础知识、基础理论的介绍，同时在保证教学内容的科学性、准确性的基础上，本书通过“知识拓展”向读者提供了化学学科最新的科学技术信息，学习者可以通过阅读更便捷地获取化学信息，开阔视野。

本教材前八章主要介绍了溶液和胶体、化学动力学基础、化学热力学基础及化学平衡、物质结构简介、元素选论、酸碱平衡与沉淀溶解平衡、配位化合物、电极电势与氧化还原平衡等基础理论。后六章介绍了分析化学的有关知识，包括分析化学概论、滴定分析法、重量分析法、紫外-可见分光光度法、电势分析法以及分析化学中的分离方法等。

本书可作为高等院校农、林、牧、渔、生物、食品等专业及其他相关专业的教科书或参考书，也可供社会读者阅读。

图书在版编目（CIP）数据

无机及分析化学/王秀彦，马凤霞主编.—2版.—北京：化学工业出版社，2016.9（2024.8重印）

普通高等教育“十三五”规划教材

ISBN 978-7-122-27704-6

Ⅰ.①无… Ⅱ.①王… ②马… Ⅲ.①无机化学-高等学校-教材②分析化学-高等学校-教材 Ⅳ.①O61 ②O65

中国版本图书馆CIP数据核字（2016）第172319号

责任编辑：旷英姿　　装帧设计：王晓宇

责任校对：边　涛

出版发行：化学工业出版社（北京市东城区青年湖南街13号　邮政编码100011）

印　　装：河北延风印务有限公司

787mm×1092mm　1/16　印张19½　彩插1　字数488千字　2024年8月北京第2版第9次印刷

购书咨询：010-64518888　　售后服务：010-64518899

网　　址：http://www.cip.com.cn

凡购买本书，如有缺损质量问题，本社销售中心负责调换。

定　　价：39.00元

编审人员

主　编　王秀彦　马凤霞

副主编　王　丰　吴　华

编　者　（按姓氏笔画排序）

马凤霞　王　丰　王秀彦　李　雪

吴　华　陈海蛟　范秀明　金　鑫

主　审　董宪武

序

化学是一门古老而年轻的科学，是研究和创造物质的科学，它同工农业生产、国防现代化及人类社会等都密切相关。在改善人类生活方面，它也是最有成效的学科之一。可以说，化学是一门中心性的、实用性的和创造性的科学。

化学学科的发展经历了若干个世纪。从 17 世纪中叶波义耳确定化学为一门学科，到 19 世纪中叶原子-分子学说的建立，四大化学的分支——无机化学、有机化学、分析化学、物理化学相继形成，近代化学的框架基本定型。随着生产、生活的迫切需要，近年来化学学科得以飞速发展。

我国高等教育的结构发生了巨大的变革。一些大学通过合并使专业更加齐全，成为真正意义上的综合性大学；许多单科性学院也发展成了多科性的大学。同时，高等教育应该是宽口径的专业基础教育的新型高等教育理念也已经逐步深入人心。在这种形势下，一些基础课若仍按理、工、农、医分门别类采用不同教材进行教学，既不利于高等教育结构的改革，也不利于综合学生能力的培养。因此，编写出一些适用于不同专业的通用公共基础课教材，是 21 世纪教育改革的一个十分重要而又有深远意义的课题，也是一项十分艰巨的任务。

吉林农业科技学院化学系多年来坚持化学教材建设的研究与实践，对化学课程进行了整体设计和优化，突破四大分支学科的壁垒，编写出版了高等学校规划系列教材——《无机及分析化学》《无机及分析化学实验》《有机化学》《有机化学实验》。

该化学基础课程体系，充分考虑了学科发展的趋势和学生学习课时数等方面的情况，突出适度、适用的原则，使省出的学时让学生学习更多课外的新知识，希望培养出适应我国科学技术和经济快速发展所需要的高素质复合型人才。

苏显学

第二版前言

《无机及分析化学》第一版自2009年出版以来，得到较多使用学校的肯定。在多年的教学实践过程中，各学校积累了许多有益的经验，也提出了一些宝贵的建议。此次修订再版，对教材的内容做了适当的调整和补充。

本教材仍遵循第一版的编写原则，坚持体现教材内容深广度适中、适用的原则，增强教材的针对性，为后续课程及学生继续学习深造提供强有力的化学知识支撑。此外，教材还兼顾了内容简明扼要、重点突出，叙述深入浅出。能充分满足少学时教学的需求。

同时在教材内容选择和体系编排上，考虑了无机及分析化学学科的系统性、规律性和科学性，又兼顾相关专业对无机及分析化学的不同需求，注重基础知识、基础理论的介绍。本书通过“知识拓展”向读者提供了化学学科最新的科学技术信息，学习者可以通过阅读更便捷的获取化学信息，开阔视野。

全书共计14章，介绍了溶液和胶体、化学动力学基础、化学热力学基础及化学平衡、物质结构简介、元素选论、酸碱平衡与沉淀溶解平衡、配位化合物、电极电势与氧化还原平衡等基础理论以及分析化学的有关知识，包括分析化学概论、滴定分析法、重量分析法、紫外-可见分光光度法、电势分析法、分析化学中的分离方法等。

本教材由王秀彦、马凤霞任主编，王丰、吴华任副主编。全书由王秀彦定稿，吉林农业科技学院董宪武教授主审。具体编写安排是：吉林农业科技学院王秀彦编写第一至第三章、第五章及全书知识拓展，马凤霞编写第四章、第六至第八章，南京农业大学吴华编写第九章和第十四章；吉林农业科技学院王丰编写第十章及附录，范秀明、李雪共同编写第十一章，陈海蛟编写第十二章，金鑫编写第十三章。

为方便教学，本书还配套有电子课件。另外，本书还配套有《无机及分析化学实验》。

本书是全体教研室教师多年教学、教材改革与实践的经验总结，是全体参加编写工作的同仁共同辛苦努力的成果。在编写修订的过程中得到吉林农业科技学院领导和教师同行大力的支持与帮助，在此表示衷心的感谢。

本书在编写过程中，参阅了一些兄弟院校的教材并吸取了部分内容，在此我们表示深深的谢意！

限于编者的水平，书中不妥之处在所难免，恳切希望专家和同仁及使用本书的教师和学生提出宝贵的意见，以便在重印或再版时，得以更正。

编者

2016 年 7 月

第一版前言

《无机及分析化学》是应用型本科院校基础课——化学课程系列教材之一。该教材将基础课中独立的“分析化学”和“无机化学”整合为“无机及分析化学”新的课程体系，减少了重复，节省了学时，使教学内容更切合农、林、牧、水院校化学课程特色。同时，简介了学科某些前沿领域的内容，拓宽了学生的视野。为保证教材编写质量，使概念阐述得准确，参编教师参阅了大量的国内外相关教材文献，做了大量艰苦的工作。

本教材有以下特点：

① 教材是我们在调查研究并经过多年的教学与实践基础上，精简烦琐的计算推导，删除过深的理论阐述，使教学内容更切合实际，减少教学时数，全书共计 14 章，需 80 学时左右，可满足 21 世纪生物、园艺、牧医等专业对化学基础知识的要求。

② 注重了教学内容系统性、严谨性。

③ 在教材中增设了“化学视屏”部分，反映了当代学科技术的新概念、新知识、新理论、新技术，突出教材内容的现代化。

④ 坚持体现教材内容深广度适中、适用的原则，增强教材的针对性，为后续课程及学生继续学习深造提供强有力的化学知识支撑。此外，教材还兼顾了内容丰富、叙述深入浅出、简明扼要、重点突出等特色。能充分满足少学时教学的需求。

本教材由王秀彦、马凤霞任主编，王丰、吴华任副主编。具体编写安排是：吉林农业科技学院王秀彦（第一章、第二章、第三章、第五章），马凤霞（第四章、第六章～第八章），王丰（第十章及附录），孙世清（第十二章），姜辉（第十三章），范秀明（第十一章）；黑龙江农业职业技术学院吴华（第九章，第十四章）。

全书由王秀彦统稿，由董宪武教授主审。本书是全体教研室教师多年教学、教材改革与实践的经验总结，是全体参加编写工作的同仁共同辛苦努力的成果。

本书的编写过程中，参考了国内外出版的一些教材和著作，并从中得到了启发和教益，在此特表示感谢！

限于编者的水平，以及在时间上较为紧迫，疏漏和不当之处在所难免，恳切希望专家和同仁及使用本书的教师和学生提出宝贵的意见，以便在重印或有机会再版时，得以更正。

编者

2009 年 5 月 10 日

CONTENTS

目录

第一章 溶液和胶体

Chapter 01

溶液和胶体是物质的不同存在形式，广泛存在于自然界之中。广大的江河湖海就是最大的水溶液，人们的日常生活用水也是含有一定矿物质的水溶液。胶体（溶胶）作为物质的另一种存在形态，由于它有较大的表面积，因而具有显著的吸附能力，胶体的许多性质都与此有关。溶液和胶体在科研、人类生活和工农业生产中都具有极为重要的作用。那么，溶液和胶体有什么不同呢？它们各自又有什么样的特点呢？要解决上述问题，需要了解有关分散系的概念。

第一节　分散系及其分类

物质除了以气态、液态和固态的形式单独存在以外，大多数是以一种（或几种）物质分散在另一种物质中构成混合体系的形式存在的。例如：氯化钠分散在水中形成生理盐水，黏土微粒分散在水中形成泥浆，奶油、蛋白质和乳糖分散在水中形成牛奶，水滴分散在空气中就形成了雾。这些混合体系称为分散系。在分散系中，被分散了的物质称为分散质，它是不连续的；容纳分散质的物质称为分散剂，它是连续的。如生理盐水，氯化钠是分散质，水是分散剂。在分散系内，分散质和分散剂可以是气体、液体和固体三种聚集状态中的任何一种，这样就可以组成多种不同的分散系。按分散质和分散剂的聚集状态不同，分散系可分为表 1-1 所示的几类。

表 1-1　分散系按聚集状态的分类

分散质	分散剂	举　例	分散质	分散剂	举　例
气	气	空气、煤气	液	固	硅胶、冻肉、珍珠
气	液	汽水、泡沫	固	气	烟、灰尘
气	固	木炭、海绵、泡沫塑料	固	液	泥浆、糖水、溶胶、涂料
液	气	云、雾	固	固	有色玻璃、合金、矿石
液	液	石油、豆浆、牛奶、白酒、一些农药乳浊液			

按分散质粒子直径的大小，常把液态分散系分为三类：低分子或离子分散系、胶体分散系和粗分散系，见表 1-2。

表 1-2　分散系按分散质粒子直径大小的分类

分散系类型	均相掺和物（溶液）	胶体分散系（溶胶、高分子溶液）	粗分散系（乳浊液、悬浊液）
分散质粒子直径	＜1nm	1～100nm	＞100nm
分散质	小分子或离子	大分子、分子的小聚集体	分子的大聚集体
主要性质	透明、均匀，最稳定；能透过滤纸与半透膜，扩散速度快；无论是普通显微镜还是超显微镜都看不见	透明、不均匀，较稳定；能透过滤纸但不能透过半透膜，扩散速度慢；普通显微镜看不见，超显微镜下可分辨	不透明，不稳定；不能透过滤纸，扩散很慢；普通显微镜下可能看见
实例	生理盐水	氢氧化铁溶胶、碘化银溶胶	泥浆、牛奶、农药乳剂

人们用观察和实验等方法进行科学研究及生产实践时，首先要确定研究对象，这种被划分出来作为研究的对象称为系统。在一个系统中，物理性质和化学性质完全相同并且组成均匀的部分称为相。相和态是两个不同的概念，态是指物质的聚集状态，例如乙醚和水构成的系统，只有一个态——液态，却包含两个相。相和组分也不是一个概念，如冰、水、水蒸气的化学组成相同，却是三相。在明确相的概念基础上，我们讨论以上三种分散系。

1. 低分子或离子分散系

在低分子或离子分散系中，分散质粒子的直径<1nm，它们是一般的分子或离子，与分散剂的亲和力极强，因而组成了均匀、无界面、高度分散、高度稳定的单相系统。

2. 胶体分散系

在胶体分散系中，分散质的粒子直径为1～100nm，它包括溶胶和高分子化合物溶液两种类型。

（1）溶胶　其分散质粒子是由一般的分子组成的小聚集体，这类难溶于分散剂的固体分散质高度分散在液体分散剂中，所形成的分散系称为溶胶（或称为胶体）。例如氯化银溶胶、氢氧化铁溶胶、硫化砷溶胶等。在溶胶中，分散质和分散剂的亲和力不强，因而溶胶是高度分散的、不均匀、比较稳定的多相系统。

（2）高分子溶液　如淀粉溶液、纤维素溶液、蛋白质溶液等，分散质粒子是单个的大分子，与分散剂的亲和力强，故高分子溶液是高度分散、稳定的单相系统。

3. 粗分散系

在粗分散系中，分散质粒子直径>100nm，是一个极不稳定的多相系统。按分散质的聚集状态不同，粗分散系可以分为乳浊液和悬浊液。液体分散质分散在液体分散剂中，称为乳浊液，如牛奶。固体分散质分散在液体分散剂中，称为悬浊液，如泥浆。由于分散质的粒子大，容易聚沉，分散质也容易从分散剂中分离出来。

虽然这三类分散系的性质有明显差异，但是划分它们的界线是相对的。因此，分散系之间性质和状态的差异也是逐步过渡的。

本章将重点讨论溶液和胶体分散系的一些基本知识。

第二节　溶液浓度的表示方法

在一定量的溶液或溶剂中所含溶质的量叫溶液的浓度。我们用A表示溶剂，用B表示溶质，在化学上常用的浓度表示法有物质的量浓度、质量摩尔浓度、摩尔分数、质量分数等，现简介如下。

一、物质的量浓度

物质的量浓度是指单位体积溶液中含有溶质B的物质的量。常用符号 c_B 表示。

$$c_B = \frac{n_B}{V} \tag{1-1}$$

式中，n_B 为溶质的物质的量，mol；V 为溶液体积，L或 dm^3；c_B 为物质B的物质的量浓度，$mol \cdot L^{-1}$ 或 $mol \cdot dm^{-3}$；B是溶质的基本单元。

在使用物质的量浓度时必须确定溶质的基本单元。同种溶质的基本单元不同，物质的量浓度也不相同。物质的基本单元可以是分子、离子、原子、电子及其他粒子或这些粒子的特定组合。如：H^+、H_2SO_4、H_3PO_4 等都可以作为基本单元。因此，在使用物质的量浓度时，应注明物质的基本单元，否则容易引起混乱。例如，$c(H_2SO_4) = 0.1 mol \cdot L^{-1}$，

$c\left(\frac{1}{2}H_2SO_4\right)=0.2mol \cdot L^{-1}$。

【例 1-1】 如何配制 500mL，$1mol \cdot L^{-1}$的草酸溶液？（$H_2C_2O_4 \cdot 2H_2O$ 的摩尔质量为 $126g \cdot mol^{-1}$）。

解 根据物质的量浓度定义：

$$c_B=\frac{n_B}{V}=\frac{m_B}{M_BV} \quad 则：m_B=c_BVM_B$$

$$m_B=1mol \cdot L^{-1}\times 0.5L\times 126g \cdot mol^{-1}=63g$$

准确称取 63g $H_2C_2O_4 \cdot 2H_2O$，溶于蒸馏水，然后定容至 500mL。

【例 1-2】 用分析天平称取 2.0100g $Na_2C_2O_4$ 基准物质，$Na_2C_2O_4$ 溶解后转移至 100.0mL 容量瓶中定容，试计算 $c(Na_2C_2O_4)$ 和 $c\left(\frac{1}{2}Na_2C_2O_4\right)$。

解 已知 $m(Na_2C_2O_4)=2.0100g$，$M(Na_2C_2O_4)=134.0g \cdot mol^{-1}$，$M\left(\frac{1}{2}Na_2C_2O_4\right)=\frac{1}{2}\times 134.0g \cdot mol^{-1}=67.00g \cdot mol^{-1}$

$$c(Na_2C_2O_4)=\frac{m(Na_2C_2O_4)}{M(Na_2C_2O_4)V}=\frac{2.010g}{134.0g \cdot mol^{-1}\times 100mL\times 10^{-3}}=0.1500mol \cdot L^{-1}$$

$$c\left(\frac{1}{2}Na_2C_2O_4\right)=\frac{m(Na_2C_2O_4)}{M\left(\frac{1}{2}Na_2C_2O_4\right)V}=\frac{2.010g}{67.00g \cdot mol^{-1}\times 100mL\times 10^{-3}}=0.3000mol \cdot L^{-1}$$

故

$$c\left(\frac{1}{2}Na_2C_2O_4\right)=2c(Na_2C_2O_4)$$

由于溶液的体积随温度而变，所以物质的量浓度也随温度变化而改变。为了避免温度对数据的影响，常使用不受温度影响的浓度表示方法，如：质量摩尔浓度、摩尔分数、质量分数等。

二、质量摩尔浓度

质量摩尔浓度是指每千克溶剂中所含溶质的物质的量。用符号 b_B 表示。

$$b_B=\frac{n_B}{m_A} \tag{1-2}$$

式中，n_B 为溶质的物质的量，mol；m_A 为溶剂的质量，kg。所以，质量摩尔浓度的单位为 $mol \cdot kg^{-1}$。由于物质的质量不受温度的影响，所以质量摩尔浓度是一个与温度无关的物理量。常用于稀溶液依数性的研究。对于较稀的水溶液来说，质量摩尔浓度近似地等于其物质的量浓度。

【例 1-3】 100.0g 溶剂（水）中溶有 2.00g 甲醇，求该溶液的质量摩尔浓度。

解 甲醇（CH_3OH）的摩尔质量为 $32.0g \cdot mol^{-1}$。

$$b(CH_3OH)=\frac{n(CH_3OH)}{m(H_2O)}=\frac{m(CH_3OH)}{M(CH_3OH)m(H_2O)}$$

$$=\frac{2.00g}{32.0g \cdot mol^{-1}\times 100.0g\times 10^{-3}}=0.625mol \cdot kg^{-1}$$

该溶液的质量摩尔浓度为 $0.625mol \cdot kg^{-1}$。

三、摩尔分数

所谓溶液某组分的摩尔分数是该组分的物质的量占溶液中所有物质总的物质的量的分

数。用 x 来表示，是量纲为1的量。

对于多组分系统溶液来说，某组分A的摩尔分数为：$x_A=\frac{n_A}{\sum n_i}$，n_i 为系统中物质 i 的物质的量。

对于双组分系统的溶液来说，若溶质的物质的量为 n_B，溶剂的物质的量为 n_A，则其摩尔分数分别为：

$$x_A=\frac{n_A}{n_A+n_B} \tag{1-3a}$$

$$x_B=\frac{n_B}{n_A+n_B} \tag{1-3b}$$

则 $x_A+x_B=1$，对于多组分系统来说有 $\sum x_i=1$。

四、质量分数

混合系统中，某组分B的质量（m_B）与混合物总质量（m）之比，称为组分B的质量分数。用符号 w_B 来表示，其量纲为1。质量分数是不随温度变化而变化的。

$$w_B=\frac{m_B}{m}$$

【例 1-4】 在常温下取NaCl饱和溶液10.00mL，测得其质量为12.00g，将溶液蒸干，得NaCl固体3.173g，求：(1) NaCl饱和溶液的物质的量浓度；(2) NaCl饱和溶液的质量摩尔浓度；(3) 饱和溶液中NaCl和 H_2O 的摩尔分数；(4) NaCl饱和溶液的质量分数。

解 (1) NaCl饱和溶液的物质的量浓度为：

$$c(\text{NaCl})=\frac{n(\text{NaCl})}{V}=\frac{3.173\text{g}/58.44\text{g}\cdot\text{mol}^{-1}}{10.00\text{mL}\times10^{-3}}=5.43\text{mol}\cdot\text{L}^{-1}$$

(2) NaCl饱和溶液的质量摩尔浓度为：

$$b(\text{NaCl})=\frac{n(\text{NaCl})}{m(\text{H}_2\text{O})}=\frac{3.173\text{g}/58.44\text{g}\cdot\text{mol}^{-1}}{(12.00-3.173)\times10^{-3}\text{kg}}=6.15\text{mol}\cdot\text{kg}^{-1}$$

(3) 饱和溶液中NaCl和 H_2O 的摩尔分数为：

$$n(\text{NaCl})=3.173\text{g}/58.44\text{g}\cdot\text{mol}^{-1}=0.0543\text{mol}$$

$$n(\text{H}_2\text{O})=(12.00-3.173)\text{g}/18.00\text{g}\cdot\text{mol}^{-1}=0.4904\text{mol}$$

$$x(\text{NaCl})=\frac{n(\text{NaCl})}{n(\text{NaCl})+n(\text{H}_2\text{O})}=\frac{0.0543\text{mol}}{0.0543\text{mol}+0.4904\text{mol}}=0.10$$

$$x(\text{H}_2\text{O})=1-x(\text{NaCl})=1-0.10=0.90$$

(4) NaCl饱和溶液的质量分数为：

$$w(\text{NaCl})=\frac{m(\text{NaCl})}{m(\text{NaCl})+m(\text{H}_2\text{O})}=\frac{3.173\text{g}}{12.00\text{g}}=0.2644=26.44\%$$

但消毒用的医用酒精的浓度为75%，是指100mL这种酒精溶液中含纯酒精75mL，实为体积分数。

在水质分析或环境保护方面，过去常用百万分浓度（ppm）和十亿分浓度（ppb）。ppm是指每千克溶液中含溶质的质量（单位：mg）；ppb是指每千克溶液中含溶质的质量（单位：μg）。

第三节 稀溶液的依数性

溶液的性质既不同于纯溶剂，也不同于纯溶质。溶液的性质可分两类：一类性质与溶质的本性及溶质和溶剂的相互作用有关，如溶液的颜色、密度、气味、导电性等；第二类性质与溶质的本性无关，只取决于溶液中溶质的粒子数目，如稀溶液的蒸气压下降、沸点升高、凝固点降低和渗透压等。这些与溶质的性质无关，只与溶液的浓度（即溶液中溶质的粒子数）有关的性质称为稀溶液的依数性。在非电解质的稀溶液中，溶质粒子之间及溶质粒子与溶剂粒子之间的作用很微弱，因此这种依数性呈现明显的规律性变化，溶液越稀这种依数性越强。在浓溶液中，由于粒子之间的作用较明显，溶液的性质受到溶质的影响，因此情况比较复杂。本节我们主要讨论难挥发的非电解质形成的稀溶液的依数性。

一、溶液的蒸气压下降

若将液体置于密闭的容器中，液体中的一部分分子会克服其他分子对它的吸引而逸出，成为蒸气分子，这个过程叫做蒸发。同时，液面附近的蒸气分子又可能被液体分子吸引重新回到液体中，这个过程叫凝聚。开始时，因为空间没有蒸气分子，蒸发速度较快，但随着蒸发的进行，凝聚的速度逐渐加快。一定时间后，蒸发速度和凝聚速度会相等，此时液体和它的蒸气处于动态平衡状态，此时的蒸气称为饱和蒸气，饱和蒸气所产生的压力称为饱和蒸气压，简称蒸气压。蒸气压的单位为 Pa 或 kPa。越是容易挥发的液体，它的蒸气压就越大。在一定温度下，每种液体的蒸气压是固定的。例如，20℃时，水的蒸气压为 2.33kPa，酒精的蒸气压为 5.85kPa。因为蒸发时要吸热，所以温度升高时，将使液体和它的蒸气之间的平衡向生成蒸气的方向移动，使单位时间内变成蒸气的分子数增多，因而液体蒸气压随温度的升高而增大，见表 1-3。

表 1-3　不同温度时水的蒸气压

温度/℃	0	20	40	60	80	100	120
蒸气压/kPa	0.61	2.33	7.37	19.92	47.34	101.33	202.65

实验证明，液体中溶解有难挥发的溶质时，液体的蒸气压便下降，因此，在同一温度下，溶液的蒸气压总是低于纯溶剂的蒸气压。因为难挥发的溶质的蒸气压一般都很小，所以在这里所指的溶液的蒸气压，实际上是指溶液中溶剂的蒸气压。纯溶剂蒸气压与溶液蒸气压之差，称为溶液的蒸气压下降（Δp）。

蒸气压下降的原因是由于溶剂中溶入溶质后，溶液的一部分表面被溶质分子占据，而使单位面积上的溶剂分子数减少；同时溶质分子和溶剂分子的相互作用，也能阻碍溶剂的蒸发。因此，在单位时间内从溶液中蒸发出来的溶剂分子要比纯溶剂少。因此在蒸发和凝聚达到平衡时，溶液的蒸气压必然比纯溶剂的蒸气压小。

1887 年，法国物理学家拉乌尔（F. Raoult）根据大量实验结果提出："在一定温度下，难挥发非电解质稀溶液的蒸气压等于纯溶剂的蒸气压乘以溶剂在溶液中的摩尔分数。"这种定量关系称为拉乌尔定律，其数学表达式为：

$$p = p^* x_A$$

式中，p^* 为纯溶剂的饱和蒸气压；p 为溶液的蒸气压；x_A 为溶剂的摩尔分数。因为 $x_A + x_B = 1$（x_B 为溶质的摩尔分数），则：

$$p = p^*(1 - x_B) = p^* - p^* x_B$$

$$\Delta p = p^* - p = p^* x_B$$

换句话说，在一定温度下，稀溶液的蒸气压下降和溶质的摩尔分数成正比。

在稀溶液中，$n_A \gg n_B$，n_A 为溶剂的物质的量，n_B 为溶质的物质的量。因此，由 $x_B = \frac{n_B}{n_A + n_B}$ 知 $x_B \approx \frac{n_B}{n_A}$，所以 $\Delta p \approx p^* \frac{n_B}{n_A}$。

在一定温度下，对于一种溶剂来说，p^* 为定值。若溶剂为 m_A，溶剂的摩尔质量为 M_A，有：

$$\Delta p \approx p^* \frac{n_B}{n_A} = p^* \frac{M_A n_B}{m_A} = K b_B \left(令 \frac{p^* M_A}{1000} = K \right)$$

K 是一个常数，其物理意义是 $b_B = 1\text{mol} \cdot \text{kg}^{-1}$ 时溶液的蒸气压下降值。所以拉乌尔定律也可以表示为：在一定温度下，难挥发非电解质稀溶液的蒸气压下降和溶液的质量摩尔浓度 b_B 成正比。

二、溶液的沸点上升

当液体的蒸气压等于外界大气压时，液体沸腾，此时的温度就是该液体的沸点。例如在 373.15K（100℃）时，水的蒸气压与外大气压（101.3kPa）相等，所以水的沸点是 373.15K（100℃）。

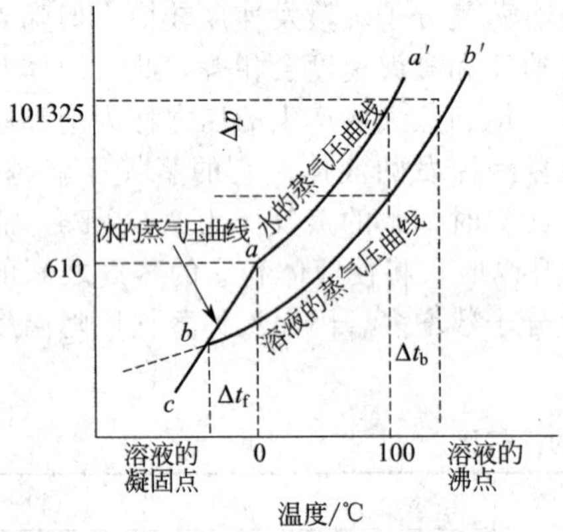

图 1-1　水、冰和溶液的蒸气压曲线图

如果在水中溶有难挥发的溶质，溶液的蒸气压会下降，要使溶液的蒸气压和外界大气压相等，就必须升高溶液的温度，所以溶液的沸点总是高于纯溶剂沸点，其升高值为 Δt_b，见图 1-1。如在常压下海水的沸点高于 373.15K 就是这个道理。

若用 t_b^*、t_b 分别表示纯溶剂的沸点和溶液的沸点，则沸点升高值 Δt_b 为 $\Delta t_b = t_b - t_b^*$ 和溶液的蒸气压下降一样，也可导出

$$\Delta t_b = K_b b_B$$

式中，K_b 为溶剂摩尔沸点升高常数，$\text{K} \cdot \text{kg} \cdot \text{mol}^{-1}$。$K_b$ 只取决于溶剂本身的性质，而与溶质无关，不同溶剂的 K_b 值不同。表 1-4 列出了几种常用溶剂的摩尔沸点升高常数。

表 1-4　常用溶剂的沸点、凝固点的 K_b 和 K_f 值

溶剂	沸点/K	K_b/(K·kg·mol^{-1})	凝固点/K	K_f/(K·kg·mol^{-1})	溶剂	沸点/K	K_b/(K·kg·mol^{-1})	凝固点/K	K_f/(K·kg·mol^{-1})
水	373.15	0.512	273.15	1.86	四氯化碳	349.65	5.03		
苯	353.30	2.53	278.65	5.12	醋酸	391.65	3.07	289.75	3.90
樟脑	481.40	5.95	451.55	37.7	萘	491.15	5.65	353.35	6.9
二硫化碳	319.28	2.34							

在实际生活中也会遇到这种现象，例如高原地区由于空气稀薄，气压较低，所以水的沸点低于 100℃；含有植物油量大的汤喝时会感到格外烫，可以解释为汤是含有盐的水溶液，其沸点要高于 100℃，而表面的油层又起了保温作用，因此喝时感到格外的烫。另外在生产和实践中，对那些在较高温度时易分解的有机溶剂，常采用减压（或抽真空）操作进行蒸发，不仅可以降低沸点，也可以避免一些产品因高温分解而影响质量和产量。

三、溶液的凝固点降低

固体也或多或少地蒸发，因而也具有一定的蒸气压。在一般情况下，固体的蒸气压都很小。和液体一样，在一定温度下，固体的饱和蒸气压也为一个定值。固体的蒸发也要吸热，所以固体的蒸气压随温度的升高而增大。冰在不同温度下的蒸气压见表 1-5。

表 1-5　冰在不同温度下的蒸气压

温度/℃	−20	−15	−10	−5	0
蒸气压/kPa	0.11	0.16	0.25	0.40	0.61

0℃时，水和冰共存，这时水和冰的蒸气压都是 0.61kPa。物质的液态和固态的蒸气压相等时的温度（或物质的液相和固相共存时的温度）称为该物质的凝固点。

当在 0℃的冰水两相平衡共存系统中，加入难挥发的非电解质后，会引起液相水的蒸气压下降，而固相冰的蒸气压则不会改变，所以冰的蒸气压高于水的蒸气压，于是冰就要通过融化成水来增加液相水的蒸气压，从而使系统重新达到平衡。在固相融化的过程中，要吸收系统的热量，因此，新平衡点的温度就要比原平衡点的温度低，溶液的凝固点总是低于纯溶剂的凝固点，其降低值为 Δt_f，见图 1-1。

与此溶液的沸点升高一样，溶液凝固点下降也与溶质的含量有关，即

$$\Delta t_f = K_f b_B$$

式中，K_f 为摩尔凝固点下降常数，$K \cdot kg \cdot mol^{-1}$，可以把它们看作在 1000g 某溶剂中加入 1mol 的难挥发的非电解质的溶质时，溶液凝固点下降的热力学温度值。几种常见溶剂的 K_f 值见表 1-4。

【例 1-5】 将 65.0g 乙二醇（$C_2H_6O_2$）溶于 200g 水中作为一种常用的抗冻剂，试求该溶液沸点升高和凝固点下降值。已知水的 $K_b=0.512K \cdot kg \cdot mol^{-1}$，$K_f=1.86K \cdot kg \cdot mol^{-1}$。

解　乙二醇的摩尔质量为 $62.12g \cdot mol^{-1}$。

$$b(C_2H_6O_2)=\frac{n(C_2H_6O_2)}{m(H_2O)}=\frac{m(C_2H_6O_2)}{M(C_2H_6O_2)m(H_2O)}$$

$$=\frac{65.0g}{62.12g \cdot mol^{-1} \times 200.0g \times 10^{-3}}=5.23mol \cdot kg^{-1}$$

$$\Delta t_b = K_b b_B = 0.512K \cdot kg \cdot mol^{-1} \times 5.23mol \cdot kg^{-1} = 2.7K$$

$$\Delta t_f = K_f b_B = 1.86K \cdot kg \cdot mol^{-1} \times 5.23mol \cdot kg^{-1} = 9.73K$$

该抗冻剂的沸点升高 2.7K，凝固点下降 9.76K。

【例 1-6】 将 0.115g 奎宁溶于 1.36g 樟脑中，所得的溶液其凝固点为 169.6℃，求奎宁的摩尔质量。

解　查表 1-4，樟脑的凝固点为 451.55K，溶解奎宁后凝固点为 169.6＋273.15＝442.75（K），$K_f=37.7K \cdot kg \cdot mol^{-1}$，溶液的凝固点下降值为

$$\Delta t_f = 451.55K - 442.75K = 8.80K$$

代入公式 $\Delta t_f = K_f b_B$ 则 $b_B=\frac{8.80K}{37.7K \cdot kg \cdot mol^{-1}}=0.233mol \cdot kg^{-1}$

设奎宁摩尔质量为 M_B，则 $b_B=\frac{n_B}{m_A}=\frac{m_B}{M_B m_A}$

$$M_B=\frac{m_B}{b_B m_A}=\frac{0.115g}{0.233mol \cdot kg^{-1} \times 1.36 \times 10^{-3}kg}=363g \cdot mol^{-1}$$

所以奎宁的摩尔质量为 $363g \cdot mol^{-1}$。

由于 Δt_f 容易测定，测量的准确度较高，故常用测定凝固点降低法，求难挥发的非电解质的摩尔质量。

溶液凝固点降低的理论在实际中有很重要的应用。冬天为防止汽车水箱冻裂，常在水箱中加入少量甘油或乙二醇，以降低水的凝固点。食盐和冰的混合物是常用的制冷剂。在冰的表面撒上食盐，盐就溶解在冰表面上少量的水中，形成溶液，此时溶液的蒸气压下降，凝固点降低，冰就要融化，吸收大量的热，故盐冰混合物的温度降低，温度可降至 251K

(−22℃)。若用 $CaCl_2 \cdot 2H_2O$ 和冰的混合物，温度可降至 218K（−55℃）。因此，冰盐混合而成的冷冻剂，广泛地应用在水产品和食品的保存和运输中。在冬季，建筑工人经常在泥浆中加入食盐或氯化钙，也是利用这个道理。

溶液的凝固点降低也可解释植物的抗旱性和抗寒性。生物化学研究结果表明，当外界温度降低时，植物细胞中会产生大量的可溶性碳水化合物，使细胞液浓度增大。细胞液浓度越大，其凝固点下降越大，因而细胞液在 0℃不结冰，表现出一定的抗寒性。

四、溶液的渗透压

如果把一杯浓蔗糖溶液和一杯水混合，片刻后就得到均匀的稀蔗糖溶液，这种现象被称为扩散。但如果在浓蔗糖溶液和水之间用半透膜（如动物的膀胱膜、肠衣、植物的表皮层、人造羊皮纸、火胶棉等）分开，这种半透膜仅允许水分子通过，而蔗糖分子却不能通过。如果刚开始使两边液面高度相等，经过一段时间后，我们将发现，蔗糖溶液的液面会逐渐升高，而水的液面将逐渐下降，直到液面高度差为 h 时为止，见图 1-2。这是因为水分子既可以从纯水中向溶液中扩散，也可以从溶液向纯水中扩散，扩散速度与浓度有关，在单位体积内，纯水中水分子的数目比蔗糖溶液中的多一些，所以在单位时间内，进入蔗糖溶液中的水分子数目要比由蔗糖溶液进入纯水中的多，结果使蔗糖溶液的液面升高。如果用半透膜把两种浓度不同的溶液隔开，水会从稀溶液渗入到浓溶液中。这种溶剂分子由一个液相通过半透膜向另一个液相扩散的过程叫渗透。随着渗透作用的进行，两边液面高度差逐渐增大，蔗糖溶液的静水压不仅使水分子从溶液进入纯水的速度加快，也使纯水中的水进入溶液的速度减慢。当蔗糖溶液的液面上升到一定程度时，水分子向两个方向的扩散速度相等，系统建立起一个动态平衡，称为渗透平衡。这时蔗糖溶液液面比纯水液面高出 h，这段液面高度差所产生的压力称为该溶液的渗透压。如果要维持两边液体液面的高度不发生变化，即要阻止渗透作用的发生，就要在蔗糖溶液液面上施加相当于 h 高水柱静压力大小的额外压力，这种为阻止渗透作用的发生而施加于液面上的最小压力即为该溶液的渗透压。

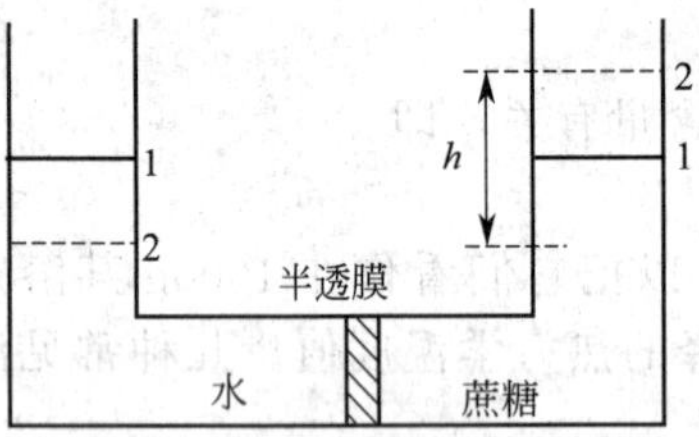

图 1-2　渗透压示意图

1886 年荷兰物理学家范特霍夫（van't Hoff）指出非电解质稀溶液的渗透压与溶液的物质的量浓度及温度成正比，而与溶质的本性无关。

$$\Pi = c_B RT$$

式中，Π 为溶液的渗透压；R 为气体常数，$8.314 kPa \cdot L \cdot mol^{-1} \cdot K^{-1}$；$T$ 为热力学温度，K。对于很稀的水溶液，$c_B \approx b_B$，因此 $\Pi = b_B RT$。

【例 1-7】 实验测得人体血液的凝固点降低值 Δt_f 是 0.56K，求在体温 37℃时的渗透压。

解　已知 $K_f = 1.86 K \cdot kg \cdot mol^{-1}$，体温：37＋273.15＝310.15（K）

$$\Delta t_f = K_f b_B$$

$$b_B = \frac{\Delta t_f}{K_f} = \frac{0.56K}{1.86K \cdot kg \cdot mol^{-1}} = 0.30 mol \cdot kg^{-1}$$

当溶液很稀时，有 $c_B \approx b_B$，所以 $c_B \approx 0.30 mol \cdot L^{-1}$，则：

$$\Pi = c_B RT = 0.30 mol \cdot L^{-1} \times 8.314 kPa \cdot L \cdot mol^{-1} \cdot K^{-1} \times 310.15K = 774kPa$$

所以体温 37℃时血液的渗透压为 774kPa。

测定渗透压的主要用途是求大分子（如血红素、蛋白质、高聚物等）的摩尔质量。

【例 1-8】 25℃时，1L 溶液中含有 5.00g 蛋清蛋白溶液，测得其渗透压为 304 Pa，求蛋清蛋白的摩尔质量。

解 设蛋清蛋白的摩尔质量为 M，则

$$\Pi = c_B RT = \frac{n_B}{V}RT = \frac{m_B}{MV}RT$$

$$M = \frac{m_B}{\Pi V}RT = \frac{5.00\text{g} \times 8.314\text{kPa} \cdot \text{L} \cdot \text{mol}^{-1} \cdot \text{K}^{-1} \times 298\text{K}}{304 \times 10^{-3}\text{kPa} \times 1\text{L}}$$

$$= 40750\text{g} \cdot \text{mol}^{-1}$$

所以蛋清蛋白的摩尔质量为 $40750\text{g} \cdot \text{mol}^{-1}$。

凡是溶液都有渗透压，不同浓度的溶液具有不同的渗透压，当存在半透膜时，溶液浓度越高，溶液的渗透压就越大。如果半透膜两边是浓度不同的两种溶液，其中浓度大的溶液称为高渗溶液；浓度较低的溶液称为低渗溶液。如果半透膜两边溶液的浓度相同，则它们的渗透压相等，这种溶液称为等渗溶液。

渗透现象在动植物的生理过程中起着重要作用。细胞膜是一种半透膜，水进入细胞中产生相当大的压力，能将细胞稍微绷紧，这就是植物的茎、叶、花瓣等都具有一定弹性的原因。如果割断植物，则由于水的蒸发，细胞液的体积缩小，细胞膜便萎缩，植物因此枯萎；但只要将刚开始枯萎的植物放在水中，渗透作用立即开始，细胞膜重新绷紧，植物便基本恢复原状。植物的生长发育和土壤溶液的渗透压有关。只有土壤溶液的渗透压低于细胞液的渗透压时，植物才能不断从土壤中吸收水分和养分，进行正常的生长发育；如果土壤溶液的渗透压高于植物细胞液的渗透压，植物细胞内的水分就会向外渗透导致植物枯萎。盐碱地不利于作物生长就是这个原因。给作物喷药或施肥时，溶液的浓度不能过大，否则会引起烧苗现象，这也是由于水从植物体内向外渗透的结果。现在广泛使用的地膜覆盖保苗，也是为了保持土壤胶体的渗透压。临床实践中，对患者输液常用 0.9%生理盐水和 5%葡萄糖溶液，这是由于注射液与血液是等渗溶液。如为高渗溶液，则血液细胞中的水分就会通过细胞膜向外渗透，甚至能引起血红细胞收缩并从悬浮状态中沉降下来，导致血细胞发生胞浆分离；如为低渗溶液，则水分将向血细胞中渗透，引起血细胞的胀破，产生溶血现象。当吃咸的食物时就有口渴的感觉，这是由于组织中渗透压升高，喝水后可以使渗透压降低。眼药水必须和眼球组织中的液体具有相同的渗透压，否则会引起疼痛。淡水鱼和海水鱼不能交换环境生活，这也是由于河水和海水的渗透压不同。

通过对上述有关稀溶液的一些性质的讨论，概括起来就是稀溶液依数性定律（或称拉乌尔-范特霍夫定律），即难挥发的非电解质稀溶液的某些性质（蒸气压下降、沸点升高、凝固点降低及渗透压）与一定量的溶剂中所含溶质的物质的量成正比，而与溶质的本性无关。

值得注意的是，稀溶液依数定律所表达的与溶液浓度的定量关系不适用于浓溶液或电解质溶液。这是因为在浓溶液中，溶液中粒子之间作用较为复杂，简单的依数性的定量关系不再适用；而相同浓度的电解质溶液在溶液中会电离产生正负离子，因此它的总的溶质的粒子数目就要多。此时稀溶液的依数性取决于溶质分子、离子的总数目，但稀溶液通性所指的定量关系不再存在。

电解质类型不同，同浓度溶液的沸点高低或渗透压大小的顺序为：

AB_2（$BaCl_2$）或 A_2B（Na_2SO_4）型强电解质溶液＞AB（NaCl）型强电解质溶液＞弱电解质溶液＞非电解质溶液

而蒸气压或凝固点的顺序则相反，为：

非电解质溶液＞弱电解质溶液＞AB（NaCl）型强电解质溶液＞AB_2（$BaCl_2$）或 A_2B（Na_2SO_4）型强电解质溶液

五、强电解质在水溶液中的解离情况

难挥发的非电解质稀溶液的四个依数性都能很好地符合拉乌尔定律，其实验值和计算值基本相符。但电解质溶液的依数性却极大地偏离了拉乌尔定律，见表 1-6。

表 1-6　几种电解质的稀溶液的 Δt_f

电解质	b_B/(mol·kg^{-1})	Δt_f(计算值)/℃	Δt_f(实验值)/℃	$i=\frac{实验值}{计算值}$	电解质	b_B/(mol·kg^{-1})	Δt_f(计算值)/℃	Δt_f(实验值)/℃	$i=\frac{实验值}{计算值}$
KCl	0.10	0.186	0.346	1.86	K_2SO_4	0.10	0.186	0.454	2.44
	0.01	0.0186	0.0361	1.94		0.01	0.0186	0.0521	2.80
HCl	0.10	0.186	0.355	1.91	CH_3COOH	0.10	0.186	0.188	1.01

从表 1-6 可以看出，电解质溶液凝固点下降的实验值均比计算值大，而且校正系数 i 随着浓度的减小而增大。通过校正系数运用拉乌尔定律就可以计算 Δp、Δt_b、Δt_f 及 Π 值了。如表 1-6 中的 Δt_f：

$$\Delta t_f(\text{实验值})=i\Delta t_f(\text{计算值})=iK_f b_B$$

1884 年瑞典化学家阿仑尼乌斯（Arrhenius）依据实验事实，提出了电解质理论的电离学说，用以说明在电解质溶液中应用拉乌尔定律时产生偏离的原因。阿仑尼乌斯认为，电解质溶于水，因电离使其质点数增加，所以 Δt_f 等的依数性值会增大。但研究发现，对于 AB 型强电解质，若强电解质在水溶液中是完全电离的，那么理论上 0.10mol·kg^{-1} AB 型强电解质电离后溶液的浓度应为 0.20mol·kg^{-1}，那么 Δt_f(实验值)$=2K_f b_B=2\Delta t_f$(计算值)$=0.372$℃。但表 1-6 中的 KCl、HCl 实测值分别为 0.346℃和 0.355℃，都小于 0.372℃。这个事实似乎说明，强电解在水溶液中并不是全部电离。即强电解质在水溶液中的电离度不是 100%。

针对这一问题，1923 年，德拜（Debye）和休克尔（Hückel）提出了强电解质的离子互吸学说。他们认为强电解质在水溶液中是完全电离的，溶液中离子的浓度很大。但由于异号离子之间的静电吸引，在阳离子的周围聚集了较多的阴离子，同时在阴离子的周围聚集了较多的阳离子，形成了所谓的“离子氛”。由于“离子氛”的存在，使离子在溶液中的移动不能完全自由。若将电解质溶液置于电场中，溶液中的离子在外电场的作用下将向两极移动，但由于受到“离子氛”中异号离子的牵制作用，使离子在电场中的运动速率下降，导电能力降低，所测溶液的导电性比完全电离的理论模型的要低些，产生不完全电离的假象。由此测得的强电解质的电离度自然小于 100%。但这种电离度和弱电解质的电离度的意义完全不同，它仅表示强电解质溶液中离子间的相互牵制作用，故称为“表观电离度”。

为了定量描述电解质溶液中离子之间的相互牵制作用，引入了活度的概念，活度是单位体积溶液在表观上所含有的离子的浓度，即有效浓度。活度 a 与实际浓度 c 的关系为：

$$a=\gamma c$$

式中，γ 为活度系数，它反映了离子间相互牵制作用的大小。浓度越大、离子的电荷越高，离子间的牵制作用越强烈。对于无限稀的溶液，离子间的相互牵制作用极弱，$\gamma\to1$，这时活度和浓度基本一致。由此可见，对于稀溶液，浓度可以近似地代替活度。

第四节　胶体与界面化学

一、胶体与表面能

1. 胶体

胶体是颗粒直径为 1～100nm 的分散质分散到分散剂中，形成的多相系统（高分子溶液除外）。

由于胶体是一个多相系统，因此相与相之间就会存在界面，有时也将相与相之间的界面称为表面。分散系中分散质的分散程度常用比表面积来衡量，所谓比表面积就是单位体积内分散质的总面积。其数学表达式为：

$$S_0=\frac{S}{V}$$

式中，S_0 为比表面积；S 为总面积；V 为总体积。假设分散质粒子是一个边长为 L 的立方体，总共有 n 个，每个立方体的表面积和体积分别是 $6L^2$、L^3。则比表面积为：

$$S_0=\frac{n\times 6L^2}{n\times L^3}=\frac{6}{L}$$

由此可见，分散质的颗粒越小，则比表面积越大，因而系统的分散度越高。

由于胶体分散质的颗粒直径很小，胶体的分散度很高，系统的比表面积相当大。因此胶体的表面性质非常显著，这些表面性质使胶体具有与其他分散系不同的性质。

2. 表面能

任何表面（严格来说应是界面，一般只是将固-液和液-气界面称为表面）粒子所受的作用力与内部相同粒子所受的作用力大小和方向并不相同。对于处于同一相的粒子来说，其内部粒子由于同时受到来自其周围各个方向且大小相近的力的作用，因此它所受到总的作用力为零。而处在表面的粒子就不同了，由于在它周围并非都是相同粒子，所以它所受到的作用力的合力就不等于零。该表面粒子总是受到一个与界面垂直方向的作用力。因此表面粒子比内部粒子有更高的能量，这部分能量称为表面自由能，简称表面能。表面积越大，表面能越高，系统越不稳定。因此液体表面有自动收缩到最小的趋势，以减小表面能。同时表面吸附也是降低表面能的有效途径之一。

二、表面吸附

吸附是指物质的表面自动吸住周围介质分子、原子或离子的过程。具有吸附能力的物质称为吸附剂，而被吸附的物质称为吸附质。吸附剂的吸附能力与比表面有关，比表面越大，吸附能力越强。通过吸附改善了吸附剂表面粒子的受力情况，从而降低了表面自由能，使其从高能态不稳定系统变为低能状态稳定系统，因而吸附过程是一个放热过程，也是一个自发过程。

1. 固体对气体的吸附

固体对气体的吸附往往是一个可逆过程。气体分子自动吸附在固体表面，这个过程是吸附；吸附在固体表面的气体分子由于热运动而脱离固体表面，这个过程叫解吸。表示如下：

$$[\text{吸附剂}]+[\text{吸附质}]\rightleftharpoons[\text{吸附剂}\cdot\text{吸附质}]+\text{吸附热}$$

当吸附和解吸的速率相等时，上述过程达到平衡，称为吸附平衡。固体对气体的吸附实际上有很多应用，如制备 SO_3 时，就是反应物被吸附在催化剂（V_2O_5）表面上而被活化，从而加快反应速率的。

2. 固体在溶液中的吸附

固体在溶液中的吸附比较复杂，它不但能吸附溶质，而且能吸附溶剂。根据固体对溶液中的溶质的吸附情况不同，可将固体在溶液中的吸附分为两类，一类是分子吸附，另一类是离子吸附。

（1）分子吸附　固体吸附剂在非电解质或弱电解质溶液中的吸附主要是分子吸附。分子吸附的规律是：极性吸附剂易吸附溶液中极性的组分，非极性吸附剂易吸附非极性组分，即“相似相吸”。如活性炭可以使有色水溶液脱色，就是因为活性炭是非极性的，而有色物质多数都是非极性分子。

（2）离子吸附　固体吸附剂在强电解质溶液中的吸附主要是离子吸附，它又分为离子选择吸附和离子交换吸附。

固体吸附剂选择性地吸附溶液中的某种离子称为离子选择吸附。其规律是：固体吸附剂优先选择吸附与其自身组成相关或性质相似，且溶液中浓度较大的离子。如在过量的 $AgNO_3$ 溶液中，加入适量的 NaCl 即可制备 AgCl 溶胶，根据离子选择吸附的规律，AgCl 固体的表面优先吸附 Ag^+ 而带正电。如果是 NaCl 过量，则 AgCl 优先吸附 Cl^- 而使固体带负电。

固体吸附剂吸附一种离子的同时释放出另外一种同号其他离子的过程称为离子交换吸附。能进行离子交换吸附的吸附剂称为离子交换剂。离子交换吸附是一个可逆过程。

土壤是一种良好的离子交换剂，在土壤中施入氮肥后，NH_4^+ 就与土壤中的 K^+、Ca^{2+} 等阳离子进行离子交换反应：

$$\boxed{\text{土壤胶体}}{>}Ca^{2+} + 2NH_4^+ \rightleftharpoons \boxed{\text{土壤胶体}}\begin{matrix}-NH_4^+\\-NH_4^+\end{matrix} + Ca^{2+}$$

$$\boxed{\text{土壤胶体}}-K^+ + NH_4^+ \rightleftharpoons \boxed{\text{土壤胶体}}-NH_4^+ + K^+$$

经过交换后的 NH_4^+ 储存在土壤中，当植物根系在代谢过程中分泌出 H^+ 时，H^+ 与土壤中的 NH_4^+ 进行离子交换，交换出的 NH_4^+ 进入土壤溶液中，作为养分供植物吸收。

不同的离子交换能力不同。离子的电荷越高，交换能力越强；对于同价离子而言，离子的半径越大，其电场强度就越弱，离子水合程度就越小，离子水合半径越小，离子交换能力越强。如：

$$Al^{3+} > Mg^{2+} > Na^+$$

$$Cs^+ > Rb^+ > K^+ > Na^+ > Li^+$$

工业上也常用离子交换来纯化产品，制备纯试剂等。如在实验室、生产和科研等实验中用的去离子水，就是使用人工合成的离子交换树脂，交换去掉水中的 Ca^{2+}、Mg^{2+}、F^- 等离子而得到的。

三、溶胶的性质

1. 光学性质

如果将一束强光射入胶体溶液时，我们从光束的侧面可以看到一条发亮的光柱，如图 1-3 所示。这种现象是英国科学家丁达尔（J. Tyndall）在 1869 年发现的，故称为丁达尔现象。

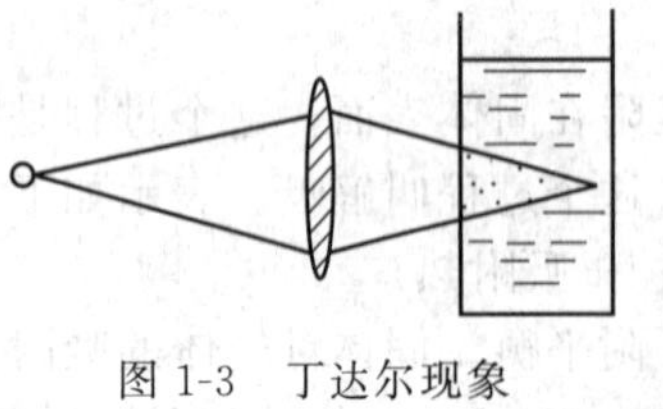

图 1-3　丁达尔现象

丁达尔现象的本质是光的散射。当光线射到分散质颗粒上时，可以发生两种情况，一种是入射光的波长小于颗粒时，便会发生光的反射；另一种是入射光的波长大于颗粒时，便会发生光的散射。可见光波长为 400～760nm，胶体颗粒为 1～100nm，因此，可见光通过胶体就会有明显的散射现象，每个微粒就成一个发光点，从侧面可看到一条光柱。当光通过以小分子或离子存在的溶液时，由于溶质的颗粒太小，不会发生散射，主要是透射。因此，可以根据丁达尔现象来区分胶体和溶液。

普通显微镜只能看到直径为 200nm 以上的粒子，是看不到胶体粒子的，而根据胶体对光的散射现象设计和制造的超显微镜却可能观察到直径为 50～150nm 的粒子。超显微镜的光是从侧面照射胶体，因而在黑暗的背景中进行观察，会看到由于散射作用胶体粒子成为一个个的发光点。应该注意的是，超显微镜下观察到的不是胶体中的颗粒本身，而是散射光的光点。

2. 动力学性质

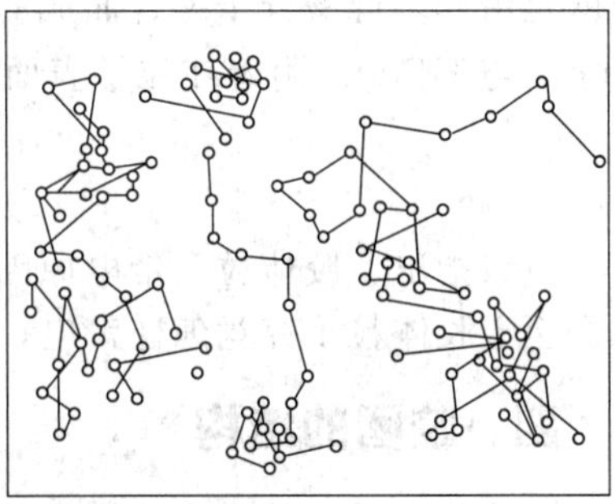

图 1-4　布朗运动

在超显微镜下可以观察到胶体中分散质的颗粒在不断地作无规则运动，这是英国植物学家布朗（Brown）在 1827 年观察花粉悬浮液时首先看到的，故称这种运动为布朗运动，如图 1-4 所示。

布朗运动的产生是由于分散剂分子的热运动不断地从各个方向撞击这些胶粒，而在每一瞬间受到的撞击力在各个方向又是不同的，因而胶粒时刻以不同的速度、沿着不同方向做无规则的运动。另外，胶体粒子本身也有热运动。

由于胶体粒子的布朗运动，所以能自发地从浓度高的区域向浓度低的区域流动，即有扩散作用，但因粒子较大，所以扩散速度比溶液慢许多。同理，胶体也有渗透压，但由于胶体的稳定性小，通常不易制得浓度很高的胶体，所以渗透压很小。

3. 电学性质

在外加电场的作用下，胶体的微粒在分散剂里向阴极或阳极作定向移动的现象，称为电泳。

在一个 U 形管中装入新鲜的红褐色 $Fe(OH)_3$ 胶体，上面小心地加入少量无色 NaCl 溶液，两液面间要有清楚的分界线。在 U 形管的两个管口各插入一个电极，通电一段时间后便可以观察到，在阴极红褐色的胶体的界面上升，而在阳极端界面下降。这表明，$Fe(OH)_3$ 胶体粒子是带电荷的，而且是带正电荷，在电场影响下向阴极移动，如图 1-5 所示。

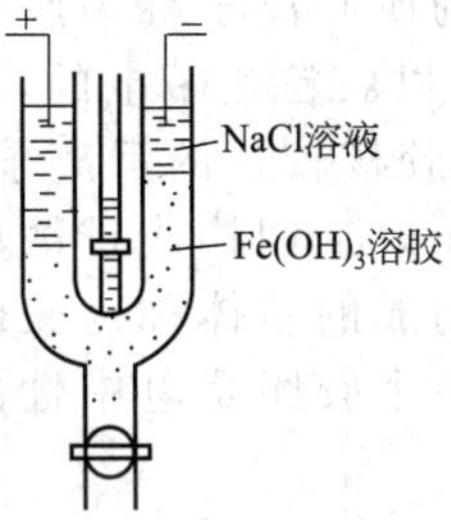

图 1-5　电泳

同样的实验方法，发现 As_2O_3 胶体粒子向阳极移动，表明 As_2O_3 胶体带负电。

如果让胶体通过多孔性物质（如素烧瓷片、玻璃纤维等），胶粒被吸附而固定不动，在电场作用下，液相将通过多孔性固体物质向一个电极方向移动。而且液相的移动方向总是和胶体粒子的电泳方向相反。这种在外电场作用下胶体溶液中的液相的定向移动现象称为电渗。

电泳和电渗现象统称为电动现象。电动现象说明胶体粒子是带电荷的，而胶体粒子带电的原因主要有两种：

（1）吸附作用　胶体粒子具有较大的比表面积和较强的吸附作用，在液相中存在电解质时，胶体粒子会选择性地吸附某些离子，从而使胶体粒子带上与被选择吸附的离子相同符号的电荷。例如用 $FeCl_3$ 水解来制备 $Fe(OH)_3$ 胶体溶液时，Fe^{3+} 水解反应是分步进行的，除了生成 $Fe(OH)_3$ 以外，还有 FeO^+ 生成。

$$FeCl_3 + 3H_2O = Fe(OH)_3 + 3HCl$$

$$FeCl_3 + 2H_2O = Fe(OH)_2Cl + 2HCl$$

$$Fe(OH)_2Cl = FeO^+ + Cl^- + H_2O$$

由大量的 $Fe(OH)_3$ 分子聚集而成的胶体颗粒，优先吸附了与它组成有关的 FeO^+ 而带正电荷。

又如通 H_2S 气体到 H_3AsO_3 溶液中以制备 As_2S_3 胶体时，

$$2H_3AsO_3 + 3H_2S = As_2S_3 + 6H_2O$$

由于溶液中过量的 H_2S 又会电离出 H^+ 和 HS^-，As_2S_3 优先吸附 HS^- 而使胶体带负电。

（2）电离作用　有部分胶体粒子带电是由于自身表面电离所造成的。例如硅酸胶体的粒子就是由许多硅酸分子缩合而成的，表面上的 H_2SiO_3 可以电离，电离后 H^+ 进入溶液，而 SiO_3^{2-} 与 $HSiO_3^-$ 附着在粒子表面而使粒子带负电荷。

$$H_2SiO_3 \longrightarrow HSiO_3^- + H^+$$

$$HSiO_3^- \longrightarrow SiO_3^{2-} + H^+$$

应该指出，胶体粒子带电原因十分复杂，以上两种情况只能说明胶体粒子带电的某些规律。至于胶体粒子究竟怎样带电，或者带什么电荷都还需要通过实验来证实。

四、胶团的结构

胶体的性质与其内部结构有关。胶体微粒的中心是由许多分子聚集而成的直径大小约为1～100nm 的颗粒，该颗粒称为胶核。胶核是不带电的。由于胶核颗粒很小，分散度高，因此具有较高的表面能，如果此时系统中存在过剩的离子，胶核就要优先选择吸附溶液中与其组成有关的某种离子，因而使胶核表面带电。这种决定胶体带电的离子称为电位离子。带有电位离子的胶核，由于静电引力的作用，还能吸引溶液中带有相反电荷的离子，称为反离子。在这些反离子中，有些反离子离胶核较近，联系较紧密，当带电的胶核移动时，它们也随着一同移动，称为吸附层反离子，它和电位离子一起构成了吸附层。胶核连同吸附层的所有离子称为胶粒。在胶粒中，由于吸附层的反离子不能完全中和电位离子的电荷，所以胶粒是带电的，其电荷符号决定于电位离子的符号。由于反离子本身有扩散作用，离胶核较远的反离子受异电引力较弱，而有较大的自由，这部分反离子称为扩散层反离子，它们构成扩散层。吸附层和扩散层的整体称为扩散双电层。胶核、吸附层和扩散层构成的整体称为胶团。在胶团中，电位离子的电荷总数与反离子的电荷总数相等，因此整个胶团是电中性的。胶团的结构可表示为图 1-6 所示的形式。

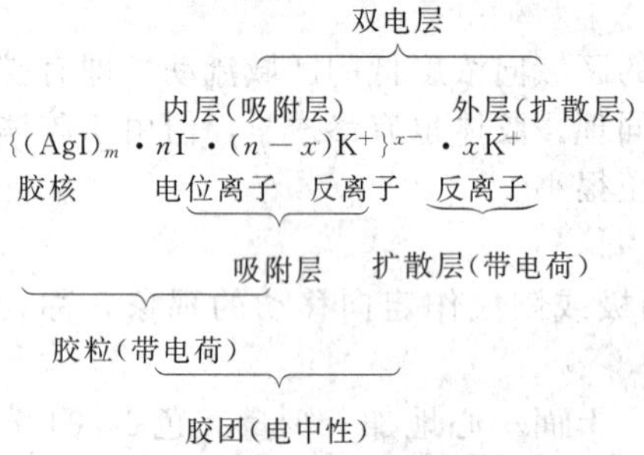

图 1-6 胶体的结构式

$$AgNO_3 + KI(过量) \longrightarrow AgI(胶体) + KNO_3$$

氢氧化铁、三硫化二砷和硅酸的胶团结构式可表示如下：

$$\{[Fe(OH)_3]_m \cdot nFeO^+ \cdot (n-x)Cl^-\}^{x+} \cdot xCl^-$$

$$\{[As_2S_3]_m \cdot nHS^- \cdot (n-x)H^+\}^{x-} \cdot xH^+$$

$$\{[H_2SiO_3]_m \cdot nHSiO_3^- \cdot (n-x)H^+\}^{x-} \cdot xH^+$$

五、溶胶的稳定性和聚沉

1. 溶胶的稳定性

溶胶是相对比较稳定的，例如，碘化银胶体可以存放数年而不沉淀。是什么原因阻止了胶体微粒相互碰撞聚集变大呢？研究表明，溶胶的稳定性因素有两方面，一是动力稳定因素，另外一种是聚集稳定因素。

（1）动力稳定因素　从动力学角度看，胶体粒子质量较小，其受重力的作用也较小，而且由于胶体粒子不断地在做无规则的布朗运动，克服了重力的作用从而阻止了胶粒的下沉。

（2）聚集稳定因素　由于胶核选择性地吸附了溶液中的离子，导致同一胶体的胶粒带有相同电荷，当带同种电荷的胶体粒子由于不停地运动而相互接近时，彼此间就会产生斥力，这种斥力将使胶体微粒很难聚集成较大的粒子而沉降，有利于胶体的稳定。此外，电位离子与反离子在水中能吸引水分子形成水合离子，所以胶核外面就形成了一层水化层，当胶粒相互接近时，将使水化层受到挤压而变形，并有力图恢复原来形状的趋向，即水化层表现出弹性，成为胶粒接近的机械阻力。

2. 溶胶的聚沉

如果我们设法减弱或消除胶体稳定的因素，就能使胶粒聚集成较大的颗粒而沉降。这种使胶粒聚集成较大颗粒而沉降的过程叫做溶胶的聚沉。

胶体聚沉的方法一般有以下三种。

（1）加电解质　例如，在红褐色的 $Fe(OH)_3$ 胶体中，滴入 KCl 溶液，胶体就会变成浑浊状态，这说明胶体微粒发生了聚沉。由于电解质的加入，增加了系统内离子的总浓度，给带电的胶粒创造了吸引带相反电荷离子的有利条件，从而减少或中和原来胶粒所带的电荷。这时，由于粒子间斥力大大减小，以至胶粒互碰后引起聚集、变大而迅速聚沉。

电解质对溶胶的聚沉能力不同。通常用聚沉值来比较各种电解质对溶胶的聚沉能力的大小。使一定量的溶胶在一定时间内完全聚沉所需的电解质的最低浓度（$mmol \cdot L^{-1}$）称为聚沉值。聚沉值越小，聚沉能力越大。反之，聚沉值越大，聚沉能力越小。电解质对溶胶的聚沉作用，主要是异电荷的作用。负离子对带正电荷的溶胶起主要聚沉作用，而正离子对带负电荷的溶胶起主要聚沉作用。聚沉能力随着离子电荷的增加而显著增大，此规律称为叔采-哈迪（Schuize-Hardy）规则。如 NaCl、$MgCl_3$、$AlCl_3$ 三种电解质对负溶胶 As_2S_3 的聚沉值分别为 51，0.75，0.093，可见 $AlCl_3$ 的聚沉能力最强。

生活中有许多溶胶聚沉的实例，如江河入海处常形成有大量淤泥沉积的三角洲，其主要原因之一就是海水含有大量盐类，当河水与海水相混合时，河水中所携带的胶体物质（淤泥）的电荷部分或全部被中和而引起了凝结，淤泥、泥砂粒子就很快沉降下来。

（2）加入相反电荷的胶体　将两种带相反电荷的胶体溶液以适当的数量混合，由于异性相吸，互相中和电性，也能发生凝结。例如净化天然水时，常在水中加入适量的明矾[$KAl(SO_4)_2 \cdot 12H_2O$] 因为天然水中悬浮的胶粒多带负电荷，而明矾水解产生的 $Al(OH)_3$ 胶体的胶粒却是带正电荷的，它们的粒子互相中和凝结而沉淀，因而使水净化。

（3）加热　加热可以使胶体粒子的运动加剧，增加胶粒相互接近或碰撞的机会，同时降低了胶核对离子的吸附作用和水合程度，促使胶体凝结。例如，将 $Fe(OH)_3$ 胶体适当加热后，可使红褐色 $Fe(OH)_3$ 沉淀析出。

3. 高分子溶液对溶胶的作用

由相对分子质量在 10000 以上的许多天然物质，如淀粉、纤维素、蛋白质及人合成的塑料、树脂等高分子化合物溶于水或其他溶剂中所得的溶液称为高分子溶液。高分子溶液对溶胶的作用有两方面，一方面是对溶胶的保护作用，另一方面是对溶胶的絮凝作用。

在溶胶中加入适量的高分子化合物，就会提高溶胶对电解质的稳定性，这就是高分子对溶胶的保护作用。原因是高分子化合物具有线形结构，能被卷曲地吸附在胶粒的表面，包住胶粒，形成了一个高分子保护膜，增强了溶胶抗电解质的能力，从而使胶粒稳定。例如在健康人的血液中含的难溶盐（碳酸镁、磷酸镁等）是以溶胶状态存在的。并被血清蛋白保护着。当人生病时，血液中的血清蛋白含量减少了，这样就有可能使溶胶发生聚沉而堆积在身体的各个部位，使新陈代谢作用发生故障，形成肾脏、肝脏等结石。

如果在溶胶中加入的高分子化合物较少，就会出现一个高分子化合物同时吸附着几个胶粒的现象。此时非但不能保护溶胶，反而使胶粒互相粘连形成大颗粒，从而失去动力学稳定性而聚沉。这种由于加入高分子溶液，使溶胶稳定性减弱的作用称为絮凝。生产中常常利用高分子对溶胶的絮凝作用进行污水处理和净化、回收矿泥中的有效成分以及产品的沉淀分离。

思考题与习题

1-1　填空题

（1）溶液的沸点升高是由于其蒸气压（　　）的结果。

（2）丁达尔效应能够证明溶胶具有（　　）性质，其动力学性质可以由（　　）实验证明，电泳和电渗实验证明溶胶具有（　　）性质。

（3）在常压下将固体 NaCl 撒在冰上，冰将（　　）。

（4）1mol H 所表示的基本单元是（　　），1mol H_2SO_4，1mol $\frac{1}{2}H_2SO_4$ 所表示的基本单元分别是（　　）、（　　）。

（5）对：①1mol·kg^{-1}的 H_2SO_4 溶液；②1mol·kg^{-1}的 NaCl 溶液；③1mol·kg^{-1}的葡萄糖（$C_6H_{12}O_6$）溶液；④0.1mol·kg^{-1}的 HAc 溶液；⑤0.1mol·kg^{-1}的 NaCl 溶液；⑥0.1mol·kg^{-1}的 $CaCl_2$ 水溶液，其蒸气压的大小顺序为（　　　　）；沸点高低顺序为（　　　　）；凝固点高低顺序为（　　　　）；渗透压大小顺序为（　　　　）。

（6）由 $AgNO_3$溶液和 NaBr 溶液制备 AgBr 胶体，如果 NaBr 加过量，回答下表中问题。

问　题	回　答
(1)判断胶粒带正电荷还是负电荷	
(2)判断胶粒在电场中向阴极还是阳极移动	
(3)写出电位离子	
(4)写出反离子	
(5)写出胶团结构式	

1-2　单项选择

（1）等压下加热下列溶液最先沸腾的是（　　）。

A. 5% $C_6H_{12}O_6$ 溶液　　B. 5% $C_{12}H_{22}O_{11}$溶液

C. 5% $(NH_4)_2CO_3$ 溶液　　D. 5% $C_3H_8O_3$ 溶液

（2）下列溶液凝固点最低的是（　　）。

A. 0.01mol·L^{-1}KNO_3 溶液　　B. 0.01mol·L^{-1} $NH_3·H_2O$ 溶液

C. 0.01mol·L^{-1} $BaCl_2$ 溶液　　D. 0.01mol·L^{-1} $C_6H_{12}O_6$ 溶液

（3）当 2mol 难挥发的非电解质溶于 3mol 溶剂时，溶液的蒸气压与纯溶剂的蒸气压之比是（　　）。

A. 2∶3　　B. 3∶2　　C. 3∶5　　D. 5∶3

（4）将 0℃的冰放进 0℃的盐水中，则（　　）。

A. 冰-水平衡　　B. 水会结冰　　C. 冰会融化

D. 与加入冰的量有关，因而无法判断发生何种变化

（5）测定分子量较大化合物的分子量的最好的方法是（　　）。

A. 凝固点下降　　B. 沸点升高　　C. 蒸气压下降　　D. 渗透压

（6）以下关于溶胶的叙述正确的是（　　）。

A. 均相，稳定，粒子能通过半透膜　　B. 多相，比较稳定，粒子不能通过半透膜

C. 均相，比较稳定，粒子能通过半透膜　　D. 多相，稳定，粒子不能通过半透膜

（7）土壤胶粒带负电荷，对它凝结能力最强的电解质是（　　）。

A. $AlCl_3$　　B. $MgCl_2$　　C. Na_2SO_4　　D. $K_3[Fe(CN)_6]$

（8）AgBr 溶胶在电场作用下，向正极移动的是（　　）。

A. 胶核　　B. 胶粒　　C. 胶团　　D. 电位离子

（9）将浓度为 0.006mol·L^{-1}的 KCl 水溶液和浓度为 0.005mol·L^{-1}的 $AgNO_3$ 水溶液等体积混合，所得 AgCl 溶液胶团的结构为（　　）。

A. $\{(AgCl)_m·nCl^-·(n-x)K^+\}^{x-}·xK^+$

B. $\{(AgCl)_m·nAg^+·(n-x)NO_3^-\}^{x+}·xNO_3^-$

C. $\{(AgCl)_m·nNO_3^-·(n-x)Ag^+\}^{x-}·xAg^+$

D. $\{(AgCl)_m·nK^+·(n-x)Cl^-\}^{x+}·xCl^-$

（10）胶体溶液中，决定溶胶电性的物质是（　　）。

A. 胶团　　B. 电位离子　　C. 反离子　　D. 胶粒

1-3 简答题

(1) 为什么水中加入乙二醇可以防冻？为什么氯化钙和五氧化二磷可作为干燥剂？而食盐和冰的混合物可以作为冷冻剂？

(2) 人在河水中长时间游泳睁开眼睛会感到疼痛，在海水里则无不适之感，为什么？

(3) 胶体稳定的原因是什么？有什么方法可以使胶体粒子凝结？为什么在江河入海口，流水所携带的大量泥沙会在海口形成三角洲？

(4) 由 $AgNO_3$ 和 KI 制备 AgI 胶体的时候，如果 $AgNO_3$ 加过量，那么胶团结构式如何表示？

(5) 为什么施肥过多会将作物"烧死"？盐碱地上栽种植物难以生长，试以渗透现象解释。

1-4 从一瓶氯化钠溶液中取出 50g 溶液，蒸干后得到 4.5g 热氯化钠固体，试确定这瓶溶液中溶质的质量分数及该溶液的质量摩尔浓度。

1-5 一种防冻溶液为 40g 乙二醇 ($HOCH_2CH_2OH$) 与 60g 水的混合物，计算该溶液的质量摩尔浓度及乙二醇的质量分数。

1-6 已知浓 H_2SO_4 的质量分数为 96%，密度为 $1.84g \cdot mL^{-1}$，如何配制 500mL 物质的量浓度为 $0.20mol \cdot L^{-1}$ 的 H_2SO_4 溶液？

1-7 计算 5%的蔗糖 ($C_{12}H_{22}O_{11}$) 水溶液与 5%的葡萄糖 ($C_6H_{12}O_6$) 水溶液的沸点。

1-8 有一质量分数为 1.0%的水溶液，测得其凝固点为 273.05K，计算溶质的相对分子质量。

1-9 在严寒的季节里，为了防止仪器内的水结冰，欲使其凝固点下降到－3.0℃，试问在 500g 水中应加甘油 ($C_3H_8O_3$) 多少克？

1-10 将 15.6g 苯溶于 400g 环己烷 (C_6H_{12}) 中，该溶液的凝固点比纯溶剂的低 10.1℃，试求环己烷的凝固点下降常数。

1-11 现有两种溶液，一种为 3.6g 葡萄糖溶于 200g 水中；另一种为未知物 20g 溶于 500g 水中，这两种溶液在同一温度下结冰，求算未知物的摩尔质量。

1-12 医学上用的葡萄糖 ($C_6H_{12}O_6$) 注射液是血液的等渗溶液，测得其凝固点下降为 0.543℃。(1) 计算葡萄糖溶液的质量分数；(2) 如果血液的温度为 37℃，血液的渗透压是多少？

1-13 在 20℃时，将 5g 血红素溶于适量水中，然后稀释到 500mL，测得渗透压为 0.366kPa，计算血红素的相对分子质量。

知识拓展

高分子溶液

高分子包括天然高分子和合成高分子，高分子与低分子的区别在于前者的分子量较大。通常将分子量大于 10000 的称高分子，分子量小于 1000 的称低分子，分子量介于二者之间的称低聚物。高分子也称聚合物（或高聚物），但有时高分子可指一个大分子，而聚合物则指许多大分子的聚集体。高分子的分子量高达 $10^4 \sim 10^7$。

历史上，很长一个时期曾一直错误地认为高分子溶液是胶体分散体系——小分子的缔合体。1920 年高分子科学的创始人斯托丁格发表了"论聚合"的论文，认为聚合不同于缔合，这点对高分子科学的发展进程有重要的意义。拨开迷雾，人们认识到高聚物——高分子化合物是一种新的物质，不同于小分子，不是小分子的缔合体。高分子溶液在行为上与小分子溶液有很大的差别，高分子的大分子量和线链型结构特征使得单个高分子线团体积与小分子凝聚成的胶体粒子相当，从而有些行为与胶体类似。

高分子溶液是一种在合适的介质中其化合物能以分子状态自动分散均匀的溶液，分子的直径达胶粒大小。高分子溶液属于单相体系，高分子溶液的黏度和渗透压较大，分散质与分散系亲和力强，但丁达尔现象不明显，加入少量电解质无影响，加入多时引起盐析。而溶胶是分散质离子带电的多相体系，是热力学不稳定体系，丁达尔效应较强，加入少量的电解质就会聚沉。

第二章

化学动力学基础

Chapter 02

为了使化学反应更好地为工农业生产及人类生活服务，就要控制反应，使其按照人们所期望的那样进行。这就涉及两个方面的课题：第一是反应在一定条件下能否发生？如果反应发生了，进行到什么程度？即化学反应方向和限度的问题，这是化学热力学研究的范畴（将在第三章讨论）；第二是如果反应能进行，反应的快慢如何？即化学反应速率及其影响因素的问题，这是化学动力学研究的内容。不同的化学反应，其速率千差万别。有些化学反应进行得较快，在瞬间即可完成，而有些化学反应进行得较慢，需要很长时间才能完成。在实际生产中，如合成氨，人们总是希望氮气和氢气反应的速率越快越好，以便提高劳动生产率。有些对人类不利的化学反应，如金属腐蚀、食物变质、塑料和橡胶的老化等，人们总是希望反应速率越慢越好，不发生更好，以减少损失。因此，研究化学反应速率问题对生产实践及人类的日常生活具有重要的现实意义。

本章的中心内容是化学动力学的基础知识。首先介绍反应速率的概念，再介绍速率理论、活化能的概念，并从分子的水平上对化学反应速率的影响因素进行说明，从而完成从宏观层面到微观层面对化学反应速率的认识过程，为深入研究化学反应及其应用奠定基础。

第一节　化学反应速率

化学反应速率是指在一定条件下，反应物转化为生成物的速率。即化学反应过程进行的快慢。用平均速率和瞬时速率来表示。

一、平均速率

在定容的条件下，化学反应平均速率（$\bar{v}$）是用单位时间内反应物浓度的减少或生成物浓度的增加来表示的。

$$\bar{v}=\frac{c_2-c_1}{t_2-t_1}=\pm\frac{\Delta c_i}{\Delta t} \tag{2-1}$$

式中，$\bar{v}$是指用物质浓度变化表示的平均速率；Δc_i 表示某物质在 Δt 时间内的浓度的变化量。因为$\bar{v}$只取正值，所以用反应物浓度变化表示反应速率时取负号，用生成物浓度变化表示反应速率时取正号。浓度常用的单位是 $mol \cdot L^{-1}$，时间常用的单位是 s（秒），所以平均速率常用的单位是 $mol \cdot L^{-1} \cdot s^{-1}$。

例如合成氨的反应：

$$3H_2(g)+N_2(g) = 2NH_3(g)$$

在 1L 的容器中，100s 后有 4mol NH_3 生成，则同时一定消耗 2mol N_2 和 6mol H_2，则可知：

$$\bar{v}(N_2)=-\frac{\Delta c}{\Delta t}=-\frac{-2\text{mol}\cdot\text{L}^{-1}}{100\text{s}}=0.02\text{mol}\cdot\text{L}^{-1}\cdot\text{s}^{-1}$$

$$\bar{v}(H_2)=-\frac{\Delta c}{\Delta t}=-\frac{-6\text{mol}\cdot\text{L}^{-1}}{100\text{s}}=0.06\text{mol}\cdot\text{L}^{-1}\cdot\text{s}^{-1}$$

$$\bar{v}(NH_3)=\frac{\Delta c}{\Delta t}=\frac{4\text{mol}\cdot\text{L}^{-1}}{100\text{s}}=0.04\text{mol}\cdot\text{L}^{-1}\cdot\text{s}^{-1}$$

可见，用不同物质浓度变化来表示的反应速率的数值各不相同，但它们之间可以互相换算。

$$\bar{v}(N_2)=\frac{1}{3}\bar{v}(H_2)=\frac{1}{2}\bar{v}(NH_3)$$

对于任意反应 $a\text{A}+b\text{B} = d\text{D}+e\text{E}$ 有下列关系：

$$-\frac{1}{a}\times\frac{\Delta c(\text{A})}{\Delta t}=-\frac{1}{b}\times\frac{\Delta c(\text{B})}{\Delta t}=\frac{1}{d}\times\frac{\Delta c(\text{D})}{\Delta t}=\frac{1}{e}\times\frac{\Delta c(\text{E})}{\Delta t}$$

为了同一反应化学反应速率数值的统一，我们把化学反应的平均速率定义为："平均速率等于任意物质的浓度随时间的变化率除以相应的化学计量系数（ν_i）。"因此任意反应的平均速率为：

$$\bar{v}=\pm\frac{1}{\nu_i}\frac{\Delta c_i}{\Delta t}$$

式中，ν_i（$\nu_i=a$，b，d，e）是反应物或生成物的化学计量系数，对反应物取负号，对生成物取正号。

二、瞬时速率

实际上化学反应的速率是随时间变化不断改变的。代表化学反应真正速率的是某一时刻的瞬时速率（v），对于任意反应，其瞬时速率可用导数表示为：

$$v=\pm\frac{1}{\nu_i}\lim_{\Delta t\to 0}\frac{\Delta c_i}{\Delta t}=\pm\frac{1}{\nu_i}\times\frac{\text{d}c_i}{\text{d}t} \tag{2-2}$$

对于反应 $a\text{A}+b\text{B} = d\text{D}+e\text{E}$ 有下列关系

$$-\frac{1}{a}\times\frac{\text{d}c(\text{A})}{\text{d}t}=-\frac{1}{b}\times\frac{\text{d}c(\text{B})}{\text{d}t}=\frac{1}{d}\times\frac{\text{d}c(\text{D})}{\text{d}t}=\frac{1}{e}\times\frac{\text{d}c(\text{E})}{\text{d}t}$$

如合成 SO_3 反应：$2SO_2(g)+O_2(g) = 2SO_3(g)$ 的瞬时速率表示为：

$$v=-\frac{1}{2}\times\frac{\text{d}c(SO_2)}{\text{d}t}=-\frac{\text{d}c(O_2)}{\text{d}t}=\frac{1}{2}\times\frac{\text{d}c(SO_3)}{\text{d}t}$$

第二节 化学反应速率理论简介

一、碰撞理论

对不同的化学反应，反应速率的差别很大。爆炸反应在瞬间即可完成，而慢反应数年后也不见得有什么变化。最早对此做出成功解释的是碰撞理论。

碰撞理论是 1918 年路易斯（W. C. M. Lewis）在气体分子运动论基础上提出来的。碰撞理论认为，发生化学反应的首要条件是反应物分子必须相互碰撞。反应速率与单位时间、单位体积内分子间的碰撞次数成正比。如 HI(g) 的分解反应，在 450℃时，若 HI(g) 的起始浓度为 $1\times10^{-3}\text{mol}\cdot\text{L}^{-1}$，分子间的碰撞次数约为 3.5×10^{28} 次 $\cdot\text{L}^{-1}\cdot\text{s}^{-1}$，如果每次碰撞都能发生反应，反应将在瞬间完成。而实际上只有极少数分子在碰撞时发生了反应，大多数的碰撞都没有发生反应。原因在哪里？碰撞理论认为可归结于下列两个原因。

1. 能量因素

碰撞理论把那些能够发生反应的碰撞称为有效碰撞。而能发生有效碰撞的分子与普通分子的差异就在于它们具有较高的能量。只有具有较高能量的分子在相互碰撞时才能克服电子云间的排斥作用而相互接近，从而打破原有的化学键，形成新的分子，即发生化学反应。如图 2-1 所示，对于 $AB+C \longrightarrow A+BC$ 的反应，反应物分子的能量不同，碰撞的结果不同。有的能发生化学反应，有的不能。

碰撞理论把那些具有足够高的能量、能够发生有效碰撞的分子称为活化分子。活化分子的百分数越大有效碰撞次数就越多，反应速率就越快。反应速率与活化分子占分子总数的百分数成正比，按照气体能量分布的规律，活化分子百分数（f）为：

$$f=e^{-\frac{E_a}{RT}}$$

式中，e 为自然对数的底（2.718）；R 为摩尔气体常数，8.314J·K^{-1}·mol^{-1}；T 为热力学温度；E_a 为反应的活化能。为了弄清活化能的概念，我们绘制了气体分子能量分布曲线，见图 2-2。

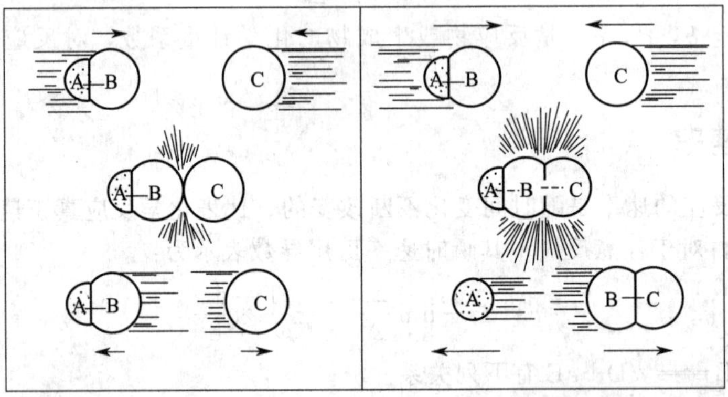

(a) 分子的能量不足　　(b) 分子的能量充足

图 2-1　分子能量不同相互间的碰撞与发生化学反应的关系

根据气体分子运动论的能量分布，在一定温度下，气体分子所具有的能量是各不相同的。有些分子能量较高，有些分子能量较低，但能量特别高或特别低的分子都比较少，大多数分子的能量接近于平均能量（$\overline{E}$），在图 2-2 中，横坐标表示分子的能量，纵坐标表示具有一定能量的分子分数。$\overline{E}\,\overline{E}$线的高度代表具有平均能量分子的百分数。由图看出，只有少数分子的能量比平均能量高。图中阴影面积代表活化分子所占的百分数（f）。对于给定反应，在一定温度下，曲线的形状一定，所以活化分子的百分数也是一定的。通常把活化分子所具有的最低能量（E_c）与反应物分子的平均能量（$\overline{E}$）之差称为反应的活化能，单位是 kJ·mol^{-1}。活化能为：

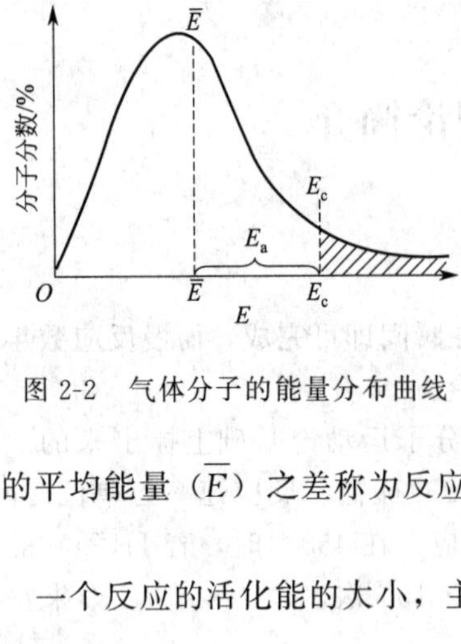

图 2-2　气体分子的能量分布曲线

$$E_a=E_c-\overline{E}$$

一个反应的活化能的大小，主要由反应的本性决定，与反应物的浓度无关，受温度影响较小，当温度变化不大时，一般不考虑它的影响。显然，活化能越小，能峰越小，活化分子数越多，反应越快。反之活化能越大，反应越慢。通常，活化能小于 $40kJ \cdot mol^{-1}$ 的反应，反应速率很大，而活化能大于 $400kJ \cdot mol^{-1}$ 的反应，其速率很小，几乎察觉不到反应的发生。

2. 概率因素

两个反应物分子要碰撞起反应，它们彼此间的取向必须适当，才能从反应物分子转化为产物分子。例如，对于某基元反应：

$$AB+AB \xlongequal{} AA+BB$$

只有 AB 中的 A 与另一分子 AB 中的 A 迎头相碰才有可能发生反应，为有效碰撞。如果 AB 中的 A 与另一分子中的 B 相碰，则不会发生反应，属无效碰撞。对复杂的分子，概率因素的影响更大。

因此，反应物的分子必须具有足够的能量和适当的碰撞方向，才能发生反应。分子的取向与发生化学反应的关系如图 2-3 所示。

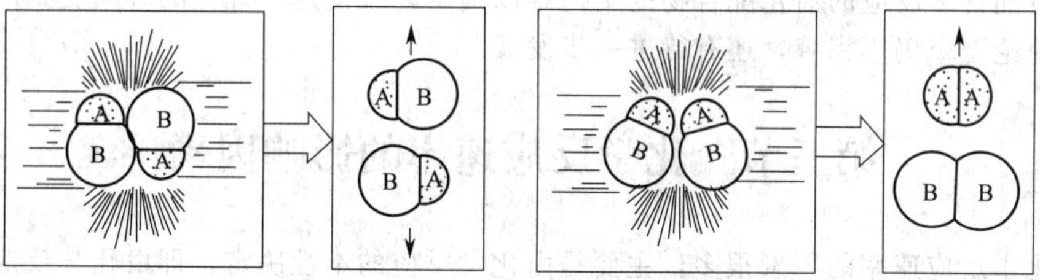

(a) 分子碰撞方向不正确　　(b) 分子碰撞方向正确

图 2-3　分子之间的碰撞取向与发生化学反应的关系

应用碰撞理论能够较好地说明浓度、温度和催化剂对化学反应速率的影响：增加反应物的浓度，使单位体积内活化分子的总数增加，有效碰撞次数增多，反应速率加快；升高反应温度，主要使单位体积内活化分子百分数增加，反应速率明显加快；温度不变时，使用催化剂，可以通过改变反应路径，降低反应活化能，使活化分子的百分数提高，反应速率大幅加快。

但碰撞理论存在一定的缺陷，它只是简单地将反应物分子看成是没有内部结构和内部运动的刚性球体，特别是无法揭示活化能 E_a 的真正的本质，更不能提供活化能 E_a 的计算方法。

二、过渡态理论

过渡态理论又称活化配合物理论，它是在量子力学和统计力学发展的基础上，1935 年由艾林（Eyring）、波兰比（Polanyi）等人提出来的，它是从分子的内部结构与分子的运动来研究反应速率问题的。

该理论认为，发生化学反应的过程就是反应物分子逐渐接近，旧的化学键逐步削弱以至断裂，新的化学键逐步形成的过程。在此过程中，反应物分子必须经过一个过渡状态。这时系统中旧的化学键尚未完全断裂，新的化学键也未完全生成，这个中间状态的物质称为活化配合物。活化配合处于高能状态，极不稳定，很快分解，但活化配合物分解为产物的趋势大于重新变为反应物的趋势。例如：对于一般反应 $A+BC \longrightarrow AB+C$，其实际过程为：

$$\underset{\text{（始态：反应物）}}{A+BC} \longrightarrow \underset{\text{（过渡态：活化配合物）}}{[A\cdots B\cdots C]} \longrightarrow \underset{\text{（终态：生成物）}}{AB+C}$$

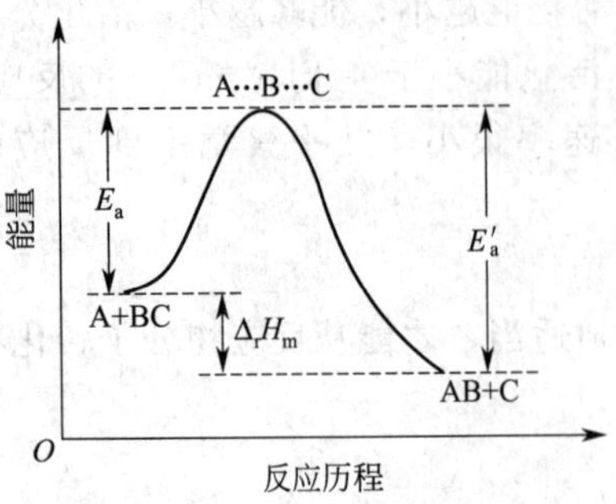

图 2-4　放热反应历程与能量变化示意图

在过渡态理论中，反应的活化能是指反应物经过渡态转化为生成物所需要的最低能量，即等于活化配合物的最低能量与反应物分子的平均能量的差值。放热反应的反应历程与系统的能量关系见图 2-4。

用 E_a 表示正反应的活化能，E'_a 表示逆反应的活化能，两者之差为反应的焓变 ΔH（ΔH 等于定压热效应 Q_p），即：

$$\Delta H = E_a - E'_a$$

若 $\Delta H < 0$ 反应是放热的，若 $\Delta H > 0$ 反应是吸热的。无论反应正向进行，还是逆向进行，都一定经过同一活化配合物状态。

过渡态理论充分考虑了分子的内部结构，从分子结构的角度去研究反应速率问题，方向是正确的，比碰撞理论前进行一步，从而取得成功。但由于活化配合物的结构极不稳定，不易分离，目前许多反应的活化配合物的结构难以确定，致使这一理论的应用受到限制。因此反应速率理论至今仍不完善，还有待进一步发展。

第三节　化学反应速率的影响因素

影响化学反应速率的因素很多，主要是由化学反应的本性决定，即由化学反应的活化能大小决定，这是主要因素；其次对于同一反应，外界条件（反应物的浓度、温度、催化剂、压力、介质、光、反应物颗粒大小等）不同，反应速率亦有明显差异。其中外界对反应的主要影响因素是浓度、温度和催化剂等。

一、浓度对化学反应速率的影响——速率方程

1. 质量作用定律与速率方程

一个反应的化学方程式，只能说明由什么反应物生成了什么产物，以及反应物和产物之间的计量关系，它并不能说明反应物是通过什么途径才转变成产物的。化学反应所经历的具体途径，称为反应机理或反应历程。

由反应物分子一步就能直接转化为产物分子的反应，称为基元反应。实验证明，基元反应是一切化学反应的基本单元。实际反应中只有少数是基元反应。由一个基元反应构成的化学反应称为简单反应；由两个或两个以上的基元反应构成的化学反应称为复杂反应。一个化学反应是简单反应还是复杂反应，不能简单地从反应方程式来判断，需要通过实验来确定。

1867 年，古德贝多格（C. M. Gudberg）和瓦格（P. Waage）从大量实验中总结出反映化学反应速率与反应物浓度间关系的规律：在一定温度下，基元反应的化学反应速率与反应物浓度（以化学反应方程式中相应物质的化学计量数为指数）的乘积成正比。这个结论称为质量作用定律。

在一定温度下，任一基元反应：

$$a\text{A} + b\text{B} = d\text{D} + e\text{E}$$

则
$$v = kc^a(\text{A})c^b(\text{B}) \qquad (2\text{-}3)$$

这是该反应的质量作用定律的数学表达式，又称为反应速率方程式。式中，k 为反应速率常数。k 的物理意义是反应物浓度为单位物质的量浓度时的反应速率。k 的大小主要由反

应物的本性决定，其次与温度及催化剂等因素有关，与浓度无关。速率常数 k 的值一般由实验测定，k 的单位与浓度的方次和时间有关，应根据速率方程确定。$c(\mathrm{A})$、$c(\mathrm{B})$ 分别为反应物 A 和 B 的物质的量的浓度，它的单位通常用 $\mathrm{mol \cdot L^{-1}}$。

2. 书写速率方程应注意的问题

（1）对于基元反应　质量作用定律的数学表达式即为速率方程，因此可根据化学反应方程式直接写出速率方程。例如对于基元反应：

$$NO_2(g)+CO(g) \longrightarrow CO_2(g)+NO(g)$$

其速率方程为：

$$v=kc(NO_2)c(CO)$$

（2）对于复杂反应　质量作用定律并不适用，但质量作用定律对于复杂反应中的每一步基元反应都是适用的，可以由方程式写出每步基元反应的速率方程。

对于复杂反应，如果知道其反应历程，可由控速步骤来写出速率方程。如反应：

$$2NO(g)+2H_2(g) = N_2(g)+2H_2O(g)$$

实验证明该反应是一个复杂反应，其反应历程为：

① $$2NO(g)+H_2(g) \longrightarrow N_2(g)+H_2O_2(g)$$ （慢）

② $$H_2O_2(g)+H_2(g) \longrightarrow 2H_2O(g)$$ （快）

由于反应①比反应②慢得多，它是控制整个反应速率的关键，称之为控速步骤；虽然反应②进行得很快，但只有反应①中的 H_2O_2 生成后才有可能进行，因此，第二步反应对总反应的速率不起决定性作用。总反应的速率方程为：

$$v=kc^2(NO)c(H_2)$$

也就是说对于一个已知历程的复杂反应，其速率方程可根据控速步骤来书写。

对于不知反应历程的复杂反应，其速率方程只能由实验得到，而不可由总反应方程式直接写出。如例 2-1。

（3）当有纯固体或纯液体参加反应时　由于它们的浓度是一个定值，或者说它们的分压在一定温度下是一个定值，因此它们的浓度不写入速率方程的浓度项中。例如基元反应：

$$C(s)+O_2(g) = CO_2(g)$$

其速率方程写为：

$$v=kc(O_2)$$

（4）有气体参加的反应，由理想气体的状态方程 $pV=nRT$ 可知，速率方程中的浓度可用气体的分压来代替。如（3）中反应的速率方程可写为 $v=kp(O_2)$。

3. 反应级数

速率方程式 $v=kc^a(\mathrm{A})c^b(\mathrm{B})$ 中各浓度的指数 a、b……分别称为各反应组分 A、B……的级数。各浓度的指数之和 $n=a+b+\cdots$ 称为总反应级数，又称反应级数。当 $n=0$ 时称为零级反应，$n=1$ 时称为一级反应，$n=2$ 时称为二级反应，以此类推。反应级数的大小反映了反应物的浓度或分压对反应速率的影响，反应级数越大，反应物浓度或分压对反应速率的影响越大。反应级数通常是利用实验确定的，不是由化学方程式直接写出的。例如：

$$2NO(g)+O_2(g) = 2NO_2(g)$$

实验测得其速率方程为：

$$v=kc^2(NO)c(O_2)$$

该反应对于 NO 是一个二级反应，对于 O_2 是一级反应，而总反应是三级反应。

反应级数可以是整数、分数，也可以是零。反应级数的值与反应速率常数 k 的单位有密切关系。通过反应级数可以确定 k 单位，反之已知 k 的单位亦可确定反应的级数。

【例 2-1】 制备光气的反应按下式进行：

$$CO + Cl_2 \xlongequal{\quad} COCl_2$$

实验测得下列数据：

实验序号	初始浓度/($mol \cdot L^{-1}$)		初始速率/($mol \cdot L^{-1} \cdot s^{-1}$)	实验序号	初始浓度/($mol \cdot L^{-1}$)		初始速率/($mol \cdot L^{-1} \cdot s^{-1}$)
	CO	Cl_2			CO	Cl_2	
1	0.10	0.10	1.2×10^{-2}	3	0.050	0.10	6.0×10^{-3}
2	0.10	0.050	4.26×10^{-3}	4	0.050	0.050	2.13×10^{-3}

(1) 求该反应的速率方程式；(2) 求反应级数；(3) 求反应速率常数。

解 (1) 反应的速率方程式

设速率方程为 $v=kc^a(CO)c^b(Cl_2)$

将实验 1、2 数值代入速率方程得到的两式相比可求出 $b=1.5$

将实验 1、3 数值代入速率方程得到的两式相比可求出 $a=1$

因此，该反应的速率方程式为 $v=kc(CO)c^{3/2}(Cl_2)$

(2) 反应级数

反应级数=1+1.5=2.5，总反应为 2.5 级。

(3) 反应速率常数

由 $v=kc(CO)c^{3/2}(Cl_2)$ 知：$k=\dfrac{v}{c(CO)c^{3/2}(Cl_2)}$，将表中任一号实验数据代入，即可求得速率常数 $k=3.8\ (mol^{-1}\cdot L)^{3/2}\cdot s^{-1}$。

所以反应速率方程式为 $v=kc(CO)c^{3/2}(Cl_2)$；级数为 2.5 级；速率常数为 $3.8\ (mol^{-1}\cdot L)^{3/2}\cdot s^{-1}$。

二、温度对化学反应速率的影响——阿仑尼乌斯公式

温度对反应速率的影响是通过能量变化改变了活化分子百分数来实现的。当温度升高时，一方面由于分子的运动速度加快，单位时间内的碰撞机会增加，使反应速率加快；另一方面更主要的是温度升高，系统的平均能量增加，从而有较多的分子获得了能量成为活化分子，增加了活化分子的百分数，结果使单位时间内有效碰撞次数显著增加，因而反应速率大大加快。

1. 范特霍夫规则

根据反应速率方程 $v=kc^a(A)c^b(B)$，k 在一定温度下为一常数，温度改变，k 就要随之而变。如果能找出 k 与 T 之间的函数关系，就能了解温度对反应速率的影响程度。

1844 年，范特霍夫（van't Hoff，1901 年第一位诺贝尔化学奖获得者）在研究了许多反应的速率与温度的关系之后，总结出一条近似规律：对于反应物浓度不变的反应，一般而言，温度每升高 10℃，反应速率就增大到原来的 2～4 倍。

$$\frac{k_{t+10}}{k_t}=\gamma \qquad \gamma=2\sim4$$

在温度变化不大或不需精确数值时，可用范特霍夫规则粗略地估计温度对反应速率的影响。

2. 阿仑尼乌斯（Arrhenius）公式

1889 年瑞典化学家阿仑尼乌斯总结了大量实验事实，把活化能 E_a 和温度 T 及反应速率常数 k 三者联系起来，其关系式为：

$$k=Ae^{-\frac{E_a}{RT}} \tag{2-4}$$

式中，A 是给定反应的特征常数；T 为热力学温度；E_a 为反应的活化能；R 为气体常数。A 与碰撞的频率（Z）和碰撞的取向（P）有关。$A=PZ$，称为指前因子（也叫频率因

子），它与浓度无关，不同反应 A 值不同，其单位与 k 相同。一般情况下，A 和 E_a 在一定温度内为定值。

从式(2-4) 可知，温度增加 k 值变大。由于 k 与温度 T 成指数关系，因此温度的微小的变化，将导致 k 值较大变化。

将式(2-4) 两边取自然对数

$$\ln k = \ln A - \frac{E_a}{RT}$$

$$\lg k = \lg A - \frac{E_a}{2.303RT} \tag{2-5}$$

$$E_a = 2.303RT(\lg A - \lg k)$$

若对于同一反应，在 T_1 时速率常数为 k_1，T_2 时速率常数为 k_2，从阿仑尼乌斯公式可得：

$$\lg\frac{k_2}{k_1} = \frac{E_a}{2.303R}\left(\frac{T_2 - T_1}{T_2T_1}\right) \tag{2-6}$$

利用此式可由两个不同温度时的速率常数，求反应的活化能 E_a；或已知活化能及某温度下的速率常数，求出另一温度时的速率常数。

【例 2-2】 某反应的活化能 $E_a = 1.14\times10^5\text{J}\cdot\text{mol}^{-1}$。在 600K 时，$k_1 = 0.75\text{mol}^{-1}\cdot\text{L}\cdot\text{s}^{-1}$，①计算 700K 时的 k_2；②当温度由 600K 上升到 700K 时，反应速率增大了多少倍？

解 根据式(2-6)，代入相应的数值：

$$\lg\frac{k_2}{0.75\text{mol}^{-1}\cdot\text{L}\cdot\text{s}^{-1}} = \frac{1.14\times10^5\text{J}\cdot\text{mol}^{-1}}{2.303\times8.314\text{J}\cdot\text{K}^{-1}\cdot\text{mol}^{-1}}\left(\frac{700\text{K}-600\text{K}}{700\text{K}\times600\text{K}}\right)$$

$$k_2 = 19.5\text{mol}^{-1}\cdot\text{L}\cdot\text{s}^{-1}$$

$$k_2/k_1 = 26$$

所以 700K 时的速率常数为 $19.5\text{mol}^{-1}\cdot\text{L}\cdot\text{s}^{-1}$，当温度由 600K 上升到 700K 时，反应速率增大了近 26 倍。

【例 2-3】 已知某酸在水溶液中发生分解反应。当温度为 10℃时，反应速率常数为 $1.08\times10^{-4}\text{s}^{-1}$；60℃时，反应速率常数为 $5.48\times10^{-2}\text{s}^{-1}$，试计算这个反应的活化能。

解 根据式(2-6)，代入相应的数值：

$$\lg\frac{5.48\times10^{-2}}{1.08\times10^{-4}} = \frac{E_a}{2.303\times8.314\text{J}\cdot\text{K}^{-1}\cdot\text{mol}^{-1}}\left(\frac{333\text{K}-283\text{K}}{333\text{K}\times283\text{K}}\right)$$

$$E_a = 97.6\text{kJ}\cdot\text{mol}^{-1}$$

所以该反应的活化能为 $97.6\text{kJ}\cdot\text{mol}^{-1}$。

三、催化剂对化学反应速率的影响

1. 催化剂和催化作用

催化剂是一种只要少量存在就能显著改变反应速率，而本身的质量、组成和化学性质在反应前后保持不变的物质。有催化剂参加的反应称为催化反应。催化剂对化学反应的作用称为催化作用。能加快反应速率的催化剂称为正催化剂。例如硫酸生产中以 V_2O_5 作催化剂加快反应速率，合成氨生产中常用 Fe 作催化剂加快反应速率。能降低反应速率的催化剂称为负催化剂或阻化剂。如以六亚甲基四胺 $(CH_2)_6N_4$ 作负催化剂，降低钢铁在酸性溶液中腐蚀反应的速率，六亚甲基四胺也称缓蚀剂。一般情况下，使用催化剂都是为了加快反应速率，若不特别指出，本书中所提到的催化剂均指正催化剂。

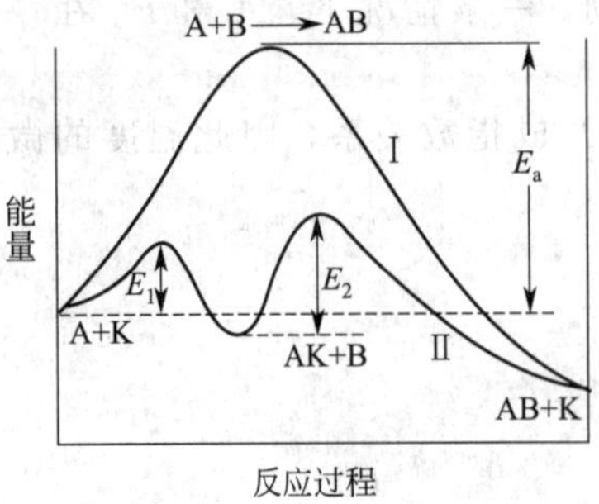

图 2-5　催化剂改变反应途径示意图

2. 催化剂的特征

① 催化剂通过改变反应的历程降低反应的活化能，使活化分子的百分数增加，加快反应速率。

虽然催化剂并不消耗，但是实际上它参加了化学反应。催化反应都是复杂反应，催化剂在其中的一步基元反应中被消耗，在后面的基元反应中又再生。在此过程中通过改变反应路径降低了反应的活化能，从而使活化分子百分数和有效碰撞次数增多，导致反应速率加快。

例如，某反应在无催化剂时的反应历程为：

$$A+B \longrightarrow AB$$

反应按图 2-5 中路径Ⅰ进行，活化能为 E_a。

当加入催化剂 K 时，反应历程为：

$$A+K \longrightarrow AK$$

$$AK+B \longrightarrow AB+K$$

总反应为：

$$A+B+K \longrightarrow AB+K$$

反应按图 2-5 中的路径Ⅱ进行，两步基元反应的活化能分别为 E_1 和 E_2。由图 2-5 可见，在反应路径Ⅱ中，两步反应所需要的活化能 E_1 和 E_2 都远小于路径Ⅰ的活化能 E_a，因此反应速率加快。

【例 2-4】 乙醛的分解反应，$CH_3CHO(g) \longrightarrow CH_4(g)+CO(g)$，在 400K 时的活化能为 $190kJ \cdot mol^{-1}$，如用 I_2 作催化剂时，活化能降至 $136kJ \cdot mol^{-1}$，试计算使用催化剂 I_2 后可使反应速率提高的倍数。

解　已知 $E_{a(有催化剂)}=136kJ \cdot mol^{-1}$，$E_{a(无催化剂)}=190kJ \cdot mol^{-1}$。

根据阿仑尼乌斯公式，反应温度一定时，则有：

$$\lg\frac{k_{有}}{k_{无}}=\frac{E_{a(无催化剂)}-E_{a(有催化剂)}}{2.303RT}$$

$$\lg\frac{k_{有}}{k_{无}}=\frac{190\times10^3 J \cdot mol^{-1}-136\times10^3 J \cdot mol^{-1}}{2.303\times8.314J \cdot K^{-1} \cdot mol^{-1}\times400K}=7.05$$

$$k_{有}/k_{无}=1.1\times10^7$$

使用催化剂 I_2 后反应速率提高了 1.1×10^7 倍。

加入催化剂 I_2 后反应活化能降低 $54kJ \cdot mol^{-1}$，仅占活化能的 28.4%，可使乙醛分解反应速率增大 1000 万倍。由此可见，催化作用的效率非常高。

② 催化剂只能对热力学上可能发生的反应（$\Delta_r G_m^{\ominus}<0$）起加速作用，热力学上不可能发生的反应（$\Delta_r G_m^{\ominus}>0$），催化剂对它并不起作用。

③ 催化剂只能改变反应机理，不能改变反应的始态和终态。它同时改变正、逆反应速率，且改变的倍数相同，所以催化剂可以缩短达到平衡所需的时间，但不能改变平衡状态。

④ 催化剂有选择性。一种催化剂通常只能定向催化某一个反应或某一类反应，反应物如果能生成多种不同的产物时，选用不同的催化剂会有利不同种产物的生成。例如，乙醇的分解反应，在 473～523K 时，以 Cu 为催化剂，得到 CH_3CHO 和 H_2；413.2K 时，以 H_2SO_4 为催化剂，得到 $(C_2H_5)_2O$ 和 H_2O。因此，在生产上可以利用催化剂的选择性，控制反应以获得所需要的产品。

⑤ 催化剂对少量杂质特别敏感。有的杂质能增强催化功能，称为“助催化剂”；有些杂质可减弱催化功能，称为“抑制剂”；还有些杂质可严重阻碍催化功能，使催化剂“中毒”，完全失去催化作用，这种杂质称为“毒物”。

3. 酶催化

酶是动植物和微生物活细胞产生的具有催化功能的一类特殊蛋白质。生物体内各种各样的生物化学变化几乎都要在各种不同酶催化下进行。例如将5%尿素溶液加热到40℃，并无NH_3产生，但在其中加入黄豆粉，由于黄豆粉中脲酶能促使尿素分解，故放出NH_3，脲酶在这里是一种催化剂。人体内约有3万多种酶，它们分别起着不同的催化作用，如果体内某些酶缺乏或过剩，都会引起代谢功能失调或紊乱，引起疾病。

酶是生物催化剂，酶催化比一般催化作用更具特色：

(1) 高度的专一性（又称特异性） 酶催化反应的选择性非常高，如脲酶只能催化尿素水解为CO_2和NH_3，淀粉酶只能催化淀粉水解为糖等。

(2) 高度的催化效率 酶在生物体内的含量很少，一般以微克或纳克计，但其催化效率约为一般酸碱催化剂的10^6～10^{11}倍。如H_2O_2的分解速率，在0℃时用过氧化氢酶催化是用无机催化剂胶态钯催化效率的5.7×10^{11}倍，是不用催化剂时的6.3×10^{12}倍。

(3) 反应条件温和 一般在常温常压下反应就可进行。例如生物固氮酶在常压下可使空气中的N_2还原为NH_3，而以Fe为催化剂的工业合成氨需高温高压。

仿生催化剂是指人类模仿天然的生物催化剂的结构、作用特点而设计、合成出来的一类催化剂。其特点是具有和天然生物催化剂相似的性能特点，但较天然催化剂的稳定性好，可大量制备，且可在较恶劣的环境下工作。仿生催化剂可以广泛应用于医疗卫生、食品工业和农业生产等行业中，但这方面的研究还处于初级阶段，如有突破，必将引起现代工业的一次伟大变革。

综上所述，浓度、温度、催化剂对化学反应速率的影响可归纳于表2-1中。

表2-1 外界条件对化学反应速率的影响

项目	浓度增加（或减少）	温度升高（或降低）	催化剂（正）	项目	浓度增加（或减少）	温度升高（或降低）	催化剂（正）
活化能	不变	不变	降低	有效碰撞次数	增加（或减少）	增加（或减少）	增多
活化分子百分数	不变	增加（或减少）	增加	反应速率	加快（或减慢）	加快（或减慢）	加快
活化分子数	增加（或减少）	增加（或减少）	增加	速率常数	不变	变大（或变小）	变大

思考题与习题

2-1 简答题

(1) 影响化学反应速率的外界因素主要有哪些？并以活化能、活化分子等概念说明之。

(2) 试述碰撞理论与过渡态理论的基本要点。

(3) 什么是质量作用定律？它和速率方程有何关系？

2-2 填空题

(1) 若某反应为$a\mathrm{A}+b\mathrm{B}=c\mathrm{C}$，试写出用A，B，C三种物质的浓度变化量来表示该反应的瞬时速率：(　　　　　)。

(2) 在化学反应中凡（　　）完成的反应称基元反应；基元反应是通过（　　）确定的。

(3) 增加反应物的浓度，反应速率加快的主要原因是（　　　　）增加；升高温度，反应速率加快的主要的原因是（　　　　）增加。

(4) 已知基元反应$CO(g)+NO_2(g)=NO(g)+CO_2(g)$，该反应的速率方程式为（　　　　），此速率方程为（　　）定律的数学表达式，此反应对NO_2是（　　）级反应，总反应是（　　）级反应。

(5) 已知反应：$2NO(g)+2H_2(g)=N_2(g)+2H_2O(g)$的反应历程为：

① $2NO(g)+H_2(g)\longrightarrow N_2(g)+2H_2O_2(g)$（慢反应）

② $H_2O_2(g)+H_2(g)=2H_2O(g)$（快反应）

则此反应称为（　　）反应。此两步反应均称为（　　）反应，而反应①称为总反应的（　　　），总反应的速率方程式为（　　　），此反应为（　　）级反应。

(6) 在相同温度下，三个基元反应的活化能如下：

	正向/($kJ \cdot mol^{-1}$)	逆向/($kJ \cdot mol^{-1}$)
①	18	40
②	80	25
③	40	57

A. 正向反应速率最大是（　　）反应。

B. 第一个反应的热效应为（　　）$kJ \cdot mol^{-1}$。

C. 逆反应为放热反应的是（　　）个反应。

(7) 若某反应为二级反应，则该反应的速率常数的单位应为（　　）。

(8) 催化剂能提高许多反应的速率，其原因是（　　　　　　　　）。

(9) 对于一个确定的化学反应，化学反应速率常数只与（　　）有关，而与（　　）无关。

(10) 某化学反应的速率方程表达式为 $v=kc^{1/2}(A)c^2(B)$，若将反应物 A 的浓度增加到原来的 4 倍，则反应速率为原来的（　　）倍；若将反应的总体积增加到原来的 4 倍，则反应速率为原来的（　　）倍。

2-3 判断题（正确的在括号中填“√”号，错的填“×”号）

(1) 正、逆反应的活化能，数值相等，符号相反。（　　）

(2) 反应级数等于反应方程式中各反应物的计量系数之和。（　　）

(3) 催化剂加快反应速率的原因是催化剂参与了反应，改变了反应的历程，降低了反应所需的活化能。（　　）

(4) 活化能是指能够发生有效碰撞的分子所具有的平均能量。（　　）

(5) 反应物的浓度增大，则反应速率加快，所以反应速率常数增大。（　　）

2-4 单项选择

(1) 下面关于反应速率方程表达式说法正确的是（　　）。

A. 质量作用定律可以用反应物的分压表示

B. 化学反应速率方程的表达式中幂次之和即为反应的级数

C. 反应速率方程表达式中幂次出现分数的反应一定不是基元反应

D. 凡化学反应速率方程的表达式与质量作用定律的书写方式相符的反应必为基元反应

(2) 某反应速率常数为 $0.83 L \cdot mol^{-1} \cdot s^{-1}$，该反应为（　　）。

A. 零级　B. 一级反应　C. 二级反应　D. 三级反应

(3) 由实验测定，反应 $H_2(g)+Cl_2(g) \longrightarrow 2HCl(g)$ 的速率方程为 $v=kc^{1/2}(Cl_2)c(H_2)$，在其他条件不变的情况下，将每一种反应物的浓度加倍，此时反应速率为（　　）。

A. $2v$　B. $4v$　C. $2.8v$　D. $2.4v$

(4) 已知反应 $H_2+I_2 \longrightarrow 2HI$，其速率方程为 $v=kc(H_2)c(I_2)$，该反应（　　）。

A. 一定是简单反应　B. 一定是复杂反应　C. 无法确定

(5) 基元反应 $2A(g)+B(g) \longrightarrow C(g)$，将 2mol A(g) 和 1mol B(g) 在一容器中混合，A 与 B 开始反应的速率是和 A，B 都消耗一半时的（　　）。

A. 0.25 倍　B. 4 倍　C. 8 倍　D. 相等

2-5 化学反应 $NO_2(g)+O_3(g) \longrightarrow NO_3(g)+O_2(g)$ 在 298K 时，测得的数据如下表：

实验序号	初始浓度/($mol \cdot L^{-1}$)		初始速率
	NO_2	O_3	/($mol \cdot L^{-1} \cdot s^{-1}$)
1	5.0×10^{-5}	1.0×10^{-5}	0.022
2	5.0×10^{-5}	2.0×10^{-5}	0.044
3	2.5×10^{-5}	2.0×10^{-5}	0.022

(1) 求反应速率方程的表达式。

(2) 求总反应的级数。

(3) 求该反应的反应速率常数。

2-6 已知某反应的活化能为 $70 kJ \cdot mol^{-1}$，300K 时的速率常数为 $0.1 s^{-1}$，试计算：

(1) 400K 时，反应的速率为原来的多少倍？

(2) 温度由 1000K 升高到 1100K 时，反应速率为 1000K 时的多少倍？

2-7 已知反应 $2ICl + H_2 \longrightarrow I_2 + 2HCl$，230℃时速率常数为 $0.163L \cdot mol^{-1} \cdot s^{-1}$，240℃时速率常数为 $0.348mol^{-1} \cdot L \cdot s^{-1}$，求 E_a 和 A 值。

2-8 在 773K 时合成氨反应，未采用催化剂时的活化能为 $254kJ \cdot mol^{-1}$，应采用铁催化剂后活化能降为 $146kJ \cdot mol^{-1}$。试计算反应速率提高了多少？

2-9 在 301K 时，鲜牛奶大约 4h 变酸，但在 278K 的冰箱中可保存 48h，假定牛奶变酸的反应速率与所需时间成反比，试求牛奶变酸过程的活化能。

知识拓展

碳钟——化学动力学在考古中的应用

化学动力学是一个应用非常广泛的科学领域。面对考古挖掘物，考古工作者首先要解决的问题是如何准确地测定出它们存在的年代。自从 20 世纪发现了放射性元素和它蜕变成的同位素后，科学家们又找到一种大自然的钟表——放射性的 ^{14}C。碳的同位素主要是稳定同位素 ^{12}C、^{13}C 及具有放射性的 ^{14}C。科学家们用放射性碳这一先进技术解决了考古挖掘物测定年代的问题。

地球上的大气永恒地承受着穿透能力极强的宇宙线照射。这些射线来自于外层空间，它是由电子、中子和原子核组成的。大气与宇宙线间的重要反应之一是中子被大气中的 ^{14}N 捕获产生了放射性的 ^{14}C 和氢：

$$^{14}_{7}N + ^{1}_{0}n \longrightarrow ^{14}_{6}C + ^{1}_{1}H$$

放射性的碳原子最终生成了 $^{14}CO_2$，它与普通的二氧化碳 $^{12}CO_2$ 在空气中混合。同位素 ^{14}C 蜕变放射出粒子，其蜕变速率由每秒放射出的电子数来测定。蜕变为一级反应，其速率方程式为：$v = kN$ 或 $\ln \dfrac{N_0}{N} = kt$

k 为一级反应的速率常数；N_0 为初始时 ^{14}C 的核数；N 为时间 t 时的 ^{14}C 的核数。

含有 ^{14}C 的 CO_2 通过光合作用进入植物体内，^{14}C 同位素进入了生物圈。人和动物吃了植物，在新陈代谢中，又以 CO_2 的形式呼出 ^{14}C。因而导致 ^{14}C 以多种形式参与了碳在自然界中的循环。因而减少了的 ^{14}C 又不断地被大气中新产生的 ^{14}C 补充着。在蜕变补充的过程中，建立了动态平衡。因此 ^{14}C 与 ^{12}C 的比例在生命体内保持恒定。当植物或动物死亡之后，其中的 ^{14}C 不再得到补充。由于 ^{14}C 蜕变过程没有终止，死亡了的生命中 ^{14}C 所占的比例将减少。在煤、石油及其他地下含碳的材料中，碳原子也发生着同样的变化。如多年之后的干尸（木乃伊）中 ^{14}C 核与活着人们的体内 ^{14}C 与 ^{12}C 的比例随着年代的增长成正比地减少。大约平均每过 5730 年，^{14}C 含量会减少一半，像这种当反应物浓度减少为原来浓度的一半时，所需要的时间叫做放射性同位素的半衰期。

当 $N = \dfrac{1}{2}N_0$　　则有：$k = \dfrac{0.693}{5.73 \times 10^3 a} = 1.21 \times 10^{-4} a^{-1}$

1955 年，W. P. Libby（美国化学家）提出，这一事实能用于估算某特定样品在没有补充 ^{14}C 的情况下，^{14}C 同位素已经蜕变的时间。

$$t = \frac{1}{k}\ln\frac{N_0}{N} = \frac{1}{1.21 \times 10^{-4} a^{-1}}\ln\frac{v}{v_t}$$

若已知新、旧样品的蜕变速率 v，就能计算出 t，即旧样品的年龄。这种独创性的技术是以极简单的概念为基础的。W. F. Libby 奠定了这一技术的基础，为此他荣获了 1960 年的 Nobel 化学奖。

"^{14}C 测定年代法"的成功与否，取决于能否精确地测量蜕变速率。在活着的生物体内 $^{14}C/^{12}C$ 为 $1/10^{12}$，^{14}C 的量如此之少，所用仪器的检测器对放射性蜕变要特别灵敏。对年代久远的样品来说，要达到较高的精确度就更加困难。尽管如此，这一技术已成为考古学中判断古生物年龄的重要方法，可以用来判断远离现在 1000～50000 年之久的生物化石、绘画和木乃伊等，但对于年代更久远的出土文物，如生活在五十万年以前的周口店北京猿人，利用 ^{14}C 测年代法是无法测定出来的。

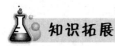

第三章

化学热力学基础及化学平衡

Chapter 03

物质世界的各种变化总是伴随着各种形式的能量变化。定量的研究能量相互转化过程中所遵循规律的学科称为热力学。化学热力学是一门利用热力学的基本原理研究化学过程及与化学有关的物理现象的科学。化学热力学要解决化学中的两个主要问题：一是化学反应中能量的转化问题，二是化学反应进行的方向及限度的问题。

第一节 基本概念

一、系统和环境

为了明确研究对象，人们通常将欲研究的那部分物质或空间与其余的物质或空间分开，被划分出来作为研究对象的那一部分物质和空间称为系统（也称为体系），系统以外与系统密切相关的其余的部分称为环境。系统和环境之间相互依存、相互制约。例如，我们要研究 NaOH 溶液和 HCl 溶液之间的化学反应，那么研究的对象——溶液就是系统，盛放溶液的烧杯和它周围的空气即为环境。系统和环境之间的划分完全是人为的。按照系统和环境之间的物质和能量的交换关系，可把系统分为三种：

① 敞开系统　在系统和环境之间既有物质交换，又有能量交换。

② 封闭系统　在系统和环境之间没有物质交换，只有能量交换。

③ 隔离系统　（也称孤立体系）在系统和环境之间既没有物质交换，也没有能量交换。

例如，在一个保温杯中盛入热水，盖紧杯盖，如果在研究阶段水温保持不变，则杯中的水和空间这一系统属于隔离系统；如果水温发生变化，表明系统和环境之间发生了能量交换，此时系统就是一个封闭系统；如果打开杯盖，水分子可以自由进出，此时系统就是一个敞开系统。

综上所述，系统是根据解决问题需要而人为划分的，在讨论化学变化时，一般把反应物和产物作为研究对象，研究一定量的物质在变化过程中能量的变化情况，所以是个封闭系统。在封闭系统中质量守恒。

二、状态和状态函数

系统的状态是指系统所有物理性质和化学性质的综合表现。当系统的各种性质，如温度、体积、压力、物质的量、物质的量浓度、热力学能、焓、熵和吉布斯自由能等，都有确定的数值时，就确定了系统的各方面的宏观表现，系统就处于一定的热力学状态；反之，系统的热力学状态一经确定，系统的各种性质就都有了确定的数值。系统的状态发生变化，系统的各种性质也就发生了变化。

热力学上把表征系统状态的宏观性质称为系统的状态函数，如 T、V、p、H、S 等，这些性质的总体表现就是系统的一个状态。状态函数有两个主要特征。其一是当系统从一种状态变化到另外一种状态时，状态函数的改变量，只与系统的始态和终态有关，而与系统具体变化的途径无关。例如将水从始态（298K，101.3kPa）变化到终态（338K，101.3kPa），无论是先降温再升温，还是直接升温，哪一种操作途径最终 ΔT 都是 40K。其二是：状态函数间相互关联。如一定量的理想气体，n、T、V、p 等 4 个状态函数之间满足理想气体状态方程 $pV=nRT$。

通常根据状态函数性质的不同，可把状态函数分为两类：

① 广度性状态函数　广度性也称容量性。具有广度性状态函数的大小与系统的物质的量成正比，如 m、V、U、H、S、G 等，这类状态函数具有加合性，整个系统某状态函数的值等于系统各部分该状态函数值的和。如系统的体积等于各部分体积的和。

② 强度性状态函数　具有此类性质状态函数的大小与系统的物质的量无关，仅与系统的状态有关。如系统的温度、物质的量浓度、密度等。这类状态函数不具有加合性，例如两杯都是 300K 的水混合后，其温度不是 600K，而仍然是 300K。强度性状态函数常常是两个广度性状态函数的比值。如物质的量浓度等于物质的量与体积的比值。

三、过程和途径

系统状态发生一个任意变化时，系统就经历了一个过程。完成某一过程所经过的具体步骤（方法）称为途径。根据过程发生的条件不同，通常把过程分为如下几类：

① 等温过程　系统的始态温度与终态温度相等，并且过程中始终保持这个温度。

② 等压过程　系统的始态压力与终态压力相等，并且过程中始终保持这个压力。

③ 等容过程　系统的始态体积与终态体积相等，并且过程中始终保持这个体积。

④ 绝热过程　系统状态发生变化过程中，系统和环境之间没有热交换，即 $Q=0$。

⑤ 循环过程　系统从某一状态出发，经过一系列变化又回到原来状态的过程。

四、热和功

热和功是系统发生状态变化时与环境之间进行能量传递的两种形式。系统和环境之间由于温度差的存在而传递的能量称为热，用符号 Q 表示，其 SI 单位为 J。并规定系统从环境吸热，Q 为正值；系统放热给环境，Q 为负值。热与途径相联系，所以热是非状态函数。

除热之外，在系统与环境之间传递的其他各种形式的能量统称为功，用符号 W 表示，其 SI 单位为 J。并规定系统对环境做功，W 为负；环境对系统做功，W 为正。功和热一样也与途径有关，所以也是非状态函数。

热力学通常将功分为体积功和非体积功两类。体积功是由于系统体积变化时反抗外力做功而与环境之间交换的能量。体积功又称膨胀功，$W=-p\Delta V$，ΔV 为系统状态变化中终态与始态的气体体积之差；或 $W=-\Delta nRT$，Δn 为系统状态变化中终态与始态气体的物质的量的差。除了体积功外，其他形式的功称为非体积功（也称有用功），用符号 W_f（W'）表示，如电功、机械功等。

第二节　化学反应过程的热效应

一、热力学能

热力学能也叫内能，是系统内各种形式的能量的总和，用符号 U 表示，具有能量的单位。系统的内能包括组成系统的各种粒子（如分子、原子、电子、原子核等）的动能（如分子的平动能、振动能、转动能等），以及这些粒子之间相互作用的势能（如粒子之间的吸引能、排斥能，化学键等）。

热力学能是系统内微观粒子的运动与相互作用的总体表现，它的大小与系统内的温度、体积、压力以及物质的量有关。系统的温度越高（粒子运动的越激烈）、体积越小（粒子间相互作用的势能越大）、所含的物质的量越多，系统所具有的热力学能就越大。热力学能不包括系统整体运动的动能和系统整体处于外力场中具有的势能。热力学能是状态函数，它的改变量只与始态和终态有关，与具体的途径无关。

由于系统内部粒子的运动方式及相互作用极其复杂，人们还不能确定系统在某状态下的热力学能的绝对值，但这对于解决实际问题无妨，我们只需要知道在系统状态发生改变时，热力学能的改变量（ΔU）就足够了。

二、热力学第一定律

“在任何过程中，能量是不会自生自灭的，只能从一种形式转化成另一种形式，在转换的过程中能量的总和不变。”这一定律是人类长期实践经验的总结，称之为能量守恒与转化定律，至今从未发现任何违反这一定律的现象。

将能量守恒与转化定律应用于热力学系统，就是热力学第一定律。一个封闭的热力学系统的任何变化，都不能违背这一规律。其数学表达式为：

$$\Delta U=Q+W(\text{封闭系统}) \tag{3-1}$$

式中，ΔU 为系统的热力学能变化；Q 和 W 分别表示变化过程中系统与环境之间传递或交换的热和功。

例如，在循环过程中，系统由始态经一系列变化又回复到原来的状态，则 $\Delta U=0$，所以 $Q=-W$。再如，某系统从始态经一系列变化到终态，从环境吸热 200kJ，同时系统对环境做功 400kJ，则这一变化过程中系统的热力学能改变 $\Delta U=-200\text{kJ}$。

三、化学反应热

1. 物质的标准状态

某些状态函数如 U、H、G 等，它们的绝对值无法确定，为了便于比较不同状态它们的相对值，需要规定一个状态作为比较的标准。所谓物质的标准状态，是在指定的温度 T 和标准压力 $p^{\ominus}$（100kPa）下物质的状态，简称标准态，用右上标“$\ominus$”表示。当系统处于标准状态时，是指系统中各物质均处于各自的标准状态。对具体物质而言，相应的标准态如下：纯理想气体物质的标准状态是该气体处于标准压力 $p^{\ominus}$（100kPa）下的状态，混合理想气体的标准状态是指任一组分气体的分压均为 $p^{\ominus}$ 时的状态（在无机及分析化学中把气体均近似看成是理想气体）；纯液体（或纯固体）物质的标准状态是标准压力 $p^{\ominus}$ 下的纯液体（或纯固体）；溶液中溶质的标准状态是指标准压力 $p^{\ominus}$ 下溶质的质量摩尔浓度为 $b^{\ominus}=1\text{mol}\cdot\text{kg}^{-1}$ 的状态。因为压力对液体和固体的体积影响很小，所以可将溶质的标准状态改用 $c^{\ominus}=1\text{mol}\cdot\text{L}^{-1}$ 来代替。由于标准态只规定了压力 $p^{\ominus}$，而没有指定温度，处于标准状态和不同温度下系统的热力学函数有不同值。一般的热力学函数值均为 298.15K 时的数值，298.15K 为国际纯粹与应用化学联合会（IUPAC）推荐选择温度，若非 298.15K 须特别指明。

2. 反应进度

反应进度是用来描述某一化学反应进行程度的物理量，用符号 ξ 表示，它的 SI 单位是 mol。

对一般的化学反应：$aA+bB = dD+eE$

反应进度的定义为：

$$\xi=\frac{\Delta n}{\nu} \tag{3-2}$$

式中，ν 是反应物或生成物的化学计量系数，对反应物它是负数，对生成物它是正数。化学计量系数的量纲为 1，其中 $\nu(A)=-a$、$\nu(B)=-b$、$\nu(D)=d$、$\nu(E)=e$；Δn 是反应物的物质的量的减少，或生成物物质的量的增加。

例如合成氨反应：$3H_2+N_2 = 2NH_3$

当上述合成氨反应进行到某一阶段，若恰好此时消耗 6mol H_2，根据反应方程式可知，应有 2mol 的 N_2 消耗，同时有 4mol NH_3 生成。则：

$$\xi=\frac{\Delta n}{\nu}=\frac{\Delta n(H_2)}{\nu(H_2)}=\frac{\Delta n(N_2)}{\nu(N_2)}=\frac{\Delta n(NH_3)}{\nu(NH_3)}$$

$$\xi=\frac{\Delta n}{\nu}=\frac{-6}{-3}=\frac{-2}{-1}=\frac{4}{2}=2\text{mol}$$

由此可见，无论选用系统中的何种物质来计算反应进度，其数值是一样的。

ξ 的值可以是正整数、正分数，也可以是零。$\xi=0$，表示反应尚未开始；$\xi=1$mol 时，对于上述合成氨反应，表示反应进行程度是消耗了 3mol H_2 和 1mol N_2，同时有 2mol NH_3 生成。

应当注意的是，ξ 指化学反应按某一反应方程式进行的程度，对于同一反应化学反应，方程式表达不同，其反应进度也不一样，例如合成氨反应方程式按如下方式表达：

$$\frac{3}{2}H_2+\frac{1}{2}N_2 = NH_3$$

当 $\xi=1$mol 时，表示反应进行程度是消耗了 $\frac{3}{2}$mol H_2 和 $\frac{1}{2}$mol N_2，同时有 1mol NH_3 生成。而且在热力学概念中的每摩尔反应是指按反应方程式 $\xi=1$mol 的反应。同时对于给定的化学反应，$\xi=1$mol 时，其对应的热、功、热力学能、焓、熵等，它们的单位是 $J \cdot mol^{-1}$ 或是 $kJ \cdot mol^{-1}$，并在热力学能、焓、熵等符号的右下角标注“m”，如 S_m。

3. 化学反应热

化学反应所释放的热，是人类日常生活和工农业生产所需要的能量主要来源，就连人类本身也是靠淀粉、脂肪等在体内发生氧化反应所提供的热来维持生命现象。在热化学系统中，是通过对化学反应过程中热量的定量研究，来讨论化学反应可否发生、发生了进行到什么程度。所以，研究化学反应热具有非常重要的意义。

化学反应热是指化学反应发生后，使产物的温度回到反应物的温度，且系统不做非体积功时，系统所吸收或放出的热量。由于热与过程相关，因此在讨论反应热时不仅要明确系统的始态和终态，还必须指明具体的过程。通常最重要的过程是定容过程和定压过程。

(1) 定容热　大多数的化学反应是在密闭容器或敞开容器中进行的，由于研究的对象是反应物和生成物这一整体，因此属于封闭系统。在非体积功等于零的条件下，若系统在变化过程中保持体积恒定，此时的热称为定容热。用符号 Q_V 表示。因为系统的体积不变，$\Delta V=0$，$W=-p\Delta V=0$。则有：

$$\Delta U=Q+W=Q_V+0=Q_V \tag{3-3}$$

上式表明，对于封闭系统，在非体积功等于零的条件下，定温等容时，系统的热力学能的改变量在数值上等于定容热。

（2）定压热　在非体积功等于零的条件下，若系统在变化过程中保持作用于系统的外压恒定，此时的热称为定压热。用符号 Q_p 表示。在定压的过程中，$p_{环}=p_{系}=p$，因为不做非体积功，所以总功就是体积功，$W=-p\Delta V$。

则：
$$\Delta U=Q+W=Q_p-p\Delta V$$
所以
$$Q_p=\Delta U+p\Delta V$$
又因定压过程中 $p_1=p_2=p_e$

所以
$$Q_p=(U_2-U_1)+(p_2V_2-p_1V_1)$$
$$Q_p=(U_2+p_2V_2)-(U_1+p_1V_1)$$
$$Q_p=\Delta(U+pV) \tag{3-4}$$

（3）焓　由于 U、p、V 均为系统的状态函数，则 U、p、V 的组合（$U+pV$）也是状态函数。热力学上将（$U+pV$）定义为一个新的状态函数，称为焓，用 H 表示。
$$H=U+pV \tag{3-5}$$
则：
$$Q_p=H_2-H_1=\Delta H \tag{3-6}$$
上式表示，对于封闭系统，等温定压不做非体积功时，系统的定压热在数值上等于系统的焓变。

① 焓是一组合的状态函数，具有状态函数的性质。其改变量只与始态和终态有关，与具体途径无关。其 SI 单位为 J 或 kJ。焓的绝对值无法求，但其变化量可由 $\Delta_r H_m=Q_p$ 确定。$\Delta_r H_m$ 中“r”表示化学反应，“m”表示反应进度 $\xi=1\text{mol}$。

② 焓具有广度性质，其数值的大小与系统的物质的量有关，具有加合性，过程的 ΔH 的数值大小与系统的物质的量成正比。因此对于同一反应，用不同的化学方程式表示时，其 ΔH 不同。

【例 3-1】 已知 $T=298.15\text{K}$，$p=100\text{kPa}$，$\xi=1\text{mol}$ 时，$2SO_2(g)+O_2(g)\rightleftharpoons 2SO_3(g)$ 反应的 $\Delta_r H_m=-197.8\text{kJ}\cdot\text{mol}^{-1}$。计算在同样的条件下，下列反应的 $\Delta_r H_m$。

① $$SO_2(g)+\frac{1}{2}O_2(g)\rightleftharpoons SO_3(g)$$

② $$SO_3(g)\rightleftharpoons SO_2(g)+\frac{1}{2}O_2(g)$$

解　焓值与物质的量成正比，所以：

① $$SO_2(g)+\frac{1}{2}O_2(g)\rightleftharpoons SO_3(g)$$
$$\Delta_r H_m(①)=\frac{1}{2}\times\Delta_r H_m=\frac{1}{2}\times(-197.8\text{kJ}\cdot\text{mol}^{-1})=-98.9\text{kJ}\cdot\text{mol}^{-1}$$

② $$SO_3(g)\rightleftharpoons SO_2(g)+\frac{1}{2}O_2(g)$$
$$\Delta_r H_m(②)=-\Delta_r H_m(①)=-(-98.9\text{kJ}\cdot\text{mol}^{-1})=98.9\text{kJ}\cdot\text{mol}^{-1}$$

【例 3-2】 在 373.15K 和 100kPa 压力下，2.0mol H_2 和 1.0mol O_2 反应，生成 2.0mol 的水蒸气时，放出的热量为 483.64kJ。求该反应的 $\Delta_r H_m$ 和 $\Delta_r U_m$。

解　据题意，反应方程式为
$$2H_2(g)+O_2(g)=2H_2O(g)$$
反应是在等压下进行的，而且 $\xi=1\text{mol}$，所以：
$$\Delta_r H_m=Q_{p,m}=-483.64\text{kJ}\cdot\text{mol}^{-1}$$

$$\Delta_r U_m = Q_p + W = \Delta_r H_m - \Delta nRT$$
$$= -483.64\text{kJ} \cdot \text{mol}^{-1} - [2-(2+1)] \times 8.314 \times 10^{-3}\text{kJ} \cdot \text{K}^{-1} \cdot \text{mol}^{-1} \times 373.15\text{K}$$
$$= -480.54\text{kJ} \cdot \text{mol}^{-1}$$

【例 3-3】 在 79℃和 100kPa 压力下，将 1mol 乙醇完全汽化，求此过程的 W、$\Delta_r H_m$、ΔU、Q_p。已知该反应的 $Q_V = 40.6\text{kJ}$。

解

$$C_2H_5OH(l) \xlongequal{\quad} C_2H_5OH(g)$$

$$W = -p\Delta V = -\Delta nRT = -(1\text{mol} - 0\text{mol}) \times (273+79)\text{K} \times 8.314\text{J} \cdot \text{K}^{-1} \cdot \text{mol}^{-1}$$
$$= -2.93\text{kJ}$$

$$\Delta U = Q_V = 40.6\text{kJ}$$

$$\Delta U = Q_p + W \quad \text{所以 } \Delta H = Q_p = \Delta U - W = 40.6\text{kJ} - (-2.93\text{kJ}) = 43.5\text{kJ}$$

$$\Delta_r H_m = \Delta_r H / \xi = 43.5\text{kJ}/1\text{mol} = 43.5\text{kJ} \cdot \text{mol}^{-1}$$

四、热化学方程式

热化学方程式是表示化学反应与反应热效应关系的方程式。由于热不仅与始态和终态相关，还与具体途径相关，因此，在书写热化学方程式时，除了要求方程式的质量及电荷的平衡外，还必须注意以下几点。

（1）标明反应的温度和压力等条件　若在标准压力 $p^{\ominus}$、298.15K 时可以省略。即反应热 $\Delta_r H_m^{\ominus}$（298.15K）可以写成 $\Delta_r H_m^{\ominus}$，不必标明温度。$\Delta_r H_m^{\ominus}$ 称标准状态时化学反应的摩尔焓变，简称为标准摩尔焓。

（2）明确写出反应的计量方程式　若反应式的书写形式不同，则相应的化学计量系数不同，因此反应热亦不同。

$$2H_2(g) + O_2(g) \xlongequal{\quad} 2H_2O(g) \qquad \Delta_r H_m^{\ominus} = -483.6\text{kJ} \cdot \text{mol}^{-1}$$

$$H_2(g) + \frac{1}{2}O_2(g) \xlongequal{\quad} H_2O(g) \qquad \Delta_r H_m^{\ominus} = -241.8\text{kJ} \cdot \text{mol}^{-1}$$

（3）各种物质化学式右侧用圆括弧（）表明物质的聚集状态　可以用 g、l、s 分别表示气态、液态、固态。固体有不同晶体时须注明晶型，例如 S（斜方）、S（单斜）、C（石墨）、C（金刚石）等。溶液中的反应物质，则须注明其浓度。以 aq 表示水溶液。例如：

$$H_2(g) + I_2(g) \xlongequal{\quad} 2HI(g) \qquad \Delta_r H_m^{\ominus} = -9.40\text{kJ} \cdot \text{mol}^{-1}$$

上式表示，在标准状态、298.15K 下，当反应进度为 $\xi = 1\text{mol}$，即 1mol H_2(g) 与 1mol I_2(g) 反应生成 2mol HI(g) 时，放出 9.40kJ 的热。在实际反应中反应物的投料量比所需要量多，只是过量反应物的状态没有发生变化，因此不会影响反应的反应热。

五、热化学定律（盖斯定律）

1840 年，瑞士籍俄国化学家盖斯（G. H. Hess）从大量实验中总结出一条规律：在非体积功等于零，定压或定容的条件下，任意化学反应，不论是一步完成的还是几步完成的，其总反应所放出的热或吸收的热总是相同的。其实质是，化学反应的焓变只与始态和终态有关，而与具体的途径无关。这一规律被称为盖斯（Hess）定律。

盖斯定律应用广泛。利用该定律可从一些已经准确测定的反应热去计算难以测定或不能测定的反应热。在应用盖斯定律时应注意，若该化学反应是在定压（或等温）下一步完成，则分步完成时，各步也在相同条件下进行。

例如，C（石墨）氧化生成一氧化碳的反应热是很难准确测定的，因为在反应过程中不可避免地会有一些二氧化碳生成。但 C（石墨）可以直接燃烧生成二氧化碳，且其热效应是可以测定的。同时还可以设计一个实验过程，可以先将 C（石墨）部分氧化为一氧化碳，再燃烧为二氧化碳。根据盖斯定律，这两种途径的热效应是相同的，见图 3-1。

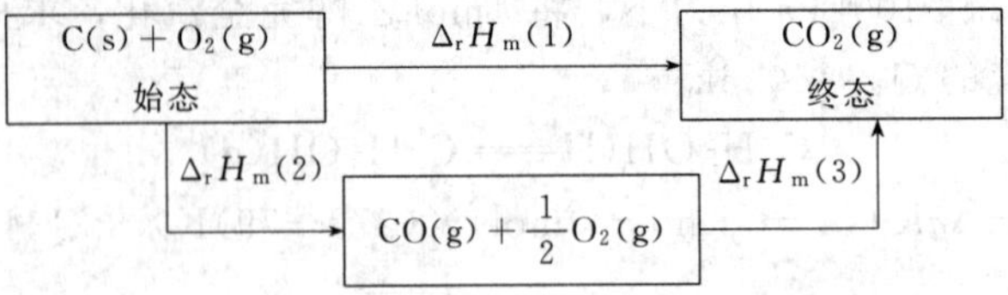

图 3-1 C（石墨）生成 CO_2 的两种途径

由图 3-1，根据盖斯定律可知：$\Delta_r H_m(2)=\Delta_r H_m(1)-\Delta_r H_m(3)$

$$C(s,\text{石墨})+O_2(g)\xlongequal{\quad} CO_2(g) \qquad \Delta_r H_m(1)=-393.5\text{kJ}\cdot\text{mol}^{-1}$$

$$CO(g)+\frac{1}{2}O_2(g)\xlongequal{\quad} CO_2(g) \qquad \Delta_r H_m(3)=-283.0\text{kJ}\cdot\text{mol}^{-1}$$

$$C(s,\text{石墨})+O_2(g)\xlongequal{\quad} CO(g)+\frac{1}{2}O_2(g) \qquad \Delta_r H_m(2)=?$$

$$\begin{aligned}\Delta_r H_m(2)&=\Delta_r H_m(1)-\Delta_r H_m(3)\\&=(-393.5\text{kJ}\cdot\text{mol}^{-1})-(-283.0\text{kJ}\cdot\text{mol}^{-1})\\&=-110.5\text{kJ}\cdot\text{mol}^{-1}\end{aligned}$$

上述过程可以看成是：反应(2)的方程＝反应(1)的方程－反应(3)的方程

所以反应热有：反应(2)＝ 反应(1)－反应(3)

盖斯定律的建立，使热化学方程式可以像普通代数方程式一样进行运算了。它不仅适用于定压下反应热（即焓变）的计算，也适用于任何状态函数改变量的计算，有很大的实用性。

【例 3-4】 已知 25℃时：

① $2C(s,\text{石墨})+O_2(g)\xlongequal{\quad} 2CO(g) \qquad \Delta_r H_m^\ominus(1)=-221.0\text{kJ}\cdot\text{mol}^{-1}$

② $3Fe(s)+2O_2(g)\xlongequal{\quad} Fe_3O_4(s) \qquad \Delta_r H_m^\ominus(2)=-1118\text{kJ}\cdot\text{mol}^{-1}$

求反应③ $Fe_3O_4(s)+4C(s,\text{石墨})\xlongequal{\quad} 3Fe(s)+4CO(g)$ 在 25℃时的反应热。

解 ①式×2 得④式

④ $4C(s,\text{石墨})+2O_2(g)\xlongequal{\quad} 4CO(g) \qquad \Delta_r H_m^\ominus(4)=-442.0\text{kJ}\cdot\text{mol}^{-1}$

③ 式＝④式－②式：$Fe_3O_4(s)+4C(s,\text{石墨})\xlongequal{\quad} 3Fe(s)+4CO(g)$

所以：
$$\begin{aligned}\Delta_r H_m^\ominus(3)&=\Delta_r H_m^\ominus(4)-\Delta_r H_m^\ominus(2)\\&=(-442.0\text{kJ}\cdot\text{mol}^{-1})-(-1118\text{kJ}\cdot\text{mol}^{-1})\\&=676.0\text{kJ}\cdot\text{mol}^{-1}\end{aligned}$$

六、标准摩尔生成焓

盖斯定律及其应用避免了用实验的方法直接测量某些反应热效应的困难，但需要知道许多反应的热效应，要将反应分解成几个已知的反应，有时也是很不方便的。为了解决这一困难，热力学规定一个相对标准——标准摩尔生成焓。因为化学反应的定压热（Q_p）等于生成物焓的总和与反应物焓的总和之差，因此知道物质的标准摩尔生成焓就可方便地用来计算出反应的热效应。

热力学规定，在指定温度、标准压力下，由元素的稳定单质生成 1mol 某物质时反应的热效应称为该物质的标准摩尔生成焓，用符号 $\Delta_f H_m^\ominus(T)$ 表示。298.15K 时温度 T 可以省略。其 SI 单位为 $J \cdot mol^{-1}$，常用 $kJ \cdot mol^{-1}$。例如：

$$H_2(g)+\frac{1}{2}O_2(g)=\!=\!=H_2O(l) \qquad \Delta_f H_m^{\ominus}=-285.8kJ \cdot mol^{-1}$$

$$H_2(g)+\frac{1}{2}O_2(g)=\!=\!=H_2O(g) \qquad \Delta_f H_m^{\ominus}=-241.8kJ \cdot mol^{-1}$$

即 $\Delta_f H_m^{\ominus}(H_2O,l,298.15K)=-285.8kJ \cdot mol^{-1}$ 表示 298.15K 时由稳定单质氢气和氧气生成 1mol 液态水时的标准摩尔生成焓为反应放出的热 285.8kJ。$\Delta_f H_m^{\ominus}(H_2O,g,298.15K)=-241.8kJ \cdot mol^{-1}$ 表示 298.15K 时由稳定单质氢气和氧气生成 1mol 气态水时的标准摩尔生成焓为反应放出的热 241.8kJ。

由标准摩尔生成焓的定义可知，任何一种稳定单质的标准摩尔生成焓都等于零。例如 $\Delta_f H_m^{\ominus}(H_2,g)=0$、$\Delta_f H_m^{\ominus}(O_2,g)=0$、$\Delta_f H_m^{\ominus}(Br_2,l)=0$。但对于有不同晶态的固体单质来说，只有稳定单质的标准摩尔生成焓为零。石墨为碳的稳定单质，所以有 $\Delta_f H_m^{\ominus}$(C,s,石墨)=0，而 $\Delta_f H_m^{\ominus}$(C,s,金刚石)$=1.9kJ \cdot mol^{-1}$。一些物质的标准摩尔生成焓数据见附录Ⅱ。

许多化学反应是在水溶液中发生于离子之间的反应。热力学同时规定，在水溶液中，水合氢离子的标准摩尔生成焓为零，即 $\Delta_f H_m^{\ominus}(H^+,aq,298.15K)=0$。据此规定，部分水合离子的标准摩尔生成焓列于附录Ⅱ。

七、化学反应摩尔焓变的计算

用标准摩尔生成焓（$\Delta_f H_m^{\ominus}$）的数据，可以计算化学反应的标准摩尔焓变（$\Delta_r H_m^{\ominus}$）。利用盖斯定律，根据状态函数的改变量只与始态和终态有关，而与反应的具体途径无关可知：

$$\Delta_r H_m^{\ominus}=\sum\nu_B\Delta_f H_m^{\ominus}(\text{生成物})-\sum\nu_B\Delta_f H_m^{\ominus}(\text{反应物}) \tag{3-7}$$

对于在标准状态和 298.15K 下的任意反应：

$$aA+bB=\!=\!=dD+eE$$

$$\Delta_r H_m^{\ominus}=[d\Delta_f H_m^{\ominus}(D)+e\Delta_f H_m^{\ominus}(E)]-[a\Delta_f H_m^{\ominus}(A)+b\Delta_f H_m^{\ominus}(B)] \tag{3-8}$$

应用上式时，必须注意各物质的聚集状态及其在反应方程式中的计量系数。当反应物和生成物的聚集状态不随温度改变的情况下，反应的标准焓变随温度的变化不大。在近似计算中可视 $\Delta_r H_m^{\ominus}$ 与温度无关，即任意温度 T 时的 $\Delta_r H_m^{\ominus}(T)$ 近似等于 $\Delta_r H_m^{\ominus}(298.15K)$。

【例 3-5】 硝酸生产中的重要过程是以铂（Pt）为催化剂的氨氧化。反应在定压下进行，其反应方程式为：

$$4NH_3(g)+5O_2(g)=\!=\!=4NO(g)+6H_2O(g)$$

查阅标准摩尔生成焓数据计算（1）298.15K 时该反应的标准摩尔焓变；（2）相同条件下 100g NH_3 反应时反应的热效应。

解 查表得各物质的 $\Delta_f H_m^{\ominus}$ 为：

	$4NH_3(g)$	$+5O_2(g)$	$=\!=\!=4NO(g)$	$+6H_2O(g)$
$\Delta_f H_m^{\ominus}/(kJ \cdot mol^{-1})$	-46.11	0	90.4	-241.8

$$\Delta_r H_m^{\ominus}=[4\times90.4+6\times(-241.8)]kJ \cdot mol^{-1}-[4\times(-46.11)+0]kJ \cdot mol^{-1}$$
$$=-904.8kJ \cdot mol^{-1}$$

结果表明上述反应在 $\xi=1mol$ 时放出热 904.8kJ。即 4mol NH_3 完全氧化放热 904.8kJ。所以 100g NH_3 氧化反应的热效应为：

$$\frac{100g}{17g \cdot mol^{-1}}\times\frac{-904.8kJ \cdot mol^{-1}}{4}=-1330.7kJ$$

第三节　化学反应的方向

化学工作者要合成某种新化合物时，总是关心一个化学反应在给定条件下是否能按预想的方向进行，得到人们预期的产物。本节我们将从能量变化的角度讨论化学反应的方向性。

一、自发过程

实践证明，自然界发生的过程都有一定的方向性。如水总是自动地从高处向低处流动；热可以自动地从高温物体传给低温物体；锌粒在硫酸铜溶液中自动发生置换反应生成铜和硫酸锌；物体受地心的吸力而自由下落等。这种在一定条件下不需要外界对系统做功就能自动进行的过程或反应称为自发过程或自发反应。相反，它们的逆过程或逆反应是非自发的。

自发过程有如下特点：

① 自发过程只能朝某一确定方向进行，不可能自发地逆向进行，即自发过程是不可逆的。要使其逆转，必须借助外力，即环境向系统做功。

② 自发过程有一定限度，当过程进行到一定程度后，过程会处于平衡状态。此过程就是系统从不平衡状态向平衡状态变化的过程。

③ 自发过程是系统能量降低的过程，放出的能量可以用来做功。如山上的水流下来可以推动水轮机做功；某化学反应可以设计成电池做电功；热机就是利用热传导做功。但系统做有用功的能力随着自发过程的进行逐渐减少，当系统达到平衡后，就不具有做有用功的能力了。

二、化学反应的自发性和反应热

长期以来，化学家们就希望找到一种用来判断反应能否自发进行的依据。在 19 世纪 70 年代，法国化学家贝特洛（P. Berthelot）丹麦化学家汤姆森（J. Thomson）通过许多自发反应热效应量测的实验提出：自发反应的方向是系统的焓减少的方向（$\Delta_r H_m^{\ominus}<0$），即自发反应的方向是放热反应的方向。从热力学的能量角度来看，放热反应系统能量降低，放出的热量越多，系统的能量降得越多，反应越完全。也就是反应系统有倾向于能量最低的趋势。如：

$$C(s)+O_2(g) = CO_2(g) \qquad \Delta_r H_m^{\ominus}=-393.5\text{kJ}\cdot\text{mol}^{-1}$$

$$Zn(s)+2H^+(aq) = Zn^{2+}(aq)+H_2(g) \qquad \Delta_r H_m^{\ominus}=-153.9\text{kJ}\cdot\text{mol}^{-1}$$

上述放热反应均为自发反应。

但进一步研究发现，有些吸热反应（$\Delta_r H_m^{\ominus}>0$）也能自发进行，如在 101.3kPa，大于 0℃，冰能从环境中吸收热自动融化为水：

$$H_2O(s) \longrightarrow H_2O(l) \qquad \Delta_r H_m^{\ominus}=6.01\text{kJ}\cdot\text{mol}^{-1}$$

又如 298K、标准状态下 $CaCO_3$ 的分解反应：

$$CaCO_3(s) = CaO(s)+CO_2(g) \qquad \Delta_r H_m^{\ominus}=178.0\text{kJ}\cdot\text{mol}^{-1}$$

实验表明在此条件下，该分解反应是非自发的，但温度升高至约 1110.9K 时，$CaCO_3$ 的分解反应可以自发进行。

显然，这些情况表明，利用化学反应（或相变过程）的焓变作为反应自发进行方向的判据是有局限的。在给定条件下判断一个反应能否自发进行，除了焓这一重要因素，还有其他因素。研究表明，系统混乱度增大的过程往往可以自发进行。也即是两种因素影响着自发过程：一个是能量变化，系统将趋向最低能量状态；另一个是混乱度变化，系统将趋向最大混乱度。为了正确判断化学反应的自发性和限度，热力学引入一个新的状态函数——熵。

三、熵和热力学第三定律

1. 熵

熵是系统内组成物质的微观粒子的混乱度（或无序度）的量度，用符号 S 表示，其 SI 单位为 $J \cdot K^{-1}$。系统内的微观粒子的混乱度越大，系统的熵值越大。系统的状态一定时，其内部的混乱程度就一定，此时熵值就是一个定值。因此，熵也是一个状态函数，其改变量 ΔS 只决定于系统的始、终态，而与具体途径无关。

2. 热力学第三定律

系统内微观粒子的混乱度与物质的聚集状态和温度等有关。任何纯物质系统，其温度越低，内部微粒运动的速率越慢，混乱度越小，熵值也越小。在绝对零度（0K）时，理想晶体内分子的各种运动都将停止，物质微观粒子处于完全整齐有序的状态。人们根据一系列低温实验事实和推测，总结出一个经验定律——热力学第三定律：在绝对零度（0K）时，一切纯物质的完美晶体的熵值都等于零。其数学表达式为：

$$S(0K)=0$$

有了热力学第三定律，就可以测量任何纯物质在温度 T 时的熵值 $S(T)$。物质由 0K 到温度 T 时的熵变 $\Delta S=S(T)-S(0K)=S(T)$，由此可见，状态函数熵与内能和焓不同，温度 T 时物质的熵的绝对值是可求的。

$S(T)$ 为纯物质在温度 T(K) 时的熵值。在标准状态、指定温度下，1mol 纯物质的熵值称为该物质的标准摩尔熵（简称标准熵），用符号 $S_m^\ominus(T)$ 表示，其 SI 单位为 $J \cdot mol^{-1} \cdot K^{-1}$。298.15K 时，$S_m^\ominus$（298.15K）可简写为 $S_m^\ominus$，一些物质的标准摩尔熵 $S_m^\ominus$（298.15K）数据见附录Ⅱ。

热力学规定，标准状态下水合氢离子［$H^+(aq)$］的标准熵值为零，通常把温度选定为 298.15K，即 $S_m^\ominus(H^+,aq,298.15K)=0$，从而得到一些水合离子在 298.15K 时的标准熵。列于附录Ⅱ中。

通过比较物质的标准摩尔熵的数据可以总结出物质的标准摩尔熵值大小的一般规律：

① 同一物质，聚集状态不同时，气态时的熵值大于液态时的熵值，而液态时的熵值大于固态时的熵值，即 $S_m^\ominus(g)>S_m^\ominus(l)>S_m^\ominus(s)$。

② 同一物质，聚集状态相同时，温度越高，熵值越大，即 $S_m^\ominus(T_{高})>S_m^\ominus(T_{低})$。

③ 分子结构相似，相对分子质量相近的物质，熵值相近，如 $S_m^\ominus(CO,g)=197.6J \cdot mol^{-1} \cdot K^{-1}$，$S_m^\ominus(N_2,g)=192.0J \cdot mol^{-1} \cdot K^{-1}$。

分子结构相似，相对分子质量不同的物质，熵值随相对分子质量增大而增大，如 HF、HCl、HBr、HI 的标准摩尔熵逐渐增大。

3. 化学反应标准摩尔熵变的计算

由于熵是状态函数，与系统的始、终态有关，据此可以写出 298K 时任意化学反应的标准摩尔熵 $\Delta_r S_m^\ominus$ 的计算式。

任意反应：
$$aA+bB \longrightarrow dD+eE$$

$$\Delta_r S_m^\ominus=[dS_m^\ominus(D)+eS_m^\ominus(E)]-[aS_m^\ominus(A)+bS_m^\ominus(B)] \quad (3\text{-}9)$$

【例 3-6】 计算 298.15K、标准状态下，下列反应的标准摩尔反应熵变 $\Delta_r S_m^\ominus$：

$$CaCO_3(s) \longrightarrow CaO(s)+CO_2(g)$$

解 查表得各物质的 $S_m^\ominus$ 为：

$$CaCO_3(s) = CaO(s) + CO_2(g)$$

	$CaCO_3(s)$	$CaO(s)$	$CO_2(g)$
$S_m^\ominus/(J\cdot mol^{-1}\cdot K^{-1})$	92.9	39.7	213.6

$$\begin{aligned}\Delta_r S_m^\ominus &= [1\times S_m^\ominus(CaO,s)+1\times S_m^\ominus(CO_2,g)]-[1\times S_m^\ominus(CaCO_3,s)]\\ &=(39.7+213.6)J\cdot mol^{-1}\cdot K^{-1}-92.9J\cdot mol^{-1}\cdot K^{-1}\\ &=160.4J\cdot mol^{-1}\cdot K^{-1}\end{aligned}$$

$\Delta_r S_m^\ominus>0$，说明在 298.15K 标准状态下，反应为熵值增大的反应。由此可见：在反应中气体分子数目增加时，系统的熵值增大；对于气体分子数目减少的反应，系统的熵值减小；对于气体分子数目不变的反应，系统的熵值总是变化较小。

实验证明，化学反应熵值变化 $\Delta_r S_m^\ominus$ 几乎与温度无关，因为在大多数情况下，产物的熵值增加基本与反应物的熵值增加相抵消，所以，$\Delta_r S_m^\ominus$ 受温度的影响不是很大。

四、熵判据——热力学第二定律

前面提到过，系统混乱度增大的过程往往可以自发进行。那么可否用熵变来作为反应能否自发进行的判据呢？通过大量的实践证明：在孤立系统中发生的任何变化或化学反应，总是向着熵值增大的方向进行，即向着 $\Delta S_{孤立}>0$ 的方向进行。这就是热力学第二定律，也称熵增原理或熵判据。

熵增原理作为自发过程或自发反应判据有如下规律：

$\Delta S_{孤立}>0$　　自发过程

$\Delta S_{孤立}=0$　　平衡状态

$\Delta S_{孤立}<0$　　非自发过程

而非孤立系统，可以把系统和环境作为一个整体看成一个孤立系统，热力学第二定律仍然适用。规律如下：

$\Delta S_{系统}+\Delta S_{环境}>0$　　自发过程

$\Delta S_{环境}+\Delta S_{系统}=0$　　平衡状态

$\Delta S_{环境}+\Delta S_{系统}<0$　　非自发过程

例如，我们大家熟知的，当温度低于 273K 时，水会自发结成冰。在这个过程中系统的熵是减小的，似乎违背了熵增原理。但在这个非孤立系统中，系统和环境间发生了热交换。在水结冰的过程中系统放热给环境。环境吸热后熵值增大了，而且环境的熵增大于系统熵值的减小。因此系统和环境总体熵变大于零，所以上述过程可以自发进行。但要实际测量化学反应过程中环境的熵变值是十分复杂的，这就为熵判据带来了很大的局限。因此人们又希望找到新的化学反应自发进行的判据。

五、吉布斯函数

决定过程能否自发进行，既有能量因素，又有混乱度因素。因此要涉及 ΔH 和 ΔS 这两个状态函数改变量。美国物理化学家吉布斯（J. W. Gibbs）提出了用自由能（现称为吉布斯自由能或吉布斯函数）来判断定温、定压条件下过程的自发性。

1. 吉布斯函数

根据过程自发性与焓、熵及温度的关系，物理化学家吉布斯提出了一个新的状态函数，即吉布斯函数，用符号 G 表示。其定义式为：

$$G=H-TS \tag{3-10}$$

其 SI 单位为 J，常用 kJ。由于 H、S、T 都是状态函数，所以，它们的组合也是状态函数。它具有加合性，因此，ΔG 只与始、终态有关，与具体途径无关。即：

$$\Delta G = G_{终} - G_{始}$$

当温度一定时，当系统从状态 1 变化到状态 2 时，系统的吉布斯函数变为：

$$\begin{aligned}\Delta G &= G_2 - G_1 \\ &= (H - TS)_2 - (H - TS)_1 \\ &= (H_2 - T_2S_2) - (H_1 - T_1S_1) \\ &= (H_2 - H_1) - (T_2S_2 - T_1S_1) \\ &= \Delta H - \Delta(TS)\end{aligned}$$

由于过程在等温条件下进行，所以有 $T = T_1 = T_2$，则有：

$$\Delta G = \Delta H - T\Delta S \qquad (3\text{-}11)$$

上式称为吉布斯-亥姆霍兹（Gibbs-Helmholtz）公式。此式表明，ΔG 包含了 ΔH 和 ΔS 两方面的因素，若用 ΔG 作为自发过程方向的判据，也即是从能量和混乱度两方面考虑过程的自发性，更为全面可靠，而且只要是在等温、等压条件下发生的过程，都可以用 ΔG 作为自发性的判据。

对于化学反应，则有：

$$\Delta_r G = \Delta_r H - T\Delta_r S \qquad (3\text{-}12)$$

对于每摩尔化学反应，则有：

$$\Delta_r G_m = \Delta_r H_m - T\Delta_r S_m \qquad (3\text{-}13)$$

对于在标准状态下进行的每摩尔化学反应，有：

$$\Delta_r G_m^{\ominus} = \Delta_r H_m^{\ominus} - T\Delta_r S_m^{\ominus} \qquad (3\text{-}14)$$

$\Delta_r G_m$ 和 $\Delta_r G_m^{\ominus}$ 分别称为化学反应的摩尔吉布斯函数（变）和标准摩尔吉布斯函数（变），二者的值均与反应式的写法有关，其 SI 单位为 $J \cdot mol^{-1}$ 或 $kJ \cdot mol^{-1}$。

由热力学原理证得，对于等温等压且系统不做非体积功的过程，有：

$\Delta G < 0$　　自发进行，过程能向正方向进行。

$\Delta G = 0$　　处于平衡状态。

$\Delta G > 0$　　不能自发进行，其逆过程可自发进行。

化学反应大多数都是在等温等压且不做非体积功（有用功）的条件下进行，则：

$\Delta_r G < 0$　　化学反应自发进行。

$\Delta_r G = 0$　　化学反应系统处于平衡状态，达到化学反应的限度。

$\Delta_r G > 0$　　化学反应不可能自发进行，其逆反应自发。

若化学反应在标准状态下进行，就用 $\Delta_r G_m^{\ominus}$ 代替 $\Delta_r G$。

$\Delta_r G$ 值的大小取决于 $\Delta_r H$、$\Delta_r S$ 及 T。表 3-1 列出三者对 $\Delta_r G$ 值的影响。

表 3-1　$\Delta_r H$、$\Delta_r S$ 及 T 三者对 $\Delta_r G$ 影响

$\Delta_r H$	$\Delta_r S$	$\Delta_r G = \Delta_r H - T\Delta_r S$	反应自发性
−	+	−	任何温度下都能自发进行
+	−	+	任何温度下都不能自发进行
−	−	+（高温时）	高温下不能自发进行
		−（低温时）	低温下能自发进行
+	+	+（低温时）	高温下能自发进行
		−（高温时）	低温下不能自发进行

自发过程的特点之一是可以对外做非体积功 W'，热力学实验证明，系统在等温等压下，对外做的最大非体积功等于系统的吉布斯函数的减少，即 $W'_{max}=\Delta G$。无论人们采用什么样的方法，系统对外做的最大非体积功永远小于 ΔG。

2. 标准摩尔生成吉布斯函数

与热力学能、焓相似，物质的吉布斯函数的绝对值无法确定。但可采取与焓相似的方法，规定一个相对标准——标准摩尔生成吉布斯函数，以此来计算化学反应的标准摩尔吉布斯函数变 $\Delta_r G_m^\ominus$。

热力学规定：在指定温度标准压力下，由元素的最稳定单质生成 1mol 某物质时的吉布斯函数变叫做该物质的标准摩尔生成吉布斯函数，用符号 $\Delta_f G_m^\ominus(T)$ 表示，298.15K 时温度 T 可以省略。

由标准摩尔生成吉布斯函数的定义可知，任何一种稳定单质的标准摩尔生成吉布斯函数都等于零。例如：$\Delta_f G_m^\ominus(H_2,g)=0$，$\Delta_f G_m^\ominus(O_2,g)=0$。但对于有不同晶态的固体单质来说，只有稳定单质的标准摩尔生成吉布斯函数为零。石墨为碳的稳定单质，$\Delta_f G_m^\ominus$(C,s,石墨)=0，而 $\Delta_f G_m^\ominus$(C,s,金刚石)$=2.9\text{kJ}\cdot\text{mol}^{-1}$。一些物质的标准摩尔生成吉布斯函数数据见附录Ⅱ。

3. 化学反应吉布斯函数 $\Delta_r G_m^\ominus$ 的计算及反应自发性的判断

(1) 利用标准生成吉布斯函数 $\Delta_f G_m^\ominus$ 计算　任意反应：

$$aA+bB \xlongequal{} dD+eE$$

在标准压力 298.15K 时，

$$\Delta_r G_m^\ominus=[d\Delta_f G_m^\ominus(D)+e\Delta_f G_m^\ominus(E)]-[a\Delta_f G_m^\ominus(A)+b\Delta_f G_m^\ominus(B)] \quad (3\text{-}15)$$

【例 3-7】 计算反应 $2NO(g)+O_2(g) \xlongequal{} 2NO_2(g)$，在 298.15K 时标准反应吉布斯函数变 $\Delta_r G_m^\ominus$。并判断在这种情况下反应进行的方向。

解　查表得各物质的 $\Delta_f G_m^\ominus$ 为：

	$2NO(g)$	$+O_2(g) \xlongequal{}$	$2NO_2(g)$
$\Delta_f G_m^\ominus/(\text{kJ}\cdot\text{mol}^{-1})$	86.6	0	51.5

$$\begin{aligned}\Delta_r G_m^\ominus &=[2\times\Delta_f G_m^\ominus(NO_2,g)]-[2\times\Delta_f G_m^\ominus(NO,g)+1\times\Delta_f G_m^\ominus(O_2,g)]\\ &=(2\times51.5\text{kJ}\cdot\text{mol}^{-1})-(2\times86.6\text{kJ}\cdot\text{mol}^{-1}+0\text{kJ}\cdot\text{mol}^{-1})\\ &=-70.2\text{kJ}\cdot\text{mol}^{-1}\end{aligned}$$

由计算结果知：$\Delta_r G_m^\ominus<0$，反应正向自发进行。

(2) 利用盖斯定律计算

【例 3-8】 在 298.15K 时：

① C(s,石墨)$+O_2(g) \xlongequal{} CO_2(g)$　　$\Delta_r G_m^\ominus(1)=-394.4\text{kJ}\cdot\text{mol}^{-1}$

② $CO(g)+\frac{1}{2}O_2(g) \xlongequal{} CO_2(g)$　　$\Delta_r G_m^\ominus(2)=-257.2\text{kJ}\cdot\text{mol}^{-1}$

求反应③C(s,石墨)$+CO_2(g) \xlongequal{} 2CO(g)$ 的 $\Delta_r G_m^\ominus(3)$。

解　因为反应③=反应①−2×反应②

所以

$$\begin{aligned}\Delta_r G_m^\ominus(3)&=\Delta_r G_m^\ominus(1)-2\times\Delta_r G_m^\ominus(2)\\ &=-394.4\text{kJ}\cdot\text{mol}^{-1}-2\times(-257.2\text{kJ}\cdot\text{mol}^{-1})\\ &=120\text{kJ}\cdot\text{mol}^{-1}\end{aligned}$$

(3) 利用吉布斯-亥姆霍兹公式计算

【例 3-9】 在标准状态下，298.15K 时：$2CuO(s) \xlongequal{} Cu_2O(s)+\frac{1}{2}O_2(g)$，反应的 $\Delta_r H_m^\ominus=146.0\text{kJ}\cdot\text{mol}^{-1}$，$\Delta_r S_m^\ominus=110.5\text{J}\cdot\text{mol}^{-1}\cdot\text{K}^{-1}$，计算反应的 $\Delta_r G_m^\ominus$，并判断反应

在标准状态下能否自发进行。

解 $$\Delta_r G_m^\ominus = \Delta_r H_m^\ominus - T\Delta_r S_m^\ominus$$
$$= 146.0\text{kJ}\cdot\text{mol}^{-1} - 298.15\text{K}\times 110.5\text{J}\cdot\text{mol}^{-1}\cdot\text{K}^{-1}\times 10^{-3}$$
$$= 113.1\text{kJ}\cdot\text{mol}^{-1}$$

计算结果表明：$\Delta_r G_m^\ominus > 0$，标准状态下该反应正向非自发。

【例 3-10】 例 3-8 的计算结果说明，在 298.15K 时反应 C(s，石墨)＋CO_2(g)══2CO(g) 不能自发进行。根据有关热力学数据，通过计算判断该反应在 1100K 时能否自发进行。

解 查表得各物质的 $\Delta_f H_m^\ominus$ 和 $S_m^\ominus$ 为：

	C(s,石墨)	＋CO_2(g)══	2CO(g)
$\Delta_f H_m^\ominus/(\text{kJ}\cdot\text{mol}^{-1})$	0	−393.5	−110.5
$S_m^\ominus/(\text{J}\cdot\text{mol}^{-1}\cdot\text{K}^{-1})$	5.73	213.6	197.6

$$\Delta_r H_m^\ominus = [2\times\Delta_f H_m^\ominus(\text{CO,g})] - [\Delta_f H_m^\ominus(\text{C,石墨,s}) + \Delta_f H_m^\ominus(\text{CO}_2\text{,g})]$$
$$= [2\times(-110.5\text{kJ}\cdot\text{mol}^{-1})] - [0\text{kJ}\cdot\text{mol}^{-1} + (-393.5\text{kJ}\cdot\text{mol}^{-1})]$$
$$= 172.5\text{kJ}\cdot\text{mol}^{-1}$$

$$\Delta_r S_m^\ominus = [2\times S_m^\ominus(\text{CO,g})] - [S_m^\ominus(\text{C,石墨,s}) + S_m^\ominus(\text{CO}_2\text{,g})]$$
$$= (2\times 197.6\text{J}\cdot\text{mol}^{-1}\cdot\text{K}^{-1}) - (5.73\text{J}\cdot\text{mol}^{-1}\cdot\text{K}^{-1} + 213.6\text{J}\cdot\text{mol}^{-1}\cdot\text{K}^{-1})$$
$$= 0.176\text{kJ}\cdot\text{mol}^{-1}\cdot\text{K}^{-1}$$

$\Delta_r G_m^\ominus = \Delta_r H_m^\ominus - T\Delta_r S_m^\ominus$ 由于 $\Delta_r H_m^\ominus$ 和 $\Delta_r S_m^\ominus$ 受温度的影响不大，所以：

$$\Delta_r G_m^\ominus(1100\text{K}) = \Delta_r H_m^\ominus(298.15\text{K}) - T\Delta_r S_m^\ominus(298.15\text{K})$$
$$= 172.5\text{kJ}\cdot\text{mol}^{-1} - 1100\ \text{K}\times 0.176\ \text{kJ}\cdot\text{mol}^{-1}\cdot\text{K}^{-1}$$
$$= -21.1\text{kJ}\cdot\text{mol}^{-1}$$

计算结果表明：$\Delta_r G_m^\ominus$ (1100K)＜0，对于吸热、熵增的反应高温下可以自发进行。

4. 转换温度

通过上述实例计算表明，有些反应在常温下 $\Delta_r G_m^\ominus > 0$，不能正向自发进行。但由于 $\Delta_r H_m^\ominus$ 和 $\Delta_r S_m^\ominus$ 受温度的影响不大，而 $\Delta_r G_m^\ominus$ 受温度的影响却不能忽略，常常因此使化学反应的方向发生逆转。一个化学反应由非自发 $\Delta_r G_m^\ominus > 0$ 转变到自发 $\Delta_r G_m^\ominus < 0$，要经过一个平衡状态 $\Delta_r G_m^\ominus = 0$，因此把平衡状态时的温度称为化学反应的转换温度。用符号 $T_{转}$ 表示。

平衡时：$\Delta_r G_m^\ominus = 0$，又因 $\Delta_r G_m^\ominus = \Delta_r H_m^\ominus - T\Delta_r S_m^\ominus$，所以 $\Delta_r H_m^\ominus - T\Delta_r S_m^\ominus = 0$

$$即：T_{转} = \Delta_r H_m^\ominus / \Delta_r S_m^\ominus \qquad (3\text{-}16)$$

式中的 $\Delta_r H_m^\ominus$ 和 $\Delta_r S_m^\ominus$ 均为在标准状态下，298.15K 时的值，所以 $T_{转}$ 为估算温度。若反应是高温自发，求得的 $T_{转}$ 为最低温度，若反应是低温自发，求得的 $T_{转}$ 为最高温度。

【例 3-11】 常温下 $CaCO_3$ 不能发生分解反应，根据下列数据，估算 $CaCO_3$ 发生分解反应的最低温度。

	$CaCO_3$(s)══	CaO(s) ＋	CO_2(g)
$\Delta_f H_m^\ominus$/ (kJ·mol^{-1})	−1206.9	−635.1	−393.5
$S_m^\ominus$/ (J·mol^{-1}·K^{-1})	92.9	39.7	213.6

解 $$\Delta_r H_m^\ominus = [1\times\Delta_f H_m^\ominus(\text{CaO,s}) + 1\times\Delta_f H_m^\ominus(\text{CO}_2\text{,g})] - [1\times\Delta_f H_m^\ominus(\text{CaCO}_3\text{,s})]$$
$$= [(-635.1\ \text{kJ}\cdot\text{mol}^{-1}) + (-393.5\text{kJ}\cdot\text{mol}^{-1})] - (-1206.9\ \text{kJ}\cdot\text{mol}^{-1})$$
$$= 178.3\text{kJ}\cdot\text{mol}^{-1}$$

$$\Delta_r S_m^\ominus = [1\times S_m^\ominus(\text{CaO,s}) + 1\times S_m^\ominus(\text{CO}_2\text{,g})] - [1\times S_m^\ominus(\text{CaCO}_3\text{,g})]$$
$$= (39.7\text{J}\cdot\text{mol}^{-1}\cdot\text{K}^{-1} + 213.6\text{J}\cdot\text{mol}^{-1}\cdot\text{K}^{-1}) - (92.9\text{J}\cdot\text{mol}^{-1}\cdot\text{K}^{-1})$$
$$= 160.4\text{J}\cdot\text{mol}^{-1}\cdot\text{K}^{-1}$$

$$T_{转}=\Delta_r H_m^{\ominus}/\Delta_r S_m^{\ominus}$$
$$=178.3\text{kJ}\cdot\text{mol}^{-1}/160.4\times10^{-3}\text{kJ}\cdot\text{mol}^{-1}\cdot\text{K}^{-1}$$
$$=1111.6\text{K}$$

计算表明，$CaCO_3$ 在 1111.6K 时开始分解。

第四节　化学反应的限度——化学平衡

对于一个化学反应，我们不仅要考虑它在一定条件下能否自发进行，而且还要考虑反应能进行到什么程度，即化学反应的限度——化学平衡的问题。所谓化学反应限度就是在一定条件（如确定的温度、压力、浓度等）下，有多少反应物可以最大限度地转化成生成物。研究化学平衡的规律，对实际生产过程有很大的指导意义。

一、可逆反应与化学平衡

1. 可逆反应

在一定反应条件下，一个化学反应既能从反应物转变为生成物，在相同条件下也能由生成物变为反应物，即在同一条件下既能向正方向进行又能向逆方向进行的化学反应称为可逆反应。习惯上，把从左向右进行的反应称为正反应，把从右向左进行的反应称为逆反应。

绝大多数化学反应都是可逆的，只是可逆程度因化学反应的不同差异很大。由正逆反应同处于一个系统中，所以在密闭容器中可逆反应不能进行到底，即反应物不能全部转化为生成物。

在反应式中用可逆号强调反应的可逆性。如合成氨的可逆反应写成：

$$3H_2+N_2 \rightleftharpoons 2NH_3$$

2. 化学平衡

在一定条件下，对于一个可逆反应，随着反应的进行，生成物的浓度不断增加，逆反应速率逐渐增大，反应物的浓度不断减少，正反应速率逐渐减小。经过一段时间，正、逆反应速率会相等，反应系统中各物质的浓度不随时间而发生变化，这种状态称为化学平衡状态。在化学平衡状态，$\Delta_r G_m=0$，反应达到了最大限度。在平衡状态下，各物质的浓度叫平衡浓度，用符号 c_{eq} 表示。

可逆反应达到化学平衡状态时具有如下特征：

① 化学平衡是动态平衡。平衡时，正、逆反应仍在进行，只是由于 $v_{正}=v_{逆}$，单位时间内反应物消耗的量和生成物增加的量相等。反应系统中各成分的含量不再改变。

② 化学平衡是可逆反应在一定条件下所能达到的最大限度的状态。

③ 化学平衡是有条件的，如果外界条件改变，平衡就会被破坏。要在新的条件下建立新的平衡。

二、平衡常数

1. 实验平衡常数

人们定量研究化学平衡时发现，在一定条件下，当一个可逆反应达到平衡状态时，系统内各生成物平衡浓度或分压以反应方程式中的化学计量系数（ν_B）为幂指数的积与反应物平衡浓度或分压以反应方程式中的化学计量系数（ν_B）为幂指数的积的比值为常数，由于这个常数是由实验测得的，故称为实验平衡常数（或经验平衡常数），简称平衡常数，用 K_c 或 K_p 表示。

对于一般的可逆反应：　　　$a\text{A}+b\text{B} \rightleftharpoons d\text{D}+e\text{E}$

$$K_c=\frac{c_{eq}^{d}(D)c_{eq}^{e}(E)}{c_{eq}^{a}(A)c_{eq}^{b}(B)} \tag{3-17}$$

上式为浓度平衡常数表达式。式中，K_c 为浓度平衡常数；$c_{eq}(A)$、$c_{eq}(B)$、$c_{eq}(D)$、$c_{eq}(E)$ 为各物质平衡浓度。单位为 $mol \cdot L^{-1}$。

对于气体反应，由于气体的分压与浓度成正比，所以平衡常数可用气体相应的分压表示。称为压力平衡常数。

$$aA(g)+bB(g) \rightleftharpoons dD(g)+eE(g)$$

$$K_p=\frac{p_{eq}^{d}(D)p_{eq}^{e}(E)}{p_{eq}^{a}(A)p_{eq}^{b}(B)} \tag{3-18}$$

式中，K_p 为压力平衡常数；$p_{eq}(A)$、$p_{eq}(B)$、$p_{eq}(D)$、$p_{eq}(E)$ 为各物质的平衡分压。

2. 标准平衡常数

标准平衡常数又称热力学平衡常数，用符号 $K^{\ominus}$ 表示。

对于任一溶液中的反应 $aA+bB \rightleftharpoons dD+eE$，在一定温度标准状态下，达到平衡时，平衡常数的表达式为：

$$K^{\ominus}=\frac{[c_{eq}(D)/c^{\ominus}]^{d}[c_{eq}(E)/c^{\ominus}]^{e}}{[c_{eq}(A)/c^{\ominus}]^{a}[c_{eq}(B)/c^{\ominus}]^{b}} \tag{3-19}$$

式中，$c_{eq}(A)/c^{\ominus}$、$c_{eq}(B)/c^{\ominus}$、$c_{eq}(D)/c^{\ominus}$、$c_{eq}(E)/c^{\ominus}$ 分别为各物质平衡时相对浓度，它等于组分的浓度除以标准浓度 $c^{\ominus}$（$1mol \cdot L^{-1}$），因此量纲为 1，故 $K^{\ominus}$ 也是量纲为 1 的量。

对于反应物和生成物都是气体的可逆反应 $aA(g)+bB(g) \rightleftharpoons dD(g)+eE(g)$，在一定温度标准状态下，达到平衡，平衡常数的表达式为：

$$K^{\ominus}=\frac{[p_{eq}(D)/p^{\ominus}]^{d}[p_{eq}(E)/p^{\ominus}]^{e}}{[p_{eq}(A)/p^{\ominus}]^{a}[p_{eq}(B)/p^{\ominus}]^{b}} \tag{3-20}$$

式中，$p_{eq}(A)/p^{\ominus}$、$p_{eq}(B)/p^{\ominus}$、$p_{eq}(D)/p^{\ominus}$、$p_{eq}(E)/p^{\ominus}$ 分别为各物质平衡时相对分压，它等于组分的分压除以标准压力 $p^{\ominus}$（100kPa），因此量纲为 1，故 $K^{\ominus}$ 也是量纲为 1 的量。

在以往的教科书或参考书中，多采用实验平衡常数。为了计算方便和统一，在本书中均采用标准平衡常数。

显然，标准平衡常数（或实验平衡常数）是衡量可逆反应限度的一种数量标志，$K^{\ominus}$ 越大，可逆反应进行得越完全；反之，$K^{\ominus}$ 越小，可逆反应进行的程度越小。平衡常数 $K^{\ominus}$ 的大小，首先决定于化学反应的性质，其次是温度。即平衡常数 $K^{\ominus}$ 是温度的函数，温度不变平衡常数不变，与浓度和压力无关。在使用平衡常数 $K^{\ominus}$ 时，须注意以下几点：

① 平衡常数 $K^{\ominus}$ 是温度的函数，因此在使用平衡常数时，必须注明反应温度。

② 平衡常数的表达式要与一定的化学方程式相对应。同一反应，若方程式的书写形式不同，则平衡常数的表达式也不相同。如合成氨反应：

$$3H_2(g)+N_2(g) \rightleftharpoons 2NH_3(g) \qquad K_1^{\ominus}=\frac{[p_{eq}(NH_3)/p^{\ominus}]^2}{[p_{eq}(H_2)/p^{\ominus}]^3[p_{eq}(N_2)/p^{\ominus}]}$$

$$\frac{3}{2}H_2(g)+\frac{1}{2}N_2(g) \rightleftharpoons NH_3(g) \qquad K_2^{\ominus}=\frac{[p_{eq}(NH_3)/p^{\ominus}]}{[p_{eq}(H_2)/p^{\ominus}]^{\frac{3}{2}}[p_{eq}(N_2)/p^{\ominus}]^{\frac{1}{2}}}$$

$$2NH_3(g) \rightleftharpoons 3H_2(g)+N_2(g) \qquad K_3^{\ominus}=\frac{[p_{eq}(H_2)/p^{\ominus}]^3[p_{eq}(N_2)/p^{\ominus}]}{[p_{eq}(NH_3)/p^{\ominus}]^2}$$

显然三者表达式不同，平衡常数不同，它们的关系是：$K_1^{\ominus}=(K_2^{\ominus})^2=\frac{1}{K_3^{\ominus}}$。

③ 若有纯固体、纯液体参加化学反应，则纯固体、纯液体的浓度在平衡常数表达式中不写出来，例如：

$$CaCO_3(s) \rightleftharpoons CaO(s) + CO_2(g)$$

$$K^\ominus = p_{eq}(CO_2)/p^\ominus$$

$$Cr_2O_7^{2-}(aq) + H_2O(l) \rightleftharpoons 2H^+(aq) + 2CrO_4^{2-}(aq)$$

$$K^\ominus = \frac{[c_{eq}(H^+)/c^\ominus]^2[c_{eq}(CrO_4^{2-})/c^\ominus]^2}{[c_{eq}(Cr_2O_7^{2-})/c^\ominus]}$$

④ 在非水溶液中的反应，若有水参加，则水的浓度必须在平衡常数的表达式中写出。如：

$$C_2H_5OH + CH_3COOH \rightleftharpoons CH_3COOC_2H_5 + H_2O$$

$$K^\ominus = \frac{[c_{eq}(CH_3COOC_2H_5)/c^\ominus][c_{eq}(H_2O)/c^\ominus]}{[c_{eq}(C_2H_5OH)/c^\ominus][c_{eq}(CH_3COOH)/c^\ominus]}$$

3. 多重平衡规则

如果某化学反应是几个反应相加而成，则该反应的平衡常数等于各分反应的标准平衡常数之积；如果相减而成，则该反应的标准平衡常数等于各分反应的标准平衡常数相除，这种关系称为多重平衡规则。如：

① $NO_2(g) + SO_2(g) \rightleftharpoons NO(g) + SO_3(g)$ $K_1^\ominus$

② $SO_2(g) + \frac{1}{2}O_2(g) \rightleftharpoons SO_3(g)$ $K_2^\ominus$

③ $NO_2(g) \rightleftharpoons NO(g) + \frac{1}{2}O_2(g)$ $K_3^\ominus$

可以看出上述三个反应的关系是：反应①式=反应②式+反应③式，所以有 $K_1^\ominus = K_2^\ominus K_3^\ominus$。应用多重平衡规则时要注意所有的平衡常数必须是相同温度时的值，否则不能使用该规则。

三、标准平衡常数的应用

1. 计算平衡时的浓度（或分压）及转化率

【例 3-12】 一氧化碳转换反应 $CO(g) + H_2O(g) \rightleftharpoons H_2(g) + CO_2(g)$，在 773K 时，标准平衡常数是 9，如果反应开始时 CO 和 H_2O 的浓度都是 $0.020mol \cdot L^{-1}$，达到平衡时，各组分的浓度为多少？CO 的转化率（是指平衡时已转化了的某反应物的量与转化前该反应物的量之比）是多少？

解 设平衡时 H_2 和 CO_2 的平衡浓度为 $x mol \cdot L^{-1}$。

	$CO(g)$ +	$H_2O(g) \rightleftharpoons$	$H_2(g)$ +	$CO_2(g)$
初始浓度/$(mol \cdot L^{-1})$	0.020	0.020	0	0
平衡浓度/$(mol \cdot L^{-1})$	$0.020-x$	$0.020-x$	x	x

根据
$$K^\ominus = \frac{[c_{eq}(H_2)/c^\ominus][c_{eq}(CO_2)/c^\ominus]}{[c_{eq}(CO)/c^\ominus][c_{eq}(H_2O)/c^\ominus]}$$

有：
$$9 = \frac{(x mol \cdot L^{-1}/c^\ominus)^2}{[(0.02mol \cdot L^{-1} - x mol \cdot L^{-1})/c^\ominus]^2}$$

$x = 0.015$，即 $c_{eq}(H_2) = c_{eq}(CO_2) = 0.015mol \cdot L^{-1}$

$$c_{eq}(CO) = c_{eq}(H_2O) = 0.020mol \cdot L^{-1} - 0.015mol \cdot L^{-1} = 0.005mol \cdot L^{-1}$$

$$c_{eq}(H_2) = c_{eq}(CO_2) = 0.015mol \cdot L^{-1}$$

$$CO\text{的转化率} = \frac{c_{消耗}(CO)}{c_{初始}(CO)} \times 100\% = \frac{0.015}{0.020} \times 100\% = 75\%$$

所以达到平衡时，CO 与 H_2O 的浓度是 $0.005\text{mol}\cdot\text{L}^{-1}$，$H_2$ 与 CO_2 的浓度是 $0.015\text{mol}\cdot\text{L}^{-1}$，CO的转化率为75%。

2. 根据 $Q/K^{\ominus}$ 判断反应自发方向

（1）化学反应的等温方程式　前面已经讨论了标准状态下吉布斯函数变 $\Delta_r G_m^{\ominus}$ 的多种计算方法，以此为依据判断反应的自发方向。而实际化学反应系统中的各物质不一定都处于标准状态，所以用 $\Delta_r G_m^{\ominus}$ 作为反应自发性的判据是有局限的。在标准状态不能自发的反应，在非标准状态下可能自发，而大多数的化学反应在非标准状态下进行，因此非标准状态下的吉布斯函数变 $\Delta_r G_m$ 作为反应自发性的判据更具有普遍实用意义。那么 $\Delta_r G_m^{\ominus}$ 和 $\Delta_r G_m$ 具有怎样的关系呢？热力学研究证明，对于任意反应：

$$a\text{A(g)}+b\text{B(g)}\rightleftharpoons d\text{D(g)}+e\text{E(g)}$$

在等温定压下，$\Delta_r G_m^{\ominus}$ 和 $\Delta_r G_m$ 存在如下关系：

$$\Delta_r G_m=\Delta_r G_m^{\ominus}+RT\ln\frac{[p(\text{D})/p^{\ominus}]^d[p(\text{E})/p^{\ominus}]^e}{[p(\text{A})/p^{\ominus}]^a[p(\text{B})/p^{\ominus}]^b} \tag{3-21}$$

对于在水溶液中进行的化学反应，则有

$$\Delta_r G_m=\Delta_r G_m^{\ominus}+RT\ln\frac{[c(\text{D})/c^{\ominus}]^d[c(\text{E})/c^{\ominus}]^e}{[c(\text{A})/c^{\ominus}]^a[c(\text{B})/c^{\ominus}]^b} \tag{3-22}$$

式中，$p(\text{A})/p^{\ominus}$、$p(\text{B})/p^{\ominus}$、$p(\text{D})/p^{\ominus}$、$p(\text{E})/p^{\ominus}$、$c(\text{A})/c^{\ominus}$、$c(\text{B})/c^{\ominus}$、$c(\text{D})/c^{\ominus}$、$c(\text{E})/c^{\ominus}$ 分别表示任意状态（非平衡态）下 A、B、D、E 的相对分压或相对浓度。

令　$Q=\dfrac{[p(\text{D})/p^{\ominus}]^d[p(\text{E})/p^{\ominus}]^e}{[p(\text{A})/p^{\ominus}]^a[p(\text{B})/p^{\ominus}]^b}$　或　$Q=\dfrac{[c(\text{D})/c^{\ominus}]^d[c(\text{E})/c^{\ominus}]^e}{[c(\text{A})/c^{\ominus}]^a[c(\text{B})/c^{\ominus}]^b}$

Q 称为反应商，是任意态生成物与反应物的相对浓度或相对分压的比值，则式（3-21）及式（3-22）可写成

$$\Delta_r G_m=\Delta_r G_m^{\ominus}+RT\ln Q \tag{3-23}$$

从式（3-23）可以看出，任意状态下化学反应的摩尔吉布斯函数变 $\Delta_r G_m$ 由标准摩尔吉布斯函数变 $\Delta_r G_m^{\ominus}$ 和 $RT\ln Q$ 两项决定。

当 $\Delta_r G_m=0$ 时，反应处于平衡状态，式（3-21）及式（3-22）可写成

$$0=\Delta_r G_m^{\ominus}+RT\ln\frac{[p_{\text{eq}}(\text{D})/p^{\ominus}]^d[p_{\text{eq}}(\text{E})/p^{\ominus}]^e}{[p_{\text{eq}}(\text{A})/p^{\ominus}]^a[p_{\text{eq}}(\text{B})/p^{\ominus}]^b}$$

$$0=\Delta_r G_m^{\ominus}+RT\ln\frac{[c_{\text{eq}}(\text{D})/c^{\ominus}]^d[c_{\text{eq}}(\text{E})/c^{\ominus}]^e}{[c_{\text{eq}}(\text{A})/c^{\ominus}]^a[c_{\text{eq}}(\text{B})/c^{\ominus}]^b}$$

$\dfrac{[p_{\text{eq}}(\text{D})/p^{\ominus}]^d[p_{\text{eq}}(\text{E})/p^{\ominus}]^e}{[p_{\text{eq}}(\text{A})/p^{\ominus}]^a[p_{\text{eq}}(\text{B})/p^{\ominus}]^b}$ 和 $\dfrac{[c_{\text{eq}}(\text{D})/c^{\ominus}]^d[c_{\text{eq}}(\text{E})/c^{\ominus}]^e}{[c_{\text{eq}}(\text{A})/c^{\ominus}]^a[c_{\text{eq}}(\text{B})/c^{\ominus}]^b}$ 在 $\Delta_r G_m=0$ 时即是标准平衡常数 $K^{\ominus}$，因此式（3-23）可以写成：

$$0=\Delta_r G_m^{\ominus}+RT\ln K^{\ominus}$$

上式又可写成：

$$\Delta_r G_m^{\ominus}=-RT\ln K^{\ominus}\quad\text{或}\quad\Delta_r G_m^{\ominus}=-2.303RT\lg K^{\ominus} \tag{3-24}$$

式（3-24）说明在一定温度下，一个化学反应的标准平衡常数 $K^{\ominus}$ 和标准摩尔吉布斯函数变 $\Delta_r G_m^{\ominus}$ 这两个物理量之间的关系，$\Delta_r G_m^{\ominus}$ 决定 $K^{\ominus}$ 的大小，即一个化学反应的限度由标准摩尔吉布斯函数变 $\Delta_r G_m^{\ominus}$ 决定，而与 $\Delta_r G_m$ 无关。

将式（3-24）代入式（3-23）得

$$\Delta_r G_m=-RT\ln K^{\ominus}+RT\ln Q=RT\ln Q/K^{\ominus}=2.303RT\lg Q/K^{\ominus} \tag{3-25}$$

式（3-25）称为化学反应的等温方程式。该式表明在任意态下，化学反应的吉布斯函数变 $\Delta_r G_m$ 与各反应物、生成物相对分压或相对浓度有关，根据此式可以判断处于任意态下反

应自发进行的方向。使用化学反应等温方程式时须注意：$\Delta_r G_m$、$\Delta_r G_m^\ominus$ 和 $K^\ominus$ 的温度 T 必须一致，并均为热力学温度 T 的值；式中的能量单位要统一，即均用焦（J）或千焦（kJ）。

值得注意的是，$\Delta_r G_m$ 作为任意态反应自发性的判据，揭示的是反应的本质，主要回答反应在给定条件下能否自发进行，并且 $\Delta_r G_m$ 越负，反应的可能性越大。但要区别于 $\Delta_r G_m^\ominus$。$\Delta_r G_m^\ominus$ 是标准态下反应自发性的判据，主要回答的是在标准态下反应能否自发进行，而且，由 $\lg K^\ominus = \dfrac{-\Delta_r G_m^\ominus}{2.303RT}$ 知，$\Delta_r G_m^\ominus$ 越负，反应的限度越大，反应进行得越完全。

（2）根据 $Q/K^\ominus$ 判断反应自发方向　由等温方程式可以看出，任意态 $\Delta_r G_m$ 的正负号由反应商 Q 和平衡常数 $K^\ominus$ 的关系决定，因此，可以根据 $Q/K^\ominus$ 比值判断任意态下反应的自发方向。

当 $Q/K^\ominus < 1$ 时，$Q < K^\ominus$，则 $\Delta_r G_m < 0$，反应正向自发。

当 $Q/K^\ominus = 1$ 时，$Q = K^\ominus$，则 $\Delta_r G_m = 0$，反应达到平衡状态。

当 $Q/K^\ominus > 1$ 时，$Q > K^\ominus$，则 $\Delta_r G_m > 0$，反应逆向自发。

这就是化学反应进行方向的判据。

【例 3-13】 在 2000℃时，反应 $N_2(g) + O_2(g) \rightleftharpoons 2NO(g)$ 的 $\Delta_r G_m^\ominus(2273K) = 43.52 kJ \cdot mol^{-1}$，判断下列条件下反应进行的方向：

① $p(N_2) = 80.0kPa$，$p(O_2) = 80.0kPa$，$p(NO) = 6.5kPa$；

② $p(N_2) = 30.0kPa$，$p(O_2) = 30.0kPa$，$p(NO) = 9.5kPa$；

③ $p(N_2) = 20.0kPa$，$p(O_2) = 20.0kPa$，$p(NO) = 20.0kPa$。

解　由 $\Delta_r G_m^\ominus = -2.303RT\lg K^\ominus$ 知

$$\lg K^\ominus = \frac{-\Delta_r G_m^\ominus}{2.303RT}$$

$$= \frac{-43.52 \times 10^3 J \cdot mol^{-1}}{2.303 \times 8.314 J \cdot mol^{-1} \cdot K^{-1} \times 2273K} = -1.00$$

$$K^\ominus = 0.10$$

①
$$Q_1 = \frac{[p(NO)/p^\ominus]^2}{[p(N_2)/p^\ominus][p(O_2)/p^\ominus]}$$

$$= \frac{(6.5kPa/100kPa)^2}{(80.0kPa/100kPa)(80.0kPa/100kPa)} = 7 \times 10^{-3}$$

$Q_1 < K^\ominus$，反应正向自发。

②
$$Q_2 = \frac{(9.5kPa/100kPa)^2}{(30.0kPa/100kPa)(30.0kPa/100kPa)} = 0.10$$

$Q_2 = K^\ominus$，反应达到平衡状态。

③
$$Q_3 = \frac{(20.0kPa/100kPa)^2}{(20.0kPa/100kPa)(20.0kPa/100kPa)} = 1.00$$

$Q_3 > K^\ominus$，反应逆向自发。

计算结果表明，用 $Q/K^\ominus$ 作为反应自发性的判据，展示了系统内部物质间的定量关系，因而可以解决可逆反应的平衡移动问题。$Q = K^\ominus$ 时可逆反应处于平衡状态，凡是能破坏 $Q = K^\ominus$ 的因素都可以使化学平衡移动。研究化学平衡移动的问题对生产实践有着重要的指导作用。

四、化学平衡的移动

化学平衡是动态平衡，是相对的、有条件的。当条件改变时，平衡被破坏，反应向正向或向逆向自发进行，这种现象称化学平衡移动。根据热力学原理，化学平衡移动的原因是：

平衡系统的条件改变使 Q 和 $K^{\ominus}$ 不再相等，即 $\Delta_r G_m \neq 0$ 造成的。下面分别讨论浓度、压力、温度对化学平衡移动的影响。

1. 浓度对化学平衡的影响

对于已经达到平衡的系统，如果增加反应物的浓度或减少生成物的浓度，则 $Q < K^{\ominus}$，$\Delta_r G_m < 0$ 反应正向进行，平衡向正反应方向移动；当增加平衡系统中生成物的浓度或减小反应物的浓度时，则 $Q > K^{\ominus}$，$\Delta_r G_m > 0$，反应逆向进行，平衡向逆反应方向移动。

【例 3-14】 某温度下反应 $Fe^{2+}(aq) + Ag^+(aq) \rightleftharpoons Fe^{3+}(aq) + Ag(s)$ 开始前，系统中各物质的浓度分别是 $c(Fe^{2+}) = 0.10 \text{mol} \cdot L^{-1}$，$c(Ag^+) = 0.10 \text{mol} \cdot L^{-1}$，$c(Fe^{3+}) = 0.01 \text{mol} \cdot L^{-1}$。已知该温度下标准平衡常数为 $K^{\ominus} = 2.98$，求（1）反应开始后向哪一方进行？（2）平衡时，Ag^+、Fe^{2+}、Fe^{3+} 的浓度各为多少？（3）Ag^+ 的转化率是多少？（4）若保持平衡时 Ag^+、Fe^{3+} 的浓度不变，而加入 Fe^{2+} 使其浓度变为 $c(Fe^{2+}) = 0.30 \text{mol} \cdot L^{-1}$，此时平衡会不会移动？向何方移动？并求在此条件下的 Ag^+ 的总转化率。

解　（1）反应开始时

$$Q = \frac{c(Fe^{3+})/c^{\ominus}}{[c(Fe^{2+})/c^{\ominus}][c(Ag^+)/c^{\ominus}]}$$

$$= \frac{0.01 \text{mol} \cdot L^{-1}/1.00 \text{mol} \cdot L^{-1}}{(0.10 \text{mol} \cdot L^{-1}/1.00 \text{mol} \cdot L^{-1})(0.10 \text{mol} \cdot L^{-1}/1.00 \text{mol} \cdot L^{-1})}$$

$$= 1.0$$

$Q < K^{\ominus}$，$\Delta_r G_m < 0$，反应向正方向进行。

（2）平衡时各组分的浓度

设生成平衡时 Fe^{3+} 的浓度为 $x \text{mol} \cdot L^{-1}$，则：

$$Fe^{2+}(aq) + Ag^+(aq) \rightleftharpoons Fe^{3+}(aq) + Ag(s)$$

初始浓度/$(\text{mol} \cdot L^{-1})$　　0.10　　　　0.10　　　　　0.01

平衡浓度/$(\text{mol} \cdot L^{-1})$　$0.10-x$　　$0.10-x$　　　$0.01+x$

$$K^{\ominus} = \frac{c_{eq}(Fe^{3+})/c^{\ominus}}{[c_{eq}(Fe^{2+})/c^{\ominus}][c_{eq}(Ag^+)/c^{\ominus}]}$$

$$2.98 = \frac{(0.01+x)\text{mol} \cdot L^{-1}/1.00 \text{mol} \cdot L^{-1}}{[(0.10-x)\text{mol} \cdot L^{-1}/1.00 \text{mol} \cdot L^{-1}][(0.10-x)\text{mol} \cdot L^{-1}/1.00 \text{mol} \cdot L^{-1}]}$$

$$x = 0.013$$

所以平衡时：$c_{eq}(Fe^{3+}) = 0.023 \text{mol} \cdot L^{-1}$，$c_{eq}(Fe^{2+}) = c_{eq}(Ag^+) = 0.087 \text{mol} \cdot L^{-1}$

（3）Ag^+ 的转化率

消耗的 Ag^+ 浓度为　$x = 0.013 \text{mol} \cdot L^{-1}$，

$$Ag^+ \text{的转化率} = \frac{c_{消耗}(Ag^+)}{c_{初始}(Ag^+)} \times 100\% = \frac{0.013 \text{mol} \cdot L^{-1}}{0.10 \text{mol} \cdot L^{-1}} \times 100\%$$

$$= 13\%$$

（4）Fe^{2+} 的浓度改变后，对平衡的影响

$$Q = \frac{c(Fe^{3+})/c^{\ominus}}{[c(Fe^{2+})/c^{\ominus}][c(Ag^+)/c^{\ominus}]}$$

$$= \frac{0.023 \text{mol} \cdot L^{-1}/1.00 \text{mol} \cdot L^{-1}}{(0.30 \text{mol} \cdot L^{-1}/1.00 \text{mol} \cdot L^{-1})(0.087 \text{mol} \cdot L^{-1}/1.00 \text{mol} \cdot L^{-1})}$$

$$= 0.88$$

$Q < K^{\ominus}$，则 $\Delta_r G_m < 0$，反应向正方向进行

设在新的条件下，消耗 Ag^+ 浓度为 $y \text{mol} \cdot L^{-1}$ 达到新的平衡，

$$Fe^{2+}(aq) + Ag^+(aq) \rightleftharpoons Fe^{3+}(aq) + Ag(s)$$

初始浓度/(mol·L^{-1})　0.30　　0.087　　0.023

平衡浓度/(mol·L^{-1})　0.30$-y$　　0.087$-y$　　0.023$+y$

$$K^{\ominus}=\frac{c_{eq}(Fe^{3+})/c^{\ominus}}{[c_{eq}(Fe^{2+})/c^{\ominus}][c_{eq}(Ag^{+})/c^{\ominus}]}$$

$$2.98=\frac{[(0.023+y)mol\cdot L^{-1}/(1.00mol\cdot L^{-1})]}{[(0.30-y)mol\cdot L^{-1}/(1.00mol\cdot L^{-1})][(0.087-y)mol\cdot L^{-1}/(1.00mol\cdot L^{-1})]}$$

$y=0.073$，即消耗 Ag^{+} 浓度为 0.073mol·L^{-1}

所以消耗 Ag^{+} 总浓度为 0.013mol·L^{-1}+0.073mol·L^{-1}=0.086mol·L^{-1}

$$Ag^{+}\text{的总转化率}=\frac{c_{\text{总消耗}}(Ag^{+})}{c_{\text{初始}}(Ag^{+})}\times100\%=\frac{0.086mol\cdot L^{-1}}{0.10mol\cdot L^{-1}}\times100\%$$

$$=86\%$$

计算结果表明，由于增加了 $c(Fe^{2+})$，使平衡正向移动，Ag^{+} 转化率大大提高。在化工生产上常常利用增加反应物的浓度或减少生成物的浓度，使化学平衡正向移动这一原理，来提高反应物的转化率。

2. 压力对化学平衡的影响

对于只有液体和纯固体参加的可逆反应来说，改变压力，对化学平衡影响很小，可以不予考虑。

在一定温度下，有气体参加的可逆反应，压力变化并不影响标准平衡常数，但可能改变反应商 Q，使 $Q\neq K^{\ominus}$，化学平衡就会发生移动。

对于一个气体反应：

$$aA(g)+bB(g)\rightleftharpoons dD(g)+eE(g)$$

反应达到平衡时，则

$$K^{\ominus}=\frac{[p_{eq}(D)/p^{\ominus}]^{d}[p_{eq}(E)/p^{\ominus}]^{e}}{[p_{eq}(A)/p^{\ominus}]^{a}[p_{eq}(B)/p^{\ominus}]^{b}}$$

令$(d+e)-(a+b)=\Delta n$，Δn 为生成物计量系数之和与反物计量系数之和的差值。

① 对于 $\Delta n>0$，即气体计量系数增加的反应，若将系统的总压力增大 x 倍，相应各组分的分压也将同时增大 x 倍，此时反应商为

$$Q=\frac{[xp(D)/p^{\ominus}]^{d}[xp(E)/p^{\ominus}]^{e}}{[xp(A)/p^{\ominus}]^{a}[xp(B)/p^{\ominus}]^{b}}=x^{\Delta n}K^{\ominus}$$

因为 $\Delta n>0$，所以 $x^{\Delta n}>1$，则 $Q>K^{\ominus}$，平衡向逆反应方向移动，即增大压力平衡向气体计量系数之和减少的方向移动。

若将系统的总压力减小到原来的$\frac{1}{y}$，同理可以推出 $Q=\left(\frac{1}{y}\right)^{\Delta n}K^{\ominus}$，由于 $\Delta n>0$，$\left(\frac{1}{y}\right)^{\Delta n}<1$，则 $Q<K^{\ominus}$，平衡向正反应方向移动，即减小压力平衡向气体计量系数之和增大的方向移动。

② 对于 $\Delta n<0$，即气体计量系数减少的反应，若将系统的总压力增大到 x 倍，同样可以推出 $Q=x^{\Delta n}K^{\ominus}$，由于 $\Delta n<0$，所以 $x^{\Delta n}<1$，则 $Q<K^{\ominus}$，平衡向正反应方向移动，即增大压力平衡向气体系数之和减少的方向移动。如合成 SO_3 反应：

$$2SO_2(g)+O_2(g)\rightleftharpoons 2SO_3(g)$$

增大压力，平衡向有利于生成 SO_3 的方向移动，提高 SO_2 的转化率，因此工业上合成 SO_3 采取增加压力的办法。

③ 对于 $\Delta n=0$，即气体计量系数不变的反应，由于 $x^{\Delta n}=1$，$Q=K^{\ominus}$，则压力的改变不会引起平衡的移动。

综上所述，在等温下增加系统的总压力，平衡向气体计量系数减小的方向移动；减小总压力，平衡向气体计量系数增大的方向移动；若反应前后气体的计量系数不变，改变总压力平衡不发生移动。

若向反应系统中通入不参加反应的惰性气体时，总压力对化学平衡的影响有如下两种情况：

① 在定温定容的条件下，平衡后尽管通入惰性气体使总压力增大，但各组分的分压不变，$Q=K^{\ominus}$，无论反应前后气体的计量系数之和相等或是不相等，都不会引起平衡移动。

② 在定温定压的条件下，反应达到平衡后通入惰性气体，为了维持定压，必须增大系统的体积，这时各组分的分压下降，若 $\Delta n\neq 0$，平衡要向气体计量系数之和增加的方向移动。对于 $\Delta n>0$ 的反应，此时平衡向正反应方向移动；对于 $\Delta n<0$ 的反应，此时平衡向逆反应方向移动。

3. 温度对化学平衡的影响

浓度和压力对化学平衡的影响是通过改变系统的 Q，使 $Q\neq K^{\ominus}$，平衡移动，但标准平衡常数并不改变。温度对化学平衡的影响则不然，温度的变化会引起标准平衡常数的改变，从而使化学平衡发生移动。温度对化学平衡的影响规律，可以通过化学热力学有关公式推导出来。对某一化学反应，平衡常数和标准吉布斯函数有如下关系：

$$\Delta_r G_m^{\ominus}=-RT\ln K^{\ominus}$$

又知吉布斯-亥姆霍兹（Gibbs-Helmholtz）公式：

$$\Delta_r G_m^{\ominus}=\Delta_r H_m^{\ominus}-T\Delta_r S_m^{\ominus}$$

由上两式可得：

$$-RT\ln K^{\ominus}=\Delta_r H_m^{\ominus}-T\Delta_r S_m^{\ominus}$$

$$\ln K^{\ominus}=-\frac{\Delta_r H_m^{\ominus}}{RT}+\frac{\Delta_r S_m^{\ominus}}{R} \tag{3-26}$$

对任意可逆反应，设在温度 T_1 时的平衡常数为 $K_1^{\ominus}$，温度 T_2 时的平衡常数为 $K_2^{\ominus}$。代入式(3-26)：

$$\ln K_1^{\ominus}=-\frac{\Delta_r H_m^{\ominus}}{RT_1}+\frac{\Delta_r S_m^{\ominus}}{R}$$

$$\ln K_2^{\ominus}=-\frac{\Delta_r H_m^{\ominus}}{RT_2}+\frac{\Delta_r S_m^{\ominus}}{R}$$

上两式相减得

$$\ln\frac{K_2^{\ominus}}{K_1^{\ominus}}=\frac{\Delta_r H_m^{\ominus}}{R}\left(\frac{1}{T_1}-\frac{1}{T_2}\right)$$

$$\ln\frac{K_2^{\ominus}}{K_1^{\ominus}}=\frac{\Delta_r H_m^{\ominus}}{R}\left(\frac{T_2-T_1}{T_1T_2}\right) \tag{3-27a}$$

或

$$\lg\frac{K_2^{\ominus}}{K_1^{\ominus}}=\frac{\Delta_r H_m^{\ominus}}{2.303R}\left(\frac{T_2-T_1}{T_1T_2}\right) \tag{3-27b}$$

上式为范特霍夫公式。它清楚地表明了温度对平衡常数的影响。对于放热反应，$\Delta_r H_m^{\ominus}<0$，温度升高时（$T_2>T_1$），则 $K_2^{\ominus}<K_1^{\ominus}$，即平衡常数随温度的升高而减小，反应逆向移动。

对于吸热反应，$\Delta_r H_m^{\ominus}>0$，温度升高时（$T_2>T_1$），则 $K_2^{\ominus}>K_1^{\ominus}$，即平衡常数随温度的升高而增大，反应正向移动。

因此，温度对化学平衡的影响是：升高温度，平衡向吸热方向移动；降低温度，平衡向放热方向移动。

【例 3-15】 合成氨反应 $3H_2(g)+N_2(g) \rightleftharpoons 2NH_3(g)$ 的 $\Delta_r H_m^{\ominus}=-92.22kJ \cdot mol^{-1}$，298K 时，$K_1^{\ominus}=6.8\times10^5$，计算反应在 600K 时的 $K_2^{\ominus}$。

解 由公式 (3-27b)，知：

$$\lg\frac{K_2^{\ominus}}{6.8\times10^5}=\frac{-92.22\times10^3 J \cdot mol^{-1}}{2.303\times8.314J \cdot mol^{-1} \cdot K^{-1}}\left(\frac{600K-298K}{600K\times298K}\right)$$

得
$$K_2^{\ominus}=5.0\times10^{-3}$$

可见对于放热反应，升高温度后，平衡常数减小了，即平衡逆向移动。

4. 平衡移动原理

法国科学家吕・查德里于 1887 年总结出一条平衡移动的总规律：假如改变平衡系统的条件之一，如浓度、温度或压力，则平衡向着减弱这个改变的方向移动。这一规律称为平衡移动原理，又称吕・查德里原理。

平衡移动原理是一条普遍的规律，它对于所有的动态平衡（包括物理平衡）都是适用的。但它只适用于已达到平衡的系统，对于未达到平衡的系统是不适用的。

思考题与习题

3-1 下列符号代表什么意义：找出它们间有关联的符号，并写出它们之间的关系式。

H　ΔH　$\Delta_f H_m^{\ominus}$　$\Delta_r H_m^{\ominus}$　S　ΔS　$S_m^{\ominus}$　$\Delta_r S_m^{\ominus}$　G　ΔG　$\Delta_f G_m^{\ominus}$　$\Delta_r G_m^{\ominus}$

3-2 区别下列基本概念，并举例说明之。

(1) 系统和环境；

(2) 状态和状态函数；

(3) 过程和途径；

(4) 热和功；

(5) 热和温度；

(6) 标准摩尔生成焓和标准摩尔反应焓；

(7) 标准状况和标准状态。

3-3 某理想气体在恒定外压（100 kPa）下吸收热膨胀，其体积从 80 L 变到 160 L，同时吸收 25 kJ 的热量，试计算系统的内能变化。

3-4 已知乙醇（C_2H_5OH）在 351 K 和 100 kPa 大气压下正常沸点温度（351 K）时的蒸发热为 39.2 kJ・mol⁻¹，试估算 1 mol C_2H_5OH (l) 在该蒸发过程中的 $W_{体}$ 和 ΔU。

3-5 下列过程是熵增还是熵减？

(1) 固体 KBr 溶解在水中；

(2) 干冰汽化；

(3) 过饱和溶液析出沉淀；

(4) 大理石烧制生石灰；

(5) $CH_4(g)+2O_2(g) = CO_2(g)+2H_2O(l)$。

3-6 判断题（正确的在括号中填"√"号，错的填"×"号）：

(1) 葡萄糖转化为麦芽糖 $2C_6H_{12}O_6(s) \longrightarrow C_{12}H_{22}O_{11}(s)+H_2O(l)$ 的 $\Delta_r H_m^{\ominus}(298.15\ K)=3.7\ kJ \cdot mol^{-1}$，因此，2 mol $C_6H_{12}O_6$ (s) 在转化的过程中吸收了 3.7kJ 的热量。（　）

(2) 任何纯净单质的标准摩尔生成焓都等于零。（　）

(3) 在等温定压下，下列两个反应方程式的反应热相同。（　）

$$Mg(s)+1/2O_2(g) = MgO(s)\qquad 2Mg(s)+O_2(g) = 2MgO(s)$$

(4) $\Delta_r S_m$ 为负值的反应均不能自发进行。（　）

(5) 吸热反应也可能是自发的。（　）

(6) 某反应的 $\Delta_r G_m>0$，选取适宜的催化剂可使反应自发进行。（　）

(7) $\Delta_r G_m^{\ominus}<0$ 的反应一定自发进行。（　）

(8) 常温下所有单质的标准摩尔熵都为零。(　　)

(9) 应用盖斯定律，不但可以计算化学反应的 $\Delta_r H_m$，还可以计算 $\Delta_r U_m$、$\Delta_r S_m$、$\Delta_r G_m$ 的值。(　　)

(10) 热是系统和环境之间因温度不同而传递的能量形式，受过程的制约，不是系统自身的性质，所以不是状态函数。(　　)

(11) 在常温常压下，将 H_2 和 O_2 长期混合无明显反应，表明该反应的摩尔吉布斯自由能变为正值。(　　)

(12) 热力学标准状态是指系统压力为 100kPa，温度为 298K 时物质的状态。(　　)

(13) 在等温定压下，反应过程中若产物的分子总数比反应物分子总数增多，该反应的 $\Delta_r S_m$ 一定为正值。(　　)

(14) 指定稳定单质的 $\Delta_f H_m^\ominus$(298.15K)、$\Delta_f G_m^\ominus$(298.15K) 和 $S_m^\ominus$ (298.15K) 均为零。(　　)

(15) 焓变、熵变受温度影响很小，可以忽略，但吉布斯自由能受温度影响较大，故不能忽略。(　　)

3-7 选择填空（将正确答案的标号填入括号中）

(1) 25℃和标准状态下，N_2 和 H_2 反应生成 1g NH_3(g) 时放出 2.71kJ 的热量，则 (NH_3，g，298.15K) $\Delta_r H_m^\ominus$ 等于（　　）$kJ \cdot mol^{-1}$。

A. −2.71/17　　B. 2.71/17　　C. −2.71×17　　D. 2.71×17

(2) 如果一封闭体系，经过一系列变化后又回到初始状态，则体系的（　　）。

A. $Q=0$　　$W=0$　　$\Delta U=0$　　$\Delta H=0$

B. $Q\neq 0$　　$W=0$　　$\Delta U=0$　　$\Delta H=0$

C. $Q=-W$　　$\Delta U=W+Q$　　$\Delta H=0$

D. $Q\neq -W$　　$\Delta U=W+Q$　　$\Delta H=0$

(3) 下列分子的 $\Delta_f H_m^\ominus$ 值不等于零的是（　　）

A. 石墨 (s)　　B. O_2(g)　　C. CO_2(g)　　D. Cu (s)

(4) $CaO(s) + H_2O(l) \xlongequal{} Ca(OH)_2(s)$，在 25℃及 100kPa 是自发反应，高温逆向自发，说明反应属于（　　）类型。

A. $\Delta_r H_m^\ominus > 0$　　$\Delta_r S_m^\ominus < 0$　　B. $\Delta_r H_m^\ominus < 0$　　$\Delta_r S_m^\ominus > 0$

C. $\Delta_r H_m^\ominus > 0$　　$\Delta_r S_m^\ominus > 0$　　D. $\Delta_r H_m^\ominus < 0$　　$\Delta_r S_m^\ominus < 0$

(5) 对于一个确定的化学反应来说，下列说法中正确的是（　　）。

A. $\Delta_r G_m^\ominus$ 越负，反应速率越快　　B. $\Delta_r S_m^\ominus$ 越正，反应速率越快

C. $\Delta_r H_m^\ominus$ 越负，反应速率越快　　D. 活化能越小，反应速率越快

(6) 下列各热力学函数中，哪一个为零？（　　）

A. $\Delta_f G_m^\ominus$ (I_2，g，298K)　　B. $\Delta_f H_m^\ominus$ (Br_2，l，298K)　　C. $S_m^\ominus$ (H_2，g，298K)

D. $\Delta_f G_m^\ominus$ (O_3，g，298K)　　E. $\Delta_f H_m^\ominus$ (CO_2，g，298K)

(7) 下列反应中，放出热量最多的反应是（　　）。

A. $CH_4(l) + 2O_2(g) \xlongequal{} CO_2(g) + 2H_2O(g)$

B. $CH_4(g) + 2O_2(g) \xlongequal{} CO_2(g) + 2H_2O(g)$

C. $CH_4(g) + 2O_2(g) \xlongequal{} CO_2(g) + 2H_2O(l)$

D. $CH_4(g) + 3/2O_2(g) \xlongequal{} CO(g) + 2H_2O(l)$

(8) 若某反应 (A) 的反应速率大于 (B) 的反应速率，则反应的热效应的关系为（　　）。

A. $\Delta_r H_m^\ominus(A) < \Delta_r H_m^\ominus(B)$　　B. $\Delta_r H_m^\ominus(A) = \Delta_r H_m^\ominus(B)$

C. $\Delta_r H_m^\ominus(A) > \Delta_r H_m^\ominus(B)$　　D. 不能确定

(9) 已知反应 $H_2O(g) \rightleftharpoons 1/2O_2(g) + H_2(g)$ 在一定温度、压力下达到平衡。此后通入氖气，若保持反应的压力、温度不变，则（　　）。

A. 平衡向左移动　　B. 平衡向右移动　　C. 平衡保持不变　　D. 无法预测

(10) 某反应的 $\Delta_r G_m^\ominus(298.15K) = 45kJ \cdot mol^{-1}$，$\Delta_r H_m^\ominus(298.15K) = 90kJ \cdot mol^{-1}$，据估算该反应处于平衡时的转变温度为（　　）K。

A. 273　　B. 298　　C. 546　　D. 596

3-8 填空题

(1) 状态函数的性质之一是：状态函数的变化值与系统的（　　）有关，与（　　）无关。

(2) 热力学规定，系统从环境吸热，Q 为（　　）；系统向环境放热，Q 为（　　）。系统对环境做功，W 为（　　）；环境对系统做功，W 为（　　）。热和功都与（　　）有关，所以热和功（　　）状态函数。

(3) 物理量 U、H、W、Q、S、G 中，属于状态函数的是（　　）。

(4) 1mol 理想气体，经过等温膨胀、定容加热、定压冷却三个过程，完成一个循环后回到起始状态，系统的 W 和 ΔU 等于零的是（　　），不等于零的是（　　）。

(5) 热力学第一定律的数学表达式为（　　）；它只适用于（　　）系统。

(6) $Q_V = \Delta U$ 的条件是（　　）；$Q_p = \Delta H$ 的条件是（　　）。

(7) $\Delta_r G_m$（　　）于零时，反应是自发的。根据 $\Delta_r G_m = \Delta_r H_m - T\Delta_r S_m$，当 $\Delta_r S_m$ 为正值时，放热反应（　　）自发的，当 $\Delta_r S_m$ 为负值时，吸热反应（　　）自发。

(8) 有人利用甲醇分解来制取甲烷：$CH_3OH(l) \rightleftharpoons CH_4(g) + 1/2O_2(g)$ 此反应是（　　）热、熵（　　）的、故在（　　）温条件下正向自发进行。

(9) 已知反应 $N_2(g) + 3H_2(g) \rightleftharpoons 2NH_3(g)$ 的 $\Delta_r H_m^{\ominus}(298.15\ K) = -92.22kJ \cdot mol^{-1}$，若升高温度，$\Delta_r G_m^{\ominus}$ 将（　　），$\Delta_r H_m^{\ominus}$ 将（　　），$\Delta_r S_m^{\ominus}$ 将（　　），$K^{\ominus}$ 将（　　）；若减小反应系统体积，平衡将（　　）移动；若加入氢气以增加总压力，平衡将（　　）移动；若加入氦气以增加总压力，平衡将（　　）移动；若加入氯化氢气体，平衡将（　　）移动。

(10) 已知反应 $SnO_2(s) + 2H_2(g) \rightleftharpoons Sn(s) + 2H_2O(g)$ 和 $CO(g) + H_2O(g) \rightleftharpoons CO_2(g) + H_2(g)$ 的平衡常数分别为 $K_1^{\ominus}$ 和 $K_2^{\ominus}$，则反应 $SnO_2(s) + 2CO(g) \rightleftharpoons 2CO_2(g) + Sn(s)$ 的 $K_3^{\ominus} =$（　　）。

3-9 当下述反应 $2SO_2(g) + O_2(g) \rightleftharpoons 2SO_3(g)$ 达到平衡后，在反应系统中加入一定量的惰性气体，对于平衡系统有何影响？试就加入惰性气体后系统的体积保持不变或总压力保持不变这两种情况加以讨论。

3-10 已知下列热化学方程式：

(1) $Fe_2O_3(s) + 3CO(g) \rightleftharpoons 2Fe(s) + 3CO_2(g)$　$\Delta_r H_m^{\ominus} = -27.6kJ \cdot mol^{-1}$

(2) $3Fe_2O_3(s) + CO(g) \rightleftharpoons 2\ Fe_3O_4(s) + CO_2(g)$　$\Delta_r H_m^{\ominus} = -58.6kJ \cdot mol^{-1}$

(3) $Fe_3O_4(s) + CO(g) \rightleftharpoons 3FeO(s) + CO_2(g)$　$\Delta_r H_m^{\ominus} = 38.1kJ \cdot mol^{-1}$

计算反应：$FeO(s) + CO(g) \rightleftharpoons Fe(s) + CO_2(g)$ 的 $\Delta_r H_m^{\ominus}$。

3-11 人体靠下列一系列反应去除体内的酒精：

$$CH_3CH_2OH \xrightarrow{O_2} CH_3CHO \xrightarrow{O_2} CH_3COOH \xrightarrow{O_2} CO_2$$

计算人体去除 1mol C_2H_5OH 时各步反应的 $\Delta_r H_m^{\ominus}$ 及总反应的 $\Delta_r H_m^{\ominus}$（假设 $T = 298.15K$）。

3-12 写出下列各化学反应的标准平衡常数 $K^{\ominus}$ 表达式。

(1) $2SO_2(g) + O_2(g) \rightleftharpoons 2SO_3(g)$

(2) $Cr_2O_7^{2-}(aq) + 6Fe^{2+}(aq) + 14H^+(aq) \rightleftharpoons 2Cr^{3+}(aq) + 6Fe^{3+}(aq) + 7H_2O(l)$

(3) $MgCO_3(s) \rightleftharpoons MgO(s) + CO_2(g)$

(4) $HAc(aq) \rightleftharpoons H^+(aq) + Ac^-(aq)$

(5) $2MnO_4^-(aq) + 5H_2O_2(aq) + 6H^+(aq) \rightleftharpoons 2Mn^{2+}(aq) + 5O_2(g) + 8H_2O(l)$

3-13 计算下列反应在 298.15K 下的 $\Delta_r H_m^{\ominus}$、$\Delta_r S_m^{\ominus}$ 和 $\Delta_r G_m^{\ominus}$，并判断哪些反应能自发向右进行。

(1) $Zn(s) + 2HCl(aq) \rightleftharpoons ZnCl_2(aq) + H_2(g)$

(2) $4NH_3(g) + 5O_2(g) \rightleftharpoons 4NO(g) + 6H_2O(g)$

(3) $Fe_2O_3(s) + 3CO(g) \rightleftharpoons 2\ Fe(s) + 3CO_2(g)$

(4) $CaCO_3(s) \rightleftharpoons CaO(s) + CO_2(g)$

3-14 植物在光合作用中合成葡萄糖的反应可以近似表示为：

$$6CO_2(g) + 6H_2O(l) = C_6H_{12}O_6(s) + 6O_2(g)$$

计算反应的标准摩尔吉布斯函数变，判断反应在 298K 及标准状态下能否自发进行（已知葡萄糖的 $\Delta_f G_m^{\ominus}(C_6H_{12}O_6, s) = -910.5kJ \cdot mol^{-1}$）。

3-15 已知反应 C(石墨) $+ CO_2(g) \rightleftharpoons 2CO(g)$ 的 $\Delta_r G_m^{\ominus}(298K) = 120kJ \cdot mol^{-1}$，$\Delta_r G_m^{\ominus}(1000K) = -3.4kJ \cdot mol^{-1}$，计算：

(1)在标准状态及温度分别为298K和1000K时的标准平衡常数；

(2)当1000K时，$p(CO)=200kPa$，$p(CO_2)=800kPa$，判断该反应方向。

3-16 已知反应$CO_2(g)+H_2(g) \rightleftharpoons CO(g)+H_2O(g)$在973K时的$K^\ominus=0.618$。若系统中各组分气体分压为$p(CO_2)=p(H_2)=127kPa$，$p(CO)=p(H_2O)=76kPa$，计算此时$\Delta_r G_m(973K)$时值并判断反应进行的方向。

3-17 已知尿素$CO(NH_2)_2$的$\Delta_f G_m^\ominus(CO(NH_2)_2,s)=-197.15kJ \cdot mol^{-1}$，求下列尿素合成反应在298.15K时的$\Delta_r G_m^\ominus$和$K^\ominus$。

$$2NH_3(g)+CO_2(g) \rightleftharpoons CO(NH_2)_2(s)+H_2O(g)$$

3-18 密闭容器中的反应$CO(g)+H_2O(g) \rightleftharpoons CO_2(g)+H_2(g)$在750K时其$K^\ominus=2.6$，试计算：

(1) 当原料气中$H_2O(g)$和$CO(g)$的物质的量之比为1∶1时，CO (g) 的转化率为多少？

(2) 当原料气中$H_2O(g)$和$CO(g)$的物质的量之比为4∶1时，CO(g) 的转化率为多少？说明什么问题？

3-19 Ag_2O遇热分解：$Ag_2O(s) \rightleftharpoons 2Ag(s)+1/2O_2(g)$。已知$Ag_2O$的$\Delta_f H_m^\ominus=-31.0kJ \cdot mol^{-1}$，$\Delta_f G_m^\ominus=-11.2kJ \cdot mol^{-1}$，试估算$Ag_2O$的最低分解温度及298K时该系统中$p(O_2)$。

3-20 大力神火箭的发动机采用液态N_2H_4和气体N_2O_4作为燃料，反应放出大量的热和气体可以推动火箭升高。

$$2N_2H_4(l)+N_2O_4(g) = 3N_2(g)+4H_2O(g)$$

根据附录Ⅱ中的数据，计算反在298K时的标准摩尔焓变$\Delta_r H_m^\ominus$。若反应的热能完全转化为势能，可将100kg的重物垂直升高多少？[已知$\Delta_f H_m^\ominus(N_2H_4, l)=50.63kJ \cdot mol^{-1}$]

3-21 将空气中的单质氮变成各种含氮化合物叫固氮反应。根据附表中的$\Delta_f G_m^\ominus$的数据计算下述三种固氮反应的$\Delta_r G_m^\ominus$，从热力学的角度判断选择哪个反应最好。

(1) $N_2(g)+O_2(g) = 2NO(g)$

(2) $2N_2(g)+O_2(g) = 2N_2O(g)$

(3) $N_2(g)+3H_2(g) = 2NH_3(g)$

3-22 汽车内内燃机工作时温度高达1573K，估算在此温度下反应：$1/2N_2(g)+1/2O_2(g) \rightleftharpoons NO(g)$的$\Delta_r G_m^\ominus$和$K^\ominus$，并说明对大气有无污染。

知识拓展

热力学大师——吉布斯

爱因斯坦曾经说过一句话：“宇宙最大的奥秘，竟是它含有一些不变的法则，能让人类去了解它。”

“不知道你有没有想过这个问题？”吉布斯（Josiah Willard Gibbs，1839—1903）教授站在数学物理的教室里，向耶鲁大学的学生问道：“一杯热水与一杯冷水混合就会成为两杯温水，两杯温水就不会自己成为一杯热水、一杯冷水？为什么热量就必须依循这个‘固定方向’，由热水传到冷水呢？”；“我再问，一块木头被火烧了，就成为水、气体和热量，那为什么没有人能把气体加水、加热量又反应生成那块木头？我们所在的宇宙，是不是一直依着一个固定的方向，在进行各种物理的作用或化学的反应？也许大家说这是经验。那还无法满足我的问题。我相信这个背后有个原理，有个变因。”

吉布斯在黑板上写下“entropy”，说道“我想这个宇宙事物发生的方向，除了基本的能量（energy）、温度（temperature）、压力（pressure）、体积（volume）以外，还有这个乱度（entropy），是解释反应进行方向由低乱度往高乱度方向进行的必要因子。”

吉布斯找到了了解宇宙事物发生的方向不变的法则——吉布斯自由能（Gibbs Free Energy），这就是吉布斯——热力学大师，一个热力学史上里程碑式的人物，一个数学、物理学的天才。

美国物理化学家吉布斯，1839年2月11日生于美国康涅狄格州（Connecticut）的纽黑文（New Haven），这里是耶鲁大学的所在地，他家就在耶鲁大学旁边。

他的父亲是耶鲁大学古典文学系的教授，母亲更是来自著名的学者世家，几代的祖先都是大学校长。吉布斯从小经常生病，卧病在家的时间比在学校上课的时间多，他的整个童年到少年时期几乎没有朋友。生病使他个性退缩，也不会打球、社交，唯一的户外活动就是到附近的小山，一个人在清新的空气中慢慢地独行，这有助于他的肺部，也使他养成善于思考的好习惯。因为缺课的时间很长，他的父亲就教他拉丁文，母亲教他数学，成为他最好的老师与朋友。

1854～1858 年，吉布斯在耶鲁学院学习。学习期间，因拉丁语和数学成绩优异曾数度获奖。1863 年吉布斯获耶鲁学院哲学博士学位，并留校任助教。1866～1868 年，他在法、德两国听了不少著名学者的演讲。1869 年回国后继续任教。1870 年后任耶鲁学院的数学物理教授。曾获得伦敦皇家学会的科普勒奖章。1903 年 4 月 28 日在纽黑文逝世。

吉布斯在 1873～1878 年发表的三篇论文中，以严密的数学形式和严谨的逻辑推理，导出了数百个公式，特别是引进热力学式处理热力学问题，在此基础上建立了关于物相变化的相律，为化学热力学的发展做出了卓越的贡献。他曾把这三篇论文寄给世界各地 147 个物理、数学的科学家，请他们提供意见。几乎所有人都读不懂他的理论，也不知道吉布斯是何许人。

早在吉布斯的工作在本国受到重视之前，吉布斯在欧洲已经得到承认。那个时代的杰出理论家——电磁学大师麦克斯韦（Clark Maxwell），不知从哪里读到了吉布斯的一篇热力学论文，看出了它的意义，他深深地赞赏吉布斯的文章，并在自己的著作中反复地引证，他说：“这个人对于‘热’的解释，已经超过所有德国科学家的研究了。”这时大家才恍然大悟，回头从纸堆中找出这三篇文章，好好研读。奥斯特瓦尔德（Wilhelm Ostald）是这样称赞吉布斯的：“从内容到形式，他赋予物理化学整整一百年。”奥斯特瓦尔德同时在 1892 年将他的论文译成了德文。

1902 年，吉布斯把玻尔兹曼和麦克斯韦所创立的统计理论推广和发展成为系统理论，从而创立了近代物理学的统计理论及其研究方法。吉布斯还发表了许多有关矢量分析的论文和著作，奠定了这个数学分支的基础。此外，他在天文学、光的电磁理论、傅里叶级数等方面也有一些著述。主要著作有《图解方法在流体热力学中的应用》《论多相物质的平衡》《统计力学的基本原理》等。

吉布斯怀着对数学、物理法则认知的热忱，用全部心力去探索数学、热力学的美，作为一名科学家，他的心灵宁静而恬淡，虽然不被同时代人承认，但他不躁不恼，依然笃志于科学事业的研究，因为他知道自己工作的重要。

第四章 物质结构简介

Chapter 04

长期以来，人们一直致力于研究、探索和认识人类生活的这个物质世界。古希腊哲学家德谟克利特（Demokritos）在公元前 5 世纪提出万物皆由“原子”产生，原子“atom”一词源于希腊语，原意是“不可再分的部分”。19 世纪初，道尔顿在其建立的近代原子论中也认为，原子是有质量的，不可再分的，同一种元素的原子相同，不同元素的原子则不同。19 世纪末 20 世纪初，在发现电子、质子、放射性等基础上，英国物理学家卢瑟福（E. Rutherford）根据 α 粒子散射实验，提出了新的原子模型，称为行星系式原子模型或有核原子模型，推翻了人们认为原子是构成物质不可再分割的最小微粒的旧观念，使人们对物质世界的认识进入了一个更深的层次。随后，英国人莫斯莱（G. J. Moseley）在 1913 年证实了原子核的正电荷数等于核外电子数，也等于该元素在周期表中的原子序数。虽然早在 1886 年德国物理学家戈德斯坦（E. Goldstein）在高压放电实验中发现了带正电粒子的射线，直到 1920 年才将带正电荷的氢原子称为质子。1932 年英国物理学家查德威克（J. Chadwick）进一步发现穿透性很强但不带电荷的粒子流，即中子。后来的实验证明，中子也是组成原子核的粒子之一。由此，才真正形成了经典的原子模型。原子是由原子核和电子组成的。在化学反应的过程中，原子核并不发生变化，只是核外电子在发生变化。因此，研究核外电子的运动状态，是深入研究化学反应的基础。

第一节　核外电子运动的特殊性

一、氢原子光谱

人们对原子结构的认识是和原子光谱的实验分不开的。将太阳或白炽灯发出的光通过三棱镜后，可以得到红、橙、黄、绿、青、蓝、紫等波长连续变化的连续光谱。原子受到一定程度的激发所发射出的光谱（只包含几种特征波长的光线的光谱），称为原子光谱。每种原子都有它自己特征的光谱。例如将氢气放入放电管，并通过高压电流时，氢分子离解为氢原子并激发而发光，光通过狭缝再由三棱镜分光后得到不连续的线状谱线，在可见光范围内，有五条比较明显的谱线：通常用 H_α、H_β、H_γ、H_δ、H_ε 表示，而在右侧红外区和左侧紫外区还有

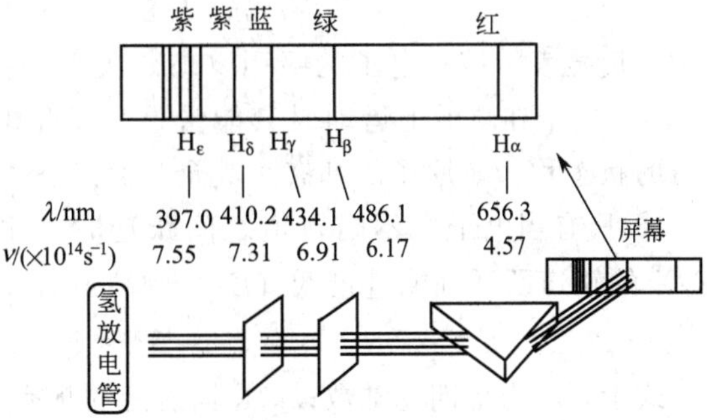

图 4-1　氢原子光谱实验示意图

若干谱线（图 4-1）。氢原子光谱是最简单的一种线状光谱。

1913 年瑞典物理学家里德堡（J. R. Rydberg）仔细测定了氢原子光谱在可见光区各谱线的频率，找出了能概括谱线之间普遍关系的公式——里德堡公式：

$$\nu = R_H\left(\frac{1}{n_1^2} - \frac{1}{n_2^2}\right) \tag{4-1}$$

式中，R_H 为里德堡常数，$3.289\times10^{15}\ s^{-1}$；$n_1$、$n_2$ 均为正整数，且 $n_2 > n_1$。当把 $n_1=2$，$n_2=3$、4、5、6、7 分别代入式（4-1），可算得在可见光区氢原子光谱五条谱线的频率。氢原子光谱的谱线频率不是任意的，而是随着 n_1 和 n_2 的改变做跳跃式的改变，即频率是不连续的。因此，里德堡方程式在一定程度上反映了氢原子光谱的规律性。

根据经典的电磁理论，电子绕核高速运动时，应以电磁波的形式不断地辐射出能量，电子绕核运动过程中，应得到波长连续变化的带状光谱。并且电子的能量将不断减少，电子最后堕入原子核，原子湮灭，那么如何解释氢原子不连续的线状光谱的实验事实呢？

二、玻尔理论

1913 年，丹麦物理学家玻尔（N. Bohr）吸收了普朗克的电磁辐射的量子论（M. Planck）和爱因斯坦（A. Einstein）的光子学说的最新成就，在卢瑟福原子有核模型的基础上，大胆地提出了氢原子结构的玻尔理论。

1. 玻尔理论要点

① 原子中的电子不能沿着任意轨道绕核旋转，只能在符合一定条件的特定的（有确定的半径和能量）轨道上旋转，电子在这些轨道运动的角动量：

$$L = mvr = n\frac{h}{2\pi}$$

式中，m 和 v 分别为电子的质量和速度；r 为轨道半径；h 为普朗克常数，$6.626\times10^{-34}\ J\cdot s$；$n$ 为量子数，其值可取 1、2、3 等正整数。电子在这些符合量子化条件的轨道上旋转时处于稳定状态，既不吸收能量也不放出能量。这些轨道称为定态轨道。

② 氢原子具有的能量取决于电子所在的轨道，距离原子核越远则能量越大。各轨道均有一定的能量称为能级，原子在稳定状态时，电子尽可能地处于能量最低的轨道，这种状态叫基态。玻尔推导出轨道半径和能量分别为：

$$r_n = 52.9n^2\ pm(1pm = 1\times10^{-12}\ m)$$

$$E_n = -\frac{2.179\times10^{-18}}{n^2}J$$

$$n = 1,2,3,4,\cdots(n\ 为正整数)$$

式中，负号表示核对电子的吸引（玻尔模型中把完全脱离原子核的电子的能量定为零，即 $E=0$）。电子在轨道上运动时其能量是量子化的。当 $n=1$ 时，轨道离核最近，能量最低，此时的状态称为氢原子的基态。其余为激发态。

③ 只有当电子在不同轨道之间跃迁时，才有能量的吸收或放出。当电子从能量较高（E_2）的轨道跃迁到能量较低（E_1）的轨道时，能量差以光辐射的形式发射出来。

$$\Delta E = E_2 - E_1 = h\nu \tag{4-2}$$

式中，h 为普朗克常数；ν 是辐射光的频率。

当电子由高能量轨道跃迁至低能量轨道时，其辐射能的频率 ν 为：

$$\nu=\frac{\left(\frac{-2.179\times10^{-18}}{n_2^2}\mathrm{J}\right)-\left(\frac{-2.179\times10^{-18}}{n_1^2}\mathrm{J}\right)}{h}=\frac{2.179\times10^{-18}\mathrm{J}}{6.626\times10^{-34}\mathrm{J\cdot s^{-1}}}\left(\frac{1}{n_1^2}-\frac{1}{n_2^2}\right)$$

$$=3.289\times10^{15}\mathrm{s^{-1}}\times\left(\frac{1}{n_1^2}-\frac{1}{n_2^2}\right)=R_{\mathrm{H}}\left(\frac{1}{n_1^2}-\frac{1}{n_2^2}\right)$$

由此可见，由玻尔理论推导得到的公式与式（4-1）是非常一致的，这说明玻尔理论能够很好地解释里德堡关于氢原子光谱的经验公式，解释了谱线波长的内在规律。

2. 玻尔理论的成功和局限

玻尔理论成功地解释了氢光谱的形成和规律性，其精确程度令物理学界大为震惊，玻尔因此获得 1922 年诺贝尔物理学奖。利用玻尔理论还可以解释类氢离子（He^{+}、Li^{2+}、Be^{3+}等）的光谱，其成功之处在于他大胆提出了绕核运动的电子的能量是量子化的。但玻尔理论不能解释多电子原子光谱，也不能说明在磁场作用下氢原子光谱的精细结构（在精密分光棱镜下观测氢原子光谱发现每条谱线是由若干条很靠近的谱线组成）。因为玻尔理论虽然引用了量子化概念，但它的电子绕核运动的固有轨道的观点不符合微观粒子运动的特殊性，而电子具有微观粒子所特有的规律性——波粒二象性。但玻尔理论的建立仍是物质结构理论发展中的一个重要里程碑。

三、微观粒子的波粒二象性

1. 德布罗依波

光在传播时表现出波动性，具有波长、频率，出现干涉、衍射等现象；光在与其他物体作用时表现出粒子性，如光电效应就是粒子性的表现。即光具有波粒二象性。1905 年爱因斯坦引用普朗克量子论解释光电效应提出了光子学说，他将光的波粒二象性用公式 $E=h\nu$、$p=\frac{h}{\lambda}$表示出来。两式的左边 E、p 分别为光子的能量和动量，代表粒子性；右边体现了波动性，并通过普朗克常数将波粒二象性联系起来。

1924 年法国年轻的物理学家德布罗依（L. De Broglie）在光具有波粒二象性的启发下，提出大胆的假设：一切实物微粒（如分子、电子、质子、中子等）都具有波粒二象性。并预言质量为 m，速率为 v 的电子的波长：

$$\lambda=\frac{h}{mv}=\frac{h}{p} \tag{4-3}$$

此式为德布罗依关系式。式中，λ 表示电子具有波动性的波长；mv 表示粒子性的动量，其波粒二象性也是通过普朗克常数联系起来的。

若电子的质量 $m=9.11\times10^{-31}\mathrm{kg}$，运动速率 $v=10^{6}\mathrm{m\cdot s^{-1}}$，通过上式可求其波长为：

$$\lambda=\frac{h}{mv}=\frac{6.626\times10^{-34}\mathrm{J\cdot s^{-1}}}{9.11\times10^{-31}\mathrm{kg}\times10^{6}\mathrm{m\cdot s^{-1}}}=7.27\times10^{-10}\mathrm{m}=727\mathrm{pm}$$

这个数值刚好落在 X 射线波长范围内。德布罗依的假设在 1927 年被美国物理学家戴维逊（C. J. Davisson）和革尔麦（L. H. Germer）的电子衍射实验所证实。一束电子流通过金属单晶体，结果在照相底片上观察到的明暗相间的环纹与 X 射线环纹类似（图 4-2、图 4-3）。根据电子衍射实验计算得到的电子波波长与按德布罗依关系式计算出来的波长完全一致。证实了电子与 X 射线一样具有波的特性。若用 α 粒子、中子等其他微观粒子流做类似实验，都可观察到相似的衍射现象，而且它们也符合德布罗依关系式。人们把这种符合德布

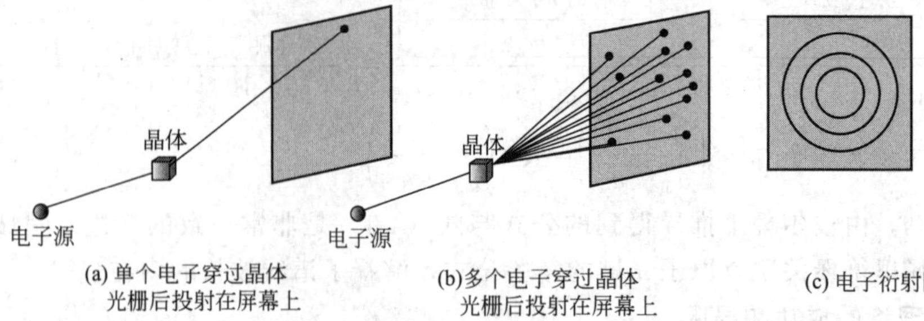

图 4-2　电子衍射装置示意图

罗依关系式的波叫作德布罗依波或物质波。

人们发现用较强的电子流可在短时间内得到前面提到的电子衍射环纹，若以一束极弱的电子流使电子一个一个地发射出去，电子打在底片上的是一个一个的斑点，并不形成衍射环纹，这表现了电子的粒子性。但随时间的延长，衍射斑点不断增多，当斑点足够多时在底片上的分布就形成了环纹，与较强电子流在短时间内得到的衍射图形完全相同。这表明电子的波动性是无数次电子的粒子行为的统计结果。所以电子波又称概率波。

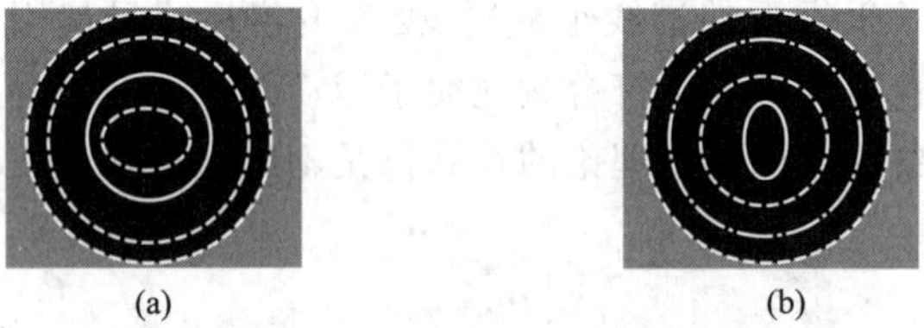

图 4-3　通过金属铝箔的电子衍射图（a）和 X 射线衍射图（b）

2. 不确定原理

在经典力学中，宏观物体在任一瞬间的位置和动量都可以用牛顿定律正确测定。如太空中的卫星，人们在任何时刻都能同时准确测知其运动速度（或动量）和空间位置（相对于参考坐标）。换言之，宏观物体的运动状态有固定的运动轨迹，可以准确地描述它的位置和速度（或动量）。

1927 年德国物理学家海森堡（W. Heisenberg）从理论上证明对于具有波粒二象性的微观粒子，因为没有固定的轨迹，在一确定的时间没有一确定的位置，要同时准确确定运动微粒的位置和动量是不可能的。如果微粒的运动位置确定得越准确，其相应的速度（或动量）越不准确，反之亦然。这就是著名的海森堡不确定原理，又叫测不准原理，是由微观粒子的波粒二象性决定的。必须指出，不确定原理并不意味着微观粒子的运动是不可认识的。实际上，不确定原理是对微观粒子运动规律的认识的深化。

第二节　核外电子运动状态的描述

原子是化学变化中的最小微粒。原子虽小，却有其复杂的结构。研究原子结构，实质上是研究原子核外电子的运动状态。质量极小、速度极大的电子，其运动并不遵循经典力学的规律。20 世纪 20 年代，以微观粒子的波粒二象性为基础发展起来的量子力学，正确地描述了核外电子的运动状态，奠定了物质结构的近代理论基础。

一、波函数和原子轨道

1. 薛定谔方程

1926 年奥地利物理学家薛定谔（E. Schrödinger）根据德布罗依关于物质波的观点，引用电磁波的波动方程，提出了描述微观粒子运动规律的波动方程——薛定谔方程。这是一个二阶偏微分方程：

$$\frac{\partial^2 \Psi}{\partial x^2}+\frac{\partial^2 \Psi}{\partial y^2}+\frac{\partial^2 \Psi}{\partial z^2}+\frac{8\pi^2 m}{h^2}(E-V)\Psi=0 \tag{4-4}$$

式中，m 是微粒的质量；E 和 V 是系统的总能量和势能；Ψ 是空间坐标 x、y、z 的函数，叫波函数，它是描述原子核外电子运动状态的数学函数式。方程中包含了体现粒子性（如 m、E、V）和波动性（如 Ψ）的两类物理量，符合微观粒子波粒二象性的特征。

2. 波函数 Ψ 与原子轨道

由于解薛定谔方程是一个十分复杂而困难的数学过程，在本课程中只用其求解的结论。解薛定谔方程就可以解出一系列的波函数 Ψ 和相应的能量 E，这样就可了解电子运动的状态和能量的高低。有一个 Ψ 就代表一种运动状态。因为波函数 $\Psi(x,y,z)$ 是含 3 个变量的函数，为了便于数学运算，常将直角坐标变换成球坐标 (r,θ,φ)，两种坐标之间的关系见图 4-4。薛定谔方程有许许多多的解，为了使所求的解符合电子在核外运动的特征，必须引入三个合理的参数，并用 n、l、m 表示，这三个参数的取值必须符合量子化的条件，故称为量子数。这样得到的 Ψ 是包含三个常数项 (n,l,m) 和三个变量 (r,θ,φ) 的函数式，其通式为：

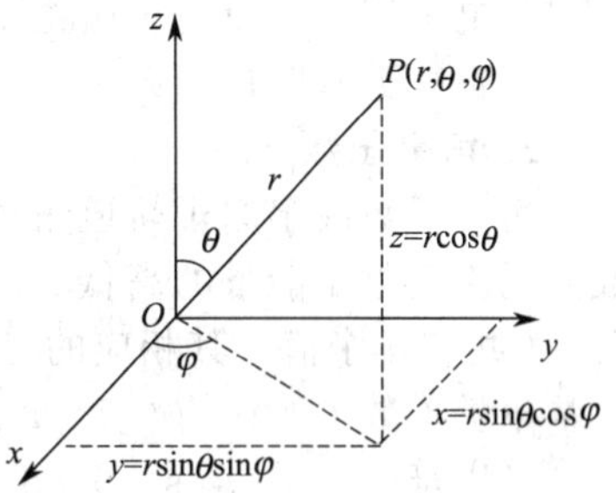

图 4-4　直角坐标转换成球坐标

$$\Psi_{n,l,m}(r,\theta,\varphi)=R_{n,l}(r)Y_{l,m}(\theta,\varphi)$$

式中，$R_{n,l}(r)$ 为径向波函数，它只随电子离核的距离 r 而变化，并含有 n、l 两个量子数；$Y_{l,m}(\theta,\varphi)$为角度波函数，它随 θ、φ 变化，含有 l、m 两个量子数。当 n、l、m 的数值一定，就有一个波函数的具体表达式，电子在空间的运动状态也就确定了。波函数表达式的具体形式见表 4-1。

表 4-1　氢原子的一些波函数和能量（$a_0=52.9$pm）

n	l	m	$\Psi_{n,l,m}(r,\theta,\varphi)$	能量/J	n	l	m	$\Psi_{n,l,m}(r,\theta,\varphi)$	能量/J
1	0	0	$\sqrt{\frac{1}{\pi a_0^3}}e^{-r/a_0}$	-2.179×10^{-18}	2	1	+1	$\frac{1}{4}\sqrt{\frac{1}{2\pi a_0^3}}\left(\frac{r}{a_0}\right)e^{-r/2a_0}\sin\theta\cos\varphi$	-5.447×10^{-19}
2	0	0	$\frac{1}{4}\sqrt{\frac{1}{2\pi a_0^3}}\left(2-\frac{r}{a_0}\right)e^{-r/2a_0}$	-5.447×10^{-19}	2	1	−1	$\frac{1}{4}\sqrt{\frac{1}{2\pi a_0^3}}\left(\frac{r}{a_0}\right)e^{-r/2a_0}\sin\theta\sin\varphi$	
2	1	0	$\frac{1}{4}\sqrt{\frac{1}{2\pi a_0^3}}\left(\frac{r}{a_0}\right)e^{-r/2a_0}\cos\theta$						

量子力学中，把三个量子数都有确定值的波函数称为一条原子轨道。但应当注意，“轨道”的含义已不再是玻尔理论所说的那种固定半径的圆形轨迹，而是代表电子的一种空间运动状态，波函数本身没有具体的物理意义，它的物理意义通过$|\Psi|^2$ 来理解。

二、四个量子数

波函数 Ψ 是包含r、θ、φ 三个变量及n、l、m 三个量子数的函数式。n、l、m 有一定的取值规则，当它们的值确定后，就标志了一条原子轨道，也就确定了核外电子的一种空间运动状态。除此之外，还有一个描述电子自旋运动特征的量子数 m_s，它不是从解薛丁谔方程直接得到的，而是根据后面的理论和实验要求引入的。下面分别介绍四个量子数。

1. 主量子数（n）

主量子数是决定电子在核外出现概率最大区域离核的平均距离及能量高低的主要量子数。n 的取值是1、2、3等正整数。光谱学上分别用符号K、L、M、N、O、P、Q……表示。n 值越大，电子的主要活动区域离核的平均距离越远，能量越高。电子的能量为：

$$E_n=-\frac{Z^2}{n^2}\times 2.179\times 10^{-18}\text{J}$$ 。

对于单电子原子体系（氢原子或类氢离子）来说：

$$E_n=\frac{-2.179\times 10^{-18}}{n^2}\text{J}$$

各电子层的能量完全由主量子数 n 决定，所以 n 相同的原子轨道能量相同。当 $n=1,2,3,\cdots$（正整数）时称为第一、二、三……电子层。

2. 角量子数（l）

角量子数决定原子轨道角动量，或者说决定原子轨道的形状，在多电子原子中与主量子数共同决定电子能量的高低。l 的取值为：$0,1,2,3,\cdots,(n-1)$，是正整数，当 n 值确定后，l 共有 n 个值，其相应的光谱学符号为：

角量子数 l	0	1	2	3	4……
光谱符号	s	p	d	f	g……

角量子数 l 表示电子的亚层或能级，若 $n=3$，表示第三电子层，l 值可有0、1、2共三个值，即3s、3p、3d三个亚层，或三个能级，相应的电子分别称为3s、3p、3d电子。$l=0$，即s原子轨道形状为球形对称；$l=1$，即p原子轨道形状为哑铃形；$l=2$，即d原子轨道形状为四瓣梅花形。对于多电子原子来说，这三个亚层能量为 $E_{3s}<E_{3p}<E_{3d}$，即 n 值相同时，l 值越大亚层能量越高。

3. 磁量子数（m）

磁量子数是决定同一亚层中的原子轨道在空间伸展方向的。l 值相同的同一亚层，原子轨道形状基本相同，当磁量子数 m 不同时，原子轨道在空间伸展的方向不同，从而得到几个空间取向不同的原子轨道。这些 l 值相同，m 值不同的原子轨道是能量相等的简并（或等价）轨道。m 值的取值受 l 限制，$m=0,\pm1,\pm2,\cdots,\pm l$，每一亚层共有 $2l+1$ 条形状相同、在空间伸展方向不同的简并原子轨道。如 $l=0$，$m=0$，表示s亚层只有一种空间伸展方向，故只有1条原子轨道；$l=1$，$m=0$、±1，在空间有三种取向，表示p亚层有三条轨道 p_x、p_y、p_z；$l=2$，$m=0$、±1、±2，在空间有五种取向，表示d亚层有五条轨道，即 d_{xy}、d_{xz}、d_{yz}、d_{z^2}、$d_{x^2-y^2}$；$l=3$，$m=0$、±1、±2、±3，在空间有七种取向，表示f亚层有七条轨道。

4. 自旋量子数（m_s）

当用高分辨率的光谱仪研究原子光谱时，发现在无外磁场作用时，每条谱线实际上由两条十分接近的谱线组成，这种谱线的精细结构用 n、l、m 三个量子数无法解释，为了解释这一现象，提出了自旋量子数 m_s。m_s 取值为 $+\frac{1}{2}$ 和 $-\frac{1}{2}$，用以表示两种不同的自旋状态，通常用正、反箭头（↑和↓）表示。就其物理意义，可将自旋量子数理解为电子自旋的两个不同方向。通常用“↑↑”表示自旋平行状态的两个电子，用“↑↓”表示自旋反平行状态的两个电子。

综上所述，原子中每一个电子的运动状态可以用四个量子数（n,l,m,m_s）来描述，为此根据量子数数值间的关系可知各电子层中可能有的运动状态数。在同一原子中，没有运动状态完全相同的两个电子，即在一个原子中，不能同时容纳四个量子数（n,l,m,m_s）完全相同的电子。因此，如果一个电子与另一个电子具有相同的 n、l 和 m 值，那么它们的 m_s 值一定不同，即同一条原子轨道只能容纳两个自旋方向相反的电子。所以各电子层所容纳电子数最多为 $2n^2$。量子数与原子轨道的关系列于表 4-2。

表 4-2　量子数与原子轨道的关系

主量子数 n	角量子数 l	磁量子数 m	亚层或能级	轨道数	轨道总数	自旋量子数 m_s	最多可容纳的电子数
1	0	0	1s	1	1	$+\frac{1}{2},-\frac{1}{2}$	2
2	0	0	2s	1	4	$+\frac{1}{2},-\frac{1}{2}$	8
	1	$-1,0,+1$	2p	3			
3	0	0	3s	1	9	$+\frac{1}{2},-\frac{1}{2}$	18
	1	$-1,0,+1$	3p	3			
	2	$-2,-1,0,+1,+2$	3d	5			
4	0	0	4s	1	16	$+\frac{1}{2},-\frac{1}{2}$	32
	1	$-1,0,+1$	4p	3			
	2	$-2,-1,0,+1,+2$	4d	5			
	3	$-3,-2,-1,0,+1,+2,+3$	4f	7			

三、原子轨道和电子云图像

1. 概率密度与电子云

（1）概率密度　波函数（Ψ）是描述原子核外电子运动状态的数学函数式，虽然我们形象地称其为“原子轨道”或“代表电子的一种运动状态”，但关于波函数（Ψ）还很难给出明确的、直观的物理意义。但是波函数绝对值的平方 $|\Psi|^2$ 却有明确的物理意义。因为光的波粒二象性，作为电磁波其波函数 Ψ 代表波的振幅，光的强度与 $|\Psi|^2$ 成正比，作为光子流，光的强度 I 与单位体积内光子数——光子密度成正比，则光波 $|\Psi|^2$ 与光子密度成正比。既然电子也具有波粒二象性，则电子波的 $|\Psi|^2$ 代表在单位体积内电子出现的概率，即概率密度。也就是说，波函数的平方 $|\Psi|^2$ 的物理意义是代表电子的概率密度。概率（ρ）和概率密度的关系为：

$$\rho = 概率密度 \times 体积 = |\Psi|^2 \mathrm{d}\tau \tag{4-5}$$

式中，$\mathrm{d}\tau$ 代表体积元，即微小体积。

（2）电子云　为了形象地表示核外电子运动的概率密度分布情况，常用小黑点分布的疏密表示电子出现概率密度的相对大小，小黑点密集的地方表示该点 $|\Psi|^2$ 数值大，单位体积内电子出现的机会多，这种描述电子在核外出现概率密度大小的图像称为电子云。电子云是电子在核外空间的概率密度 $|\Psi|^2$ 分布的形象化描述。因而人们也把 $|\Psi|^2$ 称为电子云，而把描述电子运动状态的 Ψ 称为原子轨道。如基态氢原子 1s 电子云呈球形，如图 4-5 所示。

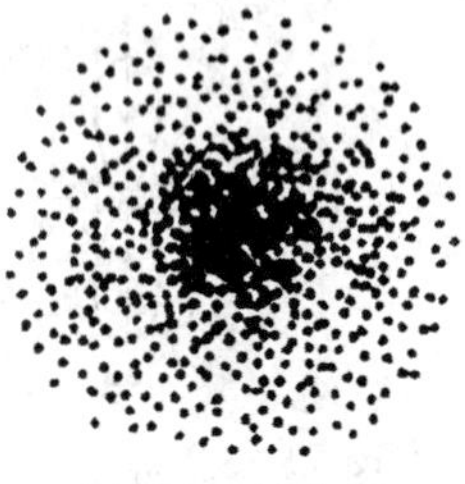

图 4-5　基态氢原子 1s 电子云

2. 原子轨道和电子云的图像

波函数 Ψ 是球坐标（r,θ,φ）的函数，所以画出它们的空间图形是比较复杂的问题。根据：

$$\Psi_{n,l,m}(r,\theta,\varphi) = R_{n,l}(r) \cdot Y_{l,m}(\theta,\varphi)$$

式中的波函数 $\Psi_{n,l,m}$ 即所谓的原子轨道，其中 $R_{n,l}(r)$ 是径向波函数，只与离核半径有关，称为原子轨道的径向部分；$Y_{l,m}(\theta,\varphi)$ 是角度波函数，只与角度有关，称为原子轨道的角度部分。原子轨道除了用函数式表示外，还可以用相应的图形表示。这种表示方法具有形象化的特点，下面介绍几种主要的图形表示法。

（1）原子轨道的角度分布图　原子轨道的角度分布图表示波函数的角度部分 $Y_{l,m}(\theta,\varphi)$ 随 θ、φ 的变化的图像。这种图的作法是：以原子核为坐标原点，引出不同 θ、φ 角度的直线，使其长度等于 $Y_{l,m}(\theta,\varphi)$ 的绝对值，这些直线的端点在空间构成一个立体曲面，就得到原子轨道的角度分布图。因 $Y_{l,m}(\theta,\varphi)$ 只含 l、m 两个量子数，故不同的 l、m 数值，其 Y 值不同，但与 n 无关，即不论 2p 或 3p 其 Y 数值相同。即只要 l、m 相同，它们的原子轨道角度分布图是相同的，故可称为 s、p、d 原子轨道的角度分布图（图 4-6）。原子轨道角度分布图中的“+”、“−”不是表示正、负电荷，而是表示函数 $Y_{l,m}(\theta,\varphi)$ 的取值是正值或是负值。也可以说该正负号表示原子轨道角度分布图形的对称性，符号相同对称性相同；反之对称性不同。原子轨道角度分布图的正、负号对化学键的形成有重要意义。从图 4-6 可以看出：p_x、p_y、p_z 轨道的角度分布图相似，只是对称轴分别为 x、y、z；d 轨道除 d_{z^2} 的角度分布图不同外，其余四种图形相似，而伸展方向不同。

（2）电子云的角度分布图　电子云的角度分布图是波函数角度部分函数 $Y(\theta,\varphi)$ 的平方 $Y^2(\theta,\varphi)$ 随 θ、φ 角度变化的图形（图 4-7）。电子云角度分布图和相应的原子轨道角度分布图是相似的，它们之间的主要区别在于：

① 原子轨道角度分布图中 Y 有正负号之分，而电子云角度分布图全部为正值，这是因为 Y 平方后总是正值。

② 电子云角度分布图比原子轨道角度分布图稍“瘦”些，这是因为 Y 值小于 1，Y^2 值将变得更小。

原子轨道和电子云的角度分布图在化学键的形成、分子的空间构型的讨论中有重要意义。

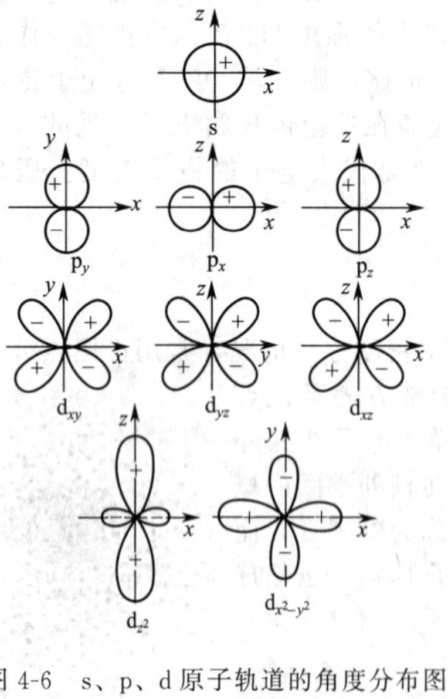

图 4-6　s、p、d 原子轨道的角度分布图

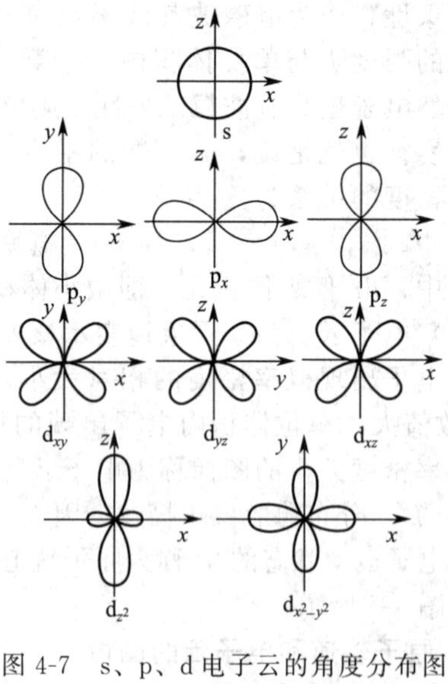

图 4-7　s、p、d 电子云的角度分布图

3. 电子云的径向分布图

电子云径向分布图是反映电子在核外空间出现的概率离核远近的变化，它对了解原子的结构和性质，了解原子间的成键过程具有重要的意义。

以 s 态电子云为例，离核距离为 r，厚度为 dr 的薄球壳体积为 $d_\tau=4\pi r^2 dr$（图 4-8）。

根据式（4-5），电子在薄球壳内出现的概率为：

$$\rho=|\Psi|^2 d\tau=|\Psi|^2 4\pi r^2 dr=R^2(r)\ 4\pi r^2 dr$$

式中，R 为波函数的径向部分。令 $D(r)=R^2(r)4\pi r^2$，$D(r)$称为径向分布函数。以 r 为横坐标，$D(r)$ 为纵坐标作图，可以得到电子云的径向分布图，图 4-9 是氢原子电子云的径向分布图。

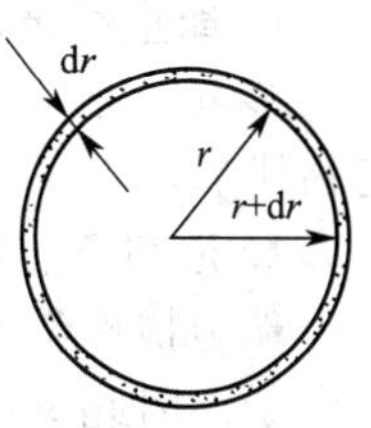

图 4-8　薄球壳的剖面

由图 4-9 可得到以下结论：

① 对于氢原子 1s 轨道，径向分布图在 $r=52.9\text{pm}$ 处出现峰值，这个数值恰好与玻尔理论中基态氢原子的轨道半径相等，但它们有本质区别。玻尔理论认为电子是在半径为 52.9pm 的圆形轨道上旋转，而此处表达的是电子在 $r=52.9\text{pm}$ 的球形薄壳内出现的概率最大，但在半径大于或小于 52.9pm 的空间区域中也有电子出现，只是出现的概率小。

② 不同状态的电子其电子云径向分布图上有 $n-l$ 个峰值，如 2s 电子，$n=2$，$l=0$，$n-l=2$，只有 2 个峰值；3d 电子，$n=3$，$l=2$，$n-l=1$，有 1 个峰值。

③ l 相同，n 增大时，如 1s、2s、3s 径向分布的主峰（最高峰）离核越远，即电子的主要活动区域离核越远，主峰的位置远近相当于原子轨道的能级高低，说明原子轨道基本按能量高低顺序分层排布。

④ n 相同，l 不同时，如 3s、3p、3d 这三个轨道上的电子离核的平均距离则较为接近。l 值越小其峰的数目越多，小峰离核越近，即钻穿能力越强。这对多电子原子的轨道能级高低有重要影响。

必须指出的是，上述电子云的角度分布图和径向分布图只是反映电子云的两个侧面，只有把两者综合起来才能得到电子云的空间图像。

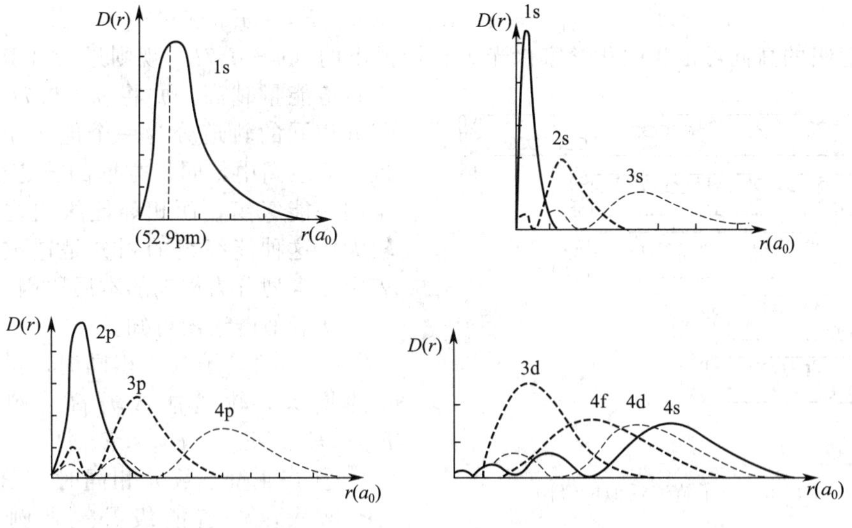

图 4-9　氢原子的各种状态电子云径向分布函数图

第三节　原子核外电子排布和元素周期律

一、核外电子的排布原理

根据光谱实验结果和量子力学理论，以及对元素周期律的分析、归纳，人们总结出核外电子排布要遵循以下三个原则：

1. 能量最低原理

多电子原子处于基态时，核外电子总是优先占有能量最低的轨道。只有当能量最低的轨道占满后，电子才依次进入能量较高的轨道，这就是能量最低原理。

2. 泡利不相容原理

瑞士物理学家泡利（W. Pauli）提出：在同一原子中不可能有四个量子数完全相同的两个电子。因此每一轨道中最多只能容纳两个自旋方向相反的电子。

3. 洪特规则

洪特（F. Hund）从光谱实验数据总结出，在等价轨道（3 个 p、5 个 d、7 个 f 轨道）上分布的电子，将尽可能分占不同的轨道，而且自旋平行。这样的分布才能使原子能量降低。另外，作为洪特规则的特例，等价轨道处于全充满（p^6、d^{10}、f^{14}）或半充满（p^3、d^5、f^7）或全空（p^0、d^0、f^0）的状态时一般比较稳定。

二、多电子原子轨道能级

1. 鲍林近似能级图

除氢外，其他元素的原子，核外都不止一个电子，这些原子统称为多电子原子。在多电子原子中，电子不仅受到原子核的吸引，而且还受到其他电子的排斥，由于原子中轨道之间的相互排斥作用，使得主量子数相同的各轨道产生分裂，因而使得主量子数相同的各轨道能量不再相等。因此在多电子原子中，轨道能量除决定于主量子数 n 以外，还与角量子数 l 有关。美国著名的化学家鲍林（L. Pauling）根据大量光谱实验数据及某些近似理论计算，得到如图 4-10 所示的多电子原子的原子轨道能级图。图中圆圈表示原子轨道，按轨道能级高低顺序排列。多电子原子的原子轨道能级顺序为：

$$E_{1s}<E_{2s}<E_{2p}<E_{3s}<E_{3p}<E_{4s}<E_{3d}<E_{4p}<\cdots\cdots$$

轨道能级的高低可由我国化学家徐光宪教授提出的（$n+0.7l$）规则进行计算。其值越大轨道能量越高，并将 $n+0.7l$ 值的整数部分相同的轨道分为一个能级组。在鲍林近似能级图中，同一方框的轨道能量相近，是同一能级组，而相邻能级组之间能量差较大。这种能级组的划分是造成元素周期表中元素划分为周期的本质原因。

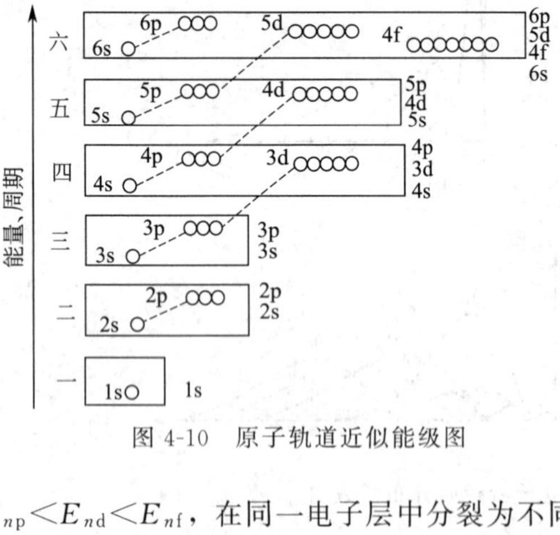

图 4-10　原子轨道近似能级图

从近似能级图可知：

① 当角量子数 l 相同时，随主量子数 n 的增大，轨道能级升高。例如 $E_{1s}<E_{2s}<E_{3s}$；$E_{2p}<E_{3p}<E_{4p}$。

② 当主量子数 n 相同时，随角量子数 l 的增大，轨道能级升高。例如 $E_{ns}<E_{np}<E_{nd}<E_{nf}$，在同一电子层中分裂为不同能级的轨道，叫能级分裂。

③ 当主量子数和角量子数都不同时，有时出现能级交错现象。例如 $E_{4s}<E_{3d}$，$E_{5s}<E_{4d}$等。

有了能量最低原理和原子轨道近似能级图，电子在原子轨道中的填充顺序就可以确定为：首先是填充 1s 轨道，然后依次填充 2s、2p、3s、3p、4s、3d、4p、5s、4d、5p、6s、4f、5d、6p、7s、5f、6d 等轨道。利用图 4-11 将更容易掌握这一填充顺序。

2. 屏蔽效应和钻穿效应

（1）屏蔽效应　对多电子原子来说，必须考虑电子之间的相互作用。在多电子原子中，核外电子不仅受到原子核的吸引，而且还受到电子间的相互排斥。多电子原子中某一电子受其余电子排斥作用的结果，可以近似看成其余电子削弱了或屏蔽了原子核对该电子的吸引力，实际作用在该电子上的核电荷称为有效核电荷 Z^*。

$$Z^* = Z - \sigma$$

式中，Z 为核电荷；σ 为屏蔽常数。这种因受其他电子排斥，而使指定电子感受到的核电荷减小的作用称为屏蔽效应。计算多电子原子能级公式为：

$$E_n = -2.179 \times 10^{-18} \left(\frac{Z-\sigma}{n}\right)^2$$

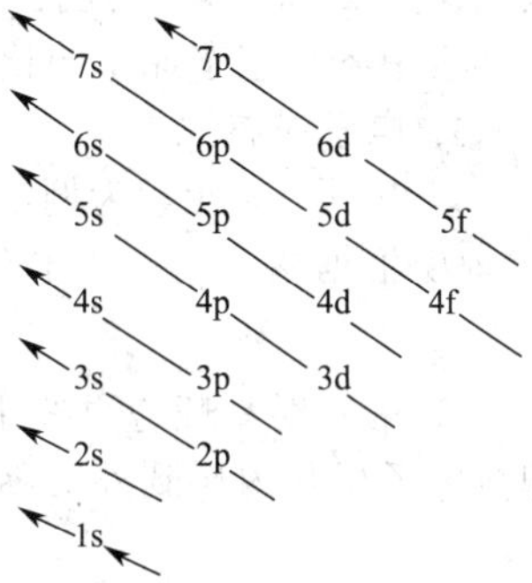

图 4-11　核外电子填充顺序图

σ 表示被抵消了的那部分核电荷，它不仅与 n 有关，也与 l 有关。σ 是其他所有电子对指定电子屏蔽作用的总和。原子中 σ 值越大，屏蔽效应越大，指定电子感受到的有效核电荷越小，则电子的能量增高。因此，对于某一电子来说，σ 的数值与其余电子的多少以及这些电子所处的轨道有关，也同该电子本身所在的轨道有关。一般来讲，内层电子对外层电子的屏蔽作用较大，同层电子间屏蔽作用较小，而外层电子对内层电子的屏蔽作用不必考虑。

（2）钻穿效应　由图 4-9 可知，不同电子在离核不同距离出现的概率大小不同，对于 n 相同 l 不同的电子，l 值越小其峰的数值越多，其小峰越接近原子核，即电子穿过内层钻到核附近回避其他电子屏蔽的能力越大，从而使其能量降低。这种由于外层电子钻入原子核附近而使体系能量降低的现象叫做钻穿效应。

不同的电子钻穿能力不同，其能量降低的程度也不同。钻穿效应的强弱取决于主量子数 n 和角量子数 l。

① 当 n 相同时，钻穿效应为 ns＞np＞nd＞nf，而能量的次序则与此相反 nf＞nd＞np＞ns。这种主量子数 n 相同、角量子数 l 不同的轨道能级不同称为能级分裂。

② 当 l 相同 n 不同时，主量子数 n 越大，其径向分布图中主峰离核越远，钻穿效应较弱，则受到其余电子的屏蔽作用也越大，因而能量越高：

$$E_{1s} < E_{2s} < E_{3s} < E_{4s} < \cdots\cdots \qquad E_{2p} < E_{3p} < E_{4p} < \cdots\cdots$$

③ 当 n、l 均不同时，会发生轨道能级重叠，引起能级交错。

比较图 4-12 中 3d 和 4s 电子云的径向分布图。虽然 4s 的最大峰比 3d 离核远得多，但由于它有小峰钻到比 3d 离核更近的地方，因而能更好地回避其他电子的屏蔽，所以 $E_{4s} < E_{3d}$。用类似的解释可以很好地说明其他能级的交错现象。

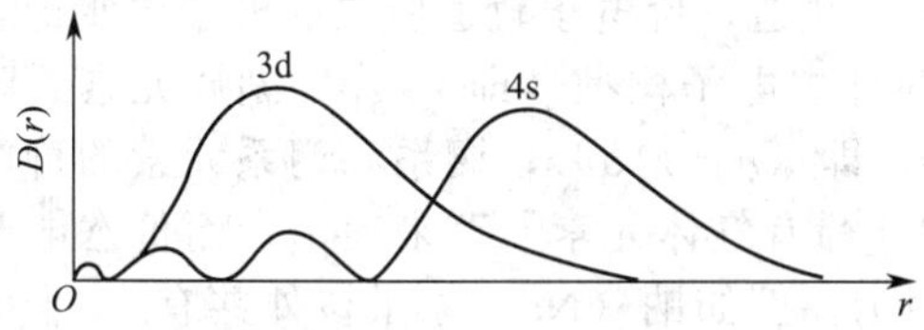

图 4-12　4s、3d 电子云的径向分布图

屏蔽效应和钻穿效应从不同角度说明了多电子原子中电子之间的相互作用对轨道能量的影响，二者之间是互相联系的。屏蔽效应主要考虑被屏蔽电子所受的屏蔽作用，而钻穿效应主要考虑被屏蔽电子回避其余电子对它的屏蔽影响，这些效应必然影响到多电子原子核外电子的排布次序。

三、基态原子核外电子排布

当原子中的电子按鲍林近似能级图，再根据泡利不相容原理、能量最低原理和洪特规则排布时，该原子处于最低能量状态，量子力学称这种状态为该原子的基态，具有这种结构的原子为基态原子。任何原子基态结构只有一种，激发态结构可以有多种。电子在核外的排布常称为电子层结构或电子层构型，简称电子结构或电子构型。随原子序数增加，将电子依次按图 4-11 的顺序填入到各原子轨道中，最后再将电子按主量子数顺序调整，即可得到元素周期表中各个基态原子的核外电子排布式。

1. 电子排布式

以 26 号 Fe 元素为例，具体的排布方法如下：

① 根据核外电子的排布规则，按轨道能级组顺序将电子依次从低能轨道填入：

$$1s^2 2s^2 2p^6 3s^2 3p^6 4s^2 3d^6$$

② 书写时一般应再按主量子数 n 的数值由低到高排列，把相同主量子数 n 的放在一起，即按电子层从内层到外层逐层书写。故 Fe 元素的核外电子排布式为：

$$1s^2 2s^2 2p^6 3s^2 3p^6 3d^6 4s^2$$

当原子失去电子变成离子时，先失去最外层电子，再失去次外层电子，如 Fe^{3+} 的价电子构型为 $3d^5$，Fe 原子失去 $4s^2$ 的两个电子后为 Fe^{2+}；失去 $4s^2$ 的两个电子及 3d 上一个电子后为 Fe^{3+}，绝不是失 3d 电子为 $3d^3 4s^2$。

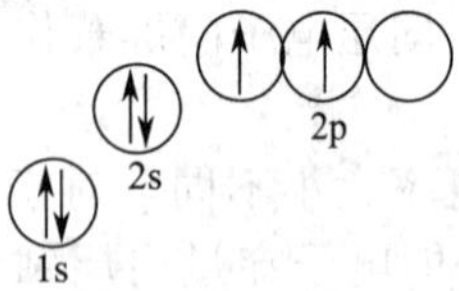

图 4-13　碳原子轨道表示式

③ 完成核外电子的排布后，需要特别注意考虑洪特规则的特例。如 Cr 是第 24 号元素，若排布式为 $1s^2 2s^2 2p^6 3s^2 3p^6 3d^4 4s^2$，则不符合洪特规则的特例，故应排布为 $1s^2 2s^2 2p^6 3s^2 3p^6 3d^5 4s^1$。这是因为 $3d^5$ 的半充满结构是一种能量较低的稳定结构。

2. 轨道表示式

用○（或□）表示一条原子轨道，等价轨道○排在一起，用向上或向下箭头表示电子自旋状态。轨道表示式可以使洪特规则表现得更加直观明了，能更好地表示在简并轨道中电子的运动状态。如基态碳原子核外 6 个电子的轨道表示式如图 4-13 所示。

3. 量子数表示法

量子数表示是用一套量子数（n, l, m, m_s）定义电子的运动状态。如 $3s^2$ 电子用量子数可分别表示为：$(3,0,0,\frac{1}{2})$，$(3,0,0,-\frac{1}{2})$。

4. “原子实＋价层组态”表示法

核外电子排布一般可以分为两部分。一部分是充满的稀有气体的电子层结构的内层电子（称为原子实）；另一部分是原子实外的外层电子，称之为价层电子。所谓价电子，是在化学反应中参与成键的电子，它们所在的轨道称为价电子轨道，价电子轨道所在的电子层叫价电子结构或价电子构型。主族元素价电子构型就是最外层电子构型，即 $nsnp$；副族元素（除镧系和锕系元素）为次外层 $(n-1)$d 和最外层 ns，即 $(n-1)dns$；镧系和锕系元素的价电子构型为 $(n-2)f(n-1)dns$。原子实部分可用“［稀有气体元素］”来表示，而价态电子常用价层电子结构或价层组态（电子排布式）来表示。例如钠（Na）原子核外共有 11 个电子，按照电子排布顺序，最后一个电子应填充到第三电子层上，可表示为 $[Ne]3s^1$；铜（Cu）原子核外有 29 个电子，可表示为 $[Ar]3d^{10}4s^1$。

在进行核外电子排布时应注意，核外电子排布的三个规则只适用于一般情况，对于原子序数较大的原子，它们基态时的电子排布有些就不遵循这些规则，如 La 系和 Ac 系的元素。遇到这种情况，应以实验事实为准，而不可生搬硬套规则。

四、原子的电子结构和元素周期律

原子的价电子层结构随原子序数的增加呈现周期性变化，这种周期性变化也导致原子半径、有效核电荷呈现周期性变化，从而造成元素性质的周期性变化。把这种周期性的变化用表格的形式反映出来，即为元素周期表。元素周期表对化学家来说如同军事家的军事作战图，它揭示了原子性质递变的规律性。俄国化学家门捷列夫 1869 年发现了第一张周期表，在化学史上是一个重要的里程碑。元素周期表反映了元素性质随原子序数递增而呈现的周期性变化规律，这种规律称为元素周期律。19 世纪 60 年代周期律的发现可以说是无机化学在近代发展时期中在理论上所取得的最大成果，对此后整个化学的发展有着普遍的指导意义。现将周期表中的周期、族以及区的划分与电子构型之间的关系作以介绍。

1. 原子的电子结构与周期的关系

周期表中的横行叫周期，一共有七个周期，一个周期相当于一个能级组。周期表中各周期与对应能级组关系见表 4-3。能级组的划分是导致周期系中各元素划分为周期的本质原因。第七周期以前由于没有填满，称为不完全周期，但到 2017 年，也已经全部填满至 32 种元素。预计第八周期将会容纳的最多元素数目为 50。周期与原子的电子层结构的关系为：

$$周期=最大\ n\ 值=电子层数=能级组$$

表 4-3 周期表中各周期与对应能级组关系

周期	能级组	原子轨道	原子轨道数目	最多容纳电子数	元素数目	价电子构型	周期名称
1	1	1s	1	2	2	$1s^{1\sim2}$	短周期(特短周期)
2	2	2s，2p	4	8	8	$2s^{1\sim2}2p^{1\sim6}$	短周期
3	3	3s,3p	4	8	8	$3s^{1\sim2}3p^{1\sim6}$	短周期
4	4	4s,3d,4p	9	18	18	$3d^{1\sim10}4s^{1\sim2}4p^{1\sim6}$	长周期
5	5	5s,4d,5p	9	18	18	$4d^{1\sim10}5s^{1\sim2}5p^{1\sim6}$	长周期
6	6	6s,4f,5d,6p	16	32	32	$4f^{1\sim14}5d^{1\sim10}6s^{1\sim2}6p^{1\sim6}$	长周期(特长周期)
7	7	7s,5f,6d,7p	16	32	26	$5f^{1\sim14}6d^{1\sim7}7s^{1\sim2}$	不完全周期

如 26 号铁元素的电子构型为 $[Ar]3d^6 4s^2$，最大 n 值为 4，故铁是第四周期元素。

2. 原子的电子结构与族的关系

将周期表的纵行称为族，外层电子结构相同或相似的元素构成一族。共 18 个纵行分为 16 个族，Ⅰ～ⅧA 族、Ⅰ～ⅧB 族，分别用 A、B 表示主、副族，用罗马数字表示族数。ⅧB 族共有 3 个纵行，ⅧA 族为稀有气体。元素在周期表中所占的族数决定于原子的价电子层结构（电子构型例外的元素除外）。元素的族数和元素的价电子结构关系如下：

① 主族元素的族数等于 $ns+np$ 电子数。主族元素的族数等于价电子数，也等于元素的最高氧化数（O、F 和除 Xe 元素的稀有气体除外）。非金属元素最低氧化数等于族数减 8。

② 副族元素的族数有以下三种情况：

a. ⅠB、ⅡB 族数等于 ns 电子数。

b. ⅢB～ⅦB 族数等于 $(n-1)d+ns$ 电子数（镧系、锕系元素除外）。

c. ⅧB 族的 $(n-1)d+ns$ 电子数等于 8、9、10。

可见，价电子构型是周期表中元素分族的基础。周期表中“族”的实质是根据价电子构型的不同对元素进行的分类。

3. 元素的分区

元素除了按周期和族分类以外，还可以根据元素原子的价电子构型，把周期表中的元素分为五个区，即 s、p、d、ds、f 区。由于元素的化学性质主要决定于价电子，因此本书将按不同的区来讨论元素及其化合物的重要性质（图 4-14）。原子的价电子构型与区的关系见表 4-4。

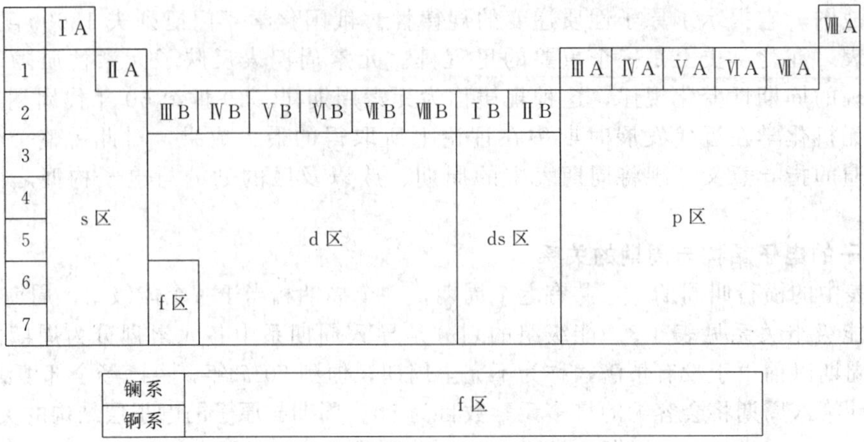

图 4-14 周期表元素分区示意图

表 4-4 各区元素与原子的价电子构型

区	原子价电子构型	最后一个电子的填充	族
s	$ns^{1\sim2}$	填充在最外层的 s 轨道上，其余各层均已充满	ⅠA、ⅡA
p	$ns^2np^{1\sim6}$	填充在最外层的 p 轨道上，其余各层均已充满（ⅧA 族各层均充满）	ⅢA～ⅧA（He 例外）
d	$(n-1)d^{1\sim10}ns^{1\sim2}$	填充在次外层的 d 轨道上，最外层、次外层尚未充满	ⅢB～ⅧB（Pd 为 $4d^{10}$）（过渡元素）
ds	$(n-1)d^{10}ns^{1\sim2}$	次外层的 d 轨道已充满，最外层的 s 轨道未满	ⅠB、ⅡB（过渡元素）
f	$(n-2)f^{0\sim14}(n-1)d^{0\sim2}ns^2$	填充在倒数第三层即第（$n-2$）层的 f 轨道上（有个别例外）	镧系和锕系（内过渡元素）

综上所述，元素性质的周期性变化，正是由于原子核外电子周期性排布的结果。可根据基态原子电子排布规则，正确写出电子排布式，并根据价电子型判断该元素在周期表中位置。例如 35 号溴元素电子构型为［Ar］$4s^24p^5$，价电子构型为 $4s^24p^5$，电子进入了第四能级组，价电子总数为 7，故该元素在周期表中应该位于第四周期、ⅦA，其最后一个电子进入的是 p 轨道，故属于 p 区元素，可推测该元素有较强的非金属性。

第四节 元素重要性质的周期性变化

随着核电荷数的递增，原子的电子层结构呈周期性变化，因而元素的一些基本性质，如原子半径、电离能、电子亲和能和电负性等，也必然呈现周期性的变化。这些周期规律性是讨论元素化学性质的重要依据。

一、原子半径

原子半径是元素的一个重要参数，对元素及化合物的性质有较大影响。按照量子力学的观点，电子在核外运动没有固定轨道，只是按一定的概率出现在原子核的周围，因此无法说出单独一个原子的大小。原子半径的测定是假定原子呈球形对称。根据原子与原子之间作用力的不同，原子半径一般可分为三种：共价半径、金属半径和范德华半径。

共价半径为同种元素的两个原子以共价单键结合成分子时，它们核间距离的一半，称为该原子的共价半径。核间距可以通过晶体衍射、光谱等实验测得。例如 Cl 原子的共价半径为 99pm。同一元素的两个原子以共价单键、双键或三键连接时，共价半径也不同。金属晶体中，相邻两个金属原子核间距离的一半，称为金属半径。例如 Na 原子的金属半径为 153.7pm。在分子晶体中，分子之间以范德华力（即分子间作用力）互相吸引。这时非键的两个同种原子核间距离的一半，称为范德华半径。例如 Ne 原子的范德华半径为 160pm。周期系中各元素的原子半径在表 4-5 列出。原子半径与原子序数的关系如图 4-15 所示。

表 4-5　元素的原子半径　　pm

ⅠA																	ⅧA
H																	He
37	ⅡA											ⅢA	ⅣA	ⅤA	ⅥA	ⅦA	122
Li	Be											B	C	N	O	F	Ne
152	113.3											88	77	70	66	58	160
Na	Mg											Al	Si	P	S	Cl	Ar
153.7	160	ⅢB	ⅣB	ⅤB	ⅥB	ⅦB	Ⅷ			ⅠB	ⅡB	143.1	117	110	104	99	191
K	Ca	Sc	Ti	V	Cr	Mn	Fe	Co	Ni	Cu	Zn	Ga	Ge	As	Se	Br	Kr
227	197.3	160.6	144.8	131.1	124.9	124	124.1	125.3	124.6	127.8	133.3	122.1	122.5	121	117	114.2	198
Rb	Sr	Y	Zr	Nb	Mo	Tc	Ru	Rh	Pd	Ag	Cd	In	Sn	Sb	Te	I	Xe
247.5	215.1	180.3	159.0	142.9	136.2	135.8	134	134.5	137.6	144.4	148.9	162.6	140.5	141	137	133.3	220
Cs	Ba	La	Hf	Ta	W	Re	Os	Ir	Pt	Au	Hg	Tl	Pb	Bi	Po	At	Rn
265.4	217.3	187.7	156.4	143	137.0	137.0	135	135.7	138	144.2	160	170.4	175.0	155	167		
Fr	Ra	Ac	Rf	Db	Sg	Bh	Hs	Mt	Ds	Rg							
270	223	187.8															

La	Ce	Pr	Nd	Pm	Sm	Eu	Gd	Tb	Dy	Ho	Er	Tm	Yb	Lu
187.7	182	182.8	182.1	181.0	180.2	204.2	180.2	178.2	177.3	176.6	175.7	174.6	193.9	173.4
Ac	Th	Pa	U	Np	Pu	Am	Cm	Bk	Cf	Es	Fm	Md	No	Lr
187.8	179.8	160.6	138.5	131	151	184								

注：数据摘自 J. Emsley, "The Elements", 1989。表中数据金属的原子半径指金属半径，非金属的原子半径指共价半径，稀有气体的半径为范德华半径。

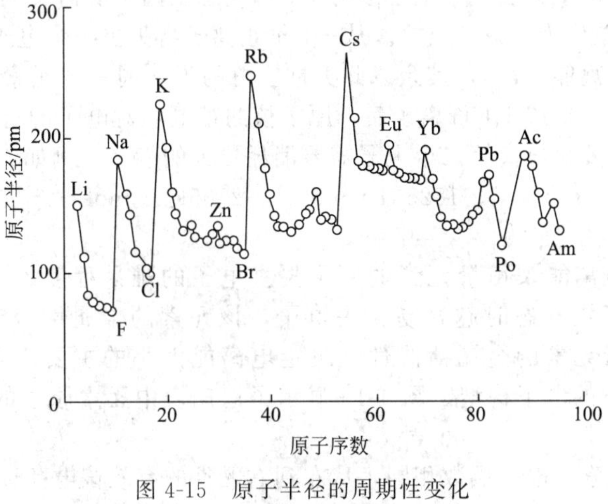

图 4-15　原子半径的周期性变化

原子半径的大小主要决定于原子的有效核电荷 Z^* 和核外电子的层数。其规律性变化可以归纳如下：

1. 同周期元素原子半径变化规律

同一周期从左至右原子半径呈减小趋势，到稀有气体原子半径突然变大。对长、短周期原子半径变化趋势稍有不同。

同一短周期中，从左至右随着原子序数的增加，有效核电荷 Z^* 逐渐增加，而电子层数不变，所以核对电子的吸引力逐渐增大，原子半径明显减小。

在长周期中，过渡元素自左向右原子半径缩小的程度比主族元素要小。从ⅢB族元素开始，原子半径减小比较缓慢，到ⅠB、ⅡB族原子半径又略有增加，从ⅢA族进入主族元素，原子半径又呈现显著递减趋势。这是因为长周期的过渡元素原子中，有效核电荷 Z^* 增大不多，故半径减小的幅度比短周期的主族元素缓慢；但到了ⅠB、ⅡB，由于次外层全充满，Z^* 略有下降，原子半径又略有增加；至ⅢA族以后，Z^* 明显变大，故原子半径又逐渐减小。每一周期最后一个元素是稀有气体元素，最外层处于全充满状态，电子间排斥力增大，它们又是范德华半径，所以原子半径突然变大。

在长周期的内过渡元素（如镧系、锕系元素），从左到右，原子半径大体也是逐渐减小的，只是幅度更小。这是由于随原子序数增加，新增加的电子进入（$n-2$）f轨道上，由于f电子的屏蔽作用更大，使 Z^* 增加得更小，因此镧系、锕系元素从左至右原子半径减小得更缓慢。如从镧到镥，整个镧系原子半径缩小（共14pm）的现象称为镧系收缩。镧系元素间由于原子半径和有效核电荷 Z^* 相近，性质也十分相近，在自然界中因共同存在，难以分离、提取。

2. 同族元素原子半径变化规律

同一主族中，从上到下，主族元素的原子半径依次增大。因为同一主族元素原子由上至下电子层数增多，虽然有效核电荷 Z^* 从上至下略有增加，但因电子层数增加的因素占主导作用，原子半径明显变大。

同一副族元素，第一过渡系与第二过渡系由于有效核电荷 Z^* 增大不及电子层增加的作用，原子半径增大。第二、三过渡系同族元素的原子半径几乎不变，则是由于镧系收缩所造成的。

二、电离能（I）

一个基态的气态原子失去一个电子成为+1价气态正离子所需要的能量，称为该元素的第一电离能（I_1），单位为 $kJ \cdot mol^{-1}$。从+1价正离子再失去一个电子成为+2价离子所消耗的能量称为第二电离能（I_2），其余以此类推。总的说，同一种元素的第二电离能要比第一电离能大。这是因为形成+1价离子后，原子核的正电场对电子的有效吸引力增强，导致离子半径变小，因此要再电离第二个电子需要消耗更大的能量。例如，铝的第一、第二、第三电离能分别是 $577kJ \cdot mol^{-1}$、$1825kJ \cdot mol^{-1}$、$2705kJ \cdot mol^{-1}$。表4-6列出了周期表中各元素的第一电离能。

通常只用第一电离能来衡量元素的原子失去电子的难易程度。元素的第一电离能越小，表明该元素原子在气态时越容易失去电子，该元素的金属性也越强。因此可用元素的第一电离能来衡量元素的金属活泼性。决定电离能大小的主要因素为原子的有效核电荷、原子半径及原子的电子构型。图4-16显示了周期表中元素原子的第一电离能 I_1 的周期性变化规律。

同一周期主族元素，电子层数相同，从左到右元素的有效核电荷逐渐增加，原子半径逐渐减小，所以电离能逐渐增大。稀有气体由于其原子具有稳定的8电子结构，故其电离能在各周期中为最大。从图4-16可见，在第二、三周期有两处明显反常，如Be～B、N～O和Mg～Al、P～S。B和O的电离能比前面的Be和N的电离能反而小。这是因为B的电子构型为 $2s^22p^1$，失去一个电子后为 $2s^22p^0$；O的电子构型为 $2s^22p^4$，失去一个电子后为 $2s^22p^3$。根据洪特规则，等价轨道全满、半满或全空的结构是比较稳定的结构，故B和O易失去电子，其电离能较小。同理，第一电离能Mg＞Al，P＞S。

表 4-6　元素的第一电离能　　kJ · mol^{-1}

ⅠA																	ⅧA
H 1312.0	ⅡA											ⅢA	ⅣA	ⅤA	ⅥA	ⅦA	He 2372.3
Li 520.3	Be 899.4											B 800.6	C 1086.2	N 1402.3	O 1314.0	F 1681	Ne 2080.6
Na 495.8	Mg 737.7	ⅢB	ⅣB	ⅤB	ⅥB	ⅦB	ⅧB			ⅠB	ⅡB	Al 577.4	Si 786.5	P 1011.7	S 999.6	Cl 1251.1	Ar 1520.4
K 418.8	Ca 589.7	Sc 631	Ti 658	V 650	Cr 652.7	Mn 717.4	Fe 759.3	Co 758	Ni 736.7	Cu 745.4	Zn 906.4	Ga 578.8	Ge 762.2	As 947	Se 940.9	Br 1139.9	Kr 1350.7
Rb 403.0	Sr 549.5	Y 616	Zr 660	Nb 664	Mo 685.0	Tc 702	Ru 711	Rh 720	Pd 805	Ag 731.0	Cd 867.6	In 558.3	Sn 708.6	Sb 833.7	Te 869.2	I 1008.4	Xe 1170.4
Cs 375.7	Ba 502.8	La 538.1	Hf 675.4	Ta 761	W 770	Re 760	Os 840	Ir 880	Pt 870	Au 890.1	Hg 1007.0	Tl 589.3	Pb 715.5	Bi 703.3	Po 812	At 930	Rn 1037.0
Fr 400	Ra 509.3	Ac 499	Rf	Db	Sg	Bh	Hs	Mt	Ds	Rg							

La	Ce	Pr	Nd	Pm	Sm	Eu	Gd	Tb	Dy	Ho	Er	Tm	Yb	Lu
538.1	527.4	523.1	529.6	536.9	543.3	546.7	592.5	564.6	572	580.7	588.7	596.7	603.4	523.5
Ac	Pa	Pa	U	Np	Pu	Am	Cm	Bk	Cf	Es	Fm	Md	No	Lr
499	587	568	584	597	585	578.2	581	601	608	619	627	635	642	

注：数据摘自 J. Emsley，"The Elements"，1989。

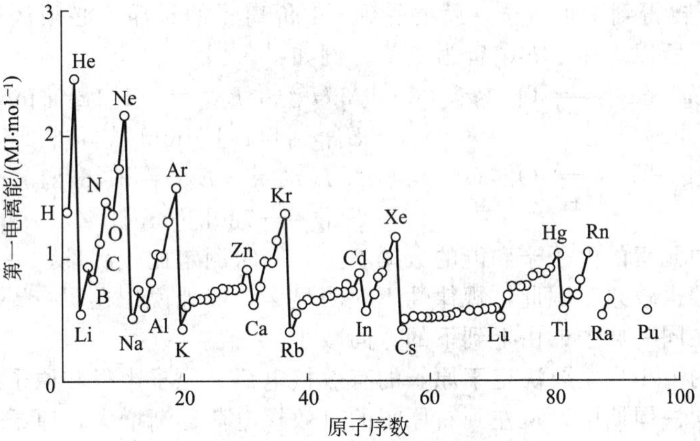

图 4-16　元素第一电离能的周期性变化

同周期副族元素从左到右，由于有效核电荷增加不多，原子半径减小较慢，故电离能增加远不如主族元素显著。ⅡB 族元素因具有全充满的电子构型，电离能较大。

在同一主族中，从上而下电子层数增加，原子半径增大，原子核对外层电子的吸引力减小，电离能逐渐减小，元素的金属性逐渐增强。但对副族元素来说，这种规律性较差。

元素电离能可用于说明元素常见的氧化态。Al 的 I_4 为 11578kJ · mol^{-1}，特别大，故 Al 通常呈现的氧化态为+3。

金属元素的电离能一般小于非金属元素。

三、电子亲和能（E_M）

元素的一个基态的气态原子得到电子形成−1 价气态负离子时所放出的能量称为该元素的第一电子亲和能，用符号 E_{M_1} 表示。与电离能相似，也有第二电子亲和能等。如不注明，即为第一电子亲和能，单位为 $kJ \cdot mol^{-1}$。电子亲和能是用以衡量单个原子得到电子难易程度的一个参数。元素的电子亲和能越大，表示该元素原子得到电子的倾向越大，该元素的非金属性也越强。表 4-7 列出了一些元素的电子亲和能。

表 4-7　元素的第一电子亲和能　　$kJ \cdot mol^{-1}$

ⅠA	ⅡA	ⅢB	ⅣB	ⅤB	ⅥB	ⅦB	ⅧB			ⅠB	ⅡB	ⅢA	ⅣA	ⅤA	ⅥA	ⅦA	ⅧA
H																	He
72.8																	<0
Li	Be											B	C	N	O	F	Ne
59.6	−18											26.7	121.9	−7	141	328	−29 *
Na	Mg											Al	Si	P	S	Cl	Ar
52.9	−21											44	133.6	72.0	200.4	349.0	−35 *
K	Ca	Sc	Ti	V	Cr	Mn	Fe	Co	Ni	Cu	Zn	Ga	Ge	As	Se	Br	Kr
48.4	<0	18.1	7.6	50.7	64.3	<0	15.7	63.8	111	118.5	9	～30	116	78	195	324.7	−39 *
Rb	Sr	Y	Zr	Nb	Mo	Tc	Ru	Rh	Pd	Ag	Cd	In	Sn	Sb	Te	I	Xe
46.9		29.6	41.1	86.2	72.0	96	101	109.7	53.7	125.7	126	～30	116	101	190.2	295	−41 *
Cs	Ba	La～Lu	Hf	Ta	W	Re	Os	Ir	Pt	Au	Hg	Tl	Pb	Bi	Po	At	Rn
45.5	−46			80	78.6	14	106	151	205.3	222.8	−18	～20	100	91.3	183	270	−41 *
Fr	Ra	Ac～Lr	Rf	Db	Sg	Bh	Hs	Mt	Ds	Rg							
44 *																	

注：数据摘自 J. Emsley，“The Elements”，1989。加星号数据为理论计算值。

从表 4-7 可以看出：原子接受一个电子要放出能量，所以大多数原子的 E_{M_1} 都为正值，然而当 −1 价离子再得到一个电子，就要受到 −1 价离子的排斥，必须从外界吸收能量才能克服这种排斥力，所以 E_{M_2}、E_{M_3} 皆为负值。例如：

$$O(g) + e^- \rightleftharpoons O^-(g) \qquad \Delta_r H^{\ominus}_{m1} = E_{M_1} = -141 kJ \cdot mol^{-1}$$

$$E_{M_1} = 141 kJ \cdot mol^{-1}$$

$$O^-(g) + e^- \rightleftharpoons O^{2-}(g) \qquad \Delta_r H^{\ominus}_{m2} = -E_{M_2} = +780 kJ \cdot mol^{-1}$$

$$E_{M_2} = -780 kJ \cdot mol^{-1}$$

目前周期表中元素的电子亲和能的数据不全，同时测定比较困难，一般常用间接的方法计算得到，准确性也较差。因此，规律性不太明显。一般地说，在同一周期中，从左到右电子亲和能增大。在同一族中，由上到下的方向减小。

电子亲和能的大小也主要决定于原子的有效核电荷、原子半径和原子的电子层结构。

一般来说，同一周期中，从左到右原子的有效核电荷逐渐增大，原子半径逐渐减小，同时由于最外层电子数逐渐增多，易结合电子形成 8 电子稳定结构，因此元素的电子亲和能逐渐增大。同一周期中以卤素的电子亲和能最大。氮族元素的 ns^2np^3 价电子层结构较稳定，电子亲和能反而较小。

同一族中，从上向下电子亲和能减小。应注意的是，由于第二周期 F、O、N 的原子半径较小，电子密度大，电子间相互斥力大，以致在加合一个电子形成负离子时放出的能量较小，故 F、O、N 的电子亲和能反而比第三周期相应的元素 Cl、S、P 要小。

四、电负性（χ）

电离能和电子亲和能分别从不同方面反映了原子得、失电子的能力。但在形成化合物时，有些原子并没有得失电子，而只是电子发生偏移，因此只从电离能或电子亲和能来考虑判断元素的金属性和非金属性有一定的局限性，甚至得出相互矛盾的结论。为了全面衡量原子在分子中吸引电子能力，鲍林在 1932 年提出了电负性的概念。电负性是指元素的原子在分子中吸引电子的能力，用 χ 表示。鲍林指定氟的电负性为 3.98，并以此为依据计算出其他元素的电负性，表 4-8 为各元素的电负性数值。

表 4-8　元素的电负性（Pauling）

ⅠA	ⅡA	ⅢB	ⅣB	ⅤB	ⅥB	ⅦB	ⅧB			ⅠB	ⅡB	ⅢA	ⅣA	ⅤA	ⅥA	ⅦA	ⅧA
H 2.20																	He
Li 0.98	Be 1.57											B 2.04	C 2.55	N 3.04	O 3.44	F 3.98	Ne
Na 0.93	Mg 1.31											Al 1.61	Si 1.90	P 2.19	S 1.90	Cl 3.16	Ar
K 0.82	Ca 1.00	Sc 1.36	Ti 1.54	V 1.63	Cr 1.66	Mn 1.55	Fe 1.83	Co 1.88	Ni 1.91	Cu 1.90	Zn 1.65	Ga 1.81	Ge 2.01	As 2.18	Se 2.55	Br 2.96	Kr
Rb 0.82	Sr 0.95	Y 1.2	Zr 1.33	Nb 1.6	Mo 1.8	Tc 1.9	Ru 2.2	Rh 2.28	Pd 2.20	Ag 1.93	Cd 1.69	In 1.78	Sn 1.96	Sb 2.05	Te 2.1	I 2.66	Xe 2.6
Cs 0.79	Ba 0.89	La～Lu 1.1～1.27	Hf 1.3	Ta 1.5	W 1.7	Re 1.9	Os 2.2	Ir 2.20	Pt 2.28	Au 2.54	Hg 2.00	Tl 1.62	Pb 1.9	Bi 2.02	Po 2.0	At 2.2	Rn
Fr 0.7	Ra 0.89	Ac～Lr 1.1～1.3	Rf	Ha	Jnh	Uns	Uno	Une									

注：数据摘自 J. Emsley，“The Elements”，1989。

元素的电负性也呈周期性变化：

同一周期中，从左到右原子半径逐渐减小，有效核电荷逐渐增大，原子在分子中吸引电子的能力逐渐增加，电负性逐渐增大。过渡元素的电负性变化不大。

同一主族中，从上到下电子层构型相同，原子半径逐渐增大，电负性依次减小。副族元素电负性没有明显的变化规律。

稀有气体的电负性是同周期元素中最高的，其中，Ne 的电负性最高，不易形成化学键，Xe 的电负性比 O、F 小，故有氙的氧化物及氟化物。

电负性的大小可以衡量元素的金属性和非金属性的强弱，预计化合物中化学键的类型和分子极性。一般以 $\chi=2.0$ 为界，金属元素的电负性小于 2.0（除铂系元素和金），而非金属元素（除硅）的电负性大于 2.0。电负性最大元素（除稀有气体）为 F，最小元素为 Cs（Fr 为放射性元素）。电负性只能用来作定性的估计，不宜用它作精确的计算。

由于电负性较全面地反映了元素原子得失电子的能力，因此也可以用电负性数据来衡量元素的金属性或非金属性的强弱。电负性数值越大，表明元素原子在分子中吸引电子的能力越强，因而非金属性就越强。反之金属性越强。

值得注意的是，周期表中一些元素与其紧邻的右下角元素（如 Li 和 Mg，Be 和 Al，B 和 Si 等），原子半径大小很接近，因此它们的电离能、电负性及一些化学性质十分相似，这就是所谓的对角线规则。

第五节　化学键理论

化学键是分子中相邻原子间的强烈的相互作用力。它有三种类型：离子键、共价键和金属键。本节主要介绍离子键、共价键的一些相关知识。

一、离子键理论

1. 离子键的形成和特点

（1）离子键的形成　1916 年德国化学家柯塞尔（W. Kossel）根据稀有气体原子的电子

层结构特别稳定的事实，提出了离子键理论。根据这一理论，不同的原子间相互化合时，它们都有达到稀有气体稳定结构的倾向，电负性小的金属原子易失去电子形成正离子，电负性大的非金属原子易得到电子形成负离子；正、负离子间由于静电引力而相互接近，同时两离子的外层电子之间以及原子核之间将产生排斥力，当吸引力和排斥力达到平衡时，正、负离子达到一定距离，体系能量为最低点，形成离子键。这种由正、负离子间的静电作用形成的化学键称为离子键。由离子键形成的化合物叫离子型化合物。它们以离子晶体形式存在。

（2）离子键的特点

① 离子键的本质是正、负离子间的静电引力。离子电荷越高，离子间距离越小，正、负离子间的静电引力越大，离子键强度越大。

② 离子键没有方向性和饱和性。由于离子电荷的分布可看作是球形对称的，因此可在任意方向上吸引异号电荷离子，所以离子键是没有方向性的；由于只要周围空间许可，每一个离子就能吸引尽量多的异号电荷离子，所以离子键又是没有饱和性的。没有饱和性并不是说可以吸引任意多个带相反电荷的离子，实际上每一种离子键都各有自己的配位数。

③ 键的离子性与元素的电负性有关。离子键形成时，正、负离子间的电负性差值 $\Delta\chi$ 越大，它们之间形成化学键的离子性也越大。但是实验表明即使电负性差值最大的 CsF，键的离子性也只有 92%，而由于部分轨道重叠使键的共价性占 8%。对于 AB 型化合物，$\Delta\chi = 1.7$ 时，单键约具有 50%的离子性，通常用 $\Delta\chi = 1.7$ 时作为判断离子键和共价键的分界，$\Delta\chi > 1.7$ 时形成离子键，$\Delta\chi < 1.7$ 形成共价键，但这只是一种近似，如 HF 中 $\Delta\chi = 1.78$，但 H—F 键仍为共价键，说明离子键与共价键之间没有严格界限。

2. 离子的特征

（1）离子半径　离子半径的大小是影响离子化合物性质的重要因素之一。离子半径是指正、负离子相互作用形成离子键时表现出来的有效半径，可近似地把正、负离子看成相互接触的圆球，核间距就是相邻的正、负离子的有效半径之和。离子半径的变化规律大致如下。

① 元素周期表中，主族自上而下，离子半径依逐渐增大，如 $Li^+ < Na^+ < K^+ < Rb^+ < Cs^+$，$F^- < Cl^- < Br^- < I^-$。

② 在同一周期中，主族元素随着族数递增正离子电荷数增大，离子半径依次减小。如 $Na^+ > Mg^{2+} > Al^{3+}$。

③ 正离子中的电子受过剩核电荷的吸引其半径比原子半径小，离子带正电荷越多半径越小。负离子因接受了电子，减弱了核电荷对核外电子的引力，电子的排斥力增加，因而负离子的半径大于原子半径。

④ 周期表中处于相邻的左上方和右下方对角线上的正离子半径近似相等。例如：Li^+(60pm)～Mg^{2+}(65pm)；Na^+(95pm)～Ca^{2+}(99pm)。

离子半径的大小决定化合物的诸多性质，例如离子半径越小，正、负离子间的引力越大，离子键强度越大，熔点越高。

（2）离子电荷　离子电荷是影响离子型化合物性质的一个十分重要的因素。离子的电荷越高，与异号电荷离子的吸引力越大，其化合物的熔、沸点也越高。

（3）离子的电子构型　原子得失电子后，所形成的离子的稳定电子层结构叫做离子的电子构型。单原子负离子除 H^- 为 2 电子型结构外，通常具有稳定的 8 电子构型（如 F^-、S^{2-}、O^{2-} 等），而对单原子正离子来说，可有以下几种电子构型。

① 0 电子构型：最外层为 $1s^0$ 结构，如 H^+。

② 2 电子构型：最外层为 $1s^2$ 结构，如 Li^+、Be^{2+} 等。

③ 8 电子构型：最外层为 ns^2np^6 结构，如 Na^+、Ca^{2+} 等。

④ 18 电子构型：最外层为 $ns^2np^6nd^{10}$ 结构，如 Cu^+、Ag^+ 等。

⑤ 18+2 电子构型：最外层为[$(n-1)s^2(n-1)p^6(n-1)d^{10}ns^2$]结构，如 Sn^{2+}、Pb^{2+} 等。

⑥ 9～17 电子构型：外层具有$(n-1)s^2(n-1)p^6(n-1)d^{1\sim9}$结构，如 Fe^{2+}、Co^{2+} 等。

离子的电子构型对化合物的性质有很大的影响，见表 4-9。

表 4-9 离子的电子构型对化合物性质的影响

项 目	Na	Cu	比较
离子电荷	Na^+	Cu^+	离子电荷相同
离子半径/pm	95	96	离子半径相近
离子的电子构型	8 电子构型	18 电子构型	离子的电子构型不同
性质	NaCl 溶于水	Cu_2Cl_2 不溶于水	形成化合物的性质不同

3. 离子键的强度

离子型化合物的性质与离子键的强度有关。在离子晶体中用晶格能 U 衡量离子键强度。晶格能是 1mol 气态正离子和 1mol 气态负离子结合形成 1mol 离子晶体时所释放的能量，其单位为 $kJ\cdot mol^{-1}$。如 NaCl(s) 的晶格能可表示如下：

$$Na^+(g)+Cl^-(g)\longrightarrow NaCl(s)$$

晶格能 U 与 NaCl(s) 的标准摩尔生成焓 $\Delta_f H_m^\ominus$(NaCl，s)、Na(s) 的升华能 S、Na(g) 的电离能 I、Cl_2 的解离能 D 及 Cl(g) 的电子亲和能 E_M 等有关。

据晶格能的大小可以解释和预言离子型化合物的某些物理化学性质。对于相同类型的离子晶体来说，离子电荷越高，正、负离子间的核间距越短，晶格能越大，离子键强度越强，该晶体熔沸点越高，硬度越大，见表 4-10。

表 4-10 晶格能与离子型化合物的物理性质

项 目	NaI	NaBr	NaCl	NaF	BaO	SrO	CaO	MgO
离子电荷	1	1	1	1	2	2	2	2
核间距/pm	318	294	279	231	277	257	240	210
晶格能/($kJ\cdot mol^{-1}$)	686.2	732.2	769.9	891.2	3041.8	3204.9	3476.9	3916.2
熔点/K	933	1013	1074	1261	2194	2703	2843	3073
硬度(莫氏标准)	—	—	—	—	3.3	3.5	4.5	6.5

二、共价键理论

离子键理论对电负性相差很大的两个原子所形成的化学键能较好地予以说明。1916 年美国化学家路易斯（Lewis）为了说明由相同原子组成的单质分子（如 H_2、O_2 等）的形成以及电负性相差不大的两种元素的原子组成的分子（HCl、H_2O 等）的形成，提出了早期的共价键理论：分子中相邻两个原子间通过共用一对或几对电子形成稳定的稀有气体的 8 电子构型。这种分子间通过共用电子对结合所形成的化学键称为共价键。

路易斯的共价键理论虽然说明了共价键的形成，但它仍有局限性。无法阐明共价键的本质。同时，它也不能解释为什么有些分子的中心原子最外层电子数虽然少于 8（如 BF_3 等）或多于 8（如 PCl_5 等），但这些分子仍能稳定存在，也不能解释共价键的特性（如方向性、饱和性），以及存在单电子键（如 H_2^+）和氧分子具有磁性等问题。

1927 年海特勒（Heitler）和伦敦（London）把量子力学的成就应用到最简单的 H_2 分子上时，才从理论上初步阐明共价键的本质。后来鲍林等人发展了这一成果，建立了现代价键理论。

1. 价键理论（又称电子配对法，简称 VB 法）

（1）氢分子的形成和共价键本质　海特勒和伦敦用量子力学处理氢原子形成氢分子的成键时，提出一个假设：当两个氢原子相距很远时，彼此间的作用力可忽略不计，体系能量定为相对零点。当电子自旋方向相反的两个氢原子相互靠近时，两个原子轨道发生重叠，使两核间电子云密度增大，如图 4-17(a) 所示。此时核间两个电子受到两个原子核的吸引，整个体系能量低于两个单独存在的氢原子的能量总和，在两个氢原子核间距达到平衡距离 $R_0=74$pm 时，吸引力和排斥力达到平衡，体系能量达到最低点。两个氢原子在平衡距离 R_0 处形成稳定的 H_2 分子，这种状态为 H_2 分子的基态，如图 4-18 所示。当如果两个氢原子的电子自旋平行，它们相互靠近时，将会产生相互排斥作用，如图 4-17(b) 所示。两核间电子云密度稀疏，不发生原子轨道重叠，体系能量高于两个单独存在的氢原子能量之和，它们越靠近能量越升高，说明它们不能形成稳定的 H_2 分子，这种不稳定的状态称为氢分子的排斥态，如图 4-18E_A 所示。

综上所述，量子力学处理氢分子的结果指出，氢分子基态可形成稳定的共价键，而排斥态则不能成键。共价键的结合力是两核对共用电子对形成的负电区的吸引力，说明共价键的本质是电性作用力。

量子力学对氢分子处理的结果可以定性地推广到其他分子体系，就形成了价键理论。

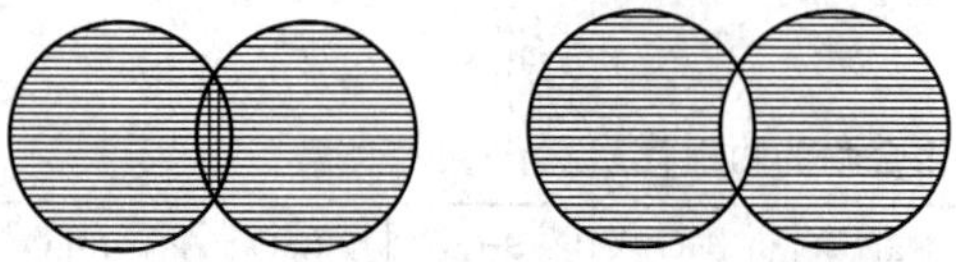

(a) 基态　　(b) 排斥态

图 4-17　H_2 分子的两种状态

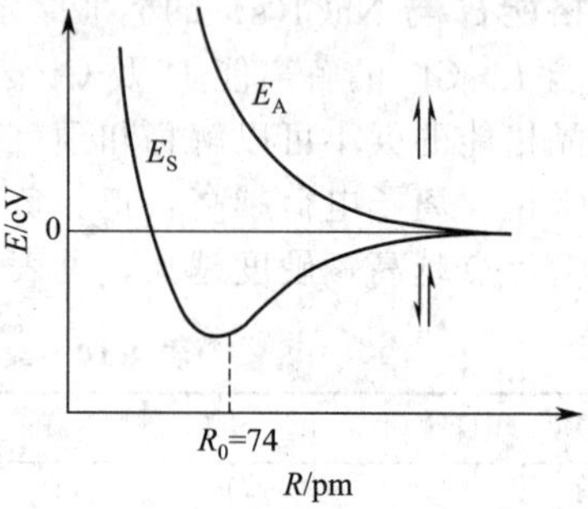

图 4-18　氢分子的能量与核间距的关系曲线
E_S—基态的能量曲线；
E_A—排斥态的能量曲线

（2）价键理论基本要点

① 自旋方向相反的未成对电子相互接近时相互配对，可形成共价键。即发生原子轨道重叠，使核间电子云密度最大，体系能量降低，符合能量最低原理。

A 和 B 两个原子各有一个自旋方向相反的未成对电子，则可以互相配对形成稳定的共价单键，如 H—Cl 单键，因为 H 原子有一个 1s 电子，而 Cl 原子有一个未成对 3p 电子。如果 A 和 B 各有两个（或三个）未成对的电子，且自旋相反，可形成共价双键（或三键）。如 N≡N 分子以三键结合，因为每个 N 原子有三个未成对的 2p 电子。

② 自旋方向相反的电子配对之后，就不再与另一个原子中未成对电子配对了。这就是共价键的饱和性。例如两个 H 原子的未成对电子配对形成 H_2 分子后，不能再与第三个 H 原子形成 H_3 分子。

③ 成键电子的原子轨道重叠越多，两核间概率密度就越大，体系能量降低得越多，共价键就越稳定，这就是共价键的方向性。因此，共价键将尽可能沿着原子轨道最大重叠的方向形成，称为最大重叠原理。根据最大重叠原理，除 s 轨道外，p、d、f 轨道在空间都有一定的伸展方向。例如，氢原子 1s 轨道与氯原子的 $2p_x$ 有四种可能的重叠方式，见图 4-19，其中只有采取（a）的重叠方式成键才能使 s 轨道和 p_x 轨道的有效重叠最大。

（3）共价键的类型

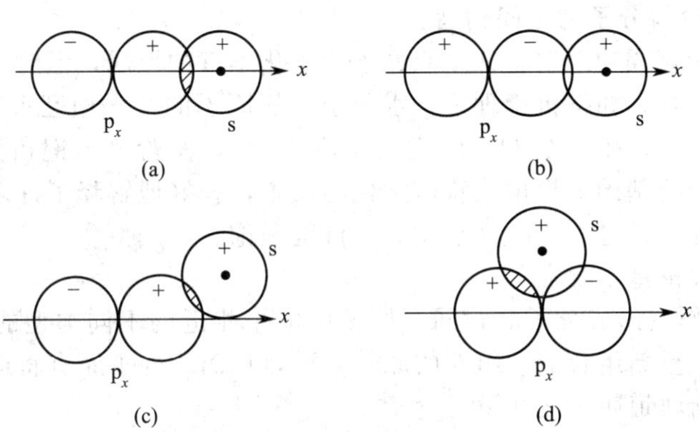

图 4-19　s 和 p_x 轨道可能的重叠方式

① σ 键　成键两原子沿着键轴（两个原子核的连线）方向，以“头碰头”的方式发生轨道重叠形成的共价键为 σ 键，如图 4-20(a) 所示。σ 键特点是轨道重叠部分沿键轴呈圆柱对称。由于原子轨道在轴向上重叠是最大重叠，故 σ 键的键能大且稳定性高。例如，H_2 分子中的 s-s 键重叠、HCl 分子中 s-p_x 重叠、Cl_2 分子中的 p_x-p_x 重叠等。

② π 键　两个原子轨道的 p_x 轨道重叠形成 σ 键后，相互平行的两个 p_y 或两个 p_z 轨道只能以“肩并肩”的方式重叠，形成的共价键为 π 键，如图 4-20(b) 所示。形成 π 键时，原子轨道的重叠部分通过键轴的平面呈镜面反对称。由于 π 键不是沿原子轨道最大重叠方向形成的，原子轨道重叠程度小，所以 π 键键能较小。

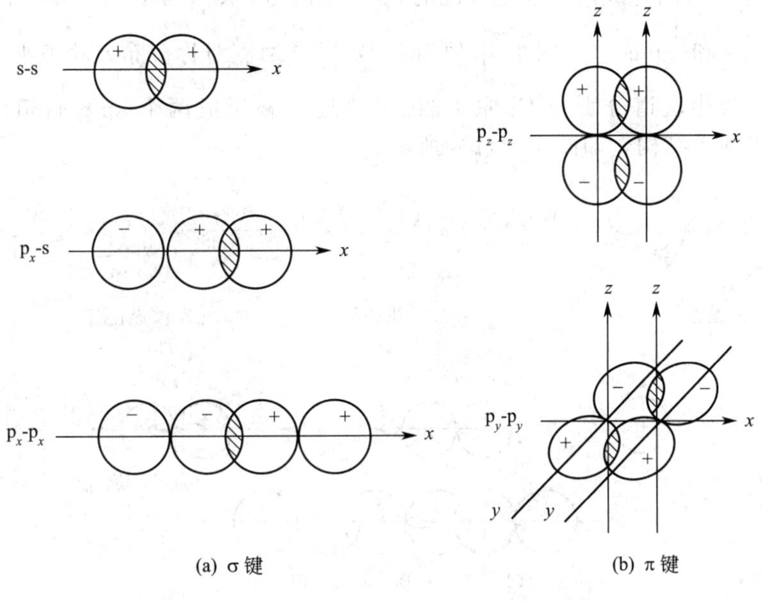

图 4-20　σ 键（a）和 π 键（b）重叠方式示意图

共价单键一般为 σ 键，在共价双键（或三键）中，除一个 σ 键，其余为 π 键，如 N_2 分子中，有 1 个 σ 键，2 个 π 键。多原子分子的空间构型主要由 σ 键的方向决定，π 键只改变键角。由于形成 π 键时，原子轨道重叠部分小于 σ 键，所以 π 键键能小于 σ 键，又由于 π 键的电子云密集在成键原子核连线上下，则原子核对 π 键电子束缚力小，电子流动性较大，稳定性较小，是化学反应的积极参加者，如烯烃、炔烃中 π 键易于断裂发生加成反应。

2. 杂化轨道理论与分子的空间构型

价键理论虽然能够成功地解释许多双原子分子化学键的形成，但对多原子分子的空间构型的解释却遇到了困难。如按价键理论，水分子中氧原子的 2 个相互垂直的 2 p 轨道可与 2 个氢原子形成 2 个 σ 键，故 2 个 O—H 键键角应为 90°，实验测定键角为 104°45′。1931 年鲍林在现代价键理论的基础上提出了轨道杂化的概念，较好地解释了许多分子的空间构型问题，形成杂化轨道理论，进一步补充和发展了价键理论。

（1）杂化轨道理论基本要点

① 原子间相互作用形成分子时，同一原子中能量相近的不同类型的原子轨道（即波函数）可以相互叠加，重新组合成一组新的原子轨道，从而改变了原有轨道的状态。这个过程叫杂化，所形成的新轨道叫杂化轨道。

② 杂化轨道的数目等于参加杂化的原子轨道数目，但杂化轨道在空间的伸展方向发生变化。由于杂化轨道相互排斥，在空间取得最大键角，因此杂化轨道的空间伸展方向决定了分子的空间构型。

③ 原子轨道经过杂化，可使成键能力增强。因为杂化轨道的电子云分布集中，成键时轨道重叠程度大，形成的分子更稳定。

应当注意，原子轨道的杂化，只是在形成分子时才发生，孤立的原子不可能发生杂化。

（2）杂化轨道的类型　参与杂化的原子轨道可以是 s 轨道和 p 轨道，也可以由 d、f 轨道参加。在此介绍 s 和 p 轨道参与组成的杂化及有关分子的结构。

① sp 杂化　由 1 个 ns 轨道和 1 个 np 轨道进行的杂化叫做 sp 杂化，所形成的轨道叫 sp 杂化轨道。例如 $BeCl_2$ 的分子形成。Be 在与 Cl 成键的过程中，Be 原子中原来的 2s 和 2p 轨道“混合”起来，重新组成两个能量等同的 sp 杂化轨道，如图 4-21(a) 所示。每一个 sp 杂化轨道都含有$\frac{1}{2}$s 和$\frac{1}{2}$p 成分，两个 sp 轨道在 Be 原子两侧对称分布，轨道夹角为 180°，Be 原子的两个 sp 杂化轨道分别与 Cl 原子的 3p 轨道重叠形成两个 sp-p 轨道的 σ 键，因此 $BeCl_2$ 的分子是线形结构，如图 4-21(b) 所示。

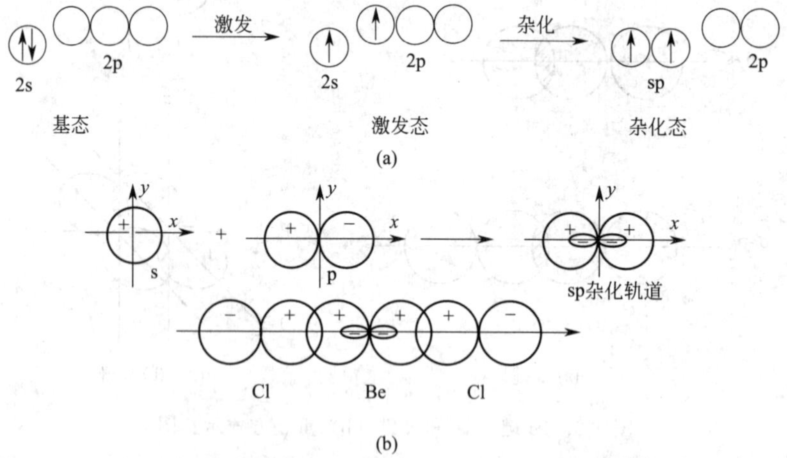

图 4-21　sp 杂化和 $BeCl_2$ 的分子形成示意图

由图 4-21(b) 可见，sp 杂化轨道的形状与原来的 s 和 p 轨道都不相同，其形状一头大一头小，成键时用大的一头与 Cl 原子的 3p 轨道重叠。这样重叠更有效，成键能力更强，形成的共价键更牢固。

ⅡB 族元素 Zn、Hg 的某些化合物也以 sp 杂化成键，如 $ZnCl_2$、$HgCl_2$ 等。此外，

C_2H_2 分子中，碳原子也采取 sp 杂化，两个碳原子间形成一条 sp-spσ 键和两条 p-pπ 键。

② sp^2 杂化　实验证明，气态时 BF_3 为平面三角形结构，B 原子位于三角形的中心，三个 B—F 键是等同的，键角为 120°。图 4-22 表示 sp^2 杂化与 BF_3 分子结构。基态 B 原子的外层电子构型为 $2s^2 2p^1$，在成键过程中，B 原子的一个 2s 电子被激发到一个空的 2p 轨道上去，产生三个未成对电子。同时 B 原子中的 1 个 2s 轨道和 2 个 2p 轨道进行杂化，形成三个能量等同的 sp^2 杂化轨道。每一个 sp^2 杂化轨道含有 $\frac{1}{3}$s 和 $\frac{2}{3}$p 成分。三个杂化轨道对称地分布在 B 原子周围，在同一平面内互成 120 角。这三个 sp^2 杂化轨道各与一个 F 原子的 2p 轨道重叠，形成三个 sp^2-p 的 σ 键。因而 BF_3 分子的空间构型为平面三角形。

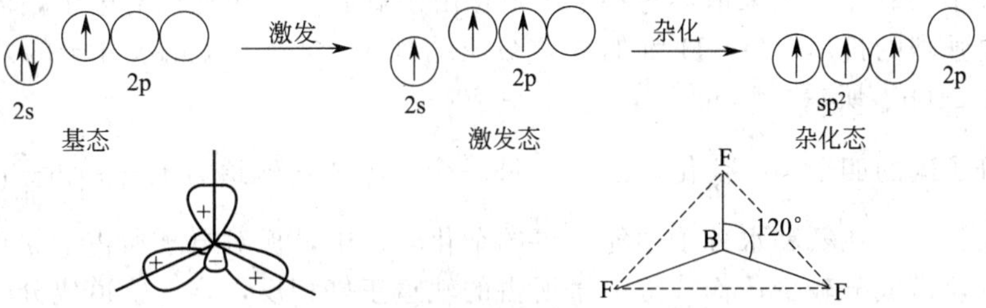

图 4-22　sp^2 杂化与 BF_3 分子结构

C_2H_4 分子中，碳原子也采取 sp^2 杂化，两个碳原子间形成一条 sp^2-sp^2σ 键和一条 p-pπ 键。BBr_3、HCHO、CO_3^{2-} 等分子、离子的中心原子均为 sp^2 杂化，具有平面三角形结构。

③ sp^3 杂化　实验证明，CH_4 分子的空间构型为正四面体形。图 4-23 表示 sp^3 杂化与甲烷的分子结构。基态 C 原子外层电子构型为 $2s^2 2p^2$，在成键过程中，有 1 个 2s 电子被激发到 2p 轨道上，产生四个未成对电子。同时 C 原子中的 1 个 2s 轨道和三个 2p 轨道杂化，形成四个能量等同的 sp^3 杂化轨道，每一个 sp^3 杂化轨道含有 $\frac{1}{4}$s 和 $\frac{3}{4}$p 成分。四个 sp^3 杂化轨道对称分布在 C 原子周围，在空间互成 109°28′夹角。四个 sp^3 杂化轨道各与一个 H 原子的 1s 轨道重叠，形成四个 sp^3-s 的 σ 键。因此 CH_4 为正四面体分子。

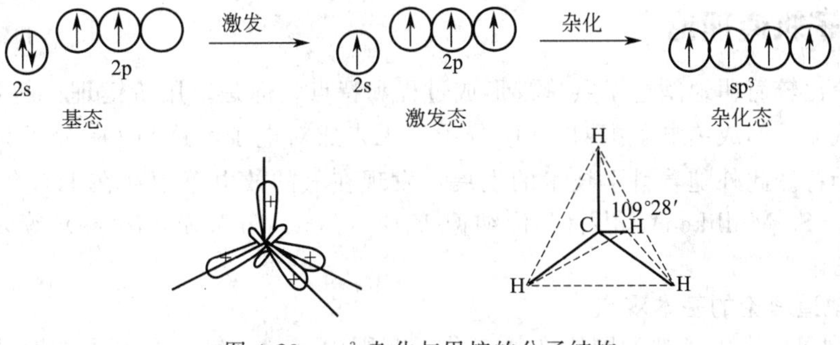

图 4-23　sp^3 杂化与甲烷的分子结构

CCl_4、SiH_4 等分子以及 SO_4^{2-}、PO_4^{3-}、NH_4^+ 等离子的骨架结构均是 sp^3 杂化轨道形成的 σ 键构成，都是正四面体构型。而在 CH_3Cl、CH_3OH 等分子中，碳原子仍为 sp^3 杂化，因成键原子的电负性不同，其键矩不同，故分子为四面体构型。

④ 不等性 sp^3 杂化和分子构型　轨道杂化并非仅限于含有未成对电子的原子轨道。含孤对电子的原子轨道也可和含未成对电子的原子轨道杂化。例如 NH_3 分子形成。N 原子的外层电子构型为 $2s^2 2p^3$，其中 2s 为含有孤对电子的轨道，它仍能和 $2p_x$、$2p_y$、$2p_z$ 轨道杂

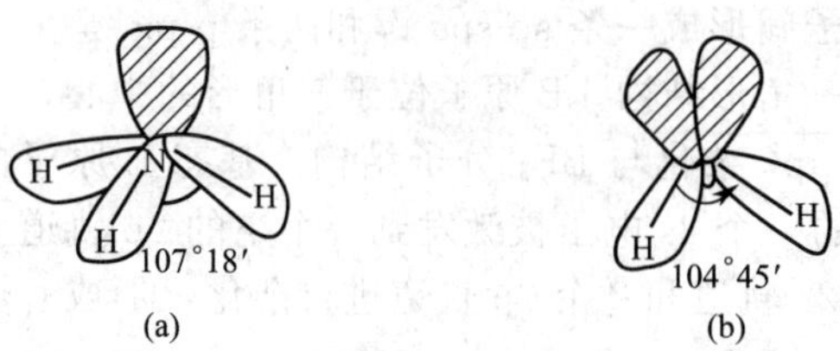

图 4-24　氨（a）和水（b）的分子构型

化，形成 4 个 sp^3 杂化轨道，其中三个含未成对电子的杂化轨道与三个氢原子的 1s 轨道成键，另一个含有孤对电子的杂化轨道则未参与成键。由于这一对孤对电子未被 H 共用而更靠近 N 原子，所以孤对电子只受中心 N 原子核吸引，电子云较集中于 N 原子周围，对成键电子斥力大，因此 NH_3 分子中 N—H 键之间的夹角从 109°28′被压缩到 107°18′，因此氨分子的空间构型不是正四面体，而是三角锥形，如图 4-24(a) 所示。

在水分子中，氧原子也采取不等性 sp^3 杂化由于氧原子有两对孤对电子，因此 O—H 键在空间受到更强烈的排斥，O—H 键的夹角被压缩到 104°45′。因此水分子的几何构型为 V 字形，如图 4-24(b) 所示。

在甲烷分子碳的四个 sp^3 杂化轨道中，每一个 sp^3 杂化轨道含有 $\frac{1}{4}$s 和 $\frac{3}{4}$p 成分，这种杂化叫等性杂化。而在氨和水分子中氮、氧的杂化轨道中，孤对电子所占的轨道含 s 轨道成分较多，含 p 轨道成分较少；而成键电子所占的轨道正好相反，含 s 轨道成分较少，含 p 轨道成分较多。这种由于孤对电子的存在，使各杂化轨道所含的成分不同的杂化叫不等性杂化。氨和水分子都是不等性的 sp^3 杂化。

由 s 轨道和 p 轨道形成的杂化轨道和分子的空间构型见表 4-11。

表 4-11　s 轨道和 p 轨道形成的杂化轨道和分子的空间构型

项目	sp	sp^2	sp^3	不等性 sp^3	
参加杂化的轨道	1 个 s、1 个 p	1 个 s、2 个 p	1 个 s、3 个 p	1 个 s、3 个 p	
杂化轨道数	2	3	4	4	
成键轨道夹角	180°	120°	109°28′	90°～109°28′	
空间构型	直线形	平面三角形	正四面体形	三角锥	"V"字形
实例	$BeCl_2$、$HgCl_2$	BF_3、BCl_3	CH_4、$SiCl_4$	NH_3、PH_3	H_2O、H_2S

三、分子轨道理论

价键理论比较简明地阐述了共价键形成过程和特点，但是，用价键理论解释 O_2 分子形成时，两个氧原子的成单电子配对，O_2 分子内无未成对电子，这与 O_2 分子具有顺磁性的实验事实不相符。此外随着科学技术的发展，发现在氢的放电管中存在 H_2^+ 等。1932 年前后密立根（R. S. Mulliken）、洪特和伦纳德-琼斯（Lennard J. E. Jones）等人先后提出了分子轨道理论。

1. 分子轨道理论的基本观点

① 分子中每一个电子都是围绕在整个分子范围内运动，每一个电子的运动状态可以用波函数 Ψ 来描述。这个波函数 Ψ 称为分子轨道。$|\Psi|^2$ 代表该分子中的电子在空间各处出现的概率密度或电子云。

② 分子轨道是由组成分子的原子轨道组合而成的。组合前原子轨道总数等于组合后分子轨道的总数。当由两个原子轨道组合形成两个分子轨道时，其中一个是能量较低的成键轨道，另一个是能量较高的反键轨道。

③ 为了有效地组合成分子轨道，要求各原子轨道必须符合对称性原则、最大重叠原则和能量近似原则。后两个原则与前面所述内容类似，这里不再重述，下面讨论对称性原则。

只有对称性匹配的原子轨道才能组合成有效的分子轨道，称为对称性原则。图 4-25 中 (a)、(b)、(c) 为对称性匹配组合，是同号重叠；(d)、(e) 为对称性不匹配组合；各有一半区域是同号重叠，另一半区域是异号重叠，两者正好抵消，净成键效应为零。

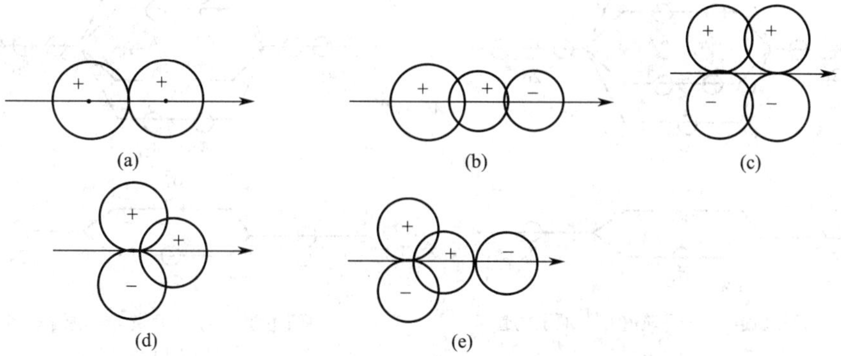

图 4-25　原子轨道组合成分子轨道时的对称性

④ 电子在分子轨道上填充，同电子在原子轨道上填充一样，也遵循能量最低原理、泡利不相容原理和洪特规则。

⑤ 键的牢固程度可以用键级表示，键级是指成键轨道上的电子数与反键轨道上的电子数之差的一半。键级越大，键越牢固，分子越稳定。键级为零，表示原子之间不能结合成分子。

2. 分子轨道能级图

按照分子轨道对称性不同，可将分子轨道分为 σ 轨道和 π 轨道。图 4-26 分别表示 s-s，p-p 轨道组合成分子轨道的情况。其中 σ_s、σ_{p_x} 和 π_{p_y} 是成键轨道，它们的能量分别比原来的原子轨道能量低；σ_s^*、$\sigma_{p_x}^*$ 和 $\pi_{p_y}^*$ 是反键轨道，它们的能量分别比原来的原子轨道能量高。

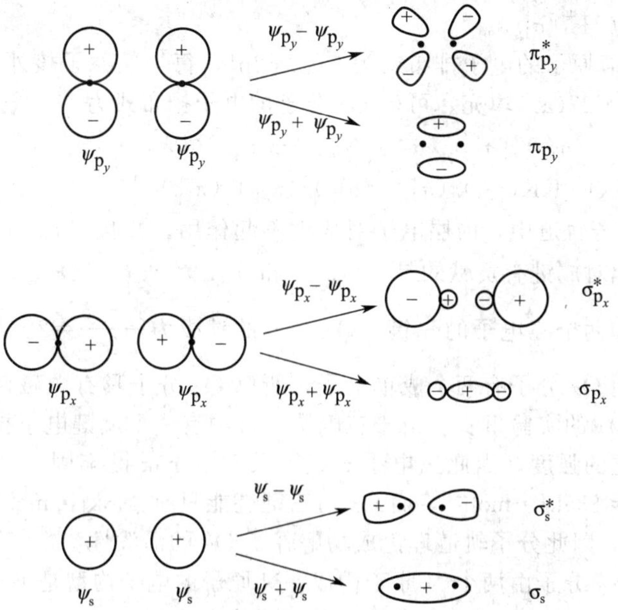

图 4-26　s、p 原子轨道组合的分子轨道

根据分子光谱的实验数据，可以得出第二周期元素同核双原子分子的分子轨道能级一般顺序。由于本周期分子轨道 σ_{2p} 与 π_{2p} 在 N_2 和 O_2 之间发生能级交错，因此第二周期同核双

原子分子的能级图实际上有两种能级顺序，如图 4-27 所示。

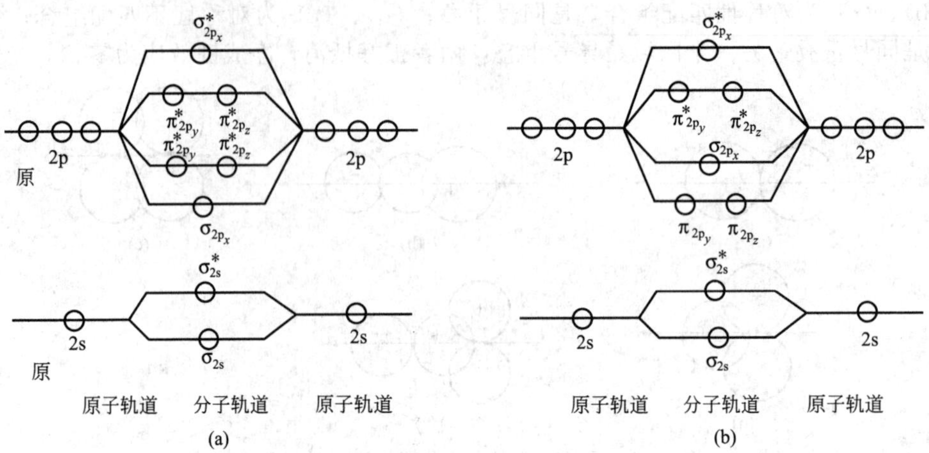

图 4-27 第二周期同核双原子分子轨道能级次序示意图

第一种能级顺序适用于氧、氟、氖的分子及它们离子的结构见图 4-27(a)。第二种能级顺序适用于锂、铍、硼、碳、氮的分子及它们离子的结构见图 4-27(b)。

3. 分子轨道中电子的排布

知道了分子中各分子轨道能级图，根据电子填充的三原则，就能比较容易地确定分子中的电子的排布。下面我们选取几个同核双原子分子进行讨论。

(1) H_2^+　氢分子离子是由一个氢原子和一个氢离子组成，当一个氢原子的 1s 原子轨道与另一个氢离子的 1s 原子轨道相互重叠，可以组成一个成键轨道 σ_{1s} 和一个反键轨道 σ_{1s}^*。一个电子填入能量低 σ_{1s} 成键分子轨道上，H_2^+ 中形成一个单电子 σ 键，H_2^+ 的键级为 $\frac{1-0}{2}=\frac{1}{2}$，分子轨道式的表示式为 $H_2^+[\sigma_{1s}^1]$。

(2) O_2 分子　氧原子的电子排布式为 $1s^2 2s^2 2p^4$，每个氧原子核外有 8 个电子，O_2 分子的 16 个电子按图 4-27(a) 填充，可得 O_2 分子的电子排布式为：

$$O_2[(\sigma_{1s})^2(\sigma_{1s}^*)^2(\sigma_{2s})^2(\sigma_{2s}^*)^2(\sigma_{2p_x})^2(\pi_{2p_y})^2(\pi_{2p_z})^2(\pi_{2p_y}^*)^1(\pi_{2p_z}^*)^1]$$

也可以简写为：$O_2[KK(\sigma_{2s})^2(\sigma_{2s}^*)^2(\sigma_{2p})^2(\pi_{2p})^4(\pi_{2p}^*)^2]$

在 O_2 分子的分子轨道中，内层电子对成键不起作用，并且 $(\sigma_{2s})^2$ 与 $(\sigma_{2s}^*)^2$ 对成键的贡献互相抵消，因此对成键有贡献的是 $(\sigma_{2p_x})^2$ 和 $(\pi_{2p_y})^2(\pi_{2p_z})^2(\pi_{2p_y}^*)^1(\pi_{2p_z}^*)^1$，分别构成一个两电子的 σ 键和两个三电子的 π 键。O_2 分子的键级为 $\frac{10-6}{2}=2$。从 O_2 分子的分子轨道能级图中可以看到 O_2 分子有两个成单电子，所以 O_2 分子具有顺磁性。这样的分子轨道理论圆满地解释了 O_2 的实验事实。由于三电子 π 键中有一个反键电子抵消了一部分成键电子的能量，削弱了键的强度，因此三电子 π 键不及双电子 π 键牢固。 N≡N 键能 946kJ·mol⁻¹， C≡C 键能 835kJ·mol⁻¹，而 O_2 的三键键能只有 498kJ·mol⁻¹，甚至低于C＝C 键能 602kJ·mol⁻¹，因此分子轨道理论成功解释了 O_2 的活泼性。

(3) N_2 分子　N_2 分子由两个 N 原于构成，N 原子的电子构型是 $1s^2 2s^2 2p^3$，N_2 分子的 14 个电子按图 4-27(b) 填充，可得 N_2 分子的电子排布式为：

$$N_2[(\sigma_{1s})^2(\sigma_{1s}^*)^2(\sigma_{2s})^2(\sigma_{2s}^*)^2(\pi_{2p_y})^2(\pi_{2p_z})^2(\sigma_{2p_x})^2]$$

也可以简写为：$N_2[KK(\sigma_{2s})^2(\sigma_{2s}^*)^2(\pi_{2p_y})^2(\pi_{2p_z})^2(\sigma_{2p_x})^2]$

在 N_2 分子中对成键有贡献的主要是 $(\pi_{2p_y})^2$ $(\pi_{2p_z})^2$ 和 $(\sigma_{2p_x})^2$ 这三对电子，即形成

两个 π 键和一个 σ 键。N_2 分子的键级 $=\frac{8-2}{2}=3$。N_2 分子两对孤对电子就是 σ_{2s} 和 σ_{2s}^* 轨道上的两对电子，由于对成键作用相互抵消，故仍属于两个 N 原子。由于所有 2p 电子都填入成键分子轨道，N_2 分子能量大大降低，再加上 N_2 分子中 π 键能量较低，形成的 π 键也较稳定，即为 N_2 分子在一般情况下不活泼的原因。

第六节　分子间力和氢键

离子键、金属键和共价键，这三大类型化学键都是原子间比较强的相互作用，它们是决定物质化学性质的主要因素。除了这种原子间较强的作用之外，在分子间还存在着一种较弱的相互作用，气体分子能凝聚成液体和固体，主要就靠这种分子间作用。1873 年荷兰物理学家范德华（van der Waals）第一个提出这种相互作用，故分子间力又称为范德华力。

一、分子的极性

在任何一个分子中都可以找到一个正电荷重心和一个负电荷重心，根据正电荷重心和负电荷重心重合与否的情况，可以把分子分为极性分子和非极性分子。正电荷重心和负电荷重心互相重合的分子叫做非极性分子，见图 4-28(a)。两个电荷重心不互相重合的分子叫做极性分子，见图 4-28(b)。

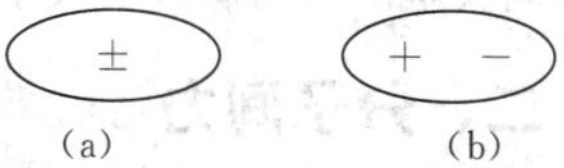

图 4-28　非极性分子（a）和极性分子（b）

分子的极性也可以用分子的偶极矩 μ 来衡量。偶极矩是各键矩的矢量之和，$\mu=q\cdot d$，q 为电荷重心的电量，d 为偶极长（正、负电荷重心之间距离），单位仍为 C·m（库仑·米）。因为一个电子所带的电荷为 1.602×10^{-19} C（库仑），而偶极长 d 相当于原子间距离，其数量级为 10^{-10} m，因此偶极矩 μ 数量级在 10^{-30} C·m 范围，例如 HCl 的偶极矩是 3.62×10^{-30} C·m，H_2O 的偶极矩是 6.24×10^{-30} C·m。它们都是强极性分子。偶极矩 $\mu=0$ 的分子，其 d 必等于 0，所以它是非极性分子。表 4-12 列出某些物质的偶极矩。

表 4-12　一些物质的偶极矩（在气相中）

物　质	偶极矩 μ /(10^{-30}C·m)	分子空间构型	物　质	偶极矩 μ /(10^{-30}C·m)	分子空间构型
H_2	0	直线形	H_2S	3.07	V 字形
CO	0.33	直线形	H_2O	6.24	V 字形
HF	6.40	直线形	SO_2	5.34	V 字形
HCl	3.62	直线形	NH_3	4.34	三角锥形
HBr	2.60	直线形	BCl_3	0	平面三角形
HI	1.27	直线形	CH_4	0	正四面体
CO_2	0	直线形	CCl_4	0	正四面体
CS_2	0	直线形	$CHCl_3$	3.37	四面体
HCN	9.94	直线形	BF_3	0	平面三角形

偶极矩 μ 常被用来判断分子的空间构型。根据 BCl_3 的 $\mu=0$，判断分子是平面三角形，而 NH_3 的 $\mu>0$，分子为不对称的三角锥形。同理，CO_2 分子的 $\mu=0$，则可判断 CO_2 分子空间构型对称，呈直线形。H_2O 分子 $\mu>0$，分子不对称，呈 V 字形。

对于极性分子的正、负电荷重心不重合，偶极矩是本身固有的，此偶极为固有偶极或永久偶极。但是一个分子有没有极性或者极性的大小，并不是固定不变的。非极性分子和极性分子中的正、负电荷重心在外电场的影响下会发生变化，变化情况如图 4-29 所示。

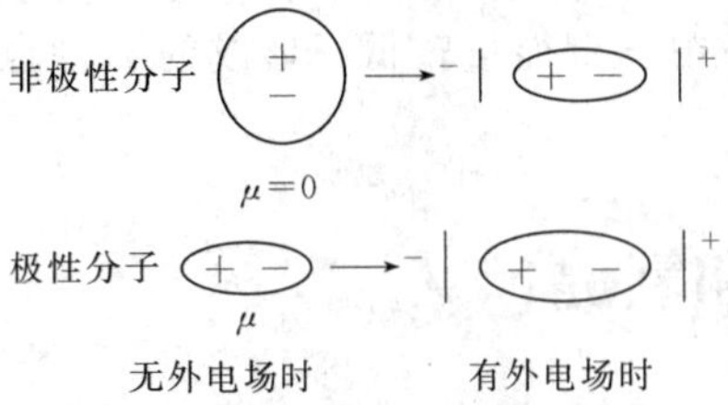

图 4-29　外电场对分子极性的影响

从图 4-29 可见，在外电场作用下，电子云与原子核分别向两极移动，分子发生变形，称为分子的变形性。非极性分子在外电场的影响下可以变成具有一定偶极的极性分子，而极性分子在外电场的影响下其偶极增大，这种在外电场影响下所产生的偶极叫诱导偶极。其偶极矩叫诱导偶极矩，通常用 $\Delta\mu$ 表示。诱导偶极的大小同外界电场的强度成正比，随外电场的取消而取消。分子越容易变形，它在外电场影响下产生的诱导偶极也越大。分子（极性分子或非极性分子）在外电场作用下产生诱导偶极的现象称为分子的极化。极性分子在外电场的偶极是永久偶极与诱导偶极之和，使分子的极性增强。分子的极化和变形，不仅在外电场中发生，在相邻的分子间也可以发生，每个极性分子的固有偶极可看成一个电场，它可使相邻的极性分子或非极性分子极化变形，产生诱导偶极，这种极化对分子间力的产生有重要影响。

极性分子中，由于电子的不断运动和原子核的不断振动，常发生电子云和原子核之间瞬时的相对位移。非极性分子中的正、负电荷重心在外电场的作用下，固然也可以发生变化而产生诱导偶极，即使没有外电场存在，要使每一瞬间正、负电荷重心都重合是不可能的，在某一瞬间，分子的正电荷重心和负电荷重心会发生不重合现象，这时所产生的偶极叫做瞬间偶极，其偶极矩叫瞬间偶极矩。瞬间偶极的大小同分子的变形性有关，分子越大，越容易变形，瞬间偶极也越大。

二、分子间力

分子间力一般包括取向力、诱导力和色散力。

1. 取向力

取向力发生在极性分子和极性分子之间。当极性分子相互靠近时，同极相斥，异极相吸，使分子发生相对的转动，分子在空间就按异极相邻的状态取向，从而使体系能量达到最小值。这种靠永久偶极而产生的相互作用力叫做取向力（图 4-30）。取向力的本质是静电引力，取向力与分子的偶极矩的平方成正比，与温度成反比。

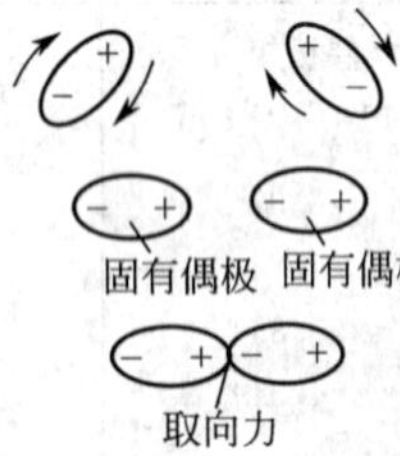

图 4-30　两个极性分子间相互作用示意图

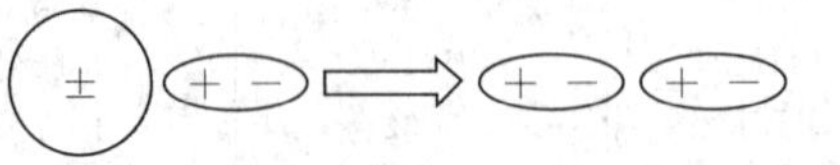

图 4-31　极性分子和非极性分子相互作用示意图

2. 诱导力

极性分子与非极性分子之间（图 4-31）以及极性分子之间都存在诱导力。当极性分子和非极性分子相互接近时，非极性分子由于受到极性分子偶极电场的影响，可以使正、负电荷重心发生位移，从而产生诱导偶极。诱导偶极同极性分子的永久偶极间的作用力叫做诱导力。同样，在极性分子和极性分子之间，除了取向力外，由于极性分子的相互影响，每个分子也会发生变形，产生诱导偶极，其结果是使极性分子的偶极矩增大，极性分子极性增大，使分子之间的相互作用也进一步加强。所以在极性分子间也存在诱导力。

诱导力的本质是静电引力。它与极性分子的偶极矩的平方成正比。诱导力与被诱导分子的变形性成正比，通常分子中各组成原子的半径越大，它在外来静电力作用下越容易变形。诱导力也与分子间距离的6次方成反比，因而随距离增大，诱导力减弱得很快。诱导力与温度无关。

3. 色散力

非极性分子间也存在相互作用力。例如室温下苯是液体，碘、萘是固体。在低温下Cl_2、N_2、O_2能液化。任何一个分子，由于电子的运动和原子核的振动可以发生瞬间的相对位移，从而产生“瞬间偶极”。这种瞬间偶极也会诱导邻近的分子产生瞬间偶极，于是两个分子可以靠瞬间偶极相互吸引在一起。分子间靠瞬时偶极而相互吸引，这种作用力称为色散力。虽然瞬时偶极存在的时间极短，但异极相邻的状态总是不断重复着，使得分子间始终存在着色散力。

色散力存在于非极性分子之间、非极性分子与极性分子之间及极性分子之间，即在所有分子间都存在色散力。色散力与分子的变形性有关，一般说来，分子的体积越大，其变形性也就越大，色散力也就越大，色散力和分子间距离的6次方成反比，但与温度无关。

总之，在非极性分子之间只有色散力；在极性分子和非极性分子之间有色散力和诱导力；在极性分子之间则有色散力、诱导力和取向力。分子间力是这三种力的总和，一些分子的分子间力的分配情况如表4-13所示。实验证明，除极少数强极性分子（HF、H_2O）外，大多数分子间的作用力以色散力为主。

表4-13　分子间作用力的分配情况　　$kJ \cdot mol^{-1}$

分子	取向力	诱导力	色散力	总和	分子	取向力	诱导力	色散力	总和
Ar	0.0000	0.000	8.5	8.5	HCl	3.31	1.00	16.83	21.14
CO	0.003	0.008	8.75	8.76	NH_3	13.31	1.55	14.95	29.81
HI	0.025	0.113	25.87	26.01	H_2O	36.39	1.93	9.00	47.32
HBr	0.69	0.502	21.94	23.13					

分子间力有以下特点：

① 分子间力较弱，大约为2～20$kJ \cdot mol^{-1}$，但它是永远存在于分子间的一种作用力。

② 分子间力是静电引力，没有方向性和饱和性，

③ 分子间力作用范围在300～500pm，与分子间距离的6次方成反比，即随着分子间距离的增大而迅速减小。

分子间力主要影响物质的熔点、沸点等物理性质。一般说来，分子间力越大，物质的熔点、沸点越高，聚集状态由气态到液态、固态。如F_2、Cl_2、Br_2、I_2都是非极性分子，随着分子体积的增加，变形性增大，从F_2到I_2分子间力——色散力依次增大，其熔点、沸点依次增高（表4-14）。所以在常温时，F_2、Cl_2是气体，Br_2是液体，I_2是固体。

表4-14　卤素的熔点与沸点

项　目	F_2	Cl_2	Br_2	I_2
熔点/K	−50	170.6	265.7	386.6
沸点/K	85.1	239	331	457.5

三、氢键

我们知道，水的一些物理性质有些反常现象，例如水的比热容特别大；水的密度在4℃

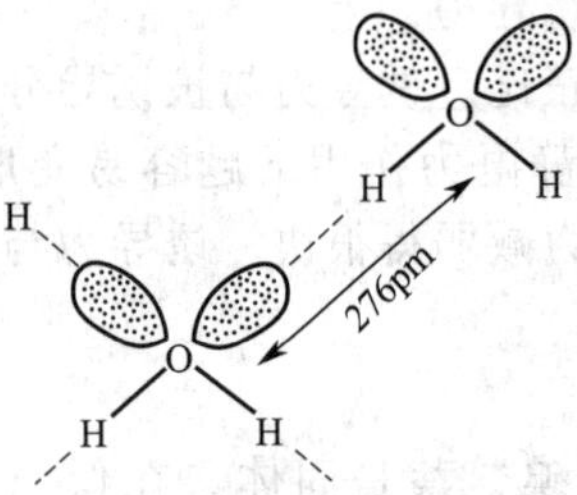

图 4-32 水分子间的氢键

最大；水的沸点比氧族同类氢化物的沸点高等。水的物理性质反常现象，说明水分子之间有一种作用力，能使简单的水分子聚合为缔合分子，而分子缔合的主要原因是由于水分子间形成了氢键。我们就氢键的形成、氢键的特点及氢键对物质性质的影响简述如下。

1. 氢键的形成

水分子是强极性分子，氧的电负性（3.44）比氢的电负性（2.2）大得多，因此在水分子中 O—H 键的共用电子对强烈偏向于氧原子一边，因而氢原子带了部分的正电荷，氧原子带了部分的负电荷。同时由于氢原子核外只有一个电子，其电子云偏移氧原子的结果，而使氢原子的核几乎“裸露”出来。这个半径很小的氢核能吸引另一个分子中电负性大的氧原子的孤对电子而形成氢键，如图 4-32 所示。

氢键通常可用 X—H…Y 表示，点线表示氢键，实线表示共价键。X 和 Y 代表 F、O、N 等电负性大且原子半径较小的原子。氢键中 X 和 Y 可以是相同原子（例如 O—H…O、F—H…F 等），也可以是不同的原子（如 N—H…O 等）。

一般分子形成氢键必须具备两个基本条件：

① 分子中必须有一个与半径小、电负性很大的元素 X 形成共价键的氢原子。

② 分子中必须有带孤电子对、电负性大且原子半径小的 Y 原子。

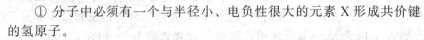

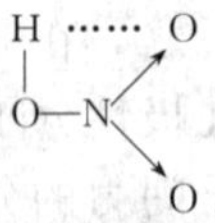

图 4-33 分子内氢键

在 H_2O、NH_3、HF 分子间都符合上述条件，所以在这些分子间存在分子间氢键。氢键的存在相当普遍，无机含氧酸、有机酸醇、胺、蛋白质等分子间都存在氢键。同一分子内可形成分子内氢键。例如硝酸的分子内氢键，如图 4-33 所示。

2. 氢键的特点

氢键是一种可以存在于分子之间也可以存在于分子内部的作用力，它比化学键弱得多，但比分子间力稍强，其键能大约在 10～40 $kJ \cdot mol^{-1}$，键长（X—H…Y 中 H 原子中心到 Y 原子中心的距离）比共价键大得多。

（1）氢键强弱与元素电负性有关　氢键的强弱与 X 和 Y 的电负性大小有关。它们的电负性越大，则氢键越强。此外氢键的强弱也与 X 和 Y 的原子半径大小有关。例如 F 原子的电负性最大，半径又小，形成的氢键最强。Cl 原子的电负性虽大，但原子半径较大因而形成的氢键很弱。C 原子的电负性较小，一般不易形成氢键。根据元素电负性大小，形成氢键的强弱次序如下：

$$F—H\cdots F > O—H\cdots O > O—H\cdots N > N—H\cdots N$$

（2）氢键具有方向性　氢键的方向性是指 Y 原子与 X—H 形成氢键时，在尽可能的范围内要使氢键的方向与 X—H 键轴在同一个方向，即使 X—H…Y 在同一直线上。因为这样成键，可使 X 与 Y 的距离最远，两原子电子云之间的斥力最小，因而形成的氢键愈强、体系愈稳定。

（3）氢键具有饱和性　氢键的饱和性是指每一个 X—H 只能与一个 Y 原子形成氢键。由于氢原子的半径比 X 和 Y 的原子半径小很多，当 X—H 与一个 Y 原子形成氢键 X—H…Y 后，如果再有一个极性分子的 Y 原子靠近它们，则这个原子的电子云受 X—H…Y 上的 X 和 Y 原子电子云的排斥力，比受带正电性的 H 的吸引力大，因此，X—H 上的这个氢原子不可能与第二个 Y 原子再形成第二个氢键。

根据以上讨论，氢键的本质是一种较强的具有方向性和饱和性的静电引力。从键能上看它属分子间力范畴，因它有方向性和饱和性，所以它是一种特殊的分子间力。

3. 氢键对物质性质的影响

（1）对物质的熔、沸点的影响　分子间形成氢键时，使分子间产生了较强的结合力，因而使化合物的沸点和熔点显著升高，这是由于要使液体汽化或使固体熔化，必须给予额外的能量去破坏分子间的氢键。所以 HF、H_2O、NH_3 的沸点和熔点与同族同类化合物相比显著升高。而分子内形成氢键时，常使其溶、沸点低于同类化合物，如邻硝基苯酚的熔点为 318K，而间位和对位异构体的熔点分别为 369K 和 387K。

（2）对物质的溶解性的影响　物质的溶解性也与分子间作用力有关，分子间作用力相似的物质易于互相溶解，反之，则难于互相溶解。

① 分子极性相似的物质易于互相溶解（相似相溶）。如 I_2 易溶于 CCl_4、苯等非极性溶剂而难溶于水。这是由于 I_2 为非极性分子，与苯、CCl_4 等非极性溶剂有着相似的分子间力（色散力）。而水为极性分子，分子间除色散力外，还有取向力、诱导力以及氢键。要使非极性分子能溶于水中，必须克服水的分子间力和氢键，这就比较困难。

② 彼此能形成氢键的物质能互相溶解。例如乙醇、羧酸等有机物都易溶于水，因为它们与 H_2O 分子之间能形成氢键，使分子间互相缔合而溶解。

（3）对黏度的影响　分子间存在氢键的液体，一般黏度较大，如甘油、浓硫酸、磷酸等多羟基化合物，由于分子间可形成较多的氢键，所以通常表现为黏稠状液体。

（4）对生物体的影响　生物体内的蛋白质和 DNA（脱氧核糖核酸）分子内或分子间都存在大量的氢键。蛋白质分子是由许多氨基酸以肽键缩合而成，这些长链分子之间又是靠羰基上的氧和氨基上的氢以氢键（C═O⋯H—N）彼此在折叠平面上相连接。蛋白质长链分子本身又可成螺旋形排列，螺旋各圈之间也因存在上述氢键而增强了结构的稳定性。此外，更复杂的 DNA 双螺旋结构也是靠大量氢键相连而稳定存在的，见图 4-34。没有氢键就没有这些大分子的特殊又稳定的结构，正是这些大分子支撑了生物机体，担负着储存营养、传递信息等重要的生物功能。

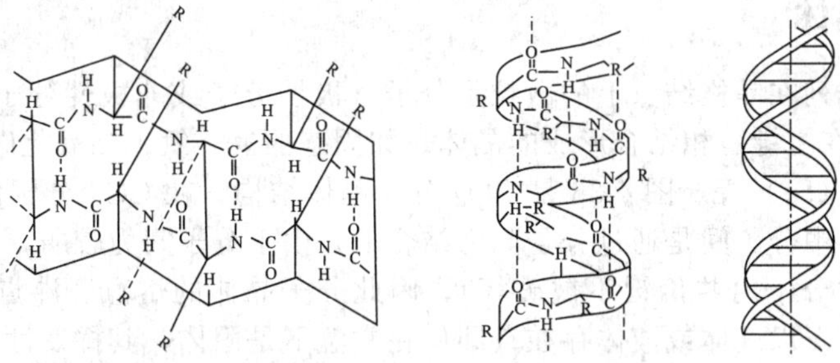

(a)　(b)　(c)

图 4-34　蛋白质多肽折叠结构（a）、蛋白质 α-螺旋结构（b）和 DNA 双螺旋结构（c）示意图

第七节　晶体知识简介

固态物质可分为晶体和非晶体两类。晶体是由在空间排列得很有规律的微粒（离子、原子、分子）组成的。微粒无规则排列形成非晶体。与非晶体相比，晶体有整齐规则的几何外形，晶体有固定的特有的熔点，其许多物理性质如导电、导热、折射率、晶体的生成速率等，在各个方向是不同的，表现为晶体的各向异性，非晶体不具备这些性质。

组成晶体的微粒排列成的空间格子，称为晶格，晶格中微粒占据的位置称为结点，晶格中最小的重复单位叫做晶胞。按照晶格中微粒的种类和微粒间作用力性质的不同，可以把晶体分为：离子晶体、分子晶体、原子晶体和金属晶体。

一、离子晶体

离子晶体是正、负离子通过离子键结合堆积形成的。由于离子键没有方向性和饱和性，在晶格结点上正、负离子用密堆积方式相间做有规则的排列，整个晶体就是一个大分子。离子晶体根据正、负离子半径比及正离子的电子构型决定离子晶体构型。最简单的AB型离子晶体有NaCl、CsCl、ZnS三种构型（图4-35），其正、负离子配位数分别为6、8、4。

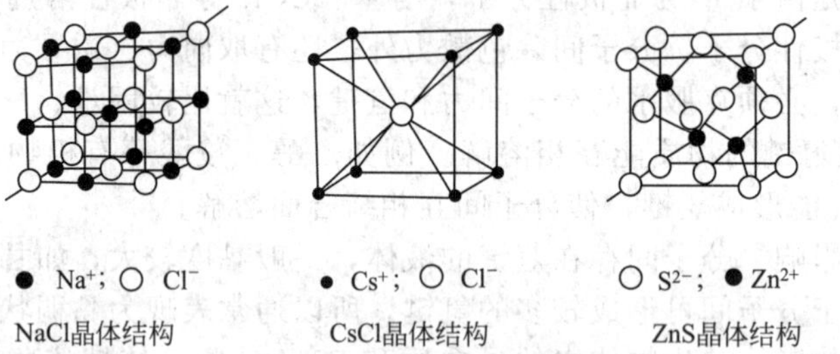

图4-35　离子晶体的三种构型

离子晶体是离子键把正、负离子联系在一起，一般晶格能较大。若破坏晶体需较大的能量克服离子键，即组成晶格的正、负离子半径越小，电荷越高，晶格能越大，该离子晶体熔、沸点越高，硬度也越大。

绝大多数盐类（如NaCl、CsCl、KF等），强碱及许多金属氧化物（MgO、CaO、BaO等）都属于离子晶体。

二、分子晶体

分子晶体即排列在晶格结点上的微粒是分子（极性分子或非极性分子），通过分子间力（某些分子间还存在氢键）相结合形成的晶体。如固态的氢、氯、二氧化碳（干冰）、冰、白磷（P_4），单质硫（S_8）等。图4-36是CO_2分子晶体结构，在CO_2分子内原子间以共价键相键合，而在晶体中分子间是通过分子间力结合的，由于分子间力较弱，只需较少的能量就可破坏晶体（此时分子内共价键不被破坏），因此分子晶体的熔点、沸点较低，硬度较小，挥发性大，在常温下以气体或液体存在；即使在常温下是固体，其挥发性也很大，常具有升华性质，如碘、萘等。分子晶体的熔、沸点随着分子间力的增大而升高，若分子间还有氢键，则其晶体的熔、沸点将显著升高。

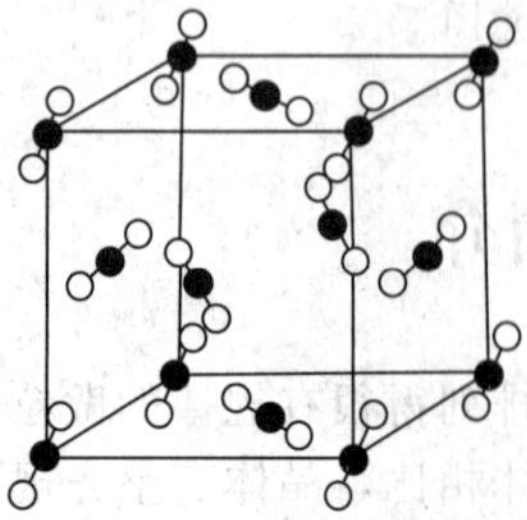

图4-36　CO_2分子晶体

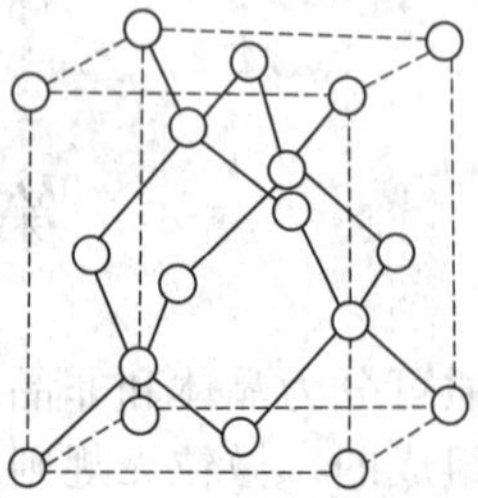

图4-37　金刚石原子晶体

三、原子晶体

晶格结点上排列的微粒是原子，原子间通过共价键而形成的晶体叫原子晶体。图 4-37 是金刚石的晶体结构，金刚砂（SiC）、石英（SiO_2）等都属于原子晶体。在原子晶体中，不存在独立的简单分子，整个晶体构成一个巨大的分子。一般说来，原子晶体中由共用电子对形成的共价键，特别是通过成键能力很强的杂化轨道成键，键能很大，熔化时需很大能量破坏共价键，因此原子晶体都具有很高的熔点，硬度很大。

四、金属晶体

在金属晶体中，晶格结点上的微粒是金属原子或金属阳离子，微粒间通过金属键结合形成晶体。在金属晶格空间充满自由电子，金属离子如沉浸在自由电子的海洋中，这些自由电子为所有金属离子共有，自由电子和金属离子之间的作用力称为金属键。金属晶体具有金属光泽，是电和热的良导体，富有延展性，其熔、沸点和硬度随金属键的强弱有高有低。

思考题与习题

4-1 什么叫波粒二象性？证明电子有波粒二象性的实验基础是什么？

4-2 填空

(1) $n=2$ 电子层内可能有的原子轨道数是________；

(2) $n=4$ 电子层内可能有的运动状态数________；

(3) $l=3$ 能级的简并轨道数是________。

(4) $n=3$，$m=0$，可允许的最多电子数为________。

4-3 已知甲元素是第三周期 p 区元素，其最低氧化态为－1，乙元素是第四周期 d 区元素，其最高氧化态为＋4。试填下表：

元素	外层电子构型	族	金属或非金属	电负性相对高低
甲				
乙				

4-4 用原子轨道光谱学符号表示下列各套量子数。

(1) $n=2$，$l=1$，$m=-1$；　(2) $n=3$，$l=2$，$m=1$；

(3) $n=5$，$l=0$，$m=0$；　(4) $n=4$，$l=2$，$m=0$；

(5) $n=2$，$l=0$，$m=0$。

4-5 判断下列叙述是否正确。

(1) 电子具有波粒二象性，故每个电子都既是粒子又是波。

(2) 电子的波动性是大量电子运动表现出的统计规律的结果。

(3) 波函数 Ψ，即原子轨道，是描述电子空间运动状态的数学函数式。

(4) 两原子以共价键结合时，化学键为 σ 键；以共价多重键结合时，化学键均为 π 键。

(5) 所谓 sp^3 杂化，是指 1 个 s 电子与 3 个 p 电子的混杂。

(6) 色散力不仅存在于非极性分子间。

(7) 碳碳双键的键能大于碳碳单键的键能，小于 2 倍的碳碳单键键能。

(8) 非极性分子中只有非极性共价键。

(9) 共价键有两个基本特征：饱和性和方向性。

(10) 一般说来，分子间力越大，物质的熔点、沸点越高。

4-6 有 A、B、C、D 元素，试按下列条件推断各元素的元素符号。

(1) A、B、C 为同一周期活泼金属元素、原子半径满足 A＞B＞C，已知 C 有 3 个电子层；

(2) D 为金属元素，它有 4 个电子层并有 6 个单电子。

4-7 写出下列各种情况的合理量子数。

(1) $n=(\quad\quad)$，$l=2$，$m=0$，$m_s=-\frac{1}{2}$；

(2) $n=2$，$l=0$，$m=(\quad\quad)$，$m_s=+\frac{1}{2}$；

(3) $n=2$，$l=(\quad\quad)$，$m=0$，$m_s=+\frac{1}{2}$；

(4) $n=3$，$l=0$，$m=(\quad\quad)$，$m_s=-\frac{1}{2}$；

(5) $n=4$，$l=1$，$m=0$，$m_s=(\quad\quad)$。

4-8 符合下列每一种情况的各是哪一族或哪一元素？

(1) 最外层有 6 个 p 电子。

(2) +3 价离子的电子构型与氩原子实 [Ar] 相同。

(3) 3d 轨道全充满，4s 轨道只有 1 个电子。

(4) 电负性相差最大的两种元素。

(5) 在 $n=4$、$l=0$ 轨道上的两个电子和 $n=3$、$l=2$ 轨道上的 5 个电子是价电子。

4-9 周期表可按________分为______个区。s 区，其外层电子构型的通式是________；______区，其外层电子构型的通式 $ns^2\,np^{1\sim6}$；d 区，其外层电子构型的通式是__________；ds 区，其外层电子构型的通式是________。

4-10 第四能级组包含哪几个能级？有几条原子轨道？该能级组是第几周期？可含有多少个元素？

4-11 已知四种元素的原子的价电子层结构分别为：(1) $4s^1$；(2) $3s^2 3p^4$；(3) $3d^5 4s^2$；(4) $3d^{10} 4s^1$。试指出：(1) 它们在周期系中各处于哪一区？哪一周期？哪一族？(2) 它们的最高正氧化态各是多少？

4-12 第四周期某元素，其原子失去 2 个电子，在 $l=2$ 的轨道内电子全充满，试推断该元素的原子的价电子层结构、原子序数，并指出位于周期表中哪一族？哪一区？

4-13 在某一周期，其零族元素的原子的序数为 36，其中 A、B、C、D 四种元素，已知它们的最外层电子分别是 1、2、2、7，并且 A、C 元素的原子次外层电子数为 8，B、D 元素的原子的次外层电子数为 18，推断各元素在周期表中的位置、元素符号。

4-14 元素钛的电子构型是 $[Ar]3d^2 4s^2$，试问这 22 个电子 (1) 属于哪几个电子层？哪几个亚层？(2) 填充了几个能级组的多少个能级？(3) 占据着多少条原子轨道？(4) 其中单电子轨道有几条？

4-15 具有下列原子外层电子构型的五种元素：(1) $2s^2$；(2) $2s^2 2p^1$；(3) $2s^2 2p^2$；(4) $2s^2 2p^3$；(5) $2s^2 2p^4$。以元素符号表示第一电离能最小的是______，最大的是______，电子亲和能大小发生反常的两种元素是________。

4-16 根据下列条件确定元素在周期表中的位置，并指出元素原子序数、元素名称及符号。

(1) 基态原子中有 $3d^6$ 电子；(2) 基态原子的电子构型为 $[Ar]3d^{10}4s^1$；(3) M^{2+} 型阳离子的 3d 能级为半充满；(4) M^{3+} 型阳离子和 F^- 的电子构型相同；(5) $[Ar]3d^6 4s^2$。

4-17 对于 (1) H_2、(2) CH_4、(3) $CHCl_3$、(4) 氨水、(5) 溴与水之间，只存在色散力的是________，既有色散力又有诱导力的是________；不仅有分子间力，还有氢键的是________。

4-18 H_2O、H_2S、H_2Se 三物质，色散力按________顺序递增，沸点按________顺序递增。

4-19 $PF_3\,\mu=3.44\times10^{-30}\,C\cdot m$，$BF_3\,\mu=0$，故 PF_3 分子的空间构型为________型，是________分子；而 BF_3 分子的空间构型为________型，是________分子。

知识拓展

准晶体

北京时间 2011 年 10 月 5 日下午 5 点 45 分，2011 年诺贝尔化学奖揭晓，以色列科学家丹尼尔-谢德曼

(Daniel Shechtman）获奖，获奖理由是“发现准晶体”。

1984 年底，丹尼尔-谢德曼等人宣布，他们在快速冷却的铝锰合金中发现了具有五重旋转对称但并无平移周期性的合金像。这在晶体学及相关的学术界引起了很大的震动。不久，这种无平移同期性但有位置序的晶体就被称为准晶体。准晶体的发现，是 20 世纪 80 年代晶体学研究中的一次突破。

物质的构成由其原子排列特点而定，原子呈周期性排列的固体物质叫做晶体，单晶体都具有规则的几何形状，像食盐晶体是立方体、冰雪晶体为六角形。原子呈无序排列的叫做非晶体，非晶体没有一定的外形。准晶体又称为“准晶”或“拟晶”，是一种介于晶体和非晶体之间的固体结构。在准晶体的原子排列中，其结构是长程有序的，这一点和晶体相似；但是准晶体不具备平移对称性，这一点又和晶体不同。普通晶体具有的是二次、三次、四次或六次旋转对称性，但是准晶体的衍射图具有其他的对称性，例五次对称性或者更高的六次以上对称性。

准晶体具有独特的属性，坚硬又有弹性、非常平滑。而且，与大多数金属不同的是，其导电、导热性较差。因此，在日常生活中大有用武之地。准晶体材料的应用主要作为表面改性材料以及作为增强相弥散分布于结构材料中。因为准晶体材料具有耐蚀、耐磨等特点，用于不粘锅表面更抗腐。虽然其导热性较差，但因为其能将热转化为电，故它们可以用作热电材料，将热量回收利用，有些科学家正在尝试用其捕捉汽车废弃的热量。此外，准晶体具有密度小、耐蚀和耐氧化的优点，在航空和汽车工业的发动机等部件中，有非常大的应用价值。目前各国化学家也正在研究准晶体材料在真空镀膜、离子注入、激光处理、电子轰击、电镀等方法制备准晶体膜的应用。

第五章

元素选论

Chapter 05

人类对化学元素的发现、认识和利用的历史，就是人类社会发展的历史。元素作为物质资源的发现，更成为各个历史阶段的里程碑。大约在 5000 年前，人类发现了铜、锡元素，于是人类进入了青铜器时代。大约在 3000 年前，人类发现了铁，从此人类进入了铁器时代。没有钢铁，人类的近代文明不可想象，没有硅的开发和利用，更不可能有当今社会的信息时代。人类社会的进步和科学技术的发展离不开化学的发展，化学是研究物质变化的科学，而物质的本质就是元素。

化学元素是指具有相同核电荷数（即质子数）的同一类原子的总称，简称元素。它是以游离态（单质）或化合态（化合物）形式存在于自然界中。

第一节　s 区 元 素

一、s 区元素的通性

s 区元素包括ⅠA 族（氢除外）（碱金属：锂、钠、钾、铷、铯、钫）和ⅡA 族（碱土金属：铍、镁、钙、锶、钡、镭）元素，其原子的价电子构型为 ns^1 和 ns^2，均为典型的金属元素，容易失去 ns 电子因而具有还原性，稳定氧化态的氧化数分别为 +1 和 +2。s 区元素中，同一族元素自上而下性质的变化是有规律的。同族元素自上而下原子半径、离子半径逐渐增大，电离能、电负性逐渐减小，金属性、还原性逐渐增强。碱金属和碱土金属元素的金属性很强，只能以化合态存在于自然界中。

二、重要元素及其化合物

1. 钠和钾

在自然界中，钠和钾都以化合物的形式存在。如钠长石（$NaAlSi_3O_8$）和正长石（$KAlSi_3O_8$）等。

金属钾和钠质软可切，呈银白色，是电和热的良导体。在潮湿的空气中，两种金属会马上失去金属光泽，并同时都能和水或酸剧烈反应，分别生成氢氧化物和盐，并放出氢气。当这两种金属和水反应时会放出大量的热，这种热量足以引起它们各自的燃烧，这也正是手摸这两种金属可导致烧伤的原因。它们还都可以与卤素、氧、氢、醇等剧烈反应，因此，金属钠和钾通常存放在煤油中。

（1）氢氧化钠（钾）　氢氧化钠（钾）俗称苛性钠（钾），也称烧碱，工业上通常是电解氯化钠（钾）溶液，放出氯气而制得。NaOH(KOH) 是白色晶体，极易吸水和空气中的 CO_2，NaOH(KOH) 吸收 CO_2 后变成 Na_2CO_3(K_2CO_3)，因此固体 NaOH 是常用的干燥剂。NaOH(KOH) 的水溶液呈强碱性，可以与酸、许多金属氧化物、许多非金属氧化物生成钠（钾）盐。碱金属的氢氧化物碱性强弱的次序为：

$$\underset{中强碱}{LiOH} < \underset{强碱}{NaOH} < \underset{强碱}{KOH} < \underset{强碱}{RbOH} < \underset{强碱}{CsOH}$$

除 LiOH 为中强碱外，其余均为强碱。NaOH(KOH) 既是重要的化学实验试剂，也是重要的化工生产原料。主要用于精炼石油、肥皂、造纸、洗涤剂、纺织等。

（2）碳酸钠与碳酸氢钠

① 碳酸钠俗称纯碱或苏打，是最重要的化工原料之一，大量用于玻璃、肥皂、造纸、洗涤剂、纺织的生产和有色金属的冶炼中，它也是制备其他钠盐和碳酸盐的原料。工业生产中，以 NaCl 为主要原料，采用氨碱法来制造碳酸钠，其主要工艺过程如下。

将 CO_2 通入含有 NH_3 的饱和 NaCl 溶液中，发生反应如下：

$$NaCl(aq) + NH_3(g) + CO_2(g) + H_2O(l) \xlongequal{<40℃} NaHCO_3(s) + NH_4Cl(aq)$$

$NaHCO_3$ 溶解度很小，从溶液中析出，经分离后进行煅烧，分解为 Na_2CO_3。

$$2NaHCO_3(s) \xlongequal{200℃} Na_2CO_3(s) + CO_2(g) + H_2O(g)$$

在析出的 $NaHCO_3$ 母液中，加入 NaCl，利用低温下 NH_4Cl 的溶解度比 NaCl 的小以及同离子效应，使 NH_4Cl 从母液中析出：

$$NH_4Cl(aq) + NaCl(s) \xlongequal{5\sim10℃} NH_4Cl(s) + NaCl(aq)$$

NaCl 溶液可以循环再利用，从而提高了 NaCl 的利用率。另外生成的 NH_4Cl 可以用作肥料。

② 碳酸氢钠又称小苏打，白色粉末，可溶于水，但溶解度不大，其水溶液呈碱性。它是发酵粉的主要成分，主要应用于医药和食品工业中。

（3）氯化钠和氯化钾

① 氯化钠俗称食盐，它是透明晶体，味咸，易溶于水，其溶解度受温度影响较小。它是人和动物所必需的养分物质，在人体中 NaCl 的含量约占 0.9%。NaCl 可作食品调味剂和防腐剂，它与冰的混合物还可以作制冷剂。它是制取金属 Na、NaOH、Na_2CO_3、Cl_2 和 HCl 等多种化工产品的基本原料。在自然界中，NaCl 资源丰富，海水、内陆盐湖、地下卤水及盐矿都蕴藏着丰富的 NaCl 资源。

② 氯化钾是白色晶体，易溶于水，是制取金属钾和其他钾化合物的基本原料，是酸性钾肥，但酸性表现得不如硫酸钾强。

2. 镁和钙

镁和钙是较为活泼的金属，在空气中它们的表面可以迅速形成一种氧化膜，因而不能继续被氧化。它们在金属活动顺序表中位于氢之前，与冷水作用缓慢，但与酸作用可置换出氢气。镁和钙的氢氧化物为碱性。碱土金属的氢氧化物碱性强弱的次序为：

$$\underset{两性}{Be(OH)_2} < \underset{中强碱}{Mg(OH)_2} < \underset{强碱}{Ca(OH)_2} < \underset{强碱}{Sr(OH)_2} < \underset{强碱}{Ba(OH)_2}$$

（1）氧化镁和氧化钙

① 氧化镁俗称苦土，是一种白色粉末，难溶于水，具有碱性氧化物的通性，熔点约为 2852℃。可用作耐火材料，用于制备坩埚、耐火砖、高温炉的内衬里等。含有 MgO 的滑石粉（$3MgO \cdot 4Si_2O \cdot H_2O$）广泛用于造纸、纺织、颜料、橡胶等工业，也作为机器的润滑

剂。医学上将纯的 MgO 用作抑酸剂，用以中和过多的胃酸，还可以用作轻泻剂。

② 氧化钙俗称生石灰，是一种白色块状或粉末状的固体，熔点约为 2613℃，可作为耐火材料。CaO 具有碱性氧化物的通性，它微溶于水，并与水作用生成 $Ca(OH)_2$，同时放出大量的热。由于 CaO 吸湿性强，因此可用作干燥剂。

（2）氯化镁和氯化钙

① 氯化镁可从光卤石（$KCl \cdot MgCl_2 \cdot 6H_2O$）中提取，它是重要的碱土金属氯化物，是生产金属镁的重要原料。纺织工业中用 $MgCl_2$ 保持棉纱的湿度而使其柔软。从海水中制得的不纯 $MgCl_2 \cdot 6H_2O$ 的卤盐块，工业上常用于制造 $MgCO_3$ 和其他镁的化合物。由 MgO 和 $MgCl_2$ 混合制成的镁氧水泥是一种优良的黏合剂，用来制造磨盘、砂轮、水泥板和具有耐火隔音性能的木石。

② 氯化钙极易溶于水，也溶于乙醇。无水 $CaCl_2$ 有很强的吸水性，实验室常用其作干燥剂，但不能用于干燥 NH_3 气及酒精，因为它们会形成 $CaCl_2 \cdot 4NH_3$ 和 $CaCl_2 \cdot 4C_2H_5OH$。氯化钙水溶液的凝固点很低（当质量分数为 32.5%时，其凝固点为－50℃），所以常用作冷冻液。在医学上常用 $CaCl_2$ 作补钙剂，用于治疗钙缺乏症，如佝偻病、骨骼和牙齿发育不良等。

（3）硫酸钙和碳酸钙

① 硫酸钙在自然界中以二水合物石膏（$CaSO_4 \cdot 2H_2O$）矿的形式存在。将其加热到 150℃左右时，就会变成半水合物烧石膏（$CaSO_4 \cdot 1/2H_2O$）。用水与之混合又会重新生成二水盐，这时逐渐硬化并膨胀，利用这种性质可以制造模型、塑像和医疗用的石膏绷带。$CaSO_4 \cdot 2H_2O$ 是普通水泥的主要成分。农业上用石膏来改良土壤，建筑上可用来粉刷墙壁。无水 $CaSO_4$ 可作为气体或有机液体的干燥剂。

② 碳酸钙天然存在的有：石灰石、白垩石、大理石等。石灰石在地壳中的含量仅次于硅酸盐岩石。碳酸钙微溶于水，但却易溶解在含有 CO_2 的水中，因为它转化成为易溶于水的 $Ca(HCO_3)_2$：

$$CaCO_3 + CO_2 + H_2O = Ca(HCO_3)_2$$

而在一定条件下，含有 $Ca(HCO_3)_2$ 的水流经岩石又会分解：

$$Ca(HCO_3)_2 = CaCO_3 + CO_2 + H_2O$$

石灰岩溶洞及钟乳石的形成就是基于上述原理，也是锅炉烧水生垢的原理。碳酸钙常用于制造石灰和水泥的原料，也用于制发酵粉和涂料等，建筑工业中俗称“老粉”，有轻质和重质之分。

第二节 p 区元素

一、p 区元素的通性

p 区元素包括ⅢA 至ⅧA 八个主族，目前共有 31 个元素。它包括金属、非金属、准金属三类元素。因此该区元素具有十分复杂的性质。p 区元素原子的价电子构型为 $ns^2np^{1\sim6}$，因此它们与其他元素化合时，常常出现两种情况，一种是仅有 p 电子参与反应，另一种是 s、p 电子都参与反应，所以经常出现两种或两种以上的氧化态。对于同周期元素，由于 p 轨道上电子数不同而呈现出明显的不同性质，如 13 号元素铝是两性金属，而 17 号元素氯却是典型的非金属。对于同一族元素，原子半径从上到下逐渐增大，而有效核电荷只是略有增加。因此金属性逐渐增强，而非金属性逐渐减弱。

二、重要元素及其化合物

1. 铝

铝是第ⅢA族元素。价电子构型为$3s^2 3p^1$，是典型的两性金属，具有银白色光泽，质软，具有良好的导电、导热和延展性能。铝的电离能较小，电负性为1.5。铝的标准电极电势为−1.66V，但铝不能从水中置换出氢气，因为它与水接触时，表面易生成一层难溶的氢氧化铝，甚至铝与稀盐酸反应的速率也很慢；但除去氧化膜后，铝能迅速溶解在稀盐酸中。在冷的浓H_2SO_4和浓HNO_3中呈钝化状态，因此常用铝制品储运浓H_2SO_4和浓HNO_3。铝与稀HCl溶液、稀H_2SO_4及碱发生反应放出H_2的方程式如下：

$$2Al + 6HCl = 2AlCl_3 + 3H_2\uparrow$$

$$2Al + 3H_2SO_4 = Al_2(SO_4)_3 + 3H_2\uparrow$$

$$2Al + 2NaOH + 2H_2O = 2NaAlO_2 + 3H_2\uparrow$$

铝在自然界中主要以铝土矿形式存在，在铝土矿中Al_2O_3的质量分数为40%～60%，其他为SiO_2、Fe_2O_3等杂质。铝是一种重要的金属材料，广泛用于导线、结构材料和日用器皿。特别是铝合金，质轻而又坚硬，大量用于飞机制造和其他构件上。

(1) 氧化铝　Al_2O_3俗称矾土。Al_2O_3可由氢氧化铝加热脱水制得。在不同温度条件下制得的Al_2O_3可以有不同的形态和不同的用途。一般常用希腊字母分别表示为α-Al_2O_3、β-Al_2O_3、γ-Al_2O_3……氧化铝是离子型晶体，具有很高的熔点和硬度。自然界中存在的结晶氧化铝是α-Al_2O_3，俗称刚玉，由$Al(OH)_3$受热分解得到的α-Al_2O_3称为人造刚玉。α-Al_2O_3不溶于水，也不溶于酸，常用作催化剂的载体。含有少量杂质的α-Al_2O_3常呈鲜明的颜色。如含有Cr_2O_3的α-Al_2O_3是红宝石；含有铁和钛的氧化物的α-Al_2O_3是蓝宝石。α-Al_2O_3是一种多孔性物质，有很大的比表面积，并有很好的吸附性、表面活性和热稳定性，因而常常被用作催化剂的活性成分，又称活性氧化铝。β-Al_2O_3的离子导电率最高，已成功地用作蓄电池的隔膜材料。γ-Al_2O_3是白色颗粒，易吸湿，不溶于水，微溶于酸和碱。它又名活性氧化铝，是很好的吸附剂和催化剂。

(2) 氢氧化铝　天然的$Al(OH)_3$为三水铝矿，即α-$Al(OH)_3$，加热至420℃生成刚玉α-Al_2O_3。$Al(OH)_3$是两性氢氧化物，溶于盐酸、硫酸生成相应的铝盐，溶于强碱生成铝酸盐。不溶于水及有机溶剂。常用作胶凝剂、催化剂、净水剂、媒染剂等。医学上用于溃疡病抑酸剂，但能引起便秘和溃疡面结痂脱落而大出血，故要慎用。

2. 碳和硅

碳（C）和硅（Si）是第ⅣA族元素，碳和硅在自然界中分布很广，硅在地壳中的含量仅次于氧，其丰度在所有元素中位居第二位。它们的价电子构型为ns^2np^2，因此它们能生成氧化数为+4和+2的化合物，碳还能生成氧化数为−4的化合物。碳和硅是非金属元素，硅虽然呈现较弱的金属性，但仍以非金属为主。

(1) 二氧化碳　CO_2是一种无色无味的气体，很容易液化。固态CO_2俗称“干冰”，属于分子晶体，在常压下、−78.5℃，固态CO_2会直接升华。CO_2常用作制冷剂，其冷冻温度可达−80～−70℃。它还广泛用于啤酒、饮料等生产中。由于CO_2不助燃，也可用作灭火剂。

CO_2是一种重要的化工原料，如CO_2与氨可制成尿素、碳酸氢铵；CO_2也可用于制甲醇。

CO_2 可溶于水，溶于水的 CO_2 部分与水作用生成碳酸。因此敞口储存的蒸馏水会因溶入空气中的 CO_2 而显微酸性。

CO_2 分子的几何构型为直线形，由于碳氧键的键能大，因此 CO_2 的热稳定性很高。在 CO_2 的分子中，C 原子除了与两个 O 原子形成两个 σ 键外，与两个氧原子还形成两个三原子四电子的大 π 键。分子的结构为：

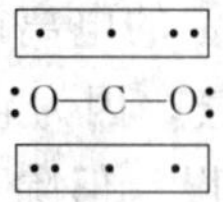

在大气中 CO_2 的含量约为 0.03%（体积分数），它主要来自于生物的呼吸、有机物的燃烧，动物的腐败分解等。同时又通过植物的光合作用、碳酸盐岩石的形成等消耗。目前，世界各国工业生产的迅速发展，使空气中 CO_2 的浓度逐渐增多，这是造成温室效应加剧的主要原因。

（2）碳酸　CO_2 溶于水形成碳酸。但实际上 CO_2 溶于水后，大部分 CO_2 是以水合分子 $CO_2 \cdot H_2O$ 的形式存在，仅有一小部分 CO_2 与 H_2O 形成 H_2CO_3。H_2CO_3 仅存在于水溶液中，而且浓度很小，浓度增大时立即分解放出 CO_2。

（3）二氧化硅　二氧化硅是一种坚硬、脆性、难溶的无色晶体。二氧化硅是原子晶体，因此它具有与 CO_2 显著不同的物理性质。

自然界中的常见的石英就是二氧化硅晶体，石英在 1627℃ 左右熔化成黏稠液体，内部结构变成无规则状态，冷却时因为黏度大而不易再结晶，变成过冷液体，称为石英玻璃。石英玻璃有许多特殊性质，如允许可见光和紫外线透过，可用于制造紫外灯、汞灯和光学仪器。又因为石英的膨胀系数很小，能经受温度的急剧变化，它不溶于水，具有抗酸（除了 HF）性能，所以常用于制造高级化学器皿。

SiO_2 与 HF 溶液或气体、热的强碱溶液或熔融的碳酸钠溶液作用时，转变为可溶性的硅酸盐或 SiF_4 和 H_2SiF_6：

$$SiO_2 + 6HF(aq) = H_2SiF_6 + 2H_2O$$

$$SiO_2 + 2OH^- = SiO_3^{2-} + H_2O$$

$$SiO_2 + Na_2CO_3 = Na_2SiO_3 + CO_2$$

（4）硅酸　SiO_2 是硅酸的酸酐。由于 SiO_2 不溶于水，因此不能用 SiO_2 与水直接反应制备硅酸，通常用可溶性硅酸盐与酸反应制取硅酸。硅酸的种类很多，它的组成因条件不同而不同，常用通式 $xSiO_2 \cdot yH_2O$ 表示。常用化学式 H_2SiO_3 来表示硅酸。

用可溶性硅酸盐与酸作用可制取硅酸溶胶。当硅酸溶胶的浓度足够大时，就得到一种白色的硅酸凝胶。将硅酸凝胶充分洗涤除去可溶性杂质，干燥脱去水分后可成为多孔性透明白色硅胶。硅胶的比表面积很大，因此它是很好的吸附剂、干燥剂和催化剂载体。若将硅酸用粉红色 $CoCl_2$ 溶液浸泡，加热干燥后，得到一种蓝色硅胶（无水 $CoCl_2$ 为蓝色）。蓝色硅胶吸水后以变为粉红色（$CoCl_2 \cdot 6H_2O$ 为粉红色）硅胶，因此把这种硅胶称为变色硅胶。变色硅胶可用作干燥剂，它变为粉红色后已失效，需重新烘干后再使用。

3. 氮和磷

氮（N）和磷（P）是第ⅤA 族元素，它们的价电子构型为 ns^2np^3。氮元素主要以单质存在于大气中，在空气中氮气的体积分数为 78%；磷元素在地壳中含量较多，由于磷容易被氧化，因此在自然界中主要以磷酸盐形式分布在地壳中，如磷酸钙［$Ca_3(PO_4)_2$］、氟磷灰石［$3Ca_3(PO_4)_2 \cdot CaF_2$］。氮和磷元素是构成动植物组织的基本元素和必要元素。

氮分子是双原子分子，两个氮原子以三键结合。氮气无色、无味、无臭，微溶于水。由于 $N \equiv N$ 键键能非常大，所以在常温下，氮气的化学性质不活泼，不与任何单质化合。温度升高，氮气的活性会增大。氮气与锂、钙、镁等活泼的金属一起加热时，生成离子型氮化合物。在高温、高压及催化剂的存在下，氮气与氢气化合生成氨。氮气在很高温度下才能与氧气化合生成一氧化氮。

磷常见的同素异形体有白磷、红磷和黑磷三种。白磷是透明且软的蜡状晶体，由 P_4 分子通过分子间力堆积起来。P_4 是四面体构型。由于 P_4 分子中 P—P 键的键能较小，容易被破坏，所以白磷的化学性质很活泼，容易被氧化，在空气中能自燃，因此必须把它保存在冷水中。P_4 是非极性分子，溶于非极性溶剂中。白磷是剧毒物质。约 0.15g 白磷即可致人死亡。将白磷在隔绝空气的条件下加热到 400℃，可以转化为红磷：

$$P_4(\text{白磷}) \longrightarrow 4P(\text{红磷})$$

红磷的结构比较复杂。红磷比白磷稳定，其化学性质不如白磷活泼，在室温下不与 O_2 反应，加热到 400℃以上才能燃烧。红磷不溶于有机溶剂。

白磷在高压和较高的温度下可以转变为黑磷。黑磷也不溶于有机溶剂。黑磷具有导电性。黑磷具有与石墨类似的结构，但黑磷每一层的磷原子不在同一平面上。

（1）氨　氨是一种无色易溶于水有强刺激味的气体。由于氨分子间形成氢键，所以它的熔点和沸点都高于同族元素的氢化物。氨容易液化，液态氨的标准摩尔汽化焓较大，因此常用作制冷剂。

NH_3 的几何构型为三角锥形，N 原子采取不等性 sp^3 杂化，N 原子除了用三个 sp^3 杂化轨道和三个 H 原子形成三个 σ 键，另外一个 sp^3 杂化轨道中有一对孤对电子。氨的化学性质较活泼，能与许多物质发生反应。

因为氨气分子中的 N 原子上的一对孤对电子，所以可以作为路易斯碱与一些路易斯酸发生反应，如 NH_3 与 Ag^+ 和 Cu^{2+} 分别形成 $[Ag(NH_3)_2]^+$ 和 $[Cu(NH_3)_4]^{2+}$。另外分子中的 H 原子可以被活泼的金属取代形成氨基化合物，如将氨气通入熔融的金属钠中生成氨基化钠：

$$2Na + 2NH_3 \xlongequal{350℃} 2NaNH_2 + H_2$$

$NaNH_2$ 是在有机和无机合成中重要的缩合剂。

（2）硝酸　纯硝酸是无色液体，熔点为 −42℃，沸点为 83℃，溶有过多 NO_2 的浓 HNO_3 叫发烟硝酸，它的颜色呈现黄色到红色。硝酸具有强氧化性，很多金属元素单质（如碳、磷、硫等）都可被硝酸氧化生成相应的氧化物或含氧酸：

$$3C + 4HNO_3 \xlongequal{} 3CO_2\uparrow + 4NO\uparrow + 2H_2O$$

$$3P + 5HNO_3 + 2H_2O \xlongequal{} 3H_3PO_4 + 5NO\uparrow$$

$$S + 2HNO_3 \xlongequal{} H_2SO_4 + 2NO\uparrow$$

硝酸可与水以任何比例混合，稀硝酸较稳定，浓硝酸见光或加热会按下式分解：

$$4HNO_3(\text{浓}) \xlongequal{} 4NO_2\uparrow + O_2\uparrow + 2H_2O$$

1 体积浓硝酸与 3 体积浓盐酸的混合物称为王水，可溶解金、铂等惰性贵金属。这是因为王水中大量存在的 Cl^- 与金属离子结合成配离子的缘故。

硝酸是工业上重要的三大强酸（硫酸、硝酸、盐酸）之一。它是制造化肥、炸药、染料、人造纤维、药剂、塑料和分离贵金属的重要化工原料。

（3）磷的含氧酸　磷有多种含氧酸。磷的含氧酸按其氧化值的不同可分为：次磷酸

(H_3PO_2)、亚磷酸（H_3PO_3）和磷酸（H_3PO_4）等。

① 次磷酸（H_3PO_2）是一种无色晶状固体，极易溶于水，常温下比较稳定，是较强的还原剂，是一元中强酸。其结构式为：

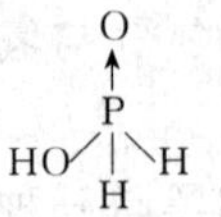

② 亚磷酸（H_3PO_3）是无色晶体，为二元酸，亚磷酸及其盐都是较强还原剂。亚磷酸的结构式如下：

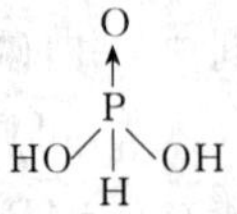

③ 磷酸（H_3PO_4）是磷的含氧酸中最稳定的酸。是三元酸，具有很强的配位能力，能与许多金属离子形成配合物，如：

$$Fe^{3+} + H_3PO_4 \longrightarrow [FeHPO_4]^{+} + 2H^{+}$$

常用于掩蔽 Fe^{3+}。磷酸的结构式为：

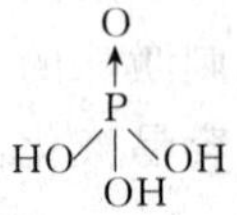

4. 氧和硫

氧（O）和硫（S）是第ⅥA 族元素，它们的价电子构型为 ns^2np^4，表现出较强的非金属性。氧广泛分布在大气和海洋中，在海洋中主要以水的形式存在，其中氧的质量分数约为89%。氧主要以单质形式存在于大气中，在空气中氧气的体积分数约为 21%，质量分数为23%。氧元素在地壳中分布最广，其丰度居各元素之首，其质量约为地壳的一半。

氧单质有两种同素异形体：氧气（O_2）和臭氧（O_3）。氧气是无色、无味的气体，在90K 凝聚为淡蓝色液体，冷却到 54K 时，凝聚为蓝色固体。氧气是非极性分子，它在水中的溶解度很小，但这却是水生物、植物赖以生存的重要条件。O_2 的结构为 $O \overset{\cdots}{\underset{\cdots}{—}} O$，有两个未成对电子，具有顺磁性。

O_3 是 O_2 的同素异形体，O_3 在地面附近的大气层中含量极少，但在距地球表面 25km 处有一层臭氧层存在，它可以吸收太阳光的紫外辐射，成为保护地球上生命免受太阳的强辐射的天然屏障。但由于大气污染的日益严重，臭氧层正在逐渐被破坏，因此保护臭氧层已经成为全球性的战略任务。

O_3 是淡蓝色的气体，有一种鱼腥味。O_3 在 161K 凝聚为深蓝色液体，冷却到 80K 时，凝聚为黑紫色固体。分子的构型为 V 形，中心氧原子采取 sp^2 杂化，形成三个 sp^2 杂化轨道，其中一个 sp^2 杂化轨道被孤对电子占据，另外两个具有成单电子的杂化轨道分别与两边氧原子具有成单电子的 p 轨道重叠形成两个 σ 键。中心氧原子还有一个与 sp^2 杂化轨道所在平面垂直的 p 轨道，该轨道上有一对孤对电子，两旁的氧原子也还各有一个具有成单电子的 p 轨道与中心氧原子 sp^2 杂化轨道所在的平面垂直，上述三个 p 轨道相互平行，彼此侧面重叠形成三原子四电子的大 π 键 π_3^4，如图 5-1 所示。

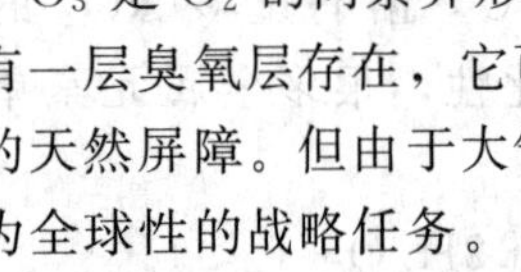

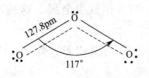

图 5-1 臭氧分子的结构

与 O_2 分子比较，O_3 是非常不稳定的，在常温下缓慢分解，在 473K 以上时分解较快。

$$2O_3(g) \xlongequal{} 3O_2(g)$$

O_3 的氧化性比 O_2 强。能将 I^- 氧化而析出单质碘。

$$O_3 + 2I^- + 2H^+ \xlongequal{} I_2 + O_2 + H_2O$$

利用臭氧的氧化性以及不易导致二次污染这一优点，可用臭氧来净化废气和废水。臭氧还可用作杀菌剂等。如用臭氧代替氯气作为饮用水的消毒剂，其优点是杀菌快且消毒后无味。

硫在自然界中以单质或化合物的状态存在。单质硫矿床主要分布在火山附近。以化合物形式存在的硫分布较广，主要是硫化物或硫酸盐。其中黄铁矿 FeS_2 是最重要的硫化物矿，它大量用于制造硫酸，是一种基本的化工原料。单质硫俗称硫黄，是分子晶体，很松脆，不溶于水。硫有许多同素异形体，最常见是斜方硫和单斜硫。斜方硫又称作菱形硫，两种硫的同素异形体都是由 S_8 环状分子组成的，如图 5-2 所示。

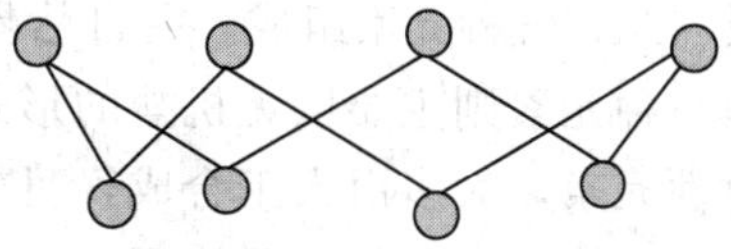

图 5-2　S_8 环状分子的结构

在这个环状分子中每个硫都是采取 sp^3 杂化轨道与另外两个硫原子以共价键联结。

硫的化学性质较活泼，能与许多金属直接化合生成硫化物，也能与氢、氧、卤素（碘除外）、碳、磷等非金属直接作用生成相应的共价化合物。硫最大的用途是制造硫酸。硫在橡胶工业及火柴、焰火制造等方面也是不缺少的。

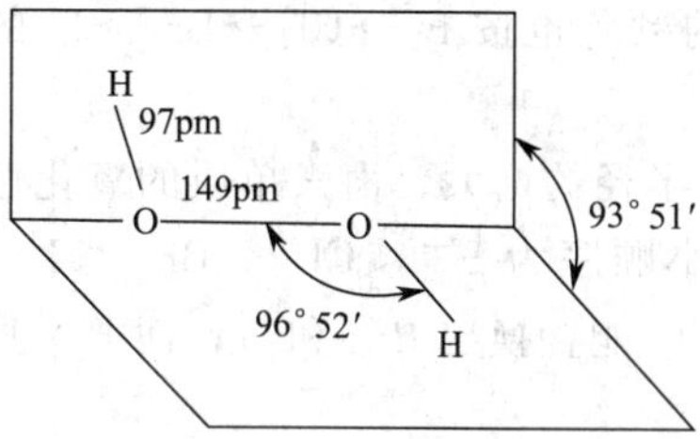

图 5-3　H_2O_2 分子的结构

(1) 过氧化氢　过氧化氢（H_2O_2）的水溶液一般称为双氧水。H_2O_2 分子间通过氢键发生缔合，其缔合程度较大。H_2O_2 能与水以任何比例相混溶。

H_2O_2 分子不是线形的，如图 5-3 所示。

在 H_2O_2 分子中有一个氧链—O—O—，2 个氧原子都是以 sp^3 杂化轨道成键，除了相互连接形成 O—O 键外，还各与一个氢相连。

高纯度的 H_2O_2 在低温下是比较稳定的，其分解作用比较平稳。当加热到 153℃以上时，便发生强烈的爆炸性分解。

$$2H_2O_2(l) \xlongequal{} 2H_2O(l) + O_2(g) \qquad \Delta_r H_m^{\ominus} = -196kJ \cdot mol^{-1}$$

过氧化氢是重要的无机化工原料，也是实验室常用试剂。由于其氧化还原产物为 O_2 或 H_2O，使用时不会引入其他杂质，所过氧化氢是一种理想的氧化还原试剂。过氧化氢还可用作杀菌剂、漂白剂和食品的防腐剂等。

(2) 硫酸　纯硫酸是无色的油状液体，凝固点和沸点分别是 10.38℃和 338℃，市售的浓硫酸的密度是 $1.84 \sim 1.86 g \cdot cm^{-3}$。

浓硫酸具有强的吸水性，是实验室常用的干燥剂之一。可用浓硫酸干燥不与浓硫酸起反应的各种气体，如氯气、氢气和二氧化碳等。

浓硫酸具有脱水性，它可以从有机化合物中夺取水分子，这一性质常用于炸药、油漆和一些化学药品的制造中。

浓硫酸也是一种相当强的氧化剂，特别是在加热时它可以氧化很多金属和非金属，而其自身被还原为 SO_2、S 或 S^{2-}。铁和铝易被浓硫酸钝化，可用来运输硫酸。不过稀硫酸没有氧化性，金属活动性在氢以前的金属与稀硫酸作用生成氢气。

硫酸是一个二元酸，但其二级解离较不完全。

硫酸的结构为：

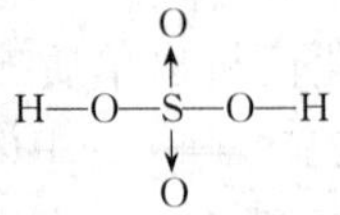

硫酸是重要的化工产品之一，它大量用于制造化肥、炸药和石油的炼制上。硫酸还可用于制造其他各种酸、颜料和染料等。

5. 卤族元素及其化合物

周期表中第ⅦA族元素称卤族元素，简称卤素。由氟（F）、氯（Cl）、溴（Br）、碘（I）、砹（At）五种元素组成。在自然界中，氟元素主要存在于萤石和冰晶石等矿物中；氯、溴、碘三种元素则主要以无机盐的形式存在于海水中；海藻等海洋生物是碘的重要来源；砹是放射性元素，大多由人工合成，目前人们对它的性质研究较少。

卤族元素的价电子构型为 ns^2np^5，与惰性气体的8电子稳定结构相比，仅缺少一个电子。因此，卤族元素极易获得一个电子，形成氧化数为－1的化合物。

卤族元素原子的核电荷数是同周期元素中（除惰性气体外）最多的，原子半径是同周期元素中最小的，所以卤素都有较大的电负性，容易得到电子，显示出很强的非金属性。同主族，自上而下，卤素的原子半径逐渐增大，电负性逐渐减小，非金属性逐渐减弱。

卤素的单质都是以双原子分子形式存在的，以 X_2 表示，通常指 F_2、Cl_2、Br_2、I_2。卤素单质固态时皆为分子晶体，因此它们的溶、沸点较低，按 $F_2 \rightarrow Cl_2 \rightarrow Br_2 \rightarrow I_2$ 的次序分子间的色散力逐渐增大，所以溶、沸点逐渐升高。卤素单质的颜色也按 $F_2 \rightarrow Cl_2 \rightarrow Br_2 \rightarrow I_2$ 的次序由浅到深，分别是浅黄、黄绿、红棕到紫黑。

卤素单质的氧化性是它们最典型的化学性质，随着原子半径的增大，卤素单质的氧化性依次减弱 $F_2 > Cl_2 > Br_2 > I_2$；而卤素离子的还原能力的大小顺序为 $F^- < Cl^- < Br^- < I^-$。因此，F_2 能氧化 Cl^-、Br^- 和 I^-，置换出 Cl_2、Br_2、I_2；Cl_2 能置换出 Br_2 和 I_2；而 Br_2 只能置换出 I_2。

卤素单质和水发生两类化学反应，一类是卤素单质从水中置换出氧气的反应：

$$2X_2 + 2H_2O = 4HX + O_2\uparrow$$

第二类是卤素在水中的歧化反应：

$$X_2 + H_2O \rightleftharpoons H^+ + X^- + HXO$$

氟的氧化性最强，只能发生第一类反应，反应是自发的且放出大量的热。氯只有在光照下缓慢与水发生反应放出 O_2，溴与水作用放出 O_2 的反应极其缓慢。碘与水不发生反应。相反氧却可以与碘化氢溶液作用，析出单质碘。Cl_2、Br_2、I_2 在碱性条件下与水主要发生第二类反应，反应是可逆的。

（1）卤化氢　卤化氢都是无色、有刺激性气味的气体。它们的水溶液称为氢卤酸。卤化氢都是极性分子，随着卤素电负性的减小，卤化氢的极性按 $HF > HCl > HBr > HI$ 的顺序递减。氢卤酸的酸性按 $HF \ll HCl < HBr < HI$ 的顺序依次增强。其中，除氢氟酸为弱酸外，其他的氢卤酸均是强酸。卤化氢和氢卤酸的还原性按 $HF < HCl < HBr < HI$ 的顺序依次增强。

（2）卤素的含氧酸　卤素含氧酸及其盐都具有较强的氧化性。次卤酸（HXO）都是弱酸，且性质不稳定，易发生歧化，其酸性变化次序是 $HClO > HBrO > HIO$，其氧化性的次序也是 $HClO > HBrO > HIO$。亚卤酸（HXO_2）是很不稳定的酸，亚氯酸是目前唯一已知亚卤酸，仅能存在于溶液中，其酸性强于次氯酸。卤酸（HXO_3）的酸性按 $HClO_3 > HBrO_3 > HIO_3$ 次序依次减弱，其中 $HBrO_3$ 的氧化性最强，而 HIO_3 的氧化性最弱。高卤酸（HXO_4，其中 HIO_4 称偏高碘酸，H_5IO_6 称正高碘酸）的酸性强弱次序是 $HClO_4 > HBrO_4 > H_5IO_6$，氧化性则以 $HBrO_4 > H_5IO_6 > HClO_4$ 次序减弱。同种成酸原子的卤素含氧酸的酸性强弱次序（以 Cl 的含氧酸为例）是 $HClO_4 > HClO_3 > HClO_2 > HClO$。

第三节　d 区 元 素

一、d 区元素的通性

d 区元素包括ⅢB～ⅧB 族所有元素。d 区元素的价电子构型一般为 $(n-1)d^{1\sim8}ns^{1\sim2}$。与其他几个区元素相比，其最大的特点是具有未充满的 d 轨道（Pd 除外）。由于 $(n-1)d$ 轨道和 ns 轨道的能量相近，电子可部分或全部参与化学反应。d 区元素的最外层只有 1～2 个电子，较容易失去，因此，d 区元素均为金属元素。

d 区元素单质的金属性很强。金属单质一般质地坚硬，色泽光亮，是电和热的良导体，其硬度、溶点、沸点和密度一般都较高。在 d 区所有元素中，铬的硬度最大，钨的熔点最高（3407℃），锇的密度最大（$22.61g \cdot cm^{-3}$），铼的沸点最高（5687℃）。

由于 $(n-1)d$ 和 ns 轨道能量相近，所以 $(n-1)d$ 电子也可部分或全部作为价电子。因此该区元素常具有多种氧化值。而且 d 区元素具有较强的配位性，这是因为 d 区元素的原子或离子具有未充满的 $(n-1)d$ 轨道及 ns、np 空轨道，并且具有较大的有效核电荷；同时其原子或离子的半径又较主族元素的小，因此它们不仅具有接受电子对的空轨道，同时还具有较强的吸引配位体的能力。此外，d 区元素的多数元素的中性原子能形成羰基配合物，如 $Fe(CO)_5$、$Ni(CO)_4$ 等。这是该区元素的一大特性。由于电子发生了 d-d 跃迁，使得 d 区元素的许多水合离子、配离子都呈现颜色。具有 d^0、d^{10} 构型的离子，不能发生 d-d 跃迁，因此是无色的。

二、重要化合物

1. 重铬酸钾

重铬酸钾（$K_2Cr_2O_7$）是铬的重要盐类，俗称红钾矾，为橙红色晶体。重铬酸钾不含结晶水，低温时溶解度小，易提纯，因此常用作定量分析中的基准物质。

重铬酸钾在酸性溶液中有强氧化性，能氧化 KI、H_2S、H_2SO_3、$FeSO_4$ 等许多物质，本身被还原为 Cr^{3+}，是分析化学中常用的氧化剂之一。例如：

$$Cr_2O_7^{2-} + 6Fe^{2+} + 14H^+ = 2Cr^{3+} + 6Fe^{3+} + 7H_2O$$

$$Cr_2O_7^{2-} + 6I^- + 14H^+ = 2Cr^{3+} + 3I_2 + 7H_2O$$

用重铬酸钾与浓硫酸可配成铬酸洗液，它具有强氧化性，是玻璃器皿的高效洗涤剂，多次使用后，会变成绿色溶液（Cr^{3+} 的颜色）而失效。重铬酸钾不仅是常用的化学试剂，在工业上还大量用于印染、电镀等方面。

2. 高锰酸钾

高锰酸钾是紫黑色固体，易溶于水，受热或见光易分解：

$$2KMnO_4 \xrightarrow{\triangle} K_2MnO_4 + MnO_2 + O_2$$

因此 $KMnO_4$ 固体或配好的 $KMnO_4$ 溶液应保存在棕色瓶中，置于阴凉处。

高锰酸钾具有氧化性，其氧化能力随介质酸性增强而增强，其还原产物也因介质的酸碱性不同而不同，如 $KMnO_4$ 与 Na_2SO_3 的反应：

$$2MnO_4^- + 5SO_3^{2-} + 6H^+ \xlongequal{} 2Mn^{2+} + 5SO_4^{2-} + 3H_2O \quad \text{（酸性介质）}$$

$$2MnO_4^- + SO_3^{2-} + 2OH^- \xlongequal{} 2MnO_4^{2-} + SO_4^{2-} + H_2O \quad \text{（碱性介质）}$$

$$2MnO_4^- + 3SO_3^{2-} + H_2O \xlongequal{} 2MnO_2 \downarrow + 3SO_4^{2-} + 2OH^- \quad \text{（中性介质）}$$

高锰酸钾的氧化性广泛应用于分析化学的定量分析中，如测定 Fe^{2+}、H_2O_2、$C_2O_4^{2-}$、SO_3^{2-} 等：

$$2MnO_4^- + 5H_2O_2 + 6H^+ \xlongequal{} 2Mn^{2+} + 5O_2 \uparrow + 8H_2O$$

$$2MnO_4^- + 5C_2O_4^{2-} + 16H^+ \xlongequal{} 2Mn^{2+} + 10CO_2 \uparrow + 8H_2O$$

$$MnO_4^- + 5Fe^{2+} + 8H^+ \xlongequal{} Mn^{2+} + 5Fe^{3+} + 4H_2O$$

高锰酸钾在医疗上可用作杀菌消毒剂和防腐剂，在日常生活中可用于饮食用具、器皿、蔬菜、水果等消毒。高锰酸钾在化学工业中用于生产维生素 C、糖精等。高锰酸钾在轻化工业可用作纤维、油脂的漂白和脱色剂。

第四节 ds 区元素

一、ds 区元素的通性

ds 区元素包括ⅠB、ⅡB 族元素，主要指铜族（Cu、Ag、Au）和锌族（Zn、Cd、Hg）等六种元素，ds 区元素的价电子构型为 $(n-1)d^{10}ns^{1\sim2}$，其最外层电子构型与 s 区相同，但是它们的次外层电子数却不相同。ds 区元素的最外层 s 电子和次外层部分的 d 电子都是价电子。

ds 区元素都具有特征的颜色，铜呈紫色，银呈白色，金呈黄色，锌呈微蓝色，镉和汞都呈白色。由于 ds 区元素的 $(n-1)d$ 轨道处于全充满的状态，不参与成键，单质内的金属键较弱，因此与 d 区元素比较，ds 区元素有相对较低的熔、沸点。此外，ds 区元素大多具有较高的延展性、导电性和导热性。金是所有金属中延展性最好的，银是所有金属中导电性、导热性最好的。

铜在干燥的空气中很稳定，有 CO_2 及潮湿的空气时，则在其表面生成绿色的碱式碳酸铜 $[Cu_2(OH)_2CO_3]$，俗称铜绿。高温时，铜能与氧、硫及卤素直接化合。铜不溶于非氧化性稀酸，但能与 HNO_3 及热的浓 H_2SO_4 溶液作用。

$$3Cu + 8HNO_3(\text{稀}) \xlongequal{} 3Cu(NO_3)_2 + 2NO \uparrow + 4H_2O$$

$$Cu + 2H_2SO_4(\text{浓}) \xlongequal{} CuSO_4 + SO_2 \uparrow + 2H_2O$$

银在空气中稳定，在室温下不与氧气和水反应，即使在高温下也不与氢气、氮气或碳等作用。但在室温下银与含硫化氢的空气接触时，表面会生成一层黑色的 Ag_2S：

$$4Ag + 2H_2S + O_2 \xlongequal{} 2Ag_2S + 2H_2O$$

这是银币或银首饰变暗的原因。

银也与 HNO_3 及热的浓 H_2SO_4 溶液作用。

$$Ag + 2HNO_3(\text{浓}) \xlongequal{} AgNO_3 + NO_2 \uparrow + H_2O$$

$$2Ag + 2H_2SO_4(\text{浓}) \xlongequal{} Ag_2SO_4 + SO_2 \uparrow + 2H_2O$$

金是在高温下唯一不与氧气反应的金属，金不溶于硝酸，但金溶于王水（$V_{浓HCl}$∶$V_{浓HNO_3}$＝3∶1的混合液）中：

$$Au + HNO_3 + 4HCl \xlongequal{} H[AuCl_4] + NO\uparrow + 2H_2O$$

银不溶于王水，是因为银在王水中表面生成AgCl薄膜而阻止反应进行。

锌、镉、汞均为白色金属，其中锌略带蓝白色。锌具有两性，既可溶于酸溶液，也可溶于碱溶液：

$$Zn + 2H^+ \xlongequal{} Zn^{2+} + H_2\uparrow$$

$$Zn + 2OH^- + 2H_2O \xlongequal{} [Zn(OH)_4]^{2-} + H_2\uparrow$$

汞俗称水银，常温下很稳定，加热至300℃时才能生成红色的HgO。汞能溶解许多金属（金、银、锡、钠、钾）形成汞齐，汞齐是汞的合金。钠汞齐在有机合成中常用作还原剂。

必须指出，无论是铜族元素还是锌族元素，它们都能与卤素离子、氰根等形成稳定程度不同的配离子，其配位数通常是4或2。

二、重要化合物

1. 硫酸铜

硫酸铜（$CuSO_4 \cdot 5H_2O$）俗称胆矾，是蓝色斜方晶体，其水溶液也呈蓝色，故也称蓝矾。$CuSO_4 \cdot 5H_2O$可逐步失去水，在250℃时可失去水变为无水硫酸铜。无水硫酸铜为白色粉末，不溶于乙醇和乙醚，它具有很强的吸水性，吸水后即呈现蓝色。可以用这一性质检验乙醇或乙醚等有机溶剂中的微量水分，并可用作干燥剂。

硫酸铜通常用热的浓硫酸溶解金属铜制备。硫酸铜也是制备其他铜化合物的重要原料。在电镀、印染、电池、木材保存、颜料、杀虫剂等工业中都大量使用硫酸铜。在农业生产上将硫酸铜与石灰乳混合制得波尔多液，可用于防治或消灭植物的多种病虫害，加入到储水池中可以防止藻类生长。

2. 硝酸银

硝酸银是重要的可溶性银盐。将银溶于硝酸溶液中，蒸发、结晶，即可得到硝酸银晶体：

$$3Ag + 4HNO_3 \xlongequal{} 3AgNO_3 + NO\uparrow + 2H_2O$$

硝酸银晶体的熔点为208℃，在440℃时分解。

$$2AgNO_3 \xlongequal{\triangle} 2Ag + 2NO_2\uparrow + O_2\uparrow$$

在日光的照射下，$AgNO_3$也会按上式缓慢地分解，因此$AgNO_3$晶体或其溶液应装在棕色试剂瓶中。

固体硝酸银或其溶液都是氧化剂，即使在室温条件下，许多有机物都能将它还原成黑色银粉。例如硝酸银遇到蛋白质即生成黑色的蛋白银，所以皮肤或布与它接触后都会变黑。

$AgNO_3$也用于制造照相底片所需的溴化银乳剂，它也是一种重要的分析试剂。由于硝酸银对有机物有破坏作用，在医药上常用10%的$AgNO_3$作为消毒剂或腐蚀剂。

在硝酸银的氨溶液中，加入有机还原剂如醛类、还原糖类或某些酸类，可以把银缓慢地还原出来生成银镜。这个反应常用来检验某些有机物，也用于制镜工业。

3. 氯化锌

无水氯化锌（$ZnCl_2$）是白色晶体，极易溶于水，也易溶于酒精、丙酮等有机溶剂。它的吸水性很强，在有机化学中常用作去水剂和催化剂。

无水氯化锌的浓溶液能形成配位酸而具有显著的酸性，因此该溶液也能溶解金属氧化物：

$$ZnCl_2 \cdot H_2O = H[ZnCl_2(OH)]$$

氯化锌的浓溶液通常称为焊药水，俗名“熟镪水”，在焊接金属时用它溶解、清除金属表面上的氧化物而不损坏金属表面，便于焊接。

$$2H[ZnCl_2(OH)] + FeO = H_2O + Fe[ZnCl_2(OH)]_2$$

$ZnCl_2$ 水溶液还可以用作木材防腐剂，此外，浓的 $ZnCl_2$ 水溶液能溶解淀粉、丝绸和纤维素，因此不能用滤纸过滤氯化锌。

思考题与习题

5-1 简述碱金属元素的基本性质及其变化规律。

5-2 p区元素有什么通性？

5-3 “温室效应”加剧的原因和后果是什么？

5-4 大气层上的臭氧层对人类生存有何重要性？

5-5 为什么 O_2 分子具有顺磁性？

5-6 写出下列反应的离子方程式。

(1) 锌与氢氧化钠的反应；

(2) 铜与稀硝酸的反应；

(3) 高锰酸钾在酸性溶液中与亚硫酸钠反应；

(4) 铝和盐酸的反应。

5-7 卤素单质的氧化性有何递变规律？与原子结构有何关系？

5-8 浓硫酸具有哪些性质？

5-9 解释下列现象：

(1) 银器在含有 H_2S 空气中变黑；

(2) 铜器在潮湿的空气中会生成“铜绿”；

(3) 焊接金属时，常用浓氯化锌溶液处理金属表面。

5-10 如何鉴别纯碱、烧碱和小苏打？

5-11 化合物A溶于水得一浅蓝色溶液，在A溶液中加入NaOH溶液可得浅蓝色沉淀B。B能溶于HCl溶液，也能溶于氨水。A溶液中通入 H_2S 有黑色沉淀C生成。C难溶于HCl溶液，而溶于热 HNO_3 溶液中。在A溶液中加入 $Ba(NO_3)_2$ 溶液，没有沉淀生成，而加入 $AgNO_3$ 溶液，有白色沉淀D生成。D溶于氨水。试判断A、B、C、D为何物质，并写出有关反应式。

知识拓展

微量元素与人体健康

人体的健康与微量元素有着密切的关系。微量元素，通常是指生物体（包括人体）中含量不足万分之一的化学元素。例如，人体中目前已经发现的60多种微量元素，其重量的总和仅占人体重量的0.05%。微量元素在人体内分布极不均匀，例如碘集中在甲状腺，铁集中在红细胞内，钒集中在脂肪组织，钴集中于造血器官，锌集中在肌肉组织等。微量元素的代谢情况可以通过分析血液、头发、尿液或组织中的浓度来判断。现在被普遍认为是生物体所必需的微量元素只不过十多种，它们是铁、铜、锌、钴、锰、铬、钼、锶、硒、钒、碘、氟、硼、硅等，下面介绍几种微量元素与人体健康的关系。

一、铁

铁在人体中的含量只有0.004％，微乎其微。但铁是组成血红蛋白的一个不可缺少的成员。人体中的铁有72％以血红蛋白的形式存在，它是一种含铁的复合蛋白，是血液中红细胞的主要成分。铁在人体内并无消耗，而是循环利用。尽管如此，由于每天脱落的肠黏膜、皮肤细胞以及毛发中含有铁，因此仍然有极少量的铁损失到身体外面，因而每天需要从食物中吸收约1mg的铁，以资补充。当每天摄入的铁数量不足时，并不会立即发生贫血，而是利用身体中储备的铁；当储备的铁用完，开始向贫血的倾向发展，甚至多数人连自我感觉都不明显。当病人到医院就诊时，病情一般都已发展到了中度贫血。因此，经常注意铁的补充，使体内有一定数量铁的储备，以保证身体的真正健康。

含铁丰富的食物有动物肝脏（每100g含铁25mg），动物全血（每100g含铁15mg），其他为肉类、蛋黄、黑木耳（干）、海带（干）、芝麻、芝麻酱、大豆、南瓜子、西瓜子、芹菜、苋菜、菠菜、韭菜、小米以及红枣、紫葡萄、红果、樱桃等。

二、铜

人体里的含铜量比铁还要少，但缺了它造血机能就会受到影响，也会造成贫血现象。在人体中，有许多生物化学反应都要靠酶的催化才能进行。人体内至少有11种氧化酶含有铜离子。近几年科学研究结果表明，人体里的铜元素，对人体骨架的形成，有十分重要的作用。凡摄入足够铜元素的少年，身高都在平均身高以上，而那些低于平均身高的少年铜的摄入量大都低于标准值。个别矮个少年铜的摄取量，要比高个子少年低50％～60％。

铜元素在机体组织发生癌变过程中还起着抑制作用。如我国一些边远地区的妇女和儿童，由于佩戴铜首饰，加上日常生活中经常使用铜器，这些地区的癌症发病率很低。另外，铜还有预防心血管病、消炎抗风湿等等作用。

在各种食品中，首数动物肝脏的铜含量为最高，其次是猪肉、蛋黄、鱼类、蛤、蚌、牡蛎和贝壳类食物，其他如香菇、芝麻、黄豆、黑木耳、果仁、杏仁、燕麦、菠菜、芋头、油菜、香菜等。同时，也可有意识地使用铜制炊具，帮助机体摄取补充铜元素。

三、锌

正常成人体内含锌1.5～2.5g，其中60％存在于肌肉中，30％存在于骨骼中。身体中锌含量最多的器官是眼、毛发和睾丸。跟铜有些相似的是锌也是多种酶的成分，近年来发现有90多种酶与锌有关，体内任何一种蛋白质的合成都需要含锌的酶。锌可促进生长发育、性成熟，影响胎儿脑的发育。缺锌可使味觉减退、食欲不振或异食癖、免疫功能下降，伤口不易愈合、肝硬化、生殖功能受抑。

动物性食物是锌的主要来源，如牡蛎、鱼、海产品、豆类及谷类。蔬菜、水果中含量极低。谷类等含锌与当地土壤含量有关。

四、钼

钼与人体健康息息相关。它是氧化还原酶的组分，并且能够催化尿酸、抗铜储铁、维持动脉弹性。缺钼可引起这些酶活性下降，导致儿童、青少年生长发育不良，龋齿的发生率显著提高，而且还会引起急性心肌病——克山病，也会引发食道癌、肾结石。

豆类及豆制品是钼的主要来源，如大豆、豌豆及豆制品。此外在植物、谷物、及动物的肝脏中也含有钼。

五、硒

近年来发现，硒对人的生命有重要作用，可延缓细胞衰老，保护细胞的完整性，抵抗重金属中毒，从而延长人类寿命，故硒被称为长命之素。据调查，该元素低的地区，人们易患心脏病、脑溢血、高血压、贫血等40多种疾病，死亡人数比通常地区高两倍。我国陕西紫阳和湖北恩施地区，由于硒的含量较多，对喉癌细胞抑制达30.2％～67.7％，癌症患病率和死亡率比缺硒地区减少一半。在我国，流行于14省市、自治区的慢性关节病——大骨节病，其病因和发疾机理也是由于低硒、低铜造成的。

肉类、鱼、虾、动物的肝脏、蘑菇、大蒜、富硒茶、谷物中含有硒。

六、碘

碘是构成甲状腺素的核心物质，也能促进蛋白质合成和活化几百种酶，刺激体内各物质的代谢。对中枢神经、循环造血等系统和肌肉运动都有显著作用。缺碘会导致体内生化紊乱及生理功能异常，中度缺碘会引起地方甲状腺肿，严重缺碘会导致发育停滞、智力低下、聋、呆滞、身体矮小的克汀病等等。含碘食物有海藻类食品、海带、虾、加碘食盐等。

七、锗

锗亦为生命必需微量元素。有机锗在人体中有很强的脱氢能力，可防止细胞衰老，增强人体免疫力。锗还具有抗肿瘤、抗炎症、抗病毒等生理作用，因此，有机锗被誉为“人类健康的保护神”。

人类摄入锗的渠道为食物、饮水和空气，植物锗的来源主要为水、土壤和空气，土壤及水内的锗主要决定于矿岩中锗的含量、溶解度及释放性的大小，而空气中的锗来源于燃煤释放的锗量。在海产品、谷物、蔬菜、大豆、肉类、奶制品中都不同程度地含有锗。

八、氟

氟在人体内的分布主要集中在骨骼、牙齿、指甲和毛发中，尤以牙釉质中含量最多。氟的生理需要量为每日 0.5～1mg。氟对人体的安全范围比其他微量元素要窄得多，从满足人体对氟的需要到由于过多而导致中毒的量之间相差不多。

人体中缺氟，不仅会造成龋齿，对骨骼也能产生重要影响。氟能增强骨骼的硬度，加速骨骼的形成，缺氟会造成老年性骨质疏松症，这在低氟地区比较常见。对骨质疏松患者，服用适量的氟化钠会使病症减轻。

氟在自然界分布很广，人的膳食和饮水中都含有氟。食品中，以鱼类、各种软体动物（如贝类、乌贼、海蜇等）含氟较多。茶叶含氟量最高，而粮食、蔬菜和水果中的含氟量，因土壤和水质不同，有较大差异。必须注意要适量摄入氟，如果摄入量过多，不但没有好处，还会引起氟中毒。

第六章 酸碱平衡与沉淀溶解平衡

Chapter 06

酸和碱是两类极为重要的化学物质，在化学变化中，大量的反应都属于酸碱反应，酸和碱都是电解质。电解质分为强电解质和弱电解质，强电解质在水溶液中完全解离，弱电解质部分解离。电解质按其溶解度的大小可分为易溶电解质与难溶电解质两大类。本章从酸碱质子理论出发，着重讨论酸碱的解离平衡及各类酸碱溶液 pH 的计算和难溶电解质的沉淀与溶解平衡。

第一节 酸碱理论

人们认识酸和碱的过程是从现象到本质，从个别到一般逐步深化的。下面介绍一些重要的酸碱理论。

一、酸碱电离理论

1884 年阿仑尼乌斯（S. Arrhenius）提出：电解质在水溶液中解离时产生的阳离子全部是 H^+ 的化合物叫酸；解离生成的阴离子全部是 OH^- 的化合物叫碱。解离出的阳离子除 H^+ 外、解离出的阴离子除 OH^- 外还有其他离子的化合物称为盐。

酸碱电离理论对化学学科的发展起了积极的作用，但这一理论只适用于水溶液，而不适用于非水溶液。而实际上有些化学反应是在非水溶液中进行的。如气态的 HCl 和 NH_3 都无法电离出 H^+ 或 OH^-，但它们所发生的反应与水溶液中的 HCl 和 NH_3 的中和反应十分相似，也生成 NH_4Cl，无法解释。另外，它把碱限制为氢氧化物，而对氨水呈碱性的事实也无法说明，这曾使人们长期误认为氨水是 NH_4OH，但实际上从未分离出这种物质。还有，电离理论认为酸和碱是两种绝对不同的物质，忽视了酸碱在对立中的相互联系和统一，因此电离理论存在一定的局限，人们又相继提出了几种酸碱理论。

二、酸碱质子理论

1. 质子酸碱的定义

1923 年由丹麦的化学家布朗斯特（Brönsted）和英国的化学家劳瑞（Lowry）分别提出了酸碱质子理论。该理论将酸碱分别定义为：凡是能给出质子（H^+）的物质都是酸；凡是能结合质子（H^+）的物质都是碱。例如，HAc、HCl、H_2SO_4、HCO_3^-、NH_4^+、H_2O 等都能给出质子，它们都是酸；Ac^-、CO_3^{2-}、HCO_3^- 等都接受质子是碱。能给出多个质子的物质是多元酸，如 H_2SO_4、H_2CO_3 等；能接受多个质子的物质是多元碱，如 CO_3^{2-}、PO_4^{3-} 等。还有有些物质，如 HCO_3^-、$H_2PO_4^-$、H_2O 等，它们既有给出质子的能力又有结合质子的能力，它们称为两性物质。可见，酸和碱既可以是中性分子，也可以是带电离子。

酸给出质子后生成相应的碱，而碱接受质子后生成相应的酸，物质得失质子的过程，可以用下列反应式表示：

$$酸 \rightleftharpoons H^+ + 碱$$

$$HAc \rightleftharpoons H^+ + Ac^-$$

$$NH_4^+ \rightleftharpoons H^+ + NH_3$$

$$HCO_3^- \rightleftharpoons H^+ + CO_3^{2-}$$

$$H_2CO_3 \rightleftharpoons H^+ + HCO_3^-$$

可以看出，酸给出质子后，余下的部分肯定有结合质子的能力，所以余下的部分一定是碱；而碱结合质子以后又会变成相应的酸。酸与碱的这种相互依存、相互转化的关系称为酸碱的共轭关系，彼此称为共轭酸、共轭碱。例如，HAc 是 Ac^- 的共轭酸，而 Ac^- 又是 HAc 的共轭碱。把共轭酸与共轭碱联系在一起称为共轭酸碱对。共轭酸碱对的强弱是相对的，共轭酸的酸性越强，给出质子的能力也越强，则其共轭碱接受质子的能力就弱；反之亦然。

2. 酸碱反应

酸碱反应的实质是质子的传递。例如：

$$\underset{酸_1}{HCl} + \underset{碱_2}{NH_3} \rightleftharpoons \underset{酸_2}{NH_4^+} + \underset{碱_1}{Cl^-}$$

在此反应的过程中，$酸_1$(HCl) 传递质子（H^+）给$碱_2$(NH_3)，$酸_1$(HCl) 给出质子后生成了相应的$碱_1$(Cl^-)，$碱_2$(NH_3) 接受质子后生成了相应的$酸_2$(NH_4^+)。因此酸碱质子理论扩大了酸碱的含义，酸碱反应可以在非水溶剂、无溶剂等条件下进行。然而该理论定义的酸必须有一个可解离的氢原子，因而只适用于有质子转移的反应。

三、酸碱电子理论

在与酸碱质子理论提出来的同时，美国化学家路易斯（G. N. Lewis）在研究化学反应的过程中，从电子对的给予和接受提出了新的酸碱概念，后来发展为 Lewis 酸碱理论，也称为酸碱电子理论。这个理论将酸碱定义为：酸是可以接受电子对的分子或离子，酸是电子对的接受体；碱则是可给出电子对的分子和离子，碱是电子对的给予体；酸碱之间以共价配键相结合，并不发生电子转移。

根据路易斯酸碱理论，不仅 H^+、HCl 是酸，而且所有能成为配合物中心离子的阳离子如 Ag^+、Au^+、Cd^{2+}、Hg^+、Hg^{2+} 等也是酸。甚至 BCl_3、$AlCl_3$ 等不含氢的物质也可称为酸。同样不仅 OH^-、NH_3 是碱，而且所有能成为配合物配位体的分子或离子都是碱。说明了电子理论更加扩大了酸碱的范围。由于在化合物中配位键普遍存在，因此，Lewis 酸碱的范围极为广泛，它不受某元素、某溶剂或某种离子的限制，路易斯酸碱理论是目前应用最广的酸碱理论。此理论最大缺点是不易确定酸碱的相对强度，对酸碱的认识过于笼统，使不同反应类型之间的界限也基本上消除。

四、软硬酸碱理论

软硬酸碱（HSAB）理论由 1963 年美国化学家皮尔逊（R. G. Pearson）根据 Lewis 酸碱理论和实验观察而提出。皮尔逊把路易斯酸碱分成软硬两大类，即硬酸、软酸、硬碱、软碱。

按照软硬酸碱分类原则，把接受孤电子对能力强、不易极化、不易失去电子且电荷/半径比较大的金属离子叫“硬酸”，如 H^+、Na^+、K^+、Mg^{2+}、Ca^{2+}、Cr^{3+}、Fe^{3+}、Co^{3+} 等。而把接受孤电子对能力弱、易极化、易失去电子且电荷/半径比较小的金属离子叫“软酸”，如 Cu^+、Ag^+、Au^+、Cd^{2+}、Hg^+、Hg^{2+} 等。把介于二者之间的金属离子叫“交界酸”，如 Fe^{2+}、Co^{2+}、Ni^{2+}、Cu^{2+}、Zn^{2+} 等。同样，也把配位体分为软、硬和交界三类碱，一些常见的金属离子和配位体的软、硬分类见表 6-1。

表 6-1　软、硬和交界酸碱的分类表

酸类	
硬酸	H^+、Li^+、Na^+、K^+、Rb^+、Be^{2+}、Mg^{2+}、Ca^{2+}、Ba^{2+}、Al^{3+}、Cr^{3+}、Fe^{3+}、Co^{3+}
交界酸	Fe^{2+}、Co^{2+}、Ni^{2+}、Cu^{2+}、Zn^{2+}、Sn^{2+}、Pb^{2+}
软酸	Pt^{2+}、Pt^{4+}、Pd^{2+}、Cu^+、Ag^+、Au^+、Cd^{2+}、Hg^+、Hg^{2+}
碱类	
硬碱	H_2O、OH^-、F^-、Cl^-、CO_3^{2-}、NO_3^-、PO_4^{3-}、SO_4^{2-}、ROH(醇)、R_2O(醚)、NH_3、N_2H_4
交界碱	Br^-、NO_2^-、SO_3^{2-}、N_2、$C_6H_5NH_2$
软碱	I^-、CN^-、CO、C_2H_4(乙烯)、SCN^-、$S_2O_3^{2-}$

关于软硬酸、碱反应，有一个经验原则，根据这一原则可以估计某一金属离子（酸）与某一配位体（碱）配合能力的大小，这个经验软硬酸碱原则是：“硬亲硬，软亲软，软硬交界就不管。”这就是说硬酸与硬碱、软酸与软碱相结合能形成稳定的配合物；而硬-软结合的倾向较小，所形成的配合物不稳定；交界酸碱不论对象是硬还是软，均能与之反应，所形成的配合物的稳定性中等。这是大量事实的总结。

从酸碱理论的发展过程中，可以看出，人们对酸碱的认识是逐步深化的。随着生产和科学技术的发展，人类的认识将进一步深化。

第二节　弱酸、弱碱的解离平衡

一、共轭酸碱对的 $K_a^\ominus$ 与 $K_b^\ominus$ 的关系

1. 水的质子自递反应

酸碱的强弱不仅取决于酸碱本身释放质子和接受质子的能力，同时也与溶剂释放和接受质子的能力有关，因此，要比较酸碱的强度，必须选择同一溶剂。水作为重要的溶剂，既有接受质子又有提供质子的能力，因此在水中存在水分子间的质子转移反应，即水的质子自递反应：

$$H_2O + H_2O \rightleftharpoons H_3O^+ + OH^-$$

为了书写方便，通常将 H_3O^+ 简写成 H^+，因此上述反应式可简写为：

$$H_2O \rightleftharpoons H^+ + OH^-$$

反应的标准平衡常数称为水的质子自递常数，以 $K_w^\ominus$ 表示，也称为水的离子积，其表达式为：

$$K_w^\ominus = \frac{c_{eq}(H^+)}{c^\ominus} \times \frac{c_{eq}(OH^-)}{c^\ominus} \tag{6-1}$$

$K_w^\ominus$ 随温度的升高而增大，但变化不明显。在一定温度下 $K_w^\ominus$ 是一个常数，常温时（25℃），$K_w^\ominus = 1.00 \times 10^{-14}$。

2. 酸碱的解离及解离平衡常数

在水溶液中，酸、碱的解离实际上就是它们与水分子间的酸碱反应。酸的解离即酸给出质子转变为其共轭碱，而水接受质子转变为其共轭酸（H_3O^+）；碱的解离即碱接受质子转变为其共轭酸，而水给出质子转变为其共轭碱（OH^-）。酸、碱的解离程度可以用相应平衡常数的大小来衡量。平衡常数越大，酸碱的强度也越大。酸的标准平衡常数称为酸的解离平衡常数，用符号 $K_a^\ominus$ 表示。碱的解离平衡常数用符号 $K_b^\ominus$ 表示。在水溶液中，酸给出质子的能力越强，其酸性越强；碱夺取质子的能力越强，其碱性越强。酸碱的解离平衡常数 $K_a^\ominus$ 与 $K_b^\ominus$ 表明了酸碱与水分子间质子转移反应的完全程度，$K_a^\ominus$ 或 $K_b^\ominus$ 越大，质子转移反应越完全，表示该酸或碱的强度越大。

（1）一元弱酸的解离　以 HAc、NH_4^+ 为例：

$$HAc + H_2O \rightleftharpoons H_3O^+ + Ac^-$$

$$NH_4^+ + H_2O \rightleftharpoons H_3O^+ + NH_3$$

简写为：

$$HAc \rightleftharpoons H^+ + Ac^-$$

$$K_a^\ominus(HAc) = \frac{[c_{eq}(Ac^-)/c^\ominus][c_{eq}(H^+)/c^\ominus]}{c_{eq}(HAc)/c^\ominus} = 1.75\times10^{-5} \tag{6-2}$$

$$NH_4^+ \rightleftharpoons H^+ + NH_3$$

$$K_a^\ominus(NH_4^+) = \frac{[c_{eq}(NH_3)/c^\ominus][c_{eq}(H^+)/c^\ominus]}{c_{eq}(NH_4^+)/c^\ominus} = 5.7\times10^{-10} \tag{6-3}$$

由 $K_a^\ominus(HAc) > K_a^\ominus(NH_4^+)$ 可知，这两种酸的强弱顺序为 $HAc > NH_4^+$。

（2）一元弱碱的解离　HAc、NH_4^+ 的共轭碱分别为 Ac^-、NH_3，它们与水的反应及相应 $K_b^\ominus$ 的值如下：

$$NH_3 + H_2O \rightleftharpoons NH_4^+ + OH^-$$

$$K_b^\ominus(NH_3) = \frac{[c_{eq}(NH_4^+)/c^\ominus][c_{eq}(OH^-)/c^\ominus]}{c_{eq}(NH_3)/c^\ominus} = 1.75\times10^{-5} \tag{6-4}$$

$$Ac^- + H_2O \rightleftharpoons HAc + OH^-$$

$$K_b^\ominus(Ac^-) = \frac{[c_{eq}(HAc)/c^\ominus][c_{eq}(OH^-)/c^\ominus]}{c_{eq}(Ac^-)/c^\ominus} = 5.7\times10^{-10} \tag{6-5}$$

由 $K_b^\ominus(NH_3) > K_b^\ominus(Ac^-)$ 可知，这两种碱的强弱顺序为 $NH_3 > Ac^-$，与它们共轭酸的强弱顺序刚好相反。说明一种酸的酸性越强，$K_a^\ominus$ 越大，则其共轭碱的碱性越弱，其 $K_b^\ominus$ 越小。

（3）多元弱酸的解离　多元弱酸的解离是分步进行的，每一步解离反应均有一个解离平衡常数，分别用"$K_{a_1}^\ominus$、$K_{a_2}^\ominus$……"表示分步解离的平衡常数。例如 H_2S 分两步解离：

第一步：

$$H_2S \rightleftharpoons H^+ + HS^-$$

$$K_{a_1}^\ominus(H_2S) = \frac{[c_{eq}(HS^-)/c^\ominus][c_{eq}(H^+)/c^\ominus]}{c_{eq}(H_2S)/c^\ominus} = 9.5\times10^{-8} \tag{6-6}$$

第二步：

$$HS^- \rightleftharpoons H^+ + S^{2-}$$

$$K_{a_2}^\ominus(H_2S) = \frac{[c_{eq}(S^{2-})/c^\ominus][c_{eq}(H^+)/c^\ominus]}{c_{eq}(HS^-)/c^\ominus} = 1.3\times10^{-14} \tag{6-7}$$

由 $K_{a_1}^\ominus > K_{a_2}^\ominus$ 可知，这两种酸的强弱顺序为 $H_2S > HS^-$。

（4）多元弱碱的解离　多元弱碱常指多元弱酸的酸根，如 CO_3^{2-}、PO_4^{3-} 的解离也是分步进行的，分别用"$K_{b_1}^\ominus$、$K_{b_2}^\ominus$……"表示分步解离的平衡常数。例如 CO_3^{2-} 分两步解离：

第一步：

$$CO_3^{2-} + H_2O \rightleftharpoons HCO_3^- + OH^-$$

$$K_{b_1}^{\ominus}(CO_3^{2-})=\frac{[c_{eq}(HCO_3^-)/c^{\ominus}][c_{eq}(OH^-)/c^{\ominus}]}{c_{eq}(CO_3^{2-})/c^{\ominus}}=1.79\times10^{-4} \quad (6\text{-}8)$$

第二步：

$$HCO_3^-+H_2O \rightleftharpoons H_2CO_3+OH^-$$

$$K_{b_2}^{\ominus}(CO_3^{2-})=\frac{[c_{eq}(H_2CO_3)/c^{\ominus}][c_{eq}(OH^-)/c^{\ominus}]}{c_{eq}(HCO_3^-)/c^{\ominus}}=2.33\times10^{-8} \quad (6\text{-}9)$$

由 $K_b^{\ominus}$ 的大小可知，碱的强弱为 $CO_3^{2-}>HCO_3^-$

3. 共轭酸碱对的 $K_a^{\ominus}$ 与 $K_b^{\ominus}$ 的关系

共轭酸碱对通过质子相互依存，它们的 $K_a^{\ominus}$ 与 $K_b^{\ominus}$ 之间有确定的关系。例如共轭酸碱对 HAc-Ac^- 的 $K_a^{\ominus}$ 与 $K_b^{\ominus}$ 之间：

$$K_a^{\ominus}(HAc)\times K_b^{\ominus}(Ac^-)=\frac{[c_{eq}(Ac^-)/c^{\ominus}][c_{eq}(H^+)/c^{\ominus}]}{c_{eq}(HAc)/c^{\ominus}}\times\frac{[c_{eq}(HAc)/c^{\ominus}][c_{eq}(OH^-)/c^{\ominus}]}{c_{eq}(Ac^-)/c^{\ominus}}$$

$$=[c_{eq}(H^+)/c^{\ominus}][c_{eq}(OH^-)/c^{\ominus}]=K_w^{\ominus}$$

故在水溶液中共轭酸碱对（HA-A^-）$K_a^{\ominus}$ 和 $K_b^{\ominus}$ 的关系如下：

$$K_a^{\ominus}(HA)K_b^{\ominus}(A^-)=K_w^{\ominus} \quad (6\text{-}10)$$

或

$$pK_a^{\ominus}(HA)+pK_b^{\ominus}(A^-)=pK_w^{\ominus} \quad (6\text{-}11)$$

式(6-10) 表明：共轭酸碱对的 $K_a^{\ominus}$ 与 $K_b^{\ominus}$ 的乘积等于水的离子积 $K_w^{\ominus}$；在共轭酸碱对中，酸的酸性越强（即酸的 $K_a^{\ominus}$ 越大），其共轭碱的碱性越弱（即共轭碱的 $K_b^{\ominus}$ 越小），反之，若碱的碱性越强，其共轭酸的酸性越弱。因此，只要知道了酸或碱的解离常数，则其相应的共轭碱或共轭酸的解离常数就可以通过此式求得。一些常用的弱酸、弱碱在水中的解离常数见附录Ⅲ。

多元酸或多元碱在水溶液中的解离是逐级进行的，有几级解离就能形成几对共轭酸碱对。例如 H_3PO_4 能形成三对共轭酸碱对，对于每一对共轭酸碱对均存在以下的关系：

H_3PO_4-$H_2PO_4^-$　　$K_{a1}^{\ominus}(H_3PO_4)K_{b3}^{\ominus}(H_2PO_4^-)=K_w^{\ominus}$

$H_2PO_4^-$-HPO_4^{2-}　　$K_{a2}^{\ominus}(H_2PO_4^-)K_{b2}^{\ominus}(HPO_4^{2-})=K_w^{\ominus}$

HPO_4^{2-}-PO_4^{3-}　　$K_{a3}^{\ominus}(HPO_4^{2-})K_{b1}^{\ominus}(PO_4^{3-})=K_w^{\ominus}$

二、酸碱平衡移动

酸碱平衡与其他化学平衡一样是一个动态平衡，当外界条件改变时，旧的平衡就被破坏，平衡会发生移动，直至建立新的平衡。影响酸碱平衡的主要因素有稀释作用、同离子效应及盐效应。

1. 解离度和稀释定律

不同类型的电解质在水溶液中的解离程度常用解离度来描述。解离度就是电解质在水溶液中达到解离平衡时解离的百分率，用符号“α”表示，即：

$$\alpha=\frac{\text{已解离的电解质分子数}}{\text{溶液中原有电解质的分子总数}}\times100\%$$

影响解离度 α 的主要因素有：

① 电解质的本性。电解质的极性越强，α 越大，反之 α 越小。

② 溶液的浓度。溶液越稀，α 越大。

③ 溶剂的极性。溶剂的极性越强，α 越大。

④ 溶液的温度。解离是吸热过程，温度升高，α 略微增大。

⑤ 其他电解质的存在也有一定的影响。

对于一元弱酸：

$$\begin{array}{llll} & HA & \rightleftharpoons A^- & + H^+ \\ 起始浓度/(mol \cdot L^{-1}) & c(HA) & 0 & 0 \\ 平衡浓度/(mol \cdot L^{-1}) & c(HA)(1-\alpha) & c(HA)\alpha & c(HA)\alpha \end{array}$$

$$K_a^{\ominus}(HA)=\frac{[c_{eq}(A^-)/c^{\ominus}][c_{eq}(H^+)/c^{\ominus}]}{[c_{eq}(HA)/c^{\ominus}]}$$

$$=\frac{[c(HA)\alpha/c^{\ominus}]^2}{[c(HA)/c^{\ominus}](1-\alpha)}=\frac{c(HA)\alpha^2}{(1-\alpha)c^{\ominus}}$$

当 $\alpha<5\%$，$1-\alpha\approx1$，于是可用下面的近似关系表示：

$$K_a^{\ominus}(HA)=\frac{c(HA)\alpha^2}{c^{\ominus}} 或 \alpha=\sqrt{\frac{K_a^{\ominus}(HA)c^{\ominus}}{c(HA)}} \tag{6-12}$$

同理，一元弱碱（B）：

$$K_b^{\ominus}(B)=\frac{c(B)\alpha^2}{c^{\ominus}} 或 \alpha=\sqrt{\frac{K_b^{\ominus}(B)c^{\ominus}}{c(B)}} \tag{6-13}$$

式(6-12)、式(6-13）称为稀释定律，它表明：在一定温度下，弱电解质的解离度与其浓度的平方根成反比，溶液越稀，解离度越大，无限稀释时，弱电解质可看作是完全解离的。

2. 同离子效应和盐效应

在弱电解质溶液中加入含有与该弱电解质具有相同离子的强电解质，从而使弱电解质的解离平衡向着生成弱电解质分子的方向移动，使弱电解质的解离度降低的效应，称为同离子效应。例如在 HAc 水溶液中加入 NaAc，存在下列平衡：

$$NaAc = Na^+ + Ac^-$$

$$HAc + H_2O \rightleftharpoons H_3O^+ + Ac^-$$

溶液中 Ac^- 的浓度大大增加，使 HAc 解离平衡向左移动，反应逆向进行，从而降低了 HAc 的解离度。向氨水中加入 NH_4Cl 的情况与此类似。

如果向弱电解质溶液中加入含有与该弱电解质具有不同离子的强电解质，如往 HAc 水溶液中加入 NaCl，由于溶液中离子总浓度增大，离子间相互牵制作用增强，使得弱电解质解离的阴、阳离子结合形成分子的机会减小，从而使弱电解质解离度增大，这种效应称为盐效应。

当然，在产生同离子效应的同时也会产生盐效应，但相对于同离子效应而言，盐效应对解离度的影响可以忽略不计。

第三节 酸碱平衡水溶液中酸度的计算

溶液中 H^+ 浓度的大小对很多化学反应都有重要的影响。本节从酸碱平衡系统出发，重点讨论一元弱酸（碱）、多元弱酸（碱）、两性物质水溶液酸度的计算。H^+ 浓度计算的主要依据是物料平衡式和质子平衡式。在推导出 H^+ 浓度的精确计算公式的基础上，根据具体情况及计算允许误差（相对误差≤5%），对精确式合理简化，从而得到近似式，甚至最简式。

一、物料平衡式

物料平衡是指在平衡状态下，某组分的分析浓度（即该组分在溶液中的总浓度）等于该组分各种型体的平衡浓度的总和，其数学表达式叫做物料平衡式（MBE)。例如，对于浓度为 c(HA）的 HA 溶液，其物料平衡式为：

$$c(HA)=c_{eq}(HA)+c_{eq}(A^-)$$

又如在浓度为 $c(Na_2CO_3)$ 的 Na_2CO_3 溶液，组分 Na_2CO_3 的物料平衡式为：

$$c(Na_2CO_3)=c_{eq}(H_2CO_3)+c_{eq}(HCO_3^-)+c_{eq}(CO_3^{2-})$$

组分 Na^+ 的物料平衡式为：

$$2c(Na_2CO_3)=c_{eq}(Na^+)$$

二、质子平衡式

根据酸碱质子理论，酸碱反应的实质是质子的传递，当酸碱反应达到平衡时，酸失去质子和碱得到质子的物质的量必然相等，其数学表达式称为质子平衡式或质子条件式（PBE）。

根据酸碱反应得失质子相等关系可以直接写出质子条件式。首先，从酸碱平衡系统中选取质子参考水准或称为零水准，它们是溶液中大量存在并参与质子转移的物质，通常是起始酸碱组分，包括溶剂分子。其次，根据质子参考水准判断得失质子的产物及其得失质子的量。最后，根据得失质子物质的量相等的原则，即可写出质子条件式。

例如，一元弱酸 HA 水溶液中，大量存在并参与质子转移的起始酸碱组分为 HA 和 H_2O，因此选它们作为零水准，它们的得失质子情况如下：

$$A^- \xleftarrow{-H^+} HA$$

$$OH^- \xleftarrow{-H^+} H_2O \xrightarrow{+H^+} H_3O^+\text{（可简写为 }H^+\text{）}$$

根据得失质子物质的量相等的原则，同时考虑它们同处于溶液中，可用浓度表示上述质子得失的关系。所以，HA 水溶液的质子条件式为：

$$c_{eq}(H^+)=c_{eq}(A^-)+c_{eq}(OH^-)$$

可见，根据选好的零水准，只要将所有得到质子的产物的浓度写在等号的一边，所有失去质子的产物的浓度写在等号的另一边，就得到质子条件式。注意，质子条件式中不应出现零水准和与质子转移无关的组分。对于得失质子产物在质子条件式中其浓度前应乘以相应的得失质子数。

再如，在 $H_2C_2O_4$ 水溶液中，以 $H_2C_2O_4$ 和 H_2O 为零水准，它们的得失质子情况如下：

$$HC_2O_4^- \xleftarrow{-H^+} H_2C_2O_4$$

$$C_2O_4^{2-} \xleftarrow{-2H^+} H_2C_2O_4$$

$$OH^- \xleftarrow{-H^+} H_2O \xrightarrow{+H^+} H_3O^+$$

质子条件式为：$c_{eq}(H^+)=c_{eq}(HC_2O_4^-)+2c_{eq}(C_2O_4^{2-})+c_{eq}(OH^-)$

【例 6-1】 写出 NH_4HCO_3 水溶液的质子条件式。

解 选取 NH_4^+、HCO_3^- 和 H_2O 为零水准，它们的得失质子情况如下：

$$NH_3 \xleftarrow{-H^+} NH_4^+$$

$$CO_3^{2-} \xleftarrow{-H^+} HCO_3^- \xrightarrow{+H^+} H_2CO_3$$

$$OH^- \xleftarrow{-H^+} H_2O \xrightarrow{+H^+} H_3O^+$$

质子条件式为：$c_{eq}(H^+)+c_{eq}(H_2CO_3)=c_{eq}(CO_3^{2-})+c_{eq}(NH_3)+c_{eq}(OH^-)$

【例 6-2】 写出 Na_2HPO_4 水溶液的质子条件式。

解 选取 HPO_4^{2-} 和 H_2O 为零水准，它们的得失质子情况如下：

$$PO_4^{3-} \xleftarrow{-H^+} HPO_4^{2-} \xrightarrow{+H^+} H_2PO_4^-$$

$$HPO_4^{2-} \xrightarrow{+2H^+} H_3PO_4$$

$$OH^- \xleftarrow{-H^+} H_2O \xrightarrow{+H^+} H_3O^+$$

质子条件式为：$c_{eq}(H^+)+c_{eq}(H_2PO_4^-)+2c_{eq}(H_3PO_4)=c_{eq}(PO_4^{3-})+c_{eq}(OH^-)$

三、酸度对弱酸（碱）各种型体分布的影响

在弱酸（碱）的平衡系统中，常常同时存在多种型体，为使反应完全，必须控制有关型体的浓度。如在 HAc 溶液中，由于 HAc 的解离，HAc 分别以 HAc 分子和 Ac^- 两种型体存在。当溶液的酸度发生变化时，各存在型体浓度的分布将随之发生变化，这种影响可以用分布系数来衡量，即溶液中弱酸（碱）的某种存在型体的平衡浓度在弱酸（碱）分析浓度（总浓度）中所占的分数称为分布系数，用符号“δ_i”表示。

1. 一元弱酸（碱）水溶液中各型体的分布

一元弱酸 HA 在水溶液中达到解离平衡后，以 HA 和 A^- 两种型体存在：

$$HA \rightleftharpoons A^- + H^+$$

$$K_a^{\ominus}(HA)=\frac{[c_{eq}(A^-)/c^{\ominus}][c_{eq}(H^+)/c^{\ominus}]}{[c_{eq}(HA)/c^{\ominus}]}$$

根据分布系数的定义有：

$$\delta_{HA}=\frac{c_{eq}(HA)}{c(HA)}=\frac{c_{eq}(HA)}{c_{eq}(HA)+c_{eq}(A^-)}=\frac{c_{eq}(H^+)}{c_{eq}(H^+)+K_a^{\ominus}c^{\ominus}} \quad (6\text{-}14)$$

$$\delta_{A^-}=\frac{c_{eq}(A^-)}{c(HA)}=\frac{c_{eq}(A^-)}{c_{eq}(HA)+c_{eq}(A^-)}=\frac{K_a^{\ominus}c^{\ominus}}{c_{eq}(H^+)+K_a^{\ominus}c^{\ominus}} \quad (6\text{-}15)$$

显然 $$\delta_{HA}+\delta_{A^-}=1$$

由以上分布系数的表达式可知，在一定温度下，对于给定的一元弱酸而言，其各型体分布系数的大小只与 H^+ 的浓度即溶液的酸度有关，而与弱酸的总浓度无关。

【例 6-3】 计算 pH=4.00 时，$0.10mol \cdot L^{-1}$ 的 HAc 溶液中各型体的分布系数及平衡浓度。

解 $\delta_{HAc}=\dfrac{c_{eq}(H^+)}{c_{eq}(H^+)+K_a^{\ominus}c^{\ominus}}=\dfrac{1.0\times10^{-4}mol \cdot L^{-1}}{1.0\times10^{-4}mol \cdot L^{-1}+1.75\times10^{-5}\times1mol \cdot L^{-1}}=0.85$

$\delta_{Ac^-}=1-\delta_{HAc}=1-0.85=0.15$

$c_{eq}(HAc)=\delta_{HAc}\times c(HAc)=0.10mol \cdot L^{-1}\times0.85=0.085mol \cdot L^{-1}$

$c_{eq}(Ac^-)=c(HAc)-c_{eq}(HAc)=0.10mol \cdot L^{-1}-0.085mol \cdot L^{-1}=0.015mol \cdot L^{-1}$

按照同样的方法可以计算出不同 pH 时的 δ_{HAc} 和 δ_{Ac^-} 值，然后以 pH 为横坐标，以 δ 为纵坐标，绘制 HAc 两种型体的 δ_i-pH 曲线，此图称为 HAc 的型体分布图，如图 6-1 所示。

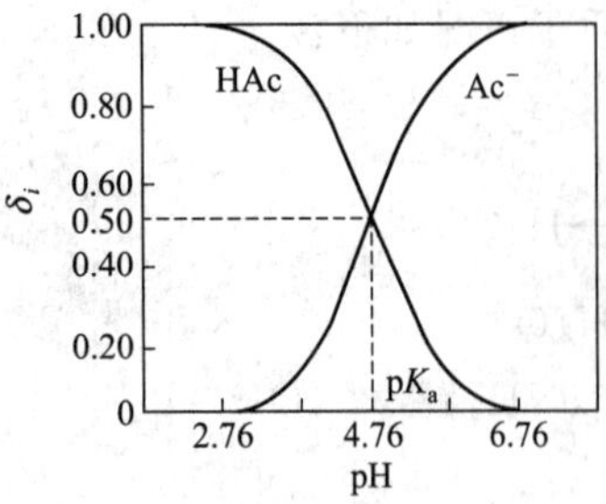

图 6-1 HAc 各型体的 δ_i-pH 曲线

从图 6-1 可知，随着 pH 的增大，δ_{HAc} 逐渐减小，δ_{Ac^-} 逐渐增大。当 $pH=pK_a^{\ominus}(HAc)$ 时，$\delta_{HAc}=\delta_{Ac^-}$，$c_{eq}(HAc)=c_{eq}(Ac^-)$，溶液中 HAc 和 Ac^- 两种型体各占 50%；当 $pH<pK_a^{\ominus}(HAc)$ 时，$\delta_{HAc}>\delta_{Ac^-}$，HAc 为主要型体；$pH>pK_a^{\ominus}(HAc)$ 时，$\delta_{HAc}<\delta_{Ac^-}$，$Ac^-$ 为主要型体，因此可以通过控制溶液的酸度得到所需的存在型体。

对于一元弱碱 A^-，根据其共轭酸 HA 的 $K_a^{\ominus}$，同样可以推导出其水溶液中各型体的分布系数。例如 NH_3 的水溶液中：

$$\delta_{NH_4^+}=\frac{c_{eq}(H^+)}{c_{eq}(H^+)+K_a^{\ominus}(NH_4^+)c^{\ominus}} \tag{6-16}$$

$$\delta_{NH_3}=\frac{K_a^{\ominus}(NH_4^+)c^{\ominus}}{c_{eq}(H^+)+K_a^{\ominus}(NH_4^+)c^{\ominus}} \tag{6-17}$$

2. 多元弱酸（碱）水溶液中各型体的分布

二元弱酸（H_2A）在水溶液中达到解离平衡后，以三种型体 H_2A、HA^-、A^{2-} 存在。设 H_2A 的总浓度为 c，即 $c=c_{eq}(H_2A)+c_{eq}(HA^-)+c_{eq}(A^{2-})$，则有：

$$\delta_{H_2A}=\frac{c_{eq}(H_2A)}{c(H_2A)}=\frac{c_{eq}(H_2A)}{c_{eq}(H_2A)+c_{eq}(HA^-)+c_{eq}(A^{2-})}$$

$$=\frac{1}{1+\frac{c_{eq}(HA^-)}{c_{eq}(H_2A)}+\frac{c_{eq}(A^{2-})}{c_{eq}(H_2A)}}$$

$$\delta_{H_2A}=\frac{[c_{eq}(H^+)]^2}{[c_{eq}(H^+)]^2+K_{a1}^{\ominus}c^{\ominus}\ c_{eq}(H^+)+K_{a1}^{\ominus}K_{a2}^{\ominus}(c^{\ominus})^2} \tag{6-18}$$

同理可得：

$$\delta_{HA^-}=\frac{c_{eq}(HA^-)}{c(H_2A)}=\frac{K_{a1}^{\ominus}c^{\ominus}\ c_{eq}(H^+)}{[c_{eq}(H^+)]^2+K_{a1}^{\ominus}c^{\ominus}\ c_{eq}(H^+)+K_{a1}^{\ominus}K_{a2}^{\ominus}(c^{\ominus})^2} \tag{6-19}$$

$$\delta_{A^{2-}}=\frac{K_{a1}^{\ominus}K_{a2}^{\ominus}(c^{\ominus})^2}{[c_{eq}(H^+)]^2+K_{a1}^{\ominus}c^{\ominus}\ c_{eq}(H^+)+K_{a1}^{\ominus}K_{a2}^{\ominus}(c^{\ominus})^2} \tag{6-20}$$

即：

$$\delta_{H_2A}+\delta_{HA^-}+\delta_{A^{2-}}=1$$

同样以 pH 为横坐标，以 δ 为纵坐标，绘制二元弱酸（H_2A）各种型体的 δ_i-pH 曲线，可得二元弱酸的型体分布图。图 6-2 为二元弱酸 $H_2C_2O_4$ 水溶液的型体分布图。

从图 6-2 可知，当 $H_2C_2O_4$ 的 $pK_{a1}^{\ominus}=1.25$、$pK_{a2}^{\ominus}=4.27$，以它们为界，可分为三个区域；$pH<pK_{a1}^{\ominus}$ 以 $H_2C_2O_4$ 占优势；$pH>pK_{a2}^{\ominus}$，$C_2O_4^{2-}$ 型体为主；当 $pK_{a1}^{\ominus}<pH<pK_{a2}^{\ominus}$ 时，则主要是 $HC_2O_4^-$ 型体。$pK_{a1}^{\ominus}$ 和 $pK_{a2}^{\ominus}$ 值相差越小，HA^- 型体占优势区域越窄。

对于三元弱酸（H_3A），同理可推导出各型体的分布分数：

$$c=c_{eq}(H_3A)+c_{eq}(H_2A^-)+c_{eq}(HA^{2-})+c_{eq}(A^{3-})$$

$$\delta_{H_3A}=\frac{c_{eq}(H_3A)}{c(H_3A)}=\frac{[c_{eq}(H^+)]^3}{[c_{eq}(H^+)]^3+K_{a1}^{\ominus}c^{\ominus}[c_{eq}(H^+)]^2+K_{a1}^{\ominus}K_{a2}^{\ominus}(c^{\ominus})^2c_{eq}(H^+)+K_{a1}^{\ominus}K_{a2}^{\ominus}K_{a3}^{\ominus}(c^{\ominus})^3}$$

$$\delta_{H_2A^-}=\frac{c_{eq}(H_2A^-)}{c(H_3A)}=\frac{K_{a1}^{\ominus}c^{\ominus}[c_{eq}(H^+)]^2}{[c_{eq}(H^+)]^3+K_{a1}^{\ominus}c^{\ominus}[c_{eq}(H^+)]^2+K_{a1}^{\ominus}K_{a2}^{\ominus}(c^{\ominus})^2c_{eq}(H^+)+k_{a1}^{\ominus}K_{a2}^{\ominus}K_{a3}^{\ominus}(c^{\ominus})^3}$$

$$\delta_{HA^{2-}}=\frac{c_{eq}(HA^{2-})}{c(H_3A)}=\frac{K_{a1}^{\ominus}K_{a2}^{\ominus}(c^{\ominus})^2c_{eq}(H^+)}{[c_{eq}(H^+)]^3+K_{a1}^{\ominus}c^{\ominus}[c_{eq}(H^+)]^2+K_{a1}^{\ominus}K_{a2}^{\ominus}(c^{\ominus})^2c_{eq}(H^+)+K_{a1}^{\ominus}K_{a2}^{\ominus}K_{a3}^{\ominus}(c^{\ominus})^3}$$

$$\delta_{A^{3-}}=\frac{c_{eq}(A^{3-})}{c(H_3A)}=\frac{K_{a1}^{\ominus}K_{a2}^{\ominus}K_{a3}^{\ominus}(c^{\ominus})^3}{[c_{eq}(H^+)]^3+K_{a1}^{\ominus}c^{\ominus}[c_{eq}(H^+)]^2+K_{a1}^{\ominus}K_{a2}^{\ominus}(c^{\ominus})^2c_{eq}(H^+)+K_{a1}^{\ominus}K_{a2}^{\ominus}K_{a3}^{\ominus}(c^{\ominus})^3}$$

同样可以绘制三元弱酸（H_3A）的型体分布图。图 6-3 为三元弱酸 H_3PO_4 水溶液的型体分布图。H_3PO_4 的 $pK_{a1}^{\ominus}=2.18$，$pK_{a2}^{\ominus}=7.20$，$pK_{a3}^{\ominus}=12.35$。并可以从图形来判断不同 pH 时 H_3PO_4 存在的主要型体。

从二元弱酸、三元弱酸的水溶液中各存在型体分布系数的表达式来看，在一定温度下，对于给定的弱酸而言，其各型体的分布系数的大小只与 H^+ 的浓度即溶液的酸度有关，而与弱酸的总浓度无关，实际工作中常通过控制溶液的酸度得到所需要的型体。

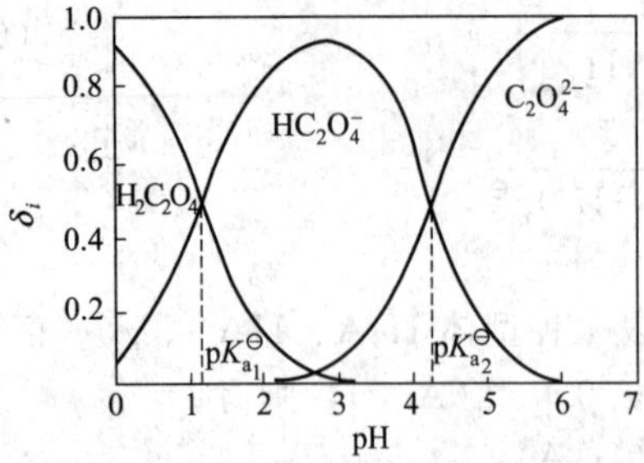

图 6-2　$H_2C_2O_4$ 各型体的 δ_i-pH 曲线

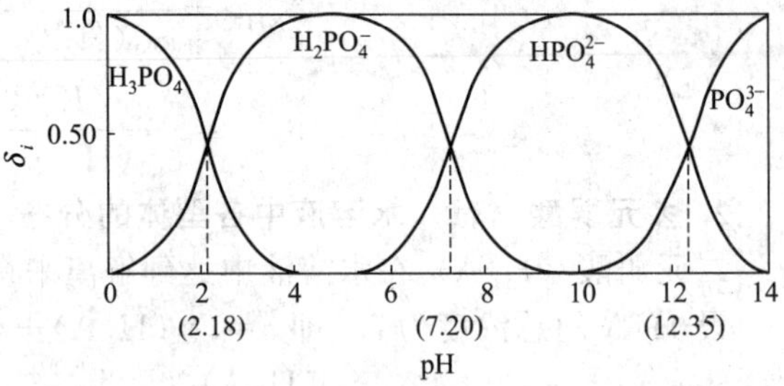

图 6-3　H_3PO_4 各型体的 δ_i-pH 曲线

四、强酸（碱）溶液酸度的计算

设浓度为 c 的强酸 HB，其 PBE 为：

$$c_{eq}(H^+)=c+c_{eq}(OH^-)$$

上列质子条件式的意义是，溶液中 H^+（即 H_3O^+）分别来源于 H_2O 和 HB 的解离，根据平衡关系，得到：

$$c_{eq}(H^+)=c+\frac{K_w^{\ominus}(c^{\ominus})^2}{c_{eq}(H^+)}$$

$$[c_{eq}(H^+)]^2-cc_{eq}(H^+)-K_w^{\ominus}(c^{\ominus})^2=0$$

$$c_{eq}(H^+)=\frac{c+\sqrt{c^2+4K_w^{\ominus}(c^{\ominus})^2}}{2} \tag{6-21}$$

式(6-21) 是计算强酸溶液 H^+ 浓度的精确式。当强酸的浓度不是太稀时，即强酸 $c \geqslant 10^{-6}\,mol \cdot L^{-1}$，则可忽略式中的 $4K_w^{\ominus}(c^{\ominus})^2$，则

$$c_{eq}(H^+)=c \quad （最简式） \tag{6-22}$$

对于浓度为 c 的强碱溶液，其 $c(OH^-)$ 的计算与强酸情况类似，强碱 $c \geqslant 10^{-6}\,mol \cdot L^{-1}$，有最简式：$c_{eq}(OH^-)=c$。

五、一元弱酸（碱）水溶液酸度的计算

1. 一元弱酸水溶液

浓度为 c 的一元弱酸 HA，其 PBE 为：

$$c_{eq}(H^+)=c_{eq}(A^-)+c_{eq}(OH^-)$$

$$c_{eq}(H^+)=\frac{K_a^{\ominus}(HA)c^{\ominus}c_{eq}(HA)}{c_{eq}(H^+)}+\frac{K_w^{\ominus}(c^{\ominus})^2}{c_{eq}(H^+)}$$

$$c_{eq}(H^+)=\sqrt{K_a^{\ominus}(HA)c^{\ominus}\,c_{eq}(HA)+K_w^{\ominus}(c^{\ominus})^2} \tag{6-23}$$

式(6-23) 是计算一元弱酸水溶液 pH 的精确式，其中

$$c_{eq}(HA)=\delta(HA)\times c(HA)=\frac{c_{eq}(H^+)\times c(HA)}{c_{eq}(H^+)+K_a^{\ominus}c^{\ominus}}$$

代入后解方程仍很麻烦。实际上，可根据具体情况进行合理的处理，采用近似法进行计算。

① 当 $\frac{K_a^{\ominus}c\,(HA)}{c^{\ominus}} \geqslant 20K_w^{\ominus}$，$\frac{c\,(HA)}{K_a^{\ominus}c^{\ominus}}<500$ 时，水的解离可忽略，但 HA 的解离较大，不可忽略，式(6-23) 中 $K_w^{\ominus}(c^{\ominus})^2$ 可略去，$c_{eq}(HA)=c(HA)-c_{eq}(A^-)\approx c(HA)-c_{eq}(H^+)$即有：

$$c_{eq}(H^+)=\frac{-K_a^\ominus c^\ominus+\sqrt{(K_a^\ominus c^\ominus)^2+4K_a^\ominus c^\ominus\ c(HA)}}{2} \quad (6\text{-}24)$$

② 当 $\frac{K_a^\ominus c(HA)}{c^\ominus}\geqslant 20K_w^\ominus$，$\frac{c(HA)}{K_a^\ominus c^\ominus}\geqslant 500$ 时，水的解离可忽略，且 HA 的解离较小，$c_{eq}(HA)=c(HA)-c_{eq}(A^-)\approx c(HA)$，即有：

$$c_{eq}(H^+)=\sqrt{K_a^\ominus c^\ominus\ c(HA)} \quad (6\text{-}25)$$

③ 当 $\frac{K_a^\ominus c\ (HA)}{c^\ominus}<20K_w^\ominus$，$\frac{c(HA)}{K_a^\ominus c^\ominus}\geqslant 500$ 时，水的解离不可忽略，但 HA 的解离较小，$c_{eq}(HA)=c(HA)-c_{eq}(A^-)\approx c(HA)$，即有：

$$c_{eq}(H^+)=\sqrt{K_a^\ominus c^\ominus\ c(HA)+K_w^\ominus(c^\ominus)^2} \quad (6\text{-}26)$$

【例 6-4】 计算常温下 0.10mol·L^{-1} NH_4Cl 水溶液的 pH。已知 $K_a^\ominus(NH_4^+)=5.70\times10^{-10}$

解 因为 $\frac{K_a^\ominus c(NH_4^+)}{c^\ominus}=\frac{5.70\times10^{-10}\times0.10\text{mol}\cdot\text{L}^{-1}}{1\text{mol}\cdot\text{L}^{-1}}=5.7\times10^{-11}>20K_w^\ominus$

$$\frac{c(NH_4^+)}{K_a^\ominus c^\ominus}=\frac{0.10\text{mol}\cdot\text{L}^{-1}}{5.70\times10^{-10}\times1\text{mol}\cdot\text{L}^{-1}}=1.75\times10^8>500$$

所以 $c_{eq}(H^+)=\sqrt{K_a^\ominus c^\ominus\ c(NH_4^+)}=\sqrt{5.70\times10^{-10}\times1\text{mol}\cdot\text{L}^{-1}\times0.10\text{mol}\cdot\text{L}^{-1}}$

$=7.55\times10^{-6}\text{mol}\cdot\text{L}^{-1}$

pH=5.12

2. 一元弱碱水溶液

按照一元弱酸水溶液 pH 计算的处理方法，同样可得一元弱碱水溶液 pH 计算的精确式与近似式，只将式中 $c_{eq}(H^+)$ 换成 $c_{eq}(OH^-)$，$K_a^\ominus$ 换成 $K_b^\ominus$ 即可。

【例 6-5】 计算常温下 0.10mol·L^{-1}NaCN 水溶液的 pH。

解 已知 $K_a^\ominus(HCN)=6.2\times10^{-10}$，则 CN^- 的 $K_b^\ominus=\frac{K_w^\ominus}{K_a^\ominus}=\frac{1.0\times10^{-14}}{6.2\times10^{-10}}=1.6\times10^{-5}$

因为 $\frac{K_b^\ominus c\ (CN^-)}{c^\ominus}=\frac{1.6\times10^{-5}\times0.10\text{mol}\cdot\text{L}^{-1}}{1\text{mol}\cdot\text{L}^{-1}}=1.6\times10^{-6}>20K_w^\ominus$

$$\frac{c(CN^-)}{K_b^\ominus c^\ominus}=\frac{0.10\text{mol}\cdot\text{L}^{-1}}{1.6\times10^{-5}\times1\text{mol}\cdot\text{L}^{-1}}=6.2\times10^3>500$$

所以 $c_{eq}(OH^-)=\sqrt{K_b^\ominus c^\ominus\ c(CN^-)}=\sqrt{1.6\times10^{-5}\times1\text{mol}\cdot\text{L}^{-1}\times0.10\text{mol}\cdot\text{L}^{-1}}$

$=1.3\times10^{-3}\text{mol}\cdot\text{L}^{-1}$

pH=11.11

六、多元弱酸（碱）水溶液酸度的计算

1. 多元弱酸水溶液

多元弱酸分步解离，一般来说，多元弱酸的 $K_{a1}^\ominus>K_{a2}^\ominus>\cdots>K_{a_n}^\ominus$，可近似地将溶液中 H^+ 看成主要由第一级解离生成，忽略其他各级解离，因此可按一元弱酸处理。相应的计算公式可将一元弱酸中的 $K_a^\ominus$ 换成 $K_{a1}^\ominus$ 即可。

【例 6-6】 计算常温下 0.10mol·L^{-1} H_2S 水溶液中的 H^+、S^{2-} 的浓度。

解 已知 $K_{a1}^\ominus(H_2S)=9.5\times10^{-8}$，$K_{a2}^\ominus(H_2S)=1.3\times10^{-14}$

因为 $\frac{K_{a1}^\ominus c(H_2S)}{c^\ominus}=\frac{9.5\times10^{-8}\times0.10\text{mol}\cdot\text{L}^{-1}}{1\text{mol}\cdot\text{L}^{-1}}=9.5\times10^{-9}>20K_w^\ominus$

$$\frac{c(H_2S)}{K_{a1}^{\ominus}c^{\ominus}}=\frac{0.10\text{mol}\cdot L^{-1}}{9.5\times10^{-8}\times1\text{mol}\cdot L^{-1}}=1.1\times10^{6}>500$$

所以$c_{eq}(H^+)=\sqrt{K_{a1}^{\ominus}c^{\ominus}\ c(H_2S)}=\sqrt{9.5\times10^{-8}\times1\text{mol}\cdot L^{-1}\times0.10\text{mol}\cdot L^{-1}}$
$=9.7\times10^{-5}\text{mol}\cdot L^{-1}$

$c_{eq}(S^{2-})$ 第一种方法：

$$H_2S \rightleftharpoons H^+ + HS^- \quad K_{a1}^{\ominus}(H_2S)=\frac{[c_{eq}(HS^-)/c^{\ominus}][c_{eq}(H^+)/c^{\ominus}]}{c_{eq}(H_2S)/c^{\ominus}}$$

$$HS^- \rightleftharpoons H^+ + S^{2-} \quad K_{a2}^{\ominus}(H_2S)=\frac{[c_{eq}(S^{2-})/c^{\ominus}][c_{eq}(H^+)/c^{\ominus}]}{c_{eq}(HS^-)/c^{\ominus}}$$

$$K_{a1}^{\ominus}(H_2S)\times K_{a2}^{\ominus}(H_2S)=\frac{[c_{eq}(S^{2-})/c^{\ominus}][c_{eq}(H^+)/c^{\ominus}]^2}{c_{eq}(H_2S)/c^{\ominus}}$$

$$c_{eq}(S^{2-})=\frac{K_{a1}^{\ominus}(H_2S)K_{a2}^{\ominus}(H_2S)(c^{\ominus})^2c_{eq}(H_2S)}{[c_{eq}(H^+)]^2}$$

由于 H_2S 的解离很小，$c_{eq}(H_2S)\approx c(H_2S)$，则：

$$c_{eq}(S^{2-})=\frac{K_{a1}^{\ominus}(H_2S)K_{a2}^{\ominus}(H_2S)(c^{\ominus})^2c(H_2S)}{[c_{eq}(H^+)]^2}$$

$$c_{eq}(S^{2-})=\frac{9.5\times10^{-8}\times1.3\times10^{-14}\times(1\text{mol}\cdot L^{-1})^2\times0.10\text{mol}\cdot L^{-1}}{(9.7\times10^{-5}\text{mol}\cdot L^{-1})^2}$$
$$=1.1\times10^{-14}\text{mol}\cdot L^{-1}$$

$c_{eq}(S^{2-})$ 第二种方法：由第二步解离平衡计算，由于第二步解离的 H^+ 相对第一步解离的 H^+ 可忽略不计，则 $c_{eq}(H^+)\approx c_{eq}(HS^-)$，$c_{eq}(S^{2-})=K_{a2}^{\ominus}c^{\ominus}=1.3\times10^{-14}\text{mol}\cdot L^{-1}$。

注意：当溶液中 H^+ 不仅来自 H_2S 的解离时，$c_{eq}(H^+)\neq c_{eq}(HS^-)$，此时 $c_{eq}(S^{2-})$ 必须用第一种方法计算。

2. 多元弱碱水溶液

根据对多元弱酸的讨论，同样可以得到多元弱碱水溶液的 OH^- 浓度的计算公式，只需将公式中的 $c_{eq}(H^+)$ 换成 $c_{eq}(OH^-)$，$K_a^{\ominus}$ 换成 $K_b^{\ominus}$ 即可。

【例 6-7】 计算常温下 $1.0\times10^{-4}\text{mol}\cdot L^{-1}$ Na_3PO_4 溶液的 pH。

解 PO_4^{3-} 的 $K_{b1}^{\ominus}=\frac{K_w^{\ominus}}{K_{a3}^{\ominus}}=2.2\times10^{-2}$，$K_{b2}^{\ominus}=\frac{K_w^{\ominus}}{K_{a2}^{\ominus}}=1.6\times10^{-7}$，$K_{b3}^{\ominus}=\frac{K_w^{\ominus}}{K_{a1}^{\ominus}}=1.4\times10^{-12}$

因为 $\frac{K_{b1}^{\ominus}c(PO_4^{3-})}{c^{\ominus}}=\frac{2.2\times10^{-2}\times1.0\times10^{-4}\text{mol}\cdot L^{-1}}{1\text{mol}\cdot L^{-1}}=2.2\times10^{-6}>20K_w^{\ominus}$

$$\frac{c(PO_4^{3-})}{K_{b1}^{\ominus}c^{\ominus}}=\frac{1.0\times10^{-4}\text{mol}\cdot L^{-1}}{2.2\times10^{-2}\times1\text{mol}\cdot L^{-1}}=4.5\times10^{-3}<500$$

所以 $c_{eq}(OH^-)=\frac{-K_{b1}^{\ominus}c^{\ominus}+\sqrt{(K_{b1}^{\ominus}c^{\ominus})^2+4K_{b1}^{\ominus}c^{\ominus}\ c(PO_4^{3-})}}{2}$

$$=\frac{-2.2\times10^{-2}\times1\text{mol}\cdot L^{-1}+\sqrt{(2.2\times10^{-2}\times1\text{mol}\cdot L^{-1})^2+4\times2.2\times10^{-2}\times1\text{mol}\cdot L^{-1}\times1.0\times10^{-4}\text{mol}\cdot L^{-1}}}{2}$$

$=1.0\times10^{-4}\text{mol}\cdot L^{-1}$

pH=10.00

七、两性物质水溶液酸度的计算

两性物质是指既能接受质子又能给出质子的物质。除 H_2O 之外，常见的两性物质有酸

式盐如 $NaHCO_3$、Na_2HPO_4、NaH_2PO_4 及弱酸弱碱盐 NH_4Ac 等。以浓度为 c 的酸式盐 NaHA 为例，其 PBE 为：

$$c_{eq}(H^+)+c_{eq}(H_2A)=c_{eq}(A^{2-})+c_{eq}(OH^-)$$

利用平衡关系

$$c_{eq}(H^+)+\frac{c_{eq}(H^+)c_{eq}(HA^-)}{K_{a1}^{\ominus}c^{\ominus}}=\frac{K_{a2}^{\ominus}c^{\ominus}\ c_{eq}(HA^-)}{c_{eq}(H^+)}+\frac{K_w^{\ominus}(c^{\ominus})^2}{c_{eq}(H^+)}$$

经整理得：

$$c_{eq}(H^+)=\sqrt{\frac{[K_{a2}^{\ominus}c_{eq}(HA^-)+K_w^{\ominus}c^{\ominus}]K_{a1}^{\ominus}(c^{\ominus})^2}{K_{a1}^{\ominus}c^{\ominus}+c_{eq}(HA^-)}} \tag{6-27}$$

上式即为计算两性物质 HA^- 水溶液的 H^+ 浓度的精确式。

一般情况下，HA^- 进一步酸式解离与碱式解离的倾向都较小（即 $K_{a2}^{\ominus}$，$K_{b2}^{\ominus}$ 都很小），因此 $c_{eq}(HA^-)\approx c(HA^-)$，则式(6-27) 可简化为：

$$c_{eq}(H^+)=\sqrt{\frac{[K_{a2}^{\ominus}c(HA^-)+K_w^{\ominus}c^{\ominus}]K_{a1}^{\ominus}(c^{\ominus})^2}{K_{a1}^{\ominus}c^{\ominus}+c(HA^-)}} \tag{6-28}$$

对于式(6-28) 还可做近似处理：

(1) 若 $K_{a2}^{\ominus}c(HA^-)\geqslant 20K_w^{\ominus}c^{\ominus}$，$c(HA^-)\geqslant 20K_{a1}^{\ominus}c^{\ominus}$，则

$$c_{eq}(H^+)=\sqrt{K_{a1}^{\ominus}K_{a2}^{\ominus}(c^{\ominus})^2} \tag{6-29}$$

(2) 若 $K_{a2}^{\ominus}c(HA^-)\geqslant 20K_w^{\ominus}c^{\ominus}$，$c(HA^-)<20K_{a1}^{\ominus}c^{\ominus}$，则

$$c_{eq}(H^+)=\sqrt{\frac{K_{a1}^{\ominus}K_{a2}^{\ominus}(c^{\ominus})^2c(HA^-)}{K_{a1}^{\ominus}c^{\ominus}+c(HA^-)}} \tag{6-30}$$

(3) 若 $K_{a2}^{\ominus}c(HA^-)<20K_w^{\ominus}c^{\ominus}$，$c(HA^-)\geqslant 20K_{a1}^{\ominus}c^{\ominus}$，则

$$c_{eq}(H^+)=\sqrt{\frac{[K_{a2}^{\ominus}c(HA^-)+K_w^{\ominus}c^{\ominus}]K_{a1}^{\ominus}(c^{\ominus})^2}{c(HA^-)}} \tag{6-31}$$

上述公式中，$K_{a2}^{\ominus}$ 相当于两性物质中酸组分的 $K_a^{\ominus}$，而 $K_{a1}^{\ominus}$ 则相当于两性物质中碱组分的共轭酸的 $K_a^{\ominus}$。例如两性物质 Na_2HPO_4 的水溶液的 H^+ 浓度计算的近似式为：

$$c_{eq}(H^+)=\sqrt{\frac{[K_{a3}^{\ominus}c(HPO_4^{2-})+K_w^{\ominus}c^{\ominus}]K_{a2}^{\ominus}(c^{\ominus})^2}{K_{a2}^{\ominus}c^{\ominus}+c(HPO_4^{2-})}}$$

两性物质 NaH_2PO_4 的水溶液的 H^+ 浓度计算的近似式为：

$$c_{eq}(H^+)=\sqrt{\frac{[K_{a2}^{\ominus}c(H_2PO_4^-)+K_w^{\ominus}c^{\ominus}]K_{a1}^{\ominus}(c^{\ominus})^2}{K_{a1}^{\ominus}c^{\ominus}+c(H_2PO_4^-)}}$$

同样，可以得到两性物质 NH_4Ac 水溶液的 H^+ 浓度计算的近似式为：

$$c_{eq}(H^+)=\sqrt{\frac{[K_a^{\ominus}(NH_4^+)c(NH_4Ac)+K_w^{\ominus}c^{\ominus}]K_a^{\ominus}(HAc)(c^{\ominus})^2}{K_a^{\ominus}(HAc)c^{\ominus}+c(NH_4Ac)}}$$

【例 6-8】 计算 $0.10mol\cdot L^{-1}$ NH_4Ac 水溶液的 pH。

解 已知 $K_a^{\ominus}(HAc)=1.75\times10^{-5}$，$K_a^{\ominus}(NH_4^+)=\dfrac{K_w^{\ominus}}{K_b^{\ominus}(NH_3)}=5.7\times10^{-10}$。

由于 $K_a^{\ominus}(NH_4^+)c(NH_4Ac)=5.7\times10^{-10}\times0.10mol\cdot L^{-1}=5.7\times10^{-11}mol\cdot L>20K_w^{\ominus}c^{\ominus}$，$c(NH_4Ac)=0.10mol\cdot L^{-1}>20K_a^{\ominus}(HAc)c^{\ominus}$，则：

$$c_{eq}(H^+)=\sqrt{K_a^\ominus(HAc)K_a^\ominus(NH_4^+)(c^\ominus)^2}$$

$$=\sqrt{1.75\times10^{-5}\times5.70\times10^{-10}\times(1mol\cdot L^{-1})^2}=1.00\times10^{-7}mol\cdot L^{-1}$$

$$pH=7.00$$

综上所述，计算酸、碱溶液 $c(H^+)$ 的一般方法是：根据溶液的质子条件式，代入化学平衡常数式后经整理得到 $c(H^+)$ 的精确表达式，再根据具体情况进行近似处理成简化计算式。近似处理体现在两个方面：一是质子表达式用取主舍次的方法进行简化；二是用分析浓度代替表达式中的平衡浓度。实际上，最简式用得最多，近似式其次，精确式很少使用。易犯的错误是：一是分不清主次，不敢把次要的型体忽略，结果导致烦琐的计算，甚至很难求解；二是对分析浓度和平衡浓度不加区别，导致错误结果。

第四节 缓 冲 溶 液

实际生活中，农作物的生长发育、动物机体内的正常生理活动、微生物的活动等都必须在一定的 pH 条件下进行。因此，需要有一个系统能维持 pH 基本保持不变，这种系统就是缓冲溶液，缓冲溶液能保持 pH 基本不变的作用称为缓冲作用。

一、缓冲溶液的组成及缓冲原理

1. 定义

能够抵抗外加少量酸、碱或适量的稀释而保持系统的 pH 基本不变的溶液称为缓冲溶液。

2. 组成

缓冲溶液一般是由足够量的抗酸、抗碱成分混合而成，通常将抗酸和抗碱两种成分称为缓冲对，此缓冲对一般为弱电解质的共轭酸碱对，如 HAc-Ac^-、NH_3-NH_4^+、$H_2PO_4^-$-HPO_4^{2-}、HCO_3^--CO_3^{2-} 等。

3. 缓冲作用的原理

缓冲溶液具有缓冲作用是由于溶液中同时含有足够量的抗酸成分与抗碱成分。下面以 HAc-NaAc 缓冲溶液为例进行分析。

在 HAc-NaAc 缓冲溶液中存在如下平衡：

$$HAc \rightleftharpoons H^+ + Ac^-$$

$$NaAc = Na^+ + Ac^-$$

由于同离子效应，互为共轭酸碱对的 HAc 和 Ac^- 的解离相互抑制，因此系统中同时存在大量的 HAc 和 Ac^-，当外加少量酸时，平衡向左移动，H^+ 与 Ac^- 结合生成 HAc，从而部分抵消了外加的少量 H^+，保持了溶液的 pH 基本不变，Ac^- 即为抗酸成分；当外加少量碱时，OH^- 与 H^+ 结合生成 H_2O，H^+ 的浓度会降低，平衡向右移动，HAc 解离会产生 H^+，从而保持了溶液的 pH 基本不变，HAc 即为抗碱成分；当加适量的水时，一方面降低了 H^+ 的浓度，另一方面由于 HAc 的解离度增大和同离子效应的减弱（Ac^- 浓度的减小），又使平衡向右移动补充 H^+，从而使溶液的 pH 基本不变。

二、缓冲溶液酸度的计算

以共轭酸碱对 HA-A^- 组成的缓冲溶液为例。其在水溶液中存在如下平衡：

$$HA \rightleftharpoons H^+ + A^-$$

$$K_a^{\ominus}(HA)=\frac{[c_{eq}(A^-)/c^{\ominus}][c_{eq}(H^+)/c^{\ominus}]}{[c_{eq}(HA)/c^{\ominus}]}$$

由于同离子效应，HA 和 A^- 的解离相互抑制，解离程度都很小，因此 $c_{eq}(HA)\approx c(HA)$，$c_{eq}(A^-)\approx c(A^-)$。

$$K_a^{\ominus}(HA)=\frac{[c(A^-)/c^{\ominus}][c_{eq}(H^+)/c^{\ominus}]}{[c(HA)/c^{\ominus}]}$$

$$c_{eq}(H^+)/c^{\ominus}=\frac{K_a^{\ominus}(HA)[c(HA)/c^{\ominus}]}{c(A^-)/c^{\ominus}}$$

$$pH=pK_a^{\ominus}-\lg\frac{c(HA)/c^{\ominus}}{c(A^-)/c^{\ominus}} \tag{6-32}$$

【例 6-9】 将 $0.4mol\cdot L^{-1}$ HAc 与 $0.2mol\cdot L^{-1}$ NaOH 等体积混合。(1) 求混合溶液的 pH；(2) 若往 1L 该混合液中分别加 10mL $0.1mol\cdot L^{-1}$ HCl 和 NaOH 溶液，混合液的 pH 如何变化？

解 (1) 混合后与 NaOH 发生反应，由于 HAc 有剩余，因此剩余的 HAc 和产物 Ac^- 构成了缓冲对，$c(HAc)=0.1mol\cdot L^{-1}$，$c(Ac^-)=0.1mol\cdot L^{-1}$。

$$pH=pK_a^{\ominus}-\lg\frac{c(HAc)/c^{\ominus}}{c(Ac^-)/c^{\ominus}}=4.76-\lg\frac{0.1mol\cdot L^{-1}/1mol\cdot L^{-1}}{0.1mol\cdot L^{-1}/1mol\cdot L^{-1}}=4.76$$

(2) 当加入 10mL $0.1mol\cdot L^{-1}$ HCl 溶液：

$$pH=pK_a^{\ominus}-\lg\frac{c(HAc)/c^{\ominus}}{c(Ac^-)/c^{\ominus}}=4.76-\lg\frac{\dfrac{1L\times0.1mol\cdot L^{-1}+0.01L\times0.1mol\cdot L^{-1}}{(1L+0.01L)\times1mol\cdot L^{-1}}}{\dfrac{1L\times0.1mol\cdot L^{-1}-0.01L\times0.1mol\cdot L^{-1}}{(1L+0.01L)\times1mol\cdot L^{-1}}}=4.75$$

当加入 10mL $0.1mol\cdot L^{-1}$ NaOH 溶液：

$$pH=pK_a^{\ominus}-\lg\frac{c(HAc)/c^{\ominus}}{c(Ac^-)/c^{\ominus}}=4.76-\lg\frac{\dfrac{1L\times0.1mol\cdot L^{-1}-0.01L\times0.1mol\cdot L^{-1}}{(1L+0.01L)\times1mol\cdot L^{-1}}}{\dfrac{1L\times0.1mol\cdot L^{-1}+0.01L\times0.1mol\cdot L^{-1}}{(1L+0.01L)\times1mol\cdot L^{-1}}}=4.77$$

若在 1L 纯水中加入 0.001mol HCl 时，pH 将由 7.00 降到 3.00；而加入 0.001mol NaOH 时，pH 由 7.00 升到 11.00，显然纯水不具有缓冲能力，而从例 6-9 可知缓冲溶液的缓冲作用是非常显著的。

三、缓冲容量和缓冲范围

缓冲溶液能够抵抗外来少量的酸、碱或者适量的稀释而溶液本身的 pH 基本保持不变，但其缓冲能力是有限的，超过一定限度则会丧失缓冲作用。不同的缓冲溶液其缓冲能力不同。常用缓冲容量（β）来衡量缓冲能力的大小。缓冲容量是指使单位体积缓冲溶液的 pH 改变 dpH 个单位所需加入的强酸或强碱的物质的量 dn。

$$\beta=\frac{dn}{dpH}$$

缓冲容量越大，缓冲能力越强。影响缓冲容量的因素主要有缓冲对的浓度和缓冲对浓度的比值（缓冲比）。实验证明：缓冲比相同，浓度大的缓冲溶液缓冲容量大，缓冲能力强；同一缓冲对，当其总浓度不变时，两组分浓度越接近，亦即缓冲比越趋于 1，缓冲容量越大，缓冲能力越强，当缓冲比等于 1 时，缓冲溶液的缓冲能力最强。当缓冲比小于 1∶10 或大于 10∶1 时，缓冲溶液的缓冲能力很弱，甚至丧失缓冲能力。因此一般将缓冲比控制在 1∶10～10∶1 之间，此时缓冲溶液的 pH 控制在 $pK_a^{\ominus}\pm1$ 的范围内，此范围 $[(pK_a^{\ominus}-1)\sim(pK_a^{\ominus}+1)]$

即为缓冲溶液的缓冲范围。例如缓冲溶液的缓冲范围是 $3.76<pH<5.76$。

四、缓冲溶液的选择和配制

在科研和生产实践中，经常需要配制一定 pH 和缓冲容量的缓冲溶液，基本配制步骤如下：

① 选择合适的缓冲对。$pK_a^\ominus$ 应尽量与所需配制缓冲溶液的 pH 相接近，最大差距不能超过 1。同时，选择的缓冲对对被控制系统无副反应。

② 计算缓冲溶液的缓冲比。

③ 根据计算结果具体配制。

【例 6-10】 欲配制 $pH=7.00$ 的缓冲溶液 500mL，应选择 HAc-$NaAc$、NH_3-NH_4Cl、NaH_2PO_4-Na_2HPO_4 中的哪一缓冲对？如果上述各物质溶液的浓度均为 $1.0mol\cdot L^{-1}$，应如何配制？已知：$pK_a^\ominus(HAc)=4.76$，$pK_a^\ominus(NH_4^+)=9.24$，$pK_{a2}^\ominus(H_3PO_4)=7.21$。

解 所选缓冲对的 $pK_a^\ominus$ 应在 6.00～8.00 之间，并且应尽量靠近 7.00。所以选择 NaH_2PO_4-Na_2HPO_4 缓冲对。

$$pH=pK_a^\ominus-\lg\frac{c(H_2PO_4^-)/c^\ominus}{c(HPO_4^{2-})/c^\ominus}$$

$$7.00=7.21-\lg\frac{c(H_2PO_4^-)/c^\ominus}{c(HPO_4^{2-})/c^\ominus}$$

$$\frac{c(H_2PO_4^-)/c^\ominus}{c(HPO_4^{2-})/c^\ominus}=1.62$$

设取 $1.0mol\cdot L^{-1}$ NaH_2PO_4 和 Na_2HPO_4 分别为 x(L) 和 $(0.500L-x)$(L)，则

$$\frac{x\times1.0mol\cdot L^{-1}/0.500L}{(0.500L-x)\times1.0mol\cdot L^{-1}/0.500L}=1.62$$

$$x=0.31L$$

所以将 310mL $1.0mol\cdot L^{-1}$ NaH_2PO_4 溶液与 190mL $1.0mol\cdot L^{-1}$ Na_2HPO_4 溶液混匀，即得到 $pH=7.00$ 的缓冲溶液 500mL。

【例 6-11】 欲配制 0.50L $pH=9.0$，其中 $c(NH_4^+)=1.0mol\cdot L^{-1}$ 的缓冲溶液，求所需密度为 $0.904g\cdot mL^{-1}$，含氨质量分数为 26% 的氨水体积及所需固体氯化铵的质量。已知：$pK_a^\ominus(NH_4^+)=9.24$。

解
$$pH=pK_a^\ominus-\lg\frac{c(NH_4^+)/c^\ominus}{c(NH_3)/c^\ominus}=9.24-\lg\frac{c(NH_4^+)/c^\ominus}{c(NH_3)/c^\ominus}=9.0$$

$$\frac{c(NH_4^+)}{c(NH_3)}=1.74\qquad c(NH_3)=\frac{1.0mol\cdot L^{-1}}{1.74}=0.57mol\cdot L^{-1}$$

浓氨水的浓度为：$\dfrac{0.904g\cdot mL^{-1}\times26\%\times1000mL\cdot L^{-1}}{17g\cdot mol^{-1}}=13.83mol\cdot L^{-1}$

需要氨水的体积为：$\dfrac{0.50L\times0.57mol\cdot L^{-1}}{13.83mol\cdot L^{-1}}=2.06\times10^{-2}L$

需 NH_4Cl 的质量为：$1.0mol\cdot L^{-1}\times0.50L\times53.5g\cdot mol^{-1}=26.75g$

第五节　沉淀溶解平衡

各种电解质在水中有不同的溶解度，通常将在 100g 水中溶解量小于 0.01g 的电解质称

为难溶电解质。难溶电解质由于其溶解度较小，不管是难溶的强电解质还是弱电解质，都可以认为其溶解的部分完全解离，都以水合离子状态存在。

一、沉淀溶解平衡

1. 溶度积常数

将难溶电解质的晶体投入水中，在一定温度下，当溶解与沉淀速率相等时，就达到了沉淀溶解平衡状态，此时溶液为此温度下该难溶电解质的饱和溶液。如 AgCl 的沉淀溶解平衡可表示为：

$$AgCl(s) \rightleftharpoons Ag^+(aq) + Cl^-(aq)$$

其平衡常数表达式为：$K_{sp}^{\ominus}(AgCl) = [c_{eq}(Ag^+)/c^{\ominus}][c_{eq}(Cl^-)/c^{\ominus}]$

$K_{sp}^{\ominus}$称为溶度积常数，简称溶度积。

对于任一难溶电解质 A_mB_n 而言，其沉淀溶解平衡可表示为：

$$A_mB_n(s) \underset{\text{沉淀}}{\overset{\text{溶解}}{\rightleftharpoons}} mA^{n+}(aq) + nB^{m-}(aq)$$

$$K_{sp}^{\ominus}(A_mB_n) = [c_{eq}(A^{n+})/c^{\ominus}]^m[c_{eq}(B^{m-})/c^{\ominus}]^n \tag{6-33}$$

$K_{sp}^{\ominus}$值的大小反映了难溶电解质在溶液中的溶解度，一般来说，$K_{sp}^{\ominus}$值越小，难溶电解质的溶解趋势越小；$K_{sp}^{\ominus}$值越大，难溶电解质的溶解趋势越大。$K_{sp}^{\ominus}$值只与难溶电解质的本性和温度有关，与浓度无关。$K_{sp}^{\ominus}$值可以实验测定，也可以应用热力学函数计算。一些常见难溶强电解质的溶度积常数（298K）见附录Ⅳ。

【例 6-12】 已知 298.15K 时，下述反应中各物质的 $\Delta_f G_m^{\ominus}$，求 AgCl 的 $K_{sp}^{\ominus}$。

	AgCl(s) ⇌	Ag⁺(aq) +	Cl⁻(aq)
$\Delta_f G_m^{\ominus}/(kJ \cdot mol^{-1})$	−110	76.98	−131.3

解
$$\begin{aligned}\Delta_r G_m^{\ominus} &= \Delta_f G_m^{\ominus}(Ag^+) + \Delta_f G_m^{\ominus}(Cl^-) - \Delta_f G_m^{\ominus}(AgCl)\\ &= 76.98kJ \cdot mol^{-1} + (-131.3)kJ \cdot mol^{-1} - (-110kJ \cdot mol^{-1})\\ &= 55.68kJ \cdot mol^{-1}\end{aligned}$$

$$\lg K_{sp}^{\ominus} = \frac{-\Delta_r G_m^{\ominus}}{2.303RT} = \frac{-55.68 \times 10^3 J \cdot mol^{-1}}{2.303 \times 8.314 J \cdot mol^{-1} \cdot K^{-1} \times 298.15K} = -9.75$$

$$K_{sp}^{\ominus} = 1.78 \times 10^{-10}$$

2. 溶度积与溶解度

溶度积（$K_{sp}^{\ominus}$）和溶解度（s）都可以用来表示物质的溶解能力，它们之间可以相互换算。难溶电解质的溶解度（s）可以用 1L 难溶电解质的饱和溶液中溶解的该难溶电解质的物质的量表示，单位 $mol \cdot L^{-1}$。

设难溶电解质 A_mB_n 在纯水中的溶解度为 s，则达到平衡时有：

$$A_mB_n(s) \rightleftharpoons mA^{n+}(aq) + nB^{m-}(aq)$$

平衡浓度/$(mol \cdot L^{-1})$ $\qquad ms \qquad ns$

$$\begin{aligned}K_{sp}^{\ominus}(A_mB_n) &= [c_{eq}(A^{n+})/c^{\ominus}]^m[c_{eq}(B^{m-})/c^{\ominus}]^n\\ &= [ms/c^{\ominus}]^m[ns/c^{\ominus}]^n\end{aligned}$$

$$s = \sqrt[m+n]{\frac{K_{sp}^{\ominus}(c^{\ominus})^{m+n}}{m^m n^n}}$$

AB 型难溶电解质：$s = \sqrt{K_{sp}^{\ominus}(c^{\ominus})^2}$ 或 $K_{sp}^{\ominus} = (s/c^{\ominus})^2$

A_2B 或 AB_2 型难溶电解质：$s = \sqrt[3]{\frac{K_{sp}^{\ominus}(c^{\ominus})^3}{4}}$ 或 $K_{sp}^{\ominus} = 4(s/c^{\ominus})^3$

其他类型难溶电解质的 $K_{sp}^{\ominus}$与 s 的关系式以此类推。应该指出，由此关系式计算出的溶解度是难溶电解质在纯水中的溶解度，假定难溶电解质溶于水的部分完全解离并以简单水合离子存在，并没有考虑其部分解离及简单的水合离子外的其他存在形式。

【例 6-13】 计算 298.15K 时，已知 AgCl 和 Ag_2CrO_4 溶度积分别为 1.77×10^{-10} 和 1.12×10^{-12}，求 AgCl 和 Ag_2CrO_4 在纯水中的溶解度。

解 AgCl 为 AB 型：

$$s=\sqrt{K_{sp}^{\ominus}(c^{\ominus})^2}=\sqrt{1.77\times10^{-10}\times(1\text{mol}\cdot\text{L}^{-1})^2}=1.33\times10^{-5}\text{mol}\cdot\text{L}^{-1}$$

Ag_2CrO_4 为 A_2B 型：

$$s=\sqrt[3]{\frac{K_{sp}^{\ominus}(c^{\ominus})^3}{4}}=\sqrt[3]{\frac{1.12\times10^{-12}\times(1\text{mol}\cdot\text{L}^{-1})^3}{4}}=6.54\times10^{-5}\text{mol}\cdot\text{L}^{-1}$$

从上例计算结果可知，虽然 Ag_2CrO_4 的 $K_{sp}^{\ominus}$ 小于 AgCl 的 $K_{sp}^{\ominus}$，但 Ag_2CrO_4 在纯水中的溶解度却大于 AgCl 的溶解度，因此对于不同类型的难溶电解质，不能直接用 $K_{sp}^{\ominus}$ 数值来直接判断它们溶解度的大小，必须通过计算才能进行比较。只有对同一类型的难溶电解质才可以通过 $K_{sp}^{\ominus}$ 数值直接比较它们溶解度的大小。

3. 同离子效应和盐效应

(1) 同离子效应　在难溶电解质的饱和溶液中，加入与难溶电解质具有相同离子的强电解质时会使难溶电解质的溶解度降低，这种效应称为同离子效应。即难溶电解质在与其具有相同离子的强电解质溶液中的溶解度小于其在纯水中的溶解度。

【例 6-14】 计算 298.15K 时，AgCl 在 $0.1\text{mol}\cdot\text{L}^{-1}$ NaCl 溶液中的溶解度。已知 AgCl 的 $K_{sp}^{\ominus}=1.77\times10^{-10}$。

解 设 AgCl 在 $0.1\text{mol}\cdot\text{L}^{-1}$ NaCl 溶液中的溶解度为 s，则：

$$AgCl(s)\rightleftharpoons Ag^+(aq)+Cl^-(aq)$$

平衡浓度/$(\text{mol}\cdot\text{L}^{-1})$　　　s　　　$s+0.1\approx0.1$

$$K_{sp}^{\ominus}(AgCl)=[c_{eq}(Ag^+)/c^{\ominus}][c_{eq}(Cl^-)/c^{\ominus}]=[s/c^{\ominus}][0.1\text{mol}\cdot\text{L}^{-1}/c^{\ominus}]$$

$$s=\frac{1.77\times10^{-10}\times(1\text{mol}\cdot\text{L}^{-1})^2}{0.1\text{mol}\cdot\text{L}^{-1}}=1.77\times10^{-9}\text{mol}\cdot\text{L}^{-1}$$

(2) 盐效应　若向难溶电解质的饱和溶液中加入不含相同离子的强电解质，会使难溶电解质的溶解度有所增大，这种现象称为盐效应，产生同离子效应的同时也产生盐效应，但盐效应比同离子效应弱得多，所以一般不考虑盐效应。

二、溶度积规则

在某难溶电解质的溶液中，其离子浓度的乘积称为离子积，用符号 Q_i 表示。

$$A_mB_n(s)\rightleftharpoons mA^{n+}(aq)+nB^{m-}(aq)$$

$$Q_i=[c(A^{n+})/c^{\ominus}]^m[c(B^m)/c^{\ominus}]^n$$

$K_{sp}^{\ominus}$ 是 Q_i 中的一个特殊值，表示难溶电解质达到沉淀溶解平衡时，饱和溶液中离子浓度的乘积。在任何给定的难溶电解质溶液中，Q_i 和 $K_{sp}^{\ominus}$ 之间的关系可能有三种情况：

① $Q_i<K_{sp}^{\ominus}$ 时，$\Delta G<0$，溶液为不饱和溶液，体系中无沉淀生成，若溶液中有难溶电解质固体存在，固体将会溶解直至饱和为止。

② $Q_i=K_{sp}^{\ominus}$ 时，$\Delta G=0$，溶液为饱和溶液，处于沉淀溶解平衡状态。

③ $Q_i>K_{sp}^{\ominus}$ 时，$\Delta G>0$，溶液为过饱和溶液，将生成沉淀，直至溶液饱和为止。

以上三条称为溶度积规则，在生产实践和科学实验中用来判断化学反应中是否有沉淀生成和溶解。

三、溶度积规则的应用

1. 沉淀的生成

据溶度积规则，在难溶电解质的溶液中产生沉淀的条件是 $Q_i > K_{sp}^{\ominus}$。通常促使沉淀生成最有效的办法是加入沉淀剂和控制溶液的酸度。

(1) 加入沉淀剂　如在 Na_2SO_4 溶液中加入 $BaCl_2$ 溶液，当 $[c(Ba^{2+})/c^{\ominus}][c(SO_4^{2-})/c^{\ominus}] > K_{sp}^{\ominus}(BaSO_4)$ 时，就会有 $BaSO_4$ 沉淀析出，$BaCl_2$ 是沉淀剂。

【例 6-15】 在 10mL 0.002mol·L^{-1} 的 Na_2SO_4 溶液中加入 10mL 0.02mol·L^{-1} 的 $BaCl_2$ 溶液，问：①是否有 $BaSO_4$ 沉淀生成；②若产生 $BaSO_4$ 沉淀，SO_4^{2-} 是否已沉淀完全？已知：$K_{sp}^{\ominus}(BaSO_4)=1.08\times10^{-10}$。

解　混合后，$c(Ba^{2+})=0.01\text{mol}\cdot\text{L}^{-1}$，$c(SO_4^{2-})=0.001\text{mol}\cdot\text{L}^{-1}$

$$\begin{aligned}Q_i &= [c(Ba^{2+})/c^{\ominus}][c(SO_4^{2-})/c^{\ominus}] \\ &= \frac{0.01\text{mol}\cdot\text{L}^{-1}}{1\text{mol}\cdot\text{L}^{-1}}\times\frac{0.001\text{mol}\cdot\text{L}^{-1}}{1\text{mol}\cdot\text{L}^{-1}} \\ &= 1.0\times10^{-5}\end{aligned}$$

由于 $Q_i > K_{sp}^{\ominus}$，所以有 $BaSO_4$ 沉淀生成。

根据反应计量关系可知，析出 $BaSO_4$ 沉淀以后，溶液中还有过量的 Ba^{2+}，达到平衡状态时，剩下的 Ba^{2+} 浓度约为 0.009mol·L^{-1}，此时溶液中残留的 SO_4^{2-} 为：

$$c_{eq}(SO_4^{2-})=\frac{K_{sp}^{\ominus}(BaSO_4)(c^{\ominus})^2}{c_{eq}(Ba^{2+})}=1.2\times10^{-8}\text{mol}\cdot\text{L}^{-1}$$

一般情况下，对于常量组分而言，经过沉淀后，当溶液中残留离子的浓度小于 1.0×10^{-6} mol·L^{-1}时，可定量地认为该离子已“沉淀完全”，小于 1.0×10^{-5} mol·L^{-1}时，则可定性地认为该离子已“沉淀完全”。

【例 6-16】 含有 0.01mol·L^{-1}KCl 和 0.01mol·L^{-1}K_2CrO_4 的混合溶液，在此溶液中逐滴加入 $AgNO_3$ 溶液（忽略体积变化），问 AgCl 和 Ag_2CrO_4 的沉淀顺序如何？当后一种沉淀生成时，前一种离子是否已沉淀完全？已知：$K_{sp}^{\ominus}(AgCl)=1.77\times10^{-10}$，$K_{sp}^{\ominus}(Ag_2CrO_4)=1.12\times10^{-12}$。

解　生成 AgCl 和 Ag_2CrO_4 沉淀时，所需 Ag^+ 的最小浓度分别为：

$$\text{AgCl}\qquad c_{eq}(Ag^+)=\frac{K_{sp}^{\ominus}(AgCl)(c^{\ominus})^2}{c_{eq}(Cl^-)}=1.77\times10^{-8}\text{mol}\cdot\text{L}^{-1}$$

$$Ag_2CrO_4\qquad c_{eq}(Ag^+)=\sqrt{\frac{K_{sp}^{\ominus}(Ag_2CrO_4)(c^{\ominus})^3}{c_{eq}(CrO_4^{2-})}}=1.1\times10^{-5}\text{mol}\cdot\text{L}^{-1}$$

根据溶度积规则，所需 Ag^+ 浓度最小的先沉淀，因此先生成 AgCl 沉淀。

当开始产生 Ag_2CrO_4 沉淀时，$c(Ag^+)=1.1\times10^{-5}$ mol·L^{-1}，此时溶液中残留的 Cl^- 为：

$$c_{eq}(Cl^-)=\frac{K_{sp}^{\ominus}(AgCl)(c^{\ominus})^2}{c_{eq}(Ag^+)}=1.6\times10^{-5}\text{mol}\cdot\text{L}^{-1}\approx1.0\times10^{-5}\text{mol}\cdot\text{L}^{-1}$$

所以，开始产生 Ag_2CrO_4 沉淀时，Cl^- 已接近沉淀完全，若适当减小 CrO_4^{2-} 的起始浓度，可以达到当开始产生 Ag_2CrO_4 沉淀时，使 Cl^- 沉淀完全的目的，这就是定量分析沉淀滴定法中莫尔法的基本应用原理。

由计算可见，沉淀 Cl^- 所需 Ag^+ 的浓度比沉淀 CrO_4^{2-} 所需 Ag^+ 的浓度小得多，所以 AgCl 应先析出，直到溶液中 $c(Ag^+) > 1.1\times10^{-5}$ mol·L^{-1}时，Ag_2CrO_4 沉淀才能析出。

若溶液含有两种以上的离子，都可以和同一种沉淀剂反应生成沉淀，但由于形成的沉淀在溶液中的溶解度不同，会出现这些离子按一定顺序分先后依次析出沉淀的现象，这种按先后顺序沉淀的现象称为分步沉淀。

分步沉淀常有以下几种情况：

① 生成的沉淀类型相同，且被沉淀离子起始浓度基本一致，则依据各沉淀溶度积由小到大的顺序依次生成各种沉淀。例如溶液中同时存在浓度均为 $0.01mol \cdot L^{-1}$ 的 Cl^-、Br^-、I^- 三种离子，在此溶液中逐滴加入 $0.1mol \cdot L^{-1}$ $AgNO_3$ 溶液，则最先生成 AgI 沉淀，其次是 AgBr 沉淀，最后是 AgCl 沉淀。

② 生成的沉淀类型不同，或者几种离子起始浓度不同，这时不能单纯根据溶度积的大小判断沉淀顺序，必须依据溶度积规则先求出各种离子沉淀时所需沉淀剂的最小浓度，然后按照所需沉淀剂浓度由小到大的顺序判断依次生成的各种沉淀。

(2) 控制溶液的酸度　一些阴离子为 OH^-、CO_3^{2-}、PO_4^{3-} 等的难溶电解质，其沉淀的生成受溶液酸度的控制。

【例 6-17】 计算 $0.01mol \cdot L^{-1}$ Fe^{3+} 开始沉淀和沉淀完全时溶液的 pH。已知：$K_{sp}^{\ominus}(Fe(OH)_3)=2.79\times10^{-39}$。

解　沉淀开始时为 $Fe(OH)_3$ 的饱和溶液：

$$K_{sp}^{\ominus}(Fe(OH)_3)=[c_{eq}(Fe^{3+})/c^{\ominus}][c_{eq}(OH^-)/c^{\ominus}]^3$$

$$c_{eq}(OH^-)=\sqrt[3]{\frac{K_{sp}^{\ominus}(Fe(OH)_3)(c^{\ominus})^4}{c_{eq}(Fe^{3+})}}=\sqrt[3]{\frac{2.79\times10^{-39}\times(1mol \cdot L^{-1})^4}{0.01mol \cdot L^{-1}}}=6.5\times10^{-13}mol \cdot L^{-1}$$

$$pH=1.81$$

沉淀完全时，$c(Fe^{3+})\leqslant1.0\times10^{-5}mol \cdot L^{-1}$

$$c_{eq}(OH^-)=\sqrt[3]{\frac{K_{sp}^{\ominus}(Fe(OH)_3)(c^{\ominus})^4}{c_{eq}(Fe^{3+})}}=\sqrt[3]{\frac{2.79\times10^{-39}\times(1mol \cdot L^{-1})^4}{1.0\times10^{-5}mol \cdot L^{-1}}}=6.5\times10^{-12}mol \cdot L^{-1}$$

$$pH = 2.81$$

在无机盐工业中，常涉及除去重金属离子的问题，大多可以通过控制适当的 pH 范围，使杂质金属离子生成氢氧化物沉淀，达到除去杂质离子的目的。

2. 沉淀的溶解

根据溶度积规则，$Q_i<K_{sp}^{\ominus}$是沉淀溶解的必要条件，因此，只要设法使溶液中难溶电解质的某一离子浓度降低，使 $Q_i<K_{sp}^{\ominus}$，沉淀就会溶解。

(1) 生成弱电解质使沉淀溶解　难溶的弱酸盐、氢氧化物等都能溶于强酸而生成弱电解质。例如，$CaCO_3$ 溶于盐酸，其反应过程如下：

$$CaCO_3(s) \rightleftharpoons CO_3^{2-}(aq)+Ca^{2+}(aq)$$

$$+$$

$$HCl(aq) = H^+(aq)+Cl^-(aq)$$

$$\Downarrow$$

$$HCO_3^-(aq)+H^+(aq) \rightleftharpoons H_2CO_3(aq) \rightleftharpoons CO_2(g)+H_2O(l)$$

由于 H^+ 与 CO_3^{2-} 结合生成弱酸 H_2CO_3，后者又分解为 CO_2 和 H_2O，从而显著降低了 CO_3^{2-} 的浓度，使得沉淀溶解平衡朝着 $CaCO_3$ 溶解的方向进行，只要有足够量的盐酸，$CaCO_3$ 可以完全溶解。总反应方程式为：

$$CaCO_3(s)+2H^+(aq) \rightleftharpoons Ca^{2+}(aq)+CO_2(g)+H_2O(l)$$

应用酸溶解硫化物时，其平衡如下：

$$MS(s)+2H^+(aq) \rightleftharpoons M^{2+}(aq)+H_2S(g)$$

$$K_j^{\ominus}=\frac{[c_{eq}(M^{2+})/c^{\ominus}][c_{eq}(H_2S)/c^{\ominus}]}{[c_{eq}(H^+)/c^{\ominus}]^2}$$
$$=\frac{[c_{eq}(M^{2+})/c^{\ominus}][c_{eq}(H_2S)/c^{\ominus}][c_{eq}(S^{2-})/c^{\ominus}]}{[c_{eq}(H^+)/c^{\ominus}]^2[c_{eq}(S^{2-})/c^{\ominus}]}$$
$$=\frac{K_{sp}^{\ominus}(MS)}{K_{a1}^{\ominus}(H_2S)K_{a2}^{\ominus}(H_2S)}$$
$$=\frac{K_{sp}^{\ominus}(MS)}{1.2\times10^{-21}}$$

$K_j^{\ominus}$ 称为竞争平衡常数。根据竞争平衡常数的大小可判断难溶物的酸溶情况。一般来说，$K_j^{\ominus}$ 越大，难溶物越易溶于酸；相反 $K_j^{\ominus}$ 越小，难溶物越难溶于酸。例如，MnS 溶于酸的 $K_j^{\ominus}=2.1\times10^{11}$，FeS 溶于酸的 $K_j^{\ominus}=5.3\times10^{3}$，CuS 溶于酸的 $K_j^{\ominus}=5.3\times10^{-15}$。MnS 的酸溶解平衡常数较大，说明反应的完全程度高，CuS 的酸溶解平衡常数很小，说明 CuS 在酸中的溶解程度低。实验证明：MnS 易溶于强酸，甚至可溶于弱酸 HAc 中；FeS 可溶于酸（如盐酸）中，但不溶于 HAc 等弱酸；CuS 几乎不溶于非氧化性强酸中，只溶于氧化性强酸如 HNO_3 中。

【例 6-18】 要使 0.1mol 的 MnS、FeS、CuS 刚好完全溶于 500mL 强酸中，则强酸的浓度至少应为多少？

解 根据竞争平衡可知，当难溶硫化物刚好溶解时：

$$c_{eq}(H^+)=\sqrt{\frac{[c_{eq}(M^{2+})/c^{\ominus}][c_{eq}(H_2S)/c^{\ominus}]}{K_j^{\ominus}}}\times c^{\ominus}$$

对于 MnS：

$$c_{eq}(H^+)=\sqrt{\frac{(0.2\text{mol}\cdot L^{-1}/1\text{mol}\cdot L^{-1})(0.1\text{mol}\cdot L^{-1}/1\text{mol}\cdot L^{-1})}{2.11\times10^{11}}}\times1\text{mol}\cdot L^{-1}$$
$$=3.1\times10^{-7}\text{mol}\cdot L^{-1}$$

溶解 0.1 mol 的 MnS 还要消耗 0.2mol 的 H^+，则要使 0.1mol 的 MnS 完全溶于 500mL 强酸中，酸的浓度至少为：$c(H^+)=0.4\text{mol}\cdot L^{-1}+3.1\times10^{-7}\text{mol}\cdot L^{-1}\approx0.4\text{mol}\cdot L^{-1}$。

同理，对于 FeS 而言，酸的浓度至少为：$c(H^+)\approx0.402\text{mol}\cdot L^{-1}$

同理，对于 CuS 而言，酸的浓度至少为：$c(H^+)\approx2.0\times10^{6}\text{mol}\cdot L^{-1}$，显然不可能存在如此大浓度的酸，即 CuS 不溶于非氧化性强酸中。

（2）通过发生氧化还原反应使沉淀溶解　对于 $K_{sp}^{\ominus}$ 值特别小的某些金属硫化物不溶于盐酸中，但能够溶解于氧化性较强的 HNO_3 中。例如 CuS 溶于硝酸发生如下的氧化还原反应：

$$3CuS(s)+2NO_3^-(aq)+8H^+(aq)=\!=\!=3Cu^{2+}(aq)+2NO(g)+3S(s)+4H_2O(l)$$

（3）生成配合物使沉淀溶解　AgCl、AgBr 等难溶电解质，不溶于酸，但能与配位剂作用生成配离子而溶解。

$$AgCl(s)+2NH_3(aq)\rightleftharpoons[Ag(NH_3)_2]^+(aq)+Cl^-(aq)$$

（4）沉淀的转化　由一种沉淀转化为另一种沉淀的过程叫沉淀转化。锅炉中的锅垢的主要成分为 $CaSO_4$，$CaSO_4$ 不溶于酸，难以除去，若用 Na_2CO_3 溶液处理，可使难溶强酸盐 $CaSO_4$ 转化为更难溶的疏松的弱酸盐 $CaCO_3$，然后再用酸溶液处理，这样就可以把锅垢清除。

$$CaSO_4(s)+CO_3^{2-}(aq)=\!=\!=CaCO_3(s)+SO_4^{2-}(aq)$$

思考题与习题

6-1 向 HAc 的稀溶液中分别加入少量（1）HCl；（2）NaAc；（3）NaCl；（4）H_2O；（5）NaOH，则

HAc 的解离度有何变化？为什么？

6-2 什么叫缓冲溶液？缓冲溶液具有哪些特性？配制缓冲溶液时，如何选择合适的缓冲对？

6-3 简述同离子效应和盐效应的定义？两种效应有何本质区别？

6-4 溶解度和容度积都能表示难溶电解质在水中的溶解趋势，二者有何异同？

6-5 向含有少量晶体的 AgCl 饱和溶液中分别加入少量（1）NaCl；（2）$AgNO_3$；（3）$NaNO_3$；（4）H_2O，则 AgCl 的溶解度有何变化？为什么？

6-6 试用溶度积规则解释下列现象：

（1）CaC_2O_4 可溶于 HCl 溶液中，但不溶于醋酸溶液中。

（2）AgCl 不溶于稀 HCl 溶液，但可以溶于氨水。

（3）CuS 沉淀不溶于盐酸但可溶于热的 HNO_3 溶液中。

（4）往 Mg^{2+} 的溶液中滴加 $NH_3 \cdot H_2O$，产生白色沉淀，再滴加 NH_4Cl 溶液，白色沉淀消失。

6-7 在浓度均为 $0.2mol \cdot L^{-1}$ 的 NaCl 和 KI 混合液中，逐滴加入 $AgNO_3$ 溶液，何种物质先沉淀下来？这是什么原理？

6-8 写出下列各酸的共轭碱：HS^-，HCO_3^-，$H_2PO_4^-$，$H_2C_2O_2$，H_2O。

6-9 写出下列各碱的共轭酸：S^{2-}，HCO_3^-，$H_2PO_4^-$，$HC_2O_4^-$，H_2O。

6-10 已知下列各种弱酸的 $K_a^{\ominus}$ 值，求它们的共轭碱的 $K_b^{\ominus}$ 值。

（1）HCOOH　$K_a^{\ominus}=1.8\times10^{-4}$；（2）$C_6H_5OH$　$K_a^{\ominus}=1.1\times10^{-10}$；

（3）H_3BO_3　$K_a^{\ominus}=5.8\times10^{-10}$；（4）HCN　$K_a^{\ominus}=6.2\times10^{-10}$；

（5）$H_2C_2O_4$　$K_{a_1}^{\ominus}=5.60\times10^{-2}$，　$K_{a_1}^{\ominus}=5.42\times10^{-5}$；

（6）H_2CO_3　$K_{a1}^{\ominus}=4.45\times10^{-7}$，$K_{a2}^{\ominus}=4.69\times10^{-11}$。

6-11 写出浓度均为 $0.1mol \cdot L^{-1}$ 的下列物质水溶液的 PBE：

（1）NaAc　（2）NaH_2PO_4　（3）NH_4Ac　（4）$NH_4H_2PO_4$

6-12 求下列物质水溶液的 pH：

（1）$0.2mol \cdot L^{-1}$ HAc；　（2）$0.2mol \cdot L^{-1}$ $NH_3 \cdot H_2O$；　（3）$0.05mol \cdot L^{-1}$ NaAc；

（4）$0.04mol \cdot L^{-1}$ H_2CO_3；（5）$0.1mol \cdot L^{-1}$ NH_4Cl；　（6）$0.2mol \cdot L^{-1}$ Na_2CO_3；

6-13 计算 298K 时，测得 $0.1mol \cdot L^{-1}$ HAc 溶液的解离度 $\alpha=1.32\%$，求 HAc 溶液的 pH 及 HAc 的解离平衡常数。

6-14 在 250mL $0.1mol \cdot L^{-1}$ HAc 溶液中加入 2.05g NaAc，求 HAc 的解离度和 HAc 溶液 pH。

6-15 求 298K 下，10mL $0.2mol \cdot L^{-1}$ 的 HAc 溶液与 10mL $0.2mol \cdot L^{-1}$ 的 NaAc 溶液混合后，求该溶液的 pH。若向此溶液中加入 5mL $0.01mol \cdot L^{-1}$ NaOH 溶液，则溶液的 pH 又为多少？

6-16 欲配制 pH=5.0 的缓冲溶液，应在 20mL $0.1mol \cdot L^{-1}$ HAc 溶液中加入固体 NaAc 多少克？(忽略溶液体积的变化)。

6-17 $0.1mol \cdot L^{-1}$ 某一元弱酸（HA）溶液 50mL 与 20mL $0.1mol \cdot L^{-1}$ NaOH 溶液混合，将混合液稀释到 100mL，用酸度计测得溶液的 pH=5.25，求 HA 的 $K_a^{\ominus}$。

6-18 欲配制 pH=9.50 的缓冲溶液，需要在 1L $0.1mol \cdot L^{-1}$ 的 NH_3 溶液中加入多少克 NH_4Cl 固体？(设体积不变)

6-19 根据 $Mg(OH)_2$ 的溶度积，计算：

（1）$Mg(OH)_2$ 在纯水中的溶解度。

（2）$Mg(OH)_2$ 饱和溶液中 Mg^{2+} 的浓度。

（3）$Mg(OH)_2$ 在 $0.01mol \cdot L^{-1}$ $MgCl_2$ 溶液中溶解度。

6-20 298K 时，已知 CuS 的 $K_{sp}^{\ominus}$ 为 6.3×10^{-36}，求 CuS 在纯水中的溶解度。

6-21 100mL $0.002mol \cdot L^{-1}$ $BaCl_2$ 溶液和 50mL $0.1mol \cdot L^{-1}$ 的 Na_2SO_4 溶液混合后，有无 $BaSO_4$ 沉淀生成？若有沉淀生成，Ba^{2+} 是否已沉淀完全？

6-22 在 10mL $0.08mol \cdot L^{-1}$ 的 $FeCl_3$ 溶液中，加入含有 $0.1mol \cdot L^{-1}$ 的 NH_3 和 $1.0mol \cdot L^{-1}$ NH_4Cl 的混合溶液 30mL，能否产生 $Fe(OH)_3$ 沉淀？

6-23 某溶液中含有 Fe^{3+} 和 Fe^{2+}，它们的浓度均为 $0.01mol \cdot L^{-1}$，如果要求 Fe^{3+} 沉淀完全，而 Fe^{2+} 不生成 $Fe(OH)_2$，问溶液的 pH 应控制在什么范围内？

知识拓展

人体的酸碱度与健康

人体酸碱度是指体液的酸碱性强弱程度，一般用 pH 值来表示。体液，简单地说就是身体内的液体，不管是人或者是动物都有体液，如血液、组织液、淋巴液、骨髓液、唾液、胃液、尿液、胆汁、胰液等。人体的体液占人体体重的 65%以上。人的体液和其他任何液体一样，都有酸碱之分。

健康人的血液呈微碱性，pH 的正常值应在 7.35～7.45 之间。任何微小的偏离都会对细胞膜的稳定性、蛋白质的结构和酶的活性造成破坏性影响。血液 pH 降至 7.35 以下会引起酸中毒。如心脏衰竭、肾衰竭、糖尿病、持续腹泻和长期高蛋白饮食会导致酸中毒，过长时间的高强度运动也会导致暂时酸中毒。血液 pH 升至 7.45 以上则会引起碱中毒。例如，严重呕吐、在高海拔环境下工作和生活等会导致碱中毒（如果没有额外供氧，登山运动员爬到珠穆朗玛峰顶时，血液 pH 值会升至 7.7～7.8）。血液 pH 降至 6.8 以下或升至 7.8 以上可能导致死亡。

一般人的饮食 75%～90%都是酸性食物。有些食物不是酸性的，但是残留物，也就是它们所产生的灰是酸性的。久而久之，人的身体就会偏向酸性。这些大量的酸性物质必须先经体内的缓冲系统中和，再由肾排出，才能保证血液的 pH 在 7.35～7.45 之间。

血液的缓冲作用主要靠 H_2CO_3/HCO_3^- 体系完成。正常血浆中 HCO_3^- 和 H_2CO_3 的浓度分别约为 $0.024 mol \cdot L^{-1}$ 和 $0.0012 mol \cdot L^{-1}$。将体温条件下 H_2CO_3 的 $pK_{a1}^{\ominus}$ 值（6.1）和 HCO_3^- 和 H_2CO_3 的浓度代入下式，所得的值恰等于 7.4。

$$pH = pK_{a1}^{\ominus} - \lg\frac{c(H_2CO_3)/c^{\ominus}}{c(HCO_3^-)/c^{\ominus}} = 6.1 - \lg\frac{0.0012 mol \cdot L^{-1}/1 mol \cdot L^{-1}}{0.024 mol \cdot L^{-1}/1 mol \cdot L^{-1}} = 6.1-(-1.3) = 7.4$$

肾和肺是支配 H_2CO_3/HCO_3^- 缓冲体系的两个重要器官。缓冲作用涉及以下两个重要平衡：

$$HCO_3^-(aq) + H^+(aq) \rightleftharpoons H_2CO_3(aq) \rightleftharpoons CO_2(g) + H_2O(l)$$

$$HbH^+ + O_2 \rightleftharpoons HbO_2 + H^+$$

过度运动之后感到乏力和肌肉酸痛，是组织缺氧和缺氧组织产生的乳酸和代谢过程产生的 CO_2 大量积存的结果。CO_2 在血液中积存过多时会导致前一个平衡左移（pH 降低）。在这种情况下，脑受纳体会触发更快、更深的呼吸，使肺部排出更多的 CO_2 使平衡向右移动。肾的功能之一是吸收或释放 H^+，正常尿的 pH 为 5.0～7.0，过多的 H^+ 通过尿液排至体外。

血浆 pH 的控制也与氧的传输有关，氧是由血红细胞中的血红素运送的。后一个平衡表示血红素（Hb）与 H^+ 和 O_2 的竞争结合。氧从肺部进入血液，在那里与红细胞中的 Hb 结合。血液循环至缺氧组织时，将 O_2 留给该部位的组织并导致平衡左移。根据平衡移动原理，H^+ 浓度的增加（相应于血液 pH 降低）和体温升高（有利于释 O_2）都会导致平衡左移。这些因素联合作用的结果是：有利于将 O_2 输送到缺氧组织；使血液短暂的 pH 下降恢复正常（即缓冲作用）。这种机制实在巧妙，可能导致酸中毒的因素（血液 pH 下降）反倒成为输氧的动力，最终实现所谓的“双赢”。

虽然人体组织的正常 pH 值应在 7～7.4，呈弱碱性，但是食物酸碱性划分是伪科学，同一种食物会分别产生酸、碱性代谢，人体体液的酸碱度也不会因为某种食品发生明显的改变。

不同食物的 pH 值各有不同。可以看出，无论食物本身的酸碱度如何，均衡膳食、平衡搭配才更有益于健康。

第七章 配位化合物

Chapter 07

配位化合物（coordination compounds）简称配合物。1704 年普鲁士人迪斯巴赫（Diesbach）偶然制得第一个配合物——普鲁士蓝（$Fe_4[Fe(CN)_6]_3$）。1893 年由瑞士无机化学家维尔纳（A. werner）提出配合物的配位理论。对配合物结构和性质的研究，加深了人们对化学元素性质的认识，推动了化学键和分子结构理论的发展。

第一节　配位化合物的基本概念

一、配位化合物的组成

在 $CuSO_4$ 溶液中滴加氨水，开始生成蓝色沉淀 $Cu_2(OH)_2SO_4$。当加入过量的氨水时，则蓝色沉淀消失，生成深蓝色溶液：

$$CuSO_4 + 4NH_3 = [Cu(NH_3)_4]SO_4$$

实验证明，在此溶液中主要含有 $[Cu(NH_3)_4]^{2+}$ 和 SO_4^{2-}，几乎检查不出有 Cu^{2+} 和 NH_3 的存在。在 $[Cu(NH_3)_4]^{2+}$ 中，Cu^{2+} 与 NH_3 是以一种特殊的共价键——配位键结合而成的。每个 NH_3 的氮原子提供一对孤对电子，填入 Cu^{2+} 的空轨道，形成四个配位键。具有这一特征的如 $[Cu(NH_3)_4]^{2+}$ 等复杂离子就称为配离子，而 $[Cu(NH_3)_4]SO_4$ 等复杂的化合物就称为配合物。多数配合物都存在配离子，配离子在水溶液中具有相对的稳定性。但有的配合物本身就是一个中性配位分子，如 $[Co(NH_3)_3Cl_3]$。所以配合物包括含有配离子的化合物和电中性配合物。有时把配离子也称配合物。

1980 年中国化学会颁布的《无机化学命名原则》规定：配合物是由可以给出孤对电子或多个不定域电子的一定数目的离子或分子（称为配位体）和具有接受孤对电子或多个不定域电子的空轨道原子或离子（称为中心原子或离子）以配位键按一定的组成和空间构型所组成的化合物。

配合物通常包括相反电荷的两种离子，分别称为内界和外界。内界由中心离子（或原子）和一定数目的配位体组成，它是配合物的特征部分，一般用方括号括起来。距中心离子较远的其他离子称为外界离子，构成配合物的外界，通常写在方括号外面。电中性配合物只有内界没有外界。例如：

$[Cu(NH_3)_4]SO_4$	$K_3[Fe(CN)_6]$	$[Co(NH_3)_3Cl_3]$
内界　外界	外界　内界	内界

在配合物中，内外界离子可应用特征的化学反应予以鉴定。通常外界距离中心离子较远，在溶液中易解离，而显示其固有的特性，内界离子仅少量解离，不足以显示其形成体和配体的特性。利用这些性质上的差异区分内界和外界。

【例 7-1】 无水 $CrCl_3$ 和 NH_3 化合时能生成两种配合物：第Ⅰ种组成是 $CrCl_3 \cdot 6NH_3$，第Ⅱ种组成是 $CrCl_3 \cdot 5NH_3$。$AgNO_3$ 能从Ⅰ的水溶液中将所有的 Cl^- 沉淀为 AgCl，而从Ⅱ中仅能沉淀出组成 2/3 的 Cl^-。写出这两种配合物的化学式。

解 在Ⅰ中 $AgNO_3$ 能将所有的 Cl^- 沉淀出来，表示这三个 Cl^- 都应列入外界，所以Ⅰ的化学式为：$[Cr(NH_3)_6]Cl_3$。而在Ⅱ中，2/3 的 Cl^- 被 $AgNO_3$ 沉淀，说明其中两个 Cl^- 是自由的应列入外界，还有一个 Cl^- 肯定在内界，其化学式是 $[Cr(NH_3)_5Cl]Cl_2$。

1. 中心离子或原子

也称配合物的形成体，位于配离子的几何中心。一般具有接受孤对电子的空轨道。常见的形成体是过渡元素的阳离子，如 $[Cu(NH_3)_4]^{2+}$ 中的 Cu^{2+}，$[Fe(CN)_6]^{3-}$ 中的 Fe^{3+}，$[Ag(NH_3)_2]^+$ 中的 Ag^+。少数是过渡元素的原子，如 $[Co(NH_3)_3Cl_3]$ 中的 Co，$[Ni(CO)_4]$ 中的 Ni，$[Fe(CO)_5]$ 中的 Fe。个别的是高氧化数的非金属元素和一些半径较小、电荷较大的主族元素的阳离子，如 $[BF_4]^-$ 和 $[SiF_6]^{2-}$ 中的 B(Ⅲ) 和 Si(Ⅳ)，$[AlF_6]^{3-}$ 中的 Al^{3+}。还有极少数的是非金属元素阴离子，如在多碘化物 I_3^-、I_5^- 等离子中，是以 I^- 作为形成体。

2. 配位体和配位原子

在内界中与中心离子结合的、含有孤对电子的中性分子或阴离子称为配位体（简称配体）。如 NH_3、H_2O、Cl^-、CN^-、OH^- 等。配位体围绕着中心离子按一定空间构型与中心离子以配位键结合。配体中直接与中心离子成键的原子称为配位原子。配位原子的共同特征是它必须至少有一对孤对电子，与中心离子的空轨道配位成键。一般常见的配位原子主要是周期表中电负性较大的非金属元素原子，如 N、O、C、S 、P、F、Cl、Br、I 等，在周期表中主要是属于ⅤA、ⅥA、ⅦA 族的元素。如：

含氮配体　NH_3、NCS^-　　含氧配体　H_2O、OH^-

含碳配体　CO、CN^-　　含硫配体　SCN^-、$S_2O_3^{2-}$

含卤素配体　Cl^-、Br^-

另外有些配体没有配位原子，而是靠自身的 π 键电子和中心原子配合，这样的配体叫 π 键配体，如烯、炔类及芳香分子等，本书对此类配合物不予讨论。

根据配体所含配位原子的数目，可分为单基配体（又叫单齿配体）和多基配体（又叫多齿配体）。只含有一个配位原子的配体叫单基配体。如：NH_3、OH^-、CN^-、SCN^- 等。含有两个或两个以上配位原子的配体叫多基配体。多基配体配合物也叫螯合物。多基配体多数是有机分子或有机酸根离子。如乙二胺 $H_2N—CH_2—CH_2—NH_2$（简写为 en）、草酸根 $C_2O_4^{2-}$（简写为 ox）、乙二胺四乙酸（简写为 EDTA）等。EDTA 结构为：

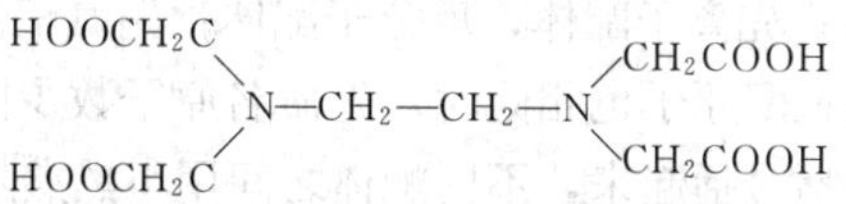

在 $EDTA^{4-}$ 中，可提供 6 个配位原子，其中 2 个氨基氮和 4 个羧基氧都可以提供电子对，与中心离子结合成六配位，形成 5 个五元环的螯合物。

3. 配位数

配体中直接与中心离子（或原子）结合的配位原子总数称为该中心离子（或原子）的配位数。在单基配体配合物中，配位体数等于配位数。如 $[Ag(NH_3)_2]^+$ 配离子中，Ag^+ 的配位数为 2；$[Cu(NH_3)_4]^{2+}$ 配离子中，Cu^{2+} 的配位数为 4；$[Fe(CN)_6]^{3-}$ 配离子中，Fe^{3+} 的配位数为 6。在多基配体配合物中，多基配位体数×每个配体中的配位原子数＝配位数。

如 $[Cu(en)_2]^{2+}$ 配离子中，Cu^{2+} 的配位数为 2×2=4。

中心离子的配位数一般为 2、4、6、8，最常见的是 4 和 6。中心离子的配位数取决于中心离子与配体的半径、电荷及配合物的形成条件。一般来说，中心离子的电荷高，对配位体的吸引力较强，有利于形成配位数较高的配合物。比较常见的配位数与中心离子的电荷有如下的关系：

中心离子电荷	+1	+2	+3	+4
常见配位数	2	4（或 6）	6（或 4）	6（或 8）

中心离子的半径越大，其周围可容纳的配体数目越多，配位数越大。如 Al^{3+} 离半径大于 B^{3+}，它们的氟配合物分别是 $[AlF_6]^{3-}$ 和 $[BF_4]^-$。但中心离子半径太大反而削弱它和配位体的结合使配位数降低，如 $[CdCl_6]^{4-}$ 和 $[HgCl_4]^{2-}$。配体的半径越大，也会使中心离子的配位数减小，如 $[AlF_6]^{3-}$ 而 $[AlCl_4]^-$。

此外，当外界条件变化时也可影响配位数的高低。配体浓度增加，有利于形成高配位，温度升高趋向于低配位。

综上所述，影响配位数的因素是复杂的，但通常在一定范围的外界条件下，某一中心离子常有一个特征的配位数。如 Ag^+ 为 2，Cu^{2+} 为 4，Co^{3+}、Fe^{3+}、Fe^{2+} 为 6 等。再次指出，配位数并非是一成不变的，上面提供的只是比较常见到较稳定的配位数规律，以便记忆和应用。

4. 配离子的电荷

配离子的电荷数等于中心离子和配位体总电荷的代数和。由于配合物是电中性的，因此，外界离子的电荷总数和配离子的电荷总数相等，而符号相反，因此由外界离子的电荷也可以推断出配离子的电荷。例如在 $[Cu(NH_3)_4]SO_4$ 中，硫酸根带两个单位的负电荷，所以铜氨配离子带两个单位的正电荷。由于配位体 NH_3 是中性分子，所以配离子的电荷就等于中心离子的电荷数。

二、配位化合物的命名

配合物的系统命名遵循简单无机化合物的命名原则，即命名为“某某酸”、“某化某”、“某酸某”。其内界则按以下顺序命名：

配位体数（汉字）—配位体名—合—中心离子名（用 0 和罗马数字标明氧化数）

例如：

$[Cu(NH_3)_4]^{2+}$	四氨合铜(Ⅱ)配阳离子	$[Fe(CN)_6]^{4-}$	六氰合铁(Ⅱ)配阴离子
$[Ag(NH_3)_2]^+$	二氨合银(Ⅰ)配阳离子	$[SiF_6]^{2-}$	六氟合硅(Ⅳ)配阴离子

若配合物中不止一种配位体时，按下面的原则顺序命名：

先无机配体，后有机配体；先离子配体，后分子配体；先氨配体，后水配体；同类配体，按配原子英文字母顺序先后命名；配原子也相同时，先命名原子数少的配体，后命名原子数多的配体。命名时，多原子配体需用括号括起来，不同配体之间用小黑点隔开。具体实例如下：

$[Cu(NH_3)_4]SO_4$	硫酸四氨合铜(Ⅱ)	$[PtCl_2(NH_3)_2]$	二氯·二氨合铂(Ⅱ)
$K_4[Fe(CN)_6]$	六氰合铁(Ⅱ)酸钾	$[Ni(CO)_4]$	四羰基合镍(0)
$K_3[Fe(CN)_6]$	六氰合铁(Ⅲ)酸钾	$[Cr(OH)\ H_2O\ (en)_2](NO_3)_2$	硝酸一羟基·一水·二(乙二胺)合铬(Ⅲ)
$K[PtCl_5(NH_3)]$	五氯·一氨合铂(Ⅳ)酸钾		
$Na_2[Zn(OH)_4]$	四羟合锌(Ⅱ)酸钠	$[CoCl(SCN)(en)_2](NO_3)$	硝酸一氯·一硫氰酸根·二(乙二胺)合钴(Ⅲ)
$H[BF_4]$	四氟合硼(Ⅲ)酸		
$H[AuCl_4]$	四氯合金(Ⅲ)酸		
$[CoCl_2(NH_3)_3(H_2O)]Cl$	氯化二氯·三氨·一水合钴(Ⅲ)		

此外少数配合物有习惯名和俗名，如 $K_3[Fe(CN)_6]$，习惯名为铁氰化钾，俗名为赤血盐。$K_4[Fe(CN)_6]$，习惯名为亚铁氰化钾，俗名为黄血盐。

某些在命名上容易混淆的配位体，需按配位原子不同分别命名。例如：

—SCN　硫氰酸根　　　　　　—NCS　异硫氰酸根

书写含多种配体配合物的化学式时，一般按照配体命名先后顺序来写。

第二节　配位化合物的价键理论

在配位化合物中，中心离子和配位体之间靠什么力量结合在一起？为什么中心离子只能和一定数目的配位体结合？为什么配离子具有一定的空间构型？这些问题都可以用配合物的化学键理论来解释。配合物的化学键理论当前主要有三种：价键理论、晶体场理论和分子轨道理论。本节仅介绍价键理论。

一、价键理论的基本要点

配位化合物的价键理论是美国化学家鲍林（L. Pauling）把杂化轨道理论应用到配合物结构而形成的。价键理论的主要内容如下：

1. 配合物的中心离子 M 和配位体 L 之间以配位键结合

配位体提供孤对电子，是电子给予体。中心离子提供空轨道，接受配位体提供的孤对电子，是电子对的接受体。两者之间形成配位键，一般表示为 $M \leftarrow L$。例如配离子 $[Co(NH_3)_6]^{3+}$ 中，就是六个 NH_3 各提供一对孤对电子与 Co^{3+} 形成六个配位键。

2. 中心离子能量相近的轨道进行杂化

中心离子以杂化的空轨道来接受配位体提供的孤对电子形成配位键。配离子的空间结构、配位数、稳定性等，主要决定于杂化轨道的数目和类型。

3. 根据轨道参加杂化的情况，配合物可分为外轨型和内轨型

有些配合物的中心离子是以 $(n-1)\mathrm{d}n\mathrm{s}n\mathrm{p}$ 轨道组成杂化轨道的，由于 $(n-1)\mathrm{d}$ 是内层轨道，故这类配合物称为内轨型配合物。另一些配合物的中心离子是以 $n\mathrm{s}n\mathrm{p}n\mathrm{d}$ 轨道组成杂化轨道的，由于 $n\mathrm{d}$ 与 $n\mathrm{s}$、$n\mathrm{p}$ 属于同一外电子层，故这类配合物称为外轨型配合物。

二、配位化合物的空间构型

价键理论认为，不同的杂化轨道类型，形成的配合物的空间构型也不一样，杂化轨道类型与空间构型的关系见表 7-1。

表 7-1　配合物的杂化轨道类型与空间构型的关系

配位数	杂化类型	空间构型	配离子构型	实　例
2	sp	直线形	外轨型	$[Ag(NH_3)_2]^+$、$[Ag(CN)_2]^-$、$[CuCl_2]^-$
4	sp^3	正四面体	外轨型	$[Zn(NH_3)_4]^{2+}$、$[NiCl_4]^{2-}$、$[Ni(NH_3)_4]^{2+}$
	dsp^2	平面正方形	内轨型	$[Ni(CN)_4]^{2-}$、$[Cu(NH_3)_4]^{2+}$、$[PtCl_4]^{2-}$
6	sp^3d^2	正八面体	外轨型	$[FeF_6]^{3-}$、$[Fe(H_2O)_6]^{3+}$、$[Co(NH_3)_6]^{2+}$
	d^2sp^3	正八面体	内轨型	$[PtCl_6]^{2-}$、$[Fe(CN)_6]^{3-}$、$[Co(NH_3)_6]^{3+}$

1. 配位数为 2 的配合物

ⅠB 族的 M^+ 通常可形成稳定的二配位化合物。以 $[Ag(NH_3)_2]^+$ 配离子为例说明。

$[Ag(NH_3)_2]^+$配离子中 Ag^+ 的价电子轨道是 4d、5s、5p。其中 4d 轨道是全满的，而 5s 轨道和 5p 轨道是空的。配位成键时，其中 1 个 5s 轨道和 1 个 5p 轨道杂化而成两个能量相等的直线形 sp 杂化轨道，两个配体 NH_3 分子分别从两头沿直线向 Ag^+ 接近，配位原子 N 上的孤对电子填入空的 sp 杂化轨道，故 $[Ag(NH_3)_2]^+$ 配离子具有直线形构型。因为 Ag^+ 提供了 2 个 sp 杂化轨道接纳 2 个 N 原子上的孤对电子配位成键，因此 Ag^+ 的配位数为 2。

$Ag^+(4d^{10}5s^05p^0)$：

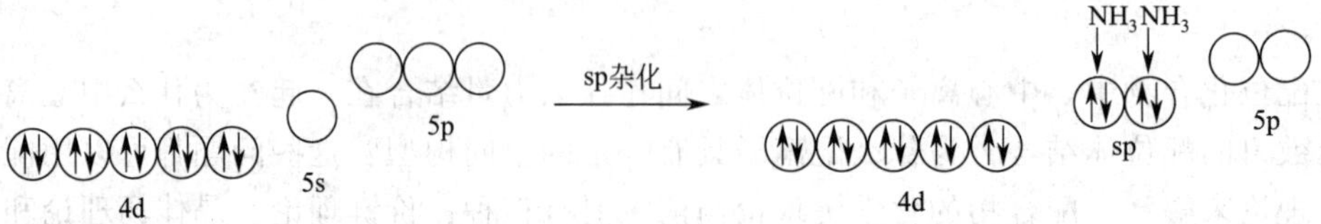

2. 配位数为 4 的配合物

电荷数为+2 的中心离子 M^{2+} 通常形成配位数为 4 的配离子，但由于中心离子分别采用不同类型的杂化成键，可形成两种空间构型不同的配离子。以 $[Ni(NH_3)_4]^{2+}$ 配离子为例说明。$[Ni(NH_3)_4]^{2+}$ 配离子中 Ni^{2+} 的价电子轨道是 3d、4s、4p。其中 4s 轨道和 4p 轨道是空的。配位成键时，1 个 4s 轨道、3 个 4p 轨道发生 sp^3 杂化，形成 4 个 sp^3 等性杂化轨道，它们呈正四面体分布，4 个 NH_3 分子分别从正四面体 4 个顶点接近 Ni^{2+}，故 $[Ni(NH_3)_4]^{2+}$ 配离子的几何构型是正四面体型。

$Ni^{2+}(3d^84s^04p^0)$：

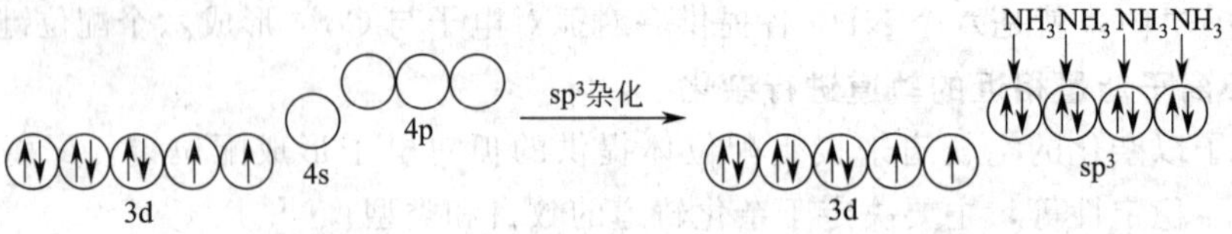

$[Ni(CN)_4]^{2-}$ 配离子，如果 Ni^{2+} 也采取 sp^3 杂化与 CN^- 成键，其结构应为正四面体。然而通过磁矩测定，$[Ni(CN)_4]^{2-}$ 配离子表现为逆磁性，即没有未成对电子，而且 $[Ni(CN)_4]^{2-}$ 配离子为平面正方形结构。

磁矩与物质中未成对电子数的近似关系为：

$$\mu=\sqrt{n(n+2)}$$

式中，μ 表示磁矩，其单位是波尔磁子（B·M)；n 为未成对电子数。所以根据测出的磁矩，就能确定中心离子的未成对的电子数。磁矩 μ 的理论值与未成对电子数 n 值的关系见表 7-2。

表 7-2　磁矩 μ 的理论值与未成对电子数 n 值的关系

未成对电子数 n	0	1	2	3	4	5
磁矩 μ/B·M	0	1.73	2.83	3.87	4.90	5.92

物质中含有未成对电子时，具有顺磁性，称为顺磁性物质，物质中没有未成对电子，则表现抗磁性，称为抗（逆）磁性物质。

对于 $[Ni(CN)_4]^{2-}$ 配离子的结构，价键理论认为，Ni^{2+} 与 CN^- 配位时，其 3d 电子受 4 个 CN^- 配体的强烈排斥作用，发生电子重排，两个分占不同 3d 轨道的单电子配对，空出一个 3d 轨道与 1 个 4s 和 2 个 4p 轨道发生 dsp^2 杂化，形成 4 个等性的杂化轨道，它们分别指向平面正方形的 4 个顶点方向，4 个 CN^- 的 C 原子提供的孤对电子与 Ni^{2+} 形成四个配位键，因此 $[Ni(CN)_4]^{2-}$ 配离子具有平面正方形结构。

Ni^{2+} ($3d^8 4s^0 4p^0$)：

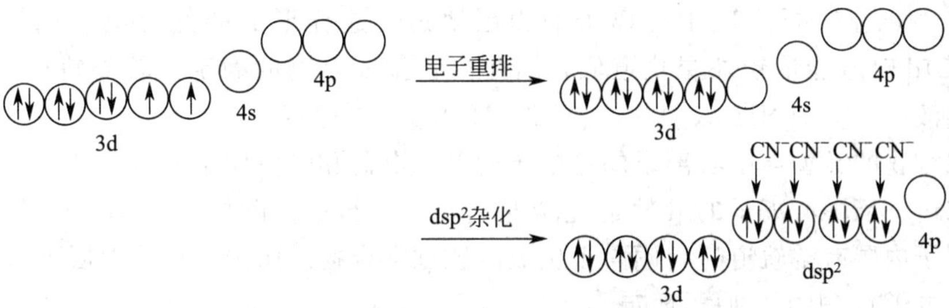

3. 配位数为 6 的配合物

配位数为 6 的配合物为数最多，所形成配离子空间构型均为正八面体。例如 $[FeF_6]^{3-}$、$[Fe(CN)_6]^{3-}$，但它们杂化类型不同。

$[FeF_6]^{3-}$ 中 Fe^{3+} 的价电子轨道是 3d、4s、4p、4d。其中 3d 轨道含有 5 个未成对电子，4s、4p、4d 轨道是空的。$[FeF_6]^{3-}$ 离子理论磁矩 5.92B·M，实测磁矩为 5.90 B·M，与自由 Fe^{3+} 的磁矩相同，说明 Fe^{3+} 与 F^- 配位时，3d 电子没有变化，用 1 个 4s，3 个 4p 和 2 个 4d 轨道发生 sp^3d^2 等性杂化，分别与 6 个 F^- 配位成键。6 个 sp^3d^2 杂化轨道取最大夹角，指向正八面体的 6 个顶点，因此 $[FeF_6]^{3-}$ 配离子具有正八面体构型。

Fe^{3+} ($3d^5 4s^0 4p^0 4d^0$)：

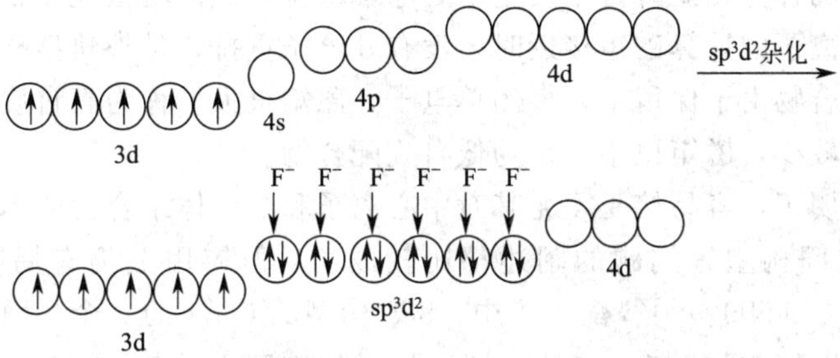

实测 $[Fe(CN)_6]^{3-}$ 的磁矩为 1.90B·M，远小于自由 Fe^{3+} 的磁矩，近似相当于有一个未成对电子。可以认为是 Fe^{3+} 受配体 CN^- 的影响，4 个分占不同 d 轨道的单电子两两配对，空出 2 个 3d 轨道与 1 个 4s 和 3 个 4p 轨道发生 d^2sp^3 杂化，与 6 个 CN^- 配位成键，形成正八面体构型的 $[Fe(CN)_6]^{3-}$ 配离子。

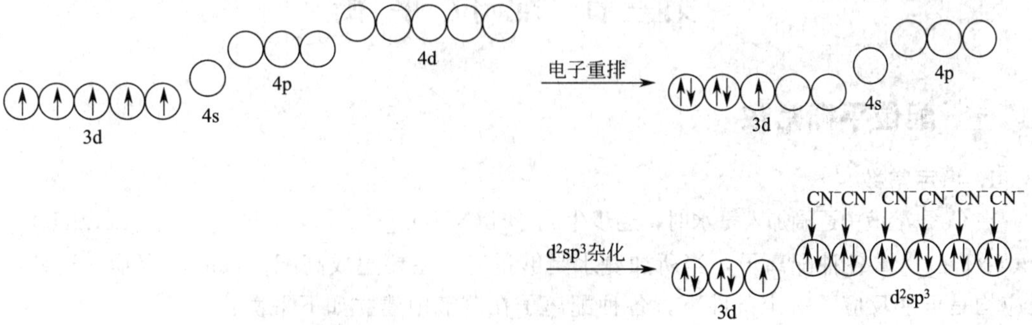

三、外轨型配位化合物和内轨型配位化合物

按照价键理论，中心离子与配位体成键时，中心离子以最外层的 *nsnpn*d 轨道杂化，

配位原子的孤对电子“投入”中心离子的外层轨道上，这样形成的配合物叫外轨型配合物。而如果受配位原子的影响，中心离子的d电子重排，以 $(n-1)dnsnp$ 轨道杂化，配位原子的孤对电子“插入”中心离子的内层轨道，这样形成的配合物叫内轨型配合物。由于 $(n-1)d$ 轨道能量较外层轨道低，因此内轨型配合物的稳定性较外轨型配合物更高。例如在水溶液中，$[Co(NH_3)_6]^{3+}$ 比 $[Co(NH_3)_6]^{2+}$ 更稳定。

配位化合物的类型与中心离子的价电子构型、电荷和配位原子的电负性等因素有关。

一般来讲，当中心离子的d轨道完全充满时，它与任何配体配位都只生成外轨型配合物。中心离子内层有空轨道时，倾向于生成内轨型配合物。而中心离子内层可挤出空轨道时（含 $d^4 \sim d^9$ 电子），视配位原子而定。

中心离子的电荷越高，对电子吸引能力越强，更易生成内轨型配合物，相反，则生成外轨型配合物。如 $[Co(NH_3)_6]^{3+}$（内轨），$[Co(NH_3)_6]^{2+}$（外轨）。

对同类中心离子，则与配位原子的电负性有关。配位原子为电负性较大的卤素、氧（在 OH^-，H_2O 中）等，电子云对中心离子的d电子影响较小，易生成外轨型配合物；如果配位原子为电负性较小的C（在 CN^-，CO中）、N（在 NO_2^- 中）等，电子云对中心离子的d电子影响较大，其 $(n-1)d$ 单电子配对，挤出内层轨道成键，生成内轨型配合物。有些配体的配位原子，如N（在 NH_3 中）有时生成外轨型配合物，有时生成内轨型配合物，视中心离子不同而不同，见表7-1。

配合物究竟是内轨型还是外轨型配合物，只能通过磁矩来确定。当配合物的实测磁矩小于其自由中心离子的计算磁矩时，则发生了d电子重排，是内轨型配合物；当配合物的实测磁矩与其自由中心离子的计算磁矩接近时，没有d电子重排，是外轨型配合物。测定配合物磁矩时，外轨型配合物由于保留了较多的单电子，磁矩很大，称为高自旋配合物。内轨型配合物由于单电子数较少，磁矩也小，称为低自旋配合物。

价键理论简单明了，容易接受，尤其对中心离子和配位体结合力的本质，中心离子的配位数及配合物的空间构型等问题的阐述都比较成功。但应用上仍有局限性，例如，采取 dsp^2 杂化成键的 $[Cu(NH_3)_4]^{2+}$ 配离子中，$3d^9$ 构型的 Cu^{2+} 的一个3d单电子激发到了4p轨道上，由于4p轨道能量很高，应具有还原性，但实际上 $[Cu(NH_3)_4]^{2+}$ 配离子却很稳定，因此与事实不相符。而且该理论仍存在不少缺点，如不能很好地解释配合物的光学性质和稳定性的规律等问题。这些问题在晶体场理论中得到了较好的解释。

第三节　配位平衡

一、配位平衡常数

1. 稳定常数

在 Cu^{2+} 溶液中逐滴加入氨水时，逐步生成 $[Cu(NH_3)]^{2+}$、$[Cu(NH_3)_2]^{2+}$、$[Cu(NH_3)_3]^{2+}$、$[Cu(NH_3)_4]^{2+}$ 各种配离子，当所加氨水足够量时，主要生成高配位数的配合物。这些配位反应均是可逆反应。一定条件下，各种配离子在溶液中建立如下平衡：

$$Cu^{2+} + NH_3 \rightleftharpoons [Cu(NH_3)]^{2+}$$

$$K_1^{\ominus} = \frac{c_{eq}([Cu(NH_3)]^{2+})/c^{\ominus}}{[c_{eq}(Cu^{2+})/c^{\ominus}][c_{eq}(NH_3)/c^{\ominus}]} = 1.40 \times 10^4$$

$$[Cu(NH_3)]^{2+} + NH_3 \rightleftharpoons [Cu(NH_3)_2]^{2+}$$

$$K_2^{\ominus} = \frac{c_{eq}([Cu(NH_3)_2]^{2+})/c^{\ominus}}{\{c_{eq}([Cu(NH_3)]^{2+})/c^{\ominus}\}[c_{eq}(NH_3)/c^{\ominus}]} = 3.17 \times 10^3$$

$$[Cu(NH_3)_2]^{2+} + NH_3 \rightleftharpoons [Cu(NH_3)_3]^{2+}$$

$$K_3^{\ominus} = \frac{c_{eq}([Cu(NH_3)_3]^{2+})/c^{\ominus}}{\{c_{eq}([Cu(NH_3)_2]^{2+})/c^{\ominus}\}[c_{eq}(NH_3)/c^{\ominus}]} = 7.76 \times 10^2$$

$$[Cu(NH_3)_3]^{2+} + NH_3 \rightleftharpoons [Cu(NH_3)_4]^{2+}$$

$$K_4^{\ominus} = \frac{c_{eq}([Cu(NH_3)_4]^{2+})/c^{\ominus}}{\{c_{eq}([Cu(NH_3)_3]^{2+})/c^{\ominus}\}[c_{eq}(NH_3)/c^{\ominus}]} = 1.39 \times 10^2$$

总反应：

$$Cu^{2+} + 4NH_3 \rightleftharpoons [Cu(NH_3)_4]^{2+}$$

$$K_{稳}^{\ominus} = K_1^{\ominus} K_2^{\ominus} K_3^{\ominus} K_4^{\ominus} = \frac{c_{eq}([Cu(NH_3)_4]^{2+})/c^{\ominus}}{[c_{eq}(Cu^{2+})/c^{\ominus}][c_{eq}(NH_3)/c^{\ominus}]^4} = 4.8 \times 10^{12}$$

$K_1^{\ominus}$、$K_2^{\ominus}$、$K_3^{\ominus}$、$K_4^{\ominus}$ 分别称为第一、第二、第三、第四级稳定常数，亦称逐级稳定常数。

$K_{稳}^{\ominus}$ 为总反应的平衡常数，称为稳定常数，可记成 $K_f^{\ominus}$。

$$K_f^{\ominus} = K_1^{\ominus} K_2^{\ominus} K_3^{\ominus} K_4^{\ominus}$$

2. 不稳定常数

除了可用 $K_f^{\ominus}$ 表示配合物的稳定性外，也可从配离子的解离程度来表示其稳定性。例如：

$$[Cu(NH_3)_4]^{2+} \rightleftharpoons Cu^{2+} + 4NH_3$$

其平衡常数表达式为：

$$K_d^{\ominus} = \frac{[c_{eq}(Cu^{2+})/c^{\ominus}][c_{eq}(NH_3)/c^{\ominus}]^4}{c_{eq}([Cu(NH_3)_4]^{2+})/c^{\ominus}} = 2.1 \times 10^{-13}$$

$K_d^{\ominus}$ 为配离子的不稳定常数或解离常数。$K_d^{\ominus}$ 数值越大，表示配离子越易解离，即配离子越不稳定。很明显：

$$K_f^{\ominus} = \frac{1}{K_d^{\ominus}}$$

一些配离子的标准稳定常数（298K）见附录Ⅴ。这些稳定常数通常是用实验方法测出的，不同的实验方法或不同的实验条件测出的数据不完全相同。配离子的 $K_f^{\ominus}$ 越大，在水溶液中越稳定，对于同类型（配位数相同）的配离子可以用 $K_f^{\ominus}$ 直接比较其稳定性，对于不同类型的配离子只有通过计算才能比较它们的稳定性。

二、配位平衡的计算

【例 7-2】 分别计算（1）含 $0.010mol \cdot L^{-1}$ $[Ag(NH_3)_2]^+$ 和 $0.010mol \cdot L^{-1}$ NH_3 的溶液；（2）含 $0.010mol \cdot L^{-1}$ $[Ag(CN)_2]^-$ 和 $0.010mol \cdot L^{-1}$ CN^- 的溶液中的 $c(Ag^+)$。已知 $K_f^{\ominus}$ $[Ag(NH_3)_2]^+ = 1.12 \times 10^7$，$K_f^{\ominus}$ $[Ag(CN)_2]^- = 1.3 \times 10^{21}$。

解 因 NH_3 过量，且 $K_f^{\ominus}$ 较大，事实上平衡时解离的 Ag^+ 很少。设在 $[Ag(NH_3)_2]^+$ 和 NH_3 的混合溶液中，$c(Ag^+) = x mol \cdot L^{-1}$，则：

$$Ag^+ + 2NH_3 \rightleftharpoons [Ag(NH_3)_2]^+$$

平衡浓度/(mol·L⁻¹) x　　$0.010+2x \approx 0.010$　　$0.010-x \approx 0.010$

$$K_f^\ominus = \frac{c_{eq}([Ag(NH_3)_2]^+)/c^\ominus}{[c_{eq}(Ag^+)/c^\ominus][c_{eq}(NH_3)/c^\ominus]^2}$$

$$1.12\times10^7 = \frac{0.010\text{mol}\cdot L^{-1}/c^\ominus}{[x\text{mol}\cdot L^{-1}/c^\ominus][0.010\text{mol}\cdot L^{-1}/c^\ominus]^2}$$

解得　$x = 8.9\times10^{-6}$，即 $c(Ag^+)=8.9\times10^{-6}\text{mol}\cdot L^{-1}$。

同理：设 $[Ag(CN)_2]^-$ 和 CN^- 混合液中，$c(Ag^+)=y(\text{mol}\cdot L^{-1})$，则：

$$Ag^+ + 2CN^- \rightleftharpoons [Ag(CN)_2]^-$$

平衡浓度/(mol·L⁻¹)　y　　$0.010+2y \approx 0.010$　　$0.010-y \approx 0.010$

$$K_f^\ominus = \frac{c_{eq}([Ag(CN)_2]^-)/c^\ominus}{[c_{eq}(Ag^+)/c^\ominus][c_{eq}(CN^-)/c^\ominus]^2}$$

$$1.3\times10^{21} = \frac{0.010\text{mol}\cdot L^{-1}/c^\ominus}{[y\text{mol}\cdot L^{-1}/c^\ominus][0.010\text{mol}\cdot L^{-1}/c^\ominus]^2}$$

解得　$y=7.7\times10^{-20}$，即 $c(Ag^+)=7.7\times10^{-20}\text{mol}\cdot L^{-1}$。

通过计算说明，在 $[Ag(CN)_2]^-$ 溶液中解离出的 Ag^+ 更少，所以 $[Ag(CN)_2]^-$ 比 $[Ag(NH_3)_2]^+$ 更稳定，因此配位数相同的同类型配离子，可以根据 $K_f^\ominus$ 的数值，直接比较其稳定性的大小。

【例 7-3】 在 1.0mL 0.040mol·L⁻¹ $AgNO_3$ 溶液中，加入 1.0mL 2.0mol·L⁻¹氨水，计算在平衡后溶液中的 Ag^+ 浓度是多少？已知 $K_f^\ominus$ $[Ag(NH_3)_2]^+=1.12\times10^7$。

解　混合后溶液中 $c(AgNO_3)=0.020\text{mol}\cdot L^{-1}$，$c(NH_3)=1.0\text{mol}\cdot L^{-1}$。$NH_3$ 过量，且 $K_f^\ominus$ 数值较大，可认为全部 Ag^+ 都生成为 $[Ag(NH_3)_2]^+$ 配离子。

设达到平衡时由 $[Ag(NH_3)_2]^+$ 解离出的 $c(Ag^+)=x\text{mol}\cdot L^{-1}$

$$Ag^+ + 2NH_3 \rightleftharpoons [Ag(NH_3)_2]^+$$

起始浓度/(mol·L⁻¹)　0.020　　1.0　　0

平衡浓度/(mol·L⁻¹)　x　　$(1.0-2\times0.020)+2x \approx 0.96$　　$0.020-x \approx 0.020$

$$K_f^\ominus = \frac{c_{eq}([Ag(NH_3)_2]^+)/c^\ominus}{[c_{eq}(Ag^+)/c^\ominus][c_{eq}(NH_3)/c^\ominus]^2}$$

$$1.12\times10^7 = \frac{0.020\text{mol}\cdot L^{-1}/c^\ominus}{[x\text{mol}\cdot L^{-1}/c^\ominus][0.96\text{mol}\cdot L^{-1}/c^\ominus]^2}$$

解得　$x=1.9\times10^{-9}$，即 $c(Ag^+)=1.9\times10^{-9}\text{mol}\cdot L^{-1}$。

计算结果表明，在 $AgNO_3$ 溶液中，由于加入了氨水，使溶液中 Ag^+ 浓度大大降低。

三、配位平衡移动

配位平衡与其他的化学平衡一样，如果平衡体系的条件发生改变，就可能使这种平衡发生移动，配离子的稳定性发生改变。加入酸、碱、沉淀剂、氧化剂、还原剂等均能引起配位平衡的移动。

1. 配位平衡与酸碱平衡

由于配体是能接受质子的弱酸根，NH_3、OH^- 等的配离子体系，加入稍强的酸时，由于生成弱电解质，降低了配体浓度，导致配位平衡向配离子解离方向移动。

例如向 $[FeF_6]^{3-}$ 配离子的溶液中加强酸，由于 H^+ 与 F^- 结合生成弱电解质 HF，溶液中 F^- 浓度降低，配位平衡将向离解方向移动，体系由 $[FeF_6]^{3-}$ 配离子向生成 HF 的方向变化。

$$
\begin{array}{ccl}
[FeF_6]^{3-} \rightleftharpoons & Fe^{3+} + & 6F^- \\
 & & + \\
 & & 6H^+ \\
 & & \Updownarrow \\
 & & 6HF
\end{array}
$$

这种由于配体与 H^+ 结合生成弱酸，而使配离子稳定性下降的现象，称为配体的酸效应。

以上系统包含两种平衡：

$$
\begin{array}{lll}
 & [FeF_6]^{3-} \rightleftharpoons Fe^{3+} + 6F^- & K_1^{\ominus} = 1/K_f^{\ominus} \\
+) & 6F^- + 6H^+ \rightleftharpoons 6HF & K_2^{\ominus} = 1/(K_a^{\ominus})^6 \\
\hline
\end{array}
$$

总反应：$[FeF_6]^{3-} + 6H^+ \rightleftharpoons Fe^{3+} + 6HF$

根据多重平衡关系，其平衡常数：

$$K_j^{\ominus} = K_1^{\ominus} K_2^{\ominus} = \frac{1}{K_f^{\ominus}(K_a^{\ominus})^6}$$

$K_j^{\ominus}$ 称为竞争平衡常数。当配离子的稳定性越小（$K_f^{\ominus}$ 越小），弱电解质越弱（$K_a^{\ominus}$ 越小）时，配离子越易被解离。

若体系的酸度太低，由于 Fe^{3+} 的水解反应，降低了溶液中游离金属离子浓度，使配位平衡向着解离的方向移动，导致配合物的稳定性降低，称为金属离子的水解效应。例如：

$$
\begin{array}{l}
Fe^{3+} + 6F^- \rightleftharpoons [FeF_6]^{3-} \\
+ \\
3OH^- \\
\Updownarrow \\
Fe(OH)_3 \downarrow
\end{array}
$$

同时存在配体的酸效应和金属离子的水解效应，但通常以酸效应为主。配离子只能在一定 pH 的溶液中稳定存在。

【例 7-4】 有一含 $c[Ag(NH_3)_2]^+ = 0.05mol \cdot L^{-1}$、$c(Cl^-) = 0.05mol \cdot L^{-1}$ 与 $c(NH_3) = 4.0mol \cdot L^{-1}$ 银氨配离子、氯离子、氨水的混合液，向此溶液中滴加 HNO_3 至有白色沉淀产生，计算此时溶液 $c(NH_3)$ 及溶液的 pH。已知 $K_{sp}^{\ominus}(AgCl) = 1.77 \times 10^{-10}$，$K_f^{\ominus}([Ag(NH_3)_2]^+) = 1.12 \times 10^7$，$K_b^{\ominus}(NH_3) = 1.75 \times 10^{-5}$。

解 开始生成 AgCl 沉淀时：

$$c(Ag^+) = \frac{K_{sp}^{\ominus}(AgCl)(c^{\ominus})^2}{c(Cl^-)} = \frac{1.77 \times 10^{-10}(1mol \cdot L^{-1})^2}{0.05mol \cdot L^{-1}} = 3.54 \times 10^{-9} mol \cdot L^{-1}$$

设刚刚生成 AgCl 沉淀时，$c_{eq}(NH_3) = x\, mol \cdot L^{-1}$

$$Ag^+ \quad + \quad 2NH_3 \rightleftharpoons [Ag(NH_3)_2]^+$$

平衡浓度/$(mol \cdot L^{-1})$ 3.54×10^{-9} x $0.05-3.54\times10^{-9}\approx0.05$

$$K_f^\ominus=\frac{c_{eq}([Ag(NH_3)_2]^+)/c^\ominus}{[c_{eq}(Ag^+)/c^\ominus][c_{eq}(NH_3)/c^\ominus]^2}$$

$$1.12\times10^7=\frac{0.05}{3.54\times10^{-9}\times x^2}$$

$$x=1.12，即\ c_{eq}(NH_3)=1.12mol\cdot L^{-1}$$

$$c_{eq}(NH_4^+)=4.0mol\cdot L^{-1}-1.12mol\cdot L^{-1}=2.88mol\cdot L^{-1}$$

$$pH=pK_a^\ominus(NH_4^+)-\lg\frac{c(NH_4^+)/c^\ominus}{c(NH_3)/c^\ominus}=9.24-\lg\frac{2.88}{1.12}=8.83$$

2. 配位平衡与沉淀溶解平衡

向含配离子的溶液中加入沉淀剂生成难溶盐，将使配位平衡向配离子解离方向移动。相反，向难溶盐体系中加入某种配位剂，又能使体系向配离子生成方向移动。

例如在一只烧杯中放入少量 $AgNO_3$ 溶液，加入数滴 KCl 溶液，立即产生白色 AgCl 沉淀。然后再向烧杯中滴加氨水，由于生成 $[Ag(NH_3)_2]^+$，AgCl 沉淀不断溶解。继续滴加氨水直至 AgCl 沉淀完全溶解。若再加入少量 KBr 溶液，则 Br^- 可与银氨溶液中的 Ag^+ 生成乳黄色 AgBr 沉淀。若再滴加 $Na_2S_2O_3$ 溶液，由于生成 $[Ag(S_2O_3)_2]^{3-}$，AgBr 沉淀不断溶解。此时如再向溶液中加入 KI 溶液，则又将析出溶解度更小的黄色 AgI 沉淀。若再向溶液中滴加 KCN 溶液，由于生成更稳定的 $[Ag(CN)_2]^-$，AgI 沉淀又溶解。此时若再加入 $(NH_4)_2S$ 溶液，是最终生成棕黑色的 Ag_2S 沉淀。由于 Ag_2S 溶解度极小，至今还未找到可以显著溶解 Ag_2S 的配位试剂。

与沉淀生成和溶解相对应的是配合物的解离和形成，决定上述各反应方向的是 $K_f^\ominus$ 和 $K_{sp}^\ominus$ 的相对大小，以及配位剂与沉淀剂的浓度。配合物的 $K_f^\ominus$ 值越大，越易形成相应配合物，沉淀越易溶解；而沉淀的 $K_{sp}^\ominus$ 越小，则配合物越易解离生成沉淀。

配位平衡与沉淀溶解平衡的相互影响取决于沉淀剂和配位剂争夺金属离子的能力，即与 $K_f^\ominus$ 和 $K_{sp}^\ominus$ 的相对大小及沉淀剂和配位剂的浓度有关。这也是多重平衡问题，下面分别予以讨论。

(1) 沉淀转化为配离子　如向含 AgCl 沉淀的溶液中加入氨水，沉淀消失，平衡向生成配离子的方向移动：

$$\begin{array}{ccc} AgCl(s) & \rightleftharpoons & Ag^+ + Cl^- \\ & & + \\ & & 2NH_3 \\ & & \Updownarrow \\ & & [Ag(NH_3)_2]^+ \end{array}$$

以上系统包含两种平衡：

$$\begin{array}{ll} AgCl(s) \rightleftharpoons Ag^+ + Cl^- & K_1^\ominus = K_{sp}^\ominus \\ +)\ Ag^+ + 2NH_3 \rightleftharpoons [Ag(NH_3)_2]^+ & K_2^\ominus = K_f^\ominus \\ \hline \text{总反应:} AgCl(s) + 2NH_3 \rightleftharpoons [Ag(NH_3)_2]^+ + Cl^- & \end{array}$$

$$K_j^\ominus=\frac{\{c_{eq}([Ag(NH_3)_2]^+)/c^\ominus\}[c_{eq}(Cl^-)/c^\ominus]}{[c_{eq}(NH_3)/c^\ominus]^2}$$

$$=K_1^\ominus K_2^\ominus=K_{sp}^\ominus K_f^\ominus$$

在一定温度下，难溶盐溶解度越大（$K_{sp}^\ominus$ 越大），配离子越稳定（$K_f^\ominus$ 越大），沉淀转化为配离子的趋势越大。例如，$K_f^\ominus([Ag(CN)_2]^-)>K_f^\ominus([Ag(NH_3)_2]^+)$，分别用相同浓度的 KCN 溶液和氨水溶解 AgCl 时，前者容易得多。而 $K_{sp}^\ominus(AgCl)>K_{sp}^\ominus(AgBr)$，因此用氨水溶解等物质的量的 AgCl 和 AgBr 沉淀时，AgCl 沉淀更容易溶解。

【例 7-5】 1mL 0.2mol·L^{-1} $AgNO_3$ 溶液中，加入 1mL 0.2mol·L^{-1} KCl 溶液产生 AgCl 沉淀。加入足够的氨水可使沉淀溶解，问氨水的最初浓度应该是多少？已知 $K_f^\ominus[Ag(NH_3)_2]^+=1.12\times10^7$，$K_{sp}^\ominus(AgCl)=1.77\times10^{-10}$。

解 假定 AgCl 溶解全部转化为 $[Ag(NH_3)_2]^+$，若忽略 $[Ag(NH_3)_2]^+$ 的解离，则平衡时 $[Ag(NH_3)_2]^+$ 的浓度为 0.1mol·L^{-1}，Cl^- 的浓度为 0.1mol·L^{-1}。

$$AgCl(s)+2NH_3 \rightleftharpoons [Ag(NH_3)_2]^+ + Cl^-$$

$$K_j^\ominus=K_{sp}^\ominus(AgCl)K_f^\ominus([Ag(NH_3)_2]^+)=1.77\times10^{-10}\times1.12\times10^7=1.98\times10^{-3}$$

$$K_j^\ominus=\frac{\{c_{eq}([Ag(NH_3)_2]^+)/c^\ominus\}[c_{eq}(Cl^-)/c^\ominus]}{[c_{eq}(NH_3)/c^\ominus]^2}=\frac{(0.1mol\cdot L^{-1}/c^\ominus)^2}{[c_{eq}(NH_3)/c^\ominus]^2}=1.98\times10^{-3}$$

$$c_{eq}(NH_3)=2.25mol\cdot L^{-1}$$

在溶解的过程中要消耗氨水的浓度为 $2\times0.1mol\cdot L^{-1}=0.2mol\cdot L^{-1}$，所以氨水的最初浓度为 $(2.25+0.2)mol\cdot L^{-1}=2.45mol\cdot L^{-1}$。

(2) 配离子转化为沉淀　往 $[Ag(NH_3)_2]^+$ 溶液中加入 KBr 溶液，可产生 AgBr 沉淀：

$$\begin{array}{c}[Ag(NH_3)_2]^+ \rightleftharpoons Ag^+ + 2NH_3\\ \quad\quad\quad\quad\quad + \\ \quad\quad\quad\quad\quad Br^- \\ \quad\quad\quad\quad\quad \Downarrow \\ \quad\quad\quad\quad\quad AgBr\downarrow\end{array}$$

以上系统包含两种平衡：

$$[Ag(NH_3)_2]^+ \rightleftharpoons Ag^+ + 2NH_3 \qquad K_1^\ominus=1/K_f^\ominus$$

$$+)\quad Ag^+ + Br^- \rightleftharpoons AgBr(s) \qquad K_2^\ominus=1/K_{sp}^\ominus$$

总反应：$[Ag(NH_3)_2]^+ + Br^- \rightleftharpoons AgBr(s)+2NH_3$

$$K_j^\ominus=K_1^\ominus K_2^\ominus=\frac{1}{K_f^\ominus K_{sp}^\ominus}$$

一定条件下，配离子越不稳定（$K_f^\ominus$ 越小），难溶盐溶解度越小（$K_{sp}^\ominus$ 越小），配离子转化为沉淀的可能性越大。例如，配离子 $[Ag(NH_3)_2]^+$ 不如 $[Ag(S_2O_3)_2]^{3-}$ 稳定，前者加沉淀剂 Br^- 就能解离生成沉淀，而后者需加更强的沉淀剂 I^- 才能离解生成沉淀。

【例 7-6】 在 0.1mol·L^{-1} 的 $[Ag(NH_3)_2]^+$ 配离子溶液中加入 KBr 溶液。使 KBr 浓度达到 0.01mol·L^{-1}，有无 AgBr 沉淀生成？已知 $K_{sp}^\ominus(AgBr)=5.35\times10^{-13}$，$K_f^\ominus[Ag(NH_3)_2]^+=1.12\times10^7$。

解 设平衡时由 $[Ag(NH_3)_2]^+$ 解离出的 $c(Ag^+)=x(mol\cdot L^{-1})$

	Ag^+	+	$2NH_3 \rightleftharpoons$	$[Ag(NH_3)_2]^+$
平衡浓度/(mol·L^{-1})	x		$2x$	$0.1-x\approx0.1$

$$K_f^\ominus=\frac{c_{eq}([Ag(NH_3)_2]^+)/c^\ominus}{[c_{eq}(Ag^+)/c^\ominus][c_{eq}(NH_3)/c^\ominus]^2}$$

$$1.12\times10^7=\frac{0.1mol\cdot L^{-1}/c^\ominus}{[x\,mol\cdot L^{-1}/c^\ominus][2x\,mol\cdot L^{-1}/c^\ominus]^2}$$

解得　$x=1.31\times10^{-3}$，即 $c(Ag^+)=1.31\times10^{-3}\,mol\cdot L^{-1}$

根据溶度积规则：

$$Q=[c(Ag^+)/c^\ominus][c(Br^-)/c^\ominus]=1.31\times10^{-3}\times0.01=1.31\times10^{-5}>K_{sp}^\ominus(AgBr)$$

所以有 AgBr 沉淀生成。

3. 配位平衡与氧化还原平衡

配位平衡与氧化还原平衡也可以相互转化，在配位平衡体系中，加入氧化剂或还原剂，降低金属离子浓度，会使配离子不断解离，平衡发生移动。例如向血红色 $[Fe(SCN)_6]^{3-}$ 溶液中加入 $SnCl_2$ 溶液后血红色褪去。这是因为 Sn^{2+} 不断还原解离出来的 Fe^{3+}，促使 $[Fe(SCN)_6]^{3-}$ 完全离解：

$$[Fe(SCN)_6]^{3-} \rightleftharpoons Fe^{3+} + 6SCN^-$$

$$+$$

$$Sn^{2+}$$

$$\Updownarrow$$

$$2Fe^{2+} + Sn^{4+}$$

总反应：　$$2[Fe(SCN)_6]^{3-} + Sn^{2+} \rightleftharpoons Sn^{4+} + 12SCN^- + 2Fe^{2+}$$

相反，在氧化还原平衡体系中，如果加入的配位体能与溶液中的金属离子生成配离子时，也可使氧化还原平衡向配位平衡转化。例如，一般情况下，Fe^{3+} 能氧化 I^-，反应式为：

$$2Fe^{3+} + 2I^- \rightleftharpoons 2Fe^{2+} + I_2$$

若在该溶液中加入 F^- 后，由于生成比较稳定的 $[FeF_6]^{3-}$ 配离子，Fe^{3+} 的浓度大大降低，从而降低了 Fe^{3+} 的氧化能力，增强了 Fe^{2+} 的还原能力，当达到一定程度时，氧化还原反应方向改变。

$$2Fe^{3+} + 2I^- \rightleftharpoons 2Fe^{2+} + I_2$$

$$+$$

$$12F^-$$

$$\Updownarrow$$

$$2[FeF_6]^{3-}$$

总反应：　$$2Fe^{2+} + I_2 + 12F^- \rightleftharpoons 2[FeF_6]^{3-} + 2I^-$$

4. 配合物之间的转化

在一种配合物的溶液中，加入另一种能与中心离子生成更稳定的配合物的配位剂，可使原有的配位平衡发生移动，建立新的配位平衡。例如在 $[Ag(NH_3)_2]^+$ 溶液中，加入 KCN 溶液：

$$[Ag(NH_3)_2]^+ \rightleftharpoons Ag^+ + 2NH_3$$

$$+$$

$$2CN^-$$

$$\Updownarrow$$

$$[Ag(CN)_2]^-$$

总反应：　$$[Ag(NH_3)_2]^+ + 2CN^- \rightleftharpoons [Ag(CN)_2]^- + 2NH_3$$

$$K_j^\ominus=\frac{K_f^\ominus([Ag(CN)_2]^-)}{K_f^\ominus([Ag(NH_3)_2]^+)}=\frac{1.3\times10^{21}}{1.12\times10^{7}}=1.2\times10^{14}$$

竞争常数值 $K_j^\ominus$ 很大，说明反应向着生成 $[Ag(CN)_2]^-$ 的方向进行的趋势很大。因此，在含有 $[Ag(NH_3)_2]^+$ 的溶液中，加入足量的 CN^- 时，$[Ag(NH_3)_2]^+$ 被破坏而生成

$[Ag(CN)_2]^-$。可见，较不稳定的配合物容易转化成较稳定的配合物。

综上所述，配位平衡与其他平衡共处一体时，这些平衡将相互影响、相互制约，构成多重平衡体系，因此可根据其平衡常数的大小讨论平衡转化的方向。

第四节 螯 合 物

一、螯合物的基本概念

螯合物是多齿配体通过两个或两个以上的配位原子与同一中心离子形成的具有环状结构的配合物，也称内配合物。例如 $K_2[Zn(C_2O_4)_2]$、$[Cu(en)_2]^{2+}$、CaY^{2-} 等。由于每一个配体上有几个配位原子与同一个中心离子键合，如同螃蟹的爪子同时钳住了中心离子而形成螯合环，因此叫螯合物。例如，一个 Cu^{2+} 与两个乙二胺（en）形成 $[Cu(en)_2]^{2+}$ 配离子，这是具有两个五元环的螯合物，反应式如下：

$$Cu^{2+}+2\ \begin{matrix} CH_2-NH_2 \\ | \\ CH_2-NH_3 \end{matrix} \longrightarrow \left[\begin{matrix} CH_2-NH_2 \\ | \\ CH_2-NH_2 \end{matrix} \overset{\nwarrow}{\underset{\swarrow}{}}Cu\overset{\nearrow}{\underset{\searrow}{}} \begin{matrix} NH_2-CH_2 \\ | \\ NH_2-CH_2 \end{matrix} \right]^{2+}$$

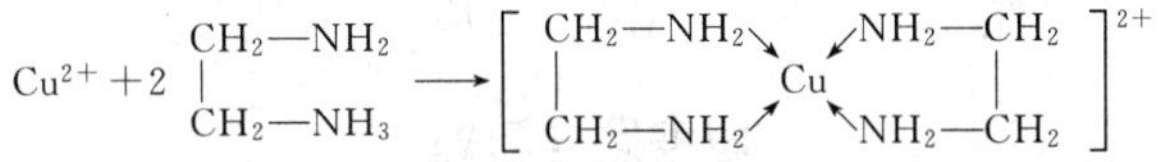

又如 Ca^{2+} 与 EDTA（H_4Y）形成 CaY^{2-} 配离子，这是具有五个五元环的螯合物（图7-1）。自然界中，叶绿素（图7-2）、血红素等都是具有复杂结构的螯合物。能与中心离子形成螯合物的多齿配体称为螯合剂。如 $C_2O_4^{2-}$、en、EDTA 等。

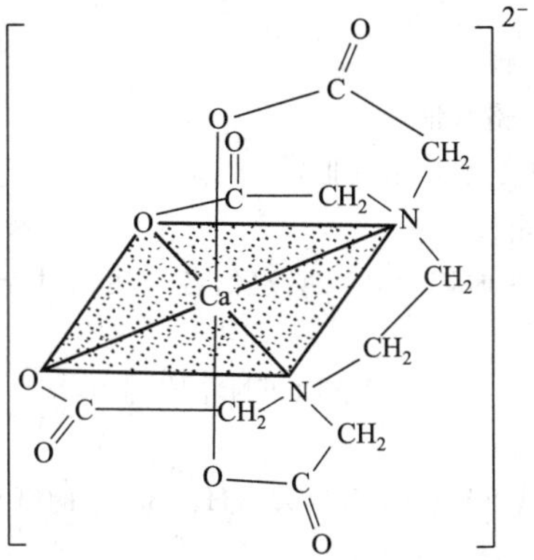

图 7-1　CaY^{2-} 立体结构

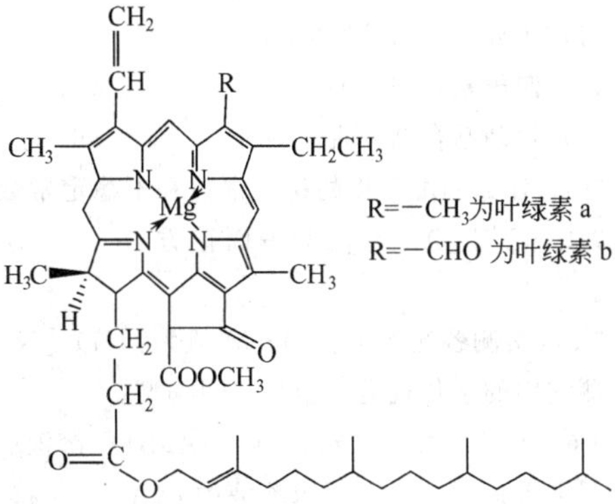

图 7-2　叶绿素的结构图

螯合剂必须具备的条件：

① 螯合剂分子或离子中含有两个或两个以上配位原子，而且这些配位原子同时与一个中心离子配位成键。

② 螯合剂中每两个配位原子之间相隔 2～3 个其他原子，以便于中心离子形成稳定的五元环或六元环。

螯合物的中心离子与螯合剂分子（离子）个数比称为螯合比。$[Cu(en)_2]^{2+}$ 的螯合比为 1：2，而 CaY^{2-} 的螯合比为 1：1。

二、螯合物的稳定性

螯合物具有特殊的稳定性，是由于环状结构形成而产生的。通常称为螯合效应。螯合效应以五元环和六元环最强。其他环则较少见到，也不稳定。例如，$K_f^{\ominus}([Cu(NH_3)_4]^{2+})=4.8\times10^{12}$而$K_f^{\ominus}([Cu(en)_2]^{2+})=4.0\times10^{19}$。由于螯合物特殊的稳定性，应用范围很广。

三、螯合物的应用

螯合物因其具有特殊的稳定性，被广泛应用在食品、药物、湿法冶金、均相催化、元素分离分析等过程中。随着高新技术的日益发展，一系列具有光、电、热、磁等及生物化学功能的所谓功能配合物的合成研究，为配位化学在信息材料、光电技术、激光能源、生物技术等领域的应用提供了更有利的条件。

螯合物一般具有鲜明的特征颜色，这一特性在分析化学中被广泛应用于检测和鉴定微量元素的存在和含量。例如，丁二酮肟与Ni^{2+}在氨性溶液中生成鲜红色的难溶螯合物，分析化学中利用这一特征反应鉴定Ni^{2+}。又如常用SCN^-来检测Fe^{3+}、Co^{2+}的存在。另外，分析化学中利用螯合物具有的特殊稳定性来掩蔽干扰离子。例如，用EDTA测定水中Ca^{2+}、Mg^{2+}时，Fe^{3+}、Al^{3+}有干扰，常加入三乙醇胺，使之与Fe^{3+}、Al^{3+}形成稳定的螯合物而将其掩蔽起来，这时三乙醇胺不与Ca^{2+}、Mg^{2+}反应。

思考题与习题

7-1 写出下列配合物的名称、中心离子、配体、配位原子、配位数及配离子的电荷。

(1) $[CoCl_3(NH_3)_3]$　(2) $K_2[Ni(CN)_4]$　(3) $Na_2[SiF_6]$　(4) $K_3[Fe(SCN)_6]$

(5) $[Cu(en)_2]SO_4$　(6) $[Co(NH_3)_5Cl]Cl_2$　(7) $[Cr(Br)_2(H_2O)_4]Br$　(8) $[Fe(CO)_5]$

7-2 写出下列配合物的化学式。

(1) 四羟合锌（Ⅱ）酸钠　(2) 四氯合金（Ⅲ）酸钾

(3) 四羰基合镍（0）　(4) 氯化二氯·四水合铬（Ⅲ）

(5) 六硝基合钴（Ⅲ）酸钾　(6) 氯化二氯·三氨·一水合钴（Ⅲ）

7-3 什么叫配合物的稳定常数和不稳定常数？二者有何关系？

7-4 已知$[AuCl_4]^-$为平面正方形，$[Cu(CN)_4]^{3-}$为正四面体形，说明它们各采用何种杂化轨道成键。

7-5 实测各配离子μ/B·M值为：(1) $[Ni(NH_3)_6]^{2+}$：3.2　(2) $[Pt(CN)_4]^{2-}$：0
试推测它们的杂化轨道类型与空间构型。

7-6 在50mL 0.10mol·L^{-1} $AgNO_3$溶液中，加入密度为0.932g·mL^{-1}含NH_3 18.2%的氨水30mL后，用水稀释到100mL，求溶液中$c(Ag^+)$、$c(NH_3)$和$c[Ag(NH_3)_2]^+$。

7-7 要使0.10mol·L^{-1}的AgI固体完全溶解在1L氨水中，氨水的浓度至少要多大？若用1L KCN溶液溶解，至少需要多大浓度？

7-8 向5.0mL浓度为0.10mol·L^{-1}$AgNO_3$溶液中，加入5.0mL浓度为6.0mol·L^{-1}的氨水，所得溶液中逐滴加入0.01mol·L^{-1}的KBr溶液，问加入多少毫升KBr溶液时，开始有AgBr沉淀析出？

7-9 含有0.10mol·L^{-1} NH_3和0.10mol·L^{-1} NH_4Cl以及0.010mol·L^{-1} $[Cu(NH_3)_4]^{2+}$溶液中，是否有$Cu(OH)_2$沉淀？当$c(NH_3)=0.010$mol·L^{-1}时是否有$Cu(OH)_2$沉淀？

7-10 向1.0L 0.10mol·L^{-1}的$AgNO_3$溶液中加入0.10mol·L^{-1} KCl溶液生成AgCl沉淀，若要使AgCl沉淀刚好溶解，问溶液中氨水的浓度$c(NH_3)$。

7-11 设1L溶液中含有0.10mol·L^{-1} NH_3和0.10mol·L^{-1} NH_4Cl以及0.001mol·L^{-1} $[Zn(NH_3)_4]^{2+}$配离子，问此溶液中有无$Zn(OH)_2$沉淀生成？若再加入0.01mol Na_2S固体，设体积不变，问有无ZnS沉淀生成（不考虑S^{2-}水解）？

7-12 在1L 1mol·L^{-1}的$[Ag(NH_3)_2]^+$溶液中加入7.46gKCl，问是否有AgCl沉淀生成？

7-13 选择正确答案，并填入括号内。

(1) 将化学组成为 $CoCl_3 \cdot 4NH_3$ 的紫色固体配制成溶液，向其中加入足量的 $AgNO_3$ 溶液后，只有 1/3 的氯从沉淀析出。该配合物的内界含有（　　）。

A. 2 个 Cl^- 和 1 个 NH_3　　B. 2 个 Cl^- 和 2 个 NH_3

C. 2 个 Cl^- 和 3 个 NH_3　　D. 2 个 Cl^- 和 4 个 NH_3

(2) 下列物质中具有顺磁性的是（　　）。

A. $[Ag(NH_3)_2]^+$　　B. $[Fe(CN)_6]^{4-}$

C. $[Zn(NH_3)_4]^{2+}$　　D. $[Cu(NH_3)_4]^{2+}$

(3) 测得 $[Co(NH_3)_6]^{3+}$ 磁矩 $\mu=0.0B \cdot M$，可知 Co^{3+} 采取的杂化类型是（　　）。

A. sp^3　　B. dsp^2

C. d^2sp^3　　D. sp^3d^2

知识拓展

配位化合物理论的发展

配位化合物理论的发展史基本围绕着两条主线：一是对配位键本质是共价键还是离子键的思考；二是通过类比分子结构的理论模型来建立配位化合物理论的模型。较重要的有价键理论、晶体场理论、分子轨道理论和配位场理论等，下面概述这些理论的基本内容。

1. 价键理论（Valence Bond Theory）

鲍林（Pauling）将分子结构的价键理论应用于配合物，配位化合物的价键理论研究的对象是配位单元，把杂化轨道理论用于配位单元的结构与成键研究，就形成了配位化合物的价键理论。配体中配位原子的孤对电子向中心的空杂化轨道配位形成配位键，中心的杂化方式决定了配位单元的空间构型。价键理论能简明地解释许多配位化合物的几何构型、配位数和配位化合物的磁性、稳定性等性质。价键理论是个定性理论，有许多不足，如它不能定量地讨论能量问题，也不能满意地解释配位化合物的颜色等光谱学数据，而且在解释 $[Cu(H_2O)_4]^{2+}$ 的正方形结构时更显得无能为力，但晶体场理论却能弥补这些不足。

2. 晶体场理论 CFT（Crystal Field Theory）

培特（H. Bethe）和冯弗莱克（J. H. VanVleck）在 1923～1935 年提出了晶体场理论（CFT）。到 1953 年成功地解释了 $[Ti(H_2O)_6]^{3+}$ 的光谱特性和过渡金属配合物其他性质之后，晶体场理论才受到化学界的普遍重视。晶体场理论的基本观点是：中心离子和配位体之间的相互作用是静电作用，它的要点如下。

(1) 中心离子原来简并的 d 轨道在配位体电场的作用下，发生了能级分裂，有的能量升高，有的能量降低。分裂后，最高能量 d 轨道和最低能量 d 轨道之间的能量差叫分裂能，用 Δ 表示。在配位化合物中，6 个配体形成正八面体的对称性电场，4 个配体可以形成正四面体和正方形场。

(2) 分裂能 Δ 值的大小，主要受配位体的电场、中心离子的电荷及它属于第几过渡系等因素的影响。

(3) 使本来是自旋平行分占两个轨道的电子挤到同一轨道上去，必须克服的电子与电子之间的静电排斥作用而使能量升高，这种增高的能量称为成对能，用 P 表示。在弱配位场中 $\Delta<P$，形成高自旋配合物；在强配位场中 $\Delta>P$，d 电子尽可能占据能量较低的轨道形成低自旋配合物。

(4) 在晶体场理论中，d 电子从未分裂的 d 轨道进入分裂的 d 轨道所产生的总能量的下降值，称为晶体场稳定化能（CFSE）。总能量下降越多，即 CFSE 越大（负值绝对值越大），配位化合物就越稳定。

晶体场理论成功地解释了配位化合物的吸收光谱和颜色、配合物的磁性和稳定性，但它的假设过于简单，忽略了配位体 L 与金属离子 M 的共价作用，相当于只考虑了离子键作用，不能满意解释光谱化学序列。无法解释金属和配体间的轨道的重叠作用，而且对于分裂能的大小变化次序难以解释。

3. 分子轨道理论

配位化合物的分子轨道理论是用分子轨道理论的观点和方法处理金属离子 M 和配位体 L 的成键作用。

为了有效组成分子轨道，要满足对称性匹配、轨道最大重叠、能级高低相近等条件，对称性匹配在其中起突出作用。

中心金属离子的价电子轨道与由配体 σ 和 π 轨道组成的群轨道，按照形成分子轨道的三原则（能量相近原则、对称性匹配原则、最大重叠原则）组成若干成键、非键和反键分子轨道。配合物中的电子也像在其他分子中一样，在整个分子范围内运动。弱的 σ 电子给予体和强的 π 电子给予体相结合产生小的分裂能；而强的 σ 电子给予体和强的 π 电子接受体相结合产生大的分裂能，这样便可以合理地说明光谱化学序列。

4. 配位场理论 LFT（Ligand Field Theory）

配位场理论是将晶体场理论与分子轨道理论相结合，用于解释配合物的结构和性质的一种化学键理论。配位场理论是晶体场理论的发展，是晶体场理论与分子轨道理论结合的产物。在处理中心金属原子在其周围配位体所产生的电场作用下，金属的原子轨道能级发生变化时，以分子轨道理论方法为主，根据配位体场的对称性进行简化，并吸收晶体场理论的成果，阐明配位化合物的结构和性质。配位场理论比晶体场理论更接近实际，但比纯粹分子轨道理论简单和直观。其基本要点如下：

（1）配体不是无结构的点电荷，而是有一定的电荷分布。

（2）成键作用既有静电作用，也有共价作用。

第八章

电极电势与氧化还原平衡

Chapter 08

从化学反应有无电子转移或偏移的观点来看，化学反应可分为两大类。一类是反应过程中没有发生电子转移或偏移，如酸碱反应、沉淀反应，这类反应称为非氧化还原反应；另一类在反应过程中，物质之间发生了电子转移或偏移，这类反应称为氧化还原反应。本章将介绍如何将氧化还原反应设计成原电池，并通过原电池的电极电势讨论氧化剂、还原剂的相对强弱，氧化还原反应进行的方向和程度。生命活动过程中，能量是直接依靠营养物质的氧化而获得的。日常生活中人们所接触到的许多反应，例如金属腐蚀、煤炭燃烧、炸药爆炸等都是氧化还原反应。氧化还原反应在化工、冶金生产上常涉及，是化学热能或电能的来源之一。因此，研究氧化还原反应有着十分重要的意义。

第一节　氧化还原反应的基本概念及配平

一、氧化数

氧化数表示各元素原子在化合物中所处的化合状态。1970 年国际纯粹与应用化学联合（IUPAC）定义了氧化数的概念：氧化数（又称氧化值）是某元素一个原子的形式电荷数，在化合物中，这种形式电荷把成键电子指定给电负性较大的原子而求得。形式上得到电子的原子其氧化数为负值，形式上失去电子的原子其氧化数为正值。

确定元素氧化数所遵循的一般原则如下：

① 在单质中，元素的氧化数为零，如 Cl_2、H_2、Zn、S 等物质中元素的氧化数为零。

② 在中性分子中各元素的氧化数代数和为零。在多原子离子中各元素的氧化数代数和等于离子的电荷。

③ 氧在化合物中的氧化数一般为−2，在过氧化物中为−1（如 H_2O_2、Na_2O_2），在超氧化物中为$-\frac{1}{2}$(如 KO_2)，在 OF_2 中为+2。氢的氧化数一般为+1，在与活泼金属形成的金属氢化物中则为−1（如 NaH，CaH_2）。

④ 在共价化合物中，可按照元素电负性的大小，把共用电子对指定给电负性较大的元素后，在两原子上形成的形式电荷数就是它们的氧化数（如 HCl 中 H 的氧化数为+1，Cl 的为−1）。

据以上规定，可以求出指定元素的氧化数。

【例 8-1】 求 Fe_3O_4、$S_2O_3^{2-}$ 中 Fe、S 的氧化数。

解 设 Fe 的氧化数为 x。S 的氧化数为 y。

$$3x+4(-2)=0 \qquad x=+8/3$$

$$2y+3(-2)=-2 \qquad y=+2$$

氧化数与化合价不同，后者永远是整数，而氧化数既可以是整数，也可以是分数。

二、氧化与还原

18世纪末，人们把与氧结合的过程叫氧化，而把从氧化物中夺取氧的过程叫还原。19世纪中叶，建立了化合价的概念，人们将化合价升高的过程称为氧化；化合价降低的过程称为还原。20世纪初，人们认识到氧化还原反应的本质是电子发生转移或偏移，并引起元素氧化数的变化。把元素氧化数升高的过程叫氧化反应，氧化数降低的过程叫还原反应。氧化与还原反应是同时发生的。一种元素的氧化数升高，必有另一种元素的氧化数降低，并且氧化数升高的数值与氧化数降低的数值相等。在氧化还原反应过程中，氧化数升高的物质叫还原剂（提供电子）；氧化数降低的物质叫氧化剂（得到电子）。可见氧化还原反应的实质是反应物之间电子的得失。

在物质中，具有高氧化数某元素的化合物，其元素的氧化数有降低的趋势，易被还原，可作为氧化剂，如 Fe^{3+}、MnO_4^- 等；具有低氧化数某元素的化合物，其元素的氧化数有增高的趋势，易被氧化，可作为还原剂，如 Na、S^{2-}、I^-；具有中间氧化数某元素的化合物，其元素的氧化数可以升高也可以降低，因此既可作氧化剂又可作还原剂，如 H_2O_2 等。

常用的氧化剂有活泼的非金属单质（如卤素、氧气），某些氧化物（MnO_2）及过氧化物（H_2O_2），高价的金属离子（Fe^{3+}），高价的含氧酸（HNO_3）及含氧酸盐（$KMnO_4$、$K_2Cr_2O_7$）。常用的还原剂有活泼的金属单质（Na、Mg）和某些非金属单质（C、H_2），低价的金属离子（Fe^{2+}）和酸根离子（SO_3^{2-}）等。

根据氧化数的变化情况，人们将氧化数变化发生在不同物质中、不同元素间的反应称为一般氧化还原反应。而氧化剂和还原剂是同一物质的氧化还原反应，称为自身氧化还原反应。例如：

$$2K\overset{+5}{Cl}\overset{-2}{O}_3 = 2K\overset{-1}{Cl}+3\overset{0}{O}_2\uparrow$$

若氧化数的变化发生在同一物质中同一元素的不同原子间的氧化还原反应称为歧化反应。例如：

$$4K\overset{+5}{Cl}O_3 = 3K\overset{+7}{Cl}O_4+K\overset{-1}{Cl}$$

三、氧化还原反应方程式的配平

氧化还原反应方程式配平常用方法有两种：氧化数法和离子-电子法（又称半反应法）。

1. 氧化数法

氧化数法不但适用于水溶液中进行的氧化还原反应，也适用于气相和固相中进行的氧化还原反应的配平。

配平原则：①在氧化还原反应中氧化数升高总数和降低总数相等。②据质量守恒定律，反应前后各元素的原子总数相等。

【例 8-2】 配平 $HClO_3$ 和 P_4 反应的方程式

解 （1）根据事实写出主要反应物和产物的化学式，并将有变化的氧化数注明在相应的元素符号上方。

$$H\overset{+5}{Cl}O_3+\overset{0}{P}_4 \longrightarrow H\overset{-1}{Cl}+4H_3\overset{+5}{P}O_4$$

（2）按照最小公倍数原则，对各氧化数变化值乘以适当的系数，使氧化数降低的总数与升高的总数相等。

氧化数升降总数：

$$\begin{array}{r|l} Cl: |-1-5|=6 & \times 10 \\ P: 4|5-0|=20 & \times 3 \end{array}$$

(3)将上面找出的系数分别乘在氧化剂和还原剂化学式前，配平氧化数发生了变化的元素原子个数。

$$10HClO_3+3P_4 \longrightarrow 10HCl+12H_3PO_4$$

(4)检查氢、氧原子数，并用水使之配平。

$$10HClO_3+3P_4+18H_2O = 10HCl+12H_3PO_4$$

2. 离子-电子法

任何一个氧化还原反应至少是由两个半反应组成，先将两个半反应配平，再合并为总反应的方法称为离子-电子配平法。离子电子法适用于水溶液中发生的离子反应方程式的配平。

配平原则：①氧化剂获得电子总数等于还原剂失去电子总数。②反应前后每种元素的原子个数相等。

现在以 $FeCl_2$ 与 Cl_2 反应为例，说明离子电子法配平步骤。

① 以离子形式写出主要的反应物及其氧化还原产物：

$$Fe^{2+}+Cl_2 \longrightarrow Cl^-+Fe^{3+}$$

② 分别写出氧化剂被还原，还原剂被氧化的半反应：

$$Fe^{2+} \longrightarrow Fe^{3+} \quad 氧化反应$$

$$Cl_2 \longrightarrow Cl^- \quad 还原反应$$

③ 分别配平两个半反应方程式，使每个半反应方程式等号两边的各元素的原子总数和电荷数相等：

$$Fe^{2+} \longrightarrow Fe^{3+}+e^-$$

$$Cl_2+2e^- \longrightarrow 2Cl^-$$

④ 确定两个半反应方程式得、失电子数目的最小公倍数。将两个半反应方程式分别乘以相应的系数，使其得、失电子数目相等，并将二式相加，就得到了配平的氧化还原反应的离子方程式：

$$\begin{array}{r|l} Fe^{2+} \longrightarrow Fe^{3+}+e^- & \times 2 \\ +)\ Cl_2+2e^- \longrightarrow 2Cl^- & \times 1 \\ \hline 2Fe^{2+}+Cl_2 = 2Fe^{3+}+2Cl^- & \end{array}$$

写成分子反应方程式：

$$2FeCl_2+Cl_2 = 2FeCl_3$$

如果半反应中，反应物和生成物的氧原子数不同，可以根据反应在酸性或碱性介质中，采取在半反应式中添加 H^+ 或 OH^- 的办法，并利用水的电离平衡使反应两边氧原子数和电荷数相等。这里有一个原则应当注意，如反应在酸性介质中进行，其方程式中不应有碱（OH^-）出现；在碱性介质中进行，其方程式中不应有酸（H^+），而在中性介质中的反应，其生成物可能有酸或有碱。

【例 8-3】 用离子-电子法配平 $KMnO_4$ 与 Na_2SO_3 反应的方程式（酸性介质）。

解 （1）写出反应的离子方程式（写主要产物）。

$$MnO_4^-+SO_3^{2-} \longrightarrow Mn^{2+}+SO_4^{2-}$$

（2）将反应改为两个半反应，并配平原子个数和电荷数。在配平半反应时，当反应前后氧原子数目不等时，根据介质条件可以加 H^+、OH^- 或 H_2O 进行调整。

① 原子数配平：　　$MnO_4^- + 8H^+ \longrightarrow Mn^{2+} + 4H_2O$

$SO_3^{2-} + H_2O \longrightarrow SO_4^{2-} + 2H^+$

② 电荷数配平：　　$MnO_4^- + 8H^+ + 5e^- \longrightarrow Mn^{2+} + 4H_2O$

$SO_3^{2-} + H_2O \longrightarrow SO_4^{2-} + 2H^+ + 2e^-$

(3) 据反应中氧化剂得电子总数与还原剂失电子总数相等的原则，分别在两个已经配平的半反应上乘上适当的系数，合并之，就得到了配平的总反应式。

$$\begin{array}{rl} MnO_4^- + 8H^+ + 5e^- \longrightarrow Mn^{2+} + 4H_2O & \times 2 \\ +)\ SO_3^{2-} + H_2O \longrightarrow SO_4^{2-} + 2H^+ + 2e^- & \times 5 \\ \hline 2MnO_4^- + 5SO_3^{2-} + 6H^+ = 2Mn^{2+} + 5SO_4^{2-} + 3H_2O & \end{array}$$

(4) 复查各元素原子数是否配平，并检查反应式两边电荷数是否相等无误。

配平过程中氧、氢原子数的配平可根据反应的酸、碱介质条件去调整。在酸性条件下，可用 H_2O、H_3O^+（简写成 H^+）来调整氢氧原子数。在碱性条件下，可用 H_2O、OH^- 来调整氢氧的原子数，任何条件下不允许反应式中同时出现 H_3O^+ 和 OH^-。

【例 8-4】 配平 $ClO^- + Cr(OH)_4^- \longrightarrow Cl^- + CrO_4^{2-}$（碱性介质）

解 (1) 将离子反应式拆成两个半反应，并配平原子个数、电荷数。

$$Cr(OH)_4^- + 4OH^- \longrightarrow CrO_4^{2-} + 4H_2O + 3e^- \quad ①$$

$$ClO^- + H_2O + 2e^- \longrightarrow Cl^- + 2OH^- \quad ②$$

(2) 将两个半反应分别乘以适当的系数［①式乘 2，②式乘 3］后相加得：

$$3ClO^- + 2Cr(OH)_4^- + 2OH^- = 3Cl^- + 2CrO_4^{2-} + 5H_2O$$

(3) 检查反应前后氧原子的总数是否相等。

离子电子法配平氧化还原反应十分方便，且将反应拆成两个半反应，对原电池的电极及电极电势的理解十分有帮助，但此法只适用于水溶液中进行的氧化还原反应。

第二节　原电池与电极电势

一、原电池

任何化学反应发生的过程都伴随着能量的转变。若将锌片放入 $CuSO_4$ 溶液中，将发生下列氧化还原反应：

$$Zn(s) + Cu^{2+}(aq) \longrightarrow Zn^{2+}(aq) + Cu(s)$$

此时由于二反应物直接接触，电子由锌原子直接转移给 Cu^{2+}，电子的流动是无序的，所以不可能得到电流，反应中化学能只能转变为热能放出。

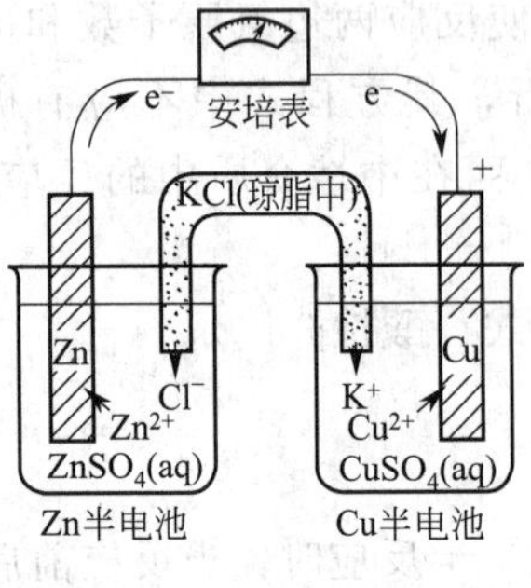

图 8-1　铜锌原电池

如果将此反应按图 8-1 装置，在左边的烧杯里盛 $ZnSO_4$ 溶液插入 Zn 片；在右边的烧杯里盛 $CuSO_4$ 溶液插入 Cu 片，并把两溶液用盐桥联结起来（用含饱和 KCl 和琼脂的 U 形管）。当用导线把铜电极和锌电极连接起来时，检流计指针就会发生偏转，说明导线中有电流通过。这种能将化学能转变为电能的装置称为原电池。原电池的装置证明了氧化还原反应的实质是有电子的转移。图 8-1 所示的装置称为铜锌原电池。

原电池由两个半电池组成，每个半电池称为一个电极。铜锌原电池中，Zn 片和 $ZnSO_4$ 溶液构成锌电极（锌半电池），Cu 片和 $CuSO_4$ 溶液构成铜电极（铜半电池）。锌电极中，Zn 失去电子生成 Zn^{2+}，电子通过导线流到铜电极，Zn^{2+} 进入溶液；在铜电极中，溶液中 Cu^{2+} 在 Cu 片上获得电子而析出金属铜。盐桥的作用就是使整个装置形成一个回路，并将 Cl^- 向 $ZnSO_4$ 溶液移动，K^+ 向 $CuSO_4$ 溶液移动，使二溶液一直保持电中性，因此反应得以持续下去。锌电极失去电子称为负极，铜电极得到电子称为正极。在两电极上发生的反应分别为：

负极（锌电极）　　$Zn = Zn^{2+} + 2e^-$　　（氧化反应）

正极（铜电极）　　$Cu^{2+} + 2e^- = Cu$　　（还原反应）

总反应　　$Zn + Cu^{2+} = Zn^{2+} + Cu$

总反应也称电池反应，正极和负极反应称为电极反应或半电池反应。

在氧化还原反应中，氧化剂与它的还原产物、还原剂与它的氧化产物组成的电对，称为氧化还原电对。原电池中，每个电极反应都对应一个电对，每个电极中均含有同一元素的具有不同氧化数的一对物质。电对中具有较高氧化数的物质称为氧化型（氧化态）物质，具有较低氧化数的物质称为还原型（还原态）物质。氧化还原电对习惯上常用氧化型/还原型来表示，如 Zn^{2+}/Zn 电对构成了锌电极，Cu^{2+}/Cu 电对构成铜电极。

在表示原电池的组成时，通常用特定的符号表示，称为原电池符号，如铜锌原电池可以表示如下：

$$(-)Zn(s) \mid ZnSO_4(c_1) \parallel CuSO_4(c_2) \mid Cu(s)(+)$$

书写原电池符号时规定：

① 原电池的负极写在左边，正极写在右边。

② 用"|"表示物质之间的相界面。如固-液界面、固-气界面、液-气界面等。

③ 用"‖"表示盐桥。

④ 电极物质为溶液时，要注明其浓度，如为气体应注明其分压。

⑤ 当某些电极的电对自身不是金属导体时（如 Fe^{3+}/Fe^{2+}、$2H^+/H_2$ 等），则需外加一个能导电而不参与电极反应的惰性电极材料，惰性电极材料在电极符号中也要表示出来。常用的惰性电极材料有铂和石墨等。如 $Pt \mid Sn^{4+}(c_1), Sn^{2+}(c_2)$。

电极是原电池的基本组成部分，常用的电极大致可分为四种类型。

(1)金属-金属离子电极　这类电极由金属和金属离子的溶液组成，如 Zn^{2+}/Zn 电对和 Cu^{2+}/Cu 电对组成的电极，分别由金属 Zn 与 Zn^{2+} 溶液和金属 Cu 与 Cu^{2+} 溶液组成。

(2)气体-离子电极　这类电极由气体与其离子溶液及惰性电极材料组成，如氢电极。

电极反应：　　$2H^+ + 2e^- = H_2$

电极符号：　　$Pt \mid H_2(p) \mid H^+(c)$

(3) 氧化还原电极　这类电极由同一元素不同氧化数对应的物质、介质及惰性电极材料组成。如电对 Fe^{3+}/Fe^{2+}。

电极反应：　　$Fe^{3+} + e^- = Fe^{2+}$

电极符号：　　$Pt \mid Fe^{3+}(c_1), Fe^{2+}(c_2)$

（4）金属-金属难溶盐-难溶盐阴离子电极　这类电极是将金属表面涂上该金属的难溶盐，将其浸入与难溶盐有相同阴离子的溶液中构成的。如甘汞电极、氯化银电极等。

电极反应：　$Hg_2Cl_2 + 2e^- \longrightarrow 2Hg + 2Cl^-$

电极符号：　$Hg(l) \mid Hg_2Cl_2(s) \mid Cl^-(c)$

电极反应：　$AgCl + e^- \longrightarrow Ag + Cl^-$

电极符号：　$Ag(s) \mid AgCl(s) \mid Cl^-(c_1)$

【例 8-5】 写出下列氧化还原反应的电池符号：

（1）$Zn(s) + 2H^+(1.0mol \cdot L^{-1}) \longrightarrow Zn^{2+}(0.1mol \cdot L^{-1}) + H_2(100kPa)$

（2）$2Fe^{3+}(1.0mol \cdot L^{-1}) + Sn^{2+}(1.0mol \cdot L^{-1}) \longrightarrow 2Fe^{2+}(1.0mol \cdot L^{-1}) + Sn^{4+}(1.0mol \cdot L^{-1})$

解　（1）$(-)Zn(s) \mid Zn^{2+}(0.1mol \cdot L^{-1}) \parallel H^+(1.0mol \cdot L^{-1}) \mid H_2(100kPa) \mid Pt(+)$

（2）$(-)Pt \mid Sn^{2+}(1.0mol \cdot L^{-1}), Sn^{4+}(1.0mol \cdot L^{-1}) \parallel Fe^{3+}(1.0mol \cdot L^{-1}), Fe^{2+}(1.0mol \cdot L^{-1}) \mid Pt(+)$

二、电极电势的产生

将原电池的两极用导线连通后产生电流，说明在两极之间存在电势差，每个电极都有一定的电极电势。电极电势是怎样产生的呢？下面以金属-金属离子溶液组成的电极为例，说明电极电势的产生。

金属晶体由金属原子、金属离子和自由电子组成。当把金属片插入该金属离子的盐溶液时，在金属表面与溶液之间存在着两种相反的倾向：一方面，金属表面构成晶格的金属离子 M^{n+} 会由于热运动及极性分子的强烈吸引而有进入溶液的倾向，这种倾向使得金属表面有过剩的自由电子，并且金属越活泼，盐溶液浓度越稀，这种倾向越大；另一方面，溶液中的水合阳离子，受到金属表面电子的吸引，有从金属上得到电子而在金属表面上沉积的倾向，金属越不活泼，盐溶液浓度越大，这种倾向越大。因此，在金属与其盐溶液中存在着如下平衡：

$$M(s) \underset{沉积}{\overset{溶解}{\rightleftharpoons}} M^{n+}(aq) + ne^-$$

当金属的活泼性较强或溶液中金属离子浓度较小时，金属的溶解趋势大于离子沉积的趋势，则达平衡时，金属和其盐溶液的界面上形成了金属带负电荷，溶液中靠近极板附近带有过多的正电荷的“双电层”结构，如图 8-2(a) 所示。相反，如果金属的活泼性较弱或溶液中金属离子的浓度较大时，离子沉积的趋势大于金属溶解的趋势，达平衡时，金属和溶液的界面上形成了金属带正电荷，溶液中靠近极板附近带有过多的负电荷的“双电层”结构，如图 8-2(b) 所示。由于双电层的形成，金属和它的盐溶液之间就产生了电势差，这种电势差称为该电极的电极电势。用符号 $\varphi(M^{n+}/M)$ 表示，单位为 V。电极电势的大小主要取决于金属的本性和溶液中金属离子的浓度，同时还与温度、介质等因素有关。电极电势 φ 是很重要的数据，φ 值的高

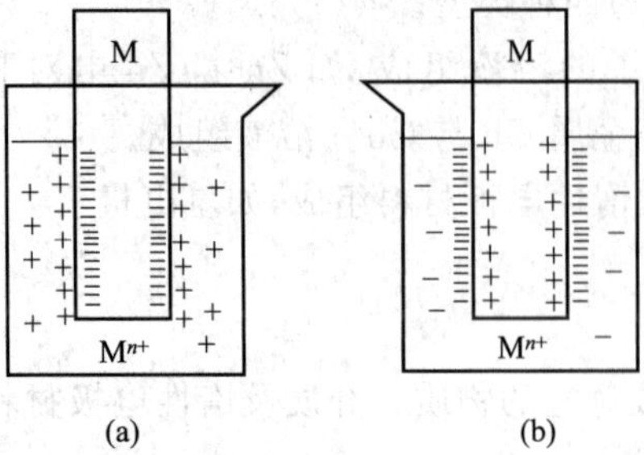

图 8-2　金属的电极电势
（扩散双电层示意图）

低，代表了物质在水溶液中得、失电子的能力。φ 值越高，电对中氧化型物质越易得电子，即氧化能力越强；φ 值越低，电对中还原型物质越易失电子，即还原能力越强。人们可以利用电极电势的高低来判断电对物质在水溶液中的氧化还原能力。

若用 φ（氧化型/还原型）表示电极电势，单位为 V，则原电池中，当电流小到趋近于零，克服电池内阻消耗的功也趋于零时，正负两极电势之差称为原电池的电动势，用符号 E 表示，单位为 V（伏特）。则有：

$$E=\varphi_{+}-\varphi_{-} \tag{8-1}$$

三、标准电极电势

电极电势的绝对值目前还无法测定。处理方法是选用标准氢电极作为标准，并规定其电极电势为零。将标准氢电极与其他电极组成原电池，然后准确测定其电动势，就可求得其他电极的相对电极电势。如果参加电极反应的物质均处于标准态，这时的电极称为标准电极，对应的电极电势称为标准电极电势，以 $\varphi^{\ominus}$ 表示。所谓的标准态是指组成电极的离子浓度（严格来讲是活度）均为 $1\text{mol}\cdot\text{L}^{-1}$，气体的分压为 100kPa，固体、液体则均为纯净物质。温度可以任意指定，但通常为 298K。如果原电池的两个电极均为标准电极，这时的电池称为标准电池，其电动势为标准电池电动势，用 $E^{\ominus}$ 表示。

1. 标准氢电极

标准氢电极如图 8-3 所示。将镀有铂黑的铂片插入 H^+ 浓度为 $1\text{mol}\cdot\text{L}^{-1}$ 的酸（如 H_2SO_4）溶液中，并在 298K 时不断通入压力为 100kPa 的纯氢气流，使铂黑吸附的氢气达到饱和，就构成了标准氢电极，此时，电极表面吸附的 H_2 与溶液中的 H^+ 达到如下平衡：

$$2H^{+}+2e^{-} \rightleftharpoons H_2(g)$$

铂电极上吸附的 H_2 与溶液中 H^+ 之间产生的电势差，称为标准氢电极的电极电势。298K 时，$\varphi^{\ominus}(H^+/H_2)=0.00\text{V}$。

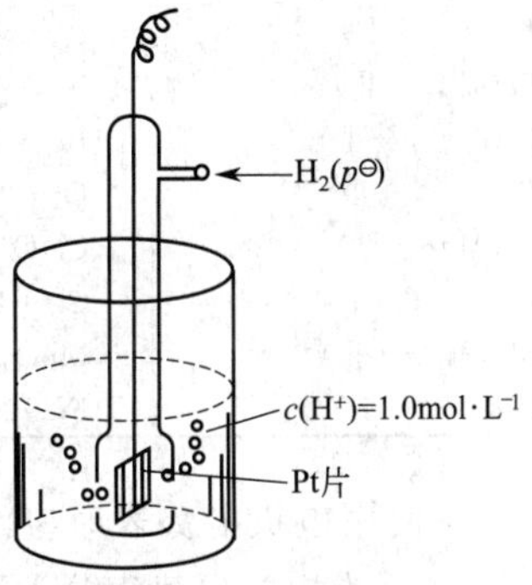

图 8-3　标准氢电极

2. 标准电极电势的测定

要测定某电极的标准电极电势 $\varphi^{\ominus}$，可将待测的标准电极与标准氢电极组成原电池，在 298K 下，用电位计测定原电池的标准电动势 $E^{\ominus}$，即可求出待测电极的标准电极电势。

$$E^{\ominus}=\varphi^{\ominus}_{+}-\varphi^{\ominus}_{-} \tag{8-2}$$

例如，测定在 298K 时铜电极的标准电极电势 $\varphi^{\ominus}(Cu^{2+}/Cu)$。将标准铜电极与标准氢电极组成原电池，铜电极为正极，氢电极为负极，测得电池的标准电动势 $E^{\ominus}=+0.342\text{V}$。电池符号为：

$$(-)\text{Pt}\mid H_2(100\text{kPa})\mid H^{+}(1\text{mol}\cdot\text{L}^{-1})\parallel Cu^{2+}(1\text{mol}\cdot\text{L}^{-1})\mid Cu(s)(+)$$

$$E^{\ominus}=\varphi^{\ominus}(Cu^{2+}/Cu)-\varphi^{\ominus}(H^{+}/H_2)$$

$$\varphi^{\ominus}(Cu^{2+}/Cu)=E^{\ominus}+\varphi^{\ominus}(H^{+}/H_2)$$

$$=+0.342\text{V}+0.00\text{V}=+0.342\text{V}$$

用同样的方法可测定锌电极或其他电极的标准电极电势。

$$(-)Zn(s)\mid Zn^{2+}(1\text{mol}\cdot\text{L}^{-1})\parallel H^{+}(1\text{mol}\cdot\text{L}^{-1})\mid H_2(100\text{kPa})\mid \text{Pt}(+)$$

$$E^{\ominus}=\varphi^{\ominus}(H^{+}/H_2)-\varphi^{\ominus}(Zn^{2+}/Zn)=+0.760\text{V}$$

$$\varphi^{\ominus}(Zn^{2+}/Zn)=-0.760\text{V}$$

把各种标准电极电势由低到高排列成序，就得到了标准电极电势表，见附录Ⅵ。由于标准氢电极的制作比较困难，因此在实际测量电极电势时，常采用容易制备、使用方便且电极电势稳定的甘汞电极（标准电极电势已用标准氢电极精确测定）为参比电极，298K 时，饱和甘汞电极的电极电势为＋0.2415V。

标准电极电势是一个很重要的物理常数，它将物质在水溶液中的氧化还原能力定量化。标准电极电势高，说明电对中氧化型物质在标准态下氧化能力强，还原型物质的还原能力弱。标准电极电势低，说明标准态下，电对中还原型物质的还原能力强，氧化型物质的氧化能力弱。表 8-1 列出了一些常见电对的标准电极电势值，其中物质 F_2 是最强的氧化剂，Li 是最强的还原剂。

表 8-1　常见电对的标准电极电势

电　对		电极反应(氧化型＋ne^- ══ 还原型)		$\varphi_A^\ominus$/V(酸性溶液)
Li(Ⅰ)－(0)	氧化型的氧化能力增强 ↓	$Li^+ + e^- = Li$	还原型的还原能力增强 ↑	－3.0403
Ca(Ⅱ)－(0)		$Ca^{2+} + 2e^- = Ca$		－2.868
Al(Ⅲ)－(0)		$Al^{3+} + 3e^- = Al$		－1.662
Zn(Ⅱ)－(0)		$Zn^{2+} + 2e^- = Zn$		－0.7600
Fe(Ⅱ)－(0)		$Fe^{2+} + 2e^- = Fe$		－0.447
Pb(Ⅱ)－(0)		$Pb^{2+} + 2e^- = Pb$		－0.1264
H(Ⅰ)－(0)		$2H^+ + 2e^- = H_2$		0
Sn(Ⅳ)－(Ⅱ)		$Sn^{4+} + 2e^- = Sn^{2+}$		0.151
Cu(Ⅱ)－(0)		$Cu^{2+} + 2e^- = Cu$		0.3417
I(0)－(－Ⅰ)		$I_2 + 2e^- = 2I^-$		0.5353
Fe(Ⅲ)－(Ⅱ)		$Fe^{3+} + e^- = Fe^{2+}$		0.771
Br(0)－(－Ⅰ)		$Br_2 + 2e^- = 2Br^-$		1.066
O(0)－(－Ⅱ)		$O_2 + 4H^+ + 4e^- = 2H_2O$		1.229
Cr(Ⅵ)－(Ⅲ)		$Cr_2O_7^{2-} + 14H^+ + 6e^- = 2Cr^{3+} + 7H_2O$		1.232
Cl(0)－(－Ⅰ)		$Cl_2 + 2e^- = 2Cl^-$		1.35793
Mn(Ⅶ)－(Ⅱ)		$MnO_4^- + 8H^+ + 5e^- = Mn^{2+} + 4H_2O$		1.507
F(0)－(－Ⅰ)		$F_2 + 2e^- = 2F^-$		2.866

在使用电极电势表时应注意以下几点：

① 标准电极电势表分为酸表（$\varphi_A^\ominus$）和碱表（$\varphi_B^\ominus$）。电极反应中，无论在反应物或产物中出现 H^+，应查酸表；在电极反应中，无论在反应物中或产物中出现 OH^-，应查碱表。对于一些不受溶液酸碱性影响的电极反应，其标准电极电势也列在酸表中，如 $Cl_2 + 2e^- = 2Cl^-$。在电极反应中无 H^+ 或 OH^- 出现时，可以从存在的状态来分析，如电对 Fe^{3+}/Fe^{2+}，由于 Fe^{3+}/Fe^{2+} 都只能在酸性溶液中存在，故查酸表。

② 表中的电极反应以还原反应表示：氧化型＋ne^- ══ 还原型。$\varphi^\ominus$ 值的大小与电极反应进行的方向无关，电极反应的方向不会改变电极电势的正负号。例如无论是 $Zn^{2+} + 2e^- = Zn$ 还是 $Zn = Zn^{2+} + 2e^-$，$\varphi^\ominus$ 值均为－0.760V。

③ $\varphi^\ominus$ 值的大小反映物质得失电子的能力，是一个强度性质，没有加合性。即不论电极反应式的系数乘以或除以任何实数，$\varphi^\ominus$ 值不变。

$$Zn^{2+} + 2e^- = Zn \qquad \varphi^\ominus(Zn^{2+}/Zn) = -0.760V$$

$$2Zn^{2+} + 4e^- = 2Zn \qquad \varphi^\ominus(Zn^{2+}/Zn) = -0.760V$$

④ $\varphi^\ominus$ 值是衡量物质在水溶液中氧化还原能力大小的物理量，不适用于非水溶液系统。$\varphi^\ominus$ 值的大小与反应速率无关。

第三节 影响电极电势的因素

一、能斯特方程

化学反应实际上经常在非标准状态下进行，所以电极电势的大小除与组成电极材料的物质本性有关外，还与反应温度以及组成电极物质的浓度或分压有关。

对于任意电极： $a\text{Ox}(\text{氧化型})+ne^- \rightleftharpoons b\text{Red}(\text{还原型})$

$$\varphi=\varphi^{\ominus}+\frac{2.303RT}{nF}\lg\frac{[c(\text{Ox})/c^{\ominus}]^a}{[c(\text{Red})/c^{\ominus}]^b} \tag{8-3}$$

此式称为电极反应的能斯特（Nernst）方程式。式中，φ 为非标态下电极电势；$\varphi^{\ominus}$ 为标准电极电势；R 为摩尔气体常数，8.314J・k^{-1}・mol^{-1}；T 为反应的热力学温度；n 为电极反应中转移的电子数；F 为法拉第常数，96485 C・mol^{-1}。

若反应在 298K 下进行，上式可改写为：

$$\varphi=\varphi^{\ominus}+\frac{2.303\times 8.314\text{J}\cdot\text{mol}^{-1}\cdot\text{K}^{-1}\times 298\text{K}}{n\times 96485\text{C}\cdot\text{mol}^{-1}}\lg\frac{[c(\text{Ox})/c^{\ominus}]^a}{[c(\text{Red})/c^{\ominus}]^b}$$

则
$$\varphi=\varphi^{\ominus}+\frac{0.0592\text{V}}{n}\lg\frac{[c(\text{Ox})/c^{\ominus}]^a}{[c(\text{Red})/c^{\ominus}]^b} \tag{8-4}$$

从式中可以看出：氧化型物质的浓度越小或还原型物质的浓度越大，则电对的电极电势越低，说明还原型物质失去电子的倾向越大；反之氧化型物质的浓度越大或还原型物质的浓度越小，则电对的电极电势越高，说明氧化型物质获得电子的倾向越大。

应用能斯特方程时，首先应将电极反应配平，并注意以下几点：

① 如果组成电对的某一物质是固体、纯液体时，它们的浓度视为 1，如 298K 时：

$$Zn^{2+}+2e^- \rightleftharpoons Zn$$

$$\varphi(Zn^{2+}/Zn)=\varphi^{\ominus}(Zn^{2+}/Zn)+\frac{0.0592\text{V}}{2}\lg[c(Zn^{2+})/c^{\ominus}]$$

$$Br_2+2e^- \rightleftharpoons 2Br^-(\text{l})$$

$$\varphi(Br_2/Br^-)=\varphi^{\ominus}(Br_2/Br^-)+\frac{0.0592\text{V}}{2}\lg\frac{1}{[c(Br^-)/c^{\ominus}]^2}$$

② 如果电对中某一物质是气体，应以气体的分压代替浓度。如 298K 时：

$$2H^++2e^- \rightleftharpoons H_2(\text{g})$$

$$\varphi(H^+/H_2)=\varphi^{\ominus}(H^+/H_2)+\frac{0.0592\text{V}}{2}\lg\frac{[c(H^+)/c^{\ominus}]^2}{p(H_2)/p^{\ominus}}$$

③ 公式中的 Ox、Red 是广义的氧化型和还原型物质，它包括没有发生氧化数变化但参加电极反应的物质，如 H^+ 或 OH^-，故应把这些物质的浓度也表示在能斯特方程式中。如 298K 时：

$$MnO_4^-+8H^++5e^- \rightleftharpoons Mn^{2+}+4H_2O$$

$$\varphi(MnO_4^-/Mn^{2+})=\varphi^{\ominus}(MnO_4^-/Mn^{2+})+\frac{0.0592\text{V}}{5}\lg\frac{[c(MnO_4^-)/c^{\ominus}][c(H^+)c^{\ominus}]^8}{[c(Mn^{2+})/c^{\ominus}]}$$

二、电极电势的影响因素

由能斯特方程式可知，电极电势值的高低，除与电极本性 $\varphi^{\ominus}$ 有关外，还与温度及电极物质的浓度、介质的酸度等外界因素有关。通常氧化还原反应在常温下进行（且温度对电极电势的影响比较小）。故重点讨论在一定温度下，电极物质浓度对电极电势的影响。

1. 氧化型、还原型物质本身浓度变化对电极电势的影响

【例 8-6】 已知在 298 K 时下列电极反应，计算各电极反应的电极电势。

(1) $Fe^{3+}(0.1mol\cdot L^{-1})+e^{-} \rightleftharpoons Fe^{2+}(1.0mol\cdot L^{-1})$　$\varphi^{\ominus}(Fe^{3+}/Fe^{2+})=0.771V$

(2) $I_2(s)+2e^{-} \rightleftharpoons 2I^{-}(0.1mol\cdot L^{-1})$　$\varphi^{\ominus}(I_2/I^{-})=0.535V$

(3) $Sn^{4+}(0.01mol\cdot L^{-1})+2e^{-} \rightleftharpoons Sn^{2+}(0.01mol\cdot L^{-1})$ $\varphi^{\ominus}(Sn^{4+}/Sn^{2+})=0.15V$

解 (1)
$$\varphi(Fe^{3+}/Fe^{2+})=\varphi^{\ominus}(Fe^{3+}/Fe^{2+})+0.0592V\lg\frac{c(Fe^{3+})/c^{\ominus}}{c(Fe^{2+})/c^{\ominus}}$$
$$=0.771V+0.0592V\lg\frac{0.1mol\cdot L^{-1}/1mol\cdot L^{-1}}{1.0mol\cdot L^{-1}/1mol\cdot L^{-1}}$$
$$=0.712V$$

(2)
$$\varphi(I_2/I^{-})=\varphi^{\ominus}(I_2/I^{-})+\frac{0.0592V}{2}\lg\frac{1}{[c(I^{-})/c^{\ominus}]^2}$$
$$=0.535V+\frac{0.0592V}{2}\lg\frac{1}{(0.1mol\cdot L^{-1}/1mol\cdot L^{-1})^2}$$
$$=0.594V$$

(3)
$$\varphi(Sn^{4+}/Sn^{2+})=\varphi^{\ominus}(Sn^{4+}/Sn^{2+})+\frac{0.0592V}{2}\lg\frac{c(Sn^{4+})/c^{\ominus}}{c(Sn^{2+})/c^{\ominus}}$$
$$=0.15V+\frac{0.0592V}{2}\lg\frac{0.01mol\cdot L^{-1}/1mol\cdot L^{-1}}{0.01mol\cdot L^{-1}/1mol\cdot L^{-1}}$$
$$=0.15V$$

从例题可见，降低氧化还原电对中氧化型的离子浓度，可使电极电势降低，从而降低氧化型的氧化能力；相反降低还原型的离子浓度，可使电极电势升高，从而减弱还原型的还原能力。电对物质浓度相对值即氧化型与还原型浓度比值发生改变时，才能引起电极电势的改变，如（1）和（2）。若改变氧化型或还原型物质的浓度，而它们的相对值未改变，电极电势不发生变化，如（3）。

2. 介质的酸度对电极电势的影响

若电极反应包含着 H^{+} 或 OH^{-}，则介质酸度的改变必然会引起电极电势的变化。

【例 8-7】 已知在 298K 时电极反应：

$$MnO_4^{-}+8H^{+}+5e^{-} \rightleftharpoons Mn^{2+}+4H_2O \qquad \varphi^{\ominus}(MnO_4^{-}/Mn^{2+})=1.51\ V$$

$c(MnO_4^{-})=1.0mol\cdot L^{-1}$，$c(Mn^{2+})=1.0mol\cdot L^{-1}$。求（1）pH＝1.0，（2）pH＝7.0 时 $\varphi(MnO_4^{-}/Mn^{2+})$ 值。

解
$$\varphi(MnO_4^{-}/Mn^{2+})=\varphi^{\ominus}(MnO_4^{-}/Mn^{2+})+\frac{0.0592V}{5}\lg\frac{[c(MnO_4^{-})/c^{\ominus}][c(H^{+})/c^{\ominus}]^8}{[c(Mn^{2+})/c^{\ominus}]}$$

(1) pH＝1.0，$c(H^{+})=0.1mol\cdot L^{-1}$
$$\varphi(MnO_4^{-}/Mn^{2+})=1.51V+\frac{0.0592V}{5}\lg\left(\frac{0.1mol\cdot L^{-1}}{1.0mol\cdot L^{-1}}\right)^8$$
$$=1.42V$$

(2) pH＝7.0，$c(H^{+})=10^{-7}mol\cdot L^{-1}$

$$\varphi(MnO_4^-/Mn^{2+}) = 1.51V + \frac{0.0592V}{5}\lg\left(\frac{10^{-7}mol \cdot L^{-1}}{1.0mol \cdot L^{-1}}\right)^8$$

$$= 0.847V$$

计算结果表明，降低 H^+ 浓度，电极电势明显减小；升高 H^+ 浓度，电极电势明显增大。可见，介质的酸碱度对电极电势的影响是非常大的，在实践中，为了增强某些含氧酸根（MnO_4^-、$Cr_2O_7^{2-}$ 等）的氧化能力总是加入强酸作介质。

3. 沉淀的生成对电极电势的影响

在组成电极的电解质溶液中加入某一沉淀剂后，产生沉淀，引起电对中氧化型或还原型物质浓度降低，从而导致电极电势值的改变。

【例 8-8】 标准态下电极反应：$Ag^+ + e^- \rightleftharpoons Ag$，$\varphi^\ominus(Ag^+/Ag) = 0.799V$，若在电极溶液中加入 Cl^-，则有 AgCl 沉淀生成，达到平衡后溶液中 Cl^- 的浓度为 $1.0mol \cdot L^{-1}$，计算 $\varphi(Ag^+/Ag)$ 值。已知 $K_{sp}^\ominus(AgCl) = 1.77\times10^{-10}$。

解 $$\varphi(Ag^+/Ag) = \varphi^\ominus(Ag^+/Ag) + 0.0592V\lg[c(Ag^+)c^\ominus]$$

因为有沉淀产生，所以电极溶液中的 Ag^+ 浓度下降，当平衡后溶液中 $c(Cl^-) = 1.0mol \cdot L^{-1}$ 时，

$$[c_{eq}(Ag^+)/c^\ominus][c_{eq}(Cl^-)/c^\ominus] = K_{sp}^\ominus = 1.77\times10^{-10}$$

$$c_{eq}(Ag^+)/c^\ominus = 1.77\times10^{-10}$$

将此数据代入上式

$$\varphi(Ag^+/Ag) = 0.799V + 0.0592V\lg(1.77\times10^{-10}) = 0.222V$$

$\varphi(Ag^+/Ag)$ 与 $\varphi^\ominus(Ag^+/Ag)$ 相比较，由于 AgCl 沉淀产生，电极溶液中的 Ag^+ 浓度降低，电极电势下降，Ag^+ 的氧化能力降低，而 Ag 的还原能力增强。此时的银电极实际上已经构成了一个新电极，银-氯化银电极，电极反应为 $AgCl + e^- \rightleftharpoons Ag + Cl^-$。当电极溶液中 $c(Cl^-) = 1.0mol \cdot L^{-1}$ 时，电极为标准电极，$\varphi^\ominus(AgCl/Ag) = 0.222V$。

4. 配合物的生成对电极电势的影响

在某电极反应中加入配位剂时，如果与氧化型物质或还原型物质生成稳定的配合物，则会使溶液中游离的氧化型物质或还原型物质的浓度明显降低，从而引起电极电势的改变。

【例 8-9】 在 298K 时，向标准银电极中加入氨水，使平衡时 $c(NH_3) = 1.0mol \cdot L^{-1}$，$c[Ag(NH_3)_2]^+ = 1.0mol \cdot L^{-1}$，求此时电极的电极电势。已知 $\varphi^\ominus(Ag^+/Ag) = 0.799V$，$K_f^\ominus[Ag(NH_3)_2]^+ = 1.12\times10^7$。

解 电极反应 $$Ag^+ + e^- \rightleftharpoons Ag$$

加入 NH_3 后 $$Ag^+ + 2NH_3 \rightleftharpoons [Ag(NH_3)_2]^+$$

平衡时 $$K_f^\ominus = \frac{c_{eq}([Ag(NH_3)_2]^+)/c^\ominus}{[c_{eq}(Ag^+)/c^\ominus][c_{eq}(NH_3)/c^\ominus]^2}$$

当 $c(NH_3) = 1.0mol \cdot L^{-1}$，$c([Ag(NH_3)_2]^+) = 1.0mol \cdot L^{-1}$

$$c_{eq}(Ag^+)/c^\ominus = \frac{1}{K_f^\ominus([Ag(NH_3)_2]^+)}$$

$$\varphi(Ag^+/Ag) = \varphi^\ominus(Ag^+/Ag) + 0.0592V\lg[c(Ag^+)/c^\ominus]$$

$$= \varphi^\ominus(Ag^+/Ag) + 0.0592V\lg\frac{1}{K_f^\ominus([Ag(NH_3)_2]^+)}$$

$$= 0.799V + 0.0592V\lg\frac{1}{1.12\times10^7} = 0.382V$$

此时，银电极实际上已经变为 $[Ag(NH_3)_2]^+/Ag$ 的标准电极，电极反应为：

$$[Ag(NH_3)_2]^+ + e^- \rightleftharpoons Ag + 2NH_3 \qquad \varphi^\ominus[Ag(NH_3)_2]^+/Ag = 0.382V$$

从上述计算可知，这类电极电势除与原来电极的 $\varphi^\ominus$ 值有关外，还与生成配合物的稳定性有关。当氧化型物质生成配合物时，配合物的 $K_f^\ominus$ 越大，对应电极的电极电势越低。若还原型物质生成配合物时，生成配合物的 $K_f^\ominus$ 越大，对应电极的电极电势越高。

第四节　电极电势的应用

一、比较氧化剂、还原剂的相对强弱

在标准电极电势表中，$\varphi^\ominus$ 值越小，电极反应中还原型物质越易失去电子，是强还原剂，而对应的氧化型物质是弱氧化剂。$\varphi^\ominus$ 值越大，电极反应中氧化型物质越易得到电子，是强氧化剂，而还原型物质则是弱还原剂。因此在附录Ⅵ中，左侧氧化型的氧化能力从上到下依次增强，右侧还原型的还原能力从下到上依次增强。只要将有关电对的 $\varphi^\ominus$ 值查出，比较其大小就可以判断氧化剂与还原剂的相对强弱。

【例 8-10】 已知 $\varphi^\ominus(Sn^{4+}/Sn^{2+})=0.151V$，$\varphi^\ominus(Fe^{3+}/Fe^{2+})=0.771V$，$\varphi^\ominus(Cr_2O_7^{2-}/Cr^{3+})=1.232V$，$\varphi^\ominus(Cl_2/Cl^-)=1.358V$。判断下列电对在标准态时氧化型物质的氧化能力和还原型物质的还原能力强弱次序：$Cr_2O_7^{2-}/Cr^{3+}$，Fe^{3+}/Fe^{2+}，Cl_2/Cl^-，Sn^{4+}/Sn^{2+}。

解　由 $\varphi^\ominus$ 值大小可知，在标准态时氧化型物质的氧化能力强弱次序：

$$Cl_2 > Cr_2O_7^{2-} > Fe^{3+} > Sn^{4+}$$

在标准态时还原型物质的还原能力强弱次序：

$$Sn^{2+} > Fe^{2+} > Cr^{3+} > Cl^-$$

二、选择适当的氧化剂或还原剂

在科学实验或生产实践中，常常要对混合体系中某一组分进行选择性氧化或还原，其他成分不参与反应，这就需要选择合适的氧化剂或还原剂。

【例 8-11】 已知 $\varphi^\ominus(I_2/I^-)=0.535V$，$\varphi^\ominus(Fe^{3+}/Fe^{2+})=0.771V$，$\varphi^\ominus(Br_2/Br^-)=1.065V$，$\varphi^\ominus(Cl_2/Cl^-)=1.36V$，$\varphi^\ominus(MnO_4^-/Mn^{2+})=1.51V$。现有 Cl^-、Br^-、I^- 三种离子的酸性混合液，欲使 I^- 氧化为 I_2，而 Br^- 和 Cl^- 不被氧化，选择一种氧化剂，问应选择 $KMnO_4$ 还是 $Fe_2(SO_4)_3$？

解　要使某一氧化剂仅能氧化 I^-，而不氧化 Br^- 和 Cl^-，该氧化剂电对的标准电极电势必须大于被氧化电对的标准电极电势，而应小于不被氧化的电对的标准电极电势，则应在 0.535V 到 1.065V 之间。显然选择 $Fe_2(SO_4)_3$ 作氧化剂符合要求。

在分析化学中，需要在含有 Cl^-、Br^-、I^- 的混合液中作个别离子定性鉴定时，常用 $Fe_2(SO_4)_3$ 将 I^- 氧化生成 I_2，再用 CCl_4 萃取 I_2，就基于此原理。

三、判断氧化还原反应进行的次序

在实际工作中，经常会遇到溶液中含有不止一种氧化剂或还原剂的情况。从实验中我们知道 Br^- 和 I^- 都能被 Cl_2 氧化，假如加氯水于含有 Br^- 和 I^- 的混合液中，哪一个先被氧化呢？实验事实告诉我们：Cl_2 先氧化 I^-，后氧化 Br^-。

根据 $\varphi^{\ominus}(I_2/I^-)=0.535V$，$\varphi^{\ominus}(Br_2/Br^-)=1.065V$，$\varphi^{\ominus}(Cl_2/Cl^-)=1.358V$，

$$\varphi^{\ominus}(Cl_2/Cl^-)-\varphi^{\ominus}(Br_2/Br^-)=0.293V$$

$$\varphi^{\ominus}(Cl_2/Cl^-)-\varphi^{\ominus}(I_2/I^-)=0.823V$$

从它们的标准电极电势差可知，差值越大，越先被氧化。所以，一种氧化剂可以氧化几种还原剂时，首先氧化最强的还原剂。同理，还原剂首先还原最强的氧化剂。这说明在一定条件下，氧化还原反应首先发生在电极电势相差最大的电对之间，相差越大，反应越完全。必须指出，有些氧化还原反应速率比较缓慢，虽然电极电势差值较大，不一定反应速率就快。因此，只根据电极电势来判断氧化还原反应次序，可能有时与实际观察到的反应先后次序不符，在这种情况下应该考虑反应速率的影响，否则容易得出错误的结论。

四、判断氧化还原反应自发进行的方向

氧化还原反应总是自发地由较强的氧化剂与较强的还原剂作用，向生成较弱的还原剂和较弱的氧化剂方向进行。这一结论可从热力学中推导证明。在等温等压条件下 $\Delta_r G_m<0$ 为反应自发进行的判据。反应系统吉布斯自由能降低值等于系统可做的最大非体积功。即：$\Delta_r G_m=W'_{max}$。在原电池中进行的氧化还原反应所做的最大非体积功为电功。即：

$$W'_{max}=-nEF$$

则：

$$\Delta_r G_m=-nEF \tag{8-5}$$

如果反应在标准态下进行，则有：

$$\Delta_r G_m^{\ominus}=-nE^{\ominus}F \tag{8-6}$$

式中，$\Delta_r G_m^{\ominus}$（$\Delta_r G_m$）为反应的标准（任意态）摩尔吉布斯能；n 为电极反应中转移的电子数；$E^{\ominus}(E)$ 为电池的标准（任意态）电动势；F 为法拉第常数，$96485C \cdot mol^{-1}$。所以有：

$\Delta_r G_m<0$，$E>0$，$\varphi_+>\varphi_-$，反应正向自发进行；

$\Delta_r G_m=0$，$E=0$，$\varphi_+=\varphi_-$，反应处于平衡状态；

$\Delta_r G_m>0$，$E<0$，$\varphi_+<\varphi_-$，反应逆向自发进行。

因此氧化还原反应的进行方向，在非标准态下要根据 E（或 φ）值的大小来判断，在标准态下可根据 $E^{\ominus}$（或 $\varphi^{\ominus}$）值的大小来判断。但大多数情况下，可以直接用 $E^{\ominus}$ 值来判断，因为一般情况下。$E^{\ominus}$ 值在 E 中占主要部分，当 $E^{\ominus}>0.2V$ 时，一般不会因浓度的变化改变 E 值符号。而 $E^{\ominus}<0.2V$ 时，氧化还原反应的方向常因参加反应物质的浓度和酸度的变化而有可能发生逆转。此时必须用 E 值来判断反应方向。

【例 8-12】 判断下列反应 $Pb^{2+}+Sn \rightleftharpoons Pb+Sn^{2+}$（1）标准态下反应能否自发向右进行？（2）当 $c(Pb^{2+})=0.1mol \cdot L^{-1}$，$c(Sn^{2+})=1.0mol \cdot L^{-1}$ 时反应进行的方向。

解 将两个电极反应的 $\varphi^{\ominus}$ 值从 $\varphi_A^{\ominus}$ 表中查出。

$$Pb^{2+}+2e^- \rightleftharpoons Pb \qquad \varphi^{\ominus}(Pb^{2+}/Pb)=-0.126V$$

$$Sn^{2+}+2e^- \rightleftharpoons Sn \qquad \varphi^{\ominus}(Sn^{2+}/Sn)=-0.136V$$

（1）在标准态下，Pb^{2+} 为较强的氧化剂，Sn 为较强的还原剂，因此

$$E^{\ominus}=\varphi^{\ominus}(Pb^{2+}/Pb)-\varphi^{\ominus}(Sn^{2+}/Sn)=-0.126V-(-0.136V)=0.010V>0$$

因此标准态下反应能自发向右进行。

（2）$E^{\ominus}>0$，但数值很小（$E^{\ominus}<0.2V$），所以浓度改变很可能改变 E 值符号，在这种情况下，必须计算 E 值才能正确判断反应方向。

当 $c(Pb^{2+})=0.1mol \cdot L^{-1}$，$c(Sn^{2+})=1.0mol \cdot L^{-1}$ 时

$$\varphi(Pb^{2+}/Pb)=\varphi^{\ominus}(Pb^{2+}/Pb)+\frac{0.0592V}{2}\lg[c(Pb^{2+})/c^{\ominus}]$$

$$=-0.126V+\frac{0.0592V}{2}\lg(0.1mol\cdot L^{-1}/1mol\cdot L^{-1})$$

$$=-0.156V$$

$$\varphi(Sn^{2+}/Sn)=\varphi^{\ominus}(Sn^{2+}/Sn)=-0.136V$$

$$E=\varphi(Pb^{2+}/Pb)-\varphi(Sn^{2+}/Sn)=-0.156V-(-0.136V)=-0.020V<0$$

因此反应自发逆向进行。

五、计算反应的平衡常数，判断氧化还原反应进行的程度

从理论上讲，任何氧化还原反应都可以设计成原电池，氧化还原反应进行到一定程度就可以达到平衡。

例如 Cu-Zn 原电池的电池反应为：$Zn+Cu^{2+}=\!=\!=Zn^{2+}+Cu$，达到平衡时有如下关系：

$$K^{\ominus}=\frac{c_{eq}(Zn^{2+})/c^{\ominus}}{c_{eq}(Cu^{2+})/c^{\ominus}}$$

式中，$K^{\ominus}$为氧化还原反应的标准平衡常数。它与标准吉布斯自由能（$\Delta_r G_m^{\ominus}$）关系：

$$\Delta_r G_m^{\ominus}=-2.303RT\lg K^{\ominus}$$

由于：

$$\Delta_r G_m^{\ominus}=-nE^{\ominus}F$$

所以：

$$-2.303RT\lg K^{\ominus}=-nE^{\ominus}F$$

$$\lg K^{\ominus}=\frac{nE^{\ominus}F}{2.303RT}$$

若反应在 298K 下进行：

$$\lg K^{\ominus}=\frac{nE^{\ominus}}{0.0592V} \qquad (8\text{-}7)$$

式中，n 为氧化还原反应中得失电子的最小公倍数。

【例 8-13】 计算反应 $Zn+Cu^{2+}=\!=\!=Zn^{2+}+Cu$ 的平衡常数。

解 查 $\varphi_A^{\ominus}$ 表可知：$\varphi^{\ominus}(Cu^{2+}/Cu)=0.342V$，$\varphi^{\ominus}(Zn^{2+}/Zn)=-0.760V$，

$$\lg K^{\ominus}=\frac{nE^{\ominus}}{0.0592V}=\frac{2\times[\varphi^{\ominus}(Cu^{2+}/Cu)-\varphi^{\ominus}(Zn^{2+}/Zn)]}{0.0592V}$$

$$=\frac{2\times[0.342V-(-0.760V)]}{0.0592V}=37.2$$

$$K^{\ominus}=1.6\times10^{37}$$

$K^{\ominus}$可以用来衡量一个反应的进行程度，它是反应的本质常数。对于氧化还原反应可以用两电极标准电极电势的差值来决定其进行程度，差值越大，反应进行的趋势越大，反应越完全。一般认为 $K^{\ominus}\geqslant10^6$ 时，反应正向进行得很完全；对于大多数反应，$n\geqslant2$，$E^{\ominus}\geqslant0.2V$ 时，反应就进行得很完全了。

六、计算物质的某些常数

用化学分析方法很难直接测定难溶物质在溶液中的离子浓度，所以很难用离子浓度来计算 $K_{sp}^{\ominus}$。但可通过测定原电池的电动势来计算 $K_{sp}^{\ominus}$。弱酸的解离常数 $K_a^{\ominus}$、配合物的稳定常数 $K_f^{\ominus}$ 等也可用测定电池电动势的方法求得。

【例 8-14】 已知：$Ag^{+}+e^{-}=\!=\!=Ag$ $\qquad \varphi^{\ominus}(Ag^{+}/Ag)=0.799V$

$$AgCl(s)+e^- \rightleftharpoons Ag+Cl^- \qquad \varphi^\ominus(AgCl/Ag)=0.222V$$

求 AgCl 的 $K_{sp}^\ominus$ (298K)。

解 将以上两电极反应组成原电池，则电对 Ag^+/Ag 为正极，电对 AgCl/Ag 为负极。

电池反应为： $$Ag^+ + Cl^- \rightleftharpoons AgCl(s)$$

$$K^\ominus = \frac{1}{[c_{eq}(Ag^+)/c^\ominus][c_{eq}(Cl^-)/c^\ominus]} = \frac{1}{K_{sp}^\ominus}$$

$$\lg K^\ominus = \frac{nE^\ominus}{0.0592V} = \frac{1\times[\varphi^\ominus(Ag^+/Ag)-\varphi^\ominus(AgCl/Ag)]}{0.0592V}$$

$$= \frac{1\times(0.799V-0.222V)}{0.0592V} = 9.75$$

$$\lg K_{sp}^\ominus = -9.75 \qquad K_{sp}^\ominus = 1.78\times10^{-10}$$

【例 8-15】 298K 时，测得下列电池的电动势为 $E=0.463V$，计算弱酸 HA 的解离常数。

$$(-)Pt \mid H_2(100\ kPa) \mid HA(0.10mol\cdot L^{-1}), A^-(0.10mol\cdot L^{-1}) \parallel$$
$$KCl\ (饱和) \mid Hg_2Cl_2(s) \mid Hg\ (l)(+)$$

解 饱和甘汞电极 $\varphi(Hg_2Cl_2/Hg)=0.241V$

$$E=\varphi_+ - \varphi_-$$

故 $$\varphi_- = \varphi_+ - E = 0.241V - 0.463V = -0.222V$$

$$\varphi_- = \varphi^\ominus(H^+/H_2) + \frac{0.0592V}{n}\lg\frac{[c(H^+)/c^\ominus]^2}{p(H_2)/p^\ominus}$$

$$-0.222V = \frac{0.0592V}{2}\lg\frac{[c(H^+)/1mol\cdot L^{-1}]^2}{100kPa/100kPa}$$

$$c(H^+) = 1.8\times10^{-4}mol\cdot L^{-1}$$

$$K_a^\ominus(HA) = \frac{[c(A^-)/c^\ominus][c(H^+)/c^\ominus]}{[c(HA)/c^\ominus]} \qquad c_{eq}(A^-)=c_{eq}(HA)$$

$$K_a^\ominus(HA) = c(H^+)/c^\ominus = 1.8\times10^{-4}mol\cdot L^{-1}$$

【例 8-16】 已知 298K 时，有下列电池：

$$(-)Pt \mid H_2(100kPa) \mid H^+(缓冲液) \parallel Cu^{2+}(0.010mol\cdot L^{-1}) \mid Cu(s)(+)$$

$\varphi_- = -0.266V$。向右半电池中加入氨水，并使溶液中 $c(NH_3)=1.0mol\cdot L^{-1}$，测得 $E=0.172V$，计算 $K_f^\ominus[Cu(NH_3)_4]^{2+}$ （忽略体积变化）。已知 $\varphi^\ominus(Cu^{2+}/Cu)=0.34V$。

解 正极： $Cu^{2+}+2e^- \rightleftharpoons Cu \quad \varphi^\ominus(Cu^{2+}/Cu)=0.34V$

加氨水： $$Cu^{2+}+4NH_3 \rightleftharpoons [Cu(NH_3)_4]^{2+}$$

$$K_f^\ominus = \frac{c([Cu(NH_3)_4]^{2+})/c^\ominus}{[c(Cu^{2+})/c^\ominus][c(NH_3)/c^\ominus]^4}$$

$$c(Cu^{2+}) = \frac{c([Cu(NH_3)_4]^{2+})/c^\ominus}{K_f^\ominus[c(NH_3)/c^\ominus]^4}\times c^\ominus$$

负极： $2H^+ + 2e^- \rightleftharpoons H_2(g) \qquad \varphi_- = \varphi(H^+/H_2) = -0.266V$

$$E=\varphi_+ - \varphi_-$$

$$\varphi_+ = E+\varphi_- = 0.172V + (-0.266V) = -0.094V$$

$$\varphi([Cu(NH_3)_4]^{2+}/Cu) = \varphi^\ominus(Cu^{2+}/Cu) + \frac{0.0592V}{n}\lg[c(Cu^{2+})/c^\ominus]$$

$$c([\mathrm{Cu(NH_3)_4}]^{2+})=0.010\mathrm{mol\cdot L^{-1}},\ c(\mathrm{NH_3})=1.0\mathrm{mol\cdot L^{-1}}$$

$$-0.094\mathrm{V}=0.34\mathrm{V}+\frac{0.0592\mathrm{V}}{2}\lg\frac{0.010}{K_f^{\ominus}([\mathrm{Cu(NH_3)_4}]^{2+})}$$

$$K_f^{\ominus}([\mathrm{Cu(NH_3)_4}]^{2+})=4.8\times10^{12}$$

第五节　元素电势图及其应用

一、元素电势图

许多元素存在着多种氧化态。同一元素的不同氧化态物质间可组成多个氧化还原电对。通常将同一元素的不同氧化态物质，按照从左至右其氧化数降低的顺序排列，并在每两对氧化还原电对之间标出相应标准电极电势值。这种表示元素各种氧化态物质之间标准电极电势变化的关系图，称为元素的标准电势图（简称为元素电势图）。例如铁元素在酸性介质中的电极电势图：

$$\varphi_A^{\ominus}/\mathrm{V}\qquad \mathrm{FeO_4^{2-}}\overset{2.20}{\text{————}}\underbrace{\mathrm{Fe^{3+}}\overset{0.771}{\text{————}}\mathrm{Fe^{2+}}\overset{-0.447}{\text{————}}\mathrm{Fe}}_{-0.037}$$

元素电势图在无机化学中有重要应用。它使人们清楚地看到同一元素各氧化数物质在水溶液中的氧化性与还原性的变化情况及稳定性。

二、元素电势图的应用

1. 判断歧化反应的可能性

歧化反应是自身氧化还原反应的一个特例，它是指同一元素在反应中，一部分被氧化，一部分被还原的反应。例如铜元素在酸性介质中的电极电势图：

$$\varphi_A^{\ominus}/\mathrm{V}\qquad \underbrace{\mathrm{Cu^{2+}}\overset{0.153}{\text{————}}\mathrm{Cu^{+}}\overset{0.521}{\text{————}}\mathrm{Cu}}_{0.342}$$

Cu^+ 位于 Cu^{2+} 和 Cu 之间。说明 Cu^+ 在电对 Cu^{2+}/Cu^+ 和 Cu^+/Cu 中分别作为还原态物质和氧化态物质。从电势图可见：

$$\varphi^{\ominus}(\mathrm{Cu^+/Cu})>\varphi^{\ominus}(\mathrm{Cu^{2+}/Cu^+})$$

即由此二电对组成的原电池电动势为：

$$E^{\ominus}=\varphi^{\ominus}(\mathrm{Cu^+/Cu})-\varphi^{\ominus}(\mathrm{Cu^{2+}/Cu^+})=0.521\mathrm{V}-0.153\mathrm{V}=0.368\mathrm{V}>0$$

反应式为：$2Cu^+ = Cu^{2+} + Cu$。此歧化反应的平衡常数为：

$$\lg K^{\ominus}=\frac{nE^{\ominus}}{0.0592\mathrm{V}}=\frac{1\times0.368\mathrm{V}}{0.0592\mathrm{V}}=6.2$$

$$K^{\ominus}=1.6\times10^{6}$$

计算说明，Cu^+ 在水溶液中很不稳定，能自发歧化为 Cu^{2+} 和 Cu。

分析上例，在元素电势图 $\mathrm{A}\overset{\varphi_{左}^{\ominus}}{\text{——}}\mathrm{B}\overset{\varphi_{右}^{\ominus}}{\text{——}}\mathrm{C}$ 中，只要 $\varphi_{右}^{\ominus}>\varphi_{左}^{\ominus}$，说明物质 B 在 B/C 和 A/B 两电对中分别作为强氧化剂和强还原剂，在标准状态下，B 将在水溶液中自发歧化生成 A 和 C。

2. 计算未知电对的标准电极电势

若已知两个或两个以上相邻电对的标准电极电势，即可计算出另一个电对的标准电极电势。例如：

$$A\xrightarrow{\Delta_r G_{m_1}^{\ominus},\ \varphi_1^{\ominus},\ n_1}B\xrightarrow{\Delta_r G_{m_2}^{\ominus},\ \varphi_2^{\ominus},\ n_2}C$$
$$\underbrace{\qquad\qquad\qquad\qquad\qquad\qquad\qquad\qquad}_{\Delta_r G_{m_3}^{\ominus},\ \varphi_3^{\ominus},\ n_3}$$

标准态下，将三个电对分别与标准氢电极组成三个原电池，则有：

$$\Delta_r G_{m_1}^{\ominus}=-n_1FE_1^{\ominus}=-n_1F[\varphi_1^{\ominus}-\varphi^{\ominus}(H^+/H_2)]=-n_1F\varphi_1^{\ominus}$$
$$\Delta_r G_{m_2}^{\ominus}=-n_2FE_2^{\ominus}=-n_2F[\varphi_2^{\ominus}-\varphi^{\ominus}(H^+/H_2)]=-n_2F\varphi_2^{\ominus}$$
$$\Delta_r G_{m_3}^{\ominus}=-n_3FE_3^{\ominus}=-n_3F[\varphi_3^{\ominus}-\varphi^{\ominus}(H^+/H_2)]=-n_3F\varphi_3^{\ominus}$$

根据 $\Delta_r G_{m_3}^{\ominus}=\Delta_r G_{m_1}^{\ominus}+\Delta_r G_{m_2}^{\ominus}$ 和 $n_3=n_1+n_2$ 得

$$\varphi_3^{\ominus}=\frac{n_1\varphi_1^{\ominus}+n_2\varphi_2^{\ominus}}{n_1+n_2}$$

由此推得，若有 i 个相邻电对，则：

$$A\frac{\varphi_1^{\ominus}}{n_1}B\frac{\varphi_2^{\ominus}}{n_2}C\frac{\varphi_3^{\ominus}}{n_3}D\cdots\frac{\varphi_i^{\ominus}}{n_i}M$$

$$\varphi_{A/M}^{\ominus}=\frac{n_1\varphi_1^{\ominus}+n_2\varphi_2^{\ominus}+n_3\varphi_3^{\ominus}+\cdots+n_i\varphi_i^{\ominus}}{n_1+n_2+n_3+\cdots+n_i} \tag{8-8}$$

式中，n_1、n_2、n_3、…、n_i 分别代表各相邻电对内转移的电子数。

【例 8-17】 根据下面碱性介质中溴元素电势图，求 $\varphi^{\ominus}(BrO_3^-/Br^-)$。

$\varphi_B^{\ominus}/V$ $\qquad BrO_3^-\xrightarrow{0.54}BrO^-\xrightarrow{0.45}Br_2\xrightarrow{1.066}Br^-$

解 $\varphi^{\ominus}(BrO_3^-/Br^-)=\dfrac{4\times\varphi^{\ominus}(BrO_3^-/BrO^-)+1\times\varphi^{\ominus}(BrO^-/Br_2)+1\times\varphi^{\ominus}(Br_2/Br^-)}{4+1+1}$

$$=\frac{4\times0.54V+1\times0.45V+1\times1.066V}{6}=0.61V$$

思考题与习题

8-1 什么是自身氧化还原反应？什么是歧化反应？各举一例说明。

8-2 利用标准电极电势 $\varphi^{\ominus}$ 值，回答下列问题：

(1) 有 Fe 存在时，Fe^{3+} 能否稳定存在？

(2) 硝酸与铁反应能否生成硝酸亚铁？

(3) $KMnO_4$ 作为氧化剂，调节酸度用 H_2SO_4 和 HCl 哪个合适？

8-3 指出下列各氧化还原反应中的氧化剂和还原剂，以及相应的氧化数，并配平反应方程：

(1) $H_2O_2+I^-\longrightarrow I_2+H_2O$

(2) $PbS+HNO_3\longrightarrow Pb(NO_3)_2+H_2SO_4+NO$

8-4 用离子-电子法配平下列反应式

(1) $MnO_4^-+H_2O_2\longrightarrow Mn^{2+}+O_2$ (酸性)

(2) $Cr_2O_7^{2-}+Fe^{2+}\longrightarrow Cr^{3+}+Fe^{3+}$ (酸性)

8-5 若下列反应在原电池中正向进行，试写出电池符号和电池电动势的表示式。

(1) $Fe+Cu^{2+}\rightleftharpoons Fe^{2+}+Cu$

(2) $Cu^{2+}+Ni\rightleftharpoons Cu+Ni^{2+}$

8-6 求出下列原电池的电动势，写出电池反应式，并指出正负极。

$Pt\mid Fe^{2+}(1mol\cdot L^{-1}),\ Fe^{3+}(0.0001mol\cdot L^{-1})\parallel I^-(0.0001mol\cdot L^{-1})\mid I_2(s)\mid Pt$

8-7 将铜片插入盛有 0.5mol·L^{-1} $CuSO_4$ 溶液的烧杯中，银片插入盛有 0.5mol·L^{-1} $AgNO_3$ 溶液的烧杯中，组成一个原电池。

(1) 写出原电池符号；

(2) 写出电极反应式和电池反应式；

(3) 求该电池的电动势。

8-8 求两电对 Fe^{3+}/Fe^{2+} 和 Hg^{2+}/Hg_2^{2+} 在下列几种情况下的电极电势，并分析计算结果。

已知 $\varphi^{\ominus}(Fe^{3+}/Fe^{2+})=0.771V$，$\varphi^{\ominus}(Hg^{2+}/Hg_2^{2+})=0.920V$

(1) 氧化型浓度增加至 10mol·L^{-1}，还原型浓度不变；

(2) 还原型浓度增加至 10mol·L^{-1}，氧化型浓度不变；

(3) 标准态溶液均稀释 10 倍。

8-9 根据下列反应组成电池，写出电池组成式，计算 298K 时的电动势，并判断反应自发进行的方向。

$$2Cr^{3+}(0.01mol \cdot L^{-1})+2Br^-(0.1mol \cdot L^{-1}) \rightleftharpoons 2Cr^{2+}(1mol \cdot L^{-1})+Br_2(l)$$

8-10 实验室中，常用盐酸与二氧化锰作用制取氯气，如何控制条件使反应 $MnO_2+4HCl \longrightarrow Cl_2+MnCl_2+2H_2O$ 正向进行？为什么？当其他物质均处于标准态时，若反应正向进行，HCl 的最低浓度为多大？

8-11 根据有关电对的 $\varphi^{\ominus}$，试计算下列反应：

$$H_3AsO_3+I_2+H_2O \rightleftharpoons H_3AsO_4+2I^-+2H^+$$

在 298K 时的平衡常数。如果 pH = 7，反应向什么方向进行？

8-12 根据溴元素在碱性介质中的标准电极电势图，判断 BrO^- 在碱性介质中能否发生歧化作用。

$$BrO_3^- \xrightarrow{+0.54V} BrO^- \xrightarrow{+0.45V} \frac{1}{2}Br_2 \xrightarrow{+1.07V} Br^-$$

知识拓展

发展中的化学电源

化学电源又称电池，是一种能将化学能直接转变成电能的装置，它通过化学反应，消耗某种化学物质，输出电能，常见的电池大多是化学电源。化学电源在国民经济、科学技术、军事和日常生活方面均获得广泛应用。

1. 化学电源分类

(1) 一次化学电源　电池中的反应物质进行一次氧化还原反应并放电之后，就不能再次利用，如干电池。

(2) 二次化学电源　二次电池在放电后经充电可使电池中的活性物质恢复工作能力。铅蓄电池和可充电电池都是二次电池。

(3) 燃料电池　又称为连续电池，一般以天然燃料或其他可燃物质如氢气、甲醇、天然气、煤气等作为负极的反应物质，以氧气作为正极反应物质组成燃料电池。

2. 电池的发展史

(1) 考古发现古代电池　1936 年 6 月，考古学家在巴格达城郊发现了公元前 200 多年属于波斯王朝时代的文物，其中包括一些奇怪的陶制器皿和生锈的铜管、铁棒。陶制器皿有点像花瓶，高 15cm，呈淡黄色，瓶里装满了沥青，沥青之中有个铜管，直径 2.6cm，高 9cm，铜管中又有一层沥青，并有一根锈迹斑斑的铁棒。这引起了德国考古学家威廉·卡维尼格的注意，经过鉴定，他宣布了一个惊人的消息：这是一个古代化学电池！只要加入酸溶液或者碱溶液，就可以发出电来。

(2) 世界上第一块伏打电池问世　1880 年，意大利物理学家伏打（Volta）将数对以盐水混合物浸泡过的布或纸板隔开的锌极与铜（或银）极堆叠起来，当电池的顶端与底部以导线连接时，就有电流流经电池与导线。这就是第一个被发明的电池——伏打电堆（Voltaic Pile）。

（3）一次电池

① 锌锰电池　1887年英国人赫勒森（Wilhelm Hellesen）发明了最早的干电池。相对于液体电池而言，干电池的电解液为糊状，不会溢漏，便于携带，因此获得了广泛应用。

② 锂一次电池　锂一次电池是20世纪60年代末开发的新型化学电源。当时随着晶体管和集成电路的发展，日用电子器具向便携式、小型化和薄形化方向发展，迫切要求电池具有寿命长、高体积比能量和可靠的耐漏液性能。锂氟化碳电池于1973年、锂二氧化锰电池于1976年相继正式投入民用品市场。

（4）二次电池——雷克兰士发明的电池　1860年，法国的雷克兰士（GeorgeLeclanche）发明了世界广受使用的电池（碳锌电池）。它的负极是锌和汞的合金棒，正极是以一个多孔的杯子盛装着碾碎的二氧化锰和碳的混合物。在此混合物中插有一根碳棒作为电流收集器。负极棒和正极杯都被浸在作为电解液的氯化铵溶液中。此系统被称为“湿电池”。雷克兰士制造的电池虽然简陋但却便宜，所以一直到1880年才被改进的“干电池”取代。

① 银锌电池　1970～1975年，开发了银锌、镍镉电池技术。正极壳填充Ag_2O和石墨，负极盖填充锌汞合金，电解质溶液为KOH。反应式为：

$$2Ag+Zn(OH)_2 \underset{放电}{\overset{充电}{\rightleftharpoons}} Zn+Ag_2O+H_2O$$

② 铅蓄电池　1859年法国人普兰特（Plante）发现了直流电通过浸在稀硫酸中的两块铅板时，在这两块铅板上能够重复地产生电动势，以此制成了蓄电池。

③ 铁镍电池　1901年爱迪生（Edison）发明了铁镍蓄电池，自此启发了人们对此绿色环保蓄电池的研究。1910年铁镍蓄电池应用于了商业化生产。1910年至1960年之间，普遍在美国、苏联、瑞士、西德、日本等国家有了商业化发展。

现今，随着社会进步，人们对环境保护的要求越来越高，铁镍电池以其对环境友好和廉价的性能越来越受到重视。

④ 锂离子电池　1970年，埃克森公司的M. S. Whittingham采用硫化钛作为正极材料，金属锂作为负极材料，制成首个锂电池。1980年，J. Goodenough发现钴酸锂可以作为锂离子电池正极材料。1982年，伊利诺伊理工大学的R. R. Agarwal和J. R. Selman发现锂离子具有嵌入石墨的特性，此过程是快速的，并且可逆。首个可用的锂离子石墨电极由贝尔实验室试制成功。1983年，M. Thackeray、J. Goodenough等人发现锰尖晶石是优良的正极材料，具有低价、稳定和优良的导电、导锂性能。其分解温度高，且氧化性远低于钴酸锂，即使出现短路、过充电，也能够避免燃烧、爆炸的危险。1989年，A. Manthiram和J. Goodenough发现采用聚合阴离子的正极将产生更高的电压。1991年索尼公司发布首个商用锂离子电池。随后，锂离子电池革新了消费电子产品。1996年，Padhi和Goodenough发现具有橄榄石结构的磷酸盐，如磷酸锂铁（$LiFePO_4$），比传统的正极材料更具优越性，已成为当前主流的正极材料。

（5）连续发电——燃料电池　燃料电池是一种主要透过氧或其他氧化剂进行氧化还原反应，把燃料中的化学能转换成电能的电池。燃料电池有别于原电池，因为这种电池需要稳定的氧和燃料来源，以确保其运作供电。此电池的优点是可以提供不间断的稳定电力，直至燃料耗尽。

1839年英国的Grove发明了燃料电池，并用这种以铂黑为电极催化剂的简单的氢氧燃料电池点亮了伦敦讲演厅的照明灯。1889年Mood和Langer首先采用了燃料电池这一名称，并获得$200mA \cdot m^{-2}$电流密度。20世纪50年代剑桥大学的Bacon用高压氢氧制成了具有实用功率水平的燃料电池。60年代，这种电池成功地应用于阿波罗（Appollo）登月飞船。80年代，各种小功率电池在宇航、军事、交通等各个领域中燃料电池得到应用。

燃料电池有碱性燃料电池（AFC）、磷酸型燃料电池（PAFC）、熔融碳酸盐燃料电池（MCFC）、固体氧化物燃料电池（SOFC）、质子交换膜燃料电池（PEMFC）等几类。

第九章 分析化学概论

Chapter 09

第一节 分析化学的任务、方法及定量分析的程序

一、分析化学的任务和作用

1. 分析化学的任务

分析化学是化学学科的一个重要分支。分析化学是获取物质的化学组成与结构信息的科学，即表征和测量的科学。分析化学是使用和有赖于化学、物理学、数学、生物学定律和信息科学的一门边缘学科，它要回答的是这样一个在理论上和实践中都很重要的问题：物质世界是如何组成的。分析化学的任务包括三个方面的内容：一是确定物质是由哪些基本单元组成，二是测定有关基本单元的含量，三是测定有关基本单元的存在形态和结构。它们分别隶属于定性分析、定量分析和结构分析的研究范畴。

2. 分析化学的作用

分析化学是一门工具学科，在科研和生产中起着"眼睛"的作用。分析化学的应用范围几乎涉及国民经济、国防建设、资源开发及人类的衣食住行等所有方面。要解决当代科学领域的"四大理论"（天体、地球、生命、人类的起源和演化）以及人类社会面临的"五大危机"（资源、能源、人口、粮食、环境）问题时，分析化学这一基础学科的研究是不可缺少的。

（1）分析化学在科学研究中的作用　当今全球范围内的大气、水体和土壤等环境污染正在破坏着地球的生态平衡，已经危及人类的发展与生存，为追踪污染源、弄清污染物种类、数量，研究其转化规律及危害程度等方面，分析化学起着极其重要的作用；在新材料的研究中，表征和测定痕量杂质在其中的含量、形态及空间分布等已成为发展高新技术和微电子工业的关键；在资源及能源科学中，分析化学是获取地质矿物组分、结构和性能信息及揭示地质环境变化过程的主要手段，煤炭、石油、天然气及核材料资源的探测、开采与炼制，更是离不开分析检测工作；分析化学在研究生命化学过程、生物工程、生物医学中，对于揭示生命起源、生命过程、疾病及遗传奥秘等方面具有重要意义；在医学科学中，医药分析在药物成分含量、药物作用机制、药物代谢与分解、药物动力学、疾病诊断以及滥用药物等的研究中，是不可缺少的手段；在空间科学研究中，星际物质分析已成为了解和考察宇宙物质成分及其转化的最重要手段。

（2）分析化学在工农业生产、国防建设和生命科学中的作用　在工业生产中，对于矿山的开发、资源的勘探、工业原料的选择、工艺流程控制、产品质量检验、新产品的试制及"三废"（废水、废气、废渣）的利用和处理等方面要靠分析化学提供数据进行分析；在农业

生产方面，对于灌溉用水、土壤的性质和成分调查、农药、化肥、残留物及农产品质量检验中都要用到分析化学；在动物和水产养殖方面，可以分析动植物体内代谢和各种营养元素对动植物生长的影响、监控水生态环境，保证优质高产，减少动物疾病；在以资源为基础的传统农业向以生物科技和生物工程为基础的“绿色革命”的转变中，分析化学在细胞工程、基因工程、发酵工程和蛋白质工程等的研究中，也发挥着重要作用；在国防建设中，分析化学在武器结构材料、航天、航海材料、动力材料及环境气氛的研究中都有广泛的应用；在依法治国中，分析化学又是执法取证的重要手段；生物技术的进步都离不开分析化学。20 世纪 90 年代以来，人类基因组研究项目已成为各国科学家关注的焦点，其中作为基础研究的大规模脱氧核糖核酸（DNA）测序、定位工作取得了很大进展，于 2000 年提前完成“人类基因组工作草图”的绘制，这在很大程度上得益于分析化学中阵列毛细管电泳技术的突破。分析化学的研究水平被认为是衡量一个国家科学技术水平的重要标志之一。

在高等学校的许多专业，特别是高等农林院校中，分析化学是一门重要的基础课，它为后续的有关课程打基础。例如，生物学、生物化学、生理学、土壤学、肥料学、栽培学、遗传学、药理学、家畜卫生学、兽医临床诊断学、食品理化检验、食品分析、药物分析、植物保护学、农药学等课程，都需要分析化学的理论知识和操作技能。

二、分析方法的分类

分析化学的应用领域非常广泛，研究内容十分丰富，所以采用的分析方法也多种多样。多年来，人们根据研究的需要，从不同的角度，根据分析工作的目的、任务、对象、操作方法、测定原理、待测组分含量、试样用量的不同和具体要求的不同，对分析方法进行了分类。

1. 根据分析目的的不同分为定性分析、定量分析和结构分析

定性分析的任务是鉴定物质是由哪些元素、原子团、官能团或化合物所组成的；定量分析的任务是测定物质中有关组分的含量；结构分析的任务是研究物质的分子结构和晶体结构。

2. 根据分析对象的不同分为无机分析和有机分析

被测对象是无机物的为无机分析；被测对象是有机物的为有机分析。组成无机物的元素种类较多，无机分析要求分析结果以某些元素、离子或化合物是否存在，以及化合物的相对含量多少来表示，有时也要做晶体结构测定。组成有机物的元素种类不多，但结构相当复杂，有机分析的重点是对物质的官能团和结构进行分析。另外还有药物分析和生化分析等。

3. 根据分析时所需试样量的多少可分为常量分析、半微量分析、微量分析和超微量分析

按所取试样的量来分，分析方法可分为常量试样（固体试样的质量＞0.1g，液体试样体积＞10mL）分析、半微量试样（固体试样的质量在 0.01～0.1g 之间，液体试样体积为 1～10mL）分析、微量试样（固体试样的质量在 0.1～10mg，液体试样体积在 0.01～1mL）分析和超微量试样（固体试样的质量＜0.1mg，液体试样体积＜0.01mL）分析。另外，按被测组分含量的多少来分，分析方法可分为常量组分（含量＞1%）分析、微量组分（含量为 0.01%～1%）、痕量组分（含量＜0.01%）分析。这种分类方法并不是绝对的，在无机定性化学分析中，一般采用半微量操作法，而在经典定量化学分析中，一般采用常量操作法。

4. 根据分析原理的不同分为化学分析法和仪器分析法

（1）化学分析法　是以物质的化学性质和化学反应为依据进行物质分析的方法，是分析化学的基础。包括定性分析和定量分析。在定性分析中，组分的分离和鉴定是通过组分在化学反应中生成沉淀、气体或有色物质而进行的。在定量分析中，主要有滴定分析法和重量分析法。滴定分析法（容量分析法）是通过滴定操作，根据所需滴定剂的体积和浓度，以确定试样中待测组分含量的一种方法。重量分析法是通过适当的方法如沉淀、挥发和电解等使待测组分转化为另一种纯的、化学组成固定的化合物而与其他组分分离，然后称其质量，根据称得的质量计算出待测组分的含量的一种分析方法。化学分析法多用于常量分析，该方法操作简便，设备简单，分析结果准确度高，在生产和科研中应用广泛。

（2）仪器分析法　是利用被测物质的物理性质或物理化学性质并借助于特定仪器来确定被测物质的组成、结构及其含量的分析方法。仪器分析主要包括光学分析法、电化学分析法、色谱分析法、质谱分析法和热分析法等。

① 光学分析法　这是根据物质的光学性质建立起来的分析方法。又分为光谱法和非光谱法。光谱法是依据物质对电磁辐射的吸收、发射或散射等作用建立起来的光学分析法，主要包括：分子光谱法（如比色法、紫外-可见分光光度法、红外光谱法、分子荧光及磷光分析法等）、原子光谱法（如原子发射光谱法、原子吸收光谱法、原子荧光光谱法等）、激光拉曼光谱法、光声光谱法、化学发光分析法、X 射线荧光法、核磁共振波谱法和光电子能谱法等。非光谱法是依据电磁辐射作用于物质之后其反射、折射、衍射、干涉或偏振等基本性质的变化所建立的光学分析法，主要包括：折射法、干涉法、旋光法、X 射线和电子衍射法等。

② 电化学分析法　这是根据被分析物质溶液的电化学性质建立起来的一种分析方法。主要有：电势分析法、电导分析法、电解分析法、极谱法和库仑分析法等。

③ 色谱分析法　这是根据物质在两相中吸附、分配、交换性能等差异而建立起来的分析方法，是分离与分析相结合的方法。主要有：气相色谱法、液相色谱法（包括柱色谱、纸色谱、薄层色谱及高效液相色谱等）、离子色谱法。

④ 质谱分析法　这是根据物质带电粒子的质/荷比（质量与电荷的比值）在电磁场作用下进行定性、定量和结构分析的方法。

⑤ 热分析法　是根据测量体系的温度与某些性质（如质量、反应热、体积和热导等）间的动力学关系所建立的分析方法。主要有热重分析法、差热分析法和测温滴定法。

仪器分析法的优点是分析速度快、检测灵敏度高、自动化程度高和分析结果信息量大等，更适用于微量、超微量分析、分子结构分析、过程控制分析等，备受人们的青睐。虽然所需仪器的设备通常较复杂、价格较昂贵，对环境条件要求较高，但是仪器分析已经成为分析化学的主体，也是分析化学的发展方向。

化学分析是仪器分析的基础，仪器分析离不开化学分析，二者互为补充，共同构成分析化学学科。

三、分析化学的发展趋势

分析化学历史悠久，其起源可以追溯至古代炼金术，在科学史上，分析化学曾经是研究化学的开路先锋，它对元素的发现、原子量的测定等都曾做出重要贡献。但是，直到 19 世纪末，人们还认为分析化学尚无独立的理论体系，只能算是分析技术，不能算是一门学科。20 世纪以来，分析化学经历了三次巨大变革。

20 世纪初至 30 年代，是分析化学与物理化学结合的时代。物理化学中溶液理论的发展，为分析化学提供了理论基础，建立了溶液中酸碱、配位、沉淀、氧化还原四大平衡理论，使分析化学由一门技术发展成为一门独立的学科。

20 世纪 40～60 年代，是分析化学与电子学结合的时代。物理学与电子学的发展，促进了以光谱分析、极谱分析为代表的仪器分析方法的发展，改变了经典的以化学分析为主的局面，使仪器分析获得蓬勃发展。

70 年代末至今，是分析化学发展到分析科学的时代。生命科学、环境科学、新材料科学等发展的需求，生物学、信息科学、计算机技术的引入，使分析化学进入了一个崭新的境界。现代分析化学的任务已不只限于测定物质的组成及含量，而是要对物质的形态、结构、微区、薄层及活性等作出瞬时追踪、在线监测等分析及过程控制。“分析化学已由单纯提供数据，上升到从分析数据中获取有用的信息和知识，成为生产和科研中实际问题的解决者。”现代分析化学已突破了纯化学领域，它将化学与数学、物理学、计算机学及生物学紧密地结合起来，发展成为一门多学科性的综合学科。

分析化学是近年来发展最为迅速的学科之一。据统计，全世界有关分析化学的杂志已有数百种，所发表的论文每 5～7 年就增加一倍，分析化学的国际会议每年召开十多次。分析化学正处于日新月异、突飞猛进的发展之中。分析化学不断向着提高灵敏度，解决复杂体系的分离问题及提高分析方法的选择性，扩展时空多维信息，微型化及微环境的表征与测定，形态、状态分析及表征，生物大分子及生物活性物质的表征与测定，非破坏性检测与遥测，自动化及智能化方向发展。

分析手段越来越灵敏、准确、简便和自动化。分析方法正向着仪器化、自动化及各种方法联用的方向发展。

尽管如此，化学分析目前仍是分析化学的基础，经典的分析方法无论在教育价值和实用价值上都是不可忽视的。许多仪器分析方法必须与试样分解、分离富集、掩藏干扰等化学处理手段相结合，才能适应测定痕量组分和复杂试样的要求。一个分析工作者必须具备分析化学基础理论和基本知识，才能解决日益复杂的分析课题。

四、定量分析的一般过程

定量分析过程一般包括试样的采集、试样的制备、试样的预处理、分离、测定和分析结果计算与评价等。

1. 试样的采集

在分析过程中，从待分析的、大量的、来自不同地域的分析对象中抽取一部分能够代表被分析材料的样品，这一过程称为采样（取样），采得的分析样品称为试样。试样必须具有代表性，所采得的试样要妥善保存，避免因吸湿、风化、光照或与空气接触而发生变化或污染而导致试样不具代表性，用这样的试样进行分析就毫无意义。根据分析对象、目的、要求的不同，选用不同的取样方法，各类样品的采集有许多具体要求，可按有关标准执行。

（1）气体试样的采集　气体的组成是相当复杂的，它受多种因素的影响。如工业布局、气象条件、地形和人口密度等。因此采样时要合理布局，多设采样点，且根据具体情况选择适宜的采样方法。如在农业生态区进行大气污染监测时，就要根据影响污染物在空间分布的因素，合理分配采样的位置与数目。一般采样的布点有两种：扇形布点法和放射式布点法。在布好的采样点采用直接法或浓缩法进行采样。

（2）液体试样的采集　液体试样组成一般较均匀，不同的液体样品可采用适当的方法进行采集。如采集自来水或抽水机设备抽取的水样时，应先放水 10～15min，使积留在水管中的杂质及陈水排出后，用新流出的水将取样器及容器淋洗三次后取样。如采集江河、湖泊、水库、蓄水池水样时，要考虑其水深和流量。表层水样的采集，可直接将采样器放入水面下0.3～0.5m处采样，深层水的采样，可用抽水泵采样，将采水管沉降到所规定的深度，用泵抽出即可。采集底层水样时，切勿搅动沉积层。从不同深度和流量处采集完试样后，混合均匀以备分析测试。

（3）固体样品的采集　固体样品一般均匀性较差，混合均匀有一定难度。因此确定取样点时要科学合理。根据样品的性质、数量、组分的均匀程度、易破碎程度及分析项目的不同等，从样品的不同区域、不同部位，选取多个取样点，取出一定数量、大小不同的颗粒作为平均试样。采得的样品要及时装袋、填签、封存，填标签须注明采样时间、地点、样品名称及其他说明，如需分别测定，保存时应避免相互沾污，切不可混合存放。

2. 试样的制备

采集到的原始样品，对于气体、液体，由于其本身较均匀，直接混合进行预处理或直接测定即可。对于固体样品，由于均匀性较差，需进行破碎、过筛之后再进行混匀和缩分。缩分后的样品要尽快分析，否则需妥善保存，避免受潮、挥发、风干、变质等。

3. 试样的预处理

根据分析目的和试样性质的不同，可分为湿法和干法处理。一般分析工作中，除光谱分析、差热分析用干法处理外，通常都用湿法处理。即将试样处理成溶液再进行分析，这一步非常关键。需称取一定质量的试样进行预处理。试样预处理过程中要防止待测组分的损失，同时要避免引入杂质和待测组分。

固体试样的溶解方法与试样的组成、性质、分析项目、方法等有关，可采用水溶、酸溶、碱溶或熔融等方法。一般采用水溶解，难溶于水的试样采用酸溶法，根据试样性质的不同，可以选择不同的酸，如盐酸、硫酸、硝酸等，也常用混酸，如硫酸和磷酸、硫酸和氢氟酸、硫酸和硝酸、“王水”等。

4. 分离

实际分析工作中，遇到的样品中常含有多种组分，当进行测定时，会相互干扰，必须通过分离除去干扰组分。消除干扰的方法主要有分离法和掩蔽法。常用的分离方法有沉淀分离法、萃取分离法、离子交换法和色谱分离法。常用的掩蔽方法有沉淀掩蔽法、配位掩蔽法和氧化还原法。

5. 测定

应根据分析对象、目的、要求、组分的含量等，选用合适的分析方法，原则是简便、快速、实用、准确可靠。如常量组分通常采用化学分析方法，而微量组分需要使用分析仪器进行测定。

6. 分析结果计算与评价

对分析过程中得到的原始数据，进行综合分析及处理，得出分析结果，写出分析报告，并对测定结果的准确性用统计学方法作出评价。

应该指出的是，实际的分析工作是一个复杂的过程，是从未知、无序走向确定、有序的过程，试样的多样性也使分析过程不可能一成不变，上述的基本步骤，只是各种定量分析过程中的共性部分，只能进行一般性指导。

五、定量分析结果的表示方法

根据分析实验数据所得的定量分析结果一般用下面方法来表示：

1. 待测组分的化学表示形式

分析结果通常以待测组分的实际存在形式的含量表示。例如测得试样中的含磷量后，根据实际情况以 P、P_2O_5、PO_4^{3-}、HPO_4^{2-}、$H_2PO_4^-$ 等形式的含量来表示分析结果，测得试样中氮的含量以后，根据实际情况，以 NH_3、NO_3^-、NO_2 等形式的含量表示分析结果。

如果待测组分的实际存在形式不清楚，则分析结果最好以氧化物或元素形式的含量表示。例如，在矿石分析中，各种元素的含量常以其氧化物形式（如 Na_2O、CaO、MgO、Al_2O_3、Fe_2O_3、P_2O_5 等）的含量表示；在金属材料和有机分析中常以元素形式（Fe、Cu、Zn、Mo、Cr 和 C、H、O、N、S 等）的含量表示；电解质溶液的分析结果常以所存在的离子的含量表示，如以 K^+、Ca^{2+}、Cl^- 等。

2. 待测组分含量的表示方法

不同状态的试样其待测组分含量的表示方法也有所不同。

（1）固体试样　固体试样中待测组分的含量通常以质量分数表示。若试样中含待测组分的质量以 m_B 表示，试样质量以 m_s 表示，物质 B 的质量分数以符号 w_B 表示，即：

$$w_B = m_B / m_s$$

计算结果数值以百分数表示。例如测得某水泥试样中 CaO 的质量分数可表示为：$w(CaO) = 62.35\%$。

若待测组分含量低，可采用 $\mu g \cdot g^{-1}$（或 10^{-6}）、$ng \cdot g^{-1}$（或 10^{-9}）和 $pg \cdot g^{-1}$（或 10^{-12}）来表示。

（2）液体试样　液体试样中待测组分的含量通常用以下方式表示。

① 物质的量浓度　表示待测组分物质的量 n_B 除以试液体积 V_s，以符号 c_B 表示。单位为 $mol \cdot L^{-1}$。

② 体积分数　表示待测组分的体积 V_B 除以试液的体积 V_s，以符号 φ_B 表示。

③ 质量浓度　表示单位体积试液中被测组分 B 的质量，以符号 ρ_B 表示。单位为 $g \cdot L^{-1}$、$mg \cdot L^{-1}$、$\mu g \cdot L^{-1}$、$\mu g \cdot mL^{-1}$等。

④ 滴定度　在生产单位的例行分析中，为了简化计算，常用滴定度表示标准溶液的浓度。滴定度是指每毫升标准溶液（B）相当于被测物质（A）的质量。常用符号 $T_{A/B}$表示，单位是 $g \cdot mL^{-1}$。例如，$T_{Fe/K_2Cr_2O_7} = 0.01060 g \cdot mL^{-1}$，表示 1mL $K_2Cr_2O_7$ 标准溶液相当于亚铁盐试样中的 0.01060g Fe。

（3）气体试样　气体试样中的常量或微量组分的含量常以体积分数 φ_B 表示。

第二节　定量分析中的误差

定量分析的任务是要准确测定试样中有关组分的含量，因此得到的分析结果与被测组分的真实含量越接近，准确度就越高，分析结果就越可靠。在定量分析过程中，由于受分析方法、仪器和试剂、工作环境、分析者自身等主客观多种因素的限制，使分析结果不可能与真实值完全一致，这种差异称为误差。即使技术很熟练并富有经验的人，采用当前最完善的分析方法和精密的仪器进行测定，用同一种方法对同一试样进行多次分析，也不能得到完全一样的分析结果。这说明在分析过程中误差是客观存在且不可避免的，它可能出现在测定过程的每一步中，从而影响分析结果的准确性。因此，分析工作者应该了解产生误差的原因和出现的规律，采取有效措施，完全有可能把误差减小到最低限度，并对分析结果进行评价，判断其准确性，以提高分析结果的可靠程度，使之满足科学研究与实际生产等方面的要求。

一、误差的分类

在定量分析中，对于各种原因导致的误差，根据其性质及产生的原因不同，可以分为系统误差与随机误差两大类。

1. 系统误差

系统误差是定量分析误差的主要来源，对测定结果的准确度有较大影响。系统误差是在分析过程中由于某些固定的、经常性的因素所引起的，因此对测定结果的影响比较恒定。系统误差具有单向性（即测定结果系统偏高或偏低，误差的符号和大小恒定或按一定的规律变化）、重现性（即在相同条件下进行同样的测定时会重复出现）和可测性（即在一定条件下，因其大小、正负可用适当方法测量出来，找到产生的原因，可设法进行校正或加以消除）。又称可测误差。根据系统误差的性质和产生的原因，可将其分为以下几类：

（1）方法误差　是由于分析方法本身原理不够完善或有缺陷所造成的。例如，滴定分析中，滴定反应不完全、化学计量点和滴定终点不一致，在重量分析中沉淀的溶解损失、共沉淀和后沉淀的影响等，都将系统地引起测定结果偏高或偏低。

（2）仪器误差　是由于仪器、量器本身不够精确或未经校准从而引起仪器误差。例如，砝码因磨损或锈蚀造成其真实质量与标记质量不符，滴定分析仪器刻度不准而又未校准等造成的误差。

（3）试剂误差　是由于所使用的试剂或蒸馏水中含有微量杂质或含有被测组分所引起的误差。

（4）操作误差　是指在正常操作的情况下，由于分析工作者在掌握操作规程与正确地控制条件之间稍有出入而引起的误差。例如，滴定管读数时总是偏高或偏低、对终点判断提前或推迟、滴定终点颜色的辨别偏深或过浅等。操作误差是由操作者习惯或主观因素所造成的。

系统误差可采用改进测定方法、校正仪器、对照试验和空白试验等措施予以减免。

2. 随机误差

随机误差是由于测量过程中许多偶然性的、某些随机因素而造成的误差，又称为偶然误差，又叫不可测误差。在平行测定中，即使消除了系统误差的影响，所得数据仍然参差不齐，这是随机误差影响的结果。例如，测定时周围环境温度、湿度、气压等外界条件的突然变化，仪器性能的微小变化等这些不确定的因素都会引起随机误差。随机误差是不可避免的，即使是一个优秀的分析人员，很仔细地对同一试样进行多次测定，也不可能得到完全一致的分析结果，而是有高有低。偶然误差时大时小，时正时负，表面上看，偶然误差的产生似乎没有什么规律。但是通过对多次平行测量的偶然误差进行统计学分析发现，偶然误差的分布遵循一般的统计规律。即绝对值大小相等的正、负误差出现的概率相等；小误差出现的概率大，大误差出现的概率小；特别大的误差出现的机会非常小。消除系统误差后，多次测定结果的算术平均值接近于真实值。因此，分析测定时有必要进行平行实验。

随机误差的大小决定分析结果的精密度。在消除了系统误差的前提下，如果严格操作，增加测定次数，分析结果的算术平均值就越趋近于真实值，即采用“多次测定，取平均值”的方法可以减小随机误差。

在定量分析中，系统误差和随机误差都是指正常操作情况下产生的误差。还有一类“过失误差”，是指工作中的人为差错，一般是因粗心大意或违反操作规程所引起的。例如溶液溅失、沉淀穿滤、加错试剂、读错刻度、记录和计算错误等，往往引起分析结果有较大的“误差”。这种“过失误差”不能算作随机误差，而是“差错”，是完全可以避免的。在数据处理时，如证实是过失引起的，应弃去此数据。

二、误差和偏差的表示方法

1. 误差的表征——准确度和精密度

（1）真实值（x_T） 某一物质本身具有的客观存在的真实数值，即为该量的真实值。一般说来，真实值是未知的，但下列情况的真实值可以认为是已知的。

① 理论真实值 如某化合物的理论组成等。

② 计量学约定真实值 如国际计量大会上确定的长度、质量、物质的量单位等。

③ 相对真实值 认定精度高一个数量级的测定值作为低一级的测量值的真实值，这种真实值是相对比较而言的。如科学实验中标准试样及管理试样中组分的含量等可视为真实值。

（2）准确度 表示分析结果与真实值相接近的程度称为准确度。分析结果与真实值之间差别越小，则分析结果越准确，即准确度高。分析结果与真实值之间差别越大，则分析结果越不准确，即准确度低。

（3）精密度 化学分析工作要求在同一条件下进行多次平行测定，得到一组数值不等的测量结果，测量结果之间接近的程度称为精密度。几次分析结果的数值愈接近，分析结果的精密度就愈高。在分析化学中，有时用重复性和再现性表示不同情况下分析结果的精密度。重复性表示同一分析人员在同一条件下所得分析结果的精密度，再现性表示不同分析人员或不同实验室之间在各自条件下所得分析结果的精密度。

（4）准确度和精密度两者间的关系 准确度表示测量值的平均值与真实值之间的一致程度。精密度是测量值在平均值附近的分散度。定量分析工作中要求测量值或分析结果应达到一定的准确度与精密度。但是，并非精密度高者准确度就高。

例如，甲、乙、丙、丁四人同时测定某试样中 Al_2O_3 的含量（真实含量以质量分数表示为 50.36%），各分析四次，测定结果如下：

项目	1	2	3	4	平均值	项目	1	2	3	4	平均值
甲	50.30%	50.30%	50.28%	50.29%	50.29%	丙	50.36%	50.35%	50.34%	50.33%	50.35%
乙	50.41%	50.31%	50.26%	50.24%	50.31%	丁	50.45%	50.41%	50.34%	50.28%	50.37%

所得分析结果绘于图 9-1 中。

分析图 9-1 可知，甲的分析结果的精密度很好，但平均值与真实值相差较大，说明准确度低；乙的分析结果精密度不高，准确度也不高；只有丙的分析结果的精密度和准确度都比较高，结果可靠；丁的分析结果的平均值虽然接近真实值，但精密度很低，仅仅是由于大的正负误差相互抵消才使结果接近真实值，其结果是不可靠的。

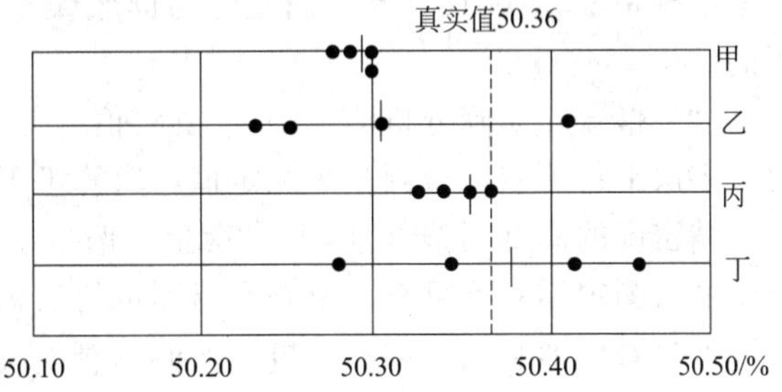

图 9-1 不同分析人员的分析结果比较

从以上讨论可知，系统误差是定量分析中误差的主要来源，它影响分析结果的准确度；偶然误差影响分析结果的精密度。评价定量分析结果的优劣，应从准确度和精密度两个方面来衡量。精密度高是保证准确度高的先决条件，准确度高，一定需要精密度高，精密度低说明所测结果不可靠，其准确度无从谈起。因此如果一组测量数据的精密度很差，自然失去了衡量准确度的前提。但在系统误差存在时，精密度高，准确度不一定高，只有在消除了系统误差后，精密度越高，准确度才越高，分析结果才是可信的。

2. 误差的表示——误差和偏差

（1）误差　准确度的高低用误差来衡量。误差（E）是指测定值（x_i）与真实值（x_T）之间的差。误差越小，表示测定结果与真实值越接近，准确度越高；反之，误差越大，准确度越低。误差可用绝对误差（E_a）与相对误差（E_r）两种方法表示。

绝对误差（E_a）是表示测定结果（x_i）与真实值之差。即：

$$E_a = x_i - x_T \tag{9-1}$$

相对误差（E_r）是指绝对误差 E_a 在真实值中所占的比率，通常用百分率表示。即：

$$E_r = \frac{E_a}{x_T} \times 100\% \tag{9-2}$$

绝对误差和相对误差都有正值和负值。若 $x_i > x_T$，误差为正值时，表示测定结果偏高；若 $x_i < x_T$，误差为负值时，表示测定结果偏低。

【例 9-1】 用分析天平称量 A、B 两物质的质量分别为（A）0.2558g 和（B）2.5578g，A、B 的真实值分别为 0.2559g、2.5579g，计算称量的绝对误差和相对误差。

解　对于物质 A：

$$E_a = 0.2558\text{g} - 0.2559\text{g} = -0.0001\text{g}$$

$$E_r = \frac{E_a}{x_T} = \frac{-0.0001\text{g}}{0.2559\text{g}} \times 100\% = -0.039\%$$

对于物质 B：

$$E_a = 2.5578\text{g} - 2.5579\text{g} = -0.0001\text{g}$$

$$E_r = \frac{E_a}{x_T} = \frac{-0.0001\text{g}}{2.5579\text{g}} \times 100\% = -0.0039\%$$

从上面的结果可知，绝对误差均为－0.0001g，但相对误差却相差 10 倍。相对误差更能准确地反映测定结果与真实值相接近的程度，对于比较在各种情况下测定结果的准确度更为方便。称量质量较大，相对误差较小，称量的准确度较高。所以，在分析化学中，取样量一般不能太少；也没有必要太多，造成浪费。

但应注意，有时为了说明一些仪器测量的准确度，用绝对误差更清楚。例如分析天平的称量误差是±0.0001g，常量滴定管的读数误差是±0.01mL 等，这些都是用绝对误差来说明的。

（2）偏差　实际分析测定中，“真实值”并不知道，为了提高分析结果的可靠性，往往通过多次平行测定，得到多个测定值，取算术平均值作为分析结果。

精密度的高低用偏差（d）来衡量。偏差小，测定结果精密度高；偏差大，测定结果精密度低，测定结果不可靠。偏差是指测定值（x_i）与几次测定结果平均值（$\bar{x}$）的差值。偏差也有绝对偏差和相对偏差。设一组测量值为 $x_1, x_2, \cdots, x_n$，其算术平均值为 $\bar{x}$，对单次测量值 x_i，其偏差可表示为：

绝对偏差（d_i）是个别测定值与相应算术平均值之差。即：

$$d_i = x_i - \bar{x} \quad (i=1,2,\cdots,n) \tag{9-3}$$

相对偏差（d_r）是绝对偏差占平均值的比率。即：

$$d_r = \frac{d_i}{\bar{x}} \times 100\% \tag{9-4}$$

在几次平行测定中各次测定的偏差有负有正，有时还可能是零，为了说明分析结果的精密度，通常以单次测量偏差绝对值的平均值，即绝对平均偏差 $\bar{d}$ 和相对平均偏差 $\bar{d}_r$ 表示其精密度。

绝对平均偏差（$\bar{d}$）是各次测量结果偏差绝对值的平均值，即：

$$\bar{d} = \frac{|d_1|+|d_2|+\cdots+|d_n|}{n} = \frac{|x_1-\bar{x}|+|x_2-\bar{x}|+\cdots+|x_n-\bar{x}|}{n} \tag{9-5}$$

相对平均偏差（$\bar{d}_r$）是平均偏差在平均值中所占的比率，即：

$$\bar{d}_r = \frac{\bar{d}}{\bar{x}} \times 100\% \tag{9-6}$$

由于相对平均偏差是指绝对平均偏差在平均值中所占的百分比，因此更能反应测定结果的精密度。绝对平均偏差和相对平均偏差均可表示一组测定值的离散趋势。所测的平行数据越分散，绝对平均偏差或相对平均偏差就越大，分析精密度就越低；反之亦然。

【例 9-2】 某分析工作者在实验中得到的测定值为 57.16%、57.17%和 57.18%，计算平均值、绝对偏差、绝对平均偏差和相对平均偏差。

解

$$\bar{x} = \frac{57.16\%+57.18\%+57.17\%}{3} = 57.17\%$$

$$d_1 = 57.16\% - 57.17\% = -0.01\%$$

$$d_2 = 57.18\% - 57.17\% = 0.01\%$$

$$d_3 = 57.17\% - 57.17\% = 0$$

$$\bar{d} = \frac{|-0.01\%|+|0.01\%|+|0|}{3} = 0.0067\%$$

$$(\bar{d}_r) = \frac{0.0067\%}{57.17\%} \times 100\% = 0.012\%$$

（3）相差　对于只做两次平行测定的实验数据，可用相差表示精密度。

$$\text{相差} = |x_2 - x_1| \tag{9-7}$$

$$\text{相对相差} = \left|\frac{x_2 - x_1}{\bar{x}}\right| \tag{9-8}$$

（4）极差　一组平行测量数据中最大值（x_{max}）与最小值（x_{min}）之差称为极差，用字母 R 表示。

$$R = x_{max} - x_{min} \tag{9-9}$$

极差越大，表明数据间分散程度越大，精密度越低。对要求不高的测定，极差也可以反映出一组平行测定数据的精密度，适用于少数几次测定中估计误差的范围，它的不足之处是没有利用全部测量数据进行分析。

测量结果的相对极差：

$$\text{相对极差} = \frac{R}{\bar{x}} \tag{9-10}$$

三、减少分析过程中误差的方法

前面我们讨论了误差的相关基本理论。在此基础上，结合实际情况讨论如何减小分析过程中的误差。

1. 选择合适的分析方法

为了满足实际分析工作的需要，使测定结果达到一定的准确度，先要选择合适的分析方法。各种分析方法的准确度和灵敏度是不相同的。例如重量分析和滴定分析，虽然灵敏度不高，但对于高含量组分的测定，能获得比较准确的结果，相对误差一般是千分之几。例如用 $K_2Cr_2O_7$ 滴定法测得铁的含量为 40.20%，若方法的相对误差为 0.1%，则铁的含量范围是 40.16%～40.24%。这一试样如果用分光光度法进行测定，按其相对误差约 2%计，可测得的铁的含量范围将在 41.0%～39.4%之间，显然这样的测定准确度太差。如果是含铁为 0.50%的试样，尽管 2%的相对误差大了，但由于含量低，其绝对误差小，仅为 0.02×0.50%＝0.01%，这样的结果是满足要求的。相反这种低含量的样品，若用重量法或滴定法则又是无法测量的。

2. 减小测量误差

测定方法选定后，为了保证分析结果的准确度，就必须尽量减小测量误差。例如，在重量分析中，测量步骤是称量，就要设法减少称量误差。一般分析天平的称量误差是 ±0.0001g，用减量法称量两次，可能引起的最大误差是±0.0002g，为了使称量时的相对误差在 0.1%以下，试样质量就不能太小。从相对误差的计算中可得到：

$$相对误差=\frac{绝对误差}{试样质量}$$

$$试样质量=\frac{绝对误差}{相对误差}=\frac{\pm 0.0002\text{g}}{\pm 0.001}=0.2\text{g}$$

可见，试样质量必须在 0.2g 以上才能保证称量的相对误差在 0.1%以内。

在滴定分析中，滴定管读数常有±0.01mL 的误差。在一次滴定中，需要读数两次，这样可能造成±0.02mL 的误差。所以，为了使测量时的相对误差小于 0.1%，消耗滴定剂体积必须在 20mL 以上。一般常控制在 30～40mL 左右，以保证误差小于 0.1%。

对不同测定方法，测量的准确度只要与该方法的准确度相适就可以了。例如用比色法测定微量组分，要求相对误差为 2%，若称取试样 0.5g，则试样的称量误差小于 0.5×(2/100)＝0.01g 就行了，没有必要像重量法和滴定分析法那样，强调称准至±0.0002g。不过实际工作中，为了使称量误差可以忽略不计，一般将称量的准确度提高约一个数量级。如在上例中，宜称准至±0.001g 左右。

3. 消除测量过程中的系统误差

产生系统误差的原因很多，应根据具体情况采用不同的方法来检验和消除系统误差。

(1) 对照试验　对照试验是检验系统误差的有效方法。进行对照试验时，常用已知准确结果的标准试样与被测试样一起进行对照试验，或用其他可靠的分析方法进行对照试验，也可由不同人员、不同单位进行对照试验。

用标准试样进行对照试验时，用所选定的方法对已知准确结果的标准试样进行多次测定，将测定结果与标准值比较，若符合要求，说明选定的方法是可行的。否则，需要校正或改变分析方法。

用标准方法进行对照试验时，一般用国家颁布的标准分析方法或公认的经典方法与自行选定的分析方法同时测定某一试样进行对照试验，若测定结果无显著性差异，说明自选分析方法是可靠的。

同一方法、同一样品由同一实验室多个分析人员进行分析，称为“内检”，对照分析结果，可以检验各分析人员的操作误差。

同一方法、同一样品由不同实验室进行分析，称为“外检”，对照分析结果，可以检验实验室间的仪器或试剂误差。

进行对照试验时，如果对试样的组成不完全清楚，则可以采用“加入回收法”进行试验。这种方法是向试样中加入已知量的被测组分，然后进行对照试验，以加入的被测组分是否能定量回收，来判断分析过程是否存在系统误差。

(2) 空白试验　由试剂和器皿带进杂质所造成的系统误差，一般可作空白试验来扣除。所谓空白试验就是在不加试样的情况下，按照试样分析同样的操作手续和条件进行试验。试验所得结果称为空白值。从试样分析结果中扣除空白值后，就得到比较可靠的分析结果。

空白值一般不应很大，否则扣除空白时会引起较大的误差。当空白值较大时，就只好从提纯试剂和改用其他适当的器皿来解决问题。

(3) 校准仪器　仪器不准确引起的系统误差，可以通过校准仪器来减小其影响。例如砝码、移液管和滴定管等，在精确的分析中，必须进行校准，并在计算结果时采用校正值。在日常分析工作中，因仪器出厂时已进行过校准，只要仪器保管妥善，通常可以不再进行校准。

(4) 分析结果的校正　分析过程中的系统误差，有时可采用适当的方法进行校正。例如用硫氰酸盐比色法测定钢铁中的钨时，钒的存在引起正的系统误差。为了扣除钒的影响，可采用校正系数法。根据实验结果，1%钒相当于0.2%钨，即钒的校正系数为0.2（校正系数随实验条件略有变化）。因此，在测得试样中钒的含量后，利用校正系数，即可由钨的测定结果中扣除钒的结果，从而得到钨的正确结果。

4. 增加平行测定次数，减小随机误差

在消除系统误差的前提下，平行测定次数愈多，平均值愈接近真实值。因此，增加测定次数可以减小随机误差。但是测定次数过多意义不大，一般分析测定，平行测定3～5次即可。

第三节　定量分析数据的统计处理

一、测量值的集中趋势

分析化学中广泛地采用统计学方法来处理各种分析数据，使其更科学地反映所研究对象的客观存在。在统计学中，对于所考察的对象的全体，称为总体（或母体）。自总体中随机抽出的一组测量值，称为样本（或子样）。样本中所含测量值的数目，称为样本大小（或容量）。例如对某地区土壤中铁含量进行分析，经取样、细碎、缩分后，得到一定数量（例如200g）的试样供分析用。这就是供分析用的总体。如果我们从中称取4份试样进行平行分析，得到4个分析结果，则这一组分析结果就是该矿石分析试样总体的一个随机样本，样本容量为4。

1. 数据集中趋势的表示

(1) 算术平均值和总体平均值　设样本容量为 n，则样本的算术平均值（简称平均值）用 $\bar{x}$ 表示：

$$\bar{x}=\frac{1}{n}\sum_{i=1}^{n}x_i \quad (n\ 为有限次) \tag{9-11}$$

总体平均值（简称总体均值）是表示总体分布集中趋势的特征值，用 μ 表示：

$$\mu=\frac{1}{n}\sum_{i=1}^{n}x_i \quad (n\rightarrow\infty) \tag{9-12}$$

在无限次测量中用 μ 描述测量值的集中趋势，而在有限次测量中则用算术平均值 $\bar{x}$ 描述测量值的集中趋势。

(2) 中位数（x_M） 将一组测量数据按大小顺序排列，中间一个数据即为中位数 x_M。当测量的次数为偶数时，中位数为中间相邻两个测量值的平均值。它的优点是能简便直观说明一组测量数据的结果，且不受两端具有过大误差的数据的影响，缺点是不能充分利用数据，显然用中位数表示数据的集中趋势不如平均值好。

2. 数据分散程度的表示

数据分散程度可用平均偏差 $\bar{d}$、标准偏差来衡量。在用统计方法处理数据时，广泛采用标准偏差来衡量数据的分散程度。

当测量次数为无限多次时，各测量值对总体平均值 μ 的偏离，用总体标准偏差 σ 表示：

$$\sigma=\sqrt{\frac{\sum_{i=1}^{n}(x_i-\mu)^2}{n}} \quad (n\rightarrow\infty) \tag{9-13}$$

计算标准偏差时，对单次测量偏差加以平方，这样做不仅能避免单次测量偏差相加时正负抵消，更重要的是大偏差能更显著地反映出来，可以更好地说明数据的分散程度。

当测量次数不多，总体平均值又不知道时，用样本的标准偏差 s 来衡量该组数据的分散程度。样本标准偏差的数学表达式为：

$$s=\sqrt{\frac{\sum_{i=1}^{n}(x_i-\bar{x})^2}{n-1}} \quad (n\ 为有限次) \tag{9-14a}$$

式中，$(n-1)$ 称为自由度，以 f 表示。自由度是指独立偏差的个数。对于一组 n 个测量数据的样本，可以计算出 n 个偏差值，但仅有 $n-1$ 个偏差是独立的，因而自由度 f 比测量值 n 少 1。引入 f 的目的主要是为了校正以 $\bar{x}$ 代替 μ 所引起的误差。当测量次数非常多时，测量次数 n 与自由度 f 的区别就很小了，此时 $\bar{x}\rightarrow\mu$，$s\rightarrow\sigma$。

相对标准偏差（s_r）也叫变异系数（CV），它是样本标准偏差占平均值的百分数。

$$s_r=\frac{s}{\bar{x}}\times100\% \tag{9-14b}$$

【例 9-3】 用酸碱滴定法测定某混合物中醋酸的含量，得到下列结果，计算单次分析结果的平均偏差、相对平均偏差、标准偏差。

解

x	$\lvert d_i\rvert$	d_i^2	x	$\lvert d_i\rvert$	d_i^2
10.48%	0.05%	2.5×10^{-7}	10.43%	0.00%	0
10.37%	0.06%	3.6×10^{-7}	10.40%	0.03%	0.9×10^{-7}
10.47%	0.04%	1.6×10^{-7}	$\bar{x}=10.43\%$	$\sum\lvert d_i\rvert=0.18\%$	$\sum d_i^2=8.6\times10^{-7}$

平均偏差 $\bar{d}=\frac{\sum|d_i|}{n}=\frac{0.18\%}{5}=0.036\%$

相对平均偏差 $\bar{d}_r=\frac{\bar{d}}{\bar{x}}=\frac{0.036\%}{10.43\%}\times100\%=0.35\%$

标准偏差 $s=\sqrt{\frac{\sum d_i^2}{n-1}}=\sqrt{\frac{8.6\times10^{-7}}{4}}=4.6\times10^{-4}=0.046\%$

用标准偏差衡量数据的分散程度比平均偏差更为科学。例如：下列是两组测量数据的各单次测量偏差，其平均偏差值均为 0.24。

第 1 组　d_i　+0.3，−0.2，−0.4，+0.2，+0.1，+0.4，0.0，−0.3，+0.2，−0.3

第 2 组　d_i　0.0，+0.1，−0.7，+0.2，−0.1，−0.2，+0.5，−0.2，+0.3，+0.1

但是第二组数据包含有两个较大的偏差（−0.7 和+0.5），分散程度明显大于第一组数据。若用标准偏差来表示，则可将它们的分散程度区分开来。

$$s_1=\sqrt{\frac{\sum d_i^2}{n-1}}=\sqrt{\frac{(0.3)^2+(0.2)^2+\cdots+(-0.3)^2}{10-1}}=0.28$$

$$s_1=\sqrt{\frac{\sum d_i^2}{n-1}}=\sqrt{\frac{(0.0)^2+(0.1)^2+\cdots+(0.1)^2}{10-1}}=0.33$$

二、正态分布和 t 分布

1. 随机误差的正态分布

由于随机误差的存在，即使是在严格控制实验的条件下，对同一个样品进行多次重复测定，测定值总是在一定范围内波动，但这些测量数据一般符合正态分布（数学上的高斯分布）规律，可按这种规律进行数据处理。它在概率统计中占有特别重要的地位，因为许多随机变量都服从（或近似服从）正态分布。图 9-2 即为正态分布曲线，它的数学表达式为：

$$y=f(x)=\frac{1}{\sigma\sqrt{2\pi}}e^{-(x-\mu)^2/2\sigma^2} \qquad (9\text{-}15)$$

式中，y 表示概率密度；x 表示测量值；μ 为总体平均值，相应于曲线的最高点的横坐标值，在没有系统误差时，它就是真值；σ 为总体标准偏差，它就是总体平均值 μ 到曲线拐点间的距离。以（$x-\mu$）作横坐标，则曲线最高点对应的横坐标为零，这时曲线成为随机误差的正态分布曲线。由式(9-15) 及图 9-2 可知：

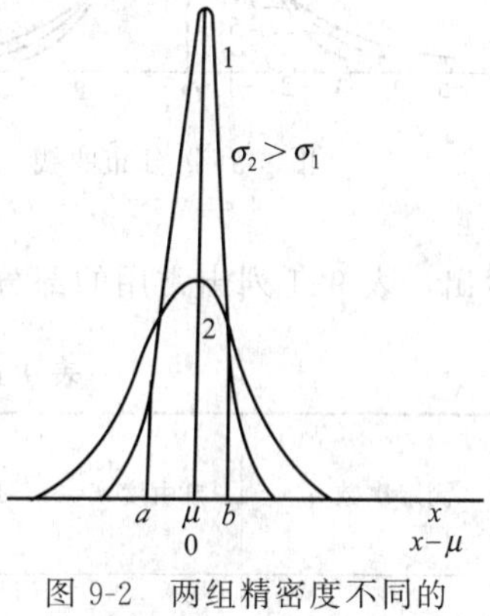

图 9-2　两组精密度不同的测量值的正态分布图

① $x=\mu$ 时，y 值最大，即分布曲线的最高点。这一现象体现了测量值的集中趋势。即大多数测量值集中在算术平均值的附近；或者说，算术平均值是最可信赖值或最佳值，它能很好地反映测量值的集中趋势。

② 曲线以 $x=\mu$ 这一直线为其对称轴。这一情况说明正误差和负误差出现的概率相等。

③ 当 x 趋向于 $-\infty$ 或 $+\infty$ 时，曲线以 x 轴为渐近线。这一情况说明小误差出现的概率大，大误差出现的概率小，出现很大误差的概率极小，趋近于零。

④ 根据式(9-15)，得到 $x=\mu$ 时的概率密度为：

$$y_{(x=\mu)}=\frac{1}{\sigma\sqrt{2\pi}} \tag{9-16}$$

概率密度乘上 dx，就是测量值落在该 dx 范围内的概率。由式(9-16) 可见，σ 越大，测量值落在 μ 附近的概率越小。这意味着测量时的精密度越差时，测量值的分布就越分散，正态分布曲线也就越平坦。反之，σ 越小，测量值的分散程度就越小，正态分布曲线也就越尖锐。

μ 反映测量值分布的集中趋势，σ 反映测量值分布的分散程度，它们是正态分布的两个基本参数，一旦确定之后，正态分布就被完全确定了。故任何一种正态分布曲线均可以表示为 $N(\mu, \sigma)$。

2. *t* 分布曲线

正态分布是无限次测量数据的分布规律，而实际分析测试只进行 3～5 次测定，是小样本实验，因而无法求得总体平均值 μ 和总体偏差 σ，而只能用样本标准偏差 s 和样本的平均值 $\bar{x}$ 来估计测量数据的分散情况，而用 s 代替 σ 时，必然引起误差，从而也影响正态分布的偏离。英国统计学家兼化学家戈塞特（W. S. Gosset）研究了这个课题，提出用校正系数 t 值代替 μ 值，以补偿这一误差，这时随机误差不是正态分布而是 t 分布。统计量 t 定义为：

$$t=\frac{|\bar{x}-\mu|}{s}\sqrt{n} \tag{9-17}$$

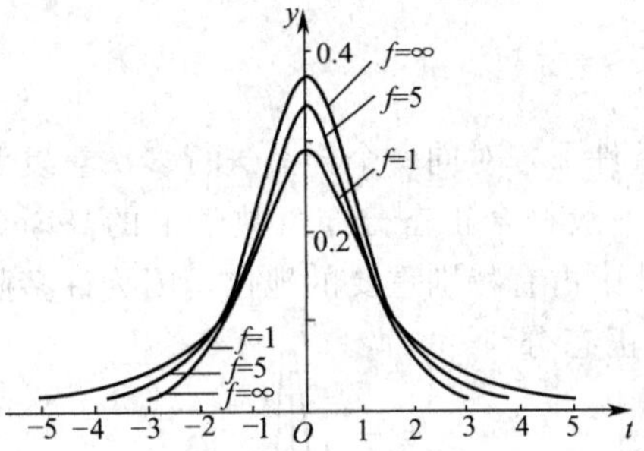

图 9-3　*t* 分布曲线

t 分布曲线的纵坐标是概率密度，横坐标则表示 t。t 分布曲线随自由度 f 变化，图 9-3 绘出了一组不同 f 值的 t 分布曲线。由图 9-3 可以看出，曲线的形状在 $f<10$ 时，与正态分布曲线差别较大；当 $n\to\infty$ 时，t 分布曲线即为正态分布曲线，t 分布曲线下面一定区间内的积分面积就是该区间内随机误差出现的概率。t 分布曲线形状不仅随 t 值而改变，还与 f 值有关。不同概率与 f 值所相应的 t 值由统计学家计算给出，表 9-1 列出常用的部分 t 值。

表 9-1　不同测定次数及不同置信度下的 $t_{\alpha,f}$ 值表

测定次数 n	自由度 $f=n-1$	置信概率,显著性水平			
		$P=50\%$ $\alpha=0.50$	$P=90\%$ $\alpha=0.10$	$P=95\%$ $\alpha=0.05$	$P=99\%$ $\alpha=0.01$
2	1	1.00	6.31	12.71	63.66
3	2	0.82	2.92	4.30	9.93
4	3	0.76	2.35	3.18	5.84
5	4	0.74	2.13	2.78	4.60
6	5	0.73	2.02	2.57	4.03
7	6	0.72	1.94	2.45	3.71
8	7	0.71	1.90	2.37	3.50
9	8	0.71	1.86	2.31	3.36
10	9	0.70	1.83	2.26	3.25
11	10	0.70	1.81	2.23	3.17
21	20	0.69	1.73	2.09	2.85
∞	∞	0.67	1.65	1.96	2.58

表 9-1 中置信概率（P）也称置信水平或置信度，它表示在某一 t 值时，测定值落在（$\mu \pm ts$）范围内的概率。落在此范围之外的概率为（$1-P$），称为显著性水平，用 α 表示。由于 t 值与自由度及置信度有关，所以引用时常加注脚说明，一般表示为 $t_{\alpha,f}$。例如，$t_{0.05,8}$ 表示置信度 95%、自由度为 8 时的 t 值；$t_{0.01,10}$ 表示置信度 99%、自由度为 10 时的 t 值。

3. 置信概率与平均值的置信区间

在实际分析工作中，为了评价测定结果的可靠性，人们总是希望能够估计出实际有限次测定的平均值与真实值接近的程度，从而在报告分析结果时，同时指出试样含量的真实值所在的范围以及这一范围估计正确与否的概率，借以来说明分析结果的可靠程度。因此引入置信概率与平均值的置信区间的概念。

真实值 μ 与平均值 $\bar{x}$ 之间的关系，即将定义 t 的公式改写成为：

$$\mu = \bar{x} \pm \frac{ts}{\sqrt{n}} \tag{9-18}$$

这一公式表示在一定置信度下，以平均值 $\bar{x}$ 为中心，包括总体平均值 μ 在内的可靠性范围或区间，称为平均值的可信范围或置信区间。

当我们可以由一组少量实验数据中求得 $\bar{x}$、s 和 n 值后，再根据选定的置信度（P）及自由度（f）后，从 t 值分布表查得 $t_{\alpha,f}$，就可以计算出平均值的置信区间。对于置信区间的概念必须正确理解，如 $\mu = 47.50 \pm 0.10$（置信度为 95%），应当理解为在 47.50 ± 0.10 的区间内包括总体平均值 μ 的概率为 95%。测定次数越多，精密越度高，s 越小，这个区间就越小，平均值和总体平均值就越接近，平均值的可靠性就越大。因此称 $\mu = \bar{x} \pm \frac{ts}{\sqrt{n}}$ 为置信区间或置信范围。显然，用置信区间表示分析结果更加合理。

【例 9-4】 测定某物质中 SiO_2 的含量（%），得到下列数据：28.62，28.59，28.51，28.48，28.52，28.63。计算置信度分别为 90%、95%和 99%时总体平均值的置信区间。

解 通过计算得到：$\bar{x} = 28.56$　$s = 0.06$　$n = 6$　$f = n - 1 = 5$

查 t 值分布表得到：置信度为 90%时，$t_{0.10,5} = 2.02$。

$$\mu = 28.56 \pm \frac{2.02 \times 0.06}{\sqrt{6}} = 28.56 \pm 0.05$$

置信度为 95%时，$t_{0.05,5} = 2.57$。

$$\mu = 28.56 \pm \frac{2.57 \times 0.06}{\sqrt{6}} = 28.56 \pm 0.06$$

置信度为 99%时，$t_{0.01,5} = 4.03$。

$$\mu = 28.56 \pm \frac{4.03 \times 0.06}{\sqrt{6}} = 28.56 \pm 0.10$$

从上例可以看出，置信度越高，置信区间就越大，即所估计的区间包括真实值的可能性也就越大，分析数据的准确程度却因置信区间变大而降低。分析化学中，通常公认把置信度选在 95%或 90%。

三、异常值的检验与取舍

在定量分析中，得到一组平行测定的数据后，往往有个别数据与其他数据相差较远，这一数据称为异常值，又称可疑值或极端值或离群值。如果在重复测定中发现某次测定有失常情况，如在溶解样品时有溶液溅出，滴定时不慎加入过量滴定剂等，这次测定值必须舍去。

若是测定并无失误而结果又与其他值差异较大，则对于该异常值是保留还是舍去，应按一定的统计学方法进行处理。统计学处理异常值的方法有几种，重点介绍 Q 检验法。

Q 检验法常用于检验一组测定值的一致性，剔除可疑值。其具体步骤如下：

① 将测定值按从小到大的顺序排列：x_1、x_2、…、x_n；

② 根据测定次数 n 按表 9-2 中的计算公式计算 $Q_{计}$；

③ 再在表 9-2 中查得临界值（Q_x）；

④ 将计算值 $Q_{计}$ 与临界值 Q_x 比较，若 $Q_{计} \leqslant Q_{0.05}$ 则可疑值为正常值，应保留；$Q_{0.05} < Q_{计} \leqslant Q_{0.01}$，则可疑值为偏离值，可以保留；当 $Q_{计} > Q_{0.01}$，则可疑值应予剔除。

【例 9-5】 某一实验的 5 次测量值分别为 2.63、2.50、2.65、2.63、2.65，试用 Q 检验法检验测定值 2.50 是否为离群值？

解 按由小到大的顺序排列测量值，2.50、2.63、2.63、2.65、2.65，从表 9-2 中可知，当 $n=5$ 时，用下式计算：

$$Q_{计}=\frac{x_2-x_1}{x_n-x_1}=\frac{2.63-2.50}{2.65-2.50}=0.867$$

查表 9-2 $n=5$，$\alpha=0.05$ 时，$Q_{(5,0.05)}=0.642$；$Q_{(5,0.01)}=0.780$，$Q_{计}>Q_{(5,0.01)}$，故 2.50 应予舍弃。

Q 检验的缺点是，没有充分利用测定数据，仅将可疑值与相邻数据比较。Q 检验可以重复检验至无其他可疑值为止。但要注意 Q 检验法检验公式，随 n 不同略有差异，在使用时应予注意。

表 9-2 Q 检验的统计量与临界值

统计量	n	显著性水平 α		统计量	n	显著性水平 α	
		0.01	0.05			0.01	0.05
$Q=\frac{x_n-x_{n-1}}{x_n-x_1}$（检验 x_n） $Q=\frac{x_2-x_1}{x_n-x_1}$（检验 x_1）	3	0.988	0.941	$Q=\frac{x_n-x_{n-2}}{x_n-x_3}$（检验 x_n） $Q=\frac{x_3-x_1}{x_{n-2}-x_1}$（检验 x_1）	14	0.641	0.546
	4	0.889	0.765		15	0.616	0.525
	5	0.780	0.642		16	0.595	0.507
	6	0.698	0.560		17	0.577	0.490
	7	0.637	0.507		18	0.561	0.475
$Q=\frac{x_n-x_{n-1}}{x_n-x_2}$（检验 x_n） $Q=\frac{x_2-x_1}{x_{n-1}-x_1}$（检验 x_1）	8	0.683	0.554		19	0.547	0.462
	9	0.635	0.512		20	0.535	0.450
	10	0.597	0.477		21	0.524	0.440
$Q=\frac{x_n-x_{n-2}}{x_n-x_2}$（检验 x_n） $Q=\frac{x_3-x_1}{x_{n-1}-x_1}$（检验 x_1）	11	0.679	0.576		22	0.514	0.430
	12	0.642	0.546		23	0.505	0.421
	13	0.615	0.521		24	0.497	0.413
					25	0.489	0.406

四、分析结果的数据处理与报告

在实际生产和科研分析工作中，分析结果的数据处理十分重要，必须对试样进行多次平行测定（$n \geqslant 3$），然后进行统计处理，说明分析结果的可靠程度并写出分析报告。

1. 一般分析

日常的分析实验中，一般平行测定 2～3 次，按 $\bar{d}_r=\left(\frac{\bar{d}}{\bar{x}}\right)\times 100\%$ 求出相对平均偏差，若 $\bar{d}_r \leqslant 0.2\%$，可视为符合要求，取其平均值作为分析结果报告。

2. 非例行分析中多次测定结果的统计处理

① 可疑值（离群值）的舍弃——Q 检验法。

② 根据所有保留值，求出平均值 $\bar{x}$。

③ 求出标准偏差：s（或 σ_{n-1}）$=\sqrt{\dfrac{\sum\limits_{i=1}^{n}(x_i-\bar{x})^2}{n-1}}=\sqrt{\dfrac{\sum\limits_{i=1}^{n}d_i^2}{n-1}}\quad(n<20)$

④ 求出相对标准偏差（变异系数）：$s_r=\left(\dfrac{s}{\bar{x}}\right)\times 100\%$

⑤ 查 t 分布值表并求出置信水平为 95%时的置信区间：

$$\mu=\bar{x}\pm ts/\sqrt{n}$$

【例 9-6】 某一实验的 7 次测量值为：79.58%、79.45%、79.47%、79.50%、79.62%、79.38%、79.90%。根据数据统计处理过程进行数据处理。

解 （1）用 Q 检验法检验并判断有无可疑值。从上述数据中得知 79.90%可能是可疑值，做 Q 检验：$Q_{计}=0.54$，查表，$n=7$，若置信度 $P=90\%$，$Q_{表}=0.51$，所以 $Q_{计}>Q_{表}$，79.90%应舍去。同样的方法检验，79.38%应保留。

（2）求出所余 6 组数据的平均值：$\bar{x}=79.50\%$。

（3）求出所余 6 组数据的平均偏差：$\bar{d}=0.07\%$。

（4）求出所余 6 组数据的标准偏差：$s=0.09\%$。

（5）求出置信度为 $P=90\%$，$n=6$ 时，平均值的置信区间，查表 $t=2.02$，

$$\mu=79.50\pm\frac{2.02\times 0.09}{\sqrt{6}}=(79.50\pm 0.07)\%$$

第四节　有效数字及运算规则

在定量分析中，为了得到准确的分析结果，不仅要准确地进行各种测量，而且还要正确地记录和计算。分析结果所表达的不仅仅是试样中待测组分的含量，而且还反映了测量的准确程度。因此，在实验数据的记录和计算中，就涉及有效数字的问题。

一、什么是有效数字

“有效数字”是指定量分析工作中能测量到的有实际意义的数字。该数字不仅反映测量数据“量”的多少，而且还反映所用仪器的准确程度。有效数字包括所有的准确数字和最后一位“可疑数字”（估读数字）。例如用 1/10000 的分析天平称量某物品的质量为 0.2025g，最后一位“5”是可疑数字。确定有效数字位数的规则为：在保留的有效数字中，只有最后一位数字是可疑的（有±1 的误差），其余数字都是准确的。在定量分析中，为得到准确的分析结果，不仅要精确地进行各种测量，还要正确地记录和计算。例如滴定管读数 25.31mL 中，25.3 是确定的，0.01 是可疑的，可能为（25.31±0.01）mL。分析化学中常用的一些数据的有效数字位数举例如下：

试样的质量	0.2080（分析天平称量）	四位
滴定液的体积	10.25mL（滴定管读取）	四位
试剂的体积	12.1mL（量筒量取）	三位
标准溶液的浓度	$0.1025mol\cdot L^{-1}$	四位
被测组分的质量分数	25.08%	四位
电离常数	$K_a^{\ominus}=1.8\times 10^{-5}$	二位
pH	4.30，11.02	二位

① 数据中的“0”具有双重意义，是否为有效数字，要视具体情况而定。数据中第一个非零数字前面的“0”不是有效数字，仅起定位作用。如 0.007985 为四位有效数字，可化为 7.985×10^{-3}。数据中间的“0”和数据后面的“0”是有效数字。如 20.00 和 1.002 都为 4 位有效数字。

② 对于倍数、分数，是自然数，仅表示比例关系，其有效数字位数模糊，具体为多少，视具体情况而定。像 3600 这样的数字，一般看成 4 位有效数字，但它可能是 2 位或 3 位有效数字。对于这样的情况，应该根据实际情况而定，分别写成 3.6×10^{3}、3.60×10^{3} 或 3.600×10^{3} 较好。如 2、3、1/3、1/5 等，是非测量所得，可视为无限多位有效数字。

③ pH、$pK_a^\ominus$、$pK_b^\ominus$ 等数值，其有效数字的位数取决于小数点后的位数，整数部分只说明该数是 10 的多少次方。如 $pK_a^\ominus=4.75$ 为两位有效数字；pH=11.02，即 $c(H^+)=9.6\times10^{-12}$，所以 pH=11.02，其有效数字为两位，而不是四位。

实验过程中，有效数字保留的位数应根据分析方法和仪器的准确程度来决定。例如滴定管读数为 18.60mL，若记为 18.600mL，则夸大了仪器的准确度；若记为 18.6mL，则降低了仪器的准确度。

二、数字的修约

在处理分析数据时，涉及的各测量值的有效数字位数可能不同，各测量值的有效数字位数确定后，就要将它后面多余的数字舍弃。舍弃多余的数字的过程称为“数字修约”。修约规则是“四舍六入五成双：五后非零就进一，五后皆零视奇偶，五前为偶应舍去，五前为奇则进一”。即尾数小于 4 时舍去；尾数大于 6 时进位；当尾数为 5 时，若 5 前面为偶数则舍弃，为奇数则进位；当 5 后面还有不为 0 的任何数字时，无论 5 前面是奇数还是偶数都应进位。例如，将下列数据修约为三位有效数字：

6.346→6.35　　6.343→6.34　　6.3351→6.34

6.345→6.34　　6.355→6.36　　6.3652→6.37

必须注意的是，若拟舍去的数字若为两位以上数字时，应一次修约，而不得连续多次修约。例如，将 2.5491 修约为 2 位有效数字，不能先修约为 2.55，再修约为 2.6，而应一次修约到位即 2.5。在用计数器（或计算机）处理数据时，对于运算结果，亦应按照有效数字的计算规则进行修约。

三、有效数字的运算规则

1. 加减法

几个数据相加减时，以小数点后面位数最少的数字为标准，对参与运算的所有数据一次修约后再计算，它们的最后结果的有效数字保留，应以小数点后位数最少的数据为根据。例如 0.0834、38.74 和 2.55872 三个数字相加，应以 38.74 为准，修约后再计算，则为：$0.08+38.74+2.56=41.38$。

2. 乘除法

几个数据相乘除，以相对误差最大的数据即有效数字位数最少的数字为标准，其余各数都进行一次修约后再乘除，它们的积或商的有效数字位数的保留必须以各数据中有效数字位数最少的数据为准。例如 0.0234、38.74 和 2.85872 三个数字相乘，应以 0.0234 为准，结果应表示为三位有效数字。则为：$0.0234\times38.7\times2.86=2.59$。

3. 乘方和开方

对数据进行乘方或开方时，所得结果的有效数字位数保留应与原数据相同。例如：$6.72^2=45.1584$，保留三位有效数字则为 45.2；$\sqrt{9.65}=3.10644\cdots\cdots$保留三位有效数字则为 3.11。

4. 对数计算

所取对数的小数点后的位数（不包括整数部分）应与原数据的有效数字的位数相等。例如：$\lg 102=2.00860017\cdots\cdots$保留三位有效数字则为 2.009。

在计算中常遇到分数、倍数等，可视为多位有效数。在乘除运算过程中，首位数为“8”或“9”的数据，有效数字位数可以多取一位。在混合计算中，有效数字的保留以最后一步计算的规则执行。

第五节　滴定分析法概述

一、滴定分析的基本概念

1. 滴定分析的定义

滴定分析法（又称为容量分析法）是指将一种已知准确浓度的试剂溶液即标准溶液，通过滴定管滴加到一定量的待测组分的溶液中，或将待测溶液滴加到标准溶液中，直到所加试剂与待测组分按化学计量关系恰好完全定量反应为止，然后根据标准溶液的浓度和所消耗的体积，计算出待测组分的含量。滴加的标准溶液称为滴定剂，用滴定管滴加溶液的操作过程称为滴定。滴加的标准溶液与待测组分恰好完全定量反应的这一点称为化学计量点或理论终点。在滴定过程中，一般是通过某些试剂颜色的变化来确定终点，这种用来确定终点的试剂，称为指示剂。指示剂颜色发生变化的转变点，称为滴定终点。由于指示剂有一定的变色范围，因此“滴定终点”与“化学计量点”不一定吻合，由此造成的分析误差称为终点误差。终点误差的大小由指示剂的选择、指示剂的性能及用量等多种因素决定。

滴定分析法适用于常量组分的分析（组分含量≥1%），操作简便、快速、准确度高，对常量组分的测定，其相对误差不大于 0.2%，在生产实际和科学研究中应用非常广泛。

2. 滴定分析类型

根据化学反应的类型不同，滴定分析方法主要分为酸碱滴定法、氧化还原滴定法、配位滴定法及沉淀滴定法。

（1）酸碱滴定法　以酸碱中和反应为基础的滴定分析法，也称中和滴定法，其实质可表示为：

$$H^+ + OH^- \rightleftharpoons H_2O$$

（2）氧化还原滴定法　以氧化还原反应为基础的滴定分析法，反应的实质是电子的得失，可以测量各种氧化剂和还原剂的含量，如高锰酸钾法、碘量法等，其反应可表示为：

$$MnO_4^- + 5Fe^{2+} + 8H^+ \rightleftharpoons Mn^{2+} + 5Fe^{3+} + 4H_2O$$

$$I_2 + 2S_2O_3^{2-} \rightleftharpoons 2I^- + S_4O_6^{2-}$$

（3）配位滴定法　以生成配位化合物的配位反应为基础的一种滴定分析法称为配位滴定法。滴定的最终产物是配合物（或配离子）。其中最常用的是用 EDTA 标准溶液测定各种金属离子的含量，其反应为：

$$M^{n+} + H_2Y^{2-} = MY^{n-4} + 2H^+$$

此法用于测定多种金属或非金属元素，有着广泛的实际应用（用 H_2Y^{2-} 代表 EDTA）。

（4）沉淀滴定法　以生成沉淀反应为基础的滴定分析方法称为沉淀滴定法，这类方法在滴定过程中有沉淀产生，如银量法：

$$Ag^+ + Cl^- = AgCl\downarrow$$

$$Ag^+ + SCN^- = AgSCN\downarrow$$

二、滴定分析法对化学反应的要求和滴定方式

1. 滴定分析法对化学反应的要求

滴定分析法是以化学反应为基础的，并不是所有的化学反应都可以用作滴定分析的，适用于滴定分析的反应必须具备下列条件：

① 反应必须定量地完成。即反应必须按一定的化学方程式进行，而且反应进行完全，(通常要求达到99.9%以上)，这是定量计算的基础。

② 反应必须迅速完成。对于速率较慢的反应，必须通过加热或加入催化剂等适当的方法来加快反应速率。

③ 滴定溶液中不能有副反应发生，有干扰物质必须用适当的方法分离或掩蔽。

④ 有简便合适的确定终点的方法。一般采用指示剂来确定终点的。合适的指示剂应在终点附近变色敏锐清晰，且滴定误差小于0.1%，也可采用仪器指示滴定终点。

2. 滴定方式

滴定分析法中常用的滴定方式有下列几种：

（1）直接滴定法　用标准溶液直接滴定被测试样溶液，利用指示剂指示化学计量点的滴定方式称为直接滴定法。例如，用 HCl 标准溶液滴定 NaOH 溶液，用 $K_2Cr_2O_7$ 标准溶液滴定亚铁盐溶液等。直接滴定法是最常用和最基本的滴定方式。

（2）返滴定法　也称为回滴法或剩余量滴定法。当被测物质是固体或与标准溶液反应较慢，或没有适宜的指示剂时，可采用返滴定法。即先向待测物质溶液中准确地加入过量的第一种标准溶液，待反应完成后，再用另一种标准溶液滴定剩余的第一种标准溶液，根据两种标准溶液的用量计算出待物质的含量。这种滴定方式称为返滴定法。例如，Al^{3+} 与 EDTA 配位反应速率较慢，不能直接滴定，先加入一定量过量的 EDTA 标准溶液，并加热促使反应完全，溶液冷却后，用另一种标准溶液滴定过剩的 EDTA，这样反应很快。又如，用 $AgNO_3$ 滴定酸性溶液中的 Cl^-，无合适的指示剂，此时可先加入过量的 $AgNO_3$ 标准溶液，使 Cl^- 沉淀完全，再以三价铁盐作指示剂，用 NH_4SCN 标准溶液返滴过量的 Ag^+，出现淡红色（$[Fe(SCN)]^{2+}$）为终点，其反应式为：

$$NaCl(\text{被测物}) + AgNO_3(\text{过量}) = AgCl\downarrow + NaNO_3$$

$$AgNO_3(\text{剩余}) + NH_4SCN = AgSCN\downarrow + NH_4NO_3$$

$$(\text{终点时})Fe^{3+} + SCN^- = [Fe(SCN)]^{2+}(\text{淡红色})$$

（3）置换滴定法　滴定反应不按一定的化学方程式进行或伴有副反应时，则先使被测物质与适当试剂反应，置换出一定量的能被标准溶液滴定的物质，然后用适当标准溶液进行滴定的方法，称为置换滴定法。例如用 $K_2Cr_2O_7$ 标定 $Na_2S_2O_3$ 溶液，因为在酸性条件下，重铬酸钾可将 $S_2O_3^{2-}$ 氧化为 $S_4O_6^{2-}$ 或 SO_4^{2-} 等，但是没有一定的计量关系，因此可以在一定量的 $K_2Cr_2O_7$ 溶液中加入一定量过量的 KI，使其反应定量生成 I_2，然后再用 $Na_2S_2O_3$ 标准溶液滴定生成的 I_2，以达到标定 $Na_2S_2O_3$ 的目的。反应的离子方程式为：

$$Cr_2O_7^{2-}+6I^-+14H^+ \xlongequal{} 2Cr^{3+}+3I_2+7H_2O$$

$$I_2+2S_2O_3^{2-} \xlongequal{} 2I^-+S_4O_6^{2-}$$

被测物质 $K_2Cr_2O_7$ 与标准溶液 $Na_2S_2O_3$ 之间通过 I_2 建立起的间接定量关系为：

$$1Cr_2O_7^{2-} \sim 3I_2 \sim 6S_2O_3^{2-}$$

（4）间接滴定法　不能与标准溶液直接反应的物质，有时可以通过另外的化学反应间接进行滴定。例如，用 $KMnO_4$ 法测定 Ca^{2+}，可先将 Ca^{2+} 沉淀为 CaC_2O_4，过滤洗净后溶解于硫酸中，再用 $KMnO_4$ 标准溶液滴定与 Ca^{2+} 结合的 $C_2O_4^{2-}$ 从而间接测定 Ca^{2+} 的含量，反应的离子方程式为：

$$Ca^{2+}+C_2O_4^{2-} \xlongequal{} CaC_2O_4\downarrow$$

$$CaC_2O_4+H_2SO_4 \xlongequal{} CaSO_4+H_2C_2O_4$$

$$2MnO_4^-+5H_2C_2O_4+6H^+ \xlongequal{} 2Mn^{2+}+10CO_2\uparrow+8H_2O$$

被测物质 Ca^{2+} 与标准溶液 MnO_4^- 之间通过 $C_2O_4^{2-}$ 建立起的间接定量关系为：

$$1Ca^{2+} \sim 1H_2C_2O_4 \sim \frac{2}{5}MnO_4^-$$

这种被测物质不能与标准溶液直接反应，但能通过另一种能与标准溶液反应的物质而被间接测定的方法，称为间接滴定法。

由于返滴定法、置换滴定法、间接滴定法的应用，大大扩展了滴定分析的应用范围。

三、标准溶液的配制和基准物质

已知准确浓度的溶液称为标准溶液。一般有两种配制方法，即直接法和间接法。

1. 直接配制法

根据所需溶液的浓度和体积，准确称取一定质量的基准物质，将其溶解后定量转移至容量瓶中，并定容至刻度，通过计算得出标准溶液的准确浓度。

能用于直接配制标准溶液的物质称为基准物质。在分析化学中，常用的基准物质有纯金属或纯化合物。必须符合下列条件：

① 基准物质必须具有足够的纯度，一般要求其纯度为99.9%以上，所含杂质量应少到不影响分析结果的准确度。

② 基准物质的组成与化学式相符，若含结晶水，结晶水的数量应严格符合化学式，例如草酸 $H_2C_2O_4\cdot 2H_2O$、$Na_2B_4O_7\cdot 10H_2O$ 等。

③ 基准物质性质稳定，在配制和储存过程中应不易发生变化。如烘干时不易分解、称量时不吸湿、不风化、不挥发、不氧化、不还原等。

④ 基准物质应具有较大的摩尔质量，以减少称量的相对误差。

凡是基准物质都可以直接配制成标准溶液。完全具备上述条件的化学试剂并不多，即使已具备条件的基准物质，在使用前一般也要进行一些处理，最常用的方法是在一定温度下干燥去水分。滴定分析中常用的基准物质及干燥条件和应用范围见表9-3。

表 9-3　常用基准物质及干燥条件和应用范围

基准物质		使用前的干燥条件，温度/℃	标定对象
名称	分子式		
碳酸氢钠	$NaHCO_3$	270～300	酸
碳酸氢钾	$KHCO_3$	270～300（干燥后的成分是 K_2CO_3）	酸

续表

基准物质		使用前的干燥条件，温度/℃	标定对象
名称	分子式		
无水碳酸钠	Na_2CO_3	180～200	酸
十水合碳酸钠	$Na_2CO_3 \cdot 10H_2O$	270～300(干燥后的成分是无水 Na_2CO_3)	酸
硼砂	$Na_2B_4O_7 \cdot 10H_2O$	放在装有 NaCl 和蔗糖饱和溶液密闭器皿中	酸
二水合草酸	$H_2C_2O_4 \cdot 2H_2O$	室温空气干燥	碱
邻苯二甲酸氢钾	$KHC_8H_4O_4$	110～120	碱
重铬酸钾	$K_2Cr_2O_7$	140～150	还原剂
三氧化二砷	As_2O_3	室温干燥器中保存	还原剂
草酸钠	$Na_2C_2O_4$	130	氧化剂
碳酸钙	$CaCO_3$	105～110	EDTA
金属锌	Zn	室温干燥器中保存	EDTA
氯化钠	NaCl	500～600	$AgNO_3$
硝酸银	$AgNO_3$	220～250	氯化物

2. 间接配制法（或标定法）

对于不符合基准物质条件的试剂，不能直接配制成标准溶液，可采用间接法。即先配制成近似于所需浓度的溶液，然后选用能与所配溶液定量反应的基准物质或另一种标准溶液测定所配溶液的准确浓度。这种测定所配溶液准确浓度的过程称为标定。例如 NaOH 溶液的配制，先配制成近似浓度的溶液，然后用基准物质邻苯二甲酸氢钾直接来标定 NaOH 溶液的准确浓度，或者用已知准确浓度的盐酸溶液标定 NaOH 溶液的准确浓度。

标定时，一般应平行测定 3～4 次，且滴定结果的相对偏差不得超过 0.2%，标定好的标准溶液应妥善保存。标定时的实验条件应与此标准溶液测定某组分时的条件尽量一致，以消除由条件影响所造成的误差。

四、滴定分析中的计算

1. 滴定分析计算的依据

在滴定分析中，不论发生的是哪种反应，都是根据化学反应方程式找出物质的量之间的关系，从而求出未知量。当两个反应物完全反应时，它们的物质的量之间的关系恰好符合其化学反应式所表示的化学计量关系，这是滴定分析定量计算的依据。例如，设标准溶液（滴定剂）B 与被滴定物质（被测组分）A 之间的化学反应为：

$$a\mathrm{A}+b\mathrm{B} = d\mathrm{D}+e\mathrm{E}$$

反应定量完成后达到计量点时，$b$mol 的 B 物质恰与 $a$mol 的 A 物质完全作用，生成了 $d$mol 的 D 物质和 $e$mol 的 E 物质。各物质的摩尔比等于方程式中化学计量系数之比，此规则称为摩尔比规则，其基本公式如下：

$$n_\mathrm{A} : n_\mathrm{B} = a : b \quad n_\mathrm{A} = \frac{a}{b} n_\mathrm{B}$$

$$c_\mathrm{A} V_\mathrm{A} = \frac{a}{b} c_\mathrm{B} V_\mathrm{B} \quad \frac{m_\mathrm{A}}{M_\mathrm{A}} = \frac{a}{b} c_\mathrm{B} V_\mathrm{B}$$

$$m_\mathrm{A} = \frac{a}{b} c_\mathrm{B} V_\mathrm{B} M_\mathrm{A}$$

若称取试样的质量为 m_S，则被测组分 A 的质量分数为：

$$w_A=\frac{m_A}{m_S}=\frac{(a/b)c_BV_BM_A}{m_S}$$

滴定度与物质的量浓度的换算关系：

$$T_{A/B}=\frac{m_A}{V_B}$$

$$T_{A/B}=\frac{m_A}{V_B}=\frac{a}{b}c_BM_A\times10^{-3}=\frac{c_BM_A}{1000}\times\frac{a}{b}$$

上述基本公式是滴定分析中的常用公式，对于多步滴定，仍可以从各步反应中找出实际参加反应的物质的计量关系。

2. 典型例题解析

(1) 标定溶液浓度的计算

【例 9-7】 用纯 As_2O_3 标定 $KMnO_4$ 浓度。若 0.2112g As_2O_3 在酸性溶液中恰好与 36.42mL $KMnO_4$ 溶液反应，求该 $KMnO_4$ 溶液的物质的量浓度。已知 $M(As_2O_3)=197.8g\cdot mol^{-1}$。

解 反应方程式为：

$$2MnO_4^-+5AsO_3^{3-}+6H^+ = 2Mn^{2+}+5AsO_4^{3-}+3H_2O$$

由反应可知：$n(AsO_3^{3-}):n(MnO_4^-)=5:2$

则：$n(As_2O_3):n(MnO_4^-)=\frac{5}{2}:2$

$$n(MnO_4^-)=\frac{4}{5}n(As_2O_3)=\frac{4}{5}\times\frac{0.2112g}{197.8g\cdot mol^{-1}}=0.0008542mol$$

$$c(KMnO_4)=\frac{0.0008542mol}{36.42\times10^{-3}L}=0.02345mol\cdot L^{-1}$$

【例 9-8】 称取邻苯二甲酸氢钾（KHP）基准物质 0.4925g，标定 NaOH 溶液，终点时用去 NaOH 溶液 23.50mL，求 NaOH 溶液的浓度。已知 $M(KHP)=204.2g\cdot mol^{-1}$。

解 $NaOH+KHP = NaKP+H_2O$

$$c(NaOH)V(NaOH)=\frac{m(KMP)}{M(KMP)}$$

$$c(NaOH)\times23.50\times10^{-3}L=\frac{0.4925g}{204.2g\cdot mol^{-1}}$$

$$c(NaOH)=0.1026mol\cdot L^{-1}$$

(2) 物质的量浓度与滴定度之间的换算

【例 9-9】 称取分析纯试剂 $K_2Cr_2O_7$ 14.709g，配成 500mL 溶液，试计算 $K_2Cr_2O_7$ 溶液对 Fe_2O_3 和 Fe_3O_4 的滴定度。已知 $M(K_2Cr_2O_7)=294.2g\cdot mol^{-1}$，$M(Fe_2O_3)=159.7g\cdot mol^{-1}$，$M(Fe_3O_4)=231.5g\cdot mol^{-1}$。

解 $K_2Cr_2O_7$ 标准溶液滴定 Fe^{2+} 的反应为：

$$Cr_2O_7^{2-}+6Fe^{2+}+14H^+ = 2Cr^{3+}+6Fe^{3+}+7H_2O$$

由反应方程式可知：$Cr_2O_7^{2-}$ 与 Fe^{2+} 反应的摩尔比为 1∶6，与 Fe_2O_3 反应时其摩尔比为 1∶3，与 Fe_3O_4 反应时其摩尔比为 1∶2 即：

$$n(Fe^{2+})=6n(Cr_2O_7^{2-});\ n(Fe_2O_3)=3n(Cr_2O_7^{2-});\ n(Fe_3O_4)=2n(Cr_2O_7^{2-})$$

故 $K_2Cr_2O_7$ 溶液对 Fe_2O_3 和 Fe_3O_4 的滴定度分别为：

$$T_{Fe_2O_3/K_2Cr_2O_7}=3\times\frac{c(K_2Cr_2O_7)M(Fe_2O_3)}{1000}=\frac{3\times\frac{m(K_2Cr_2O_7)}{M(K_2Cr_2O_7)V(K_2Cr_2O_7)}\times M(Fe_2O_3)}{1000}$$

$$=\frac{3\times14.709\text{g}\times159.7\text{g}\cdot\text{mol}^{-1}}{294.2\text{g}\cdot\text{mol}^{-1}\times500\times10^{-3}\text{L}\times1000}=0.0479\text{g}\cdot\text{mL}^{-1}$$

$$T_{Fe_3O_4/K_2Cr_2O_7}=2\times\frac{c(K_2Cr_2O_7)M(Fe_3O_4)}{1000}=\frac{2\times\frac{m(K_2Cr_2O_7)}{M(K_2Cr_2O_7)V(K_2Cr_2O_7)}\times M(Fe_3O_4)}{1000}$$

$$=\frac{2\times14.709\text{g}\times231.55\text{g}\cdot\text{mol}^{-1}}{294.2\text{g}\cdot\text{mol}^{-1}\times500\times10^{-3}\text{L}\times1000}=0.04631\text{g}\cdot\text{mL}^{-1}$$

(3) 被测物质的物质的量浓度和质量分数的计算

【例 9-10】 将 0.800g 钢样中的 S 以 H_2S 形式分离出并收集于 $CdCl_2$ 的氨性溶液中，形成的 CdS 加入 10.0mL 0.0600mol·L^{-1} I_2 液，过量的 I_2 用 0.0510mol·L^{-1} $Na_2S_2O_3$ 溶液回滴，至 4.82mL 时到达终点，计算钢样中 S 的质量分数。

解 此法为返滴定法，反应方程式如下：

$$CdS+I_2 \longrightarrow S+Cd^{2+}+2I^-$$

$$I_2+2S_2O_3^{2-} \longrightarrow S_4O_6^{2-}+2I^-$$

由反应方程式可知：$n(CdS):n(I_2)=1:1$；$n(I_2):n(S_2O_3^{2-})=1:2$

则耗于 CdS 的 I_2 的物质的量为：

$$10.0\times10^{-3}\text{L}\times0.0600\text{mol}\cdot\text{L}^{-1}-\frac{1}{2}\times4.82\times10^{-3}\text{L}\times0.0510\text{mol}\cdot\text{L}^{-1}$$

即：

$$w(S)=\frac{\left(10.0\times10^{-3}\text{L}\times0.0600\text{mol}\cdot\text{L}^{-1}-\frac{1}{2}\times4.82\times10^{-3}\text{L}\times0.0510\text{mol}\cdot\text{L}^{-1}\right)\times32\text{g}\cdot\text{mol}^{-1}}{0.800\text{g}}\times100\%$$

$$=1.91\%$$

【例 9-11】 为标定 $Na_2S_2O_3$ 溶液，精密称取标准试剂 $K_2Cr_2O_7$ 2.4530g，溶解后配成 500mL 溶液，然后量取 $K_2Cr_2O_7$ 溶液 25.00mL，加 H_2SO_4 及过量 KI，再用 $Na_2S_2O_3$ 待标液滴定析出的 I_2，用去 26.12mL，求 $Na_2S_2O_3$ 的物质的量浓度。

解 反应过程如下：$Cr_2O_7^{2-}+6I^-+14H^+ \longrightarrow 2Cr^{3+}+3I_2+7H_2O$

$$I_2+2S_2O_3^{2-} \longrightarrow 2I^-+S_4O_6^{2-}$$

$$1Cr_2O_7^{2-}\sim3I_2\sim6S_2O_3^{2-}$$

$$n(Na_2SO_3)=6n(K_2Cr_2O_7)$$

$$c(Na_2SO_3)V(Na_2SO_3)=6c(K_2Cr_2O_7)V(K_2Cr_2O_7)$$

$$c(Na_2SO_3)=\frac{6c(K_2Cr_2O_7)V(K_2Cr_2O_7)}{V(Na_2SO_3)}$$

$$=\frac{6\times\frac{\frac{2.4530\text{g}}{294.19\text{g}\cdot\text{mol}^{-1}}}{500\times10^{-3}\text{L}}\times25.00\times10^{-3}\text{L}}{26.12\times10^{-3}\text{L}}$$

$$=0.09577\text{mol}\cdot\text{L}^{-1}$$

【例 9-12】 欲测定大理石中 $CaCO_3$ 含量，称取大理石试样 0.1557g，溶解后向试液中加入过量的 $(NH_4)_2C_2O_4$，使 Ca^{2+} 成为 CaC_2O_4 沉淀析出，过滤、洗涤，将沉淀溶于稀 H_2SO_4，此溶液中 $C_2O_4^{2-}$ 需用 15.00mL 0.04000mol·L^{-1} $KMnO_4$ 标准溶液滴定，求大理石中 $CaCO_3$ 的质量分数。

解 $Ca^{2+}+C_2O_4^{2-} \xlongequal{} CaC_2O_4$

$CaC_2O_4+H_2SO_4 \xlongequal{} CaSO_4+H_2C_2O_4$

$5H_2C_2O_4+2KMnO_4+3H_2SO_4 \xlongequal{} 10CO_2+2MnSO_4+K_2SO_4+8H_2O$

$2KMnO_4 \sim 5H_2C_2O_4 \sim 5CaC_2O_4 \sim 5Ca^{2+} \sim 5CaCO_3$

$$n(CaCO_3)=\frac{5}{2}n(KMnO_4)$$

$$n(CaCO_3)=\frac{5}{2}c(KMnO_4)V(KMnO_4)$$

$$m(CaCO_3)=\frac{5}{2}c(KMnO_4)V(MnO_4)M(CaCO_3)$$

$$=\frac{5}{2}\times 0.04000\text{mol}\cdot\text{L}^{-1}\times 15.00\times 10^{-3}\text{L}\times 1009.09\text{g}\cdot\text{mol}^{-1}$$

$$=0.1501\text{g}$$

$$w(CaCO_3)=\frac{0.1501\text{g}}{0.1557\text{g}}\times 100\%=96.40\%$$

思考题与习题

9-1 简答题

（1）准确度和精密度有何区别和联系？如何衡量精密度、准确度的高低？

（2）什么叫基准物质？基准物质应具备哪些条件？

（3）滴定分析对化学反应的要求有哪些？

（4）举例说明标准溶液的配制方法有哪些？应如何配制？

（5）下列情况引起什么误差？若是系统误差，如何减免或消除？

A. 蒸馏水中含微量被测离子　　B. 滴定管未校正

C. 滴定时溅出溶液　　D. 用失去部分结晶水的硼砂为基准物质标定盐酸浓度。

E. 天平砝码被轻微腐蚀　　F. 试样未充分混匀

G. 称量试样时吸收了水分　　H. 读数时最后一位数字估计不准

9-2 填空题

（1）定性分析的任务是（　　）。

（2）定量分析的任务是（　　）。

（3）定量分析结果的优劣，通常用（　　）和（　　）表示。

（4）准确度表示（　　）与（　　）的接近程度。准确度的高低可用（　　）表示。

（5）精密度是指在（　）下操作，多次重复测定同一样品所得测定结果间的（　　）。它体现了测定结果的（　　）。精密度的高低用（　　）来衡量。

（6）（　　）试验是检验分析方法中是否存在系统误差的有效方法。

（7）（　　）试验可消除试剂、纯水及器皿引入杂质或待测组分而造成的系统误差。

（8）标定 HCl 溶液的浓度时，可用 Na_2CO_3 或硼砂（$Na_2B_4O_7\cdot 10H_2O$）为基准物质。若两者均保存妥当，则选（　　）作为基准物质更好。原因是（　　）。若 Na_2CO_3 吸水，则标定结果（　　）；若硼砂结晶水部分失去，则标定结果（　　）（以上两项填“无影响”、“偏高”或“偏低”）。

（9）pH=4.30 则其有效数字的位数为（　　）；0.05040 是（　　）位有效数字。

(10) 只有在消除了（　　）误差之后，精密度越高，准确度才越高，分析结果才是可信的。

9-3 选择题

(1) 下面表述中不是分析化学任务的是（　　）。

A. 确定物质的化学组成　　B. 测定各组成的含量

C. 表征物质的化学结构　　D. 研究化学反应的转化率

(2) 根据分析的目的不同，分析方法可分为（　　）。

A. 定性分析、定量分析和结构分析　　B. 有机分析和无机分析

C. 痕量分析、微量分析和常量分析　　D. 化学分析和仪器分析

(3) 下列论述中不正确的是（　　）。

A. 偶然误差具有随机性　　B. 偶然误差服从正态分布

C. 偶然误差具有单向性　　D. 偶然误差是由不确定的因素引起的

(4) 下列哪种方法可以减小测定过程中的偶然误差（　　）。

A. 进行对照实验　　B. 进行空白实验

C. 增加平行测定次数　　D. 校正仪器

(5) 检验和消除系统误差的方法是（　　）。

A. 对照试验　　B. 空白试验　　C. 校准仪器　　D. A、B、C 都可以

(6) 下列物质中，可用于直接配制标准溶液的是（　　）。

A. 固体 NaOH　　B. 固体 $Na_2S_2O_3$　　C. 固体硼砂　　D. 固体 $KMnO_4$

(7) 某试样含 Cu 的质量分数的平均值的置信区间为 36.45%±0.10%（置信度为 95%），对此结果应理解为（　　）。

A. 有 95%的测定结果落在 36.35%～36.55%范围内

B. 总体平均值 μ 落在此区间的概率为 95%

C. 若再测定一次，落在此区间的概率为 95%

D. 在此区间内包括总体平均值 μ 的把握为 95%

(8) 在滴定分析中，通常借助指示剂的颜色的突变来判断化学计量点的到达，在指示剂变色时停止滴定，这一点称为（　　）。

A. 化学计量点　　B. 滴定　　C. 滴定终点　　D. 标定

(9) 测定 $CaCO_3$ 的含量时，加入一定量过量的 HCl 标准溶液与其完全反应，过量部分 HCl 用 KOH 溶液滴定，此滴定方式属（　　）。

A. 直接滴定方式　　B. 返滴定方式　　C. 置换滴定方式　　D. 间接滴定方式

(10) 标定 HCl 和 NaOH 溶液常用的基准物质是（　　）。

A. 硼砂和 EDTA　　B. 草酸和 $K_2Cr_2O_7$

C. $CaCO_3$ 和草酸　　D. 硼砂和邻苯二甲酸氢钾

9-4 用氧化还原法测得的质量分数为 20.01%、20.03%、20.04%、20.05%。计算平均值、平均偏差、相对平均偏差、极差、标准偏差和相对标准偏差。

9-5 测定镍合金的含量，六次平行测定的结果是 34.25%、34.35%、34.22%、34.18%、34.29%、34.40%，计算：(1) 平均值、平均偏差、相对平均偏差、标准偏差、平均值的标准偏差；(2) 若已知镍的标准含量为 34.33%，计算以上结果的绝对误差和相对误差。

9-6 5 次测定试样中 CaO 的质量分数分别为（%）：46.00、45.95、46.08、46.04 和 46.28，试用 Q 检验法判断 46.28 这一数值是否为可疑值（$Q_{0.90}=0.64$，$Q_{0.95}=0.73$）。

9-7 用某法分析汽车尾气中 SO_2 含量（%），得到下列结果：4.88、4.92、4.90、4.87、4.86、4.84、4.71、4.86、4.89、4.99。用 Q 检验法判断有无异常值需舍弃？

9-8 分析某试样中某一主要成分的含量，重复测定 6 次，其结果为 49.69%、50.90%、48.49%、51.75%、51.47%、48.80%，求平均值在 90%和 95%的置信度的置信区间。

9-9 按运算规则计算下列各式：

（1）25.1＋2.6＋155.33　　（2）1.6535－0.0226

（3）3.6342×0.0161×0.012　　（4）0.3525×18.00＋0.3186×4.22

9-10 欲配制 0.1000mol·L^{-1}的 Na_2CO_3 标准溶液 500.0mL，应称取基准物质 Na_2CO_3 多少克？$M(Na_2CO_3)$＝106.0g·mol^{-1}

9-11 用 0.2550g Na_2CO_3 基准物质标定 HCl 溶液，恰好消耗 HCl 25.40mL，求 c（HCl）。$M(Na_2CO_3)$＝106.0g·mol^{-1}

9-12 称取邻苯二甲酸氢钾基准物质 0.5125g，标定 NaOH 溶液，终点时消耗 NaOH 溶液 25.00mL，计算 NaOH 溶液的浓度。［$M(KHC_8H_4O_4)$＝204.2g·mol^{-1}］

9-13 欲配制 0.02000mol·L^{-1} $K_2Cr_2O_7$ 标准溶液 1000mL，问应称取 $K_2Cr_2O_7$ 多少克？

9-14 分析不纯的 $CaCO_3$（不含干扰物质）时，称取试样 0.3000g，加入浓度为 0.2500mol·L^{-1}的 HCl 标准溶液 25.00mL。煮沸除去 CO_2，用浓度为 0.2012mol·L^{-1}的 NaOH 溶液返滴过量的酸，消耗了 5.84mL。计算试样中 $CaCO_3$ 的质量分数。［$M(CaCO_3)$＝100.1g·mol^{-1}］

9-15 用硼砂标定盐酸溶液时，准确称取硼砂 0.3564g，用甲基红为指示剂，滴定时消耗 HCl 溶液 18.28mL，溶液由黄色变橙红色，达到滴定终点。计算盐酸溶液的物质的量浓度。

知识拓展

分析化学前沿

随着生产技术和科学技术的发展，分析化学技术也在不断进步。利用物质一切可以利用的性质，建立表征测量的新技术，不断开拓新领域，分析化学技术正在走向一个更新的境界。其中光谱分析、电化学分析、色谱分析、质谱及核磁共振、化学计量学与计算机应用等 5 个方面尤为突出。

1. 光谱分析方面

光谱分析一直是分析化学中最富活力的领域。20 世纪 60 年代等离子体、傅里叶变换、激光技术的引入，出现了等离子体-原子发射光谱、傅里叶红外光谱、激光光谱等一系列新方法。70 年代检测单个原子的激光共振电离光谱的出现，使光谱分析的灵敏度达到了极限。80 年代崛起的等离子体-质谱成为更接近“理想的多元素分析方法”。

激光在分析化学中的应用，已成为活跃的前沿领域。激光的高强度、单色性、定向性等优越性能，使痕量分析的灵敏度达到了极限值，实现了检测单个原子和单个分子的水平。光导纤维化学传感器又称光极，由激光器、光导纤维、探头（含固定化试剂相）及半导体探测器组成。光导纤维化学传感器是分析化学 80 年代一项重大发展，目前已有 80 多种传感器探头设计用于临床分析、环境监测、生物分析及生命科学等领域。如 pH、CO_2、O_2、碱金属、非碱金属、代谢产物和酶、免疫传感器等。新的血气分析仪装配有 pH、CO_2 及 O_2 三个传感器，进行活体分析，已成功地用于心肺外科手术的临床连续监测。

2. 电化学分析方面

电化学传感器是在 20 世纪 60～70 年代发展起来的，在环境、医药、在线分析等方面获得广泛应用。80 年代由于生物分析及生命科学的发展，生物传感器应运而生。近几年，生物传感器已成为电分析化学中活跃的研究领域。仿生生物传感器和化学修饰微电极制作生物传感器已经成为热门课题。化学修饰电极通过物理或化学方法，在电极表面接上一层化学基团形成某种微结构，得到人们预定的新功能电极，有选择地进行所期望的反应，在分子水平上实现了电极新功能体系的设计。

光谱电化学是电化学及电分析化学研究中一项新的突破。将光谱（包括波谱）和电化学研究方法相结合，同时测试电化学反应过程的变化，形成了现场光谱电化学。这项研究已发展到利用现场紫外、可见和红外光谱，拉曼光谱和表面增强拉曼光谱，电子自旋共振波谱，电子能谱等光谱及波谱技术。研究电极过程动力学、电极表面、界面（液-固、液-液）电化学。各种光谱、波谱、能谱及新发展的电化学现场扫描隧道电子显微镜等非电化学技术，从电化学体系获得的信息必然与电化学参量（电位、电流等）密切相关。

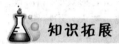

因此，光谱电化学将电化学及电分析化学的研究从宏观深入到微观，进入分子水平的新时代。

3. 色谱分析方面

色谱分析是分析化学中发展最快、应用最广的领域之一。现代色谱分析将分离和连续测定结合，也可以将浓缩、分离、测定联用。对复杂体系中组分、价态、状态、化学性质相近的元素或化合物的分析。20世纪50年代气相色谱兴起，60年代发展色质联用技术，70年代出现的高效液相色谱，80年代初出现的超临界流体色谱，80年代末毛细管区带电泳迅速发展。在生命科学中，多肽、蛋白质及核酸等生物大分子的分离分析以及制备提纯方面，高效液相色谱已成为最活跃的研究领域。激光技术的光谱检测器正在研究发展中，电化学检测器也是十分活跃的研究及应用领域，特别是微电极的研究及应用。

4. 核磁共振及质谱方面

核磁共振波谱是测定生物大分子结构的有力手段，二维及三维核磁共振波谱测定溶液中蛋白质三维结构，应用于生物工程领域。500～600MHz二维及三维共振波谱仪，采用微处理机控制仪器操作、数据处理及显示，通过光导纤维可以和其他计算机形成网络。傅里叶变换核磁共振波谱已应用于工业质量控制。

20世纪70年代末到80年代初发展起来的串联质谱及软电离技术，使质谱应用扩大到生物大分子。近年来涌现出较成功地用于生物大分子质谱分析的软电离技术主要有下列几种：电喷雾电离质谱、基质辅助激光解吸电离质谱、快原子轰击质谱、离子喷雾电离质谱、大气压电离质谱。随着生命科学及生物技术的迅速发展，生物质谱目前已成为有机质谱中最活跃、最富生命力的前沿研究领域之一。它的发展强有力地推动了人类基因组计划及其后基因组计划的提前完成和有力实施。质谱法已成为研究生物大分子特别是蛋白质研究的主要支撑技术之一，在对蛋白质结构分析的研究中占据了重要地位。

5. 化学计量学与计算机应用方面

随着计算机信息时代的到来，给科学技术的发展带来了巨大的影响。分析化学也不例外，各种现代分析仪器技术的发展，改变了分析化学的面貌，过去获取精确的原始分析数据是分析工作中最困难的一步，现代分析仪器具有在相对短的时间内提供大量原始分析数据的能力，甚至连续提供具有很高时间、空间分辨率的多维分析数据。如何处理这些原始分析数据，以最优方式从中提取解决实际生产科研课题所需要的有用信息，就成为要解决的主要问题，化学计量学就是在这一背景下诞生与发展的。分析工作中传统的实验设计、采样、校正等方法，已不能适应新技术下的要求。化学计量学应用统计学、数学与计算机科学为工具，发展了新的分析采样理论、校正理论及其他各种理论与方法。化学模式识别与专家系统能协助分析工作者将原始分析数据转化为有用的信息与知识，为进行判别决策及解决实际生产科研课题提供依据。分析化学的作用由单纯提供原始数据上升到直接参与实际问题的解决，分析化学已发展成为名符其实的信息科学。

第十章

滴定分析法

Chapter 10

滴定分析（容量分析）法是化学分析中重要的分析方法之一。滴定分析法根据滴定化学反应类型的不同，可分为酸碱滴定法、配位滴定法、氧化还原滴定法和沉淀滴定法四种。滴定分析法的特点是使用的仪器简单，操作简便、快速，准确度高，适合常量组分分析的要求(组分含量>1%)，在生产实践和科学实验中应用范围较广。在农业分析中常用以测定土壤、饲料、作物等样品中的酸、碱、氮、磷等的含量。

第一节　酸碱滴定法

酸碱滴定法是以酸碱中和反应为基础的滴定分析方法（也称中和法）。凡能与酸碱直接或间接发生中和反应的物质，几乎都可采用此法进行测定。故酸碱滴定法是滴定分析中的重要方法之一。在酸碱滴定中，滴定剂（也称标准溶液）一般为强酸或强碱，如 HCl，H_2SO_4，NaOH 等，待测定的是各种具有酸碱性或间接产生酸碱的物质。

一、酸碱指示剂

1. 指示剂的变色原理

滴定分析法的关键在于能否准确地指出到达化学计量点的时刻。酸碱滴定的过程中，待滴定的溶液在外观上通常不发生任何变化，为了确定反应的化学计量点，需借助酸碱指示剂的颜色改变来确定滴定终点。酸碱指示剂是指在一定 pH 范围内能够利用本身的颜色改变来指示溶液的 pH 变化的物质。酸碱指示剂一般是有机弱酸或弱碱，它们在溶液中以酸式或碱式两种形式存在，且两种形式因其结构不同而呈现不同的颜色。当溶液的 pH 改变时，指示剂可能获得质子由碱式转化为酸式，也可能给出质子由酸式转化为碱式，由于指示剂结构的改变，引起溶液颜色的变化从而指示滴定的终点。例如，甲基橙为一种有机弱碱，称为碱型指示剂。它在水溶液中存在下面的解离平衡：

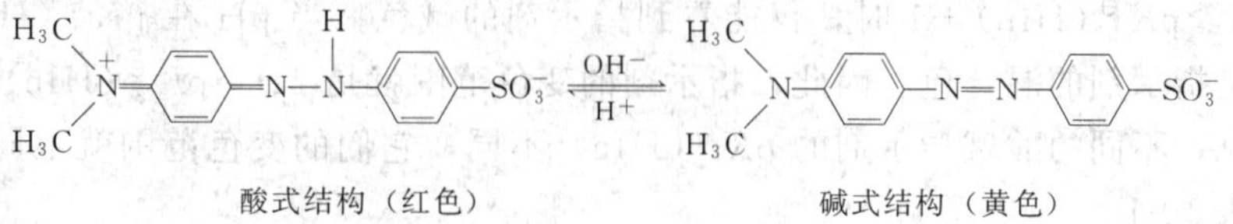

酸式结构（红色）　　　　碱式结构（黄色）

由平衡关系可以看出，当增大溶液的酸度时，上述平衡左移，甲基橙由共轭碱转变为共轭酸，溶液由黄色逐渐转变为红色。反之，溶液由红色逐渐变为黄色。甲基红的变色情况与甲基橙相似。

酚酞是一种弱的有机酸，称为酸型指示剂。它在水溶液中共轭酸碱的结构和颜色变化如下：

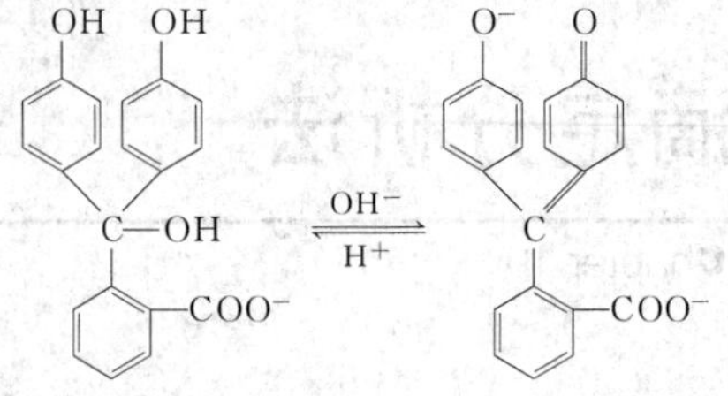

酸式结构（无色）　　　碱式结构（红色）

由平衡关系看出，在酸性溶液中，酚酞主要以无色形式存在，在碱性溶液中转化为醌式结构而显红色。

如甲基橙，因其酸式和碱式结构均有颜色故而称为双色指示剂；如酚酞，因其酸式和碱式结构中仅有一种结构具有颜色故而称为单色指示剂。

2. 酸碱指示剂变色范围

溶液中 H^+ 浓度的改变会引起溶液 pH 的变化。而指示剂颜色的改变又源于溶液 pH 的变化，所以指示剂颜色的改变与溶液中 H^+ 浓度有密切关系。但并不是溶液的 pH 任意改变或稍有变化都能引起指示剂颜色的明显变化，指示剂的变色是在一定的 pH 范围内进行的。我们把在一定的 pH 范围内，能够看到指示剂在两种结构中颜色改变的 pH 范围，叫指示剂的变色范围。每种指示剂都有各自的变色范围。若以 HIn 代表一种弱酸型指示剂，在水溶液中存在下列解离平衡：

$$\underset{\text{酸型}}{\mathrm{HIn}} \rightleftharpoons \underset{\text{碱型}}{\mathrm{In^-}} + \mathrm{H^+}$$

达到解离平衡时，指示剂的解离常数表达式为：

$$K_a^{\ominus}(\mathrm{HIn})=\frac{[c(\mathrm{H^+})/c^{\ominus}][c(\mathrm{In^-})/c^{\ominus}]}{c(\mathrm{HIn})/c^{\ominus}}$$

$$\frac{c(\mathrm{In^-})/c^{\ominus}}{c(\mathrm{HIn})/c^{\ominus}}=\frac{K^{\ominus}(\mathrm{HIn})}{c(\mathrm{H^+})/c^{\ominus}}$$

指示剂所显示的颜色由$\frac{c(\mathrm{In^-})/c^{\ominus}}{c(\mathrm{HIn})/c^{\ominus}}$决定。在一定温度下 $K^{\ominus}(\mathrm{HIn})$ 为常数，则$\frac{c(\mathrm{In^-})/c^{\ominus}}{c(\mathrm{HIn})/c^{\ominus}}$的变化取决于 H^+ 的浓度。当 $c(\mathrm{H^+})$ 发生改变时，$\frac{c(\mathrm{In^-})/c^{\ominus}}{c(\mathrm{HIn})/c^{\ominus}}$也发生改变，溶液的颜色也逐渐改变。当$\frac{c(\mathrm{In^-})/c^{\ominus}}{c(\mathrm{HIn})/c^{\ominus}}=1$时，$\mathrm{pH}=\mathrm{p}K_a^{\ominus}(\mathrm{HIn})$，此 pH 称为指示剂的理论变色点。此时溶液呈现混合色。由于人眼对颜色的辨别能力是有限的，所以要觉察出理论变色点附近溶液颜色的变化是较为困难的。一般当 $\mathrm{pH}\leqslant\mathrm{p}K_a^{\ominus}(\mathrm{HIn})-1$ 时，仅能看到指示剂的酸色；当 $\mathrm{pH}\geqslant\mathrm{p}K_a^{\ominus}(\mathrm{HIn})+1$ 时，仅能看到指示剂的碱色；当 pH 在 $\mathrm{p}K_a^{\ominus}(\mathrm{HIn})\pm1$ 之间时，看到的是指示剂的混合色。因此，指示剂的变色范围就是 $\mathrm{pH}=\mathrm{p}K_a^{\ominus}(\mathrm{HIn})\pm1$。

由此可见，不同的酸碱指示剂的 $\mathrm{p}K_a^{\ominus}(\mathrm{HIn})$ 不同，它们的变色范围就不同。常用的酸碱指示剂见表 10-1。

表 10-1　常用酸碱指示剂

指示剂	pH 变色范围	颜色变化	pK(HIn)	浓度(质量分数)	用量/[滴·(100mL)$^{-1}$]
百里酚蓝	1.2 ～ 2.8	红～黄	1.7	0.1%的 20%乙醇溶液	1～2
	8.0 ～ 9.6	黄～蓝	8.9		1～4
甲基黄	2.9～4.0	红～黄	3.3	0.1%的 90%乙醇溶液	1

续表

指示剂	pH 变色范围	颜色变化	p*K*(HIn)	浓度(质量分数)	用量/[滴·$(100mL)^{-1}$]
甲基橙	3.1～4.4	红～黄	3.4	0.05%的水溶液	1
溴酚蓝	3.0～4.6	黄～紫	4.1	0.1%的20%乙醇溶液(或其钠盐水溶液)	1
溴甲酚绿	4.0～5.6	黄～蓝	5.0	0.1%的20%乙醇溶液(或其钠盐水溶液)	1～3
甲基红	4.4～6.2	红～黄	5.0	0.1%的60%乙醇溶液(或其钠盐水溶液)	1
溴百里酚蓝	6.2～7.6	黄～蓝	7.3	0.1%的20%乙醇溶液(或其钠盐水溶液)	1
中性红	6.8～8.0	红～橙	7.4	0.1%的60%乙醇溶液	1
酚红	6.7～8.4	黄～红	8.0	0.1%的60%乙醇溶液	2
酚酞	8.0～10.0	无～红	9.1	0.1%的90%乙醇溶液	1～3
百里酚酞	9.4～10.6	无～蓝	10.0	0.1%的90%乙醇溶液	1～2

指示剂的变色范围理论上应是2个pH单位，但实际测的各种指示剂的变色范围并不都是2个pH单位。这是因为指示剂的实际变色范围不是根据$pK_a^{\ominus}(HIn)$值计算出来的，而是依靠人的眼睛目测确定的。人眼对各种颜色的敏感程度不同，导致实测值与理论值有一定差异。例如，甲基橙的$pK_a^{\ominus}(HIn)=3.4$，理论变色范围是pH=2.4～4.4，但实际测量值却是pH=3.1～4.4，这是由于人眼对红色比对黄色敏感，使得酸式一边的变色范围相对变窄。

使用指示剂应注意以下几点：

① 指示剂的用量要适当。由于指示剂本身是弱酸或弱碱，过量会消耗滴定剂，引起滴定误差，同时单色指示剂过量还影响其变色范围。

② 温度对指示剂的解离常数有影响，因此温度不同，指示剂的变色范围会有差别。例如，甲基橙在18℃的变色范围为pH=3.1～4.4，而100℃时为pH=2.5～3.7。

③ 指示剂不能用于浓酸或浓碱的溶液，例如酚酞在强碱中变为无色。

3. 混合指示剂

在表10-1中列出的都是单一指示剂，其变色范围一般都比较宽，但在某些弱酸碱滴定中达到化学计量点时pH突跃范围是比较窄的，为了在滴定中达到一定的准确度，需要将滴定终点限制在更窄的pH范围内，这样一般的单一指示剂就难以满足需要。为此，在实际应用中往往将两种指示剂混合，利用两种指示剂颜色的互补作用来提高变色的敏锐性，从而指示滴定终点。

混合指示剂分为两类，一类是由一种指示剂和一种惰性染料（颜色不随pH变化而改变）相混合组成，由于颜色互补使变色敏锐，但变色范围不变；另一类是由两种或两种以上的指示剂按一定比例混合而成，利用颜色互补使颜色变化敏锐并使变色范围变窄。常用的混合指示剂见表10-2。

表10-2 常用酸碱混合指示剂

混合指示剂的组成	变色点pH	颜色变化
0.1%甲基橙水溶液与0.25%靛蓝与磺酸钠水溶液1∶1混合	4.1	紫～青绿
0.1%溴甲酚绿钠盐水溶液与0.02%甲基橙水溶液1∶1混合	4.3	橙～黄绿
0.1%溴甲酚绿乙醇溶液与0.2%甲基红乙醇溶液3∶1混合	5.1	酒红～绿
0.1%溴甲酚绿钠盐水溶液与0.1%氯酚红钠水溶液1∶1混合	6.1	蓝绿～蓝紫
0.1%中性红乙醇溶液与0.1%亚甲基蓝乙醇溶液1∶1混合	7.0	蓝紫～绿
0.1%甲酚红水溶液与0.1%百里酚蓝水溶液1∶1混合	8.0	黄～紫
0.1%百里酚蓝50%乙醇溶液与0.1%酚酞50%乙醇1∶3混合	9.0	黄～紫
0.1%酚酞甲醇溶液与0.1%百里酚酞乙醇溶液1∶1混合	9.9	无～紫

二、酸碱滴定曲线和指示剂的选择

在酸碱滴定中，必须选择适宜的指示剂，使滴定终点与化学计量点尽量吻合，以减少滴定误差。因此，我们应掌握滴定过程中，尤其是在化学计量点前后溶液 pH 的变化情况。若以滴定过程中所加入的酸或碱标准溶液（也称滴定剂）的量为横坐标，所得混合溶液的 pH 为纵坐标作图，所绘制的曲线称为酸碱滴定曲线。利用此曲线就可正确地选择指示剂，以准确判断滴定终点。酸碱的类型不同，滴定过程中 pH 的变化也不同，因而选用的指示剂就不同。下面分别讨论几种常见的酸碱滴定曲线和在滴定过程中指示剂的选择。

1. 强碱（酸）滴定强酸（碱）

强酸、强碱在水溶液中几乎完全解离。酸以 H^+ 形式存在，碱以 OH^- 形式存在。这类滴定的基本反应为：

$$H^+ + OH^- \xlongequal{} H_2O$$

滴定反应的平衡常数为 $K_t^\ominus$，$K_t^\ominus = \frac{1}{K_w^\ominus} = 1.0\times10^{14}$（25℃），说明反应进行得十分完全。

现以 $0.1000mol\cdot L^{-1}$ 的 NaOH 溶液滴定 20.00mL $0.1000mol\cdot L^{-1}$ HCl 溶液为例，讨论强碱滴定强酸时溶液酸碱度的变化。根据滴定过程的 pH 变化情况分成四个阶段来计算。

（1）滴定前　溶液的 pH 值取决于 HCl 溶液的原始浓度。

$$c(H^+) = c(HCl) = 0.1000mol\cdot L^{-1} \quad pH = 1.00$$

（2）滴定开始至化学计量点前　溶液由剩余 HCl 和反应产物 NaCl 组成，溶液的 pH 值取决于剩余 HCl 溶液的量。H^+ 的浓度按下式计算：

$$c(H^+) = \frac{c(HCl)[V(HCl) - V(NaOH)]}{V(HCl) + V(NaOH)}$$

当滴入 NaOH 溶液 19.98mL 时（−0.1%相对误差），此时 H^+ 的浓度为：

$$c(H^+) = \frac{0.1000mol\cdot L^{-1}\times(20.00-19.98)mL}{(20.00+19.98)mL} = 5.0\times10^{-5}mol\cdot L^{-1}$$

$$pH = 4.30$$

（3）化学计量点时　当滴入的 NaOH 溶液到达化学计量点时，NaOH 和 HCl 刚好反应完全，溶液组成为 NaCl，此时 H^+ 来自水的质子自递反应，其浓度为

$$c(H^+) = c(OH^-) = 1.0\times10^{-7}mol\cdot L^{-1} \quad pH = 7.00$$

（4）化学计量点后　溶液的组成为 NaCl 和过量的 NaOH，溶液呈碱性，溶液的 pH 取决于过量的 NaOH 溶液的浓度，此时 OH^- 的浓度为

$$c(OH^-) = \frac{c(NaOH)[V(NaOH) - V(HCl)]}{V(HCl) + V(NaOH)}$$

当滴入 20.02mL NaOH 溶液时（+0.1%相对误差），此时 OH^- 的浓度为：

$$c(OH^-) = \frac{0.1000mol\cdot L^{-1}\times(20.02-20.00)mL}{(20.02+20.00)mL} = 5.0\times10^{-5}mol\cdot L^{-1}$$

$$pOH = 4.30 \quad pH = 9.70$$

按照上述方式逐一计算出滴定过程中各阶段溶液 pH 变化的情况，并将主要计算结果列于表 10-3 中。

表 10-3　0.1000mol·L^{-1} NaOH 滴定 20.00mL 0.1000mol·L^{-1} HCl 溶液 pH 变化

加入 NaOH/mL	HCl 被滴定百分数/%	剩余 HCl/mL	过量 NaOH/mL	$c(H^+)$/(mol·L^{-1})	pH
0	0	20.00		1.00×10^{-1}	1.00
18.00	90.00	2.00		5.26×10^{-3}	2.28
19.80	99.00	0.20		5.03×10^{-4}	3.30
19.98	99.90	0.02		5.00×10^{-5}	4.30 突跃范围
20.00	100.00	0.00		1.00×10^{-7}	7.00 突跃范围
20.02	100.10		0.02	2.00×10^{-10}	9.70 突跃范围
20.20	101.00		0.20	2.00×10^{-11}	10.70
22.00	110.00		2.00	2.10×10^{-12}	11.70
40.00	200.00		20.00	3.00×10^{-13}	12.50

以 NaOH 溶液的加入量为横坐标，对应溶液的 pH 为纵坐标作图，即得 NaOH 滴定 HCl 的滴定曲线，如图 10-1 所示。

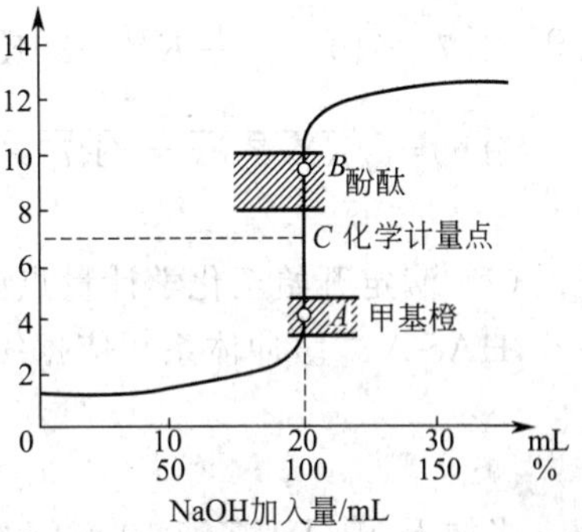

图 10-1　0.1000mol·L^{-1} NaOH 滴定 0.1000mol·L^{-1} 20.00mL HCl 的滴定曲线

由图 10-1 和表 10-3 可以看出，在滴定过程中 $c(H^+)$ 随滴定剂的加入量的不同而变化的情况。滴定开始时，曲线平坦，这是由于溶液中有大量 HCl 存在，其缓冲作用使加入的 NaOH 对溶液的 pH 改变不大。随着滴定剂的加入，剩余的 HCl 逐渐减少，其缓冲作用减弱，pH 变化稍有增大，曲线逐渐向上倾斜，当加入的 NaOH 溶液为 19.98～20.02mL 时，溶液的 pH 由 4.30 迅速增至 9.70，0.04mL NaOH 溶液（约一滴的量）的加入，使溶液 pH 改变了 5.4 个单位，溶液因此由酸性变为碱性，此时曲线呈现了近于垂直的一段，成为滴定曲线的“突跃”部分，称为滴定突跃。突跃所对应的 pH 范围称为滴定突跃范围（计量点前后相对误差为±0.1%之间 pH 变化的范围）。继续加入 NaOH 溶液，随着溶液中 OH^- 浓度增加，pH 的变化减缓，滴定曲线又趋于平坦。

滴定突跃范围是选择指示剂的依据。显然，最理想的指示剂应该恰好在计量点时变色，实际上凡在突跃范围以内能发生颜色变化的指示剂，都可用来正确指示终点，如甲基橙、酚酞和甲基红等。

总之，在酸碱滴定过程中，如果用指示剂指示终点，应使指示剂的变色范围全部或部分落在 pH 突跃范围内。

如果滴定方向相反，即用 0.1000mol·L^{-1}的 HCl 溶液滴定 20.00mL 0.1000mol·L^{-1} NaOH 溶液（条件与前相同），其滴定曲线与上述曲线相互对称，溶液 pH 变化的方向相反。滴定突跃为 pH＝9.70～4.30，可选择酚酞和甲基红为指示剂；若采用甲基橙，从黄色滴定至溶液显橙色（pH＝4.00），将产生＋0.2%的误差。

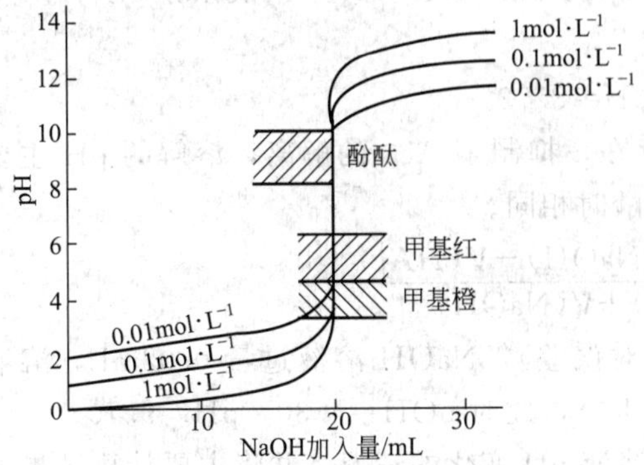

图 10-2　不同浓度 NaOH 溶液滴定不同浓度 HCl 溶液的滴定曲线

强碱与强酸的相互滴定具有较大的滴定突跃。滴定突跃范围的大小与滴定剂和待滴定物的浓度有关，如图 10-2 所示，浓度越大，滴定突跃范围也越大；浓度越小，突跃范围越小，可供选择的指示剂越少。

2. 强碱（酸）滴定一元弱酸（碱）

一元弱酸在水溶液中存在解离平衡。强碱滴定弱酸的基本反应为：

$$OH^- + HA \rightleftharpoons H_2O + A^-$$

以 0.1000mol·L^{-1}的 NaOH 溶液滴定 20.00mL、c_0=0.1000mol·L^{-1}的 HAc 溶液为例来讨论强碱滴定弱酸的滴定曲线和指示剂的选择。

滴定过程中发生如下中和反应：

$$HAc + OH^- \rightleftharpoons Ac^- + H_2O$$

滴定过程中 pH 的变化分为四个阶段进行计算。

(1) 滴定前　溶液是 0.1000mol·L^{-1} HAc，pH 由 HAc 的解离来决定。因为 HAc 的 $K_a^{\ominus}=1.75\times10^{-5}$，$\frac{c}{c^{\ominus}}K_a^{\ominus}>20K_w^{\ominus}$，$\frac{c}{c^{\ominus}K_a^{\ominus}}>500$，$H^+$浓度按下式计算：

$$c_{eq}(H^+)=\sqrt{K_a^{\ominus}c^{\ominus}c_0}=\sqrt{1.75\times10^{-5}\times1mol\cdot L^{-1}\times0.1000mol\cdot L^{-1}}=1.3\times10^{-3}mol\cdot L^{-1}$$

$$pH=2.89$$

(2) 滴定开始至化学计量点前　溶液中未反应的 HAc 和反应产物 Ac^- 同时存在，组成一个 HAc-Ac^-缓冲体系。依据缓冲溶液计算 pH：

$$pH=pK_a^{\ominus}-\lg\frac{c(HAc)/c^{\ominus}}{c(Ac^-)/c^{\ominus}}$$

当加入 NaOH 溶液 19.98mL 时，剩余 HAc 为 0.02mL，此时：

$$c(HAc)=\frac{0.1000mol\cdot L^{-1}\times(20.00-19.98)mL}{(20.00+19.98)mL}=5.0\times10^{-5}mol\cdot L^{-1}$$

$$c(Ac^-)=\frac{0.1000mol\cdot L^{-1}\times19.98mL}{(20.00+19.98)mL}=5.0\times10^{-2}mol\cdot L^{-1}$$

$$pH=pK_a^{\ominus}-\lg\frac{c(HAc)/c^{\ominus}}{c(Ac^-)/c^{\ominus}}=4.76-\lg\frac{5.0\times10^{-5}mol\cdot L^{-1}/1.0mol\cdot L^{-1}}{5.0\times10^{-2}mol\cdot L^{-1}/1.0mol\cdot L^{-1}}=7.76$$

(3) 在化学计量点　HAc 全部被中和生成 NaAc，由于 Ac^-为一元弱碱：

$$Ac^- + H_2O \rightleftharpoons HAc + OH^-$$

由于溶液的体积增大一倍，所以 $c(Ac^-)=0.05000mol\cdot L^{-1}$，$K_b^{\ominus}=\frac{K_w^{\ominus}}{K_a^{\ominus}}=5.7\times10^{-10}$，因为$\frac{c}{c^{\ominus}}K_b^{\ominus}>20K_w^{\ominus}$，$\frac{c}{c^{\ominus}K_b^{\ominus}}>500$，可按一元弱碱最简式计算，因而

$$c_{eq}(OH^-)=\sqrt{K_b^{\ominus}c^{\ominus}c(Ac^-)}=\sqrt{5.7\times10^{-10}\times1.0mol\cdot L^{-1}\times0.05000mol\cdot L^{-1}}$$
$$=5.3\times10^{-6}mol\cdot L^{-1}$$

$$pOH=5.28\quad pH=8.72$$

(4) 在化学计量点后　由于过量 NaOH 的存在，抑制了 Ac^-的解离，溶解的 pH 主要取决于过量的 NaOH，其计算方式和强碱滴定强酸时相同。

$$c(OH^-)=\frac{c(NaOH)[V(NaOH)-V(HAc)]}{V(HAc)+V(NaOH)}$$

当加入 20.02mLNaOH 溶液时（+0.1%相对误差），NaOH 溶液过量 0.02mL，溶液总体积为 40.02mL，$c(OH^-)=5.0\times10^{-5}mol\cdot L^{-1}$，此时 pOH=4.30　pH=9.70。

按照上述方式逐一计算出滴定过程中各阶段溶液 pH 变化的情况，并将主要计算结果列于表 10-4 中。滴定曲线如图 10-3 所示。

从图 10-3 可以看出，NaOH 滴定 HAc 的滴定曲线有如下特点：

① 滴定前，由于 HAc 是弱酸，滴定曲线的起点高（pH 为 2.89）。

② 滴定开始后，由于反应产物 Ac^- 抑制了 HAc 的解离，溶液中的 H^+ 浓度降低较快，pH 迅速增加。随着 HAc 不断被滴定，而 NaAc 浓度逐渐增加，溶液的缓冲作用增大，pH 变化缓慢，曲线变得较平坦。接近化学计量点时，剩余 HAc 很少，溶液缓冲作用变小，pH 变化迅速。

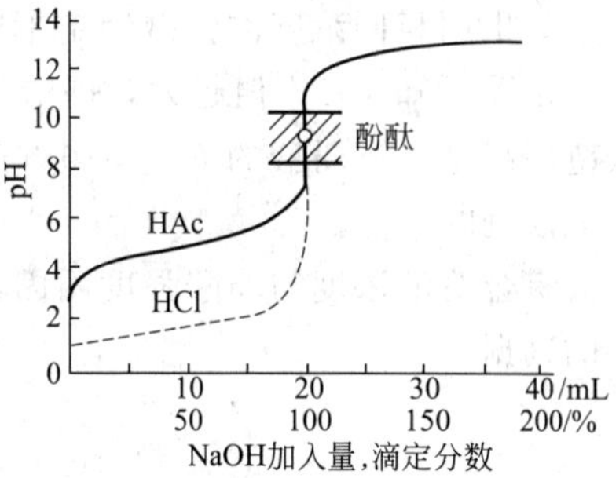

图 10-3　0.1000mol·L^{-1} NaOH 滴定 0.1000mol·L^{-1} HAc 滴定曲线

③ 在化学计量点时，由于滴定产物 Ac^- 的解离作用，溶液已呈碱性，pH＝8.72。被滴定的酸越弱，其共轭碱的碱性越强，化学计量点的 pH 也越大。

表 10-4　0.1000mol·L^{-1} NaOH 滴定 20.00mL 0.1000mol·L^{-1} HAc 溶液 pH 变化

加入 NaOH 量 /mL	HAc 被滴定百分数/%	剩余 HAc /mL	过量 NaOH /mL	$c(H^+)$ /(mol·L^{-1})	pH
0	0	20.00	0.02	1.00×10^{-1}	2.87
18.00	90.00	2.00	0.20	5.26×10^{-3}	5.70
19.80	99.00	0.20	2.00	5.03×10^{-4}	6.73
19.98	99.90	0.02	20.00	5.00×10^{-5}	7.76 } 突跃范围
20.00	100.00	0.00		1.00×10^{-7}	8.72
20.02	100.10			2.00×10^{-10}	9.70
20.20	101.00			2.00×10^{-11}	10.70
22.00	110.00			2.10×10^{-12}	11.70
40.00	200.00			3.00×10^{-13}	12.50

④ 滴定突跃范围约 2 个 pH 单位（7.76～9.70），而且处于碱性范围内，较 NaOH 滴定等浓度的 HCl 溶液的突跃范围（4.30～9.70）减小了很多，这与反应的完全程度较低是一致的。因此只能选择在碱性范围内变色的指示剂，如酚酞、百里酚酞等，来指示终点，而在酸性范围内变色的指示剂，如甲基橙和甲基红等不能使用。

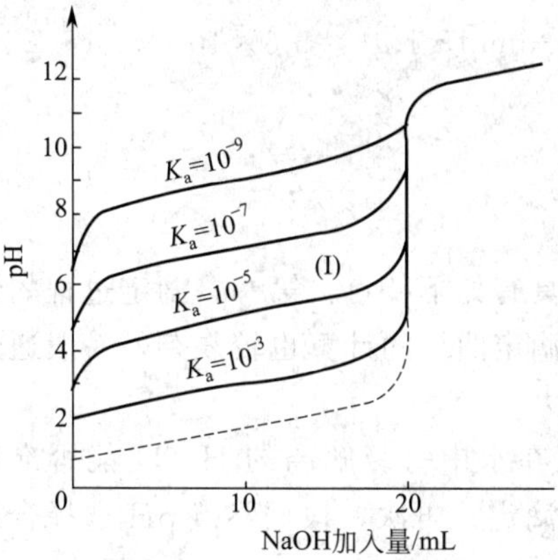

图 10-4　0.1000mol·L^{-1} NaOH 溶液滴定 20.00mL 不同的一元弱酸溶液的滴定曲线

⑤ 化学计量点后为 NaAc 和 NaOH 的混合溶液，由于 Ac^- 的解离受到过量滴定剂 NaOH 的抑制，故滴定曲线的变化趋势与 NaOH 滴定 HCl 溶液时基本相同。

对于强酸滴定弱碱，例如 HCl 溶液滴定 $NH_3\cdot H_2O$（条件同前）：

$$H^+ + NH_3\cdot H_2O \rightleftharpoons NH_4^+ + H_2O$$

其滴定曲线与 NaOH 滴定 HAc 很相似，但 pH 变化的方向相反。由于反应的产物是 NH_4^+，故化学计量点时溶液呈酸性，且整个滴定突跃也位于酸性范围（pH＝6.30～4.30），可以选择甲基橙和甲基红为指示剂。同样，由于反应的完全程度低于强酸与强碱的反应，故滴定突跃范围较小。

如果用相同浓度的强碱滴定不同的一元弱酸可得到如图 10-4 所示的几条滴定曲线。

由图可知，$K_a^\ominus$ 值越大，即酸越强，滴定突跃范围越大；$K_a^\ominus$ 值越小，酸越弱，滴定突跃范围越小。当弱酸的 $K_a^\ominus < 10^{-9}$ 时，在滴定曲线上已无明显突跃，利用一般的酸碱指示剂已无法判断终点。

综合溶液浓度与弱酸强度两因素对滴定突跃大小的影响，得到弱酸能被强碱溶液准确滴定的判据：

$$\frac{c}{c^\ominus}K_a^\ominus \geqslant 10^{-8} \tag{10-1}$$

对于 $\frac{c}{c^\ominus}K_a^\ominus < 10^{-8}$ 的弱酸，可采用其他方法进行滴定。例如利用配位反应、氧化还原反应等使弱酸强化后再进行滴定。

与强碱滴定弱酸的情况相似，弱碱被强酸准确滴定的判据为：

$$\frac{c}{c^\ominus}K_b^\ominus \geqslant 10^{-8} \tag{10-2}$$

【例 10-1】 下列物质能否用酸碱滴定法直接准确滴定？若能，计算化学计量点时的 pH 并选择合适的指示剂。(1) $0.10\text{mol} \cdot L^{-1}$ NH_4Cl；(2) $0.10\text{mol} \cdot L^{-1}$ NaCN。

解 (1) NH_4^+ 的 $K_a^\ominus = 5.7 \times 10^{-10}$

$$\frac{c}{c^\ominus}K_a^\ominus = 0.10 \times 5.7 \times 10^{-10} = 5.7 \times 10^{-11} < 10^{-8}$$

所以 NH_4Cl 不能被强碱直接准确滴定。

(2) CN^- 为 HCN 的共轭碱

$$K_b^\ominus = \frac{K_w^\ominus}{K_a^\ominus} = \frac{1.0 \times 10^{-14}}{6.2 \times 10^{-10}} = 1.6 \times 10^{-5}$$

$$\frac{c}{c^\ominus}K_b^\ominus = 0.10 \times 1.6 \times 10^{-5} = 1.6 \times 10^{-6} > 10^{-8}$$

所以 NaCN 能被强酸直接准确滴定。

若用 $0.10\text{mol} \cdot L^{-1}$ HCl 滴定，计量点时溶液组成的 NaCl 和 HCN，溶液中 H^+ 浓度取决于 HCN，则：

$$c_{eq}(H^+) = \sqrt{K_a^\ominus c^\ominus c} = \sqrt{6.2 \times 10^{-10} \times 1\text{mol} \cdot L^{-1} \times \frac{0.10}{2}\text{mol} \cdot L^{-1}} = 5.6 \times 10^{-6}\text{mol} \cdot L^{-1}$$

$$pH = 5.25$$

选择甲基红 [$pK_a^\ominus(HIn) = 5.0$] 作为指示剂。

3. 多元酸（碱）的滴定

多元酸（碱）滴定与前面讨论的一元酸碱滴定相比具有如下特点：第一，滴定过程的情况较复杂，涉及能否分步滴定或分别滴定；第二，绘制滴定曲线的计算也较复杂，一般通过实验测得；第三，滴定突跃较小，所以一般允许误差较大。

(1) 多元酸的滴定　对于多元酸滴定，首先应判定在水中每级解离的 H_3O^+ 能否准确滴定；其次，判断相邻两级离解的 H_3O^+ 能否实现分步滴定；再次，根据终点 pH 选择合适的指示剂。

以 $0.1000\text{mol} \cdot L^{-1}$ 的 NaOH 溶液滴定浓度为 $c(\text{mol} \cdot L^{-1})$ 的二元弱酸 H_2A 为例讨论。

① 若$\frac{K_{a_1}^{\ominus}}{K_{a_2}^{\ominus}} \geqslant 10^4$，且$\frac{c}{c^{\ominus}}K_{a_1}^{\ominus} \geqslant 10^{-8}$，$\frac{c}{c^{\ominus}}K_{a_2}^{\ominus} \geqslant 10^{-8}$，则此二元酸分步解离的两个$H^+$均可被准确滴定，且可分步滴定，形成两个明显的突跃。若有合适的指示剂，可以确定两个滴定终点。

② 若$\frac{K_{a_1}^{\ominus}}{K_{a_2}^{\ominus}} \geqslant 10^4$，且$\frac{c}{c^{\ominus}}K_{a_1}^{\ominus} \geqslant 10^{-8}$，$\frac{c}{c^{\ominus}}K_{a_2}^{\ominus} < 10^{-8}$，该二元酸可以被分步滴定，但只能准确滴定至第一个计量点。

③ 若$\frac{K_{a_1}^{\ominus}}{K_{a_2}^{\ominus}} < 10^4$，且$\frac{c}{c^{\ominus}}K_{a_1}^{\ominus} \geqslant 10^{-8}$，$\frac{c}{c^{\ominus}}K_{a_2}^{\ominus} \geqslant 10^{-8}$，该二元酸不能够分步滴定，只能按二元酸一次被完全滴定，在第二计量点附近形成一个突跃。

④ 若$\frac{K_{a_1}^{\ominus}}{K_{a_2}^{\ominus}} < 10^4$，且$\frac{c}{c^{\ominus}}K_{a_1}^{\ominus} \geqslant 10^{-8}$，$\frac{c}{c^{\ominus}}K_{a_2}^{\ominus} < 10^{-8}$，由于第二级解离的影响，该二元酸不能被准确滴定。

对于其他多元酸可以以此类推。现以0.1000mol·L^{-1} NaOH溶液滴定0.1000mol·L^{-1} H_3PO_4溶液为例进行讨论。H_3PO_4的三级离解如下

$$H_3PO_4 + H_2O \rightleftharpoons H_3O^+ + H_2PO_4^- \quad pK_{a_1}^{\ominus} = 2.16$$
$$H_2PO_4^- + H_2O \rightleftharpoons H_3O^+ + HPO_4^{2-} \quad pK_{a_2}^{\ominus} = 7.21$$
$$HPO_4^{2-} + H_2O \rightleftharpoons H_3O^+ + PO_4^{3-} \quad pK_{a_3}^{\ominus} = 12.32$$

因为$cK_{a_1}^{\ominus} > 10^{-8}$且$K_{a_1}^{\ominus}/K_{a_2}^{\ominus} > 10^4$，即一级离解的$H_3O^+$能准确分步滴定；又因为$cK_{a_2}^{\ominus} > 10^{-8}$且$K_{a_2}^{\ominus}/K_{a_3}^{\ominus} > 10^4$，即二级离解的$H_3O^+$也准确分步滴定；而$K_{a_3}^{\ominus} \leqslant 10^{-8}$，即三级离解的$H_3O^+$不能准确滴定，直接滴定$H_3PO_4$只能滴定到$HPO_4^{2-}$，中和反应为

$$H_3PO_4 + NaOH = NaH_2PO_4 + H_2O \quad ①$$
$$NaH_2PO_4 + NaOH = Na_2HPO_4 + H_2O \quad ②$$

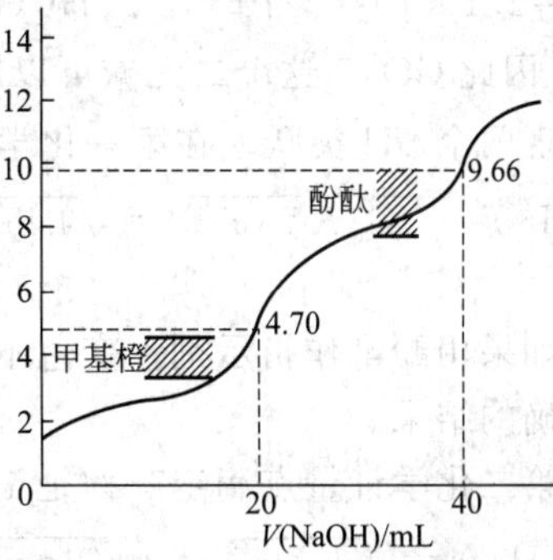

图 10-5　NaOH 溶液滴定 H_3PO_4 溶液的曲线

从H_3PO_4的滴定曲线（图10-5）可以看出，NaOH滴定H_3PO_4有两个较明显的滴定突跃。在第一计量点，H_3PO_4被滴定成NaH_2PO_4，由$\frac{c}{c^{\ominus}}K_{a_2}^{\ominus} \geqslant 20K_w^{\ominus}$，$\frac{c}{c^{\ominus}} < 20K_{a_1}^{\ominus}$，$c = 0.05000\text{mol}\cdot\text{L}^{-1}$，

$$c_{eq}(H^+) = \sqrt{\frac{K_{a_1}^{\ominus}K_{a_2}^{\ominus}c^{\ominus 2}c}{K_{a_2}^{\ominus}c^{\ominus} + c}}$$
$$= \sqrt{\frac{7.11\times10^{-3}\times6.23\times10^{-8}\times(1\text{mol}\cdot\text{L}^{-1})^2\times0.05000\text{mol}\cdot\text{L}^{-1}}{7.11\times10^{-3}\times1\text{mol}\cdot\text{L}^{-1}+0.05000\text{mol}\cdot\text{L}^{-1}}}$$
$$= 2.0\times10^{-5}\text{mol}\cdot\text{L}^{-1}$$
$$pH = 4.70$$

选择甲基红作指示剂，终点由红色变为黄色（pH=4.4），并采用同浓度的NaH_2PO_4溶液作参比，终点误差将在−0.5%以内；若选用溴甲酚绿与甲基橙的混合指示剂，变色点pH=4.3，溶液由橙色变为绿色，比较明显。

在第二计量点时，产物为 Na_2HPO_4，$c=0.03300mol\cdot L^{-1}$，$\frac{c}{c^\ominus}K_{a_3}^\ominus<20K_w^\ominus$，$\frac{c}{c^\ominus}>20K_{a_2}^\ominus$，

$$c_{eq}(H^+)=\sqrt{\frac{(K_{a_3}^\ominus c+K_w^\ominus c^\ominus)K_{a_2}^\ominus c^{\ominus 2}}{c}}$$

$$=\sqrt{\frac{(4.5\times10^{-13}\times0.03300mol\cdot L^{-1}+1.00\times10^{-14}\times1mol\cdot L^{-1})\times6.23\times10^{-8}\times(1mol\cdot L^{-1})^2}{0.03300mol\cdot L^{-1}}}$$

$$=2.2\times10^{-10}mol\cdot L^{-1}$$

$$pH=9.66$$

若选酚酞作为指示剂，终点出现过早，有较大负误差。选百里酚酞（无色至浅蓝色）作指示剂，误差为+0.5%，亦可选用酚酞与百里酚酞混合指示剂（无色至紫色），终点变色较为明显。

（2）多元碱的滴定　强酸滴定多元碱与强碱滴定多元酸情况类似，以二元弱碱 B^{2-} 为例，能被准确滴定的条件是$\frac{c}{c^\ominus}K_{b_1}^\ominus\geqslant10^{-8}$，$\frac{c}{c^\ominus}K_{b_2}^\ominus\geqslant10^{-8}$；可以分步滴定的条件是$\frac{K_{b_1}^\ominus}{K_{b_2}^\ominus}\geqslant10^4$。碳酸钠是二元弱碱，在水中存在两级解离。

$$CO_3^{2-}+H_2O\rightleftharpoons HCO_3^-+OH^-\quad K_{b_1}^\ominus=\frac{K_w^\ominus}{K_{a_2}^\ominus}=\frac{1.0\times10^{-14}}{4.69\times10^{-11}}=2.1\times10^{-4}$$

$$HCO_3^-+H_2O\rightleftharpoons H_2CO_3+OH^-\quad K_{b_2}^\ominus=\frac{K_w^\ominus}{K_{a_1}^\ominus}=\frac{1.0\times10^{-14}}{4.45\times10^{-7}}=2.2\times10^{-8}$$

例如用 $0.1000mol\cdot L^{-1}$的 HCl 滴定 $0.1000mol\cdot L^{-1}$的 Na_2CO_3 溶液，因为 $c(CO_3^{2-})\cdot K_{b_1}^\ominus=2.1\times10^{-8}>10^{-8}$，$c(HCO_3^-)K_{b_2}^\ominus=1.2\times10^{-8}$接近 10^{-8}，$K_{b_1}^\ominus/K_{b_2}^\ominus=8.75\times10^4\approx10^4$。因此 CO_3^{2-} 这个二元碱可以用标准酸溶液进行分步滴定，并且在两个化学计量点时分别出现两个 pH 突跃。在第一化学计量点时 CO_3^{2-} 全部生成两性物质 HCO_3^-。

$$c_{eq}(H^+)=\sqrt{K_{a_1}^\ominus K_{a_2}^\ominus(c^\ominus)^2}=\sqrt{4.45\times10^{-7}\times4.69\times10^{-11}\times1.0(mol\cdot L^{-1})^2}=4.57\times10^{-9}mol\cdot L^{-1}$$

$$pH=8.34$$

如果用酚酞作指示剂，变色不敏锐。如果采用甲酚红和百里酚蓝混合指示剂，可得到较为准确的结果。

第二化学计量点滴定产物是 H_2CO_3，其饱和溶液浓度约为 $0.04mol\cdot L^{-1}$，

$$c_{eq}(H^+)=\sqrt{cK_{a_1}^\ominus c^\ominus}=\sqrt{0.04mol\cdot L^{-1}\times4.45\times10^{-7}\times1.0mol\cdot L^{-1}}=1.3\times10^{-4}mol\cdot L^{-1}$$

$$pH=3.9$$

可用甲基橙作指示剂，但由于 H_2CO_3 能慢慢分解，易形成 CO_2 的过饱和溶液，终点会提前出现，因此在滴定快到终点时，可加热溶液至沸腾，以驱除 CO_2，冷却后再滴定到终点。

三、酸碱标准溶液的配制与标定

实际工作中经常根据需要配制合适浓度的标准溶液。酸碱滴定法中常用的标准溶液是盐酸和氢氧化钠溶液，有时也用硫酸和氢氧化钾溶液。HNO_3 具有氧化性，一般不用。标准溶液的浓度一般配制成 $0.1mol\cdot L^{-1}$。有时也根据工作需要配成高至 $1mol\cdot L^{-1}$，低至 $0.01mol\cdot L^{-1}$的溶液。

1. 盐酸标准溶液

HCl 易挥发，故盐酸标准溶液不能用直接法配制，而采用间接法配制。即先配成近似于所

需浓度的溶液，然后用基准物质进行标定。常用标定盐酸的基准物质是无水碳酸钠和硼砂。

（1）无水碳酸钠（Na_2CO_3） 其优点是易制得纯品，价格便宜；但吸湿性强，因此使用之前应在270～300℃下干燥约1h，然后密封于瓶内备用。加热温度不要超过300℃，否则Na_2CO_3会发生分解。称量要快，以免吸收水分而引入误差。缺点是摩尔质量较小，称量误差较大。

标定反应 $Na_2CO_3+2HCl \longrightarrow 2NaCl+H_2O+CO_2\uparrow$

$$c(HCl)=\frac{2m(Na_2CO_3)}{M(Na_2CO_3)V(HCl)} \tag{10-3}$$

选用甲基橙作指示剂。

（2）硼砂（$Na_2B_4O_7\cdot10H_2O$） 其优点是摩尔质量大（381.4g·mol^{-1}），称量误差小，易制得纯品，不易吸水，稳定。其缺点是在空气中易风化失去部分结晶水，需要保存在相对湿度为60%的恒湿器中。

标定反应 $Na_2B_4O_7\cdot10H_2O+2HCl \longrightarrow 4H_3BO_3+2NaCl+5H_2O$

$$c(HCl)=\frac{2m(Na_2B_4O_7\cdot10H_2O)}{M(Na_2B_4O_7\cdot10H_2O)V(HCl)} \tag{10-4}$$

选用甲基红作指示剂。

2. 氢氧化钠标准溶液

NaOH具有很强的吸湿性，又易吸收空气中的CO_2，所以也不能直接配制其标准溶液，而是用间接法先配制成近似所需浓度的溶液，然后用基准物质进行标定。标定NaOH溶液的基准物质常用的有草酸（$H_2C_2O_4\cdot2H_2O$）和邻苯二甲酸氢钾（$KHC_8H_4O_4$）等。

（1）邻苯二甲酸氢钾（$KHC_8H_4O_4$） 易制得纯品，易溶于水，不含结晶水，在空气中不吸湿，易保存，且摩尔质量较大，是标定碱理想的基准物质。

标定反应

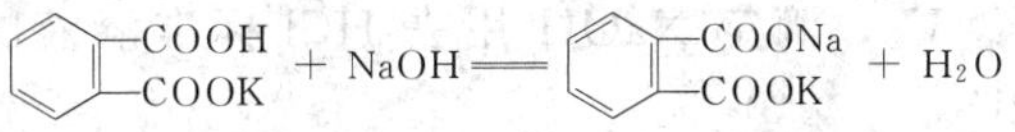

$$c(NaOH)=\frac{m(KHC_8H_4O_4)}{M(KHC_8H_4O_4)V(NaOH)} \tag{10-5}$$

化学计量点的产物为二元弱碱，pH约为9.1，可选用酚酞作指示剂。

（2）草酸（$H_2C_2O_4\cdot2H_2O$） 稳定性较高，在相对湿度为50%～90%时不风化，也不吸水，可保存在密闭容器中。但因其摩尔质量不太大，为减少称量误差，可以多称一些草酸配成较高浓度的溶液，标定时，移取部分溶液。标定时选用酚酞作指示剂。

由于NaOH易吸收空气中的CO_2，因此在NaOH溶液中常含有少量的Na_2CO_3。配制不含CO_3^{2-}的NaOH溶液最好的方法是：先配制NaOH的饱和溶液（约50%），此时Na_2CO_3溶液因溶解度小，作为不溶物下沉于溶液底部，取上层清液，用煮沸而除去CO_2的蒸馏水稀释至所需浓度。放置过久，NaOH溶液的浓度会发生改变，应重新配制。

四、酸碱滴定法的应用示例

水溶剂系统中，可以利用酸碱滴定法直接或间接地测定许多酸碱物质或通过一定的化学反应能释放出酸或碱的物质。酸碱滴定法广泛用于工业、农业、医药、食品等方面。如水果、蔬菜、食醋中的总酸度的测定；土壤、肥料中氨、磷含量的测定及混合碱含量的测定等都可用酸碱滴定法。

1. 直接滴定法

强酸、强碱以及电离常数大于或等于 10^{-7} 的弱酸或弱碱，均可用标准碱或标准酸溶液直接滴定。除此以外，工业纯碱、烧碱以及 Na_3PO_4 等产品组成的物质大多都是混合碱，它们也可用直接法来测定其含量。

（1）混合碱的测定　混合碱通常是指 NaOH 和 Na_2CO_3 或 Na_2CO_3 和 $NaHCO_3$ 的混合物。NaOH 易吸收空气中的 CO_2。因而在测定烧碱中 NaOH 的同时，要测定 Na_2CO_3 的含量。混合碱的测定有两种方法：双指示剂法和 $BaCl_2$ 法。

① 双指示剂法

a. 烧碱中 NaOH 和 Na_2CO_3 含量的测定　准确称取一定质量 m_s 的试样，溶于水后，先用酚酞作指示剂，以 HCl 标准溶液滴定至红色刚好消失至无色，记下用去 HCl 标准溶液体积 V_1(mL)，此时，NaOH 全部被中和，而 Na_2CO_3 被中和到 $NaHCO_3$。

$$NaOH + HCl \xlongequal{} NaCl + H_2O$$

$$Na_2CO_3 + HCl \xlongequal{\text{酚酞}} NaHCO_3 + NaCl$$

然后再加甲基橙指示剂，继续用 HCl 标准溶液滴定至溶液由黄色变为橙色，记下用去 HCl 标准溶液 V_2（mL），此时 $NaHCO_3$ 全部被中和而生成 H_2CO_3。显然 V_2 是滴定 $NaHCO_3$ 所消耗的 HCl 标准溶液的体积。滴定过程如图 10-6 所示。

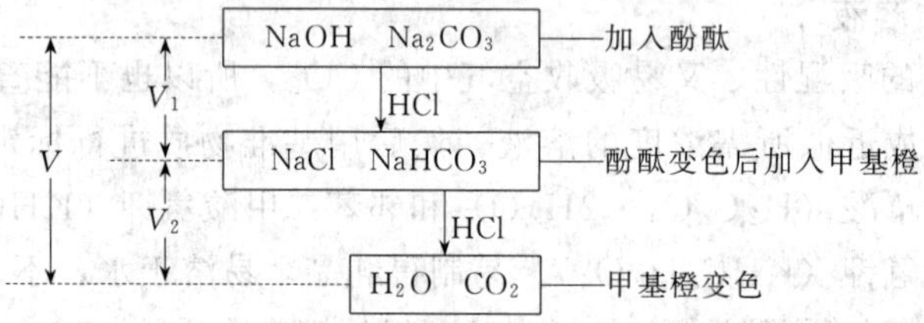

图 10-6　烧碱中 NaOH 和 Na_2CO_3 含量的测定

由图 10-6 可知，$V_1 > V_2$，滴定 NaOH 用去 HCl 标准溶液的体积为 $V_1 - V_2$，滴定 Na_2CO_3 用去的体积为 $2V_2$。

则 NaOH 和 Na_2CO_3 的质量分数分别为

$$w(Na_2CO_3) = \frac{c(HCl)V_2M(Na_2CO_3)}{m_s} \tag{10-6}$$

$$w(NaOH) = \frac{c(HCl)(V_1 - V_2)M(NaOH)}{m_s} \tag{10-7}$$

b. 纯碱中 Na_2CO_3 和 $NaHCO_3$ 含量的测定 其测定方法与烧碱混合物的测定方法相类似，也采用双指示剂法。滴定过程如图 10-7 所示。

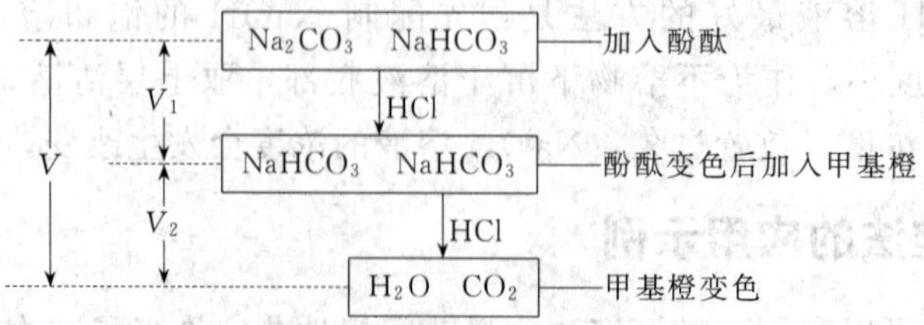

图 10-7　纯碱中 Na_2CO_3 和 $NaHCO_3$ 含量的测定

$$w(Na_2CO_3) = \frac{c(HCl)V_1M(Na_2CO_3)}{m_s} \tag{10-8}$$

$$w(NaHCO_3)=\frac{c(HCl)(V_2-V_1)M(NaHCO_3)}{m_s} \quad (10\text{-}9)$$

双指示剂法不仅用于混合碱的定量分析，还可用于未知碱样的定性分析。

V_1 和 V_2 的变化	试样的组成
$V_1>0\quad V_2=0$	NaOH
$V_1=0\quad V_2>0$	$NaHCO_3$
$V_1=V_2>0$	Na_2CO_3
$V_1>V_2>0$	$NaOH+Na_2CO_3$
$V_2>V_1>0$	$Na_2CO_3+NaHCO_3$

【例 10-2】 称取含惰性杂质的混合碱（NaOH 和 Na_2CO_3 或 Na_2CO_3 和 $NaHCO_3$ 的混合物）试样 1.200g，溶于水后，用 $0.5000mol\cdot L^{-1}$ HCl 滴到酚酞变无色的第一个终点，用去 30.00mL。然后加入甲基橙指示剂，用 HCl 标准溶液继续滴定至溶液由黄色到橙色的第二个终点，又用去 5.00mL。问试样由何种碱组成？各成分的质量分数为多少？

解 此题是用双指示剂法测定混合碱各组分的含量

$$V_1=30.00mL \quad V_2=5.00mL \quad V_1>V_2>0$$

故混合碱试样由 NaOH 和 Na_2CO_3 组成

$$w(Na_2CO_3)=\frac{c(HCl)V_2M(Na_2CO_3)}{m_s}=\frac{0.5000\times0.00500\times106.0}{1.200}=22.08\%$$

$$w(NaOH)=\frac{c(HCl)(V_1-V_2)M(NaOH)}{m_s}=\frac{0.5000\times(0.03000-0.00500)\times40.01}{1.200}=41.68\%$$

② $BaCl_2$ 法　取两等份试样溶液按如下方法实验：第一份试液以甲基橙为指示剂，用 HCl 标准溶液滴定至橙色，测定的是混合碱的总量；第二份试液加入过量 $BaCl_2$ 溶液，使 Na_2CO_3 形成难解离的 $BaCO_3$，然后以酚酞为指示剂，用 HCl 标准溶液滴定至终点，此时测定的是 NaOH，这样根据两次消耗的 HCl 标准溶液的体积就能计算出 NaOH 和 Na_2CO_3 的含量。

（2）农产品总酸度测定　农产品果蔬中的所有有机酸，主要有苹果酸、柠檬酸、酒石酸和醋酸等，酸的种类和含量随其种类、品种和成熟度变化很大。酸度的含量一定可增加其风味，但过量时又显示出不良品质。总酸度是指食品中酸性物质的总量，包括已解离的酸和未解离的酸。

农产品中的有机酸用碱标准溶液滴定时，被中和成盐类。

$$R—COOH+NaOH═══R—COONa+H_2O$$

化学计量点时，溶液呈碱性，用酚酞作指示剂。通常，CO_2 对滴定有影响，因为 CO_2 溶于水时形成 H_2CO_3，这样就会消耗过多的 NaOH 标准溶液。

$$H_2CO_3+2NaOH═══Na_2CO_3+2H_2O$$

为了获得准确的分析结果，所取 HAc 试液必须用不含 CO_2 的蒸馏水稀释，并用不含 Na_2CO_3 的 NaOH 标准溶液进行滴定。

2. 间接滴定法

许多不能满足直接滴定条件的酸碱物质（解离常数小于 10^{-7}），如 NH_4^+、ZnO、$Al_2(SO_4)_3$ 以及许多有机物，不能用酸或碱标准溶液直接滴定，可采用下列间接方法进行测定。

（1）蒸馏法　如 NH_4^+ 用蒸馏法测定其中氮的含量时，根据以下反应进行：

$$NH_4^+ + OH^- \xrightarrow{\triangle} NH_3\uparrow + H_2O$$

$$NH_3 + HCl \longrightarrow NH_4Cl$$

$$NaOH + HCl(剩余) \longrightarrow NaCl + H_2O$$

即在 $(NH_4)_2SO_4$ 或 NH_4Cl 试样中加入过量 NaOH 溶液，加热煮沸，将蒸馏出的 NH_3 用已知过量的 H_2SO_4 或 HCl 标准溶液吸收，吸收后剩余的酸再以甲基红或甲基橙为指示剂，用 NaOH 标准溶液滴定，这样就能间接求得 $(NH_4)_2SO_4$ 或 NH_4Cl 的含量。

$$w(N)=\frac{[c(HCl)V(HCl)-c(NaOH)V(NaOH)]M(N)}{m_s} \tag{10-10}$$

(2) 甲醛法　甲醛法测 NH_4^+ 盐中氮的含量，在试样中加入过量的甲醛，与 NH_4^+ 按化学计算关系定量生成 H^+ 和质子化的六亚甲基四胺。生成的酸用 NaOH 标准溶液滴定，六亚甲基四胺使溶液呈碱性，可用酚酞作指示剂。

$$4NH_4^+ + 6HCHO \longrightarrow (CH_2)_6N_4H^+ + 3H^+ + 6H_2O$$

测定结果可按下式进行计算：

$$w(N)=\frac{c(NaOH)V(NaOH)M(N)}{m_s} \tag{10-11}$$

必须注意，甲醛法只适用于 NH_4Cl、$(NH_4)_2SO_4$ 等强酸铵盐中氮的测定。NH_4HCO_3 不能用甲醛法测定。

【例 10-3】 测定蛋白质中 N 的含量，称取粗蛋白质试样 1.786g，将试样中的氮转变为 NH_3，并以 25.00mL 0.2014mol·L^{-1} HCl 标准溶液吸收，剩余的 HCl 用 0.1288mol·L^{-1} NaOH 的标准溶液返滴定，消耗 NaOH 溶液 10.12mL，计算此粗蛋白质试样中氮的质量分数？

解

$$w(N)=\frac{[c(HCl)V(HCl)-c(NaOH)V(NaOH)]M(N)}{m_s}$$

$$=\frac{(0.2014\times25.00\times10^{-3}-0.1288\times10.12\times10^{-3})\times14.01}{1.786}=2.93\%$$

第二节　沉淀滴定法

一、沉淀滴定法概述

1. 沉淀滴定法概念

沉淀滴定法是利用沉淀反应来进行滴定分析的方法，虽然能生成沉淀的反应很多，但是只有符合下列条件的沉淀反应，才能用于滴定分析。

① 反应的完全程度高，不易形成过饱和溶液。

② 反应速率快，有确定终点的简单方法。

③ 沉淀吸附杂质少，应不影响终点的判断。

④ 沉淀的溶解度必须小，反应能定量进行，沉淀才能完全。

沉淀滴定法的关键问题是终点的准确判断，使滴定终点和理论终点尽可能一致，以减少滴定误差。又由于上述条件不易同时满足，故能用于沉淀滴定的反应不多。目前在生产上常用的是生成难溶性银盐的沉淀滴定法，这种方法称为银量法。银量法主要利用生成 AgCl、AgBr、AgI 和 AgSCN 沉淀的反应，来测定 Cl^-、Br^-、I^-、SCN^- 及 Ag^+ 等。在农业生产中对某一离子的测定起到重要作用。

2. 沉淀滴定法的滴定曲线

以 0.1000mol·L^{-1} $AgNO_3$ 标准溶液滴定 20.00mL 0.1000mol·L^{-1} NaCl 溶液中 Cl^- 为例来讨论滴定曲线。在滴定过程中，随着 $AgNO_3$ 溶液的加入，Cl^- 的浓度不断变化，那么以 $AgNO_3$ 标准溶液滴入的体积或百分数为横坐标，以 pCl（氯离子浓度的负对数）为纵坐标，就可绘制出滴定曲线。

（1）滴定前　pCl＝1.00。

（2）化学计量点前　pCl 由溶液中剩余 Cl^- 浓度计算。若加入 $AgNO_3$ 溶液 19.98mL，溶液中剩余 Cl^- 浓度为：

$$c(Cl^-)=0.1000mol\cdot L^{-1}\times\frac{20.00mL-19.98mL}{20.00mL+19.98mL}=5\times10^{-5}mol\cdot L^{-1}$$

$$pCl=4.30$$

（3）化学计量点时　已加入 $AgNO_3$ 溶液 20.00mL，则：

$$c_{eq}(Cl^-)/c^{\ominus}=c_{eq}(Ag^+)/c^{\ominus}=\sqrt{K_{sp}^{\ominus}}=1.34\times10^{-5}mol\cdot L^{-1}$$

$$pCl=4.87$$

（4）化学计量点后　pCl 可根据溶液中剩余的 Ag^+ 浓度计算。如果加入 $AgNO_3$ 溶液 20.02mL，则：

$$c(Ag^+)=0.1000mol\cdot L^{-1}\times\frac{20.00mL-19.98mL}{20.00mL+20.02mL}=5.0\times10^{-5}mol\cdot L^{-1}$$

$$c_{eq}(Cl^-)/c^{\ominus}=\frac{K_{sp}^{\ominus}}{c_{eq}(Ag^+)/c^{\ominus}}=3.6\times10^{-6}mol\cdot L^{-1}$$

$$pCl=5.40$$

按照上述方式逐一计算滴定过程中各阶段溶液 pCl 变化的情况，并将主要计算结果列于表 10-5。滴定曲线如图 10-8 所示。

表 10-5　0.1000mol·L^{-1} $AgNO_3$ 滴定 20.00mL 0.1000mol·L^{-1} NaCl 溶液中 pCl 变化

$V(AgNO_3)$/mL	pCl	pAg	$V(AgNO_3)$/mL	pCl	pAg
0.0	1.0		20.02	5.4	4.3
18.00	2.3	7.2	20.20	6.2	3.3
19.80	3.3	6.2	22.00	7.2	2.3
19.98	4.3	5.4	40.00	8.0	1.5
20.00	4.87	4.87			

由图 10-8 可知，滴定突跃的大小不仅与溶液的浓度有关，也与所生成沉淀的溶解度有关。若滴定剂和待测溶液的浓度越大，所生成沉淀的溶解度越小 [$s(AgI)<s(AgBr)<s(AgCl)$]，突跃范围越大。

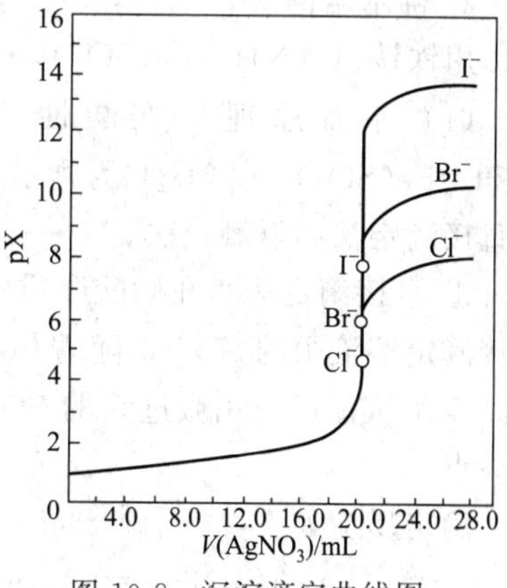

图 10-8　沉淀滴定曲线图

二、沉淀滴定法确定终点的方法

根据确定终点所选指示剂的不同，银量法可分为莫尔（Mohr）法、佛尔哈德（Volhard）法、法扬司（Fajans）法。

1. 莫尔法

用铬酸钾作指示剂的银量法称莫尔（Mohr）法。

（1）基本原理　在中性或弱碱性溶液中，以

K_2CrO_4 作指示剂，用 $AgNO_3$ 标准溶液直接滴定含有 Cl^-（或 Br^-）的溶液。由于 AgCl（或 AgBr）的溶解度小于 Ag_2CrO_4 的溶解度，所以在滴定过程中首先析出白色 AgCl 沉淀（或浅黄色 AgBr 沉淀）。随着 $AgNO_3$ 标准溶液的不断加入，溶液中的 Cl^-（或 Br^-）浓度越来越少，当滴定至化学计量点时，即 AgCl（或 AgBr）沉淀完全后，稍过量一滴的 Ag^+ 就会和 CrO_4^{2-} 作用形成砖红色沉淀，从而指示滴定终点的到达。滴定反应如下：

$$Ag^+ + Cl^- \rightleftharpoons AgCl\downarrow(白色) \qquad K_{sp}^{\ominus}(AgCl)=1.77\times10^{-10}$$

$$2Ag^+ + CrO_4^{2-} \rightleftharpoons Ag_2CrO_4\downarrow(砖红色) \qquad K_{sp}^{\ominus}(Ag_2CrO_4)=1.12\times10^{-12}$$

（2）滴定条件　为使 Ag_2CrO_4 沉淀恰好在计量点时产生，并使终点判断及时、现象明显，在滴定过程中应注意以下事项。

① K_2CrO_4 指示剂的浓度　由于 K_2CrO_4 溶液本身为黄色，当 K_2CrO_4 浓度过高时，不但终点会提前出现，而且会因溶液颜色过深而影响终点的观察；若 K_2CrO_4 浓度太小，又会使滴定终点拖后，两种情况均能影响滴定的准确度。所以根据溶度积原理在实际滴定过程中应控制 K_2CrO_4 浓度为 $0.005mol\cdot L^{-1}$ 为宜（滴定误差小于 0.1%）。

② 溶液的酸度　莫尔法适于在中性或弱碱性（pH＝6.5～10.5）介质中进行滴定。在酸性介质中，CrO_4^{2-} 将转化为 $Cr_2O_7^{2-}$，溶液中 CrO_4^{2-} 减少，不会生成 Ag_2CrO_4 沉淀，则难以指示终点；在强碱性溶液中，Ag^+ 会生成 Ag_2O 沉淀。若溶液碱性太强，可先用稀 HNO_3 中和至甲基红变橙色，再滴加稀氢氧化钠至橙色变黄；若酸性太强，可加入 $Ca(HCO_3)_2$ 或 $CaCO_3$ 中和。

③ 滴定时要充分振荡　在化学计量点前，Cl^-（或 Br^-）还有剩余，已生成的 AgCl（或 AgBr）沉淀易吸附 Cl^-（或 Br^-）使 Ag_2CrO_4 沉淀提前出现，使操作者误以为是滴定终点。所以在滴定时要充分振荡，使被 AgCl（或 AgBr）沉淀吸附的 Cl^-（或 Br^-）及时释放出来，可防止终点提前。

（3）应用范围

① 莫尔法的选择性较差，凡能与 CrO_4^{2-} 或 Ag^+ 生成沉淀的阴阳离子，如 PO_4^{2-}、AsO_4^{3-}、S^{2-}、$C_2O_4^{2-}$ 及 Ba^{2+}、Pb^{2+}、Hg^{2+} 等，均干扰测定。

② 莫尔法主要用于测定 Cl^-、Br^- 的反应，而不能测定 I^- 或 SCN^-，因为 AgI 或 AgSCN沉淀强烈吸附 I^- 或 SCN^-，致使终点提前出现。另外莫尔法也不适用于用 NaCl 标准溶液直接滴定 Ag^+，因为在 Ag^+ 试液中加入指示剂 K_2CrO_4 后，会立即析出 Ag_2CrO_4 沉淀，而 Ag_2CrO_4 转化为 AgCl 沉淀的速度极慢，所以对测定有一定的干扰。

2. 佛尔哈德法

用铁铵矾 $(NH_4)Fe(SO_4)_2\cdot12H_2O$ 作指示剂的银量法称佛尔哈德（Volhard）法。

（1）基本原理　在酸性条件下，以 NH_4SCN 或 KSCN 作标准溶液，铁铵矾 $(NH_4)Fe(SO_4)_2\cdot12H_2O$ 为指示剂，直接测定溶液中 Ag^+ 含量。佛尔哈德法按滴定方式分为直接滴定法和返滴定法。

① 直接滴定法　在硝酸介质中，以铁铵矾作指示剂，以 NH_4SCN 或 KSCN 作标准溶液直接滴定溶液中的 Ag^+，随着标准溶液的加入，溶液中首先析出白色的 AgSCN 沉淀，当 Ag^+ 定量沉淀后，稍微过量的 SCN^- 就与 Fe^{3+} 生成红色配合物 $[Fe(SCN)]^{2+}$，以指示滴定终点。

滴定反应如下：

$$Ag^+ SCN^- \rightleftharpoons AgSCN\downarrow(白色) \qquad K_{sp}^{\ominus}(AgSCN)=1.0\times10^{-12}$$

$Fe^{3+} + SCN^- \rightleftharpoons [Fe(SCN)]^{2+}$（红色） $K^{\ominus}([Fe(SCN)]^{2+}) = 200$

② 返滴定法　在含有卤素离子或 SCN^- 的 HNO_3 溶液中，加入一定量过量的 $AgNO_3$ 标准溶液，使卤素离子或 SCN^- 生成银盐沉淀，然后以铁铵矾为指示剂，用 NH_4SCN 标准溶液返滴定剩余的 $AgNO_3$，Ag^+ 定量沉淀完全后，稍过量的 NH_4SCN 与 Fe^{3+} 形成红色配合物 $[Fe(SCN)]^{2+}$ 指示滴定终点。

滴定反应如下：

加入过量 $AgNO_3$ 后　　Ag^+（过量）$+ X^- \rightleftharpoons AgX\downarrow$

回滴剩余 $AgNO_3$　　Ag^+（剩余量）$+ SCN^- \rightleftharpoons AgSCN\downarrow$（白色）

终点时　　$Fe^{3+} + SCN^- \rightleftharpoons [Fe(SCN)]^{2+}$（红色）

（2）滴定条件

① 指示剂铁铵矾溶液的浓度。实验证明，能观察到红色 $[Fe(SCN)]^{2+}$ 的最低浓度为 $6.0\times10^{-6}mol \cdot L^{-1}$。根据溶度积原理，达到化学计量点时 SCN^- 的浓度为 $1.0\times10^{-6}mol \cdot L^{-1}$，$Fe^{3+}$ 的浓度为 $0.03mol \cdot L^{-1}$。但在实际滴定过程中，如果 Fe^{3+} 浓度太大会使溶液呈较深的黄色，影响终点的观察，因此通常使溶液中 Fe^{3+} 浓度保持为 $0.015mol \cdot L^{-1}$，其终点误差小于0.1%。

② 溶液的酸度。此法滴定反应必须在酸性条件下进行。用硝酸调酸度，浓度控制在 $0.2\sim1.0mol \cdot L^{-1}$。这是佛尔哈德法的优点，因为在酸性条件下，会避免许多离子的干扰。如果酸度太低，Fe^{3+} 将水解生成颜色较深的配合物，影响终点观察。甚至还会生成 $Fe(OH)_3$ 沉淀。

③ 滴定时充分振荡。为防止 AgSCN 对 Ag^+ 的吸附，临近终点时必须剧烈振荡，使被吸附的 Ag^+ 及时释放出来。

④ 返滴定法测定 Cl^- 时，终点的判断会遇到困难，这是因为 AgCl 的溶解度比 AgSCN 大，故化学计量点后，会出现两种沉淀的转化，所以溶液出现的红色随溶液的振荡而消失，因而得不到准确的终点。解决这一问题的一个办法是可把 AgCl 沉淀过滤出去，以稀硝酸洗涤沉淀，再把洗涤液合并入滤液中，然后用 NH_4SCN 返滴滤液中的 $AgNO_3$。另一个办法是加入有机试剂，如硝基苯，用力摇动，使 AgCl 沉淀表面覆盖一层有机溶剂，防止沉淀与溶液接触，从而阻碍了 AgCl 和 SCN^- 的转化反应，此法简便，但硝基苯毒性较大。

⑤ 用返滴定法测定 Br^- 或 I^- 和 SCN^- 时，滴定终点十分明显，不发生上述的转化反应，就不必把沉淀先滤去或加硝基苯覆盖了，但在测定 I^- 时，指示剂必须在加入过量 $AgNO_3$ 后才能加入，否则将发生 Fe^{3+} 将 I^- 氧化为 I_2，产生误差。

⑥ 强氧化剂、氮的低价氧化物、汞盐等能与 SCN^- 发生反应干扰测定，必须预先除去。

（3）应用范围　佛尔哈德法是在酸性溶液中进行滴定，因而免去了许多离子的干扰，所以选择性高，适用范围广，可以测定 Ag^+、Cl^-、Br^-、I^-、SCN^-、PO_4^{3-}、AsO_4^{3-} 等。

3. 法扬司法

用吸附指示剂指示终点的银量法称为法扬司（Fajans）法。

（1）基本原理　吸附指示剂是一类有机染料，当它被吸附在胶粒表面之后，可能由于形成某化合物而导致指示剂分子结构发生改变，从而引起指示剂颜色的变化，此法正是利用它这一特点来指示滴定终点。

例如荧光黄（用 HFIn 表示）是一种有机弱酸，它在溶液中解离的阴离子 FIn^- 呈黄绿色。$AgNO_3$ 滴定 Cl^- 时，可以用荧光黄作指示剂。在化学计量点前，溶液中 Cl^- 过量，AgCl 沉淀胶粒吸附 Cl^-，使胶粒带负电荷，因此不能吸附荧光黄阴离子；计量点后，Ag^+ 过量，AgCl 沉淀胶粒吸附 Ag^+ 而带正电，此时吸附荧光黄阴离子，可能由于在 AgCl 表面上形成荧光黄化合物，导致颜色发生变化，使沉淀表面呈粉红色，从而指示滴定终点。如果用 NaCl 滴定 Ag^+，则颜色变化正好相反。

滴定反应如下：

① 终点前　因溶液中尚有未被滴定的 Cl^-，所以沉淀物 AgCl 将优先选择吸附与其自身组成相类似的 Cl^- 而使沉淀微粒带负电荷，因而不吸附 FIn^-。即

$$Ag^+ + Cl^- \rightleftharpoons AgCl\downarrow$$

$$(AgCl)_n + Cl^- \rightleftharpoons (AgCl)_n \cdot Cl^-$$

② 终点时　溶液中 Cl^- 几乎全部结合生成 AgCl，$AgNO_3$ 稍有过量（半滴）。此时沉淀物 AgCl 将优先选择吸附与其自身组成、结构相类似的 Ag^+ 而使沉淀微粒带正电荷。带正电荷的沉淀微粒能够吸附带负电荷的指示剂阴离子 FIn^- 使其产生颜色变化。即

$$(AgCl)_n + Ag^+ \rightleftharpoons (AgCl)_n \cdot Ag^+$$

$$\underset{\text{(黄色)}}{(AgCl)_n \cdot Ag^+ + FIn^-} \rightleftharpoons \underset{\text{(粉红色)}}{(AgCl)_n \cdot Ag^+ \cdot FIn^-}$$

（2）滴定条件

① 吸附指示剂由于吸附于沉淀表面而变色，因此，沉淀的比表面积越大，即沉淀的颗粒要尽量小些，吸附能力才越强，终点越敏锐。所以，在滴定过程中，为使沉淀具有较大的比表面积，一般加入胶体保护剂，如淀粉、糊精等，以防止 AgCl 沉淀过分凝聚。

② 溶液浓度不能太稀，因为浓度太稀时，沉淀很少，观察终点困难，用荧光黄为指示剂，以 $AgNO_3$ 溶液滴定 Cl^-，Cl^- 浓度要在 $0.005mol \cdot L^{-1}$ 以上，滴定 Br^-、I^-、SCN^- 时灵敏度稍高，浓度降至 $0.001mol \cdot L^{-1}$ 时仍可以准确滴定。

③ 滴定必须在中性、弱碱性或弱酸性溶液中进行。

④ 卤化银容易感光变成灰黑色，滴定时应避免在强光下进行。

⑤ 胶体微粒对指示剂的吸附能力应略小于对被测离子的吸附能力，否则指示剂将在化学计量点前变色；同时，指示剂的吸附性能也不能太小，否则终点变色不敏锐，难以判断终点。卤化银对卤化物和几种吸附指示剂的吸附能力的大小顺序如下：

$$I^- > SCN^- > Br^- > \text{曙红} > Cl^- > \text{荧光黄}$$

因此，滴定 Cl^- 不能选曙红，而应选荧光黄。

（3）应用范围　用吸附指示剂法，使用不同的吸附指示剂，可以测定 Cl^-、Br^-、I^-、SCN^-、Ag^+、SO_4^{2-}、Hg_2^{2+} 等。

第三节　配位滴定法

在分析化学的定性检出和定量测定中，配位反应应用广泛。一些螯合剂与某些金属离子生成有色难溶的螯合物，因此可以作为检验离子的特效试剂。利用有色配离子的形成，使仪器分析中分光光度法的应用范围大大地扩展。此外，常利用金属离子与某些配位剂生成配合物的反应来测定某一成分的含量。这种利用形成配合物的反应进行滴定分析的方法称为配位滴定法。

一、配位滴定法概述

1. 配位滴定法对配位反应的要求

配位反应很多，但并不是所有的配位反应都可用来进行配位滴定。适用于配位滴定的反

应，必须满足以下条件：

① 配位反应要有严格的化学计量关系，反应中只形成一种配位比的配合物。

② 配位反应必须迅速且有适当的指示剂指示反应的终点。

③ 配位反应必须完全，即配合物有足够大的稳定常数。这样在计量点前后才有较大的pM滴定突跃，终点误差较小。

2. 配位剂

配位滴定法是用配位剂作标准溶液，直接或间接测定金属离子。一般常用的配位剂分为无机和有机配位剂。但一般无机配位剂与金属离子形成的配合物稳定性较差，且存在逐级配位现象，各级稳定常数相差较小，溶液中常常同时存在多种形式的配离子，很难定量配位和计算；另外，滴定过程中的突跃不明显，也使终点判断困难，故一般无机配位剂很少用于滴定分析。大多数有机配位剂可避免上述不足，能够满足滴定分析的要求，故常用于配位滴定。该方法中常用的配位剂是氨羧类配位剂，它们能和金属离子形成具有环状结构的螯合物，稳定性高，且金属离子与配位体的配位比恒定，能满足配位滴定的要求，因此配位滴定法主要是指形成螯合物的配位滴定法。其中最重要、应用最广的配位剂是乙二胺四乙酸（EDTA）及其二钠盐。

二、EDTA及其配合物的性质

1. EDTA的性质

乙二胺四乙酸，简称EDTA，是含有羧基和氨基的螯合剂，它是一个四元酸，常用H_4Y表示。

结构如下：

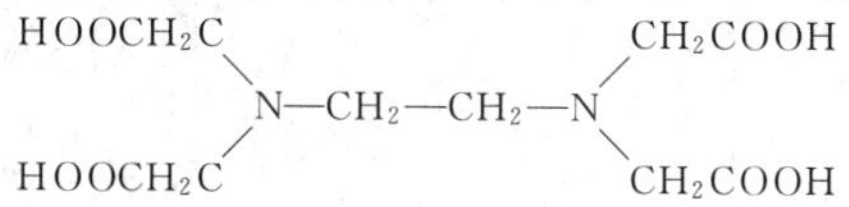

两个羧基上的H^+转移到N原子上，形成双偶极离子：

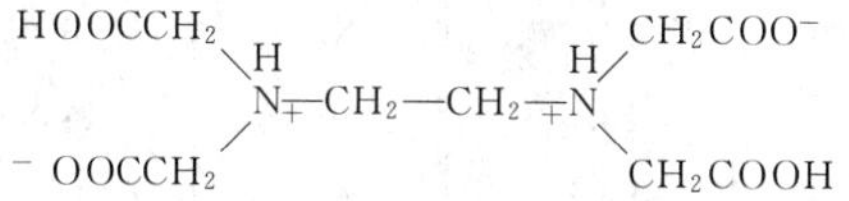

在酸度很高的溶液中，两个羧酸根可再结合两个H^+，形成H_6Y^{2+}，相当于六元酸。故在水溶液中，EDTA存在六级解离平衡：

$$H_6Y^{2+} \rightleftharpoons H^+ + H_5Y^+ \quad K_{a_1}^{\ominus} = 10^{-0.9}$$

$$H_5Y^+ \rightleftharpoons H^+ + H_4Y \quad K_{a_2}^{\ominus} = 10^{-1.6}$$

$$H_4Y \rightleftharpoons H^+ + H_3Y^- \quad K_{a_3}^{\ominus} = 10^{-2.0}$$

$$H_3Y^- \rightleftharpoons H^+ + H_2Y^{2-} \quad K_{a_4}^{\ominus} = 10^{-2.67}$$

$$H_2Y^{2-} \rightleftharpoons H^+ + HY^{3-} \quad K_{a_5}^{\ominus} = 10^{-6.16}$$

$$HY^{3-} \rightleftharpoons H^+ + Y^{4-} \quad K_{a_6}^{\ominus} = 10^{-10.26}$$

即EDTA可以H_6Y^{2+}、H_5Y^+、H_4Y、H_3Y^-、H_2Y^{2-}、HY^{3-}、Y^{4-}七种形式存在，它们的分布系数与溶液pH的关系如图10-9所示。由图可知，pH不同，EDTA的各种存在形式的分布系数不同，即EDTA的主要存在形式是不同的。在pH＜1的强酸性溶液中，主要

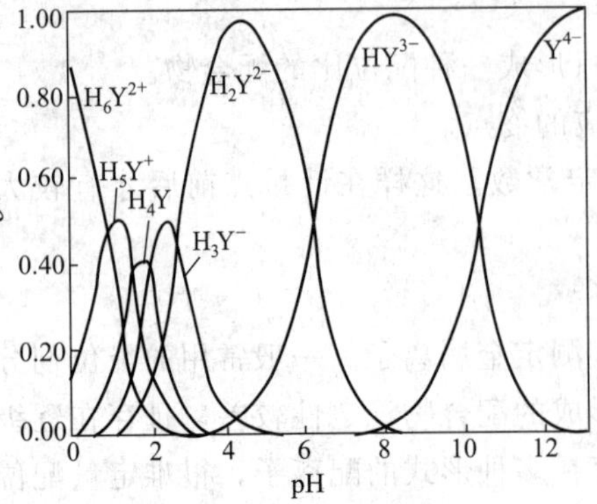

图 10-9　EDTA 的 δ-pH 曲线

以 H_6Y^{2+} 的形式存在；当 pH＝2.68～6.16 时，主要以 H_2Y^{2-} 的形式存在；当 pH＞10.26 时，主要以 Y^{4-} 的形式存在。

由于 EDTA 在水中溶解度较小（室温下，每 100mL 水中溶解 0.02g），所以在分析工作中通常使用它的二钠盐（$Na_2H_2Y \cdot 2H_2O$），它在水中的溶解度较大（室温下，每 100mL 水中溶解 11.1g），饱和溶液的浓度约为 0.3mol·L^{-1}，由于主要存在形式是 H_2Y^{2-}，故溶液的 pH 约为 4.4。

2. EDTA 与金属离子形成的配合物的特点

（1）普遍性　由于每个 EDTA 分子中有两个氨基上的氮和四个羧基上的氧，共六个配位原子。它们可部分或全部与＋1～＋4 价的大多数金属离子形成四配位或六配位的螯合物。

（2）稳定性好　配合物稳定性与成环的数目有关，当配位的原子相同时，成环数越多，则配合物越稳定。配合物的稳定性还与环的大小有关，一般五元或六元环最稳定。EDTA 与大多数金属离子形成多个五元环的配合物，具有较高的稳定性。配合物的稳定性可以用稳定常数表示，表 10-6 为部分配合物的稳定性常数值。从表中看出，除 Na^+、Li^+ 外，大多数金属离子与 EDTA 形成的配合物都相当稳定。

表 10-6　EDTA 配合物的 $\lg K^{\ominus}_{稳}$（I＝0.1，20～25℃）

离子	$\lg K^{\ominus}_{稳}$	离子	$\lg K^{\ominus}_{稳}$	离子	$\lg K^{\ominus}_{稳}$	离子	$\lg K^{\ominus}_{稳}$
Li^+	2.79	Eu^{3+}	17.35	Fe^{2+}	14.32	Cd^{2+}	16.46
Na^+	1.66	Tb^{3+}	17.67	Fe^{3+}	25.10	Hg^{2+}	21.70
Be^{2+}	9.30	Dy^{3+}	18.30	Co^{2+}	16.31	Al^{3+}	16.30
Mg^{2+}	8.70	Yb^{3+}	19.57	Co^{3+}	36.00	Sn^{2+}	22.11
Ca^{2+}	10.69	Ti^{3+}	21.30	Ni^{2+}	18.62	Pb^{2+}	18.18
Sr^{2+}	8.73	Cr^{3+}	23.40	Cu^{2+}	18.80	Bi^{3+}	27.94
La^{3+}	15.50	MoO_2^+	28.00	Ag^+	7.32	Th^{4+}	23.20
Sm^{3+}	17.14	Mn^{2+}	13.87	Zn^{2+}	16.50	U(Ⅳ)	25.80

（3）螯合比恒定　由于一个 EDTA 分子中含有六个配位原子，能与金属离子形成六个配位键，而多数金属离子的配位数不超过六，而且 EDTA 分子体积很大，所以 EDTA 与金属离子形成配合物的螯合比一般为 1∶1，无逐级配位现象。

（4）可溶性　由于 Y^{4-} 带有 4 个负电荷，当 EDTA 阴离子与金属离子形成螯合物时，在满足配位数的同时，常使螯合物带有电荷，故水溶性好。

（5）颜色倾向性　EDTA 与无色金属离子形成的配合物仍为无色；EDTA 与有色金属离子形成的配合物颜色比相应金属离子的颜色稍深，如：

CaY^{2-}	MgY^{2-}	NiY^{2-}	CuY^{2-}	CoY^{2-}	MnY^{2-}	CrY^-	FeY^-
无色	无色	蓝色	深蓝	紫红	紫红	深紫	黄

必须指出，金属离子与 EDTA 形成的配合物（MY）若无色，则有利于用指示剂确定

终点；若 MY 为有色，则浓度大时不利于观察指示剂颜色的变化。因此，采用配位滴定测定这些离子时浓度不宜过大。

三、条件稳定常数

在配位滴定中，所涉及的化学平衡体系是比较复杂的，除了存在 EDTA 与金属离子的主反应外，还存在许多副反应。所有存在于配位滴定中的化学反应，可用图 10-10 表示。

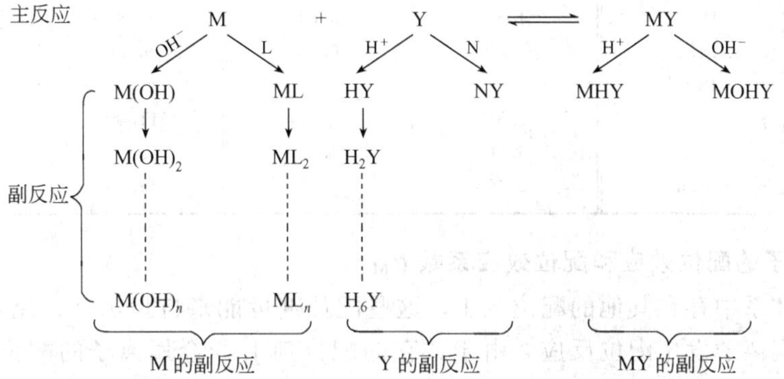

图 10-10　所有存在于配位滴定中的化学反应

由图 10-10 可知，在 EDTA 的配位滴定中，存在三个方面的副反应：一是金属离子的水解效应及与 EDTA 以外的配位剂的配位效应；二是 EDTA 的酸效应及其与待测金属离子以外的金属离子的配位效应；三是生成酸式配合物 MHY 及碱式配合物 MOHY 的副反应。在这三类副反应中，前两类对滴定不利，第三类虽对滴定是有利的，但因反应的程度很小，所以可忽略不计。一般情况下若系统中无共存离子干扰，且没有其他辅助配位剂时，影响主反应的因素主要是 EDTA 的酸效应及金属离子的水解效应。当金属离子不发生水解时，则只有 EDTA 的酸效应。实际滴定中一般主要考虑 EDTA 的酸效应和金属离子的辅助配位效应。

1. EDTA 的酸效应及酸效应系数 $\alpha_{Y(H)}$

由 EDTA 的解离平衡可知，溶液的酸度直接影响到 EDTA 的主要存在形式。而能和金属离子 M 发生配位反应的仅是其中的 Y^{4-}，$c(Y^{4-})$ 称为有效浓度，其分布系数与溶液 pH 有关，酸度越高，$c(Y^{4-})$ 越小，主反应就进行得越不完全。

由于 H^+ 的存在，而使 EDTA 参加主反应的能力下降的现象称为 EDTA 的酸效应。EDTA 酸效应的大小可以用酸效应系数 $\alpha_{Y(H)}$ 来衡量，$\alpha_{Y(H)}$ 表示未参加配位反应的 EDTA 的各种存在形式的总浓度 $c_{eq}(Y')$ 与能参加配位反应的 Y^{4-} 的平衡浓度 $c_{eq}(Y^{4-})$ 之比。其数学表达式如下：

$$\alpha_{Y(H)}=\frac{c_{eq}(Y')}{c_{eq}(Y^{4-})} \tag{10-12}$$

$$\alpha_{Y(H)}=\frac{c_{eq}(Y^{4-})+c_{eq}(HY^{3-})+c_{eq}(H_2Y^{2-})+c_{eq}(H_3Y^{-})+c_{eq}(H_4Y)+c_{eq}(H_5Y^{+})+c_{eq}(H_6Y^{2+})}{c_{eq}(Y^{4-})}$$

显然，$\alpha_{Y(H)}$ 随 EDTA 各级解离常数和溶液 pH 而变化。在一定温度下，解离常数为定值，因此 $\alpha_{Y(H)}$ 仅随溶液 pH 而变化。溶液的 $c(H^+)$ 越大，pH 越小，$\alpha_{Y(H)}$ 越大，$c(Y^{4-})$ 越小，主反应就进行得越不完全，表明因 H^+ 而引起的 EDTA 的副反应越严重。一般 $\alpha_{Y(H)}>1$；

当 pH≥12 时，$c(Y)_{总} \approx c(Y^{4-})$，$\alpha_{Y(H)} \approx 1$，$\lg\alpha_{Y(H)} \approx 0$ 表明 H^+ 对主反应几乎没有响。不同 pH 时 EDTA 酸效应系数的对数值 $\lg\alpha_{Y(H)}$ 列于表 10-7。

表 10-7　不同 pH 时 $\lg\alpha_{Y(H)}$

pH	$\lg\alpha_{Y(H)}$	pH	$\lg\alpha_{Y(H)}$	pH	$\lg\alpha_{Y(H)}$
0.00	23.64	3.40	9.70	7.00	3.32
0.40	21.32	3.80	8.85	7.50	2.78
0.80	19.08	4.00	8.44	8.00	2.26
1.00	18.01	4.40	7.64	8.50	1.77
1.40	16.02	4.80	6.84	9.00	1.29
1.80	14.27	5.00	6.45	9.50	0.83
2.00	13.51	5.40	5.69	10.00	0.45
2.40	12.19	5.80	4.98	11.00	0.07
2.80	11.09	6.00	4.65	12.00	0.01
3.00	10.60	6.40	4.06	13.00	0.00

2. 金属离子的配位效应和配位效应系数 $\alpha_{M(L)}$

如果滴定体系中存在其他的配位剂 L，这些配位剂可能来自指示剂、掩蔽剂或缓冲剂，它们也能和金属离子发生配位反应。由于共存的配位剂 L 与金属离子的配位反应而使主反应能力降低，这种现象叫配位效应。配位效应的大小用配位效应系数 $\alpha_{M(L)}$ 来表示，它是指未与 EDTA 配合的金属离子 M 的各种存在形式的总浓度 $c_{eq}(M')$ 与游离金属离子浓度 $c_{eq}(M)$ 之比。表示为：

$$\alpha_{M(L)} = \frac{c_{eq}(M')}{c_{eq}(M)} \tag{10-13}$$

$\alpha_{M(L)}$ 越大，金属离子的副反应越严重。

总之，副反应系数越大，说明副反应越严重，对主反应的影响越大。配合物的条件稳定常数可以说明一定条件下副反应的影响和配位反应进行的程度。

3. EDTA 配合物的条件稳定常数

绝对稳定常数是在没有副反应时金属离子与 EDTA 形成配合物的稳定常数 $K^{\ominus}_{MY}$。但实际反应中会存在各种不同程度的副反应，因此，绝对稳定常数不能反映配合物的真实稳定程度。条件稳定常数 $K^{\ominus}_{MY}{}'$ 的大小能反映在外界影响下配合物 MY 的实际稳定程度。

$$K^{\ominus}_{MY}{}' = \frac{c_{eq}(MY)/c^{\ominus}}{[c_{eq}(M')/c^{\ominus}][c_{eq}(Y')/c^{\ominus}]} \tag{10-14}$$

由 $\alpha_{Y(H)} = \dfrac{c_{eq}(Y')}{c_{eq}(Y^{4-})}$　$\alpha_{M(L)} = \dfrac{c_{eq}(M')}{c_{eq}(M)}$ 可得：

$$c_{eq}(Y') = c_{eq}(Y^{4-})\alpha_{Y(H)} \quad c_{eq}(M') = c_{eq}(M)\alpha_{M(L)}$$

所以，$$K^{\ominus}_{MY}{}' = \frac{c_{eq}(MY)/c^{\ominus}}{[c_{eq}(M')/c^{\ominus}][c_{eq}(Y')/c^{\ominus}]} = \frac{c_{eq}(MY)/c^{\ominus}}{[c_{eq}(M)/c^{\ominus}][c_{eq}(Y^{4-})/c^{\ominus}]\alpha_{Y(H)}\alpha_{M(L)}} = \frac{K^{\ominus}_{MY}}{\alpha_{Y(H)}\alpha_{M(L)}}$$

$c_{eq}(M')$ 表示平衡时没有与 EDTA 配位的金属离子的总浓度；$c_{eq}(Y')$ 表示平衡时没有与金属离子配位的 EDTA 的总浓度。

由于各种副反应中，最严重的往往是 EDTA 的酸效应，因此在一般情况下，仅考虑 EDTA 的酸效应，则：

$$K^{\ominus}_{MY}=\frac{c_{eq}(MY)/c^{\ominus}}{[c_{eq}(M)/c^{\ominus}][c_{eq}(Y^{4-})/c^{\ominus}]}=\frac{[c_{eq}(MY)/c^{\ominus}]\alpha_{Y(H)}}{[c_{eq}(M)/c^{\ominus}][c_{eq}(Y')/c^{\ominus}]}=K^{\ominus}_{MY}{}'\alpha_{Y(H)}$$

即：

$$K^{\ominus}_{MY}{}'=\frac{K^{\ominus}_{MY}}{\alpha_{Y(H)}}$$

以对数表示：

$$\lg K^{\ominus}_{MY}{}'=\lg K^{\ominus}_{MY}-\lg\alpha_{Y(H)} \qquad (10\text{-}15)$$

由此可见，溶液的 pH 越高，$\alpha_{Y(H)}$就越小，$\lg K^{\ominus}_{MY}{}'$越大，配位反应进行得越完全，所生成的配合物越稳定。

【例 10-4】 计算 pH＝1.0，pH＝5.0 时的 $K^{\ominus}_{MY}{}'$。已知 $\lg K^{\ominus}_{PbY}=18.04$。

解 查表 10-7 可知：pH＝1.0 时，$\lg\alpha_{Y(H)}=18.01$，pH＝5.0 时，$\lg\alpha_{Y(H)}=6.45$。

所以　　pH＝1.0 时，$\lg K^{\ominus}_{PbY}{}'=18.04-18.01=0.03$

pH＝5.0 时，$\lg K^{\ominus}_{PbY}{}'=18.04-6.45=11.59$

此题说明，溶液酸度不同所形成配合物的实际稳定性相差很大。pH＝1.0 时由于EDTA 酸效应严重，使得 $\lg K^{\ominus}_{PbY}{}'$仅为 0.03，此时配合物 PbY 极不稳定；而在 pH＝5.0 时，$\alpha_{Y(H)}$很小，$\lg K^{\ominus}_{PbY}{}'$为 11.59，此配位反应进行得很完全。可见，条件稳定常数是判断配合物的稳定性及配位反应进行程度的一个重要依据。

若同时考虑 EDTA 及金属离子的副反应

即
$$K^{\ominus}_{MY}{}'=\frac{K^{\ominus}_{MY}}{\alpha_{Y(H)}\alpha_{M(L)}}$$

$$\lg K^{\ominus}_{MY}{}'=\lg K^{\ominus}_{MY}-\lg\alpha_{Y(H)}-\lg\alpha_{M(L)}$$

此时条件稳定常数 $K^{\ominus}_{MY}{}'$的大小反映了在外界条件影响（EDTA 酸效应和金属离子副反应）下，配合物 MY 的实际稳定程度。显然，副反应系数越大，条件稳定常数越小。这说明了酸效应和配位效应越大，配合物的实际稳定性越小。

四、配位滴定的基本原理

1. 配位滴定曲线

用 EDTA 标准溶液滴定金属离子 M，随着标准溶液的加入和配合物 MY 的形成，溶液中 M 浓度不断减小，金属离子负对数 pM 逐渐增大。当滴定到计量点附近时，pM 产生突跃（金属离子有副反应时，pM′产生突跃），通过计算滴定过程中各点的 pM 值，以 pM 为纵坐标，以加入 EDTA 的量或滴定分数为横坐标作图，可得到滴定曲线。

（1）绘制滴定曲线　现以 $0.01000\text{mol}\cdot L^{-1}$ EDTA 标准溶液滴定 20.00mL $0.01000\text{mol}\cdot L^{-1}$ Ca^{2+}溶液为例，研究滴定过程中 pCa 的变化情况（缓冲剂不与 Ca^{2+} 发生配位反应）。已知 $\lg K^{\ominus}_{CaY}=10.69$；pH＝12.00 时，$\lg\alpha_{Y(H)}=0.01$，所以

$$\lg K^{\ominus}_{CaY}{}'=10.69-0.01=10.68$$

$$K^{\ominus}_{CaY}{}'=10^{10.68}=4.8\times10^{10}$$

① 滴定前　pCa 取决于起始 $c(Ca^{2+})$ 浓度，$c(Ca^{2+})=0.01000\text{mol}\cdot L^{-1}$，pCa＝2.0。

② 滴定开始到计量点前　由于 $K^{\ominus}_{CaY}{}'$很大，则由 CaY 解离产生的 Ca^{2+} 极少，可忽略，即 pCa 取决于配位反应剩余后的 Ca^{2+} 的浓度。设加入 EDTA 溶液 19.98mL，此时还剩余 0.1%的 Ca^{2+} 未被配位：

$$c(Ca^{2+})=\frac{(20.00-19.98)\text{mL}}{(20.00+19.98)\text{mL}}\times0.01000\text{mol}\cdot L^{-1}=5.0\times10^{-6}\text{mol}\cdot L^{-1}$$

$$pCa=5.3$$

③ 计量点时　Ca^{2+} 与 EDTA 全部配位生成 CaY，溶液中 Ca^{2+} 来自配合物的解离：

$$c(CaY)=\frac{20.00mL}{(20.00+20.00)mL}\times 0.01000mol\cdot L^{-1}=5.0\times 10^{-3}mol\cdot L^{-1}$$

因为此时 $c(Ca^{2+})=c(Y)$，所以：

$$K^{\ominus}_{CaY}{}'=\frac{c_{eq}(CaY)/c^{\ominus}}{\frac{c_{eq}(Ca^{2+})}{c^{\ominus}}\times\frac{c_{eq}(Y^{4-})}{c^{\ominus}}}=\frac{c_{eq}(CaY)/c^{\ominus}}{\left(\frac{c_{eq}(Ca^{2+})}{c^{\ominus}}\right)^2}$$

$$\frac{c_{eq}(Ca^{2+})}{c^{\ominus}}=\sqrt{\frac{\frac{c_{eq}(CaY)}{c^{\ominus}}}{K^{\ominus}_{CaY}{}'}}=\sqrt{\frac{5.0\times 10^{-3}}{4.8\times 10^{10}}}=3.0\times 10^{-7}$$

$$pCa=6.5$$

④ 计量点后　加入 EDTA 溶液 20.02mL，此时 EDTA 溶液过量 0.1%，所以：

$$c(Y^{4-})=\frac{(20.02-20.00)mL}{(20.02+20.00)mL}\times 0.01000mol\cdot L^{-1}=5.0\times 10^{-6}mol\cdot L^{-1}$$

此时 $c(CaY)=\frac{20.00mL}{(20.00+20.02)mL}\times 0.01000mol\cdot L^{-1}=5.0\times 10^{-3}mol\cdot L^{-1}$

$$\frac{c_{eq}(Ca^{2+})}{c^{\ominus}}=\frac{\frac{c_{eq}(CaY)}{c^{\ominus}}}{K^{\ominus}_{CaY}{}'\frac{c_{eq}(Y^{4-})}{c^{\ominus}}}=\frac{5.0\times 10^{-3}}{4.8\times 10^{10}\times 5.0\times 10^{-6}}=2.1\times 10^{-8}$$

$$pCa=7.7$$

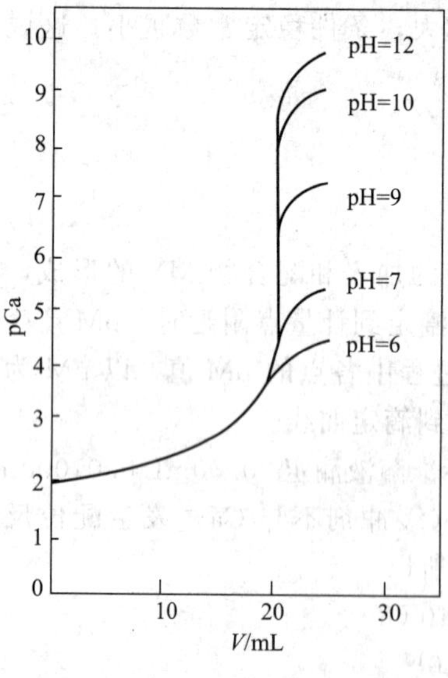

图 10-11　不同 pH 下 $0.01000mol\cdot L^{-1}$ EDTA 滴定 20.00mL $0.01000mol\cdot L^{-1}\ Ca^{2+}$ 的滴定曲线

如此逐一计算，以 pCa 为纵坐标，加入 EDTA 标准溶液的百分数（或体积）为横坐标作图，就得到用 EDTA 标准溶液滴定 Ca^{2+} 的滴定曲线。同理得到不同 pH 条件下的滴定曲线，如图 10-11 所示。由图可见，在酸度合适的情况下，化学计量点前后，pM 值发生明显的变化，这就是配位滴定的 pM 突跃。滴定突跃范围的大小是决定配位滴定准确度的重要依据。配位反应进行得越彻底，滴定的突跃越大，准确度越高。

（2）影响滴定突跃范围大小的因素

① 溶液的 pH　滴定曲线突跃范围随溶液 pH 大小而变化，这是由于 CaY 配合物的条件稳定常数随 pH 而改变的缘故。pH 越大，滴定突跃越大；pH 越小，滴定突跃越小。当 pH=6 时，图 10-11 中滴定曲线就几乎看不出突跃了。

② 条件稳定常数　配合物的条件稳定常数的大小直接影响到滴定突跃的大小，决定条件稳定常数大小的因素有绝对稳定常数、溶液的酸度等。当其他条件一定时，MY 配合物的条件稳定常数越大，滴定曲线上的突跃范围也越大。

③ 待测金属离子的浓度　在条件稳定常数一定的条件下，金属离子的起始浓度大小对

滴定突跃也有影响，金属离子的起始浓度越小，滴定曲线的起点越高，因而其突跃部分就越短，从而使滴定突跃变小，如图 10-12 所示。

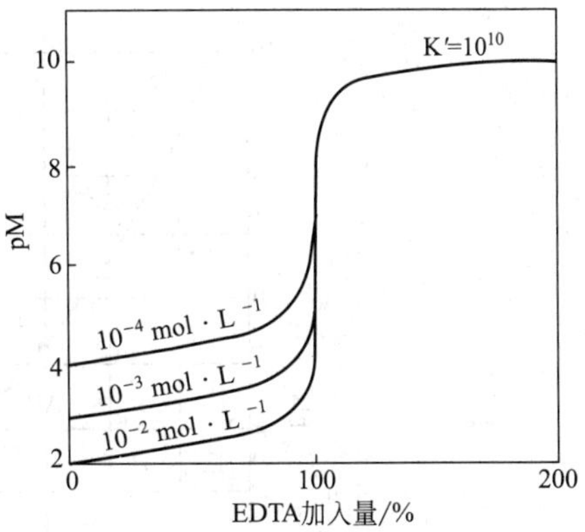

图 10-12　EDTA 滴定不同浓度 M^{n+} 的滴定曲线

由图 10-12 可知，滴定突跃的大小取决于待滴定金属离子的起始浓度 c(M) 和配合物的条件稳定常数（$K_{MY}^{\ominus\prime}$）。所以只有当$\frac{c(M)}{c^{\ominus}}K_{MY}^{\ominus\prime}$足够大时，才会有明显的突跃，才能进行准确的滴定。实验证明，用指示剂指示终点时，只有满足$\frac{c(M)}{c^{\ominus}}K_{MY}^{\ominus\prime}\geqslant 10^6$，滴定才有明显的突跃，才能使滴定的终点误差在±0.1%内。故$\frac{c(M)}{c^{\ominus}}K_{MY}^{\ominus\prime}\geqslant 10^6$ 为配位滴定中准确测定单一金属离子的条件，即

$$\frac{c(M)}{c^{\ominus}}K_{MY}^{\ominus\prime}\geqslant 10^6 \quad 或 \quad \lg\frac{c(M)}{c^{\ominus}}K_{MY}^{\ominus\prime}\geqslant 6 \tag{10-16}$$

当 $c(M)=0.01mol\cdot L^{-1}$时，$\lg K_{MY}^{\ominus\prime}\geqslant 8$。

【例 10-5】 如果用 $0.0100mol\cdot L^{-1}$ EDTA 滴定 $0.0100mol\cdot L^{-1}$ Mg^{2+} 溶液，以 NH_3-NH_4Cl 缓冲溶液控制溶液 pH=10.0，试判断能否准确滴定？当溶液 pH=8.0 时，情况如何？已知 $\lg K_{MgY}^{\ominus}=8.70$

解　(1) pH=10.0 时，查表 $\lg\alpha_{Y(H)}=0.45$

$$\lg K_{MgY}^{\ominus\prime}=\lg K_{MgY}^{\ominus}-\lg\alpha_{Y(H)}=8.70-0.45=8.25$$

$$\lg\frac{c(M)}{c^{\ominus}}K_{MgY}^{\ominus\prime}=8.25-2=6.25>6$$

在 pH=10.0 时，Mg^{2+} 可被准确滴定。

(2) pH=8.0 时，查表 $\lg\alpha_{Y(H)}=2.26$

$$\lg K_{MgY}^{\ominus\prime}=8.70-2.26=6.44$$

$$\lg\frac{c(M)}{c^{\ominus}}K_{MgY}^{\ominus\prime}=-2+6.44=4.44<6$$

故在 pH=8.0 时，Mg^{2+} 不能被准确滴定。

2. 配位滴定所允许的最低 pH 和酸效应曲线

配位滴定受酸度的影响非常大，其影响主要表现在配位能力及生成的配合物的稳定性上，因为溶液酸度的大小控制着与金属离子直接配位的 Y^{4-} 的浓度，所以溶液的 pH 是影响 EDTA 配位能力的主要因素。不同金属离子与 Y^{4-} 形成配合物的稳定性是不同的，配合物稳定性的大小又与酸度有关，所以用 EDTA 滴定不同金属离子时，对稳定性高的配合物，溶液酸度稍高一些也能准确地滴定。但对稳定性较差的配合物，酸度若高于某一数值时，就不能准确滴定。因此滴定不同的金属离子有不同的最高酸度（最低 pH），小于这一最低 pH 就不能准确滴定。

设滴定体系只存在酸效应，不存在其他副反应，则根据单一金属离子被准确滴定的条件 $\lg K_{MY}^{\ominus\prime}\geqslant 8$，即可求出最高酸度（最低 pH）。

有：
$$\lg K_{MY}^{\ominus\prime}=\lg K_{MY}^{\ominus}-\lg\alpha_{Y(H)}\geqslant 8$$

即：
$$\lg\alpha_{Y(H)}\leqslant\lg K_{MY}^{\ominus}-8 \tag{10-17}$$

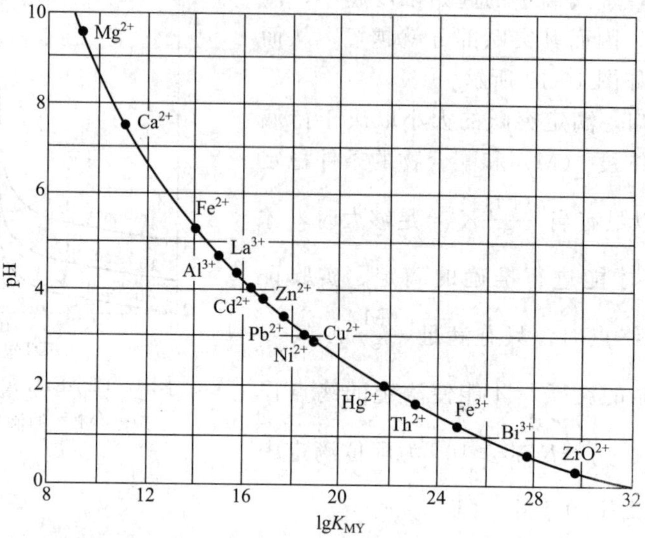

图 10-13 EDTA 的酸效应曲线（金属离子的浓度 $0.01mol \cdot L^{-1}$）

计算出各种金属离子的 $\lg\alpha_{Y(H)}$ 值后，再查表即可查出相应的 pH，这个 pH 即为滴定某一金属离子所允许的最低 pH。若以不同的 $\lg K^{\ominus}_{MY}$ 或 $\lg\alpha_{Y(H)}$ 值对相应的最低 pH 作图，就可得到 EDTA 的酸效应曲线（图 10-13）。这条曲线又称为林邦（Ringbom）曲线。

应用酸效应曲线，可以解决以下几方面问题：

① 从图 10-13 可以查出准确滴定某种单一金属离子时允许的最高酸度（最低 pH）；如滴定 Ca^{2+}，pH>7.7；滴定 Fe^{3+}，pH>1.1；滴定 Zn^{2+}，pH>4。

② 判断滴定时金属离子间是否存在干扰以及干扰程度的大小。即在一定 pH 时，哪些离子被滴定，哪些离子有干扰。如在 pH 约 3.3 时滴定 Pb^{2+}，位于 pH<3.3 以下的离子，如 Bi^{3+}、Fe^{3+}、Cu^{2+}、Ni^{2+} 等均会干扰测定。位于 pH 稍大于 3.3 的金属离子，如 Al^{3+}、Zn^{2+}、Cd^{2+} 等也会有一定干扰。而位于 pH=7.7 以上较远离 pH=3.3 的 Ca^{2+}、Mg^{2+} 等就没有干扰了。

③ 酸效应曲线可以用来估计当几种金属离子共存时，能否通过控制酸度的方法进行分步滴定或连续滴定。例如当 Fe^{3+}、Mg^{2+}、Zn^{2+} 共存时，因为它们在酸效应曲线上距离较远，所以可以在 pH=1～2 滴定 Fe^{3+}，然后在 pH=4～5 滴定 Zn^{2+}，最后再调节溶液 pH=10 左右滴定 Mg^{2+}。

④ 酸效应曲线给出的是理论上的配位滴定所允许的最低 pH，实际中，为了使配位反应更完全，通常采用的 pH 比最低 pH 略高。但也不能太高，否则金属离子可能会发生水解，甚至生成氢氧化物沉淀。所以，在配位滴定时，常常加入缓冲溶液来控制溶液酸度。

3. 金属指示剂

（1）金属指示剂的变色原理　配位滴定指示终点的方法很多，其中最常用的是利用金属指示剂来指示终点。金属指示剂是一种配位剂，它能与金属离子生成与其本身颜色显著不同的有色配合物而指示滴定终点。由于它能够指示出溶液中金属离子浓度的变化情况，故称金属离子指示剂。简称金属指示剂。

若以 M 代表金属离子，In 代表金属指示剂的阴离子（略去电荷），MIn 代表指示剂与金属离子形成的配合物。若以 EDTA 滴定 M，滴定开始时溶液中有大量的 M，其中少量的

M 与加入的指示剂形成 MIn 配合物，MIn 与 In 具有不同的颜色，其反应可表示如下：

$$\underset{}{M} + \underset{(甲色)}{In} \rightleftharpoons \underset{(乙色)}{MIn}$$

此时溶液呈现 MIn 的颜色，滴定开始后，随着 EDTA 的不断加入，游离金属离子逐渐被 EDTA 配位，形成 MY。当达到反应的化学计量点时，由于金属离子与指示剂的配合物（MIn）稳定性比金属离子与 EDTA 的配合物（MY）稳定性差，EDTA 能从 MIn 配合物中夺取 M 而使 In 游离出来，这样溶液的颜色就从 MIn 的颜色（乙色）变为 In 的颜色（甲色），从而指示终点到达：

$$\underset{(乙色)}{MIn} + Y \rightleftharpoons MY + \underset{(甲色)}{In}$$

（2）金属指示剂应具备的条件　金属离子的显色剂很多，只有具备如下条件才能用作配位滴定的金属指示剂。

① 在滴定的 pH 范围内，MIn 与 In 的颜色应有显著的区别。这样，终点颜色变化才明显。金属指示剂与酸碱指示剂相似，金属指示剂的颜色随 pH 而变化，因而使用时必须控制合适的 pH 范围。

② 有色配合物 MIn 的稳定性要适当。它既要有足够的稳定性，又要比该金属离子的 EDTA 的配合物（MY）的稳定性小。如果 MIn 稳定性太低，终点会提前出现，而且变色不敏锐；如果 MIn 稳定性太高，就会使终点拖后，甚至不出现颜色的变化，不能指示终点。

③ 指示剂与金属离子的显色反应必须灵敏、迅速，有一定的选择性。在一定条件下，只对某一种（或某几种）离子发生显色反应。

④ 金属指示剂应比较稳定，便于储藏和使用。

⑤ 显色配合物 MIn 应易溶于水，如果生成胶体溶液或沉淀，会使变色不明显。

（3）使用金属指示剂时存在的问题

① 指示剂的封闭现象　某些金属离子与指示剂形成的配合物（MIn）比相应的金属离子与 EDTA 形成的配合物更稳定。如果溶液中存在着这些金属离子，即使滴定已达到化学计量点，甚至过量的 EDTA 也不能从 MIn 配合物中夺取出金属离子而使指示剂 In 释放出来，这样就看不到终点应有的颜色变化，这种现象称为指示剂的封闭现象。例如在 pH＝10 时以铬黑 T 为指示剂滴定 Ca^{2+}、Mg^{2+} 总量时，Al^{3+}、Fe^{3+}、Cu^{2+}、Ni^{2+} 和 Co^{2+} 等离子对铬黑 T 指示剂有封闭作用，使终点无法确定。这时可用 KCN 掩蔽 Cu^{2+}、Ni^{2+}、Co^{2+} 和用三乙醇胺掩蔽 Al^{3+}、Fe^{3+} 以消除干扰。

② 指示剂的僵化现象　有些指示剂本身或金属离子与指示剂形成的配合物 MIn 溶解度小或 MIn 的稳定性稍逊于 MY 的稳定性，使得 MIn 与 EDTA 之间的交换反应慢，造成终点不明显或拖后，这种现象叫指示剂的僵化。解决办法是可加入适当的有机溶剂促进难溶物的溶解，或将溶液适当加热以增大其溶解度，从而加快置换反应速率，使终点变色明显。

③ 指示剂的氧化变质现象　大多金属指示剂是分子中含有许多双键的有机化合物，易被日光、空气和氧化剂所分解；有些指示剂在水溶液中不稳定，日久会因氧化或聚合而变质。由于上述原因，在配制铬黑 T 溶液时，可加入盐酸羟胺以防止聚合。为了保存较长时间，对于铬黑 T 或钙指示剂，常以固体 NaCl 为稀释剂，按质量比 1∶100 配成固体混合物使用。

（4）常用的金属指示剂　到目前为止，合成的金属指示剂达 300 种以上，且常有新的指示剂问世，表 10-8 列出了一些常用指示剂。

① 铬黑T 常用“BT”或“EBT”表示。其为弱酸性二酚羟基偶氮类染料，铬黑T的钠盐（NaH_2In）为黑褐色粉末，带有金属光泽。

铬黑T在pH<6时，显红色；当7<pH<11时，显蓝色；当pH>12时，显橙色。因此，铬黑T只能在pH=7～11的条件下使用。实际中常选择在pH=9～10的酸度下使用。铬黑T可作Zn^{2+}、Mg^{2+}、Cd^{2+}等离子的指示剂。在pH=10时，Fe^{3+}、Al^{3+}、Cu^{2+}、Ni^{2+}、Co^{2+}等离子对其有封闭作用。

② 钙指示剂 简称“NN”或“钙红”，也属于偶氮类染料。钙指示剂纯品为黑紫色粉末，很稳定，但在水溶液或乙醇溶液中不稳定。

在pH<7时，显红色；当8<pH<13.5时，显蓝色；当pH>13.5时，显橙色。由于在pH=12～13时呈蓝色，而与Ca^{2+}形成酒红色配合物，所以常在pH=12～13的酸度下使用。Ti^{4+}、Fe^{3+}、Al^{3+}、Cu^{2+}、Ni^{2+}、Co^{2+}、Mn^{2+}等离子对其有封闭作用。Ti^{4+}、Al^{3+}和少量Fe^{3+}可用三乙醇胺掩蔽；Cu^{2+}、Ni^{2+}、Co^{2+}可用KCN掩蔽。

表10-8 常用的金属指示剂

指示剂	使用的适宜pH范围	颜色变化		直接滴定的离子	注意事项
		In	MIn		
铬黑T(EBT)	7～11	蓝	红	pH=10，Mg^{2+}、Zn^{2+}、Cd^{2+}、Pb^{2+}、Mn^{2+}、稀土元素离子	Fe^{3+}、Co^{2+}、Al^{3+}、Cu^{2+}、Ni^{2+}等离子封闭EBT
二甲酚橙(XO)	<6	亮黄	红	pH<1，ZrO^{2+} pH=1～3，Bi^{3+}、Th^{4+} pH=5～6，Tl^{3+}、Zn^{2+}、Pb^{2+}、Cd^{2+}、Hg^{2+}、稀土元素离子	Fe^{3+}、Al^{3+}、Ni^{2+}、Ti^{4+}等离子封闭XO
钙指示剂(NN)	12～13	蓝	红	pH=12～13，Ca^{2+}	Ti^{4+}、Fe^{3+}、Co^{2+}、Al^{3+}、Cu^{2+}、Ni^{2+}、Mn^{2+}等离子封闭NN

五、配位滴定法的应用

1. 提高配位滴定选择性的方法

EDTA具有广泛的配位作用，能与大多数金属离子生成稳定的配合物。在实际分析对象中常含有多种离子，而要用EDTA溶液滴定其中的一种离子，其他离子的存在往往对测定干扰较大。因此，如何提高配位滴定的选择性，消除干扰，单独滴定某一种离子或分别滴定几种离子，就成为配位滴定中的重要问题。提高配位滴定选择性的方法一般有以下几种。

（1）控制酸度 假设溶液中含有两种金属离子M、N，它们均可与EDTA形成配合物，且$K_{MY}^{\ominus\prime}>K_{NY}^{\ominus\prime}$。当用EDTA滴定时，若M和N浓度相同，则M首先被滴定。如果$K_{MY}^{\ominus\prime}$与$K_{NY}^{\ominus\prime}$相差足够大，则M被定量滴定后，EDTA才与N作用，这时N的存在不干扰M的准确滴定。根据理论推导，要想在M、N两种离子共存时通过控制溶液酸度来准确滴定M离子，必须同时满足：

$$\lg \frac{c(\mathrm{M})}{c^{\ominus}} K_{\mathrm{MY}}^{\ominus\prime} \geqslant 6 \quad 及 \quad \frac{\frac{c(\mathrm{M})}{c^{\ominus}} K_{\mathrm{MY}}^{\ominus\prime}}{\frac{c(\mathrm{N})}{c^{\ominus}} K_{\mathrm{NY}}^{\ominus\prime}} \geqslant 10^5 \qquad (10\text{-}18)$$

若要控制溶液的酸度，对两种共存的金属离子分别滴定，应同时具备的条件为：

$$\lg \frac{c(\mathrm{M})}{c^{\ominus}} K_{\mathrm{MY}}^{\ominus\prime} \geqslant 6 \qquad \lg \frac{c(\mathrm{N})}{c^{\ominus}} K_{\mathrm{NY}}^{\ominus\prime} \geqslant 6$$

$$\frac{\dfrac{c(\mathrm{M})}{c^{\ominus}} K_{\mathrm{MY}}^{\ominus\prime}}{\dfrac{c(\mathrm{N})}{c^{\ominus}} K_{\mathrm{NY}}^{\ominus\prime}} \geqslant 10^5$$

例如，分别测定浓度相等的铅、铋混合溶液中 Pb^{2+} 和 Bi^{3+} 含量，已知 $\lg K_{\mathrm{PbY}}^{\ominus}=18.00$，$\lg K_{\mathrm{BiY}}^{\ominus}=27.9$，$c(Pb^{2+})=c(Bi^{3+})$，

$$\frac{\dfrac{c(\mathrm{Bi}^{3+})}{c^{\ominus}} K_{\mathrm{BiY}}^{\ominus\prime}}{\dfrac{c(\mathrm{Pb}^{2+})}{c^{\ominus}} K_{\mathrm{PbY}}^{\ominus\prime}} = \frac{K_{\mathrm{BiY}}^{\ominus}}{K_{\mathrm{PbY}}^{\ominus}} = \frac{10^{27.9}}{10^{18.0}} = 10^{9.9} > 10^5$$

所以，可以分别进行滴定。通常在 pH≈1 时滴定 Bi^{3+}，pH＝5～6 时滴定 Pb^{2+}。取铅、铋混合液，先调至 pH＝1，以二甲酚橙为指示剂，用 EDTA 溶液滴定至混合溶液由紫红色变为亮黄色，Bi^{3+} 滴定完全。然后将溶液的 pH 调至 5～6，再用 EDTA 滴定，测出 Pb^{2+} 含量。

(2) 掩蔽作用　若待测金属离子配合物与干扰金属离子配合物的稳定常数相差不够大，或小于干扰离子配合物的稳定常数，就不能利用控制酸度的办法消除干扰。这时可利用加入掩蔽剂与干扰离子反应，使溶液中游离的干扰离子浓度大大降低，以消除干扰，这种方法称为掩蔽法。常用的掩蔽法有配位掩蔽法、沉淀掩蔽法、氧化还原掩蔽法。

① 配位掩蔽法　利用配位反应降低干扰离子浓度的方法称配位掩蔽法。例如，用 EDTA 测定水的总硬度（Ca^{2+}、Mg^{2+} 总量）时，Fe^{3+}、Al^{3+} 对测定有干扰，可以加入三乙醇胺使之与 Fe^{3+}、Al^{3+} 生成更稳定的配合物以消除其干扰。常用的配位掩蔽剂见表 10-9。

表 10-9　常用的配位掩蔽剂

名　称	pH 范围	被掩蔽的离子	备　注
KCN	＞8	Co^{2+}、Ni^{2+}、Cu^{2+}、Zn^{2+}、Hg^{2+}、Cd^{2+}、Ag^{+}、Tl^{+}、铂系元素	
NH_4F	4～6	Al^{3+}、Ti(Ⅳ)、Sn^{4+}、Zr^{4+}、W(Ⅵ)等	用 NH_4F 比 NaF 好，加入后溶液 pH 变化不大
	10	Al^{3+}、Mg^{2+}、Ca^{2+}、Sr^{2+}、Ba^{2+}、稀土	
三乙醇胺(TEA)	10	Al^{3+}、Ti(Ⅳ)、Sn^{4+}、Fe^{3+}	与 KCN 并用，可提高掩蔽效果
	11～12	Al^{3+}、Fe^{3+}	
二巯基丙醇	10	Bi^{3+}、Zn^{2+}、Hg^{2+}、Cd^{2+}、Ag^{+}、Pb^{2+}、As^{3+}、Sn^{4+}、少量 Co^{2+}、Ni^{2+}、Cu^{2+}、Fe^{3+}	
	1.2	Sb^{3+}、Sn^{4+}、Fe^{3+}、Cu^{2+}（应小于 5μg・mL^{-1}）	
	2	Fe^{3+}、Sn^{4+}、Mn^{2+}	
酒石酸	5.5	Al^{3+}、Fe^{3+}、Sn^{4+}、Ca^{2+}	
	6～7.5	Cu^{2+}、Mg^{2+}、Al^{3+}、Fe^{3+}、Mo^{4+}、Sb^{3+}、Mo^{4+}、W(Ⅵ)等	在抗坏血酸存在下
	10	Sn^{4+}、Al^{3+}	

配位掩蔽剂必须具备的条件：

a. 掩蔽剂与干扰离子形成的配合物应远比 EDTA 与干扰离子形成的配合物稳定，且形成的配合物应为无色或浅色，不影响终点的判定。

b. 掩蔽剂不与待测离子配位。

c. 掩蔽剂适用的pH范围应与滴定的pH范围保持一致。

② 氧化还原掩蔽法　利用氧化还原反应来改变干扰离子的氧化态，以降低干扰离子浓度，从而消除干扰的方法称氧化还原掩蔽法。例如，Cr^{3+} 对配位滴定有干扰，而它的高氧化态 CrO_4^{2-}、$Cr_2O_7^{2-}$ 对滴定没有干扰，所以可将 Cr^{3+} 氧化为 $Cr_2O_7^{2-}$，可消除 Cr^{3+} 的干扰。

常用的还原剂有抗坏血酸、盐酸羟胺、联胺（$H_2N—NH_2$）、硫脲（$H_2N—CS—NH_2$）、$Na_2S_2O_3$ 等，常用的氧化剂有 H_2O_2、$(NH_4)_2S_2O_8$ 等。

氧化还原掩蔽法只适用于那些易发生氧化还原反应的金属离子，并且生成的物质不干扰测定的情况。目前只有少数几种离子可用这种掩蔽法。

③ 沉淀掩蔽法　利用沉淀剂与干扰离子生成沉淀物来降低干扰离子浓度，从而消除干扰的方法称沉淀掩蔽法。例如 Mg^{2+} 干扰 Ca^{2+} 的测定，在测定 Ca^{2+} 时加入 NaOH 溶液至 pH≥12，使 $Mg(OH)_2$ 沉淀，可在沉淀存在下，直接用 EDTA 滴定 Ca^{2+}。此时 OH^- 就是 Mg^{2+} 的沉淀掩蔽剂。沉淀掩蔽法不是一种理想的方法，它常存在以下缺点：

a. 某些沉淀反应进行不完全，掩蔽效率不高。

b. 当沉淀吸附待测离子或金属指示剂时，会影响终点观察。

c. 某些沉淀颜色较深，妨碍终点观察。

d. 发生沉淀反应时，通常伴随共沉淀现象，影响滴定的准确度。

④ 解蔽法　通过加入某种试剂使被掩蔽的离子重新释放出来的过程称为解蔽。所加的试剂称为解蔽剂。

例如，测定 Pb^{2+}、Zn^{2+} 混合溶液中 Pb^{2+}、Zn^{2+} 含量时，含 Pb^{2+}、Zn^{2+} 的试液用氨水中和，加 KCN 掩蔽 Zn^{2+}，可在 pH＝10 时，以铬黑 T 为指示剂用 EDTA 标准溶液滴定 Pb^{2+}。在滴定 Pb^{2+} 之后的溶液中加入甲醛或三氯乙醛作解蔽剂，以使 $[Zn(CN)_4]^{2-}$ 释放出 Zn^{2+}，再用 EDTA 继续滴定。解蔽反应式如下：

$$4HCHO+[Zn(CN)_4]^{2-}+4H_2O \rightleftharpoons Zn^{2+}+4H_2C(OH)CN+4OH^-$$

$[Cd(CN)_4]^{2-}$ 也能被甲醛解蔽。Cu^{2+}、Co^{2+}、Ni^{2+}、Hg^{2+} 与 CN^- 生成更稳定的配合物，不易被甲醛解蔽。但甲醛的浓度大也能部分解蔽。

（3）化学分离法　如果用控制溶液酸度和使用掩蔽剂等方法都无法消除共存离子的干扰，就只有通过化学方法预先将干扰离子分离出来，再滴定待测离子。分离的方法很多，可以根据干扰离子和待测离子的性质进行选择。例如，磷矿石中一般含有 Al^{3+}、Fe^{3+}、Ca^{2+}、Mg^{2+}、PO_4^{3-} 及 F^- 等，其中 F^- 的干扰最严重，它能与 Al^{3+} 生成很稳定的配合物，在酸度低时又能与 Ca^{2+} 生成 CaF_2 沉淀。因此，在配位滴定中必须首先加酸，加热使 HF 挥发，以消除 F^- 的干扰。

2. 配位滴定的方式及应用

（1）直接滴定法　当金属离子与 EDTA 的反应满足滴定要求时就可以直接进行滴定，直接滴定法有方便、快速、引起误差较少的优点。这种方法是将分析溶液调节至所需酸度，加入其他必要的辅助试剂及指示剂，直接用 EDTA 进行滴定，然后根据消耗标准溶液的体积，计算式样中被测组分的含量。这是配位滴定中最基本的方法。采用直接滴定法时，必须满足下列条件：

① 待测金属离子与 EDTA 的配位反应速率应很快，必须满足准确滴定的条件，即满足：

$$\lg \frac{c(\mathrm{M})}{c^{\ominus}} K_{\mathrm{MY}}^{\ominus\prime} \geqslant 6$$

② 应有变色敏锐的指示剂指示终点，并且没有封闭现象；

③ 在选定的滴定条件下，待测金属离子不水解、不生成沉淀（必要时可加入辅助配位剂以防止水解、沉淀）。

下面以水的总硬度及 Ca^{2+}、Mg^{2+} 含量的测定为例说明。

含有钙、镁盐类的水称为硬水，水中 Ca^{2+}、Mg^{2+} 含量常用硬度表示，根据采用的单位不同，水的硬度常用以下两种方法表示。

a. 将水中 Ca^{2+}、Mg^{2+} 含量均折合为 $CaCO_3$ 后，以每升水中所含 $CaCO_3$ 的质量（单位为 mg）表示，即以质量浓度 ρ 表示。

b. 德国度。将水中 Ca^{2+}、Mg^{2+} 含量均折合为 CaO 后，以每升水中所含 10mgCaO 称为一个德国度，用"°d"表示。

水的硬度用德国度来划分时，＜4°d 的水为很软水；4～8°d 的水为软水；8～16°d 的水为中硬水；16～32°d 的水为硬水；＞32°d 的水为很硬水。

用 EDTA 进行水的总硬度及 Ca^{2+}、Mg^{2+} 含量的测定时，可先测定 Ca^{2+}、Mg^{2+} 总量，再求出水的总硬度。

Ca^{2+}、Mg^{2+} 总量的测定：将一定量水样用 NH_3-NH_4Cl 缓冲溶液调节水样 pH＝10，此时 Ca^{2+}、Mg^{2+} 均被 EDTA 准确滴定。加入铬黑 T 指示剂后（如果溶液中存在使铬黑 T 封闭的金属离子，如 Fe^{3+}、Al^{3+} 等，应在加入指示剂前先加三乙醇胺掩蔽；如存在 Cu^{2+}、Pb^{2+}、Zn^{2+} 等，可用 KCN、Na_2S 等掩蔽）用 EDTA 标准溶液滴定。在滴定过程中，将有 CaY、MgY、MgIn、CaIn 四种配合物生成，它们的稳定性次序为

CaY＞MgY＞MgIn＞CaIn（略去电荷）

由此可见加入铬黑 T 后，它首先与 Mg^{2+} 结合，生成酒红色的配合物 MgIn，当滴入 EDTA 时，首先与之配位的是游离的 Ca^{2+}，其次是游离的 Mg^{2+}，化学计量点时，稍过量的 EDTA 夺取与铬黑 T 结合的 Mg^{2+}，使指示剂游离出来，溶液颜色由酒红色变为纯蓝色，到达指示滴定终点，这时消耗 EDTA 标准的溶液的体积设为 V_1（mL）。

Ca^{2+} 含量的测定：取同样量的水样，用 NaOH 溶液调节水样 pH＝12，将 Mg^{2+} 转化为 $Mg(OH)_2$ 沉淀，使其不干扰 Ca^{2+} 的测定。加入少量钙指示剂后，用 EDTA 滴定到终点（酒红色变为蓝色），记录 EDTA 的体积 V_2（mL）。

根据滴定消耗的体积 V_1 和 V_2，可按下式计算水中 Ca^{2+}、Mg^{2+} 的含量：

$$\rho(\mathrm{Ca})/(\mathrm{mg \cdot L^{-1}}) = \frac{V_2 c(\mathrm{EDTA}) M_{\mathrm{Ca}}}{V(\text{水样})} \times 1000 \quad (10\text{-}19)$$

$$\rho(\mathrm{Mg})/(\mathrm{mg \cdot L^{-1}}) = \frac{(V_1 - V_2) c(\mathrm{EDTA}) M_{\mathrm{Mg}}}{V(\text{水样})} \times 1000 \quad (10\text{-}20)$$

$$\text{水的总硬度}(°\mathrm{d}) = \frac{c(\mathrm{EDTA}) V_1 M(\mathrm{CaO})}{V(\text{水样})} \times \frac{1000}{10} \quad (10\text{-}21)$$

(2) 间接滴定法　有些金属离子与 Y 形成的配合物稳定，而非金属离子则不与 Y 形成配合物。在这种情况下，就可采用间接法测定。

【例 10-6】 有一含 SO_4^{2-} 样品 0.5000g，加酸溶解后加入浓度为 0.02500mol·L^{-1} 的 $BaCl_2$＋$MgCl_2$ 标准溶液 40.00mL，充分混合后，调溶液 pH＝10，以铬黑 T 为指示剂，用浓度为 0.02000mol·L^{-1} 的 EDTA 标准溶液滴定到溶液酒红色变为蓝色，用去 EDTA

16.00mL，求该样品中 SO_4^{2-} 的质量分数？

解 $$w(SO_4^{2-})=\frac{(0.02500\times40.00-0.02000\times16.00)\times\frac{96.06}{1000}}{0.5000}\times100\%=13.06\%$$

(3) 返滴定法　如待测离子与 EDTA 反应缓慢，在滴定的条件下会发生水解等副反应，待测离子对指示剂有封闭作用时，又无合适的指示剂无法直接滴定时，可采用返滴定法。即加入一定量过量的 EDTA 标准溶液，等待测离子配位完全后，再用另一种金属离子的标准溶液回滴过量的 EDTA，根据两种标准溶液的浓度和用量，求出待测离子的含量。

【例 10-7】 有一含 Al^{3+} 的样品 0.4000g，加酸溶解后加入浓度为 $0.2000mol\cdot L^{-1}$ EDTA 标准溶液用去 EDTA 46.00mL（过量），待反应完全后，调溶液 pH＝10，以铬黑 T 为指示剂，用浓度为 $0.1500mol\cdot L^{-1}$ 的 $MgSO_4$ 标准溶液滴定到溶液酒红色变为蓝色，用去 $MgSO_4$ 标准溶液 18.00mL。求该样品中 Al^{3+} 的质量分数？

解 $$w(Al^{3+})=\frac{(0.2000\times46.00-0.1500\times18.00)\times\frac{26.98}{1000}}{0.4000}=43.84\%$$

(4) 置换滴定法　如待测离子与 EDTA 形成的配合物不稳定，可采用置换滴定法。置换滴定法是利用置换反应，定量置换出金属离子或 EDTA，然后再进行滴定。例如 Ag^+ 与 Y^{4-} 的配合物稳定性较小，不能用 EDTA 直接滴定 Ag^+。若加过量 $[Ni(CN)_4]^{2-}$ 于含 Ag^+ 的待测溶液中，则发生如下置换反应：

$$2Ag^+ + [Ni(CN)_4]^{2-} \rightleftharpoons 2[Ag(CN)_2]^- + Ni^{2+}$$

第四节　氧化还原滴定法

氧化还原滴定法是以氧化还原反应为基础的滴定分析方法，它是应用最广泛的滴定分析法之一，它可用来直接测定氧化剂和还原剂，也可用来间接测定一些能和氧化剂或还原剂定量反应的物质。

一、氧化还原滴定法概述

1. 氧化还原滴定法对化学反应的要求

氧化还原反应是基于电子转移的反应，其反应机理比较复杂，有许多反应的速率较慢，有的反应除了主反应外，还伴随有各种副反应。因此，能够用于氧化还原滴定分析的化学反应必须具备下列条件：

① 反应能够定量进行。一般认为滴定剂和被滴定物质对应的电对条件电极电势差大于 0.4V，反应就能定量进行。

② 有适当的方法或指示剂指示反应的终点。

③ 有足够快的反应速率。

在氧化还原滴定中，可选用适当的氧化剂作标准溶液滴定还原性物质，也可选用适当的还原剂作标准溶液滴定氧化性物质。有些不能直接发生氧化还原的物质，也可以用间接法进行测定。通常根据所用滴定剂的种类的不同，可将氧化还原滴定法分为高锰酸钾法、重铬酸钾法、碘量法和铈量法等。

2. 条件电极电势

标准电极电势是在标准条件下当氧化态、还原态的活度都为 1 时测得的相对电极电势，它没有考虑外界因素的影响。但在实际工作中，如果溶液的离子强度较大时，按式(8-4) 用离子浓度计算电极电势将引起较大的误差，所以要用浓度代替活度，则在能斯特（Nernst）方程式中引入活度系数 γ；此外，对电极电势影响更大的是当溶液的组成改变时，氧化型或还原型物质与溶液中的其他组分会发生副反应，生成弱酸、沉淀或配合物等时，都将引起氧化态和还原态的浓度发生变化，从而使电对的电极电势发生改变。此时应引入副反应系数 β。它们之间的关系如下：

$$a(\mathrm{Ox})=c'(\mathrm{Ox})\gamma(\mathrm{Ox})=\frac{c(\mathrm{Ox})}{\beta(\mathrm{Ox})}\gamma(\mathrm{Ox})$$

$$a(\mathrm{Red})=c'(\mathrm{Red})\gamma(\mathrm{Red})=\frac{c(\mathrm{Red})}{\beta(\mathrm{Red})}\gamma(\mathrm{Red})$$

式中，$a(\mathrm{Ox})$、$a(\mathrm{Red})$ 为氧化型和还原型物质的活度；$c'(\mathrm{Ox})$、$c'(\mathrm{Red})$ 为氧化型、还原型物质的游离浓度；$c(\mathrm{Ox})$、$c(\mathrm{Red})$ 为氧化型、还原型的分析浓度；$\gamma(\mathrm{Ox})$、$\gamma(\mathrm{Red})$ 为氧化型和还原型物质的活度系数；$\beta(\mathrm{Ox})$、$\beta(\mathrm{Red})$ 为氧化型和还原型物质的副反应系数。将上述两式代入式(8-4) 得：

$$\varphi=\varphi^{\ominus}+\frac{0.0592\mathrm{V}}{n}\lg\frac{\gamma(\mathrm{Ox})\beta(\mathrm{Red})}{\gamma(\mathrm{Red})\beta(\mathrm{Ox})}+\frac{0.0592\mathrm{V}}{n}\lg\frac{[c(\mathrm{Ox})/c^{\ominus}]^{a}}{[c(\mathrm{Red})/c^{\ominus}]^{b}}$$

当 $c(\mathrm{Ox})=c(\mathrm{Red})=1\mathrm{mol\cdot L^{-1}}$时得：

$$\varphi=\varphi^{\ominus}+\frac{0.0592\mathrm{V}}{n}\lg\frac{\gamma(\mathrm{Ox})\beta(\mathrm{Red})}{\gamma(\mathrm{Red})\beta(\mathrm{Ox})}=\varphi^{\ominus\prime}$$

$\varphi^{\ominus\prime}$称为条件电极电势。$\varphi^{\ominus\prime}$表示在一定介质条件下，氧化型和还原型物质的分析浓度均为 $1\mathrm{mol\cdot L^{-1}}$时，校正了各种外界因素影响后的实际电极电势。$\varphi^{\ominus\prime}$在一定条件下为一常数。引入条件电极电势的概念以后，对于电极反应 $a\mathrm{Ox}+ne^{-}\rightleftharpoons b\mathrm{Red}$，能斯特公式可以写成：

$$\varphi=\varphi^{\ominus\prime}+\frac{0.0592\mathrm{V}}{n}\lg\frac{[c(\mathrm{Ox})/c^{\ominus}]^{a}}{[c(\mathrm{Red})/c^{\ominus}]^{b}} \tag{10-22}$$

如计算 HCl 溶液中 Fe^{3+}/Fe^{2+} 电对的电极电势时，用条件电势表示的能斯特方程式可写成：

$$\varphi(\mathrm{Fe^{3+}/Fe^{2+}})=\varphi^{\ominus\prime}(\mathrm{Fe^{3+}/Fe^{2+}})+0.0592\mathrm{V}\lg\frac{c(\mathrm{Fe^{3+}})/c^{\ominus}}{c(\mathrm{Fe^{2+}})/c^{\ominus}}$$

表 10-10 列出了不同介质条件下的电对 Fe^{3+}、Fe^{2+} 的条件电极电势。从表中可看出，在含有与 Fe^{3+} 有较强配位能力的 HF 或 H_3PO_4 介质中，电对的条件电势均明显降低。

表 10-10 不同介质中 Fe^{3+}/Fe^{2+} 电极的条件电极电势 [$\varphi^{\ominus}(\mathrm{Fe^{3+}/Fe^{2+}})=0.77\mathrm{V}$]

介 质	$HClO_4$ ($1\mathrm{mol\cdot L^{-1}}$)	HCl ($1\mathrm{mol\cdot L^{-1}}$)	H_2SO_4 ($1\mathrm{mol\cdot L^{-1}}$)	H_2SO_4 ($1\mathrm{mol\cdot L^{-1}}$)+ H_3PO_4 ($0.5\mathrm{mol\cdot L^{-1}}$)	H_3PO_4 ($1\mathrm{mol\cdot L^{-1}}$)	HF ($1\mathrm{mol\cdot L^{-1}}$)
$\varphi^{\ominus\prime}(\mathrm{Fe^{3+}/Fe^{2+}})/\mathrm{V}$	0.75	0.70	0.68	0.61	0.44	0.32

条件电极电势的大小，说明在各种条件的影响下，电对的实际氧化还原能力。因此，应用条件电极电势比用标准电极电势更能正确判断氧化还原反应的方向、次序和反应完成的程

度。因为条件电极电势是考虑了各种影响因素之后所得到的实际电极电势，在实际工作中，活度系数 γ 和副反应系数 β 不易求得，所以在氧化还原滴定的计算中，根据实际反应条件应使用相应的条件电极电势。当无条件电极电势数据时，只好采用标准电极电势进行近似计算。

二、氧化还原滴定法的基本原理

1. 氧化还原滴定曲线

在氧化还原滴定过程中，随着滴定剂的加入，氧化态和还原态的物质的浓度不断改变，使有关电对的电极电势也随之发生变化。我们把这种以溶液的电极电势为纵坐标，加入的标准溶液的体积或百分数为横坐标作图，得到的曲线称为氧化还原滴定曲线。

下面以在 $1\text{mol}\cdot\text{L}^{-1}$ H_2SO_4 介质中，用 $0.1000\text{mol}\cdot\text{L}^{-1}$ $Ce(SO_4)_2$ 标准溶液滴定 20.00mL 等浓度的 $FeSO_4$ 溶液为例，计算法绘制氧化还原滴定曲线。

滴定反应为：

$$Ce^{4+} + Fe^{2+} \rightleftharpoons Ce^{3+} + Fe^{3+}$$

其中 $\varphi^{\ominus\prime}(Fe^{3+}/Fe^{2+})=0.68\text{V}$，$\varphi^{\ominus\prime}(Ce^{4+}/Ce^{3+})=1.44\text{V}$，与酸碱滴定曲线的绘制方法相同，采用分阶段计算法。

（1）滴定开始前　对于 Fe^{2+} 溶液，由于空气中氧的作用溶液中会有极少量的 Fe^{3+} 存在，组成 Fe^{3+}/Fe^{2+} 电对，但由于 Fe^{3+} 的浓度无法确定，所以溶液的电势无从求得。

（2）滴定开始至化学计量点前　在这个阶段中，溶液中存在 Fe^{3+}/Fe^{2+}、Ce^{4+}/Ce^{3+} 两个电对，其电对电势分别为

$$\varphi(Fe^{3+}/Fe^{2+})=\varphi^{\ominus\prime}(Fe^{3+}/Fe^{2+})+0.0592\text{V}\lg\frac{c(Fe^{3+})/c^{\ominus}}{c(Fe^{2+})/c^{\ominus}}$$

$$\varphi(Ce^{4+}/Ce^{3+})=\varphi^{\ominus\prime}(Ce^{4+}/Ce^{3+})+0.0592\text{V}\lg\frac{c(Ce^{4+})/c^{\ominus}}{c(Ce^{3+})/c^{\ominus}}$$

在滴定过程中，每加入一定量滴定剂，反应达到一个新的平衡，此时两个电对的电极电势相等。因此，溶液中各平衡点的电势可选用便于计算的任何一个电对来计算。化学计量点前，由于溶液中存在过量的 Fe^{2+}，每加一滴 Ce^{4+} 溶液，Ce^{4+} 几乎完全被还原为 Ce^{3+}，故 Ce^{4+}/Ce^{3+} 电对的电势极小，不易求算，可用 Fe^{3+}/Fe^{2+} 电对电势来计算。

例如，当滴入 Ce^{4+} 溶液 19.98mL，即滴定分数为 99.9%时，Fe^{3+}/Fe^{2+} 电对电势计算如下：

生成的 Fe^{3+} 浓度　$c(Fe^{3+})=\dfrac{19.98\text{mL}\times 0.1000\text{mol}\cdot\text{L}^{-1}}{(20.00+19.98)\text{mL}}$

$=0.04997\text{mol}\cdot\text{L}^{-1}$

剩余的 Fe^{2+} 浓度　$c(Fe^{2+})=\dfrac{0.02\text{mL}\times 0.1000\text{mol}\cdot\text{L}^{-1}}{(20.00+19.98)\text{mL}}$

$=5.002\times 10^{-5}\text{mol}\cdot\text{L}^{-1}$

电对电势　$\varphi(Fe^{3+}/Fe^{2+})=\varphi^{\ominus\prime}(Fe^{3+}/Fe^{2+})+0.0592\text{V}\lg\dfrac{c(Fe^{3+})/c^{\ominus}}{c(Fe^{2+})/c^{\ominus}}$

$=0.68\text{V}+0.0592\text{V}\lg\dfrac{0.04997}{5.002\times 10^{-5}}=0.86\text{V}$

同样方法，可计算滴入 Ce^{4+} 溶液 1.00mL、2.00mL、4.00mL、8.00mL、10.00mL、

12.00mL、18.00mL、19.80mL 时的电对电势。其结果列于表 10-11 中。

表 10-11 在 1.0mol·L^{-1} H_2SO_4 介质中，用 0.1000mol·L^{-1} $Ce(SO_4)_2$ 溶液滴定 20.00mL 0.1000mol·L^{-1} Fe^{2+} 溶液时的计算结果

滴入 Ce^{4+} 溶液体积 V/mL	滴定百分数/%	电势/V	滴入 Ce^{4+} 溶液体积 V/mL	滴定百分数/%	电势/V
1.00	5.0	0.60	19.80	99.0	0.80
2.00	10.0	0.62	19.98	99.9	0.86 ⎫
4.00	20.0	0.64	20.00	100.0	1.06 ⎬ 突跃范围
8.00	40.0	0.67	20.02	100.1	1.26 ⎭
10.00	50.0	0.68	22.00	110.0	1.38
12.00	60.0	0.69	30.00	150.0	1.42
18.00	90.0	0.74	40.00	200.0	1.44

(3) 化学计量点时　滴定分数为 100%，即刚好加入 20.00mL Ce^{4+} 溶液，即为化学计量点。此时，溶液中 Ce^{4+} 和 Fe^{2+} 均以定量反应完全，它们的浓度相等且浓度都很小不易求得。因此单独采用任一电对都无法求得化学计量点的电极电势，可将二者联合起来考虑。如果设化学计量点时的电势值为 φ_{sp}，则：

$$\varphi_{sp}=\varphi^{\ominus\prime}(Ce^{4+}/Ce^{3+})+0.0592V\lg\frac{c(Ce^{4+})/c^{\ominus}}{c(Ce^{3+})/c^{\ominus}}$$

$$\varphi_{sp}=\varphi^{\ominus\prime}(Fe^{3+}/Fe^{2+})+0.0592V\lg\frac{c(Fe^{3+})/c^{\ominus}}{c(Fe^{2+})/c^{\ominus}}$$

两式相加得：$2\varphi_{sp}=\varphi^{\ominus\prime}(Fe^{3+}/Fe^{2+})+\varphi^{\ominus\prime}(Ce^{4+}/Ce^{3+})+0.0592V\lg\dfrac{[c(Fe^{3+})/c^{\ominus}][c(Ce^{4+})/c^{\ominus}]}{[c(Fe^{2+})/c^{\ominus}][c(Ce^{3+})/c^{\ominus}]}$

在化学计量点时：　　$c(Ce^{4+})=c(Fe^{2+})$，$c(Ce^{3+})=c(Fe^{3+})$

即有：

$$\lg\frac{[c(Fe^{3+})/c^{\ominus}][c(Ce^{4+})/c^{\ominus}]}{[c(Fe^{2+})/c^{\ominus}][c(Ce^{3+})/c^{\ominus}]}=0$$

故

$$\varphi_{sp}=\frac{\varphi^{\ominus\prime}(Ce^{4+}/Ce^{3+})+\varphi^{\ominus\prime}(Fe^{3+}/Fe^{2+})}{2}=\frac{0.68V+1.44V}{2}=1.06V$$

一般的可逆对称氧化还原反应：

$$n_2Ox_1+n_1Red_2 \rightleftharpoons n_2Red_1+n_1Ox_2$$

其半反应和标准电极电势（或条件电极电势）分别为

$$Ox_1+n_1e^- = Red_1 \quad \varphi_1^{\ominus\prime}$$

$$Ox_2+n_2e^- = Red_2 \quad \varphi_2^{\ominus\prime}$$

计算化学计量点的通式为

$$\varphi_{sp}=\frac{n_1\varphi_1^{\ominus\prime}+n_2\varphi_2^{\ominus\prime}}{n_1+n_2} \tag{10-23}$$

(4) 化学计量点后　当加入过量的 Ce^{4+} 溶液时，由于溶液中的 Fe^{2+} 几乎全部被氧化为 Fe^{3+}，反应完全后，溶液中 Fe^{2+} 浓度极小，因而利用 Ce^{4+}/Ce^{3+} 电对电势来计算体系的 φ 值。如加入 20.02mL Ce^{4+} 溶液，相当于滴定分数为 100.1% 时（终点误差为 +0.1%），Ce^{3+} 和 Ce^{4+} 浓度分别为：

生成的 Ce^{3+} 浓度　$c(Ce^{3+})=\dfrac{20.00mL\times0.1000mol\cdot L^{-1}}{(20.00+20.02)mL}=0.04998mol\cdot L^{-1}$

剩余的 Ce^{4+} 浓度　$c(Ce^{4+})=\dfrac{(20.02-20.00)mL\times0.1000mol\cdot L^{-1}}{(20.00+20.02)mL}=4.998\times10^{-5}mol\cdot L^{-1}$

因此

$$\varphi=\varphi^{\ominus\prime}(Ce^{4+}/Ce^{3+})+0.0592V\lg\frac{c(Ce^{4+})/c^{\ominus}}{c(Ce^{3+})/c^{\ominus}}$$

$$=1.44V+0.0592V\lg\frac{4.998\times10^{-5}}{0.04998}=1.26V$$

同理，可计算滴入 Ce^{4+} 溶液 22.00mL、30.00mL、40.00mL 时的电势，其结果列于表 10-11 中。如果以计算所得电势值为纵坐标，加入的滴定剂体积为横坐标作图，可得到滴定曲线，见图 10-14。

由氧化还原滴定曲线可知，从化学计量点前 Fe^{2+} 剩余 0.1%到化学计量点后 Ce^{4+} 过量 0.1%，溶液的电极电势值由 0.86V 增加至 1.26V，改变了 0.4V，这个变化范围称为滴定突跃范围，即上述滴定的突跃范围为 0.86～1.26V。电势突跃的大小和氧化剂与还原剂两电对的条件电极电势的差值有关。条件电极电势相差越大，突跃越大；反之较小。借助指示剂目测化学计量点时，通常要求在 0.2V 以上的突跃。电势突跃的范围是选择氧化还原指示剂的依据。

2. 氧化还原滴定曲线的影响因素

（1）酸性介质对滴定曲线的影响　氧化还原滴定曲线，还常因滴定介质的不同而改变其位置和突跃范围，例如在不同介质中用 $KMnO_4$ 滴定 Fe^{2+} 的情况见图 10-15。

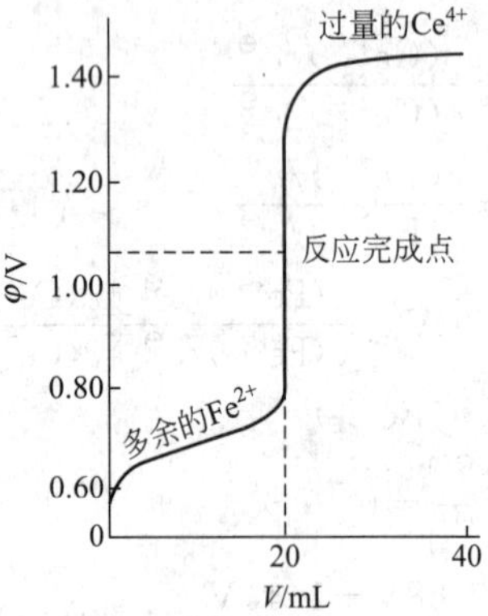

图 10-14　0.1000mol·L^{-1} Ce^{4+} 溶液滴定 20.00mL 0.1000mol·L^{-1} Fe^{2+} 溶液的滴定曲线

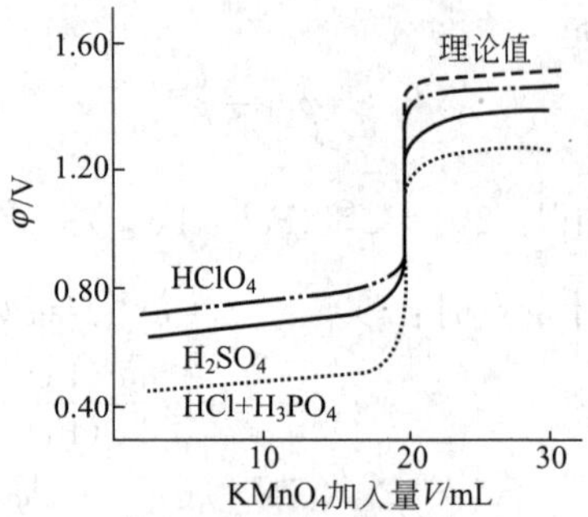

图 10-15　用 $KMnO_4$ 溶液在不同介质中滴定 Fe^{2+} 的滴定曲线

化学计量点之前，曲线的位置取决于被滴定物电对的条件电势 [$\varphi^{\ominus\prime}(Fe^{3+}/Fe^{2+})$]。当介质不同，会影响溶液中 Fe^{3+} 或 Fe^{2+} 的活度系数与副反应系数，从而引起条件电势的变化，导致滴定曲线位置的变化。例如在 H_3PO_4 介质中，Fe^{3+} 与 PO_4^{3-} 作用生成无色 $[Fe(PO_4)_2]^{3-}$ 配离子，使 Fe^{3+} 游离浓度降低，副反应系数 $\alpha_{Fe^{3+}}$ 增大，导致 $\varphi^{\ominus\prime}(Fe^{3+}/Fe^{2+})$ 值减小，使曲线的下半部分下降，突跃范围增大；若在 $HClO_4$ 介质中，ClO_4^- 不与 Fe^{3+} 配位，曲线下半部分不受影响。

化学计量点之后，由 $KMnO_4$ 的反应机理可知，此时实际决定电极电势的电对是 Mn(Ⅲ)/Mn(Ⅱ)，因而曲线的位置取决于 $\varphi^{\ominus\prime}(Mn^{3+}/Mn^{2+})$。由于 Mn^{3+} 易与 PO_4^{3-}、SO_4^{2-} 等阴离子形成配合物因而降低了 $\varphi^{\ominus\prime}(Mn^{3+}/Mn^{2+})$，在 H_3PO_4 或 H_2SO_4 介质中，曲线的上半部分下降，突跃范围变小；而 Mn^{3+} 不与 ClO_4^- 形成配合物，所以在 $HClO_4$ 介质中，$\varphi^{\ominus\prime}(Mn^{3+}/Mn^{2+})$ 值不变，曲线的上半部分也不受影响，曲线的位置最高。

（2）氧化还原反应的电子转移数　由式(10-23) 可知，对称电对的化学计量点电势与两电对的条件电势和氧化还原反应中得失的电子数有关。用 Ce^{4+} 滴定 Fe^{2+} 的反应中电子得失数 $n_1=n_2=1$，此时化学计量点电势值为 1.06V，正好位于突跃范围（0.86～1.26V）的中心，且滴定曲线在化学计量点前后呈对称关系。这种情况下化学计量点与滴定终点（用 ep

表示。这里所说的滴定终点是指用电位滴定法确定的终点，一般认为是滴定突跃范围的中心）相一致。若在氧化还原反应中 $n_1 \neq n_2$，则 φ_{sp} 与 φ_{ep} 不一致，化学计量点位置偏向 n 值较大电对的一方。

3. 氧化还原指示剂

在氧化还原滴定中，经常使用一类物质在化学计量点附近的颜色的改变来指示终点，这类物质称为氧化还原滴定指示剂。

(1) 自身指示剂　有些标准溶液或被滴定液本身具有颜色，而其反应产物无色或颜色很浅，则在滴定时无需另加指示剂，反应液本身的颜色变化直接指示反应终点，这种能够利用滴定剂或待测定溶液本身的颜色变化来指示终点的指示剂，称为自身指示剂。例如，用 $KMnO_4$ 标准溶液滴定 Fe^{2+} 时，化学计量点后稍过量的 MnO_4^- 即可使溶液呈粉红色，从而指示滴定终点。

(2) 特殊指示剂　有的物质本身并不具有氧化还原性，但能与氧化剂或还原剂作用生成特殊颜色的配合物，从而指示滴定终点。例如，可溶性淀粉与碘溶液反应能生成深蓝色的配合物，在碘量法中可用淀粉溶液作指示剂。

(3) 氧化还原性指示剂　这类指示剂可发生氧化还原反应，且氧化型和还原型的颜色不同，在滴定过程中，指示剂由氧化型变为还原型，或由还原型变为氧化型，根据其颜色的突变来指示终点。例如，用 $K_2Cr_2O_7$ 溶液滴定 Fe^{2+}，常用二苯胺磺酸钠作指示剂，它的氧化型为紫红色，还原型为无色，故滴定至化学计量点后稍过量的 $K_2Cr_2O_7$ 就能使二苯胺磺酸钠由还原型转变为氧化型，溶液显紫红色，从而指示滴定终点。

如果用 In(Ox) 和 In(Red) 分别表示指示剂的氧化型和还原型，则其氧化还原反应为：

$$\text{In(Ox)} + n\text{e}^- \rightleftharpoons \text{In(Red)}$$

由能斯特方程式，指示剂的电极电势为：

$$\varphi[\text{In(Ox)}/\text{In(Red)}] = \varphi^{\ominus}[\text{In(Ox)}/\text{In(Red)}] + \frac{0.0592\text{V}}{n}\lg\frac{c[\text{In(Ox)}]/c^{\ominus}}{c[\text{In(Red)}]/c^{\ominus}}$$

在滴定过程中如果指示剂电对电势发生变化，$\frac{c[\text{In(Ox)}]/c^{\ominus}}{c[\text{In(Red)}]/c^{\ominus}}$ 比值也会发生变化，从而引起溶液颜色的变化。与酸碱指示剂的讨论相似，当 $\frac{c[\text{In(Ox)}]/c^{\ominus}}{c[\text{In(Red)}]/c^{\ominus}} \geqslant 10$ 时，溶液呈现氧化型的颜色，此时：

$$\varphi[\text{In(Ox)}/\text{In(Red)}] \geqslant \varphi^{\ominus}[\text{In(Ox)}/\text{In(Red)}] + \frac{0.0592\text{V}}{n}\lg 10 = \varphi^{\ominus}[\text{In(Ox)}/\text{In(Red)}] + \frac{0.0592\text{V}}{n}$$

当 $\frac{c[\text{In(Ox)}]/c^{\ominus}}{c[\text{In(Red)}]/c^{\ominus}} \leqslant \frac{1}{10}$ 时，溶液呈现还原型的颜色，此时：

$$\varphi[\text{In(Ox)}/\text{In(Red)}] \leqslant \varphi^{\ominus}[\text{In(Ox)}/\text{In(Red)}] + \frac{0.0592\text{V}}{n}\lg\frac{1}{10} = \varphi^{\ominus}[\text{In(Ox)}/\text{In(Red)}] - \frac{0.0592\text{V}}{n}$$

故指示剂变色的电势范围为

$$\varphi = \varphi^{\ominus}[\text{In(Ox)}/\text{In(Red)}] \pm \frac{0.0592\text{V}}{n}$$

若采用指示剂的条件电势，则指示剂变色的电势范围为

$$\varphi = \varphi^{\ominus\prime}[\text{In(Ox)}/\text{In(Red)}] \pm \frac{0.0592\text{V}}{n} \tag{10-24}$$

当 $n=1$ 时指示剂的变色范围为 $\varphi^{\ominus\prime}[\text{In(Ox)}/\text{In(Red)}] \pm 0.0592$；$n=2$ 时为 $\varphi^{\ominus\prime}[\text{In(Ox)}/\text{In(Red)}] \pm 0.0296$。可见，变色范围以条件电势为中心变化非常小，所以，在选择指示剂时，按照指示剂的变色范围应全部或大部分落在滴定突跃范围内的原则，应使指示剂的条件

电势尽量与化学计量点电势相一致。例如在酸性介质中用 Ce^{4+} 滴定 Fe^{2+} 时，若化学计量点电势为 1.06V，则应选择条件电势为 1.06V 的邻二氮菲-亚铁作为指示剂。

常用的氧化还原指示剂列于表 10-12。

表 10-12 常用氧化还原性指示剂的 φ'_{In} 值及颜色变化情况

指示剂	$\varphi'_{In}[c(H^+)=1mol\cdot L^{-1}]/V$	颜色变化		指示剂	$\varphi'_{In}[c(H^+)=1mol\cdot L^{-1}]/V$	颜色变化	
		氧化型	还原型			氧化型	还原型
靛蓝四磺酸钠	0.36	蓝	无色	邻苯胺基苯甲酸	0.89	紫红	无色
亚甲基蓝	0.53	蓝	无色	邻二氮菲-亚铁	1.06	浅蓝	红
二苯胺磺酸钠	0.84	紫红	无色	二苯胺	0.76	紫	无色

三、常用的氧化还原滴定法及应用

1. 高锰酸钾法

(1) 高锰酸钾法的概述　高锰酸钾是一种强氧化剂，溶液的酸度不同，其氧化能力和还原产物亦不同。例如

在强酸性溶液中：

$$MnO_4^- + 8H^+ + 5e^- \rightleftharpoons Mn^{2+} + 4H_2O \quad \varphi^{\ominus} = 1.51V$$

在中性或弱碱性溶液中：

$$MnO_4^- + 2H_2O + 3e^- \rightleftharpoons MnO_2 + 4OH^- \quad \varphi^{\ominus} = 0.588V$$

在强碱性溶液中：

$$MnO_4^- + e^- \rightleftharpoons MnO_4^{2-} \quad \varphi^{\ominus} = 0.564V$$

由 $\varphi^{\ominus}$ 值可知，在强酸性溶液中 $KMnO_4$ 的氧化性最强，且终点生成的 Mn^{2+} 的颜色是无色的，有利于终点的观察。所以应用此法时多在强酸性溶液中进行，所用的强酸是硫酸。用此法可测定许多还原性物质，如 Fe^{2+}、H_2O_2、Sn^{2+}、$C_2O_4^{2-}$、Ti(Ⅲ)、As(Ⅲ)、Sb(Ⅲ)等。在碱性条件下，反应后易生成棕褐色的 MnO_2 沉淀，妨碍滴定终点的观察，但由于在强碱条件下 $KMnO_4$ 氧化有机物的反应速率很快，所以在碱性溶液中可测定甲醇、甲酸、甘油、葡萄糖等有机物。

高锰酸钾法的优点是 $KMnO_4$ 氧化能力强，应用广泛，可直接或间接地测定多种无机物和有机物的含量。另外，$KMnO_4$ 本身为紫红色，在滴定无色或浅色溶液时不需要另加指示剂，其本身可作为自身指示剂。缺点是由于其氧化能力强，故反应过程中干扰较多，易发生副反应，因此滴定时要严格控制滴定条件；$KMnO_4$ 试剂中常含有少量的杂质，所以配制的标准溶液不太稳定，易与空气和水中的多种还原性物质发生反应，因此标定后不宜长期使用。

(2) 高锰酸钾标准溶液的配制与标定　市售高锰酸钾常含有少量杂质，如 MnO_2、硫酸盐、氯化物及硝酸盐等，而且蒸馏水中也常含有微量还原性物质，可与 $KMnO_4$ 反应生成 $MnO(OH)_2$ 沉淀，MnO_2 与 $MnO(OH)_2$ 又能进一步促进 $KMnO_4$ 溶液的自身分解，因此不能用直接法配制标准溶液。

为了配制较稳定的 $KMnO_4$ 溶液，可称取稍多于理论量的 $KMnO_4$，溶于一定体积的蒸馏水中，加热煮沸约 1h，冷却后放置数天，使溶液中可能存在的还原性物质完全氧化。然后用微孔玻璃漏斗过滤除去析出的沉淀，将过滤后的 $KMnO_4$ 溶液储存于棕色试剂瓶中，并存放于暗处，再进行标定。使用经久置后的 $KMnO_4$ 溶液时应重新标定其浓度。

用于标定 $KMnO_4$ 溶液的基准物质有 $H_2C_2O_4\cdot 2H_2O$、$Na_2C_2O_4$、$FeSO_4\cdot(NH_4)_2SO_4\cdot$

$6H_2O$、纯铁丝及 As_2O_3 等。其中草酸钠不含结晶水，性质稳定，容易提纯，在 105～110℃烘干 2h，并在干燥器中冷却至室温即可使用，因此是最常用的基准物质。

在 H_2SO_4 介质中，MnO_4^- 与 $C_2O_4^{2-}$ 的标定反应为

$$2MnO_4^- + 5C_2O_4^{2-} + 16H^+ \xlongequal{} 2Mn^{2+} + 10CO_2 \uparrow + 8H_2O$$

为了使标定反应能定量、迅速地进行，应注意以下滴定条件：

① 温度　在室温下此反应的速度缓慢，因此应将溶液加热至 75～85℃。温度不宜过高，超过 90℃时，$H_2C_2O_4$ 在酸性溶液中部分发生分解。

$$H_2C_2O_4 \xlongequal{} CO_2 \uparrow + CO \uparrow + H_2O$$

温度也不宜过低，低于 60℃时，反应速率又太慢。

② 酸度　溶液应保持足够的酸度，一般在开始滴定时，溶液的酸度约为 0.5～1mol·L⁻¹。酸度不够时，往往容易生成 MnO_2 沉淀；酸度过高又会促使 $H_2C_2O_4$ 分解。

③ 滴定速度　由于 MnO_4^- 与 $C_2O_4^{2-}$ 的反应是自动催化反应，滴定开始时，加入的第一滴 $KMnO_4$ 溶液褪色较慢，所以开始滴定时滴定速度要慢些，待第一滴 $KMnO_4$ 红色褪去后，再滴入第二滴。如此几滴 $KMnO_4$ 溶液完全作用生成一定量的 Mn^{2+} 后，Mn^{2+} 对这个反应有催化作用，滴定速度就可以稍快些，但不能太快，否则加入的 $KMnO_4$ 溶液来不及与 $C_2O_4^{2-}$ 反应，在热的酸性溶液中发生分解。

$$4MnO_4^- + 12H^+ \xlongequal{} 4Mn^{2+} + 5O_2 \uparrow + 6H_2O$$

若在滴定前加入几滴 $MnSO_4$ 溶液，滴定一开始反应速率就较快。

④ 终点判断　$KMnO_4$ 作为自身指示剂，终点时溶液颜色变为粉红色。但是滴定终点不太稳定，这是由于空气中的还原性气体及尘埃等杂质落入溶液中能使 $KMnO_4$ 缓慢分解，而使粉红色消失，所以显色后经 30s 不褪色即可认为到达滴定终点。

（3）高锰酸钾法的应用实例

① 直接滴定法

【例 10-8】 矿石中的铁含量（Fe^{2+}）的测定。

将试样溶解后（通常使用盐酸作溶剂），生成的 Fe^{3+}（实际上是 $[FeCl_4]^-$、$[FeCl_6]^{3-}$ 等配合离子）应先还原为 Fe^{2+}，然后用 $KMnO_4$ 标准溶液滴定。目前，多采用 $SnCl_2$-$TiCl_3$ 联合还原法，即试样溶解后，用 $SnCl_2$ 将大部分 Fe^{3+} 还原为 Fe^{2+}，再以钨酸钠为指示剂，滴加 $TiCl_3$ 还原剩余的 Fe^{3+}，当 Fe^{3+} 反应完全时，指示剂中的 W(Ⅵ) 被还原为 W(Ⅴ)，出现“钨蓝”。此时，滴加 $KMnO_4$ 溶液至使蓝色刚好消失。此后加入硫酸锰滴定液，再用 $KMnO_4$ 标准溶液滴定 Fe^{2+} 至终点。滴定反应为：

$$MnO_4^- + 5Fe^{2+} + 8H^+ \xlongequal{} Mn^{2+} + 5Fe^{3+} + 4H_2O$$

加入硫酸锰滴定液（由 $MnSO_4$、H_2SO_4、H_3PO_4 等组成）的目的是为了减小滴定误差，其具体作用是：

a. 避免 Cl^- 存在下发生的诱导作用。由于加入较高浓度的 $MnSO_4$，溶液中存在大量的 Mn^{2+}，可使 Mn(Ⅶ) 迅速转变为 Mn(Ⅲ)，而此时溶液中仍存在大量 Mn^{2+}，故可降低 Mn(Ⅲ)/Mn(Ⅱ) 电对的电势，从而使 Mn(Ⅲ) 基本上只与 Fe^{2+} 起反应，不与 Cl^- 反应，保证 $KMnO_4$ 与 Fe^{2+} 的定量反应。

b. 由于滴定产物 Fe^{3+} 呈黄色，使粉红色的终点颜色不易分辨，以致影响终点的正确判断。所以在滴定过程中常在溶液中加入硫酸和磷酸的混合液，使 PO_4^{3-} 与 Fe^{3+} 生成无色的 $[Fe(HPO_4)_2]^-$ 配离子，使终点易于观察。

【例 10-9】 过氧化氢的测定。

商品双氧水中的过氧化氢，可用 $KMnO_4$ 标准溶液直接滴定，其反应式为：

$$5H_2O_2 + 2MnO_4^- + 6H^+ \xlongequal{} 2Mn^{2+} + 5O_2 \uparrow + 8H_2O$$

此滴定反应是在室温下用硫酸作介质进行的，开始时反应进行较慢，随着反应的进行，由于生成的 Mn^{2+} 催化了反应，使反应速率加快。

H_2O_2 的含量可按下式计算：

$$\rho(H_2O_2)=\frac{\frac{5}{2}c(KMnO_4)V(KMnO_4)M(H_2O_2)}{V(\text{样品})} \tag{10-25}$$

② 间接滴定法

【例 10-10】 测定钙含量的测定。

有些不具备氧化还原性物质（某些金属离子）能与 $C_2O_4^{2-}$ 作用定量生成难溶盐沉淀，如果将生成的草酸盐沉淀溶于酸中，然后用 $KMnO_4$ 标准溶液来滴定 $C_2O_4^{2-}$，就可间接测定这些金属离子的含量。Ca^{2+} 的测定就可采用此法。

在沉淀 Ca^{2+} 时，为了获得颗粒较大的晶形沉淀，并保证 Ca^{2+} 与 $C_2O_4^{2-}$ 有 1∶1 的比例关系，必须选择适当的沉淀条件。通常采用均相沉淀法制备 CaC_2O_4 沉淀，即在 Ca^{2+} 的试液中先加盐酸酸化，再加入过量的 $(NH_4)_2C_2O_4$。由于 $C_2O_4^{2-}$ 在酸性溶液中大部分以 $HC_2O_4^-$ 形式存在，$C_2O_4^{2-}$ 的浓度很小，此时即使 Ca^{2+} 浓度相当大，也不会生成 CaC_2O_4 沉淀。然后将加入 $(NH_4)_2C_2O_4$ 后的溶液加热至 70～80℃，再滴加稀氨水。由于 H^+ 逐渐被中和，$C_2O_4^{2-}$ 浓度缓缓增加，就可以生成粗颗粒结晶的 CaC_2O_4 沉淀。最后应控制溶液的 pH 在 3.5～4.5（甲基橙显黄色）并继续保温约 30min 使沉淀陈化。这样不仅可避免 $Ca(OH)_2$ 或 $(CaOH)_2C_2O_4$ 沉淀的生成，而且所得 CaC_2O_4 沉淀又便于过滤和洗涤。放置冷却后，过滤、洗涤，将 CaC_2O_4 沉淀溶于稀硫酸中，即可用 $KMnO_4$ 标准溶液滴定 $C_2O_4^{2-}$。滴定的有关反应如下：

$$Ca^{2+}+C_2O_4^{2-} = CaC_2O_4\downarrow$$

$$CaC_2O_4+2H^+ = Ca^{2+}+H_2C_2O_4$$

$$2MnO_4^-+5H_2C_2O_4+6H^+ = 2Mn^{2+}+10CO_2\uparrow+8H_2O$$

样品中钙的质量分数：

$$w(Ca)=\frac{\frac{5}{2}c(MnO_4^-)V(MnO_4^-)M(Ca)}{m_s} \tag{10-26}$$

2. 重铬酸钾法

（1）概述　$K_2Cr_2O_7$ 也是一种常用的氧化剂，在酸性介质中的半反应为

$$Cr_2O_7^{2-}+14H^++6e^- = 2Cr^{3+}+7H_2O \qquad \varphi^\ominus=1.23V$$

$K_2Cr_2O_7$ 的氧化能力比 $KMnO_4$ 稍弱，应用不及 $KMnO_4$ 广泛，但是重铬酸钾法有其独特的优点：

① $K_2Cr_2O_7$ 试剂容易提纯，在 140～150℃下烘干后即可作为基准物质，可直接配制成一定浓度的标准溶液；

② $K_2Cr_2O_7$ 溶液相当稳定，只要在密闭容器中，可长期保存和使用。

③ 在室温下不受 Cl^- 的诱导作用，可在 HCl 溶液中进行滴定。

④ $K_2Cr_2O_7$ 滴定反应速率快，通常在室温下进行滴定。

$K_2Cr_2O_7$ 法常用的指示剂是二苯胺磺酸钠和邻苯胺基苯甲酸等。

（2）应用实例

【例 10-11】 铁样中全铁含量的测定。

重铬酸钾法是测定铁样中全铁含量的标准方法。测定时，试样（铁矿石等）用 HCl 溶解后，将 Fe^{3+} 预处理成 Fe^{2+}，再在 H_2SO_4-H_3PO_4 的混合酸介质中，以二苯胺磺酸钠为指

示剂，用 $K_2Cr_2O_7$ 标准溶液滴定，溶液由浅绿色变为紫红色即为终点。滴定反应如下：

$$Cr_2O_7^{2-}+6Fe^{2+}+14H^+ = 2Cr^{3+}+6Fe^{3+}+7H_2O$$

这里 H_2SO_4 的作用是调节足够的酸度。H_3PO_4 的作用有两方面：一是使 Fe^{3+} 生成无色稳定的 $[Fe(HPO_4)_2]^-$ 配离子，掩蔽 Fe^{3+} 的黄色，有利于终点的观察；另一个是由于 Fe^{3+} 生成配离子，降低了 Fe^{3+}/Fe^{2+} 电对的条件电极电势，扩大了滴定的突跃范围，使指示剂的变色更加敏锐。样品中铁的质量分数：

$$w(Fe)=\frac{6c(K_2Cr_2O_7)V(K_2Cr_2O_7)M(Fe)}{m_s} \tag{10-27}$$

3. 碘量法

（1）碘量法概述　碘量法是利用 I_2 的氧化性和 I^- 的还原性来进行滴定分析的方法。由于固体 I_2 在水中的溶解度很小（$0.00133mol \cdot L^{-1}$），故通常将 I_2 溶解在 KI 溶液中，此时 I_2 在溶液中以 I_3^- 形式存在，但为方便起见，I_3^- 一般仍简写为 I^-，其半反应为

$$I_2+2e^- = 2I^- \qquad \varphi^{\ominus}_{I_2/I^-}=0.5355V$$

I_2 是一种较弱的氧化剂，而 I^- 是一种中等强度的还原剂。据此碘量法可分为直接碘量法和间接碘量法。

I_2/I^- 电对的可逆性好，副反应少，其电势值在很大的 pH 范围内（$pH<9$）不受酸度及其他配位剂影响。碘量法采用淀粉为指示剂，其灵敏度较高，因此碘量法的应用范围广泛。

碘量法的误差来源有两个：一是 I_2 易挥发；二是 I^- 易被空气中的氧氧化。

防止 I_2 挥发应采取的措施是：加入过量的 KI 使之与 I_2 形成溶解度较大的 I_3^- 配离子；析出碘的反应最好在带塞的碘量瓶中进行，滴定时勿剧烈摇动，析出 I_2 后立即进行滴定；反应要避免加热，在室温下进行。

防止 I^- 被空气中氧氧化应采取的措施是：将反应物放置于暗处进行反应，滴定时应避免阳光直射；控制适合的酸度，因酸度能加速 I^- 的氧化。

① 直接碘量法　利用碘的氧化性，用碘单质作标准溶液直接滴定还原性物质的分析方法称为直接碘量法。I_2 是一种较弱的氧化剂，能与较强的还原剂［如 Sn(Ⅱ)、S^{2-}、$S_2O_3^{2-}$、As_2O_3、SO_2、维生素 C 等］作用。如：

$$I_2+SO_2+2H_2O = 2I^-+SO_4^{2-}+4H^+$$

应该指出，直接量碘量法不能在碱性溶液中进行，只能在中性或弱酸性介质中进行，因为在碱性溶液中，I_2 会发生歧化反应：

$$3I_2+6OH^- = IO_3^-+5I^-+3H_2O$$

② 间接碘量法　利用 I^- 的还原性，过量的 I^- 与一定量的氧化性物质反应，生成定量的 I_2，再用 $Na_2S_2O_3$ 标准溶液滴定定量析出的 I_2，从而间接测定氧化性物质（如 ClO_3^-、MnO_4^-、CrO_4^{2-}、Cu^{2+}、H_2O_2 等），称为间接碘量法。如用间接碘量法测定 H_2O_2 的反应为

$$H_2O_2+2I^-(\text{过量})+2H^+ = I_2+2H_2O$$

$$I_2+2S_2O_3^{2-} = 2I^-+S_4O_6^{2-}$$

碘法常用可溶性淀粉作为指示剂确定终点。I_2 与淀粉反应形成蓝色配合物，可根据蓝色的出现或消失来指示终点。淀粉溶液应用新配制的，若放置过久，则与 I_2 形成的配合物不呈蓝色而呈紫红色，终点颜色变化不敏锐。

在间接碘量法中，为了使测定结果准确，在滴定时必须注意以下几点：

a. 必须控制溶液的酸度。为了使 $S_2O_3^{2-}$ 与 I_2 之间的反应迅速、定量完成，酸度应控制在中性或弱酸性，因为在碱性溶液中除了 I_2 会发生歧化反应外，还会发生如下副反应，影

响测定结果。

$$S_2O_3^{2-}+4I_2+10OH^- \xlongequal{} 2SO_4^{2-}+8I^-+5H_2O$$

b. 防止 I_2 的挥发。为了防止 I_2 挥发，应加入过量的 KI 溶液，并在室温下立即用 $Na_2S_2O_3$ 滴定，不能放置过久，滴定在碘量瓶中进行，不要剧烈振荡。

c. 光照会促进 I^- 被空气氧化，也会促进 $Na_2S_2O_3$ 的分解，因此滴定时要避免阳光直接照射。

d. 指示剂加入的时间。在滴定中，淀粉指示剂只能在临近终点时加入，否则会有较多的 I_2 被淀粉包合，而导致终点滞后。

（2）标准溶液的配制与标定　碘量法使用的标准溶液有 $Na_2S_2O_3$ 和 I_2 两种。

① 硫代硫酸钠标准溶液的配制与标定　市售硫代硫酸钠常含有少量杂质，如 S、Na_2SO_4、Na_2CO_3、NaCl 等，同时还容易风化、潮解，故不能采用直接法配制标准溶液，只能采用间接法配制。$Na_2S_2O_3$ 溶液不稳定，容易分解。

a. 水中 CO_2 的影响（pH＜4.6 的稀酸溶液中）：

$$Na_2S_2O_3+H_2CO_3 \xlongequal{} NaHCO_3+NaHSO_3+S\downarrow$$

b. 空气中 O_2 的影响：

$$2Na_2S_2O_3+O_2 \xlongequal{} 2Na_2SO_4+2S\downarrow$$

c. 细菌的影响：

$$Na_2S_2O_3 \xrightarrow{\text{细菌}} Na_2SO_3+S\downarrow$$

因此，配制 $Na_2S_2O_3$ 标准溶液时，为了赶出溶液中的 CO_2 和杀死细菌，应使用新煮沸并冷却了的蒸馏水，并加入少量 Na_2CO_3 使溶液呈微碱性以抑制细菌的生长；为了避免日光对 $Na_2S_2O_3$ 的分解作用，溶液应保存在棕色瓶中，放置阴暗处。但不应长期保存。若长期放置，使用前应重新标定。

标定 $Na_2S_2O_3$ 溶液的基准物质有 KIO_3、$KBrO_3$、$K_2Cr_2O_7$、纯铜等，标定均采用间接法。这些物质均能在酸性溶液中与过量 I^- 反应定量析出 I_2。

$$Cr_2O_7^{2-}+6I^-+14H^+ \xlongequal{} 2Cr^{3+}+3I_2+7H_2O$$

$$IO_3^-+5I^-+6H^+ \xlongequal{} 3I_2+3H_2O$$

$$BrO_3^-+6I^-+6H^+ \xlongequal{} 3I_2+3H_2O+Br^-$$

$$2Cu^{2+}+4I^- \xlongequal{} 2CuI\downarrow+I_2$$

析出的 I_2 用 $Na_2S_2O_3$ 标准溶液滴定，滴定反应为

$$2S_2O_3^{2-}+I_2 \xlongequal{} S_4O_6^{2-}+2I^-$$

$Na_2S_2O_3$ 溶液的浓度可按下式计算：

$$c(Na_2S_2O_3)=\frac{6m(K_2Cr_2O_7)}{M(K_2Cr_2O_7)V(Na_2S_2O_3)} \tag{10-28}$$

② 标定时的注意事项

a. 基准物（如 $K_2Cr_2O_7$）与 KI 反应时，酸度不能太大，过大 I^- 容易被空气中的 O_2 氧化，所以在开始滴定时，酸度一般以 $0.5\sim1.0mol\cdot L^{-1}$ 为宜。

b. $K_2Cr_2O_7$ 与 KI 的反应速率较慢，应将溶液在暗处放置一定时间（5min），待反应完全后，加水稀释反应液，使溶液的酸度变小（酸度过高影响 $Na_2S_2O_3$ 与 I_2 的定量反应），Cr^{3+} 的绿色变浅（终点颜色变化敏锐）。再用 $Na_2S_2O_3$ 溶液滴定析出的 I_2（KIO_3 与 KI 的反应速率快，不需要放置）。

c. 把握好加入淀粉指示剂的时间。应先以 $Na_2S_2O_3$ 溶液滴定至溶液呈浅黄色，即大部分 I_2 已被还原后再加入淀粉溶液，继续用 $Na_2S_2O_3$ 溶液滴定至蓝色恰好消失，即为终点。淀粉指示剂若加入过早，则大量的 I_2 与淀粉结合生成蓝色物质，这一部分 I_2 就不容易与

$Na_2S_2O_3$ 反应，因而使滴定产生误差。

d. 滴定至终点后，再经过几分钟，溶液又会出现蓝色，这是由于空气中的 O_2 氧化 I^- 所引起的，对测定结果没有影响。

③ 碘标准溶液的配制与标定　用升华的方法制得的纯碘，可以直接配制成标准溶液。但通常是用市售的碘先配成近似所需浓度的碘溶液，然后用 $Na_2S_2O_3$ 标准溶液标定碘溶液的准确浓度。

（3）碘量法的应用

① 直接碘量法测定 H_2S 或 S^{2-}　在弱酸性溶液中，I_2 能氧化 S^{2-}，反应式为：

$$H_2S+I_2 \longrightarrow S\downarrow+2H^++2I^-$$

以淀粉作为指示剂，用 I_2 标准溶液滴定 H_2S。滴定不能在碱性溶液中进行，否则部分 S^{2-} 将被氧化为 SO_4^{2-}，反应式为：

$$S^{2-}+4I_2+8OH^- \longrightarrow SO_4^{2-}+8I^-+4H_2O$$

在碱性溶液中 I_2 也会发生歧化反应。

② 间接碘量法测定胆矾中的铜的含量　测定的原理是 Cu^{2+} 与 I^- 反应，生成难溶性的 CuI 沉淀，反应为：

$$2Cu^{2+}+4I^- \longrightarrow 2CuI\downarrow+I_2$$

定量析出的 I_2 用 $Na_2S_2O_3$ 标准溶液滴定，就可计算出铜的含量。

试样中铜的质量分数可按下式计算：

$$w(Cu)=\frac{c(Na_2S_2O_3)V(Na_2S_2O_3)M(Cu)}{m_s} \tag{10-29}$$

测定时应注意以下几点：

a. 为了使上述反应进行完全，必须加入过量的 KI，KI 既是还原剂，又是沉淀剂和配位剂（将 I_2 配位为 I_3^-）。

b. 由于 CuI 沉淀强烈地吸附 I_2，会使测定结果偏低。可加入 KSCN，使 CuI 转化为溶解度更小、无吸附作用的 CuSCN 沉淀：

$$CuI+KSCN \longrightarrow CuSCN\downarrow+KI$$

则不仅可以释放出被 CuI 吸附的 I_2，而且反应时再生出来的 I^- 可与未作用的 Cu^{2+} 反应，这样，就可以使用较少的 KI 而能使反应进行得完全。但是 KSCN 只能在接近终点时加入，否则 SCN^- 可能被 Cu^{2+} 氧化而使结果偏低。

c. 为了防止铜盐水解，反应必须在酸性溶液中进行（一般控制 pH 在 3～4）。如果酸度过低，反应速率慢，终点拖长；酸度过高，则 I^- 被空气氧化为 I_2 的反应被 Cu^{2+} 催化而加快，使结果偏高。又因大量 Cl^- 可与 Cu^{2+} 配合，因此应使用 H_2SO_4 而不用 HCl 调节溶液的 pH。

d. 测定时应注意防止其他共存离子的干扰，例如试样含有 Fe^{3+} 时，由于 Fe^{3+} 能氧化 I^-，其反应为：

$$2Fe^{3+}+2I^- \longrightarrow 2Fe^{2+}+I_2$$

故干扰铜的测定。若加入 NH_4HF_2，可使 Fe^{3+} 生成稳定的 FeF_6^{3-} 配离子，使 Fe^{3+}/Fe^{2+} 电对的条件电极电势降低，从而防止 Fe^{3+} 氧化 I^-。NH_4HF_2 和 H_2SO_4 还可控制溶液的酸度，使 pH 约为 3～4。

思考题与习题

10-1 简答题

（1）酸碱滴定法指示剂选择的条件？

（2）一元弱酸、弱碱被准确滴定的条件？

（3）单一金属离子被准确滴定的条件？

（4）金属指示剂应具备的条件？

（5）影响配位滴定突跃大小的因素是什么？

（6）高锰酸钾法滴定的条件是什么？

（7）用 $Na_2C_2O_4$ 作为基准物质标定 $KMnO_4$ 时，为使标定反应能定量、迅速地进行，应如何控制滴定条件？

10-2 将 2.000g 黄豆用浓硫酸进行消化处理，得到被测试液，然后加入过量的 NaOH 溶液，将释放出的 NH_3 用 50.00mL 0.6700mol·L^{-1} HCl 溶液吸收，多余的 HCl 采用甲基橙指示剂，以 0.6520mol·L^{-1} NaOH 30.10mL 滴定至终点。计算黄豆中氮的质量分数及蛋白质的质量分数。

10-3 称取食盐试样 0.1562g，置于锥形瓶中，加入适量水溶解，以 K_2CrO_4 为指示剂，用 0.1000mol·L^{-1} $AgNO_3$ 标准溶液滴定至终点，用去 26.40mL。计算食盐中 NaCl 的含量。

10-4 在 25.00mL $BaCl_2$ 试液中加入 40.00mL 0.1020mol·L^{-1} $AgNO_3$ 的标准溶液，过量的 $AgNO_3$ 标准溶液在返滴定中用去 15.00mL 0.09800mol·L^{-1}的 NH_4SCN 标准溶液。试求 25.00mL 试液中含有多少克的 $BaCl_2$。

10-5 求用 2.0×10^{-2} mol·L^{-1}EDTA 溶液滴定 2.0×10^{-2} mol·L^{-1} Fe^{3+}溶液的适宜酸度范围。

10-6 称取 0.5085g 含铜试样，溶解后加入过量 KI，用 0.1034mol·L^{-1} $Na_2S_2O_3$ 溶液滴定释出的 I_2 至终点，耗去 27.16mL。求试样中铜的质量分数。

10-7 称取纯 KBr 和 KCl 混合物 0.3074g，溶于水后用 0.1007mol·L^{-1} $AgNO_3$ 标准溶液滴定至终点，用去 30.98mL，计算混合物中 KBr 和 KCl 的含量。

10-8 称取一含银废液 2.075g，加入适量 HNO_3，以铁铵矾作指示剂，消耗了 25.50mL 0.04634mol·L^{-1}的 NH_4SCN 溶液。计算此废液中银的含量。

10-9 用 30.00mL $KMnO_4$ 溶液恰能氧化一定质量的 $KHC_2O_4\cdot H_2O$，同样质量的 $KHC_2O_4\cdot H_2O$ 又恰能被 25.20mL 0.2000mol·L^{-1} KOH 溶液中和。求 $KMnO_4$ 溶液的浓度是多少。

10-10 某土壤样品 1.000g，用重量法获得 Al_2O_3 和 Fe_2O_3 共 0.1100g，将此混合氧化物用酸溶解并使铁还原为 Fe^{2+} 后，以 0.0100mol·L^{-1} $KMnO_4$ 进行滴定，用去 8.00mL。计算土壤样品中 Al_2O_3 和 Fe_2O_3 的含量。

10-11 准确吸取 25.00mL H_2O_2 样品溶液，置于 250.0mL 容量瓶中，加水至刻度，摇匀，再准确吸取 25.00mL，置于锥形瓶中，加 H_2SO_4 酸化，用 0.02532mol·L^{-1}的标准溶液滴定，到达终点时消耗 27.68mL。计算样品中 H_2O_2 的含量。

10-12 称取 0.5000g 煤样品，灼烧并使其中硫完全氧化成 SO_4^{2-}，处理成溶液，除去重金属离子后，加入 0.05000mol·L^{-1} $BaCl_2$ 溶液 20.00mL，使其生成 $BaSO_4$ 沉淀。用 0.02500mol·L^{-1} EDTA 溶液滴定过量的 Ba^{2+}，用去 20.00mL。计算煤中含硫质量分数。

10-13 若一溶液中 Fe^{3+}、Al^{3+} 浓度均为 0.01mol·L^{-1}，能否控制酸度用 EDTA 选择滴定 Fe^{3+}？如何控制溶液酸度？

10-14 将 0.1640g 硫酸铵样品溶于水后加入甲醛，反应 5 min，再用 0.09760 mol·L^{-1}NaOH 溶液滴定至酚酞变色，用去 NaOH 23.09mL，计算样品中 $w(N)$ 和 $w[(NH_4)_2SO_4]$。

10-15 在 pH=12.0 时，用钙指示剂以 EDTA 为标准溶液进行石灰石中 CaO 含量的测定。称取试样 0.4086g，溶解后在 250.0mL 容量瓶中定容，用移液管吸取 25.00mL 试液，以 EDTA 滴定，用去 0.02040mol·L^{-1} EDTA 17.50mL，求该石灰石试样中 CaO 的质量分数。

10-16 称取含惰性杂质的混合碱（Na_2CO_3 和 NaOH 或 $NaHCO_3$ 和 Na_2CO_3 的混合物）试样 1.00g，溶于水后，用酚酞作指示剂，用 0.2500mol·L^{-1} HCl 滴至终点，消耗 HCl 20.40mL。然后加入甲基橙指示剂，用 HCl 继续滴至橙色出现，又用去 HCl 28.46mL。试判断试样由何种碱组成？各组分的质量分数是多少？

10-17 用 HCl 标准溶液滴定含有 8.00%碳酸钠的 NaOH，如果用甲基橙作指示剂可用去 24.50mL HCl 溶液，若用酚酞作指示剂，问要用去该 HCl 标准溶液多少毫升？

10-18 取水样 100.00mL，在 pH=10.0 时，用铬黑 T 为指示剂，用 $c(H_4Y)=0.01050$mol·L^{-1}的溶液滴定至终点，用去 19.00mL。计算水的总硬度。

10-19 分析镁、铜、锌合金。称取 0.5000g 试样，用容量瓶配成 100.0mL 试液。吸取该溶液 25.00mL，调至 pH=6.0，以 PAN 作指示剂，用 $c(H_4Y)=0.05000mol \cdot L^{-1}$的溶液滴定 Cu^{2+} 和 Zn^{2+}，用去 37.30mL。另外又吸取 25.00mL 试液，调至 pH=10，加 KCN 以掩蔽 Cu^{2+} 和 Zn^{2+}。用同浓度的 H_4Y 溶液滴定 Mg^{2+}，用去 4.10mL。然后再加甲醛以解蔽 Zn^{2+}，又用同浓度的 H_4Y 溶液滴定，用去 13.40mL。计算试样中 Cu^{2+}、Zn^{2+} 和 Mg^{2+} 的含量。

知识拓展

酸碱指示剂的发展

酸碱滴定法的确立首先应归功于酸碱指示剂的发现和对指示剂的研究所取得的成果。酸碱滴定要早于氧化还原滴定和沉淀滴定。早在 1729 年，法国化学家日夫鲁瓦第一次运用了滴定分析的方法，为了测定醋酸的浓度，他以碳酸钾为基准物，把待要确定浓度的醋酸逐滴加到碳酸钾中，根据停止产生气泡来判断滴定终点。

但是当氧化还原滴定和沉淀滴定迅猛发展时，酸碱滴定进展却不大，主要原因是指示剂的限制。氧化还原和沉淀反应因其自身颜色变化或出现沉淀，很容易就能判断滴定终点，但是酸碱滴定靠气泡的停止或选用自然指示剂，在准确度和适用性上一直有缺陷。直至 19 世纪 50 年代后，由于有机合成化学及其工业的迅速发展，特别是人工合成染料化学工业的兴起，就制造出了一系列具有与天然植物色素指示剂性质相似但更为理想、更为适用的人工合成染料类指示剂。这就突破了酸碱滴定分析发展中的一大障碍。1877 年，第一个人工合成的变色指示剂诞生了，它是勒克（E. Luck）合成的酚酞。此后几年中，许多人工合成有机化合物被推荐出来作为酸碱指示剂。1881 年，龙格（Lunge）完全凭经验而采用了甲基橙作指示剂来滴定碱式碳酸盐的。3 年后，汤姆逊也在经验积累的基础上研究了一些常用的指示剂，然后，他给指示剂提供了一套实用的辨色标准。萨尔姆（Salm）、蒂勒（Thiele）和其他研究者检验了氢离子浓度与颜色变化的关系。萨尔姆在各种不同溶液中研究了 28 种指示剂，他的工作为索伦森（Sorensen）在 1909 年提出 pH 概念奠定了基础。1911 年，蒂泽德（1885—1959）研究了指示剂的灵敏度。3 年后，比约鲁姆发表了有关指示剂理论的专著，对盐的水解作了很好的论述，并强调滴定到某一特定 pH 的重要性；这一目的通过利用指示剂在适当 pH 发生的变化和采用电势滴定而最终达到了。1915 年，美国农业部的化学家克拉克（Clark）和勒布斯（Lubs）非常细心地研究了各种适于作指示剂的染料。

像科学上的许多其他发现一样，酸碱指示剂的发现是化学家善于观察、勤于思考、勇于探索的结果。

第十一章 重量分析法

Chapter 11

第一节 重量分析法概述

重量分析法是通过称量物质的质量进行分析测定的。测定时，通常是通过物理方法或化学反应先将试样中待测组分与其他组分分离，转化为一定的称量形式，然后称重，由称得的质量来计算该组分的含量。重量分析法是最古老，同时又是准确度最高、精密度最好的常量分析法之一，重量分析法一般分为化学沉淀法、挥发法、萃取法、热重法等。本章主要介绍其中的沉淀法。

一、重量分析法的一般过程

重量分析法的一般程序是：①称样；②试样溶解，配成稀溶液；③控制反应条件；④加入适量沉淀剂，使待测成分沉淀为难溶性化合物；⑤陈化；⑥过滤和洗涤；⑦烘干或灼烧；⑧称量；⑨计算待测成分的含量。以 SO_4^{2-} 和 Al^{3+} 的测定为例，其分析步骤如下：

$$SO_4^{2-}+BaCl_2 \longrightarrow BaSO_4\downarrow \xrightarrow{过滤、洗涤} \xrightarrow{800℃灼烧} BaSO_4$$

$$\underset{试液}{Al^{3+}+3NH_3\cdot H_2O} \longrightarrow \underset{沉淀形式}{Al(OH)_3\downarrow} \xrightarrow{过滤、洗涤} \xrightarrow{800℃灼烧} \underset{称量形式}{Al_2O_3}$$

二、重量分析法的特点

重量分析法是经典的化学分析法，通过直接称量得到分析结果，不需要从容量器皿引入数据，也不需要基准物质作比较，对于高含量组分的测定，重量分析比较准确，一般测定的相对误差不大于0.1%。对高含量的硅、磷、钨、稀土元素等试样的精确分析，至今仍常使用重量分析法。但重量分析的不足之处是操作较烦琐、耗时多、周期长，不适于生产中的控制分析，对低含量组分的测定误差较大，目前已逐渐被其他方法取代。但在校对其他方法的准确度时，常用重量分析法的测定结果作为标准。

三、重量分析法对沉淀形式和称量形式的要求

利用沉淀法进行重量分析时，往试液中加入适当的沉淀剂，使待测组分沉淀出来，所得的沉淀称为"沉淀形式"。沉淀经过滤、洗涤后，再将其烘干或灼烧成"称量形式"称量。根据称量形式的化学组成和质量，就可以算出被测组分的含量。沉淀形式和称量形式可以相同，也可以不同。例如，测定 Cl^- 时，加入沉淀剂 $AgNO_3$，得到 AgCl 沉淀，烘干后得到的仍是 AgCl，其沉淀形式和称量形式相同；而测定 Mg^{2+} 时，沉淀形式是 $MgNH_4PO_4$，灼烧后转化成为 $Mg_2P_2O_7$ 形式称量，两者不同。为达到准确分析的目的，对沉淀形式和称量形式均有特

定的要求。

1. 重量分析对沉淀形式的要求

① 沉淀要完全，沉淀的溶解度要小，要求沉淀的溶解损失不应超过天平的称量误差。溶解损失应小于0.1mg。

② 沉淀力求纯净，尽量避免混杂沉淀剂或其他杂质。

③ 沉淀应易于过滤和洗涤。为此，在进行沉淀过程中，希望尽量获得粗大的晶形沉淀。如果是无定形沉淀，应注意掌握好沉淀条件，改善沉淀的性质，尽可能得到易于过滤和洗涤的沉淀。

④ 沉淀应容易全部转化为称量形式。

2. 重量分析对称量形式的要求

① 组成必须与化学式完全符合，这是对称量形式最重要的要求，否则无法计算出准确的结果。

② 称量形式要稳定，不易吸收空气中的水分和二氧化碳，在干燥、灼烧时不易分解，否则影响准确度。

③ 称量形式的摩尔质量要尽可能地大。沉淀摩尔质量较大时，少量的被测元素可以得到较多的称量物质，减小称量误差，可提高测定的准确度。

第二节 沉淀的纯度和条件选择

重量分析不但要求沉淀的溶解度要小，而且要求所获得的沉淀是非常纯净的。但当沉淀从溶液中析出时，不可避免地会或多或少夹带溶液中的其他组分。为此必须了解沉淀形成过程中杂质混入的原因，从而找出减少杂质混入的方法，以获得符合重量分析要求的沉淀。

一、影响沉淀纯度的因素

1. 共沉淀现象

影响沉淀纯度的因素主要是共沉淀现象，即当一种沉淀从溶液中析出时，溶液中的某些其他组分，在该条件下本来是可溶的，但却被沉淀带下来而混杂于沉淀中。产生这种现象的原因有以下三种。

（1）表面吸附引起的共沉淀　在沉淀的表面，特别是棱边和顶角，都存在自由力场，能选择吸附溶液中某些离子而使沉淀微粒带有电荷。带电的沉淀微粒由于静电引力吸引溶液中某些异性离子，使沉淀的表面吸附杂质而共沉淀。由于吸附作用是一个放热过程，故提高溶液的温度可减少杂质的吸附。

（2）生成混晶引起的共沉淀　每种晶形沉淀都有其一定的晶体结构，如果杂质离子与构晶离子半径相近，电荷相同，形成的晶体结构相似时，则它们极易生成混晶共沉淀。例如$BaSO_4$-$PbSO_4$，AgCl-AgBr，HgS-ZnS等。为减少混晶的生成，最好事先将这类杂质分离除去。

（3）吸留和包藏引起的共沉淀　在沉淀过程中若沉淀生成太快，表面吸附的杂质离子还来不及离开沉淀表面就被随后生成的沉淀所覆盖，使杂质被包藏在沉淀内部，这种因为吸附而留在沉淀内部的共沉淀现象称为吸留和包藏。有时母液也可能被包藏在沉淀中，引起共沉淀。这类共沉淀不能用洗涤的方法将杂质除去，可以借助改变沉淀条件、陈化或重结晶的方法来减免。

2. 后沉淀现象

影响沉淀纯度的另一个因素是后沉淀现象。当沉淀析出后，在沉淀与母液一起放置过程中，溶液中的杂质离子慢慢沉淀到原沉淀上的现象称为后沉淀。沉淀放置时间越长，后沉淀越严重。后沉淀引入的杂质量比共沉淀要多，且随着沉淀放置时间的延长而增多。因此为防止后沉淀现象的发生，某些沉淀的陈化时间不宜过长。

二、晶形沉淀的条件

1. 沉淀反应宜在适当稀的溶液中进行

在沉淀过程中溶液的相对过饱和度较小，均相成核作用不显著时，易于获得大颗粒的晶形沉淀。同时，共沉淀现象减少，有利于得到纯净沉淀。当然，溶液的浓度也不能太稀，如果太稀，由于沉淀溶解而引起的损失可能超过允许的分析误差。因此，对于溶解度较大的沉淀，溶液不宜过分稀释。

2. 沉淀反应应在不断搅拌下逐滴加入沉淀剂

沉淀反应应在不断搅拌下逐滴加入沉淀剂，这样，可以防止溶液局部相对过饱和度太大，导致产生严重的均相成核作用，而产生大量的晶核，以至于获得颗粒小、纯度差的沉淀。

3. 沉淀反应应在热溶液中进行

一般来说，沉淀的溶解度随温度的升高而增大，沉淀吸附杂质的量随温度的升高而减少。所以，在热溶液中进行沉淀可使溶解度增大，因而溶液的相对过饱和度降低易于获得大的晶粒；此外，又能减少杂质的吸附量，有利于得到纯净的沉淀。但是应当指出，对于溶解度较大的沉淀，在热溶液中沉淀后，宜冷却到室温后再过滤、洗涤，以减少沉淀的溶解损失。

4. 陈化

沉淀完成后，让沉淀在母液中放置一段时间，这个过程称为陈化。陈化作用可使小晶粒转化为大晶粒，还可使不完整的晶粒转化为完整晶粒；陈化作用也能使沉淀得到净化，这是因为晶粒变大后，吸附杂质减少，原来吸附、吸留的杂质，重新进入溶液。但是，陈化作用对于伴有混晶共沉淀的沉淀，不仅不能提高纯度，有时反而会降低纯度。

三、无定形沉淀的条件

无定形沉淀大都因为溶解度小，无法控制其过饱和度，以至于生成大量微晶而不能长大。对于这类沉淀，重要的是使其聚集紧密，便于过滤，同时尽量减少杂质的吸附，使沉淀纯净。

1. 沉淀反应应在热的较浓的溶液中进行

沉淀作用应在热的较浓的溶液中进行，加入沉淀剂的速度可适当快些。因为在浓、热的溶液中，离子的水合程度减小，得到的沉淀比较紧密，含水量少，容易聚沉。但也要考虑到，此时吸附的杂质增多，所以在沉淀完毕后，需立刻加入大量热水冲稀母液并搅拌，使吸附的部分杂质转入溶液。

2. 在溶液中加入适量的电解质

沉淀作用要在适量电解质存在下进行，以防止胶体溶液的生成。但加入的应是可挥发的盐类如铵盐（NH_4Cl、NH_4NO_3）等。

3. 不必陈化

沉淀完毕后，应趁热过滤，不需陈化。否则，沉淀久置会失水而聚集得更紧密，使已吸附的杂质难以洗去。

4. 必要时进行再沉淀

无定形沉淀吸附杂质严重，一次沉淀很难保证纯净，要使沉淀纯净，最好是将沉淀过滤后，溶解后再沉淀。

第三节　重量分析结果的计算

在重量分析中，多数情况下称量形式与待测组分的存在形式不同，而重量分析是根据称量形式的质量来计算待测组分的含量的，因此在计算时，二者需要换算，一般将待测组分的摩尔质量与称量形式的摩尔质量之比称为换算因数（也叫化学因数），常以 F 表示，据此计算待测组分的质量。可写成下列通式：

待测组分的质量＝称量形式的质量×换算因数

在计算换算因数时，必须在待测组分的摩尔质量和称量形式的摩尔质量上乘以适当系数使分子分母中待测元素的原子数目相等。

【例 11-1】 计算 0.1000g Fe_2O_3 相当于 FeO 的质量。

解 换算因数为：

$$F=\frac{M(\mathrm{FeO})}{M\left(\frac{1}{2}\mathrm{Fe_2O_3}\right)}=\frac{71.85\mathrm{g\cdot mol^{-1}}}{79.85\mathrm{g\cdot mol^{-1}}}=0.8998$$

所以 FeO 的质量为：

$$m(\mathrm{FeO})=Fm(\mathrm{Fe_2O_3})=0.8998\times0.1000\mathrm{g}=0.08998\mathrm{g}$$

【例 11-2】 测定某试样中的硫含量时，使之沉淀为 $BaSO_4$，灼烧后称量 $BaSO_4$ 沉淀，其质量为 0.5562g，计算试样中的硫质量。

解 换算因数为：

$$F=\frac{M(\mathrm{S})}{M(\mathrm{BaSO_4})}=\frac{32.06\mathrm{g\cdot mol^{-1}}}{233.4\mathrm{g\cdot mol^{-1}}}=0.1374$$

所以 S 的质量为：

$$m(\mathrm{S})=Fm(\mathrm{BaSO_4})=0.1374\times0.5562\mathrm{g}=0.07642\mathrm{g}$$

所以试样中硫的质量为 0.07642g。

【例 11-3】 称取含镁试 0.3621g，用 $MgNH_4PO_4$ 沉淀法测定其中镁的含量。得到 $Mg_2P_2O_7$ 0.6300g，求试样中 MgO 的质量分数？

解 换算因数为：

$$F=\frac{M(\mathrm{Mg})}{M\left(\frac{1}{2}\mathrm{Mg_2P_2O_7}\right)}=\frac{40.30\mathrm{g\cdot mol^{-1}}}{\frac{1}{2}\times222.6\mathrm{g\cdot mol^{-1}}}=0.3621$$

MgO 的质量为：

$$m(\mathrm{MgO})=Fm(\mathrm{Mg_2P_2O_7})=0.3621\times0.6300\mathrm{g}=0.2281\mathrm{g}$$

MgO 的质量分数为：

$$w(\mathrm{MgO})=\frac{m(\mathrm{MgO})}{m_{样}}=\frac{0.2281\mathrm{g}}{0.3621\mathrm{g}}=62.99\%$$

思考题与习题

11-1 沉淀形式和称量形式有何区别？试举例说明之。

11-2 重量分析对沉淀的要求是什么？

11-3 沉淀中混有杂质的原因是什么？如何减少？

11-4 晶形沉淀和无定形沉淀的沉淀条件是什么？

11-5 什么是换算因数？如何计算？

11-6 计算下列换算因数。

称量形式	测定组分
$Mg_2P_2O_7$	$MgSO_4 \cdot 7H_2O$
$PbCrO_4$	Cr_2O_3
$PbSO_4$	Pb_3O_4

11-7 取含银试样 0.2500g，用重量分析法测定时，得 AgCl 质量为 0.3010g，试样中银的质量分数为多少？

11-8 称取某铁矿石试样 0.2500g，经一系列处理后，沉淀形式为 $Fe(OH)_3$，称量形式为 Fe_2O_3，称量质量为 0.2490g，试求 Fe 和 Fe_3O_4 的质量分数。

知识拓展

纳米化学

纳米材料（nanostructured materials）是近年来受到人们极大重视的一个领域。虽然目前人们对这种材料的认识还并不完全一致，但大多数人认为，这种材料指的是其基本颗粒的大小在 1～100nm 范围内的材料。

作为这类材料的科学基础，出现了纳米科学。由于纳米科学与许多分支学科有关，于是就出现了纳米化学、纳米物理学、纳米生物学、纳米电子学、纳米技术、纳米工艺等。这些学科为纳米材料的发展提供了科学基础，而纳米化学是其中一个重要的分支，是其他纳米分支学科的基础。近年来，纳米化学受到很大重视，在美国化学文摘每年摘录的文章中，带有“nano-”的文章不下 5000 篇。纳米颗粒的特点最早是由物理学家发现的，他们在 20 世纪 60 年代从理论上、90 年代在实验上证实，当金属或半导体的颗粒尺寸减小到纳米范围时，其电化学性质会发生突变，同时磁性、光学性质一般也会有特殊的表现。开始时，化学家并未参与这一问题的研究。后来发现，他们多年研究的许多物质其基本颗粒也是纳米级的，如许多金属氧化物催化剂。此外，化学家们合成的许多大分子的尺寸也已达到纳米范围。

1. 纳米物质的制备方法

（1）物理制备法　早期的工作主要用“由上到下”的方法，即将较粗的物质粉碎。如低温粉碎法、超声波粉碎法、水锤粉碎法、高能球磨法、喷雾法、冲击波粉碎法等。还有“由上到下”的蒸气快速冷却法、蒸气油面冷却法、分子束外延法等。

近年也出现了一些新的物理方法，如用旋转涂层法将聚苯乙烯微球涂敷到基片上，由于转速不同，可以得到不同的空隙度。然后用物理气相沉积法在其表面沉积一层银膜，经过热处理，即可得银纳米颗粒的阵列。最小的颗粒只包含 4×10^4 个银原子，其形状像金字塔，底边长 4nm，高 21nm。中科院物理所开发了对玻璃态合金进行压力下纳米晶化的方法。例如，ZrTiCuNiBeC 玻璃态合金在 6GPa、623K 进行晶化，可以制备出颗粒尺寸小于 5nm 的纳米晶。

（2）化学制备法　化学法主要是“由下而上”的方法，即通过合适的化学反应，从分子、原子出发制备纳米颗粒物质。

① 液相反应法　这是使用最多的方法。最常见的是在溶液中由不同的分子或离子进行反应，产生固体

产物。适当控制反应物的浓度、温度和搅拌速度，就能使固体产物的颗粒尺寸达到纳米级。可以是单组分的沉淀，也可以是多组分的共沉淀。其反应也是多种多样的，常用的有：复分解反应、水解反应、还原反应、配位反应、聚合反应等。

有关水解反应，其中有一种溶胶-凝胶法，这是一个老方法，近年又有新的进展。开始主要是用金属的醇氧化物进行水解制备无机材料，例如陶瓷材料的前体。所用的原料为 $M(OR)_n$，M 可以是 Si、Ti、Zr、Al、B 等，R 为烷基。部分水解后再进行缩合反应，可得具有三维网络结构的凝胶。将其中的低相对分子质量化合物除去后，体积大大收缩，即可得到纳米尺寸的颗粒。近年来用此法制备了许多有机-无机复合化合物。

② 水热法　水热法也是一种很老的方法，近年来也有不少新的进展。如用碳-水-镍的系统，在 1.4×10^8 Pa、800℃下可以生成细颗粒的金刚石。最近，有人用水热法制备纳米物质，例如以 $Na_4Ge_4S_{10}$ 和 $MnCl_2$ 为原料，在水热反应条件下制备出锰-锗硫化物纳米棒状颗粒。

③ 还原法　还原法也是一种常用的方法。用氢、碱金属以及硼氢化物都可以把金属离子还原为金属颗粒。例如，用 NaGe 还原 $GeCl_4$，制备出尺寸为 2～9nm 的 Ge 颗粒。又如用金属钠还原 CCl_4 可制备出纳米金刚石等。

④ 气相反应法　是一种常用的方法。用两种或多种气体或蒸气相互反应，控制适当的温度、浓度和混合速率，就能生成纳米尺寸的固体颗粒。

⑤ 固相反应法　固相反应以前较少用，近年也日益受到重视。人们用金属有机物热分解，可以制备出纳米金属颗粒。

(3) 近年来发展的新方法

① 模板法　多在液相反应进行。以纳米多孔材料的纳米孔或纳米管道为模板，使前体进入自己反应或者与管壁反应生成纳米颗粒、纳米棒或纳米管。这类模板也可以看作是一种纳米尺寸的反应器。纳米反应器也是纳米技术的一个领域。事实上生物界的许多重要反应就是在细胞这种纳米反应器中进行的。有人进行模拟，用磷脂制成了微型反应器。

② 自组装法　包括两类方法，一类是化学家用于合成有机化合物的以分子为单元的组装法。可以用简单分子进行组装，生成结构有序的大分子。另一类是在适当的基材上，用有机和无机化合物通过自组装反应生成具有有序结构的薄膜。用此法可制造中空的纳米球和纳米管。

③ 其他新方法　一种是利用 DNA 或细菌的方法。利用 DNA 特异的排序功能制备纳米颗粒，是把 DNA 看作一个特殊的模板。

2. 纳米物质的性质和应用

纳米物质的主要性质自然是量子尺寸效应（电子能级变为离散）和表面效应（比表面积大，表面原子所占比例大）。物理学家主要研究前一个效应，而化学家主要研究纳米表面效应及其有关的性质与应用。

(1) 催化性质及应用　化学家研究纳米物质一开始就把注意力放在催化方面。作为催化剂首先考虑的是纳米颗粒的巨大比表面积和表面原子占很大比例这些特点。近年来，不少人研制出了催化活性很高的纳米催化剂，尤其是一些配体稳定化的金属纳米颗粒，可用于均相催化。

类似的另一个用途是作传感材料。纳米尺寸的 Si_2O 气凝胶（比表面积 $870m^2\cdot g^{-1}$,）经表面化学修饰，可成为良好的传感材料，可制成氧气的快速传感器。

(2) 力学性质　由于纳米物质的巨大比表面，纳米物质也表现出许多特点。例如 SiC 纳米棒的强度比纳米管更高，是极好的增强填料。有人认为可能是世界上已发现的材料中力学性能最强的材料。

纳米摩擦学是一新兴科学。某些纳米颗粒或纳米膜具有良好的润滑性能和减磨性能，使磨损量大大减少，部件的使用寿命可提高很多倍。

此外，新近研究发现的纳米碳管还有很多性质：如在低温下可成为超导体；作为扫描探针显微镜的针尖，提高仪器分辨率；是优秀的化学传感器；可显著改善高分子的发光性能；纳米碳管可作为储氢材料，这将大大促进氢能的开发、利用；纳米碳管还能被衍生化，成为可溶性物质，溶于有机溶剂，与其他单体共聚，制备新型共聚材料等。

可以肯定，纳米材料是一个发展前景十分广阔的领域，在不久的将来，就可能开发出许多具有特殊功能的新材料，对国民经济和国防建设，特别是对高技术的发展，起到重要的推动作用。

第十二章 紫外-可见分光光度法

Chapter 12

第一节 概 述

基于物质对光选择性吸收而建立起来的分析方法，称为吸光光度法。它是光学分析法的一个分支，又称吸收光谱法，它包括比色法和分光光度法。比色法是以比较有色溶液颜色的深浅来确定其中有色物质含量的分析方法。分光光度法是通过待测溶液对特定波长光的吸收而确定物质含量的分析方法。按照物质吸收光波范围的不同，分光光度法可分为可见分光光度法、紫外分光光度法、红外分光光度法。本章重点讨论紫外-可见分光光度法。

许多物质的溶液显现出颜色，例如 $KMnO_4$ 溶液呈紫红色，$CuSO_4$ 溶液呈蓝色，$K_2Cr_2O_7$ 溶液呈橙色等。且溶液颜色的深浅往往与物质的浓度有关，溶液浓度越大，颜色越深。历史上，人们用肉眼来观察溶液颜色的深浅来测定物质浓度，建立了“比色分析法”。即“目视比色法”。随着科学技术的发展，出现了测量颜色深浅的仪器，建立“光电比色法”“分光光度法”。并且其原理早已不局限于溶液颜色深浅的比较，对于那些物质本身并无颜色，或者有颜色，但颜色不够明显，可加入某些化学试剂与之反应，生成有明显颜色的物质。用光电比色计、分光光度计不仅可以客观准确地测量颜色的强度，而且还把光学分析法扩大到对无色溶液的测定。

第二节 基 本 原 理

一、光的基本性质

光是电磁波。根据波长的不同，光学光谱可分为：

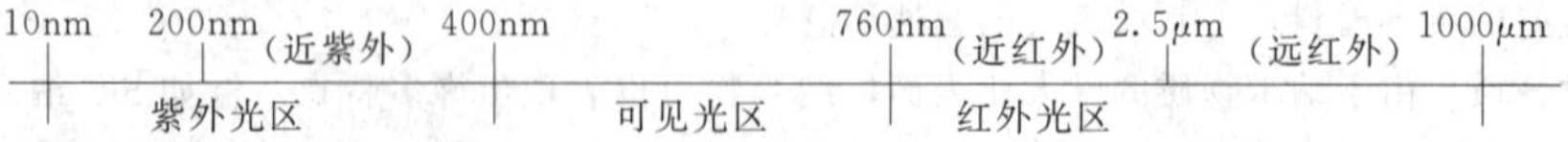

肉眼可感觉到的光，我们称为可见光。可见光只是电磁波中一个很小的波段，其波长范围为 400～760nm。具有同一波长的光称为单色光，每种颜色的单色光都具有一定的波长范围，通常把由不同波长的光组成的光称为复合光。让一束白光通过棱镜，由于折射作用可分为红、橙、黄、绿、青、蓝、紫七种色光，这种现象称为色散，所以白光即为复合光。

实验证明不仅上面所说的七种颜色的光可以混合成白光，如果将适当颜色的两种单色光按一定的强度比例混合，也可以形成白光，这两种单色光被称为互补光（图 12-1）。

图 12-1 互补色光示意图

二、物质的颜色与光的关系

物质的颜色由物质与光的相互作用方式决定。作用方式不同，物质所表现的颜色不同。物质吸收全部波长的光，则物质显示黑色，如金属粉末；物质让各波长的光全部通过即全透射，物质不显颜色，如水、无色溶液等；物质对各波长的光全部反射，物质显示白色。

物质对光部分吸收、部分透过，则物质呈现吸收光的互补色。高锰酸钾溶液吸收绿光而呈紫红色。以波长为横坐标，以吸光度为纵坐标测定某物质不同波长单色光的吸收程度并作图，可以获得一条曲线，称之为吸收曲线或吸收光谱，如图 12-2 所示。

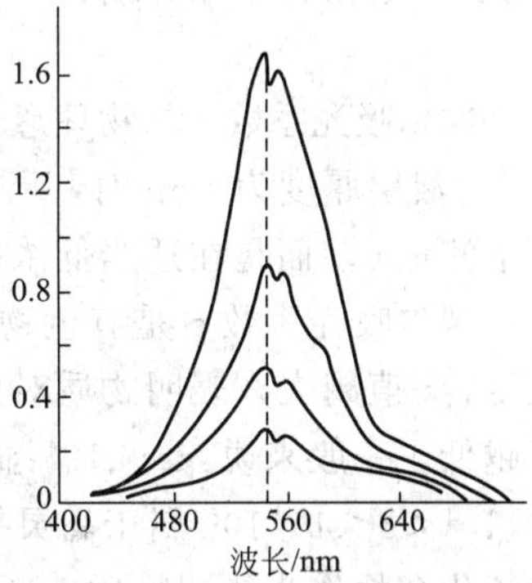

图 12-2　$KMnO_4$ 的光吸收曲线

图 12-2 显示 $KMnO_4$ 溶液对不同波长光的吸收程度不同。其中，对波长为 525nm 的绿光吸收最强，称之为最大吸收波长，用 λ_{max} 表示，而对其他波长的光吸收较弱，又以对紫光吸收最弱；此外，对光的吸收程度还与 $KMnO_4$ 的浓度有关，浓度越大，吸收越强。在最大吸收峰附近吸光度测量的灵敏度最高。因此利用最大吸收波长的单色光，测定物质对光的吸收程度以确定其浓度是紫外-可见分光光度分析的定量依据。

三、朗伯-比耳定律

1. 朗伯-比耳定律

朗伯和比耳分别于 1760 年和 1852 年研究了物质对光的吸收与溶液液层厚度和浓度的定量关系，综合二者研究结果，得到的结论：当入射光波长一定时，溶液的吸光度与待测溶液的浓度和液层厚度成正比。设入射光强度为 I_0，透过光强度为 I_t，溶液浓度为 c，液层厚度为 b（图 12-3），它们之间的定量关系表示为：

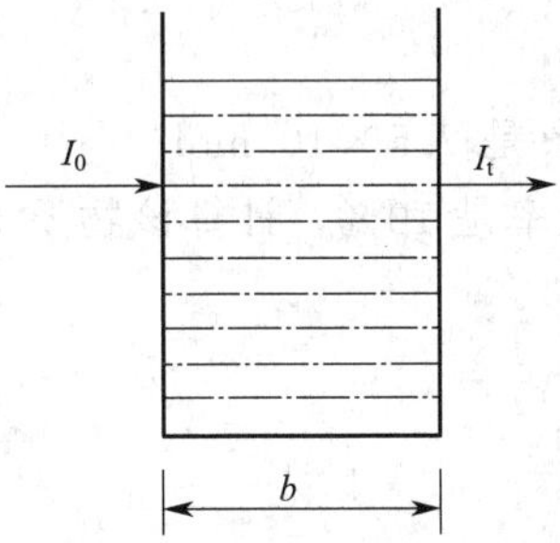

图 12-3　光吸收示意图

$$\lg \frac{I_0}{I_t} = Kbc$$

$\lg \frac{I_0}{I_t}$ 值越大说明光被吸收得越多，故通常把 $\lg \frac{I_0}{I_t}$ 称为吸光度，用 A 表示。则上式可写成：

$$A = \lg \frac{I_0}{I_t} = Kbc$$

上式即为朗伯-比耳定律的数学表达式。它表明：在一定温度下，当一束波长平行的单色光通过有色溶液时，其吸光度与溶液浓度和厚度的乘积成正比。

通常还把透过光的强度 I_t 与入射光的强度 I_0 之比 $\frac{I_t}{I_0}$ 称为透光率，常用符号 T 表示，溶液的透光率越大，则吸光度越小，它们的关系为：

$$A = \lg \frac{I_0}{I_t} = \lg \frac{1}{T} = Kbc$$

则溶液浓度和厚度的乘积只与吸光度成正比，而不与透光率成正比。以上两式中的 K 是比例系数，与入射光的波长、吸光物质的性质和测量的温度等因素有关。K 值随 c 所用单位不同而不同。当 c 单位为 $g \cdot L^{-1}$，b 单位为 cm 时，K 用 a 表示，其单位为 $L \cdot g^{-1} \cdot cm^{-1}$，$a$ 称为吸光系数，则：

$$A = abc$$

当 c 的单位为 $mol \cdot L^{-1}$，b 单位为 cm 时，K 用 ε 表示，其单位为 $mol^{-1} \cdot L \cdot cm^{-1}$，$\varepsilon$ 称为摩尔吸光系数，则：

$$A = \varepsilon bc$$

摩尔吸光系数 ε 的物理意义为：在一定温度下，在一定波长下，待测物质浓度为 $1mol \cdot L^{-1}$，液层厚度为 1cm 时，所具有的吸光度。但实际工作中，不能在 $1mol \cdot L^{-1}$ 这样高的浓度下测量 ε，而是在适当低浓度时测定吸光度，根据吸收定律计算出 ε 值。

摩尔吸光系数 ε 是有色物质在特定波长下的特征常数，表征吸光物质对光的吸收的灵敏程度，ε 值越大，表明物质对此波长的光吸收程度越强，显色反应越灵敏，可测量组分的浓度越低。一般来说：$\varepsilon < 10^4$ 显色反应属于低灵敏度；$1 \times 10^4 < \varepsilon < 5 \times 10^4$ 属于中等灵敏度；$6 \times 10^4 < \varepsilon < 1 \times 10^5$ 属于高灵敏度。在实际分析工作中，为了提高灵敏度常选择 ε 值较大的有色化合物作为待测物质，通常选择有最大 ε 值的光波 λ_{max} 作为入射光。

【例 12-1】 已知 Fe^{2+} 的质量浓度为 $500\mu g \cdot L^{-1}$，用邻菲咯啉测定铁时，吸收池厚度为 2cm，在波长 508nm 处测的吸光度位 $A = 0.19$，求 $\varepsilon = ?$

解 Fe 的相对原子质量为 55.85，其摩尔质量为 $55.85g \cdot mol^{-1}$

$$c(Fe^{2+}) = \frac{500 \times 10^{-6} g \cdot L^{-1}}{55.85g \cdot mol^{-1}} \approx 9.0 \times 10^{-6} mol \cdot L^{-1}$$

$$\varepsilon = \frac{A}{bc} = \frac{0.19}{2cm \times 9.0 \times 10^{-6} mol \cdot L^{-1}} = 1.1 \times 10^4 L \cdot mol^{-1} \cdot cm^{-1}$$

所以 ε 为 $1.1 \times 10^4 mol^{-1} \cdot L \cdot cm^{-1}$。

【例 12-2】 用分光光度法测定有色物质。已知摩尔吸光系数是 $2.5 \times 10^4 mol^{-1} \cdot L \cdot cm^{-1}$，每升中含有 5.0×10^{-3}g 溶质，在 1cm 比色皿中测得透光率是 10%，计算该物质的摩尔质量。

解

$$A = -\lg T = -\lg 10\% = 1.00$$

$$c = \frac{A}{\varepsilon b} = \frac{1.00}{2.5 \times 10^4 L \cdot mol^{-1} \cdot cm^{-1} \times 1cm} = 4.0 \times 10^{-5} mol \cdot L^{-1}$$

$$M = \frac{m}{cV} = \frac{5.0 \times 10^{-3} g}{4.0 \times 10^{-5} mol \cdot L^{-1} \times 1L} = 125g \cdot mol^{-1}$$

该物质的摩尔质量为 $125g \cdot mol^{-1}$。

2. 偏离朗伯-比耳定律的原因

在紫外-可见分光光度分析中，通常液层厚度是相同的，按朗伯-比耳定律，吸光度与浓度之间应该是一条通原点的直线关系，但在实际工作中，经常会发现在工作曲线的高浓度端发生偏离的情况（图 12-4），主要可能有以下几方面的原因。

（1）高浓度引起的偏离　朗伯-比耳定律是一个有限制性的定律，它假设了吸收粒子之间是无相互作用的，因此仅在稀溶液的情况下才适用。在高浓度（通常 $c > 0.01mol \cdot L^{-1}$）溶液中，由于吸光物质的分子或离子间的平均距离缩小，使相邻的吸光微粒（分子或离子）的电荷分布互相影响，从而改变了它对光的吸收能力。由于这种相互影响的过程同浓度有关，因此使吸光度 A 与浓度 c 之间的线性关系发生了偏离。

(2) 非单色入射光引起的偏离　朗伯-比耳定律只适用于单色光，而实际应用的分光光度计中的单色器获得的光束不是单色光，而是具有较窄波长范围的复合光带，这些非单色光会引起对朗伯-比耳定律的偏离，这是内仪器条件的限制所造成的。

(3) 介质不均匀引起的偏离　朗伯-比耳定律是建立在均匀、非散射溶液基础上的。如果介质不均匀，如呈胶体、乳浊、悬浮状态，入射光会发生反射、散射而造成损失，则测得的吸光度大于吸光物质对光的吸收从而导致正偏差。

(4) 反应条件变化引起的偏离　吸光微粒在溶液中发生解离、缔合、互变异构等化学反应时，降低了实际吸光物质的微粒数，吸光度降低而发生负偏差。

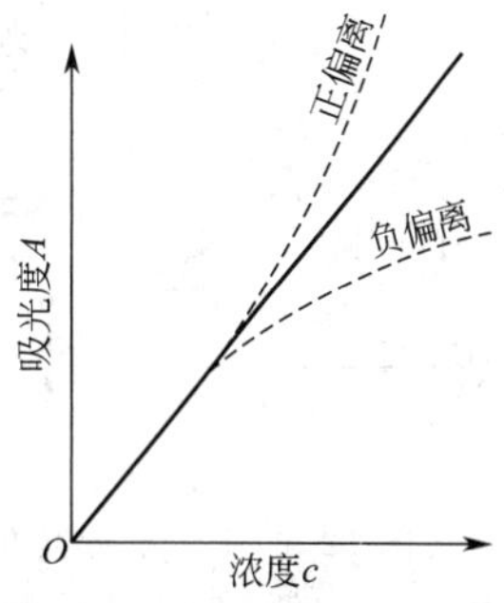

图 12-4　吸光光度法工作曲线

第三节　紫外-可见分光光度计及测量方法

一、分光光度计

1. 分光光度计的基本结构

分光光度计不论其型号如何，基本上均由光源、单色器（包括光学系统)、吸收池、检测系统、显示系统等五部分组成。

(1) 光源　可见光源使用钨灯或卤钨灯。钨灯丝发出 320～3200nm 的连续光谱，其最适宜的波长范围是 360～1000nm。紫外光源一般使用氢灯，氢灯发射 150～400nm 波长光，适用于 200～400nm 波长范围的紫外分光光度法测定。

(2) 单色器　又称波长控制器，其作用是把光源辐射的复合光分解成按波长顺序排列的单色光。它包括狭缝和色散元件及准直镜三部分。现代商品仪器均趋向采用光栅，并可同时用于紫外和可见光范围。

(3) 吸收池　也叫比色皿，有玻璃和石英两种，用于盛装试液和参比溶液。石英比色皿用于紫外光区，玻璃比色皿仅用于可见光区及近红外光区。一般都配有一套厚度为 0.5cm、1cm、2cm、3cm 和 5cm 等长方形或方形比色皿共选用。

(4) 检测系统　将透过吸收池的光转换成电流并测量出其大小的装置称为检测器。主要有光电池、光电管、光电倍增管。他们长时间受光照时，光电转换效率就会降低，这种现象称为“光电转换元件疲劳”。在非测量状态和仪器预热时，不应受到光照，只有在测量时才接通光路，测量完一组样品后，应及时断开光路。

(5) 显示系统　显示器是将检测器检测到的信号显示出来的装置，过去采用检流计、微安表、电位表等，近代多采用数字电位表、记录仪及示波器等显示。

2. 常用的分光光度计

(1) 721 型分光光度计　721 型分光光度计的工作波长范围是 360～800nm，采用光电管、晶体管放大线路和微电流表直读的结构。如图 12-5 所示，由光源发出的连续辐射光线照射在聚光镜上，经过平面镜转角 90°反射到入射狭缝，由此入射到单色器上，狭缝正好位于球面准直镜的焦面上。当入射光经过准直镜反射后，聚在出光狭缝上，经过聚光透镜聚光后进入比色皿，经溶液吸收后的透射光通过光门照射到光电管上，这时光能转换为电能，经

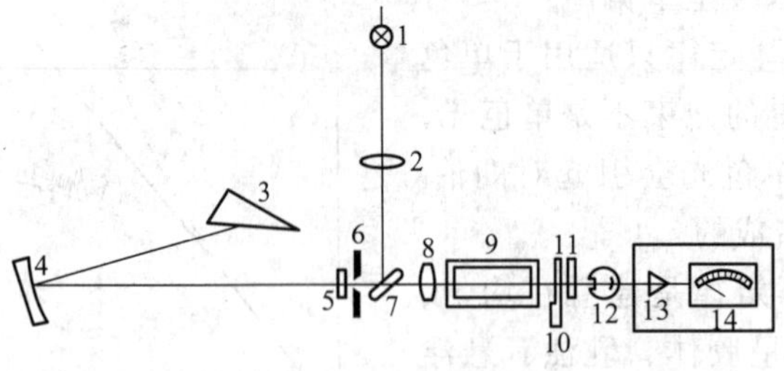

图 12-5　721 型分光光度计光学系统示意图

1—光源；2—聚光透镜；3—棱镜；4—准直镜；5—光学保护玻璃；6—入射狭缝；7—平面镜；8—聚光透镜；9—比色皿；10—光门；11—保护玻璃；12—光电管；13—放大器；14—微安表

放大后输入检流计，即可测得吸光度或透光率。在 721 型基础上又改进设计了 722 型分光光度计，其主要特点是用光栅代替棱镜作色散器，用数码管显示测定结果，同时在吸光度与透光率之间能方便地转换，使测定结果更为精确。

（2）751-G 型紫外-可见分光光度计

751-G 型紫外-可见分光光度计（图 12-6）和 721 型分光光度计相比，其不同之处在于光源有钨灯和氢灯两种，可见光用钨灯（300～1000nm），紫外光用氢灯（200～300nm）；此外还具有 2 只光电管，一只为红敏光电管，在阴极表面涂有银和氧化铯，适用波长为 625～1000nm 范围；另一只为蓝敏光电管，在阴极表面涂有锑和铯，适用波长为 200～625nm 范围。由于仪器结构精密，单色光纯度高，因此这种型号的分光光度计的选择性和灵敏度都很高。改进的 751-GW 型紫外-可见分光光度计与 751-G 型相似，差别在于用数字显示表示测定结果，输入标准溶液的浓度后，可直接读出试样的浓度。

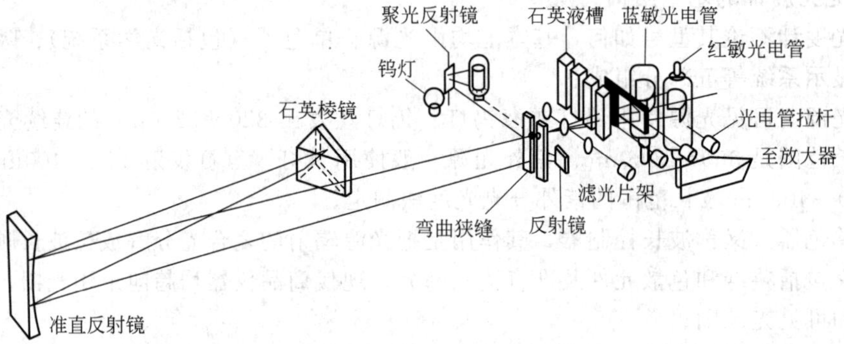

图 12-6　751-G 型紫外-可见分光光度计光学系统

二、分光光度测定方法

1. 工作曲线法

配制一系列不同浓度的标准溶液，在相同条件下显色、定容，用相同厚度的吸收池，在同一波长的单色光下以适宜的空白溶液调节仪器的零点，用分光光度计分别测出其吸光度，然后以吸光度为纵坐标，以浓度为横坐标作图，即得到一条通过原点的直线，称为工作曲线或标准曲线，如图 12-7 所示。在将待测试液在相同的条件下测定其吸光度 A_x 从工作曲线上查出其对应的浓度 c_x，即可求出待测物质的浓度或百分含量。

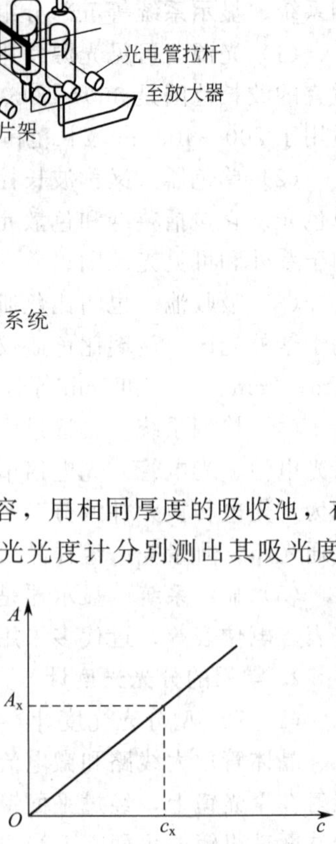

图 12-7　工作曲线

2. 比较法

将浓度相近的标准溶液 c_s 和试液 c_x，在相同条件下显色、定容，在同一强度的单色光下，用相同厚度的吸收池分别测定它们的吸光度为 A_s 和 A_x，则两溶液浓度比等于其吸光度之比。

由朗伯-比耳定律 $A=\varepsilon bc$ 得：

$$A_s=\varepsilon bc_s \qquad A_x=\varepsilon bc_x$$

$$A_s:A_x=c_s:c_x$$

$$c_x=\frac{A_x}{A_s}\times c_s$$

第四节　分光光度法分析条件的选择

一、显色反应及显色反应条件的选择

1. 显色反应与显色剂

（1）显色反应　在比色分析或光度分析中将待测组分转变成有色化合物的反应称为显色反应。

（2）显色剂　能与待测组分反应生成有色化合物的试剂叫显色剂。显色剂多为有机显色剂。有机显色剂与待测组分大多形成螯合物，具有特征颜色，因此有机显色剂具有较高的灵敏度及选择性。

（3）应用于光度分析的显色反应必须符合的要求

① 灵敏度高。一般要求生成的有色化合物要有较大的摩尔吸光系数，一般 ε 值为 10^4～10^5 数量级，才有足够的灵敏度。但对于高含量组分的测定，有时可选用灵敏度较低的显色反应。

② 选择性好。选择性好是指显色剂仅与被测组分或少数几个组分发生显色反应。

③ 有色化合物的组成恒定、性质稳定，至少保证在测量过程中吸光度基本不变。

④ 有色化合物与显色剂之间色差要大，一般要求有色化合物（MR）的最大吸收波长与显色剂（R）的最大吸收波长之差在 60nm 以上。

2. 显色反应条件的选择

（1）显色剂的选择　寻找显色反应的最佳条件，对显色剂的用量的探索是很重要的。

显色反应一般可表示如下：

$$\text{M(被测组分)}+\text{R(显色剂)} \rightleftharpoons \text{MR(有色化合物)}$$

根据化学平衡原理，显色剂 R 用量的多少，对 MR 浓度影响很大。因此在实际工作中，常常根据实验结果来确定显色剂的用量。实验方法是固定待测组分（M）的浓度和其他条件，加入不同量的显色剂（R），显色后分别测定不同显色剂用量时的吸光度（A），然后绘制 A-c(R) 关系曲线。一般可得到如图 12-8 所示的三种情况：(a)、(b) 在显色剂用量达到某一

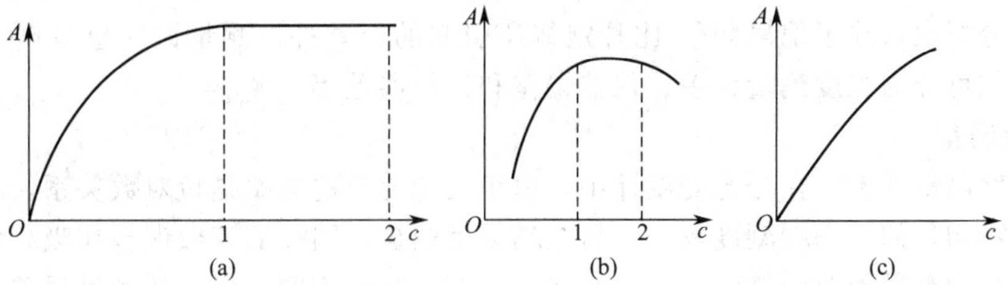

图 12-8　显色剂用量的选择

值时，吸光度达到最大，并显色趋于稳定，随后曲线呈水平状（1～2），可以在此区间选择显色剂用量；（c）随着显色剂的用量的增加，溶液的吸光度值增大，不出现平坦的情况，一般不选用该种显色剂，若必须用的话，则要严格控制显色剂的用量，以保证结果的准确。

（2）溶液的酸度　显色反应所用的显色剂有不少是有机弱酸，本身具有酸碱指示剂的性质，在不同的酸度下有不同的颜色，可能对测定结果有一定影响；在不同酸度下，某些被测组分与显色剂能形成不同组成的配合物，因此酸度对配合物组成有影响；酸度对被测离子存在的状态还有影响。多数金属离子在溶液酸度降低时会发生水解，形成各种多核氢氧基配合物、碱式盐，甚至析出氢氧化物沉淀。显然，酸度对显色反应的影响是多方面的。显色反应通常通过实验来确定最适宜的酸度条件，做 A-pH 曲线来确定，如图 12-9 所示，曲线较平坦部分所对应的 pH 为显色对应适宜的 pH 范围，并常采用缓冲溶液来保持其恒定。

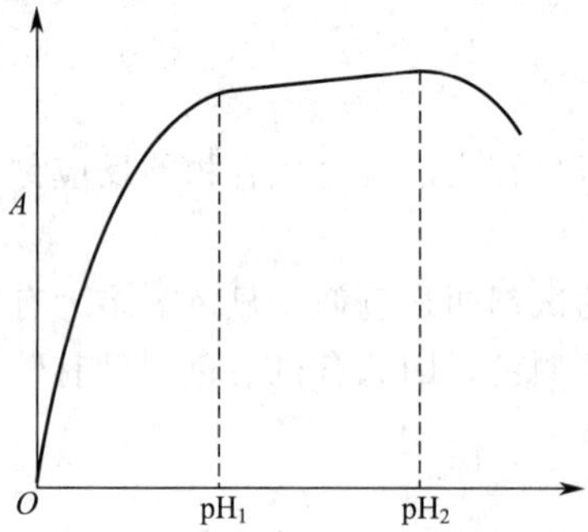

图 12-9　A-pH 关系曲线

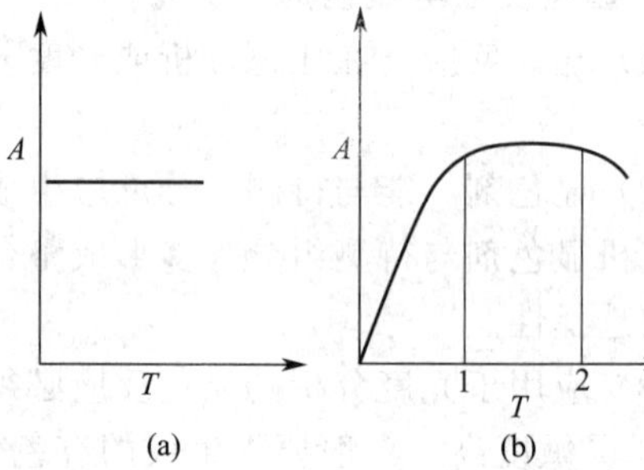

图 12-10　A-T 的关系曲线

（3）显色温度　显色反应一般在室温下进行，但有些反应需要加热至一定的温度（如磷钼蓝法测定磷，其显色温度为 55～60℃）才能完成，还有些有色物质高温时易分解，因此对不同的反应，应通过实验找出合适的温度范围。做 A-T 的曲线来确定，如图 12-10 所示。

（4）显色时间　显色反应由于反应速率不同，完成反应的时间也不同。有些反应能瞬时完成，且颜色能在长时间内保持稳定；有些反应虽能快速完成，但产物迅速分解。对于一般的分析，希望加入显色剂后数分钟就达到最大的吸光度值，且在 1～2h 内稳定不变。显色速度太慢，会影响分析速度；显色稳定时间太短，又不便于操作。因此，必须选择适当的显色时间。做 A-t 的曲线来确定，如图 12-11 所示。

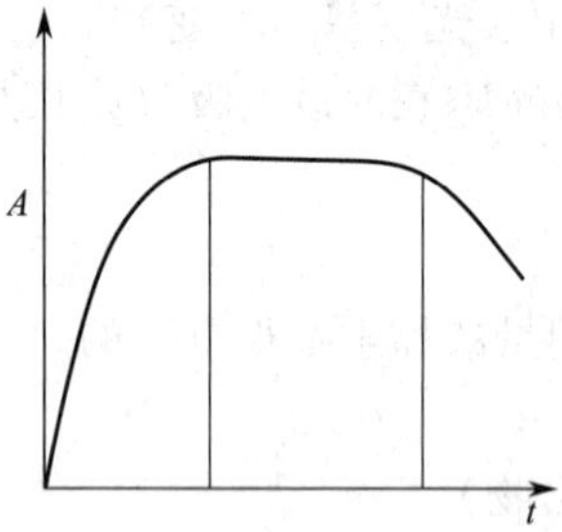

图 12-11　A-t 的关系曲线

二、测定误差及测定条件的选择

在光度分析中，除了偏离朗伯-比耳定律所引起的误差外，测量误差也是误差的主要来源。测量误差可分为光度测量误差、仪器误差和操作误差等。

1. 测量误差

（1）光度测量误差　在分光光度计中，由于吸光度与透光率是负对数关系，故吸光度的标尺刻度是不均匀的。一端刻度较密，另一端刻度较疏，同样的读数误差在吸光度刻度较密端读取，引起的测量误差就较大，而在吸光度刻度较疏端读取，引起的测量误差就较小，但由于测量的浓度较低，所以测量的相对误差还较大。因此一般来说吸光度为 0.2～0.8（透光率为15%～65%）时，浓度的测量相对误差都不太大，这是分光光度法在分析中比较适宜的吸光度读数范围。

（2）仪器误差

① 仪器稳定性。光源不稳定或电路工作状态不稳定均会产生误差。

②仪器精度。仪器的部件制造不精确也会引起误差，如单色器的分辨率不高，吸收池的厚度不均匀，检流计的灵敏度不够等。

③杂散光的影响。由于仪器内部的灰尘和各部件的散射等因素使单色器产生的非测定用波长的光称为杂散光。杂散光进入检测器后会产生额外的信号，并且会使测定偏离吸收定律；在高吸光度时误差更大。

（3）操作误差　操作误差是由于分析人员所采用的实验条件与正确的条件有差别所引起的，如显色条件和测量条件掌握得不好等。

2. 测定条件的选择

为了测量结果有较高的灵敏度和准确度，必须选择最适宜的测量条件。

（1）选择合适的入射光波长　为了测量结果有较高的灵敏度，应该选择被测物质的最大吸收波长处的光作入射光，但如果在最大吸收波长处共存的其他成分（显色剂、共存离子）也有吸收，产生干扰。则按照干扰最小、吸光度尽可能大的原则选择测量波长。但在测量高浓度组分时，选用灵敏度低一些的吸收峰波长（λ_{max}较小）作为测量波长，以保证校正曲线有足够的线性范围。

（2）吸光度范围的控制　任何光度计都有一定的测量误差，这是因为测量过程中光源的不稳定、读数的不准确或实验条件的偶然变动等因素造成的。一般来说，透射比读数误差ΔT是一个常数，但在不同的读数范围内所引起的浓度的相对误差却是不同的。由朗伯-比耳定律$A=-\lg T=kbc$微分可得

$$-\mathrm{d}\lg T=-0.434\mathrm{d}(\ln T)=-\frac{0.434}{T}\mathrm{d}T=kb\mathrm{d}c$$

整理后得：
$$\frac{\mathrm{d}c}{c}=\frac{0.434}{T\lg T}\mathrm{d}T$$

积分得：
$$\frac{\Delta c}{c}=\frac{0.434}{T\lg T}\Delta T$$

式中，$\frac{\Delta c}{c}$为浓度的相对误差；ΔT为透射比的绝对误差。若$\Delta T=0.5\%$，根据上式作$\frac{\Delta c}{c}$-T关系曲线，见图12-12。由关系曲线可以看出，浓度的相对误差$\frac{\Delta c}{c}$的大小与透射比（或吸光度）读数范围有关。当T为15%～65%时，$\frac{\Delta c}{c}<2\%$；当T为36.8%时，$\frac{\Delta c}{c}=1.32\%$，浓度相对误差最小。

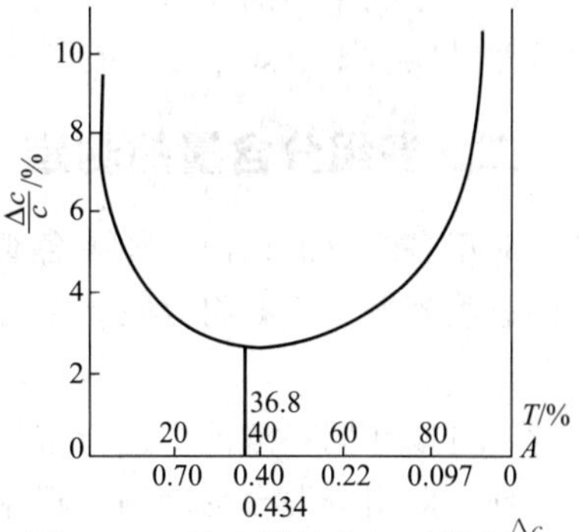

图12-12　浓度测量的相对误差$\frac{\Delta c}{c}$与溶液透射比（T）的关系

因此为了减少浓度的相对误差，提高测量的准确度，一般应控制被测溶液的吸光度在0.2～0.8（透射比为15%～65%）。当溶液的吸光度不在此范围时，可以通过改变称样量、稀释溶液以及选择不同厚度的比色皿来控

制吸光度。

(3) 选择合适的参比溶液　在吸光度测量中，作为比较的溶液或溶剂称为参比溶液或空白溶液。在测量吸光度时，利用参比溶液调节仪器的吸光度，使之为零，这样测得的吸光度消除了吸收池皿壁反射以及溶剂、试剂等对应的吸收而产生的误差，较真实地反映了待测物质对光的吸收程度，也就较真实地反映了待测物质的浓度。因此应根据实际情况，选择合适的参比溶液。

① 纯溶剂空白　当试液、试剂、显色剂均无色，可直接用纯溶剂（或去离子水）作参比溶液。

② 试剂空白　试液无色，而试剂或显色剂有色时，应选试剂空白。即在同一显色反应条件下，加入相同量的显色剂和试剂（不加试样溶液），并稀释至同一体积，以此溶液作参比溶液。

③ 试液空白　如试样中其他组分有色，而试剂和显色剂均无色，应采用不加显色剂的试液作参比溶液。

选择参比溶液的总的原则是；使试液的吸光度能真正反映待测物的浓度。此外，对于比色皿的厚度、透光率、仪器波长，读数刻度等应进行校正，对比色皿放置位置、光电仪的灵敏度等也应注意检查。

第五节　紫外-可见分光光度法应用实例

一、单组分含量的测定——磷钼蓝法测定全磷

磷是土壤肥效三元素之一，也是构成生物体的重要元素之一，含量非常少，因此，常采用吸光光度法进行测量。测定时先用浓硫酸和高氯酸（$HClO_4$）处理试样，使磷的各种形式转为 H_3PO_4，然后在硝酸介质中，H_3PO_4 与 $(NH_4)_2MoO_4$ 反应形成磷钼黄杂多酸 $(NH_4)_3PO_4 \cdot 12MoO_3$。其反应如下：

$$H_3PO_4 + 12(NH_4)_2MoO_4 + 21HNO_3 = (NH_4)_3PO_4 \cdot 12MoO_3 + 21NH_4NO_3 + 12H_2O$$

在一定酸度下，加入适量的还原剂将磷钼酸还原为磷钼蓝，使溶液呈深蓝色，在660nm 波长处有最大吸收，由于含量低，基本上满足朗伯-比耳定律要求，用标准曲线法可以测得试样中的全磷含量。

磷钼蓝法常用的还原剂是抗坏血酸，该还原剂得到的蓝色比较稳定，反应要求的酸度范围较宽，Fe^{3+}、AsO_4^{3-}、SiO_3^{2-} 的干扰较少，但显色反应速率较慢，需要沸水浴加热。

二、多组分含量的测定

对于多组分的试液，如果各组分的吸光质点彼此不发生作用，则服从朗伯-比尔定律体系的总吸光度等于各组分吸光度之和，即吸光度具有加和性，由此可得：

$$A = A_1 + A_2 + \cdots + A_n$$

因此，可以在同一溶液中进行多组分含量的测定，测定结果可以通过计算求得。

现以双组分混合物为例，根据吸收峰相互重叠的情况定量测量。

1. 吸收峰相互不重叠

如试样中含 X、Y 两组分，在一定条件下将其转化为有色配合物，在某一波长 λ_1 处，

X 组分有吸收而 Y 组分不吸收，在另一波长 λ_2 处，Y 组分有吸收而 X 组分不吸收，如图 12-13 所示。两组分互不干扰，可不经分离，分别在 λ_1 和 λ_2 处测量溶液中 X、Y 组分的吸光度。

2. 吸收峰单向或相互重叠

若吸收光谱单向重叠，即在 λ_1 处 Y 组分明显地与 X 组分同时有吸收，而在 λ_2 处 X 组分不吸收，它不干扰 Y 组分的测定。因此，Y 组分可在 λ_2 处测得吸光度，从而求出 Y 组分的浓度。但是，在 λ_1 处测得的吸光度则是 X 和 Y 的总吸光度 A。因此，必须先测得 Y 组分的纯样在 λ_1 处的摩尔吸光系数 ε_Y，并根据已测得的混合物中 Y 组分的浓度计算出 Y 组分在 λ_1 时的吸光度 A_Y，则组分 X 的浓度就可从下式中求得：

$$A-A_Y=\varepsilon_X c_X b$$

若 X、Y 两组分的吸收峰相互重叠，如图 12-14 所示，即 X 在 λ_2 处、Y 在 λ_1 处也有吸收。这是可以分别在 λ_1 和 λ_2 处测得 X、Y 两组分的总吸光度 A_1 和 A_2，根据吸光度的加和性联立方程：

在 λ_1 处　　$A_1=\varepsilon_1^X bc_X+\varepsilon_1^Y bc_Y$

在 λ_2 处　　$A_2=\varepsilon_2^X bc_X+\varepsilon_2^Y bc_Y$

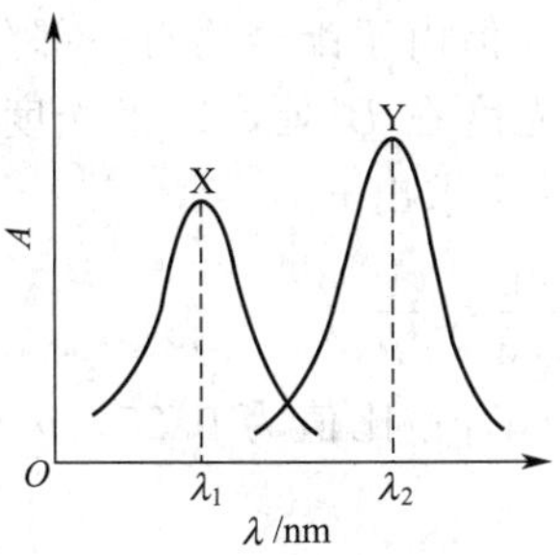

图 12-13　X 和 Y 组分互不重叠

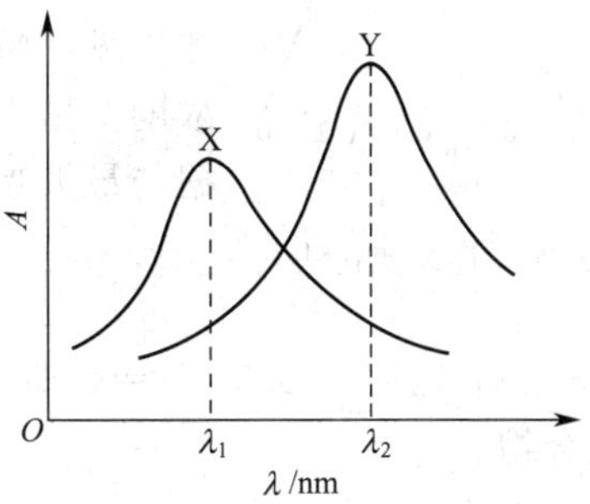

图 12-14　X 和 Y 组分互相重叠

解联立方程，即可求出 X、Y 两组分的浓度 c_X 和 c_Y。

在实际应用中，常限于 2～3 个组分体系，对于更复杂得多组分体系，可以用计算机处理测定的结果。

三、配合物组成的测定

分光光度法可用来研究配合物的组成，下面简单介绍测定配合物组成的两种常用方法。

1. 摩尔比法

摩尔比法是固定一种组分如金属离子 M 的浓度，改变配位剂 L 的浓度，得到一系列 c_L/c_M 不同的溶液，以相应的试剂空白作参比溶液，分别测定其吸光度。以吸光度 A 为纵坐标，配位剂与金属离子的浓度比值为横坐标作图。开始随着配位剂的增加，生成的配合物浓度便不断增加，吸光度增大；之后金属离子全部发生配位，再增加配位剂其吸光度不再增大，如图 12-15 所示。一般图中的转折点不够尖锐，这是由于配合物解离造成的。利用外推法可得一交叉点 D，所对应的浓度比值就是配合物的配合比。对于解离度小的配合物，这种方法简单快速，可以得到满意的结果。

2. 连续变化法

连续变化法是在金属离子和配位剂的物质的量之和保持恒定时，连续改变它们之间相对比率而配制一系列溶液。这些溶液中，有的金属离子过量，有的配位剂过量，它们的配合物浓度都不是最大值。只有金属离子与配位剂物质的量之比和配离子组成相同时，配合物浓度最大。

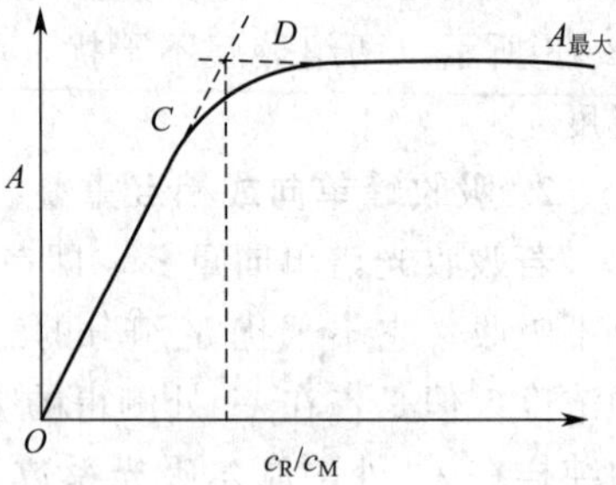

图 12-15　摩尔比法

$$M + nL \rightleftharpoons ML_n$$

M 为金属离子，L 为配位剂，并设 c_M 和 c_L 为溶液中 M 和 L 两组分的浓度：

$$c_M + c_N = c \text{（常数）}$$

金属离子和配位剂的摩尔分数分别为：

$$x_M = \frac{c_M}{c_M + c_L}$$

$$x_L = \frac{c_L}{c_M + c_L}$$

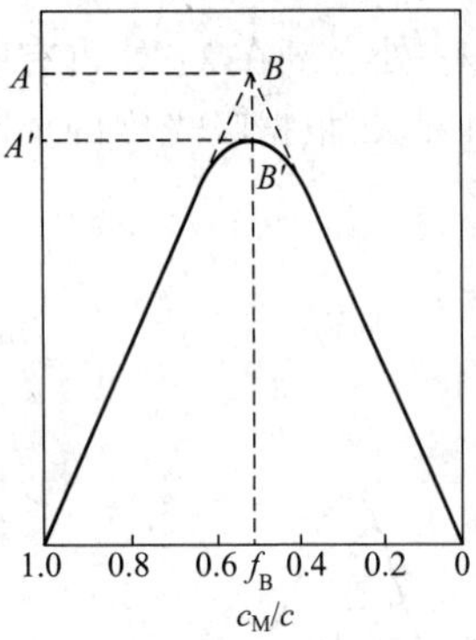

图 12-16　连续变化法

如果选择 M 和 L 基本不吸收而 ML_n 产生吸收的某一波长的光，分别测定吸光度 A，以吸光度 A 为纵坐标，c_M/c_L 为横坐标，即可得配合物浓度的连续变化法曲线，如图 12-16 所示。由此可见，ML_n 最大吸光度为 A，但由于配合物有一部分解离，其浓度要稍小些，实测得最大吸光度在 B' 处，即吸光度为 A'，根据与最大吸光度对应的比值，即可求出 n。

$$n = \frac{x_L}{x_M} = \frac{c_L}{c_M}$$

如 c_M/c_L 比值为 0.5，$n=2$ 即生成 ML_2 配合物；c_M/c_L 比值为 0.25，$n=4$ 即生成 ML_4 配合物。

思考题与习题

12-1　什么是吸收曲线？有何实际意义？

12-2　朗伯-比耳定律的物理意义是什么？

12-3　摩尔吸收系数的物理意义是什么？它与哪些因素有关？

12-4　分光光度法测定中，参比溶液的作用是什么？选择参比溶液的原则是什么？

12-5　偏离朗伯-比耳定律的原因主要有哪些？

12-6　什么是标准曲线？有何实际意义？

12-7　有一有色溶液，每升中含有 4.0×10^{-3}g 溶质，此溶质的摩尔质量为 $100\text{g}\cdot\text{mol}^{-1}$，将此溶液放入 2cm 厚度的吸收池中，测得吸光度为 0.8，求该溶液的摩尔吸光系数。

12-8　某苦味酸胺试样 0.0250g，用 95%乙醇溶解并配成 1.0L 溶液，在 380nm 波长处用 1.0cm 的吸收池测得吸光度为 0.760，试估计该苦味酸胺的相对分子质量是多少？（已知在 95%乙醇溶液中苦味酸胺在 380nm 时，$k=10^{4.13}$）

12-9　称取 0.5000g 钢样，溶于酸后，使其中的锰氧化成 MnO_4^-，在容量瓶中将溶液稀释至 100mL，稀释后的溶液用 2cm 的吸收池，在 520nm 波长处测得吸光度为 0.620，MnO_4^- 离子在该处的摩尔吸光系数为 2235。计算钢样中锰的质量分数。

12-10　某一有色溶液，在 500nm 波长处测得吸光度为 0.80，取其浓度为 $2.0\times10^{-4}\,\text{mol}\cdot\text{L}^{-1}$ 标准溶液，在同等条件下测得其吸光度为 0.60，求该有色溶液的浓度是多少？

12-11　有一 A 和 B 两种化合物混合溶液，已知 A 在波长 282nm 和 238nm 处的吸收系数分别为 $720\text{L}\cdot\text{g}^{-1}\cdot\text{cm}^{-1}$ 和 $270\text{L}\cdot\text{g}^{-1}\cdot\text{cm}^{-1}$；而 B 在上述两波长处吸光度相等。现把 A 和 B 混合液盛于

1.0cm 吸收池中，测得 λ_{max}=282nm 处的吸光度为 0.442，在 λ_{max}=238nm 处的吸光度为 0.278，求化合物 A 的浓度。

知识拓展

光化学传感器

光化学传感器是建立在光谱化学和光学波导与量测技术基础上，将分析对象的化学信息以吸收、反射、荧光或化学发光、散射、折射和偏振光等光学性质表达的传感装置。

光化学传感器起源于 20 世纪 30 年代，60 年代 Bergman 进行了进一步研究，80 年代 Lubbers 和 Opitz 提出了“Optode”和“OpticalElectrode”（光极）概念，即光化学传感器。1970 年以后，光纤通信迅速发展，各种各样的声音、流速、加速度、电场和磁场等光纤物理传感器应运而生。一些学者将光纤端修饰一层化学敏感膜，用于分子、离子等领域的研究，这样，使得光化学传感器取得了突破性的发展。至今，光化学传感器已成为分析化学的前沿研究领域之一。

光化学传感器从不同角度可分成不同类型。

根据光学波导作用不同，可分为两类：一类是传光型光化学传感器，其光学波导只起传递光波的作用，递送检测对象或敏感膜表现出来的光学信息；另一类是功能型光化学传感器，其光学波导受环境因素影响而变化。

根据获取光学信息的性质，光化学传感器可分为吸收、反射、折射和发光等类型。发光光化学传感器是光化学传感器中最庞大的一支，可以细分为荧光、磷光、化学发光等类型。

按构建光化学传感器的复杂程度，光化学传感器可分为三类：普通光学波导传感器、化学修饰光化学传感器和生物修饰光化学传感器。若在光学波导适当位置固定一层生物敏感膜，这类光化学传感器属生物修饰光化学传感器。光学波导易于加工成小巧、轻便和对空间适应性强的探头，直径在 μm 和 nm 级。

光化学传感器具有很强的抗电磁干扰能力，静电、表面电位和强磁场等对光信号均不干扰；某些光化学传感器（例如发光光化学传感器）可以不用参比方式获取信号，从而避免了介质引起的误差。光化学传感器具有上述优点，因而广泛应用生产过程和化学反应的自动控制，遥测分析、化学试剂分析、自动环境监测网站建立、生物医学、活体分析、免疫分析和药物分析，发展十分迅速。高灵敏度，高选择性光化学传感器的研制与应用开发正在引起广大分析工作者的极大兴趣和关注。

第十三章

电势分析法

Chapter 13

电化学分析法主要是应用电化学原理和技术，利用物质的组成及含量与它的电化学性质的关系而建立起来的一类分析方法。根据测量的参数不同，电化学分析法可分为电势分析法、电导分析法、电解分析法、库仑分析法和极谱分析法等。本章主要介绍电势分析法。

第一节　电势分析法概述

一、电势分析法的基本原理

电势分析法是利用测定含有待测溶液的化学电池的电动势，从而求得溶液中待测组分含量的方法。通常在待测溶液中插入两支性质不同的电极，用导线连接组成化学电池。电势分析法是利用电极电势和活（浓）度之间的关系，从而确定待测物活（浓）度。其中直接电势法是通过测量电池电动势来确定待测离子的活度的方法，例如用玻璃电极测定溶液中 H^+ 的活度 $a(H^+)$，用离子选择性电极测定各种离子的活度等。电势滴定法是通过测量滴定过程中原电池电动势的变化来确定滴定终点的滴定分析法。它可用于各种滴定分析法，对没有合适指示剂，深色溶液或浑浊溶液等难于用指示剂判断终点的滴定分析法特别有利。

电势分析法的关键是如何准确测定电极电势值，然后利用电极电势值与相应的离子活度遵守能斯特方程就可达到测定离子活度的目的。例如，金属与其离子组成的电对，电极电势可表示为：

$$\varphi(M^{n+}/M)=\varphi^{\ominus}(M^{n+}/M)+\frac{RT}{nF}\ln a(M^{n+}) \tag{13-1}$$

式中，$\varphi^{\ominus}(M^{n+}/M)$ 为电极 M^{n+}/M 的标准电极电势；$a(M^{n+})$为金属离子的 M^{n+} 的活度（在浓度很低的时候，可用浓度 c 代替活度 a）。

由式(13-1) 可知，如果可以测得该金属电极的电极电势值，就可以求得溶液中对应金属离子的活（浓）度。这种电极电势随待测离子活度变化而改变的电极称为指示电极。然而单个电极的电势是无法测量的。因此，需要有一支电势固定不变的电极，我们称为参比电极。在电势分析法中指示电极与参比电极及试液一起组成工作电池：

$$(-)M\mid M^{n+}(试液)\parallel 参比电极(+)$$

电池电动势可表示为：

$$\begin{aligned}E&=\varphi_{参比}-\varphi(M^{n+}/M)\\&=\varphi_{参比}-\varphi^{\ominus}(M^{n+}/M)-\frac{RT}{nF}\ln a(M^{n+})\end{aligned} \tag{13-2}$$

式(13-2) 中 $\varphi_{参比}$ 和 $\varphi^{\ominus}(M^{n+}/M)$ 在温度一定时都是常数，电池电动势的值反映了离子活度的大小，只要测出电池电动势就可以求得离子的活（浓）度。这种方法称为直接电势法。同理，在滴定过程中由于电极电势随离子活度的变化而变化，若在被滴定的溶液中插入一对适当的电极组成电池，则电池电动势也会随之而变化，在滴定终点附近电动势随待测离子（或滴定剂）浓度的突变而产生电势突跃。因此，测定电动势的变化就可以确定滴定终点，这种方法称为电势滴定法。

由此可见，电势分析法用于测定时，需要一支对待测物响应灵敏的指示电极和一支电势恒定的参比电极，以及一台能准确测定电池电动势的仪器。

电势分析法的最大优点是简便快速。由于所用指示电极对待测离子有较高的选择性，一般可免除分离干扰离子等烦琐步骤，对有颜色、浑浊和黏稠液体样品也可直接测定；所用电极响应快，在数秒至数分钟内即可得出测量结果；测定所需试样量较少，若使用特制的电极，所需的试液可少至几微升；与其他仪器分析法相比，所需的仪器设备简单。对于用其他方法难以测定的离子，如氟离子、硝酸根离子、碱金属离子等，用该法测定可以得到满意的结果。例如氟离子的测定以往是先采用蒸馏与沉淀等操作，将氟从干扰组分中分离出来，然后以滴定法或比色法测定，手续冗繁，灵敏度低，且操作方法难以掌握。改用直接电势法测定时，由于省去了冗长的分离步骤，数分钟内即可获得测试结果，已广泛用于自来水、废水、生物样品、矿石及气体等样品中氟的测定。

二、参比电极和指示电极

1. 参比电极

参比电极是测量电池电动势和计算指示电极电势的必不可少的基准。其电势稳定与否直接影响到测定结果的准确性，因此对它的要求是：电极电势稳定，重现性好，容易制备。标准氢电极是最精确的参比电极，可作为各种电极电势的相对标准，但它是一种气体电极，使用很不方便。实际工作中常用的参比电极有甘汞电极、银-氯化银电极和汞-硫化亚汞电极等。

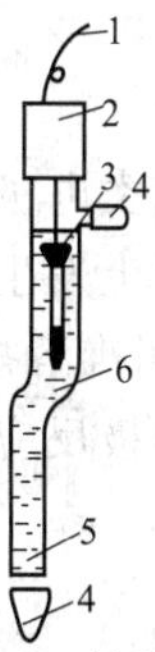

图 13-1　甘汞电极

1—导线；2—绝缘体；3—内部电极；4—橡皮帽；5—多孔物质；6—氯化钾溶液

(1) 甘汞电极　甘汞电极是由金属汞、甘汞（Hg_2Cl_2）和氯化钾溶液组成的电极，如图 13-1 所示。该电极有内外两根玻璃管，内管封接一根铂丝，铂丝插入纯汞（厚度 0.5～1cm）中，下置一层汞与甘汞的糊状物；外管装有 KCl 溶液（盐桥溶液），其下端底部是熔结陶瓷芯或玻璃砂芯多孔物质，或是一毛细管通道。此类甘汞电极称为单盐桥甘汞电极；若在其外管下部再装上一盛有盐桥溶液（如 KNO_3 溶液）的玻璃管，即可构成双盐桥甘汞电极，可以防止氰化物、硫化物、阴离子等对电极性能的影响。

电极符号：　$Hg(l)\mid Hg_2Cl_2(s)\mid Cl^-(a)$

电极反应为：$Hg_2Cl_2(s)+2e^- \rightleftharpoons 2Hg+2Cl^-$

298.15K 时其电极电势表示为：

$$\varphi(Hg_2Cl_2/Hg)=\varphi^{\ominus}(Hg_2Cl_2/Hg)-0.0592V\ln a(Cl^-) \quad (13\text{-}3)$$

由上式可以看出，当温度一定时，甘汞电极的电极电势仅随电极内氯离子活度的变化而变化，当氯离子活度一定时，电极电势为一定值。如表 13-1 所示。

表 13-1 在 298K 时甘汞电极的电极电势

$c(KCl)/(mol \cdot L^{-1})$	电极电势 E/V
0.1	+0.336
1.0	+0.281
饱和	+0.244

KCl 浓度为 $1mol \cdot L^{-1}$ 的甘汞电极称为标准甘汞电极，常用 N. C. E. 表示；KCl 浓度为饱和状态的甘汞电极称为饱和甘汞电极，常用 S. C. E. 表示。

(2) 银-氯化银电极　银-氯化银电极也是常用的参比电极。将表面镀有一层氯化银的银丝浸入一定浓度的氯化钾溶液中，即构成银-氯化银电极。

电极符号：Ag，AgCl(s) | KCl(a)

电极反应：$AgCl + e^- \rightleftharpoons Ag + Cl^-$

298.15K 时其电极电势可表示为：

$$\varphi(AgCl/Ag) = \varphi^{\ominus}(AgCl/Ag) - 0.0592V\ln a(Cl^-)$$

在 298.15K 时，电极内分别装 $0.1mol \cdot L^{-1}$、$1mol \cdot L^{-1}$ 和饱和 KCl 溶液时，相应的电极电势分别为 0.2880V、0.2222V 和 0.2000V。

2. 指示电极

指示电极是能对溶液中待测离子的活度产生灵敏响应的电极，而且响应速度快，并能很快地达到平衡，干扰物质少，且较易消除。常见的指示电极有金属类电极和离子选择性电极。

(1) 金属类电极　常见的金属类电极有以下三类：

① 金属-金属离子电极（第一类电极）　由金属与该金属离子溶液所构成的。电极反应为：

$$M^{n+} + ne^- \rightleftharpoons M$$

电极电势为：

$$\varphi = \varphi^{\ominus} + \frac{RT}{nF}\ln a(M^{n+})$$

由于该类电极选择性差，除了能与溶液中待测离子发生电极反应外，溶液中其他离子也可能在电极上发生反应，因此实际工作中很难应用。

② 金属难溶盐电极（第二类电极）　由金属及其难溶盐浸入此难溶盐的阴离子溶液中所构成的。电极反应为：

$$M_nX_m + me^- \rightleftharpoons nM + mX^{n-}$$

电极电势为：

$$\varphi = \varphi^{\ominus} - \frac{RT}{mF}\ln a^m(X^{n-}) \tag{13-4}$$

这类电极常在固定阴离子活度（或浓度）条件下作参比电极。

③ 惰性电极（零类电极）　由金、铂、石墨等惰性导体浸入含有氧化还原电对的溶液中所构成，也称均相氧化还原电极。电极反应为：

$$M^{m+} + ne^- \rightleftharpoons M^{(m-n)+}$$

电极电势为：

$$\varphi(M^{m+}/M^{(m-n)+}) = \varphi^{\ominus}(M^{m+}/M^{(m-n)+}) + \frac{RT}{nF}\ln\frac{a(M^{m+})}{a(M^{(m-n)+})} \tag{13-5}$$

惰性金属或石墨本身并不参与电极反应，它只是作为氧化还原反应交换电子的场所。

(2) 离子选择性电极　离子选择性电极又称薄膜电极，是电势分析中应用最广泛的指示电极。它是一种电化学传感器，能对离子中特定离子产生选择性响应，其电极电势可用能斯特方程表示：

$$\Delta\varphi_M = K \pm \frac{RT}{nF}\ln a(\mathrm{A}) \qquad (13\text{-}6)$$

式中，$\Delta\varphi_M$ 为膜电极电势；A 为被测离子。A 为阳离子时选“＋”号，A 为阴离子时选“－”号，此类膜电极会在后面作详细讨论。

金属-金属离子电极、金属难溶盐电极和惰性电极虽可作为指示电极使用，但其性能上受到溶液中氧化剂、还原剂等许多因素的影响，没有得到广泛应用，正逐渐被离子选择性电极取代。

三、离子选择性电极和膜电势

1. 离子选择性电极的基本构造及响应机理

离子选择性电极是 20 世纪 60 年代后迅速发展起来的一种电位分析法的指示电极。离子选择性电极的响应机理与金属电极完全不同，电势的产生并不是基于电化学反应过程中的电子得失，而是基于离子在溶液和一片被称为选择性敏感膜之间的扩散和交换，如此产生的电势就叫膜电势。以固态或液态膜为传感器，指示溶液中某种离子活度的电极称为离子选择性电极。一般由薄膜及其支持体、内参比电极（如银-氯化银电极）及内参比溶液（含有与待测离子相同的离子）组成，对待测溶液中某一种离子有选择性相应，可用来测定该离子的活度。国际上，离子选择性电极是按敏感膜材料的性质分类的，如图 13-2 所示。

- 离子选择性电极
  - 原电极
    - 晶体膜电极
      - 均相膜电极　（单晶膜电极）
      - 非均相单晶膜电极　（多晶膜电极）
    - 非晶体膜电极
      - 刚性基质电极
      - 流动载体电极
        - 带正电荷载体膜电极
        - 带负电荷载体膜电极
        - 中性载体膜电极
  - 敏化电极
    - 酶电极
    - 气敏电极
    - 半导体电极

图 13-2　离子选择性电极的分类

本节以 pH 玻璃电极和氟离子选择性电极为例，介绍离子选择性电极的基本结构和响应机理。

2. pH 玻璃电极及其膜电势

pH 玻璃电极是对溶液中的 H^+ 活度具有选择性响应的离子选择性电极，它主要用于测定溶液的 pH，属非晶体膜电极，结构如图 13-3 所示。其主要部分是一个玻璃泡，泡的下半部分是由特殊成分的玻璃［$n(Na_2O):n(CaO):n(SiO_2=22:6:72)$］制成的敏感膜，膜厚 30～100μm，泡内装有 pH 一定的溶液（内参比溶液），其中插入一根银-氯化银电极作为内参比电极。

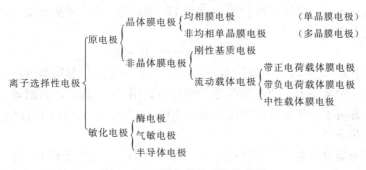

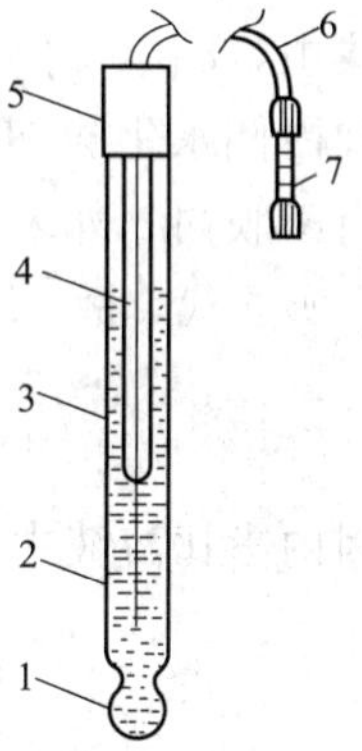

图 13-3　玻璃电极

1—玻璃膜；2—厚玻璃外壳；3—0.1mol·L^{-1} HCl；4—Ag-AgCl 内参比电极；5—绝缘套；6—电机引线；7—电极插头

pH 玻璃电极使用前必须在水中浸泡才能正常工作。浸泡时，玻璃膜表面形成一层水合硅酸层，又称水化层；同时膜外表面的 Na^+ 与水中 H^+ 发生交换反应：

$$H^+ + Na^+GI^- \rightleftharpoons Na^+ + H^+GI^-$$

由于玻璃膜的硅胶结构与 H^+ 所结合的键强度远大于它与 Na^+ 结合的键强度，故当交换达到平衡时膜表面的位点几乎全被

H^+占据而形成类硅酸（H^+GI^-），导致从表面到水化层内部 H^+ 的数目逐渐减少、Na^+ 数目逐渐增多。同理，玻璃膜内表面也会产生上述现象而形成相似的水化层，如图 13-4 所示。

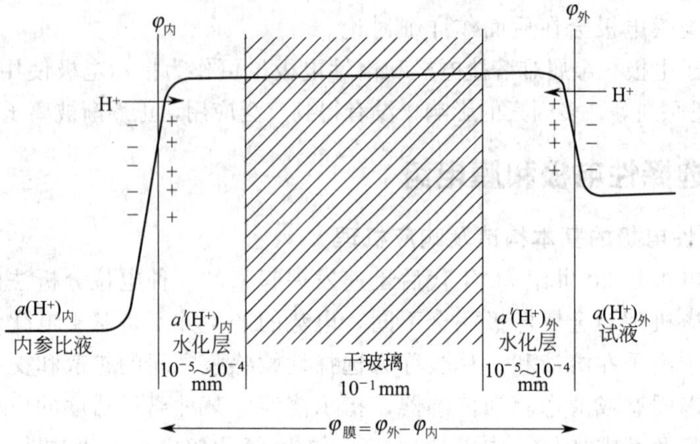

图 13-4　玻璃电极膜电势形成示意图

当浸泡好的玻璃电极插入带测试液时，膜外侧水化层与试液接触，因为膜外侧水化层表面 H^+ 活度与试液中 H^+ 活度不同，其间存在 H^+ 活度差，H^+ 便从活度大的方向活度小的方向迁移，并建立平衡：

$$H^+(外水化层) \rightleftharpoons H^+(试液)$$

从而改变了外水化层-试液两相界面的电荷分布，产生一定的相界电势（$\varphi_{内}$）。因此，跨越玻璃膜也会产生一个电势差，此电势差称为膜电势，用 $\Delta\varphi_M$ 表示，其值等于玻璃外、内相界电势之差。由此可见，膜电势的产生不是由于电子的得失，而是由于 H^+ 在溶液中和水化层之间迁移的结果。

根据热力学原理可以证明，相界电势 $\varphi_{内}$、$\varphi_{外}$ 与 H^+ 活度的关系可用下式表示：

$$\varphi_{外}=K_{外}+\frac{2.303RT}{F}\ln\frac{a_{外}}{a'_{外}} \tag{13-7}$$

$$\varphi_{内}=K_{内}+\frac{2.303RT}{F}\ln\frac{a_{内}}{a'_{内}} \tag{13-8}$$

式中，$\varphi_{外}$、$\varphi_{内}$ 分别表示试液和内参比溶液中 H^+ 活度；$a'_{外}$、$a'_{内}$ 分别表示膜外侧水化层和内侧水化层 H^+ 的平均活度；$K_{外}$、$K_{内}$ 分别为膜外、内表面性质决定的常数。

由于膜内、外表面性质基本相同，故 $K_{内}=K_{外}$；又因膜内、外侧水化层表面的 Na^+ 均被 H^+ 所取代，故 $a'_{内}=a'_{外}$，所以膜电势 $\Delta\varphi_M$ 可表示为：

$$\Delta\varphi_M=\varphi_{外}-\varphi_{内}=\frac{2.303RT}{F}\lg\frac{a_{外}}{a_{内}} \tag{13-9}$$

因内参比溶液中 H^+ 活度 $a_{内}$ 为定值，所以：

$$\Delta\varphi_M=K_1+\frac{2.303RT}{F}\lg a_{外}=K_1-\frac{2.303RT}{F}\text{pH} \tag{13-10}$$

在 298.15K 时，式(13-10) 可表示为：

$$\Delta\varphi_M=K_1-0.0592\text{VpH} \tag{13-11}$$

式(13-11) 表明，在温度一定是玻璃电极的膜电势与试液的 pH 呈线性关系，因此玻璃电极可作为 pH 测定中的指示电极。

从式(13-9)可知，当 $\varphi_{内}=\varphi_{外}$ 时，$\Delta\varphi_M$ 应为零，但实际上并非如此，原因是跨越玻璃膜仍存在一定的电势差，这种电势差称为不对称电势，用 $\Delta\varphi_A$ 表示。不对称电势是由于玻璃膜内外表面性质（如组成、表面张力、水化程度）不完全相同产生的。当玻璃电极用纯水浸泡 24 h 左右，其不对称电势就会逐渐变小，并趋于稳定（1～30mV）。对于同一支玻璃电极而言，经浸泡后其不对称电势为一常数。因此，整个玻璃电极的电势，应是内参比电势 $\varphi(AgCl/Ag)$ 与 $\Delta\varphi_M$、$\Delta\varphi_A$ 之和，即：

$$\varphi_{玻}=\varphi(AgCl/Ag)+K_1-(2.303RT/F)pH+\Delta\varphi_A \tag{13-12}$$

在一定实验条件下，φ（AgCl/Ag）、$\Delta\varphi_A$、K_1 均为定值，令其代数和等于新常数 K_2，则：

$$\varphi_{玻}=K_2-(2.303RT/F)pH \tag{13-13}$$

3. 氟离子选择电极

氟离子选择性电极对溶液中的游离 F^- 具有选择性响应能力，构造见图 13-5。氟电极的关键部分是电极下部的氟化镧（LaF_3）单晶膜。电极内充有含有 $0.1mol\cdot L^{-1}$ NaF 和 $0.1mol\cdot L^{-1}$ NaCl 的溶液，并通过 AgCl-Ag 内参比电极与外部的测量仪器相连。氟化镧单晶掺入微量氟化铕（EuF_2）。氟化铕的引入破坏了氟化镧完整无缺的晶格结构，在晶体内部产生了少量空穴。当氟电极浸入含有 F^- 的待测溶液时，溶液中的 F^- 会与氟化镧单晶膜上的 F^- 发生离子交换。如果试样中的 F^- 活度较高，溶液中的 F^- 通过扩散迁移进入晶体膜的空穴中；反之，晶体表面的 F^- 扩散转移到溶液，在膜的晶体膜和溶液的相界面的 F^- 扩散转移到溶液，在膜的晶格中留下一个 F^- 点位的空穴。如此，在晶体膜和溶液的相界面上形成了双电层，产生膜电势。电极膜电势反映了试液中 F^- 活度。

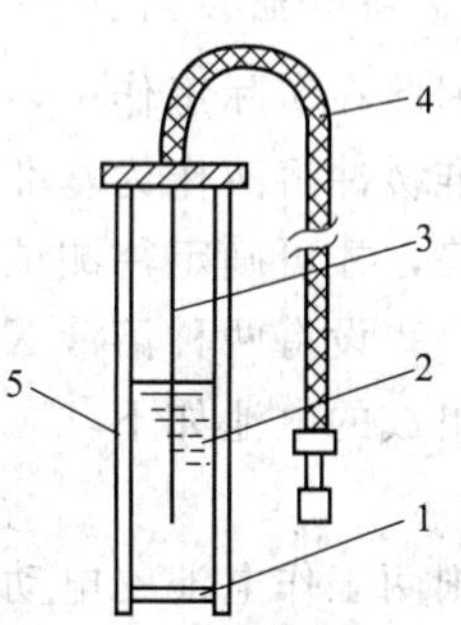

图 13-5 氟离子选择性电极
1—氟化镧单晶膜；2—内参比溶液（NaF-NaCl）；3—内参比电极；4—导线；5—塑料管或玻璃管

$$\Delta\varphi_M=K-\frac{2.303RT}{F}\lg a(F^-) \tag{13-14}$$

一般在 $1\sim10^{-6}mol\cdot L^{-1}$ 范围内其电极电势符合能斯特方程。氟电极具有较好的选择性，主要干扰离子只是 OH^-。产生干扰的原因可能是由于在膜表面发生如下反应：

$$LaF_3+3OH^-\rightleftharpoons La(OH)_3+3F^-$$

反应产物 F^- 被电极本身响应而造成干扰。在较高酸度时由于形成 HF 而降低氟离子活度，因此测定时须控制试液 pH 在 5～6。

第二节　电势分析法的应用

一、直接电势法

1. pH 的测定

(1) 基本原理　最常用的直接电势法是测定溶液的 pH，测定时，用 pH 玻璃电极作指示电极（负极），饱和甘汞电极作参比电极（正极），与待测试液组成工作电池，如图 13-6 所示。

(－)Ag｜AgCl｜HCl｜玻璃膜｜试液‖KCl(饱和)｜ Hg_2Cl_2｜Hg(＋)

电势电动势：

$$E=\varphi_{甘汞}-\varphi_{玻璃}+\Delta\varphi_L \tag{13-15}$$

式中，$\Delta\varphi_L$ 为液体接界电势，是由于浓度或组成不同的两溶液接触时，正负离子扩散速度不同而产生的接界电势差，在电势分析法中不可忽略，但温度一定时值为一常数。将式(13-13) 代入上式中得：

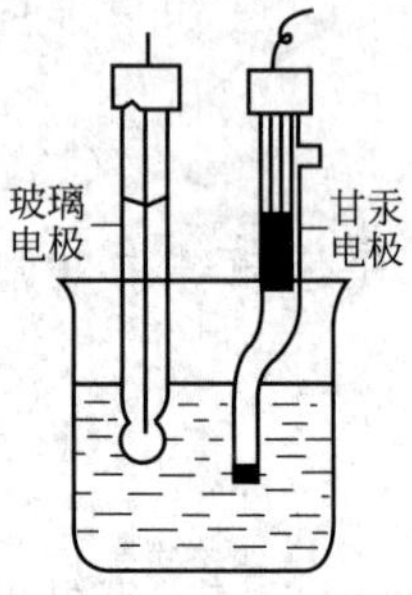

图 13-6　测定 pH 的电池示意图

$$E=\varphi_{甘汞}-K_2+(2.303RT/F)\text{pH}+\Delta\varphi_L \tag{13-16}$$

式中，$\varphi_{甘汞}$、K_2 和 $\Delta\varphi_L$ 在一定条件下为定值，设其代数和等于常数 K'，则上式可表示为：

$$E=K'+(2.303RT/F)\text{pH} \tag{13-17}$$

298.15K 时，可表示为：

$$E=K'+0.0592\text{VpH} \tag{13-18}$$

由此我们可以看出，电池的电动势与试液的 pH 呈直线关系，这就是直接电势法测定 pH 的依据。

(2) 测量方法　由于式(13-18) 中的 K'的值难以测量与计算，因此在实际工作中，不能用式(13-18) 直接计算待测溶液的 pH，而是用一个已知 pH 的标准缓冲溶液作为基准，并分别比较由标准缓冲溶液和待测试液所组成的两个工作电池的电动势，才可确定待测试液的 pH。

设有两种溶液 X 和 S，其中 X 代表试液，S 代表标准缓冲溶液，两试液分别与两支电极组成的电池如下：

pH 玻璃电极 | 标准缓冲溶液 S 或试液 X ‖ 甘汞电极

则两工作电池的电动势分别为：

$$E_S=K'_S+(2.303RT/F)\text{pH}_S \tag{13-19}$$

$$E_X=K'_X+(2.303RT/F)\text{pH}_X \tag{13-20}$$

若测量 E_S 和 E_X 时的条件相同，则 $K'_S=K'_X$，将以上两式相减可得

$$\text{pH}_X=\text{pH}_S+\frac{E_X-E_S}{2.303RT/F} \tag{13-21}$$

式(13-21) 表明，通过比较 E_S 和 E_X，即可求出试液的 pH。测量 pH 的仪器——酸度计就是根据这一原理设计制造的。

(3) 注意事项　直接电势法测定溶液 pH 时，为了提高酸度计的分析精度，减小测量误差，延长仪器的使用寿命，必须注意以下几点：

① 玻璃电极使用前应在蒸馏水中浸泡 24h 左右，使不对称电势趋于稳定；应保证玻璃泡无裂纹、泡内充满溶液（无气泡）、内参比电极应浸泡在溶液中。使用时要防止硬物摩擦、碰撞玻璃泡。

② 甘汞电极内应充满饱和氯化钾溶液（无气泡），并有少量氯化钾晶体存在，否则应从测管口补充饱和氯化钾溶液。测量时应先将电极上下部的橡皮帽脱去，测量结束时及时套上。

③ 安装电极应使甘汞电极下端低于玻璃电极（保护玻璃球泡）；甘汞电极内氯化钾液面应高于试液液面（防止试液渗入甘汞电极内）。

④ 试液 pH_X 与温度 T 有关，测定过程中应使溶液的温度恒定。

⑤ 由于测量要在 $K'_S=K'_X$ 的条件下进行，为满足条件，“定位”时所选标准缓冲液的 pH_S 应与试液的 pH_X 尽量接近，并且两溶液的温度要尽量一致。表 13-2 列出了国家标准计量局颁发的六种标准缓冲溶液在 0～60℃ 时的 pH_S，以供参考。

表 13-2　标准缓冲溶液及其 pH_S

温度/℃	0.05mol·L^{-1} 四草酸钾	0.05mol·L^{-1} 邻苯二甲酸氢钾	25 ℃饱和酒石酸氢钾	0.025mol·L^{-1}磷酸二氢钾，0.025mol·L^{-1}磷酸氢二钾	0.01mol·L^{-1} 硼砂	25℃饱和氢氧化钙
0	1.668	4.006	—	6.981	9.458	13.416
5	1.669	3.999	—	6.949	9.391	13.210
10	1.671	3.996	—	6.921	9.330	13.011
15	1.673	3.996	—	6.898	9.276	12.820
20	1.676	3.998	—	6.879	9.226	12.637
25	1.680	4.003	3.559	6.864	9.182	12.460
30	1.684	4.010	3.551	6.852	9.142	12.292
35	1.688	4.019	3.547	6.844	9.105	12.130
40	1.694	4.029	3.547	6.838	9.072	11.975
50	1.706	4.055	3.555	6.833	9.015	11.697
60	1.721	4.087	3.573	6.837	8.968	11.426

⑥ 测量一批试液的 pH 时，按照先测 pH 低的，后测 pH 高的；先测水溶液，后测非水溶液的原则进行。电极浸入另一份试液前，应用蒸馏水洗净，并用吸水纸小心吸去电极表面附着液，以免污染和稀释试液。测量碱性试液时速度应快，以免腐蚀玻璃泡。

⑦ 普通 pH 玻璃电极的理想测量范围是 pH＝1～9。当 pH ＜ 1 时测得值偏高，这是由于在强酸（或非水）溶液中，水分子活度小，而 H^+ 是以 H_3O^+ 的形态存在的，所以到达玻璃表面的 H^+ 减少，反映出来的是 pH 增大，此误差称为酸误差，简称酸差。pH＞9 时测得值偏低，Na^+ 等其他阳离子的活度较大并与 H^+ 一起参与了膜表面的交换，反映出来的是 H^+ 活度增大，pH 下降，此误差称为碱误差或钠误差，此时最好使用特制的锂玻璃电极。

2. 离子活（浓）度的测定

（1）基本原理　用离子选择性电极测定离子活度时，是以离子选择性电极作为指示电极，以甘汞电极作为参比电极，与待测溶液组成一个测量电池，用离子计或精密 pH 计测量电池电动势。对应离子 M^{n+} 响应的离子选择性电极，其膜电势为：

$$\Delta\varphi_M = K + (2.303RT/nF)\lg a(M^{n+}) \tag{13-22}$$

对阴离子 R^{n-} 有响应的离子选择性电极，膜电势为：

$$\Delta\varphi_M = K - (2.303RT/nF)\lg a(R^{n-}) \tag{13-23}$$

式中，K 值与膜特性、内参比溶液等有关，在一定条件下为定值。由此可见，膜电势与试液中待测离子活度的对数值呈线性关系。这是离子选择性电极作指示电极测定离子活（浓）度的基础。

若离子选择性电极作正极，参比电极做负极，组成电池，其电池电动势可表示为：

$$E = K' + (2.303RT/nF)\lg a(M^{n+}) \tag{13-24}$$

$$E = K' - (2.303RT/nF)\lg a(R^{n-}) \tag{13-25}$$

式中，K'的值与温度、膜电势等有关，在一定条件下为定值。

上两式表明，工作电池电动势与待测离子的活（浓）度的对数成线性关系，测量电池电动势即可测定出离子活（浓）度。

例如，用氟离子选择性电极测氟时，电池符号为：

（－）Hg | Hg_2Cl_2 | KCl（饱和）‖试液 | LaF_3 | NaF，NaCl | AgCl | Ag（＋）

电池电动势与$a(F^-)$的关系为：

$$E=K'-(2.303RT/nF)\lg a(F^-) \tag{13-26}$$

（2）测定方法

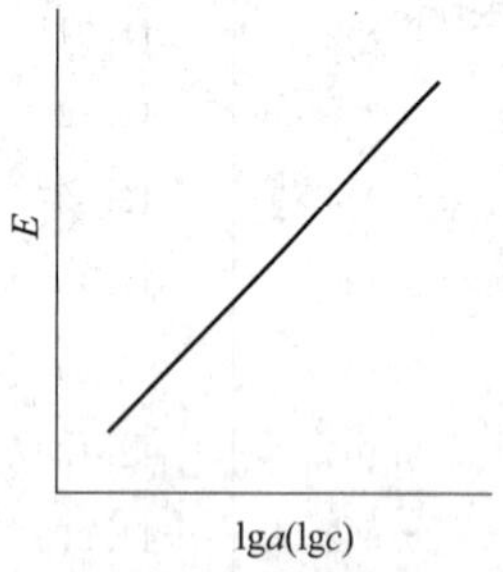

图 13-7　标准曲线

① 标准曲线法　本法与分光光度法中的标准曲线法相似。配制一系列已知浓度的待测物标准溶液，分别测出相应的电动势 E，然后以电动势 E 为纵坐标，对应的 $\lg a$（或 $\lg c$）为横坐标作标准曲线，如图 13-7 所示。在相同的条件下测出待测试液的电动势 E_X 值，从标准曲线上查出待测离子的 $\lg a$（或 $\lg c$）值。

在实际分析中，我们通常需要测定的是离子浓度 c 而不是活度 a，两者关系为 $a=\gamma c$，将其代入式(13-24）中得：

$$E=K'+(2.303RT/nF)\lg\gamma c \tag{13-27}$$

仅当活度系数 γ 固定不变时，E 才与 $\lg c$ 呈线性关系。为解决这一问题，准确测定离子浓度，必须在试液和标准溶液中加入“离子强度调节剂”（由浓度很高的强电解质组成），以保证试液和标准溶液的离子强度基本相同，从而使两溶液的活度系数基本相同。在某些情况下离子强度剂还含有 pH 缓冲剂和消除干扰的配位剂。

标准曲线法的优点是用一条标准曲线可以对多个式样进行定量分析，操作比较简便；但要保证所配的标准溶液的浓度应在 E 和 $\lg c$ 呈线性关系的范围内，且整个测定中条件恒定。缺点是对组成复杂、离子强度较大的样品，即使应用离子强度调节剂也难以使其活度系数与标准溶液的一致，不宜用此法测定。

② 标准加入法　对于成分较为复杂、离子强度较大的试样，难以用标准曲线法定量的，可采用标准加入法进行测定。标准加入法的基本思路是：向待测的试样溶液中加入一定体积待测离子的标准溶液，通过加入标准溶液前后电动势的变化与加入量之间的关系，对原试样溶液中的待测离子浓度进行测量。设试液中待测溶液体积为 V_X，离子浓度为 c_X，它在待测溶液中的活度系数为 γ_1，测得的电动势为 E_1；向其中准确加入体积为 V_S，浓度为 c_S，活度系数为 γ_2 的标准溶液，测得其电动势为 E_2，根据式(13-27) 得：

$$E_1=K'+(2.303RT/nF)\lg\gamma_1 c_X \tag{13-28}$$

$$E_2=K'+(2.303RT/nF)\lg\gamma_2 c_S \tag{13-29}$$

由于测定时加入的标准溶液体积 V_S 很小 $V_S \leqslant V_X$，所以加入前后溶液总体积基本不变，故有：

$$c'_S=\frac{c_X V_X+c_S V_S}{V_X+V_S}\approx c_X+\frac{c_S V_S}{V_X}=c_X+\Delta c$$

由于试液中原来已有较大的离子强度，因此标准溶液加入后离子强度基本不变，即 $\gamma_1\approx\gamma_2$，将式(13-29) 与式(13-28) 相减得：

$$\Delta E=E_2-E_1=(2.303RT/nF)\lg(1+\Delta c/c_X) \tag{13-30}$$

上式经变换可得

$$c_X = \Delta c(10^{n\Delta E/S} - 1)^{-1} \tag{13-31}$$

式中，$S=2.303RT/F$，Δc 已知，所以测出 E_1 和 E_2 即可按上式求出 c_X。标准加入法的优点是以克服由于标准溶液组成与试样溶液不一致所带来的定量困难，在一定程度上消除共存组分的干扰，也能从一定程度上消除离子强度变化对结果的影响，是测定离子浓度的精确方法，特别适合组成复杂的样品分析。缺点是标准加入法每个试样测定的次数增加了一倍，使测定的工作量增加许多。

无论采用哪种方法测定，均需使用灵敏度高、准确度好的仪器。常用的有 pHS-3B，3C 型精密酸度计，pXD-2，DWS-51 型离子计和 DD-2 型电极电势仪等仪器。

二、电势滴定法

1. 电势滴定法的仪器装置

电势滴定法是一种用电势法确定终点的滴定分析方法。与直接电势法相似，有一支适当的指示电极和一支参比电极插入待测溶液组成工作电池，不同之处是多了一支滴定管。经典的电势滴定装置如图 13-8 所示。电势滴定时，随着滴定剂的加入，由于滴定反应的进行，待测离子浓度或与之有关的离子浓度不断变化，指示电极的电极电势也随之改变，从而导致电池电动势发生变化，在理论终点附近因离子浓度"突跃"会引起电动势产生"突跃"。因此测量电动势的变化，就能确定滴定终点，根据标准溶液的浓度和用量即可求出待测物质的含量。由此可见，电势滴定法与直接电势法不同，电势滴定法是以测量电动势的变化为基础，受液接界电势、不对称电势和离子强度的影响很小，准确度高于直接电势法，但灵敏度比直接电势法低，一般要求待测物浓度大于 $10^{-1}\,mol \cdot L^{-1}$。电势滴定法对普通滴定法难以测量的体系，如待测液浑浊、有色或缺乏合适的指示剂等情况能进行较好的测定，并且电势滴定法不论酸碱、氧化还原、沉淀、配位滴定等都适用。但电势滴定法操作麻烦，且需要一定的仪器设备。

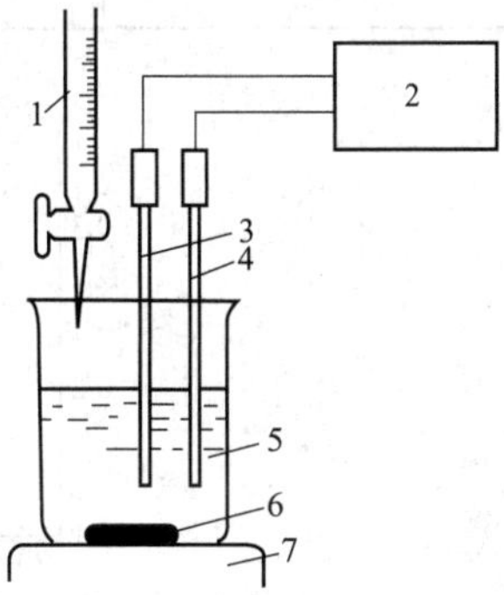

图 13-8 电势滴定基本仪器装置
1—滴定管；2—pH-mV 计；3—指示电极；4—参比电极；5—试液；6—铁芯搅拌棒；7—电磁搅拌器

2. 滴定终点的确定

电势滴定的终点是根据滴定过程中指示电极的电极电势的变化来确定的。一般是每加一次滴定剂后，测量一次电动势，直到明显超过化学计量点为止。这样就可得到一组消耗的滴定剂体积 V 和相应的电势 E 的数据，见表 13-3。除非要研究整个滴定过程，一般只需要准确测量和记录化学计量点前后 1～2mL 区间内，每次滴入 0.1～0.2mL 即应读一次电势值，且每次加入的体积应相等，以便计算。电势滴定法中，确定滴定终点的方法有 E-V 曲线法、$\Delta E/\Delta V$-V 曲线法和 $\Delta^2 E/\Delta V^2$-V 曲线法。现以 $0.100\,mol \cdot L^{-1}$ 的 $AgNO_3$ 标准溶液滴定 NaCl 溶液（银电极为指示电极、饱和甘汞电极为参比电极）为例，具体讨论这三种方法。

(1) E-V 曲线法　以表 13-3 的数据为例，以加入滴定剂的体积 V 为横坐标，电动势 E 为纵坐标，绘制 E-V 曲线，如图 13-9(a) 所示。曲线上的拐点即为化学计量点，对应的滴定剂体积可作为终点体积。E-V 曲线法求算终点的方法较为简单，只有曲线对称且曲线突跃部分陡直时，才能采用此法，否则误差大。

表 13-3　以 0.1mol·L-1 的 $AgNO_3$ 标准溶液滴定 NaCl 溶液

加入 $AgNO_3$ 的体积 V/mL	E/V	$\frac{\Delta E}{\Delta V}$/($V\cdot mL^{-1}$)	$\Delta^2E/\Delta V^2$
5.00	0.062		
		0.002	
15.00	0.085		
		0.004	
20.00	0.107		
		0.008	
22.00	0.123		
		0.015	
23.00	0.138		
		0.016	
23.50	0.146		
		0.050	
23.80	0.161		
		0.065	
24.00	0.174		
		0.090	
24.10	0.183		
		0.110	
24.20	0.194		2.8
		0.390	
24.30	0.233		4.4
		0.830	
24.40	0.316		−5.9
		0.240	
24.50	0.340		−1.3
		0.110	
24.60	0.351		−0.4
		0.070	
24.70	0.358		
		0.050	
25.00	0.373		
		0.024	
25.50	0.385		
		0.022	
26.00	0.396		
		0.015	
28.00	0.426		

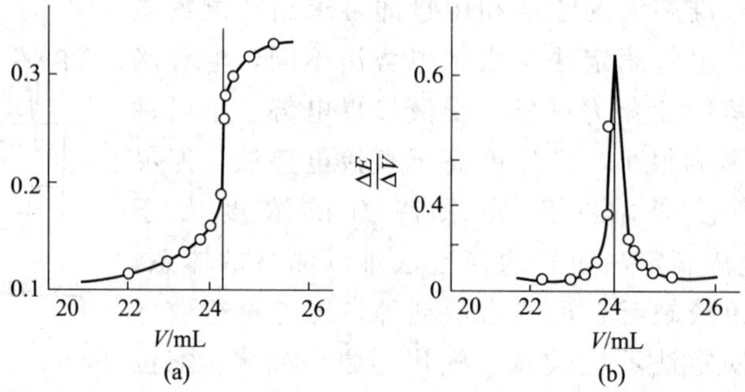

图 13-9　电势滴定曲线

(2) $\Delta E/\Delta V$-V 曲线法　也称一级微商法。$\Delta E/\Delta V$ 为加入一次滴定剂后所引起的电势变化值与所对应的加入滴定剂体积之比，如在 24.10mL 和 24.20mL 之间：

$$\frac{\Delta E}{\Delta V}=\frac{0.194-0.183}{24.20-24.10}=0.11$$

与该微商所对应的滴定剂体积为(24.10＋24.20)mL/2＝24.15mL。以此类推，可以求得一系列对应的 $\Delta E/\Delta V$-V 值，作图可得一呈尖峰状极大的曲线，如图 13-9(b) 所示，尖峰所对应的 V 值即为滴定终点时所消耗滴定剂体积。

用一级微商法确定终点准确度较高，即使 E-V 曲线上的终点突跃较小，仍得到满意的结果。计算也不十分复杂，是较为常用的确定终点的方法。

(3) $\Delta^2E/\Delta V^2$-V 曲线法　也称二级微商法。此法依据是一级微商 $\Delta E/\Delta V$-V 曲线的极大点是终点，那么二级微商 $\Delta^2E/\Delta V^2=0$ 时就是终点。计算方法如下：

对应于 24.30 mL：

$$\frac{\Delta^2 E}{\Delta V^2}=\frac{\left(\frac{\Delta E}{\Delta V}\right)_{24.35\text{mL}}-\left(\frac{\Delta E}{\Delta V}\right)_{24.25\text{mL}}}{V_{24.35\text{mL}}-V_{24.25\text{mL}}}=\frac{0.830-0.390}{24.35-24.25}=+4.4$$

同理，对于 24.40mL：

$$\frac{\Delta^2 E}{\Delta V^2}=\frac{0.240-0.830}{24.45-24.35}=-5.9$$

由于二级微商等于零处为终点，故滴定终点应在 $\Delta^2 E/\Delta V^2$ 等于 +4.4 和 −5.9 所对应的体积之间，即在 24.30mL 至 24.40mL 之间。在化学计量点附近，认为二级微商值对滴定剂体积的关系是线性的，因此可以通过线性差值的方法计算终点体积。设终点的滴定体积为 x mL，则 x 值可以通过以下比例式求出：

$$\frac{+4.4-(-5.9)}{24.40-24.30}=\frac{+4.4-0}{x-24.30}$$

$$x=24.34(\text{mL})$$

所以化学计量点的滴定剂体积应为 24.34mL。

同理，终点电势为 0.267V。

二级微商法可以不必绘图，克服了一级微商法需用外推法求终点可能引起的误差，所以实际分析中应用较多。随着计算机的普及，可利用相关软件方便的确定终点。

3. 电势滴定法的应用

电势分析法可用于滴定分析中的各类滴定中，如酸碱滴定、配位滴定、氧化还原滴定、沉淀滴定、非水滴定等。在电势滴定中判断终点的方法，比用指示剂指示终点的方法更为客观、准确，而且电势滴定可用于有色或浑浊溶液的分析，当某些滴定反应没有适当的指示剂时，可用电势滴定来完成，所以应用范围广泛。

思考题与习题

13-1 什么是参比电极和指示电极？

13-2 什么是离子选择电极？

13-3 玻璃电极膜电位包括哪两部分？

13-4 电位滴定法的优点是什么？怎样确定化学计量点？

13-5 已知电池 Pt｜，H_2(100kPa) ｜HA(0.2mol·L^{-1})，NaA(0.3mol·L^{-1}) ‖KCl（饱和）｜Hg_2Cl_2｜Hg 的电动势为 0.762V，$\varphi^{\ominus}=0.244$V。求 HA 的解离常数（忽略液接电位及离子强度）。

13-6 测定柠檬汁中氯化物的含量时，用氯离子选择性电极和参比电极在 100mL 柠檬汁中测得电动势为 −37.5mV，加入 1.00mL1.0×10^{-2}mol·L^{-1} NaCl 标准溶液，测得电动势为 −64.9mV。已知 M(Cl)＝35.45g·mol^{-1}，求柠檬汁中氯的含量，用 mg·L^{-1}表示。

13-7 用玻璃电极和饱和甘汞电极测定 pH＝7.00 的溶液的电动势为 0.282V，当改用另一未知溶液时，测得电动势为 0.380V。已知两溶液的测定条件及离子强度相同，求位置溶液的 pH。

13-8 电池 Ni(s) ｜$NiSO_4$(0.025mol·L^{-1})||KIO_3(0.10mol·L^{-1})，$Cu(IO_3)_2$(s)｜ Cu(s) 的电动势为 0.482V，计算 $Cu(IO_3)_2$ 的 $K^{\ominus}_{sp}$。已知 $\varphi^{\ominus}(Ni^{2+}/Ni)=-0.27$V，$\varphi^{\ominus}(Cu^{2+}/Cu)=0.342$V。

知识拓展

生物电化学传感器与活体分析

生命科学是 20 世纪后期最活跃的科学研究领域之一。同其他学科一样，生命科学的研究也需要各种分析手段。仪器分析技术具有独特的优越性，一般灵敏高，方法灵活多样，有些分析仪器简单，适合于生命科学研究。将生物学方法与仪器分析技术结合起来，用于生物物质的分离提纯、生物工程和生命现象的研究等，便构成了生物分析法。当前，在生物分析法中较前沿的领域有活体分析法、DNA 指纹分析法、酶分析法和免疫分析法，下面将主要介绍一下生物电化学传感器与活体分析法。

生物传感器在生物分析法中占有突出的重要位置。按照 IUPAC 定义，生物传感器是一类通过埋入或简单结合的途径将生物或其派生的敏感基元与理化换能器结合在一起的小型分析器件，用它可产生正比于单一待测物或与待测物相关基团的离散或连续的数字信号。近年来，学术刊物上报道了许多将酶、核酸、细胞感受器、抗体或完整的细胞等生物基元分别与电化学、光学、压电或量热学换能器组合，得到种类繁多的新型生物传感器，并将这些传感器应用于食品与饮料、医疗保健、加工工业、环境监测、国防与安全等领域的分析项目。这里仅介绍生物电化学传感器在活体分析上的应用。

微电极可以直接插入各种生物体的组织中，又不损伤生物体，因此微电极为电化学分析工作者进行活体跟踪监测提供了强有力的工具。很多生物组织导电性能优良，具备了电化学研究必要的电解质溶液条件。1973 年 Adams 首次将一支直径为 0.1mm 的碳糊电极直接插入大白鼠的大脑尾核部位，进行循环伏安扫描，获得了第一张活体伏循环伏安图，表明神经递质多巴胺的存在，开创了活体分析的新纪元。此后，许多电分析化学工作者相继在这一领域开展了探索研究。后来，Adams 小组用活体伏安法监测大脑中多巴胺的代谢现象。Cespuglio 等用活体伏安法研究大白鼠服药后的生理和药理现象，得到良好的结果。邓家祺等以碳纤维微电极为工作电极，用活体伏安法研究大白鼠对针刺的反应，探讨多巴胺浓度与针刺镇痛的关系以及肾上腺髓质中肾上腺浓度受针刺的影响等，为我国针灸理论研究提供了科学手段。

第十四章 分析化学中的分离方法

Chapter 14

在定量分析工作中，常遇到组分比较复杂的试样，而在测定其中某一组分时，共存的其他组分往往产生干扰，如果不消除这种干扰，不仅影响分析结果的准确度，甚至无法测定，因此，必须选择适当的方法来消除其干扰。

消除干扰的办法有前已述及的控制溶液的酸度或加入掩蔽剂，当这些办法不足已削除干扰时，要将被测组分与干扰组分分离，分离后再进行测定。在无机和分析化学中，常用的分离方法有沉淀分离法、萃取分离法、离子交换分离法、色谱分离法、挥发和蒸馏分离法等。本章主要介绍沉淀分离法、萃取分离法、离子交换分离法和色谱分离法。

第一节 沉淀分离法

沉淀分离法是利用沉淀反应来进行分离的方法。它是根据溶度积原理，利用某种沉淀剂有选择地沉淀某些离子，使另一些离子不形成沉淀而留在溶液中，从而达到分离的目的。该方法的缺点是操作繁冗、费时；优点是使用仪器简单，分析结果准确度较高，目前仍广泛应用。

一、常量组分的沉淀分离法

常量组分的沉淀分离按沉淀剂性质分为无机沉淀剂分离法和有机沉淀剂分离法。能否有沉淀析出和沉淀完全与否，以及与之对应的沉淀剂的用量，均根据溶度积原理进行计算判断。通常，当溶液中被沉淀组分的残留浓度不大于 10^{-6} mol · L^{-1}时，认为已经沉淀完全。

1. 无机沉淀剂分离法

常见的无机沉淀剂有 NaOH、H_2S、H_2SO_4 等

(1) NaOH　用 NaOH 作为沉淀剂可以使两性元素与非两性元素分离。非两性元素生成氢氧化物沉淀，如 $Fe(OH)_3$、$Mg(OH)_2$ 等；两性元素以含氧酸阴离子形态保留在溶液里。由于生成的氢氧化物沉淀常为胶态且共沉淀严重，导致分离效果不理想。常采用尽量大的浓度和尽量小的体积及加入大量无干扰作用的盐类进行“小体积沉淀法”来提高分离效果。常用来分离 Al^{3+}、Fe^{3+}、Ti^{4+} 等离子。

(2) H_2S　能形成硫化物沉淀的金属离子有 40 多种。由于各种金属硫化物的溶度积差异很大，因此可以通过控制溶液的酸度来控制溶液中硫离子的浓度，使金属离子彼此分离。硫化氢是硫化物沉淀分离中的主要沉淀剂。通常采用缓冲溶液来控制酸度。例如将 H_2S 通入一氯乙酸的缓冲溶液（pH≈2）中，则使 Zn^{2+} 沉淀为 ZnS 而与 Co^{2+}、Ni^{2+}、Fe^{2+}、Mn^{2+} 等分离；将 H_2S 通入六亚甲基四胺缓冲溶液（pH≈5～6）中，则使 Co^{2+}、Ni^{2+}、Fe^{2+}、Zn^{2+} 等定量沉淀为相应的硫化物而与 Mn^{2+} 分离。由于 H_2S 剧臭有毒，硫化物多数

为胶体，共沉淀现象严重，分离效果不很理想，应用受到限制。但利用 H_2S 分离去除某些重金属离子还是很有效果的。

(3) H_2SO_4　用硫酸作为沉淀剂，可使 Ca^{2+}、Sr^{2+}、Ba^{2+}、Pb^{2+}、Ra^{2+} 生成沉淀而与其他金属离子分离。

2. 有机沉淀剂分离法

由于利用有机沉淀剂进行沉淀分离具有选择性较好、灵敏度较高、共沉淀不严重、沉淀晶型好、溶解度小、易于过滤洗涤等优点，使得该法应用日益广泛。有机沉淀剂的种类繁多，常用的有：草酸、铜试剂、铜铁试剂、丁二酮肟等。

(1) 草酸 ($H_2C_2O_4$)　草酸用于 Ca^{2+}、Sr^{2+}、Ba^{2+}、稀土金属离子与 Fe^{3+}、Al^{3+}、Zr(Ⅳ)、Nb(Ⅴ)、Ta(Ⅴ) 等离子的分离，前者形成草酸盐沉淀，后者生成可溶性配合物。

(2) 铜试剂（二乙基二硫代氨基甲酸钠，简称 DDTC）　铜试剂用于沉淀去除重金属，使其与 Al^{3+}、稀土金属离子和碱土金属离子分离。

(3) 铜铁试剂（*N*-亚硝基-*N*-苯基羟胺铵盐）　铜铁试剂用于在 1∶9 H_2SO_4 介质中沉淀 Fe^{3+}、Ti(Ⅳ)、V(Ⅴ) 而与 Al^{3+}、Cr^{3+}、Co^{2+}、Ni^{2+} 等离子分离。

(4) 丁二酮肟（二乙酰二肟，也称丁二肟、双乙酮肟、镍试剂）　丁二酮肟用于与 Ni^{2+}、Pd^{2+}、Pt^{2+}、Fe^{2+} 生成沉淀而与其他金属离子分离。

二、痕量组分的共沉淀分离法

痕量组分的分离常采用共沉淀法，在重量分析法中，共沉淀现象是一种消极因素，但在分离方法中，可用来分离和富集痕量组分。该法是利用溶液中的一种沉淀（作为载体）析出时，把共存于溶液中的某些微量组分一起载带下来，达到分离富集的目的。常用的共沉淀剂有无机共沉淀剂和有机共沉淀剂两种。

1. 无机共沉淀剂

无机共沉淀分离法主要分为表面吸附共沉淀和生成混晶共沉淀两种。

(1) 表面吸附共沉淀分离法　由于金属氢氧化物和硫化物沉淀都是胶状非晶形沉淀，沉淀的总表面积大，吸附能力强，有利于痕量组分的共沉淀富集，因此它们是常用的表面吸附共沉淀载体。如用 $Al(OH)_3$ 为载体共沉淀微量 Fe^{3+}、Ti^{4+}、U(Ⅵ) 等离子；用 HgS 为载体共沉淀 Pb^{2+} 等。但该法选择性不高。

(2) 生成混晶共沉淀分离法　该法选择性较好，但要求被测痕量组分与共沉淀剂所形成的沉淀晶体结构类似、离子半径相近，有利于形成混晶而共同析出。如 $BaSO_4$-$PbSO_4$、$BaSO_4$-$RaSO_4$、AgCl-AgBr、HgS-ZnS、$CdCO_3$-$SrCO_3$ 等。

2. 有机共沉淀剂

目前分析上经常采用有机共沉淀剂。有机共沉淀剂通常是一些大分子，形成的沉淀表面吸附较弱、选择性高、分离效果好。同时沉淀剂本身相对分子质量大，分子体积大，形成沉淀的体积也较大，有利于痕量组分的共沉淀。另外，存在于沉淀中的有机沉淀剂，经灼烧可以去除，不会影响后续分析。通常利用有机共沉淀剂进行共沉淀分离的方式有以下三种。

(1) 利用胶体的凝聚作用进行共沉淀　该法是利用有机共沉淀剂产生的异电溶胶与被测组分的胶体相互凝聚而共沉淀。例如利用动物胶可胶凝 H_2SiO_3。

(2) 利用形成固体萃取剂进行共沉淀　例如 Ni^{2+} 与 8-羟基喹啉生成螯合物沉淀。当溶液中含有微量 Ni^{2+} 时，8-羟基喹啉不能将其沉淀出来，若在此溶液中加入 β-萘酚的酒精溶液后，生成固态 β-萘酚，把 8-羟基喹啉镍共沉淀下来。β-萘酚本身未参加化学反应，故称为惰性共沉淀剂。β-萘酚的作用可理解为利用于固体萃取剂进行的共沉淀。常用的惰性共沉淀剂还有酚酞、间硝基苯甲酸、丁二酮肟二烷酯等。

(3) 利用形成离子缔合物进行共沉淀　在酸性溶液中，一些相对分子质量较大的有机物，如品红、亚甲基蓝、甲基紫、孔雀绿等均带有正电荷，当它们遇到以配阴离子形式存在的金属配离子时，能形成微溶性的离子缔合物而被共沉淀出来。

例如在含微量 Zn^{2+} 的弱酸性溶液中，加入大量的 SCN^-，Zn^{2+} 则生成 $[Zn(SCN)_4]^{2-}$ 配阴离子，再加入甲基紫，$[Zn(SCN)_4]^{2-}$ 与甲基紫阳离子缔合生成难溶的三元配合物而共沉淀下来。

第二节　萃取分离法

萃取分离法包括液-液、固-液、气-液等几种萃取方法，其中液-液萃取法是使金属元素分离提纯的重要方法之一，该法又称溶剂萃取分离法。

液-液萃取法是利用与水不相混溶的有机溶剂同试液一起振荡，试液中的一些组分进入有机相，另一些组分留在水相，从而进行分离富集的方法。组分从水相进入有机相的过程称为萃取，反之，组分从有机相返回水相的过程称为反萃取。萃取和反萃取配合使用，可以提高萃取分离的选择性。萃取分离法所需要的仪器设备简单，操作快速，分离富集效果好，既能用于大量元素的分离，又能用于微量元素的分离与富集。缺点是费时，工作量较大，而且萃取溶剂往往是有毒、易挥发、易燃的物质，因此在应用上受到一定限制。

一、基本原理

1. 萃取分离的机理

根据相似相溶原理，一般的无机盐如 $NaCl$、Na_2CO_3 等都是离子型化合物，它们都具有易溶于水而难溶于有机溶剂的性质，这种性质称为亲水性。许多有机化合物是非极性或弱极性化合物，这类化合物具有易溶于有机溶剂而难溶于水的性质，这种性质称为疏水性或亲油性。萃取分离的本质就是利用物质对水的亲疏不同，使组分在两相中分离。萃取的过程是将物质由亲水性转化为疏水性的过程，反萃取的过程是将物质由疏水性转化为亲水性的过程。

如 Ni^{2+} 的萃取和反萃取的过程如下：在水溶液中的 Ni^{2+} 以 $[Ni(H_2O)_6]^{2+}$ 形式存在，具有亲水性。萃取是在 $pH=8\sim9$ 的氨性溶液中，加入萃取剂丁二酮肟，使其与 Ni^{2+} 形成不带电荷且具有疏水性的螯合物，被氯仿萃取。反萃取丁二酮肟镍-氯仿溶液时，需要加入盐酸，当溶液中酸的浓度达到 $0.5\sim1mol\cdot L^{-1}$ 时，螯合物的结构被破坏，Ni^{2+} 重新回到水相中，恢复了亲水性。

2. 分配定律和分配系数

物质在水相和有机相中都有一定的溶解度，亲水性的物质在水相中的溶解度较大，疏水性强的物质在有机相中溶解度较大。在一定温度下，当萃取过程达到平衡状态时，被萃取的物质在有机相和水相中都有一定的浓度，它们的浓度之比（严格来说应为活度比）是一个定值，称为分配定律。

当有机相和水相的混体系中溶有物质 A，达到平衡时，A 在有机相中的浓度为 $c_{有}(A)$、在水相中的浓度为 $c_{水}(A)$，则分配定律的数学表达式为：

$$K_D=\frac{c_{有}(A)}{c_{水}(A)}$$

式中，K_D 为分配系数。若物质 A 在两相中的饱和溶解度分别为 $S_{有}$ 和 $S_{水}$，则有下列关系：

$$K_D=\frac{c_{有}(A)}{c_{水}(A)}=\frac{S_{有}(A)}{S_{水}(A)}$$

K_D 值越大，说明物质越容易被萃取，分离富集效率越高。分配系数的大小与溶质和溶剂的特性及温度等因素有关。

分配定律表达式只适用于溶质在两相中均以单一的相同形式存在且浓度较低的稀溶液。

3. 分配比

在分析工作中，常常遇到溶质在水相和有机相中具有多种存在形式的情况，此时分配定律就不适用了。我们通常用分配比来表示分配情况，分配比用 D 来表示。

$$D=\frac{c_{有}}{c_{水}}$$

式中，$c_{有}$、$c_{水}$ 分别表示溶质在有机相和水相中各种存在形式的总浓度。

若两相体积相等，当 $D>1$ 时，则说明溶质进入有机相的量比留在水相中的量多。在实际工作中，如果要求溶质绝大部分进入有机相，则 D 值应大于 10。

如果溶质在两相中的存在形式相同，则 K_D 和 D 相等。对于复杂体系，K_D 和 D 不相等。

4. 萃取百分率

对于某种物质的萃取效率的大小，常用萃取百分率（ω）来表示。溶质 A 在两相中的浓度分别为 $c_{有}$ 和 $c_{水}$ 表示，$V_{有}$、$V_{水}$ 为两相的体积，则萃取百分率（ω）为：

$$\omega=\frac{\text{溶质 A 在有机相中的总量}}{\text{溶质 A 在两相中的总量}}\times100\%$$

$$=\frac{c_{有}V_{有}}{c_{有}V_{有}+c_{水}V_{水}}\times100\%\text{(分子、分母同除以 } c_{水}V_{有}\text{)}$$

$$=\frac{D}{D+V_{水}/V_{有}}\times100\%$$

式中，$V_{水}/V_{有}$ 又称相比。该式表明萃取率由分配比和相比决定。一方面，当相比一定时，萃取率只决定于分配比 D。若 $V_{水}=V_{有}$ 时，萃取百分率（ω）可表示为：

$$\omega=\frac{D}{D+1}\times100\%$$

不同的 D 值萃取率 ω 如下：

D	1	10	100	1000
$\omega/\%$	50	91	99	99.9

由此可见，D 越大，有机溶剂的萃取率越高。

由 $D=\frac{c_{有}}{c_{水}}=\frac{(m_0-m_1)\ /V_{有}}{m_1/V_{水}}$（$m_0$ 为被萃取溶质 A 的质量；m_1 为水相中未被萃取的溶质 A 的质量）可导出经 n 次萃取，被萃取的溶质 A 在水溶液中剩下质量 m_n 为：

$$m_n=m_0\left(\frac{V_{水}}{DV_{有}+V_{水}}\right)^n$$

【例 14-1】用 8-羟基喹啉-氯仿溶液于 $pH = 7.0$ 时，从水溶液中萃取 La^{3+}，已知它在两相中的分配比为 $D=43$，现取浓度为 $1mg \cdot mL^{-1}$ 的 La^{3+} 水溶液 20.0mL，计算用萃取液 10.0 mL 一次萃取和用同量的萃取液分两次萃取的萃取率。

解 用 10.0mL 萃取液一次萃取：

由
$$m_n = m_0\left(\frac{V_水}{DV_有 + V_水}\right)^n$$
知：
$$m_1 = 20\left(\frac{20}{43\times10+20}\right) = 0.89(mg)$$
$$\omega_1 = \frac{20-0.89}{20}\times100\% = 95.6\%$$

每次用 5.0 mL 萃取液萃取两次：
$$m_2 = 20\left(\frac{20}{43\times5+20}\right)^2 = 0.145(mg)$$
$$\omega_2 = \frac{20-0.145}{20}\times100\% = 99.3\%$$

由此可见，用同量的萃取液，分多次萃取比一次萃取的效率要高。但值得注意的是，增加萃取次数，会增加萃取操作的工作量和因操作而引起的误差。因此，应根据萃取效率的要求决定萃取次数。

5. 分离系数

要达到分离目的，不仅萃取的效率要高，还要考虑共存组分之间的分离效果。分离效果取决于 A、B 两种共存组分分配比的比值，β 为分离系数：
$$\beta = \frac{D_A}{D_B}$$

D_A 和 D_B 相差的愈大，β 值愈大，两种物质愈容易定量分离；若 D_A 和 D_B 相差的不大，β 值接近 1，则 A、B 两种物质就很难分离。通常在 $\beta \geqslant 10^4$ 时，A 和 B 能较好的分离。

二、重要萃取体系和萃取条件的选择

1. 重要的萃取体系

在无机分析中，测定的元素大多以水合离子的状态存在于水溶液中，而萃取过程所用的溶剂则是弱极性或非极性的有机溶剂，它们很难从水溶液中将水合离子萃取出来。因此，必须在水中加入适当的萃取剂（如配合物），使被萃取的无机水合离子与萃取剂结合，生成易溶于有机溶的中性分子，从而达到萃取无机离子的目的。根据被萃取组分与萃取剂间反应类型的不同，萃取体系主要有螯合物萃取体系和离子缔合物萃取体系。

（1）螯合物萃取体系　该体系所用的萃取剂为螯合剂，由于多种金属阳离子能与适当的螯合剂生成带有较多疏水基团溶于有机溶剂的中性螯合物分子，所以该体系广泛应用于金属阳离子的萃取。例如 Ni^{2+} 与丁二酮肟反应生成的螯合物，而且 Ni^{2+} 被疏水性的丁二酮肟分子所包围，因此整个螯合物具有疏水性，易被 $CHCl_3$、CCl_4 等有机溶剂萃取，常见的螯合剂还有双硫腙、8-羟基喹啉、乙酰丙酮等。

（2）离子缔合物萃取体系　借助于静电引力使阳离子与阴离子结合生成电中性的化合物称为离子缔合物。缔合物具有疏水性，能被有机溶剂萃取。如在 $6mol \cdot L^{-1}$ HCl 溶液中，用乙醚萃取 Fe^{3+} 时，Fe^{3+} 与 Cl^- 配合形成配阴离子 $[FeCl_4]^-$，溶剂乙醚与 H^+ 结合形成阳离子 $[(CH_3CH_2)_2OH]^+$，该阳离子与配阴离子缔合生成中性分子，可被有机溶剂乙醚萃取：
$$[(CH_3CH_2)_2OH]^+ + [FeCl_4]^- = [(CH_3CH_2)_2OH]^+[FeCl_4]^-$$

这类萃取体系的特点是溶剂分子也参与到被萃取的分子中去，因此，它既是萃取剂又是萃取溶剂。除醚类外，酮类、酯类、醇类也可作为这类萃取体系的萃取剂，如甲基异丁基酮、乙酸乙酯、环已醇等。

2. 萃取条件的选择

不同的萃取体系对萃取条件要求不同，现以螯合物萃取体系为例说明萃取条件的选择原则。

(1) 螯合剂的选择　螯合剂与金属离子形成的螯合物越稳定，萃取效率越高。一般要求螯合剂含有疏水基团多、亲水基团少，生成的螯合物易被有机溶剂萃取，萃取效率会相应提高。

(2) 溶液酸度的选择　溶液的酸度越低，D 值越大，越有利于萃取。但是溶液的酸度太低时，金属离子会发生水解，或引起其他干扰反应，甚至使萃取无法进行。因此，必须适当控制酸度，以提高萃取效率。

(3) 萃取溶剂的选择　被萃取的螯合物在有机溶剂中溶解度越大，其萃取效率越高。通常选择与螯合物结构相似的溶剂。萃取剂的挥发性、毒性要小，而且不易燃烧。而且萃取剂的黏度要小，密度与水溶液的密度差别要大，这样容易分层，有利于分离操作的进行。

(4) 干扰离子的消除　通常采用控制酸度和使用掩蔽剂的方法来消除干扰离子。

第三节　离子交换分离法

利用离子交换剂与溶液中的离子发生交换作用而使离子分离的方法，称为离子交换分离法。凡是有离子交换能力的物质称为离子交换剂，目前广泛应用的离子交换剂是人工合成的有机离子交换剂——离子交换树脂。离子交换分离法的分离效果好，它既可以用于带相反电荷的离子之间的分离，也可以用于带相同电荷的离子之间的分离，以及性质相近的离子之间的分离。同时也用于微量元素的富集和高纯度物质的制备上。

离子交换分离法所用的设备简单，交换容量可大可小，树脂经洗脱、再生后可反复使用。但缺点是分离速度慢，操作比较麻烦。因此，分析化学中通常用它来解决某些比较困难的分离问题。

一、离子交换树脂的种类和性质

1. 离子交换树脂的种类

离子交换树脂是具有网状结构的高分子化合物，不溶于酸、碱和一般溶剂。对较弱的氧化剂和还原剂等具有一定的稳定性。在网状结构的骨架上，有许多可以与溶液中的离子起交换作用的活性基团，根据这些活性基团的不同，离子交换树脂可分为阳离子交换树脂、阴离子交换树脂和螯合树脂等。

(1) 阳离子交换树脂　这类树脂的活性基团为酸性基团，酸性基团上的 H^+ 可以与溶液中的阳离子发生交换作用。根据活性基团的强弱，可分为强酸型和弱酸型两大类。强酸型离子交换树脂含有磺酸基（$-SO_3H$），常以 $R-SO_3H$ 表示（R 表示树脂的骨架），它广泛应用于酸性、中性和碱性溶液。弱酸型离子交换树脂含有羧基（—COOH）或酚羟基（—OH），分别用 R—COOH 和 R—OH 表示，这类树脂对 H^+ 的亲和力大，不适用于酸性溶液。—COOH 在 $pH>4$，—OH 在 $pH>9.5$ 的溶液中才具有交换能力。但它们的选择性高，而且易于洗脱。强酸型树脂的交换反应为：

$$nR-SO_3H+M^{n+} \rightleftharpoons (R-SO_3)_nM+nH^+$$

式中，M^{n+} 代表阳离子。这种交换反应是可逆的，已交换过的树脂可用酸处理，反应便向相反方向进行，树脂又恢复原状，这一过程称树脂的再生过程，也称为树脂的洗脱。

(2) 阴离子交换树脂　阴离子交换树脂与阳离子交换树脂具有同样的有机骨架，只是所连的活性基团为碱性基团，碱性基团中的 OH^- 与溶液中的阴离子发生离子交换。如含季铵基 [$—N^+(CH_3)_3$] 的树脂称为强碱型阴离子交换树脂，含伯氨基（$—NH_2$）、仲氨基（$—NHCH_3$）和叔氨基 [$—N(CH_3)_2$] 的树脂为弱碱型阴离子交换树脂。这些树脂水化后分别形成 $R—N^+(CH_3)_3OH^-$、$(R—NH_3)^+OH^-$、$[R—NH_2(CH_3)]^+OH^-$、$[R—NH(CH_3)_2]^+OH^-$ 等氢氧型阴离子交换树脂。所连的 OH^- 能被阴离子交换。以强碱型离子交换树脂为例，其交换和洗脱过程可用下式表示：

$$R—N^+(CH_3)_3OH^- + X^{n-} \rightleftharpoons [R—N^+(CH_3)_3]_nX + nOH^-$$

式中，X^{n-} 为溶液中待交换的阴离子。强碱型阴离子交换树脂在酸性、中性、碱性溶液中均能使用，弱碱型阴离子交换树脂对 OH^- 的亲和力大，只能在酸性溶液中使用。阴离子交换树脂的化学稳定性及耐热性都不如阳离子交换树脂。

(3) 螯合树脂　这类树脂含有与某些金属离子形成螯合物的特殊活性基团，在交换过程中能选择地交换某些金属离子，所以对化学分离有着重要的意义。如含有氨羧基 [$—N(CH_2COOH)_2$] 的螯合树脂，对 Cu^{2+}、Co^{2+}、Ni^{2+} 等金属离子有很好的选择性和螯合作用。这类树脂的优点是选择性高，缺点是制备困难，交换容量低，成本高。

2. 离子交换树脂的特性

这里只选择介绍离子交换树脂的部分性质，如交联度、交换容量、溶胀性、酸碱性等，因为这些性质是影响离子交换树脂交换能力的主要因素。

(1) 交联度　离子交换树脂的骨架是由各种有机原料聚合而成的网状结构。例如常用的聚苯乙烯磺酸型阳离子交换树脂是强酸型阳离子交换树脂，它的合成过程是由苯乙烯和二乙烯苯聚合，经硫酸磺化后制得的。先由苯乙烯聚合而成长链分子，再用二乙烯苯把各链状分子连成立体网状结构。其中，二乙烯苯是交联剂，交联剂质量占树脂总质量的百分率称为交联度。如二乙烯苯在原料总量中占 10%，则该树脂的交联度为 10%。

交联度的大小直接影响树脂的孔隙度。交联度大，树脂结构紧密，网眼小，只允许小体积离子进入树脂，大体积离子难以进入，选择性高，但交换速度慢。交联度小，树脂的网眼疏而大，交换速度快，但选择性差。一般要求树脂的交联度为 4%～14%。

(2) 交换容量　离子交换树脂交换离子量的大小可用交换容量来表示，交换容量是指每克干树脂或单位体积湿树脂所能交换（相当一价离子）的物质的量，单位是 $mmol \cdot g^{-1}$ 或 $mmol \cdot mL^{-1}$，其大小取决于树脂网状结构内所含活性基团数目的多少，它表示树脂进行离子交换能力的大小，通过实验测得。一般使用的树脂交换容量为 3～6 $mmol \cdot g^{-1}$（干树脂）或 1～2$mmol \cdot mL^{-1}$（湿树脂）。

(3) 溶胀性　溶胀性是指干燥树脂在液体介质中，吸收液体而膨胀的过程。其溶胀程度与交联度、交换容量、所交换离子的价态等因素有关。交联度小，交换容量大，溶液中所交换离子的价态低，树脂的溶胀程度就大。在进行离子交换柱的装填时，要考虑树脂的溶胀性。

(4) 酸碱性　离子交换树脂的活性基团的解离决定了树脂的酸碱性。如磺酸基中的 H^+ 几乎全部解离，呈现出强酸性。

二、离子交换分离操作

1. 树脂的选择和处理

根据分离的对象和要求，选择适当类型和粒度（一般要求粒度为 80～100 目）的树脂。树脂先用水浸泡，再用 4～6$mol \cdot L^{-1}$ HCl 溶液浸泡以除去杂质，并使树脂溶胀，最后用水冲洗至中性，浸于水中备用。此时阳离子树脂已经处理成 H 型，阴离子树脂已处理成 Cl

型。若需要特殊形式，可用相应的溶液处理。如 H 型阳离子树脂经 NaCl 处理后可转变为 Na 型。Cl 型阴离子交换树脂经 NaOH 处理后可转变为 OH 型。

2. 装柱

装柱时为防止树脂层中夹带气泡，应先在柱中充满水，再将处理好的树脂从柱顶缓缓加入。装填树脂高度约为柱高的 90%，为防止树脂的干裂，树脂的顶部应保持一定的液面。

3. 交换

将待分离试液缓慢地倾入柱中，并以适当的流速由上而下进行交换。当试液的浓度为 $0.05\sim0.1mol \cdot L^{-1}$ 时，流速一般为 $1\sim5mL \cdot min^{-1}$。若试液中有几种离子同时存在时，则通过交换柱时，K_D 大的被吸附在交换柱的顶部，K_D 小的被吸附在下部。

4. 洗脱

当交换完毕后，一般用蒸馏水洗去残存溶液，然后选用适当的淋洗剂将交换到树脂上的离子再重新被置换到溶液中，这个过程叫洗脱，它是交换过程的逆过程，所用的溶液叫洗脱剂。阳离子交换树脂常用 HCl 作洗脱剂；阴离子交换树脂常用 NaOH、NaCl 等作洗脱剂。一般一种洗脱剂只能洗脱一种离子，将几种洗脱剂分别通过交换柱，从而达到各组分分别分离的目的。

5. 树脂再生

树脂再生是将柱内的树脂恢复到交换前的形式的过程。一般情况下，洗脱过程就是树脂的再生过程。再生后的树脂可以反复使用。阳离子交换树脂再生多用盐酸或硫酸，阴离子交换树脂多用 NaOH 作再生液。

三、离子交换法的应用

目前离子交换分离法已成为分析、分离各种无机离子和有机离子以及蛋白质、核酸、多糖之类大分子物质的极为重要的工具。它广泛应用于科研、生产等方面。

1. 纯水的制备

水中常含有可溶的盐类，有 K^+、Na^+、Mg^{2+}、Ca^{2+}、Cl^-、NO_3^- 等多种杂质离子存在，要想得到纯水，可用离子交换法。如果让自来水先通过 H 型强酸性阳离子交换树脂，则水中的阳离子可被交换除去。然后再通过 OH 型碱性阴离子交换树脂，则水中的阴离子可被交换除去。同时交换下来的 H^+ 和 OH^- 结合成水。因此得到了不含可溶盐类的纯水。这种方法得到的水称为去离子水，可以代替蒸馏水使用。

2. 干扰离子的分离

用离子交换法分离干扰离子比较简单。当溶液中待测阳离子受共存阴离子干扰时，将试液通过阴离子交换树脂，干扰阴离子留在柱上，流出液中含有待测阳离子。当待测阴离子受到共存阳离子干扰时，将试液通过阳离子交换树脂，流出液中含有待测阴离子。若待测阳离子受到其他共存阳离子干扰时，可先将待测阳离子转变为配阴离子，再将试液通过阴离子交换树脂，达到与流出液中干扰阳离子分离的目的。

3. 痕量组分的富集

离子交换法不仅可以进行干扰离子的分离，而且也是痕量组分富集的有效方法之一。例如测定水样中微量的 CrO_4^{2-}、Zn^{2+}、Bi^{2+} 时，先将水样通过阴、阳离子交换树脂，使上述微量组分交换到树脂柱上，用适当的显色剂显色，在树脂上进行光度法测定。

第四节　色谱分离法

这种分离方法是由一种流动相带着试样经过固定相，物质在两相之间进行反复的分配，由于不同的物质在两相中的分配系数不同，移动的速度也不一样，从而达到相互分离的目的。色谱分离法，这是一种广泛应用的物理化学分离法。此法最大的特点是分离效率高，可将各种性质相近的物质彼此分离，然后分别进行测定。根据操作形式的不同此法可分为柱色谱、纸色谱和薄层色谱法。

一、柱色谱

柱色谱是把固定相——常用的为吸附剂（如氧化铝、硅胶等）装在一支玻璃柱中，做成色谱柱（如图 14-1）。然后将试液加到柱中，如试液中含有A、B两种组分，则A和B便被吸附剂（固定相）吸附在柱的上端［图 14-1(a)］。再用一种洗脱剂（流动相，亦称展开剂）进行冲洗。由于各种物质在吸附剂表面上具有不同的吸附选择性和吸附度，在用展开剂冲洗过程中，柱内就连续不断地发生溶解、吸附、再溶解、再吸附的现象。由于展开剂与吸附剂二者对A、B的溶解能力和吸附能力不同，即A、B的分配系数不同，造成A和B的移动距离也不同。当冲洗到一定程度时，两者即可以完全分开，形成两个带，如图 14-1(b) 所示。再继续冲洗，A物质便先从柱中流出来，如图 14-1(c) 所示，并用一容器收集。B物质后被洗脱下来，可用另一容器收集，这样便可将A、B两种物质分离。色谱分离法的机理可由溶质在流动相和固定相之间的分配过程来决定。分配进行的程度可用分配系数 K_D 表示：

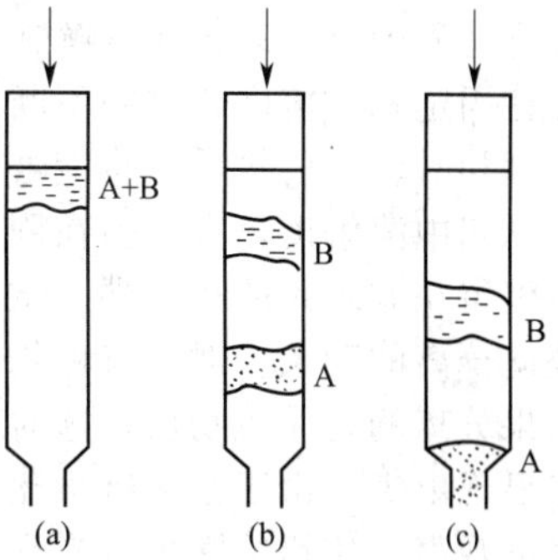

图 14-1　柱中色谱分离过程示意图

$$K_D=\frac{c_{固}}{c_{流}}$$

式中，$c_{固}$ 表示溶质在固相中的浓度；$c_{流}$ 表示溶质在液相中的浓度；K_D 为分配系数。K_D 在低浓度和一定温度时是个常数。当吸附剂一定时，K_D 值的大小决定于溶质的性质。K_D 值大的物质被吸附得牢固，移动速度慢，在冲洗时最后洗脱下来；$K_D=0$ 的物质，不被吸附，溶质将随同流动相迅速流出。因此，各组分之间的 K_D 值差别越大，越容易使它们彼此分离。各种物质对于不同的吸附剂和展开剂有不同的 K_D 值，因此为了达到完全分离的目的，必须根据被分离物质的结构和性质（极性）选择适宜的吸附剂和展开剂。对吸附剂的基本要求是：具有较大的吸附表面和一定的吸附能力；与展开剂及样品中各组分不起化学反应，样品在展开剂中不溶解；吸附剂的颗粒要有一定的细度，并且粒度要均匀。常用的吸附剂有氧化铝、硅胶、聚酰胺等。展开剂的选择与吸附剂吸附能力的强弱和被分离物质的极性大小有关。应用吸附性弱的吸附剂分离极性较大的物质时，则选择极性较大的展开剂容易洗脱。应用吸附性强的吸附剂，分离极性较小的物质时，则选用极性较小的展开剂容易洗脱。常用的展开剂及其极性大小次序如下：

水＞乙醇＞丙醇＞正丁醇＞乙酸乙酯＞氯仿＞乙醚＞甲苯＞苯＞四氯化碳＞环己烷＞石油醚。

在实际工作中，需要通过实验来选择合适的吸附剂和展开剂，并且确定其他分离条件。

二、纸色谱

纸色谱是在滤纸上进行的色谱分析法。滤纸被看作是一种惰性载体，滤纸纤维素中吸附着的水分或其他溶剂，在色谱分析过程中不流动，是固定相；在色谱分析过程中沿着滤纸流动的溶剂或混合溶剂是流动相，又称展开剂。试液点在滤纸上，在色谱分析过程中，试液中的各种组分，利用其在固定相和流动相中溶解度的不同，即在两相中的分配系数不同而得以分离。纸色谱设备简单、操作简便，广泛地应用在药物、染料、抗生素、生物制品等的分析方面，也可以用来分离性质极相类似的无机离子。

用毛细管将试液点在滤纸条一端的原点位置上，然后将滤纸条挂在展开槽内，如图 14-2 所示，使滤纸条下端浸入流动相中，但不要将点样点接触液面，由于滤纸的毛细管作用，流动相将沿着滤纸条自下而上地展开，当它接触到试样点时，试液中的各组分将溶解在流动相中，随着展开剂沿着滤纸条上升。当它们上升而遇到附着于滤纸条中的固定相时，又可以溶解在固定相中而停留下来。继续上升的流动相又可以把它们溶解并带着它们继续上升；在上升过程中又可以再次溶解在固定相中而停留下来。即在色谱分析过程中，试样中的各种组分在固定相和流动相之间不断地进行分配。此时，在流动相中溶解度较小，而在固定相中溶解度相对较大的物质，将沿着滤纸条向上移动较短的距离，停留在纸条的较下端。反之，在流动相中溶解度较大，但在固定相中溶解度较小的物质，沿着滤纸条向上移动较长的距离，而停留在滤纸条的较上端。试样中的各组分，由于它们在两相间不断地进行分配，从而发生彼此分离的现象。对于有色物质的色谱分离，各个斑点可以清楚地看出来，如图 14-3 所示。如果分离的是无色物质，这时就需要在色谱分离后用物理的或化学的方法处理滤纸，使各斑点显现出来。由于很多有机化合物在紫外线照射下，常显现其特有的荧光，所以可以在紫外光下观察，用铅笔圈出荧光斑点；或用化学显色法以氨熏、用碘蒸气熏；也常喷适当的显色剂溶液，使其与各组分反应显色。常用的显色剂有 $FeCl_3$ 水溶液、茚三酮、正丁醇溶液等。

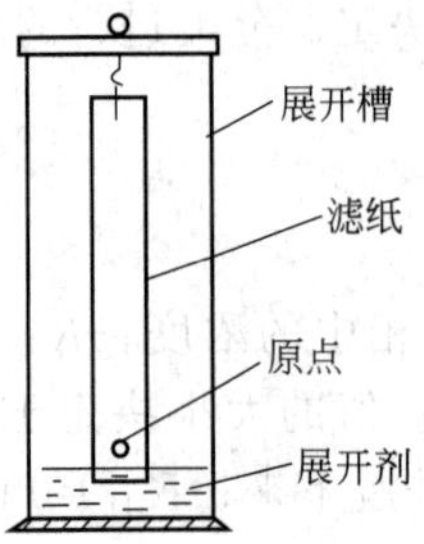

图 14-2　纸色谱装置

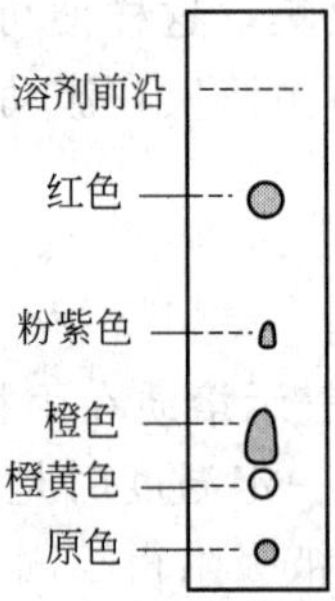

图 14-3　多组分分离色柱

在纸色谱分离法中，常用比移值 R_f 来考察各组分的分离情况。设 X 为斑点中心到原点（点试液处）的距离（cm），Y 为溶剂前沿到原点的距离（cm），如图 14-4 所示，则 R_f 为：

$$R_f = X/Y$$

比移值的变动范围为 0～1，当某组分的 $R_f=0$ 时，表明该组分未被流动相展开而留在原点；若 $R_f=1$，表明该组分随溶剂同速移动，在固定相中的浓度为零。在一定条件下 R_f 值是物质的特征值，我们可以用已知标准样品的 R_f 值与待测样品的 R_f 值对照，定性鉴定各物质。一般情况下，当两组分的 R_f 值相差 0.02 以上，则可用该法分离。R_f 值相差越大，分离效果越好。但是由于色谱分析条件对 R_f 值有很大的影响，因此要获得可靠的结果，必须严格控制色谱分析条件，包括：色谱分析用的滤纸要质地纯洁、松紧合适、组织均匀，并应使色谱分析方向与滤纸纤维素的方向垂直；固定相和流动相的性能和组成要适当选择和严格控制；操作手续要前后一致；温度变化要小等。由于影响 R_f 值的因素较多，要严格控制一致比较困难，因此文献上查得的 R_f 值只能供参考，进行定性鉴定时常常

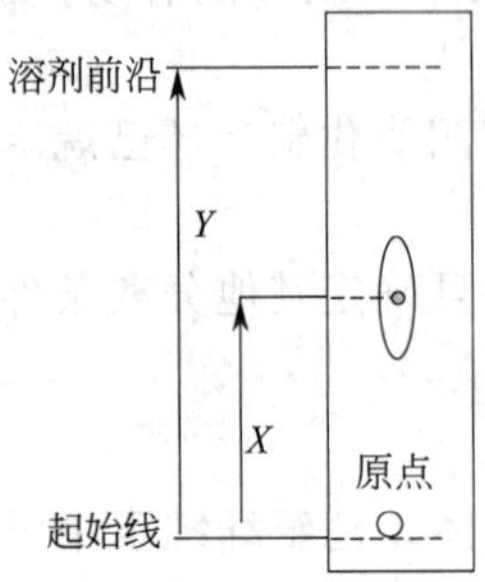

图 14-4　比移值的计算

需用已知试剂做对照实验。

三、薄层色谱

薄层色谱是在纸色谱的基础上发展起来的。它是在一平滑的玻璃条上，铺一层厚约0.25mm的吸附剂（氧化铝、硅胶、纤维素粉等），代替滤纸作为固定相。其展开方法和原理与纸色谱法基本相同。

这种方法按机理主要分为两种：一种是利用试样中的各组分对吸附剂吸附能力的不同来进行分离，称为吸附色谱；另一种是利用试样中各组分在固定相和流动相中溶解度的不同而进行分离，称为分配色谱。两种色谱所用的展开剂不同，前者一般用非极性或弱极性展开剂处理弱极性物质，后者一般选用极性展开剂处理极性物质。

此法的优点是展开所需时间短，比柱色谱、纸色谱分离速度快、效率高。斑点不易扩散，因而检出灵敏度比纸色谱可高10～100倍。薄板的负荷样品量大，为试样纯化分离提供了方便。另外还可以使用腐蚀性的显色剂。由于薄层色谱具有上述优点，所以近年来应用日益广泛。

思考题与习题

14-1 分析化学常用的分离方法有几种？

14-2 分别说明分配系数和分配比的物理意义。在溶剂萃取分离中为什么必须引入分配比这一参数？

14-3 叙述溶剂萃取过程的本质。举例说明重要的萃取体系。

14-4 阳离子交换树脂含有哪些活性基团？阴离子交换树脂含有哪些活性基团？

14-5 什么是离子交换树脂的交联度和交换容量？

14-6 简述用离子交换法制备去离子水的原理。

14-7 如何测定 R_f 值？比移值 R_f 在纸色谱分离中有何重要作用？

14-8 某溶液中含有 Fe^{3+} 10mg，将它萃取于某有机溶剂中，分配比为 $D=99$，问用等体积溶剂萃取1次和2次，剩余 Fe^{3+} 的量各是多小，萃取百分率各是多少？

知识拓展

新型分离技术

新型分离技术日新月异，已逐步走向工业化，并在中药制药、农产品加工、环境治理与保护等多项领域中得到应用。现在运用较多且有较大发展前景的新型分离技术有超临界流体萃取技术、分子蒸馏技术和膜分离技术。

1. 超临界流体萃取技术及其应用

超临界流体萃取是一种以超临界流体代替常规有机溶剂对目标组分进行萃取和分离的新型技术，其原理是利用流体（溶剂）在临界点附近区域（超临界区）内与待分离混合物中的溶质具有异常相平衡行为和传递性能，且对溶质的溶解能力随压力和温度的改变而在相当宽的范围内变动来实现分离的。

（1）超临界流体萃取技术的特点　使萃取后溶剂与溶质容易分离，能更好地保护热敏性物质，萃取效率高、萃取时间短。超临界流体萃取能耗低，集萃取、蒸馏、分离于一体，工艺简单，操作方便。超临界流体萃取能与多种分析技术，包括气相色谱、高效液相色谱、质谱等联用，省去了传统方法中蒸馏、浓缩溶剂的步骤。避免样品的损失、降解或污染，因而可以实现自动化。

（2）超临界流体技术的应用　农产品风味成分的萃取，如香辛料、果皮、鲜花中的精油、呈味物质的提取；动植物油的萃取分离，如花生油、菜籽油、棕榈油等的提取；农产品中某些特定成分的萃取，如沙棘中沙棘油、牛奶中胆固醇、咖啡豆中咖啡碱的提取；农产品脱色脱臭脱苦，如辣椒红色素的提取、羊肉膻味物质的提取、柑橘汁的脱苦等；农产品灭菌防腐方面的研究。

2. 分子蒸馏技术

分子蒸馏是一种特殊的液-液分离技术，在极高真空下操作。它是根据不同物质其分子运动有不同的平均自由能这一物理特性而达到分离的目的。由于其具有蒸馏温度低于物料的沸点、蒸馏压力低、受热时间短、分离程度高等特点，因而能大大降低高沸点物料的分离成本，极好地保护了热敏物料的品质。与常规蒸馏相比，具有明显的优点：分离程度比常规蒸馏的高，蒸馏压力极低，蒸发温度低，受热时间短，并且无毒、无害、无污染、无残留，可得到纯净安全的产物。可进行多级分子蒸馏，适用于较为复杂的混合物的分离提纯，产率较高。可与超临界流体技术和膜分离技术等配合配套使用。

分子蒸馏技术之应用：天然维生素 E 的浓缩精制，高碳脂肪醇的精制，风味物质的获取，食用植物油的提取，胡萝卜素的回收。分子蒸馏技术还可应用于其他食品加工过程，如牛奶内酯的获取、二聚脂肪酸的制取、米糠中有效成分的分离等。

3. 膜分离技术

膜分离技术是在 20 世纪初出现，膜分离技术在中药分离纯化、浓缩中的应用，使其在 20 世纪 60 年代后迅速崛起。膜分离技术由于兼有分离、浓缩、纯化和精制的功能，又有高效、节能、环保、分子级过滤及过滤过程简单、易于控制等特征。因此，目前已广泛应用于食品、医药、生物、环保、化工、冶金、能源、石油、水处理、电子、仿生等领域，产生了巨大的经济效益和社会效益，已成为当今分离科学中最重要的手段之一。

膜是具有选择性分离功能的材料。利用膜的选择性分离实现料液的不同组分的分离、纯化、浓缩的过程称作膜分离。它与传统过滤的不同在于，膜可以在分子范围内进行分离，并且这过程是一种物理过程，不需发生相的变化和添加助剂。膜的孔径一般为微米级，依据其孔径的不同（或称为截留分子量），可将膜分为微滤膜、超滤膜、纳滤膜和反渗透膜，根据材料的不同，可分为无机膜和有机膜，无机膜主要还只有微滤级别的膜，主要是陶瓷膜和金属膜。有机膜是由高分子材料做成的，如醋酸纤维素、芳香族聚酰胺、聚醚砜、聚氟聚合物等。

采用超滤法从黄芩中提取黄芩苷产率可达 6.93%至 7.68%（比传统工艺高出近 1 倍），在果蔬汁加工、纯净水加工、浓缩鲜乳、从乳清中回收蛋白质、酒类加工、糖类加工、除菌、酶加工和发酵中，膜反应器都有很大的应用前景。在环保过程中，如汽车制造业的电泳涂料清洗用水的处理、含油废水的处理、合成纤维生产中含乙烯醇废水的处理、造纸工业中纸浆废水处理均可使用超滤法。

附　　录

附录Ⅰ　一些重要的物理常数

真空中的光速	$c=2.99792458\times10^{8}m\cdot s^{-1}$	理想气体摩尔体积	$V_m=2.241410\times10^{-2}m^3\cdot mol^{-1}$
电子的电荷	$e=1.60217733\times10^{-19}C$	摩尔气体常数	$R=8.314510J\cdot mol^{-1}\cdot K^{-1}$
原子质量单位	$u=1.6605402\times10^{-27}kg$	阿伏伽德罗常量	$N_A=6.0221367\times10^{23}mol^{-1}$
质子静质量	$m_p=1.6726231\times10^{-27}kg$	法拉第常量	$F=9.6485309\times10^{4}C\cdot mol^{-1}$
中子静质量	$m_n=1.6749543\times10^{-27}kg$	普朗克常量	$h=6.6260755\times10^{-34}J\cdot s$
电子静质量	$m_e=9.1093897\times10^{-31}kg$	玻耳兹曼常量	$k=1.380658\times10^{-23}J\cdot K^{-1}$

附录Ⅱ　一些单质和化合物的 $\Delta_f H_m^{\ominus}$、$\Delta_f G_m^{\ominus}$ 和 $S_m^{\ominus}$（298.15K）

物　质	$\Delta_f H_m^{\ominus}/(kJ\cdot mol^{-1})$	$\Delta_f G_m^{\ominus}/(kJ\cdot mol^{-1})$	$S_m^{\ominus}/(J\cdot K^{-1}\cdot mol^{-1})$
Ag(s)	0	0	42.6
Ag^+(aq)	105.4	76.98	72.8
AgCl(s)	−127.1	−110	96.2
AgBr(s)	−100	−97.1	107
AgI(s)	−61.9	−66.1	116
$AgNO_2$(s)	−45.1	19.1	128
$AgNO_3$(s)	−124.4	−33.5	141
Ag_2O(s)	−31.0	−11.2	121
Al(s)	0	0	28.3
Al_2O_3(s,刚玉)	−1676	−1582	50.9
Al^{3+}(aq)	−531	−485	−322
AsH_3(g)	66.4	68.9	222.67
AsF_3(l)	−821.3	−774.0	181.2
As_4O_6(s，单斜)	−1309.6	−1154.0	234.3
Au(s)	0	0	47.3
Au_2O_3(s)	80.8	163	126
B(s)	0	0	5.85
B_2H_6(s)	35.6	86.6	232
B_2O_3(s)	−1272.8	−1193.7	54.0
$B(OH)_4^-$(aq)	−1343.9	−1153.1	102.5
H_3BO_3(s)	−1094.5	−969.0	88.8
Ba(s)	0	0	62.8
Ba^{2+}(aq)	−537.6	−560.7	9.6
BaO(s)	−553.5	−525.1	70.4
$BaCO_3$(s)	−1216	−1138	112
$BaSO_4$(s)	−1473	−1362	132
Br_2(g)	30.91	3.14	245.35
Br_2(l)	0	0	152.2
Br^-(aq)	−121	−104	82.4
HBr(g)	−36.4	−53.6	198.7

物　　质	$\Delta_f H_m^\ominus/(kJ \cdot mol^{-1})$	$\Delta_f G_m^\ominus/(kJ \cdot mol^{-1})$	$S_m^\ominus/(J \cdot K^{-1} \cdot mol^{-1})$
$HBrO_3(aq)$	-67.1	-18	161.5
$C(s,金刚石)$	1.9	2.9	2.4
$C(s,石墨)$	0	0	5.73
$CH_4(g)$	-74.8	-50.8	186.2
$C_2H_4(g)$	52.3	68.2	219.4
$C_2H_6(g)$	-84.68	-32.89	229.5
$C_2H_2(g)$	226.75	209.20	200.82
$C_6H_{12}O_6(s)$	-1274.4	-910.5	212
$CO(g)$	-110.5	-137.2	197.6
$CO_2(g)$	-393.5	-394.4	213.6
$Ca(s)$	0	0	41.4
$Ca^{2+}(aq)$	-542.7	-553.5	-53.1
$CaO(s)$	-635.1	-604.2	39.7
$CaCO_3(s,方解石)$	-1206.9	-1128.8	92.9
$CaC_2O_4(s)$	-1360.6	—	—
$Ca(OH)_2(s)$	-986.1	-896.8	83.39
$CaSO_4(s)$	-1434.1	-1321.9	107
$CaSO_4 \cdot 1/2H_2O(s)$	-1577	-1437	130.5
$CaSO_4 \cdot 2H_2O(s)$	-2023	-1797	194.1
$Ce^{3+}(aq)$	-700.4	-676	-205
$CeO_2(s)$	-1083	-1025	62.3
$Cl_2(g)$	0	0	223
$Cl^-(aq)$	-167.2	-131.3	56.5
$ClO^-(aq)$	-107.1	-36.8	41.8
$HCl(g)$	-92.5	-95.4	186.6
$HClO(aq,非解离)$	-121	-79.9	142
$HClO_3(aq)$	104.00	-8.03	162
$HClO_4(aq)$	-9.70	—	—
$Co(s)$	0	0	30.0
$Co^{2+}(aq)$	-58.2	-54.3	-113
$CoCl_2(s)$	-312.5	-270	109.2
$CoCl_2 \cdot 6H_2O(s)$	-2115	-1725	343
$Cr(s)$	0	0	23.77
$CrO_4^{2-}(aq)$	-881.1	-728	50.2
$Cr_2O_7^{2-}(aq)$	-1490	-1301	262
$Cr_2O_3(s)$	-1140	-1058	81.2
$CrO_3(s)$	-589.5	-506.3	—
$(NH_4)_2CrO_7(s)$	-1807	—	—
$Cu(s)$	0	0	33
$Cu^+(aq)$	71.5	50.2	41
$Cu^{2+}(aq)$	64.77	65.52	-99.6
$Cu_2O(s)$	-169	-146	93.3
$CuO(s)$	-157	-130	42.7
$CuSO_4(s)$	-771.5	-661.9	109
$CuSO_4 \cdot 5H_2O(s)$	-2321	-1880	300
$F_2(g)$	0	0	202.7
$F^-(aq)$	-333	-279	-14
$HF(g)$	-271	-273	174

物　质	$\Delta_f H_m^\ominus/(kJ \cdot mol^{-1})$	$\Delta_f G_m^\ominus/(kJ \cdot mol^{-1})$	$S_m^\ominus/(J \cdot K^{-1} \cdot mol^{-1})$
Fe(s)	0	0	27.3
Fe^{2+}(aq)	−89.1	−78.6	−138
Fe^{3+}(aq)	−48.5	−4.6	−316
FeO(s)	−272	—	—
Fe_2O_3(s)	−824	−742.2	87.4
Fe_3O_4(s)	−1118	−1015	146
$Fe(OH)_2$(s)	−569	−486.6	88
$Fe(OH)_3$(s)	−823.0	−696.6	107
H_2(g)	0	0	130
H^+(aq)	0	0	0
H_2O(g)	−241.8	−228.6	188.7
H_2O(l)	−285.8	−237.2	69.91
H_2O_2(l)	−187.8	−120.4	109.6
$(OH)^-$(aq)	−230.0	−157.3	−10.8
Hg(l)	0	0	76.1
Hg^{2+}(aq)	171	164	−32
Hg_2^{2+}(aq)	172	153	84.5
HgO(s,红色)	−90.83	−58.56	70.3
HgO(s,黄色)	−90.4	−58.43	71.1
HgI_2(s,红色)	−105	−102	180
HgS(s,红色)	−58.1	−50.6	82.4
I_2(s)	0	0	116
I_2(g)	62.4	19.4	261
I^-(aq)	−55.19	−51.59	111
HI(g)	26.5	1.72	207
HIO_3(s)	−230	—	—
K(s)	0	0	64.6
K^+(aq)	−252.4	−283	102
KCl(s)	−436.8	−409.2	82.59
K_2O(s)	−361	—	—
K_2O_2(s)	−494.1	−425.1	102
Li^+(aq)	−278.5	−293.3	13
Li_2O(s)	−597.9	−561.1	37.6
Mg(s)	0	0	32.7
Mg^{2+}(aq)	−466.9	−454.8	−138
$MgCl_2$(s)	−641.3	−591.8	89.62
MgO(s)	−601.7	−569.4	26.9
$MgCO_3$(s)	−1096	−1012	65.7
Mn(s,α)	0	0	32.0
Mn^{2+}(aq)	−220.7	−228	−73.6
MnO_2(s)	−520.1	−465.3	53.1
N_2(g)	0	0	192
NH_3(g)	−46.11	−16.5	192.3
$NH_3 \cdot H_2O$(aq,非解离)	−366.1	−263.8	181
N_2H_4(l)	50.6	149.2	121
NH_4Cl(s)	−315	−203	94.6

续表

物　　质	$\Delta_f H_m^\ominus$/(kJ·mol^{-1})	$\Delta_f G_m^\ominus$/(kJ·mol^{-1})	$S_m^\ominus$/(J·K^{-1}·mol^{-1})
NH_4NO_3(s)	−366	−184	151
$(NH_4)_2SO_4$(s)	−901.9	—	187.5
NO(g)	90.4	86.6	210
NO_2(g)	33.2	51.5	240
N_2O(g)	81.55	103.6	220
N_2O_4(g)	9.16	97.82	304
HNO_3(l)	−714	−80.8	156
Na(s)	0	0	51.2
Na^+(aq)	−240	−262	59.0
NaCl(s)	−327.47	−248.15	72.1
$Na_2B_4O_7$(s)	−3291	−3096	189.5
$NaBO_2$(s)	−977.0	−920.7	73.5
Na_2CO_3(s)	−1130.7	−1044.5	135
$NaHCO_3$(s)	−950.8	−851.0	102
$NaNO_2$(s)	−358.7	−284.6	104
$NaNO_3$(s)	−467.9	−367.1	116.5
Na_2O(s)	−414	−375.5	75.06
Na_2O_2(s)	−510.9	−447.7	93.3
NaOH(s)	−425.6	−379.5	64.45
O_2(g)	0	0	205.03
O_3(g)	143	163	238.8
P(s,白)	0	0	41.1
PCl_3(g)	−287	−268	311.7
PCl_5(g)	−398.9	−324.6	353
P_4O_{10}(s,六方)	−2984	−2698	228.9
Pb(s)	0	0	64.9
Pb^{2+}(aq)	−1.7	−24.4	10
PbO(s,黄色)	−215	−188	68.6
PbO(s,红色)	−219	−189	66.5
Pb_3O_4(s)	−718.4	−601.2	211
PbO_2(s)	−277	−217	68.6
PbS(s)	−100	−98.7	91.2
S(s,斜方)	0	0	31.8
S^{2-}(aq)	33.1	85.8	−14.6
H_2S(g)	−20.6	−33.6	206
SO_2(g)	−296.8	−300.2	248
SO_3(g)	−395.7	−371.1	256.6
SO_3^{2-}(aq)	−635.5	−486.6	−29
SO_4^{2-}(aq)	−909.27	−744.63	20
SiO_2(s,石英)	−910.9	−856.7	41.8
SiF_4(g)	−1614.9	−1572.7	282.4
$SiCl_4$(l)	−687.0	−619.9	239.7
Sn(s,白色)	0	0	51.55
Sn(s,灰色)	−2.1	0.13	44.14
Sn^{2+}(aq)	−8.8	−27.2	−16.7
SnO(s)	−286	−257	56.5

续表

物质	$\Delta_f H_m^\ominus$/(kJ·mol^{-1})	$\Delta_f G_m^\ominus$/(kJ·mol^{-1})	$S_m^\ominus$/(J·K^{-1}·mol^{-1})
SnO_2(s)	−580.7	−519.6	52.3
Sr^{2+}(aq)	−545.8	−559.4	−32.6
SrO(s)	−592.0	−561.9	54.4
$SrCO_3$(s)	−1220	−1140	97.1
Ti(s)	0	0	30.6
TiO_2(s,金红石)	−944.7	−889.5	50.3
$TiCl_4$(l)	−804.2	−737.2	252.3
V_2O_5(s)	−1551	−1420	131
WO_3(s)	−842.9	−764.08	75.9
Zn(s)	0	0	41.6
Zn^{2+}(aq)	−153.9	−147.0	−112
ZnO(s)	−348.3	−318.3	43.6
ZnS(s,闪锌矿)	−206.0	−210.3	57.7
C_3H_6 丙烯(g)	20.42	62.79	267.05
C_6H_{12}环己烷(g)	−123.14	31.92	298.35
C_6H_6 苯(l)	49.04	124.45	173.26
C_6H_6 苯(g)	82.93	129.73	269.31
C_7H_8 甲苯(l)	12.01	113.89	220.96
C_7H_8 甲苯(g)	50.00	122.11	320.77
C_8H_8 苯乙烯(l)	103.89	202.51	237.57
C_8H_8 苯乙烯(g)	147.36	213.90	345.21
C_2H_6O 甲醚(g)	−184.05	−112.85	267.17
$C_4H_{10}O$ 乙醚(l)	−279.5	−122.75	253.1
$C_4H_{10}O$ 乙醚(g)	−252.21	−122.19	342.78
CH_4O 甲醇(l)	−238.57	−166.15	126.8
CH_4O 甲醇(g)	−201.17	−162.46	239.81
C_2H_6O 乙醇(l)	−276.98	−174.03	160.67
C_2H_6O 乙醇(g)	−234.81	−168.20	282.70
CH_2O 甲醛(g)	−115.90	−109.87	218.89
C_2H_4O 乙醛(l)	−192.0	—	—
C_2H_4O 乙醛(g)	−166.36	−133.25	264.33
C_3H_6O 丙酮(l)	−248.1	−155.28	200.4
C_3H_6O 丙酮(g)	−217.57	−152.97	295.04
$C_2H_4O_2$ 乙酸(l)	−484.09	−389.26	159.83
$C_2H_4O_2$ 乙酸(g)	−434.84	−376.62	282.61
$C_4H_6O_2$ 乙酸乙酯(l)	−479.03	−382.55	259.4
$C_4H_6O_2$ 乙酸乙酯(g)	−442.92	−327.27	362.86
C_6H_6O 苯酚(s)	−165.02	−50.31	144.01
C_6H_6O 苯酚(g)	−96.36	−32.81	315.71
C_2H_7N 乙胺(g)	−46.02	37.38	284.96
CHF_3 三氟甲烷(g)	−697.51	−663.05	259.69
CF_4 四氟化碳(g)	−933.03	−888.40	261.61
CH_2Cl_2 二氯甲烷(g)	−95.40	−68.84	270.35
$CHCl_3$ 氯仿(l)	−132.2	−71.77	202.9
$CHCl_3$ 氯仿(g)	−101.25	−68.50	295.75
CCl_4 四氯化碳(l)	−132.84	−62.56	216.19
CCl_4 四氯化碳(g)	−100.42	−58.21	310.23
C_2H_5Cl 氯乙烷(l)	−136.0	−58.81	190.79
C_2H_5Cl 氯乙烷(g)	−111.71	−59.93	275.96
CH_3Br 溴甲烷(g)	−37.66	−28.14	245.92

注：数据主要摘自 Weast R C. CRC Handbook of Chemistry and Physics，66th ed.，1985-1986。

附录Ⅲ　一些质子酸的解离常数（298K）

名　称	化学式	$K_a^\ominus$	$pK_a^\ominus$	名　称	化学式	$K_a^\ominus$	$pK_a^\ominus$
亚砷酸	H_3AsO_3	5.1×10^{-10}	9.29	一溴乙酸	$C_2H_3O_2Br$	1.25×10^{-3}	2.092
砷酸	H_3AsO_4	6.2×10^{-3}	2.21	一碘乙酸	$C_2H_3O_2I$	6.68×10^{-4}	3.175
		1.2×10^{-7}	6.93	草酸	$C_2H_2O_4$	5.60×10^{-2}	1.252
		3.1×10^{-12}	11.51			5.42×10^{-5}	4.266
硼酸	H_3BO_3	5.8×10^{-10}	9.24	丙二酸	$C_3H_4O_4$	1.42×10^{-3}	2.847
次溴酸	HBrO	2.3×10^{-9}	8.63			2.01×10^{-10}	5.696
氢氰酸	HCN	6.20×10^{-10}	9.21	丁二酸	$C_4H_6O_4$	6.21×10^{-5}	4.207
碳酸	$H_2CO_3$①	4.45×10^{-7}	6.352			2.31×10^{-6}	5.636
		4.69×10^{-11}	10.329	酒石酸	$C_4H_6O_6$	9.20×10^{-4}	3.036
次氯酸	HClO	1.10×10^{-8}	7.959			4.31×10^{-5}	4.366
铬酸	H_2CrO_4	1.80×10^{-1}	0.74	柠檬酸	$C_6H_8O_7$	7.44×10^{-4}	3.128
		3.30×10^{-7}	6.48			1.73×10^{-5}	4.761
氢氟酸	HF	6.8×10^{-4}	3.17			4.02×10^{-7}	6.396
次碘酸	HIO	2.3×10^{-11}	10.64	乙二胺四乙酸(EDTA)	H_6Y^{2+}	1.26×10^{-1}	0.9
碘酸	HIO_3	0.49	0.31			2.6×10^{-2}	1.6
水	H_2O	1.01×10^{-14}	13.997			1.0×10^{-2}	2.0
过氧化氢	H_2O_2	2.2×10^{-12}	11.65			2.1×10^{-3}	2.68
磷酸	H_3PO_4	7.11×10^{-3}	2.18			6.9×10^{-7}	6.16
		6.23×10^{-8}	7.199			5.5×10^{-11}	10.26
		4.5×10^{-13}	12.35	苯甲酸	$C_7H_6O_2$	6.28×10^{-5}	4.202
氢硫酸	H_2S	9.5×10^{-8}	7.02	邻苯二甲酸	$C_8H_6O_4$	1.12×10^{-3}	2.950
		1.3×10^{-14}	13.9			3.91×10^{-6}	5.408
亚硫酸	H_2SO_3	1.23×10^{-2}	1.91	苯酚	C_6H_6O	1.0×10^{-10}	9.98
		5.6×10^{-8}	7.18	水杨酸	$C_7H_6O_3$	1.0×10^{-3}	2.98
硫酸	H_2SO_4	$1.02\times10^{-2}(K_{a_2}^\ominus)$	1.99			2.2×10^{-14}	13.66
硫代硫酸	$H_2S_2O_3$	0.25	0.60	铵离子	NH_4^+	5.70×10^{-10}	9.24
		1.9×10^{-2}	1.72	质子化羟胺	$HONH_3^+$	1.1×10^{-6}	5.96
甲酸	CH_2O_2	1.80×10^{-4}	3.745	质子化甲胺	$CH_3NH_3^+$	2.3×10^{-11}	10.64
乙酸	$C_2H_4O_2$	1.75×10^{-5}	4.757	质子化乙胺	$CH_3CH_2NH_3^+$	2.31×10^{-11}	10.636
丙酸	$C_3H_6O_2$	1.34×10^{-5}	4.874	质子化乙二胺	$(CH_2NH_3^+)_2$	1.42×10^{-7}	6.848
三氯乙酸	$C_2HO_2Cl_3$	0.60	0.22			1.18×10^{-10}	9.928
二氯乙酸	$C_2H_2O_2Cl_2$	5.0×10^{-2}	1.30	质子化六亚甲基四胺	$(CH_2)_6N_4H^+$	7.4×10^{-6}	5.13
一氯乙酸	$C_2H_3O_2Cl$	1.36×10^{-3}	2.865	质子化苯胺	$C_6H_5NH_3^+$	2.51×10^{-5}	4.601

① 碳酸的浓度假定为 $c(H_2CO_3)+c(CO_2)$ 之和。

附录Ⅳ 溶度积常数（298K）

化合物	$K_{sp}^{\ominus}$	化合物	$K_{sp}^{\ominus}$	化合物	$K_{sp}^{\ominus}$
AgAc	1.94×10^{-3}	$CdCO_3$	1.0×10^{-12}	LiF	1.84×10^{-3}
AgBr	5.35×10^{-13}	$CdC_2O_4\cdot3H_2O$	1.42×10^{-8}	$MgCO_3$	6.82×10^{-6}
AgCl	1.77×10^{-10}	$Cd(OH)_2$(新析出)	2.5×10^{-14}	MgF_2	5.16×10^{-11}
Ag_2CO_3	8.46×10^{-12}	CdS	8.0×10^{-27}	$Mg(OH)_2$	5.61×10^{-12}
$Ag_2C_2O_4$	5.40×10^{-12}	$CoCO_3$	1.4×10^{-13}	$MnCO_3$	2.24×10^{-11}
Ag_2CrO_4	1.12×10^{-12}	$Co(OH)_2$(新析出)	1.6×10^{-15}	$Mn(OH)_2$	1.9×10^{-13}
$Ag_2Cr_2O_7$	2.0×10^{-7}	$Co(OH)_3$	1.6×10^{-44}	MnS(结晶)	2.5×10^{-13}
AgI	8.52×10^{-17}	α-CoS(新析出)	4.0×10^{-21}	MnS (无定形)	2.5×10^{-10}
$AgIO_3$	3.17×10^{-8}	β-CoS(陈化)	2.0×10^{-25}	Na_3AlF_6	4.0×10^{-10}
$AgNO_2$	6.0×10^{-4}	$Cr(OH)_3$	6.3×10^{-31}	$NiCO_3$	1.42×10^{-7}
AgOH	2.0×10^{-8}	CuBr	6.27×10^{-9}	$Ni(OH)_2$(新析出)	2.0×10^{-15}
Ag_3PO_4	8.89×10^{-17}	CuCl	1.72×10^{-7}	α-NiS	3.2×10^{-19}
Ag_2S	6.3×10^{-50}	CuCN	3.47×10^{-20}	β-NiS	1.0×10^{-24}
Ag_2SO_4	1.20×10^{-5}	$CuCO_3$	1.4×10^{-10}	γ-NiS	2.0×10^{-26}
$Al(OH)_3$	1.3×10^{-33}	$CuCrO_4$	3.6×10^{-6}	$PbBr_2$	6.60×10^{-6}
AuCl	2.0×10^{-13}	CuI	1.27×10^{-12}	$PbCl_2$	1.70×10^{-5}
$AuCl_3$	3.2×10^{-25}	CuOH	1.0×10^{-14}	$PbCO_3$	7.4×10^{-14}
$Au(OH)_3$	5.5×10^{-46}	$Cu(OH)_2$	2.2×10^{-20}	PbC_2O_4	4.8×10^{-10}
$BaCO_3$	2.58×10^{-9}	$Cu_2P_2O_7$	8.3×10^{-16}	$PbCrO_4$	2.8×10^{-13}
BaC_2O_4	1.6×10^{-7}	$Cu_3(PO_4)_2$	1.40×10^{-37}	PbI_2	9.8×10^{-9}
$BaCrO_4$	1.17×10^{-10}	CuS	6.3×10^{-36}	$PbMoO_4$	1.0×10^{-13}
BaF_2	1.84×10^{-7}	Cu_2S	2.5×10^{-48}	$Pb(OH)_2$	2.0×10^{-15}
$Ba_3(PO_4)_2$	3.4×10^{-23}	$FeCO_3$	3.2×10^{-11}	$Pb(OH)_4$	3.2×10^{-44}
$BaSO_3$	5.0×10^{-10}	$FeC_2O_4\cdot2H_2O$	3.2×10^{-7}	$Pb_3(PO_4)_2$	8.0×10^{-40}
$BaSO_4$	1.08×10^{-10}	$Fe(OH)_2$	4.87×10^{-17}	PbS	8.0×10^{-28}
BaS_2O_3	1.6×10^{-5}	$Fe(OH)_3$	2.79×10^{-39}	$PbSO_4$	2.53×10^{-8}
BiOCl	1.8×10^{-31}	FeS	6.3×10^{-18}	$Sn(OH)_2$	5.45×10^{-27}
$Bi(OH)_3$	4.0×10^{-31}	Hg_2Cl_2	1.43×10^{-18}	$Sn(OH)_4$	1×10^{-56}
Bi_2S_3	1×10^{-97}	Hg_2I_2	5.2×10^{-29}	SnS	1.0×10^{-25}
$CaCO_3$	3.36×10^{-9}	$Hg(OH)_2$	3.0×10^{-26}	$SrCO_3$	5.60×10^{-10}
$CaC_2O_4\cdot H_2O$	2.32×10^{-9}	HgS (红)	4.0×10^{-53}	$SrC_2O_4\cdot H_2O$	1.6×10^{-7}
$CaCrO_4$	7.1×10^{-4}	HgS (黑)	1.6×10^{-52}	$SrCrO_4$	2.2×10^{-5}
CaF_2	3.45×10^{-11}	Hg_2S	1.0×10^{-47}	$SrSO_4$	3.44×10^{-7}
$CaHPO_4$	1.0×10^{-7}	Hg_2SO_4	6.5×10^{-7}	$ZnCO_3$	1.46×10^{-10}
$Ca(OH)_2$	5.02×10^{-6}	KIO_4	3.71×10^{-4}	$ZnC_2O_4\cdot2H_2O$	1.38×10^{-9}
$Ca_3(PO_4)_2$	2.07×10^{-33}	$K_2[PtCl_6]$	7.48×10^{-6}	$Zn(OH)_2$	3.0×10^{-17}
$CaSO_4$	4.93×10^{-5}	$K_2[SiF_6]$	8.7×10^{-7}	α-ZnS	1.6×10^{-24}
$CaSO_3\cdot1/2H_2O$	3.1×10^{-7}	Li_2CO_3	8.15×10^{-4}	β-ZnS	2.5×10^{-22}

附录Ⅴ　一些配离子的标准稳定常数（298K）

配离子	$K_f^{\ominus}$	配离子	$K_f^{\ominus}$	配离子	$K_f^{\ominus}$
$[AuCl_2]^+$	6.3×10^{9}	$[Ag(EDTA)]^{3-}$	2.09×10^{5}	$[Ag(NH_3)_2]^+$	1.12×10^{7}
$[CdCl_4]^{2-}$	6.33×10^{2}	$[Al(EDTA)]^-$	2.0×10^{16}	$[Cd(NH_3)_6]^{2+}$	1.38×10^{5}
$[CuCl_3]^{2-}$	5.0×10^{5}	$[Ca(EDTA)]^{2-}$	4.9×10^{10}	$[Cd(NH_3)_4]^{2+}$	1.32×10^{7}
$[CuCl_2]^-$	3.1×10^{5}	$[Cd(EDTA)]^{2-}$	2.9×10^{16}	$[Co(NH_3)_6]^{2+}$	1.29×10^{5}
$[FeCl]^+$	2.29	$[Co(EDTA)]^{2-}$	2.04×10^{16}	$[Co(NH_3)_6]^{3+}$	1.58×10^{35}
$[FeCl_4]^-$	1.02	$[Co(EDTA)]^-$	1.0×10^{36}	$[Cu(NH_3)_2]^+$	4.44×10^{7}
$[HgCl_4]^{2-}$	1.17×10^{15}	$[Cu(EDTA)]^{2-}$	6.3×10^{18}	$[Cu(NH_3)_4]^{2+}$	4.8×10^{12}
$[PbCl_4]^{2-}$	39.8	$[Fe(EDTA)]^{2-}$	2.09×10^{14}	$[Fe(NH_3)_2]^{2+}$	1.6×10^{2}
$[PtCl_4]^{2-}$	1.0×10^{16}	$[Fe(EDTA)]^-$	1.26×10^{25}	$[Hg(NH_3)_4]^{2+}$	1.90×10^{19}
$[SnCl_4]^{2-}$	30.2	$[Hg(EDTA)]^{2-}$	5.01×10^{21}	$[Mg(NH_3)_2]^{2+}$	20
$[ZnCl_4]^{2-}$	1.58	$[Mg(EDTA)]^{2-}$	4.37×10^{8}	$[Ni(NH_3)_6]^{2+}$	5.49×10^{8}
$[Ag(CN)_2]^-$	1.3×10^{21}	$[Mn(EDTA)]^{2-}$	7.4×10^{13}	$[Ni(NH_3)_4]^{2+}$	9.09×10^{7}
$[Ag(CN)_4]^{3-}$	4.0×10^{20}	$[Ni(EDTA)]^{2-}$	4.17×10^{18}	$[Pt(NH_3)_6]^{2+}$	2.00×10^{35}
$[Au(CN)_2]^-$	2.0×10^{38}	$[Zn(EDTA)]^{2-}$	3.16×10^{16}	$[Zn(NH_3)_4]^{2+}$	2.88×10^{9}
$[Cd(CN)_4]^{2-}$	6.02×10^{18}	$[Ag(en)_2]^+$	5.00×10^{7}	$[Al(OH)_4]^-$	1.07×10^{33}
$[Cu(CN)_2]^-$	1.0×10^{16}	$[Co(en)_3]^{2+}$	8.69×10^{13}	$[Bi(OH)_4]^-$	1.59×10^{35}
$[Cu(CN)_4]^{3-}$	2.0×10^{30}	$[Co(en)_3]^{3+}$	4.90×10^{48}	$[Cd(OH)_4]^{2-}$	4.17×10^{8}
$[Fe(CN)_6]^{4-}$	1.0×10^{35}	$[Cr(en)_2]^{2+}$	1.55×10^{9}	$[Cr(OH)_4]^-$	7.94×10^{29}
$[Fe(CN)_6]^{3-}$	1.0×10^{42}	$[Cu(en)_2]^+$	6.33×10^{10}	$[Cu(OH)_4]^{2-}$	3.16×10^{18}
$[Hg(CN)_4]^{2-}$	2.5×10^{41}	$[Cu(en)_3]^{2+}$	1.0×10^{21}	$[Fe(OH)_4]^{2-}$	3.80×10^{8}
$[Ni(CN)_4]^{2-}$	2.0×10^{31}	$[Fe(en)_3]^{2+}$	5.00×10^{9}	$[Ca(P_2O_7)]^{2-}$	4.0×10^{4}
$[Zn(CN)_4]^{2-}$	5.0×10^{16}	$[Hg(en)_2]^{2+}$	2.00×10^{23}	$[Cd(P_2O_7)]^{2-}$	4.0×10^{5}
$[Ag(SCN)_4]^{3-}$	1.20×10^{10}	$[Mn(en)_3]^{2+}$	4.67×10^{5}	$[Cu(P_2O_7)]^{2-}$	1.0×10^{8}
$[Ag(SCN)_2]^-$	3.72×10^{7}	$[Ni(en)_3]^{2+}$	2.14×10^{18}	$[Pb(P_2O_7)]^{2-}$	2.0×10^{5}
$[Au(SCN)_4]^{3-}$	1.0×10^{42}	$[Zn(en)_3]^{2+}$	1.29×10^{14}	$[Ni(P_2O_7)_2]^{6-}$	2.5×10^{2}
$[Au(SCN)_2]^-$	1.0×10^{23}	$[AlF_6]^{3-}$	6.94×10^{19}	$[Ag(S_2O_3)]^-$	6.62×10^{8}
$[Cd(SCN)_4]^{2-}$	3.98×10^{3}	$[FeF_6]^{3-}$	1.0×10^{16}	$[Ag(S_2O_3)_2]^{3-}$	2.88×10^{13}
$[Co(SCN)_4]^{2-}$	1.00×10^{5}	$[AgI_3]^{2-}$	4.78×10^{13}	$[Cd(S_2O_3)_2]^{2-}$	2.75×10^{6}
$[Cr(SCN)_2]^+$	9.52×10^{2}	$[AgI_2]^-$	5.49×10^{11}	$[Cu(S_2O_3)]^{3-}$	1.66×10^{12}
$[Cu(SCN)_2]^-$	1.51×10^{5}	$[CdI_4]^{2-}$	2.57×10^{5}	$[Pb(S_2O_3)_2]^{2-}$	1.35×10^{5}
$[Fe(SCN)_2]^+$	2.29×10^{3}	$[CuI_2]^-$	7.09×10^{8}	$[Hg(S_2O_3)_4]^{6-}$	1.74×10^{33}
$[Hg(SCN)_4]^{2-}$	1.70×10^{21}	$[PbI_4]^{2-}$	2.95×10^{4}	$[Hg(S_2O_3)_2]^{2-}$	2.75×10^{29}
$[Ni(SCN)_3]^-$	64.5	$[HgI_4]^{2-}$	6.76×10^{29}		

附录Ⅵ　标准电极电势(298K)

A. 在酸性溶液中

电　　对	电　极　反　应	$\varphi^{\ominus}$/V
Li(Ⅰ)-(0)	$Li^+ + e^- = Li$	−3.0403
Cs(Ⅰ)-(0)	$Cs^+ + e^- = Cs$	−3.02
Rb(Ⅰ)-(0)	$Rb^+ + e^- = Rb$	−2.98
K(Ⅰ)-(0)	$K^+ + e^- = K$	−2.931
Ba(Ⅱ)-(0)	$Ba^{2+} + 2e^- = Ba$	−2.912
Sr(Ⅱ)-(0)	$Sr^{2+} + 2e^- = Sr$	−2.899
Ca(Ⅱ)-(0)	$Ca^{2+} + 2e^- = Ca$	−2.868
Na(Ⅰ)-(0)	$Na^+ + e^- = Na$	−2.71
Mg(Ⅱ)-(0)	$Mg^{2+} + 2e^- = Mg$	−2.372
H(0)-(−Ⅰ)	$1/2H_2 + e^- = H^-$	−2.23
Sc(Ⅲ)-(0)	$Sc^{3+} + 3e^- = Sc$	−2.077
Al(Ⅲ)-(0)	$[AlF_6]^{3-} + 3e^- = Al + 6F^-$	−2.069
Be(Ⅱ)-(0)	$Be^{2+} + 2e^- = Be$	−1.847
Al(Ⅲ)-(0)	$Al^{3+} + 3e^- = Al$	−1.662
Ti(Ⅱ)-(0)	$Ti^{2+} + 2e^- = Ti$	−1.37
Si(Ⅳ)-(0)	$[SiF_6]^{2-} + 4e^- = Si + 6F^-$	−1.24
Mn(Ⅱ)-(0)	$Mn^{2+} + 2e^- = Mn$	−1.185
V(Ⅱ)-(0)	$V^{2+} + 2e^- = V$	−1.175
Cr(Ⅲ)-(0)	$Cr^{3+} + 3e^- = Cr$	−0.913
Ti(Ⅳ)-(0)	$TiO^{2+} + 2H^+ + 4e^- = Ti + H_2O$	−0.89
B(Ⅲ)-(0)	$H_3BO_3 + 3H^+ + 3e^- = B + 3H_2O$	−0.8700
Zn(Ⅱ)-(0)	$Zn^{2+} + 2e^- = Zn$	−0.7600
Cr(Ⅲ)-(0)	$Cr^{3+} + 3e^- = Cr$	−0.744
As(0)-(−Ⅲ)	$As + 3H^+ + 3e^- = AsH_3$	−0.608
Ga(Ⅲ)-(0)	$Ga^{3+} + 3e^- = Ga$	−0.549
Fe(Ⅱ)-(0)	$Fe^{2+} + 2e^- = Fe$	−0.447
Cr(Ⅲ)-(Ⅱ)	$Cr^{3+} + e^- = Cr^{2+}$	−0.407
Cd(Ⅱ)-(0)	$Cd^{2+} + 2e^- = Cd$	−0.4032
Pb(Ⅱ)-(0)	$PbI_2 + 2e^- = Pb + 2I^-$	−0.365
Pb(Ⅱ)-(0)	$PbSO_4 + 2e^- = Pb + SO_4^{2-}$	−0.3590
Co(Ⅱ)-(0)	$Co^{2+} + 2e^- = Co$	−0.28
P(Ⅴ)-(Ⅲ)	$H_3PO_4 + 2H^+ + 2e^- = H_3PO_3 + H_2O$	−0.276
Ni(Ⅱ)-(0)	$Ni^{2+} + 2e^- = Ni$	−0.257
Cu(Ⅰ)-(0)	$CuI + e^- = Cu + I^-$	−0.180
Ag(Ⅰ)-(0)	$AgI + e^- = Ag + I^-$	−0.15241
Ge(Ⅳ)-(0)	$GeO_2 + 4H^+ + 4e^- = Ge + 2H_2O$	−0.15
Sn(Ⅱ)-(0)	$Sn^{2+} + 2e^- = Sn$	−0.1377
Pb(Ⅱ)-(0)	$Pb^{2+} + 2e^- = Pb$	−0.1264
W(Ⅵ)-(0)	$WO_3 + 6H^+ + 6e^- = W + 3H_2O$	−0.090
Hg(Ⅱ)-(0)	$[HgI_4]^{2-} + 2e^- = Hg + 4I^-$	−0.04
H(Ⅰ)-(0)	$2H^+ + 2e^- = H_2$	0
Ag(Ⅰ)-(0)	$[Ag(S_2O_3)_2]^{3-} + e^- = Ag + 2S_2O_3^{2-}$	0.01
Ag(Ⅰ)-(0)	$AgBr + e^- = Ag + Br^-$	0.07116
S(0)-(−Ⅱ)	$S + 2H^+ + 2e^- = H_2S$	0.142
Sn(Ⅳ)-(Ⅱ)	$Sn^{4+} + 2e^- = Sn^{2+}$	0.151

续表

电　　对	电 极 反 应	$\varphi^{\ominus}/V$
S(Ⅵ)-(Ⅳ)	$SO_4^{2-}+4H^++2e^- = H_2SO_3+H_2O$	0.172
Ag(Ⅰ)-(0)	$AgCl+e^- = Ag+Cl^-$	0.22216
Hg(Ⅰ)-(0)	$Hg_2Cl_2+2e^- = 2Hg+2Cl^-$	0.26791
V(Ⅳ)-(Ⅲ)	$VO^{2+}+2H^++e^- = V^{3+}+H_2O$	0.337
Cu(Ⅱ)-(0)	$Cu^{2+}+2e^- = Cu$	0.3417
Fe(Ⅲ)-(Ⅱ)	$[Fe(CN)_6]^{3-}+e^- = [Fe(CN)_6]^{4-}$	0.358
Hg(Ⅱ)-(0)	$[HgCl_4]^{2-}+2e^- = Hg+4Cl^-$	0.38
Ag(Ⅰ)-(0)	$Ag_2CrO_4+2e^- = 2Ag+CrO_4^{2-}$	0.4468
S(Ⅳ)-(0)	$H_2SO_3+4H^++4e^- = S+3H_2O$	0.449
Cu(Ⅰ)-(0)	$Cu^++e^- = Cu$	0.521
I(0)-(－Ⅰ)	$I_2+2e^- = 2I^-$	0.5353
Mn(Ⅶ)-(Ⅵ)	$MnO_4^-+e^- = MnO_4^{2-}$	0.558
As(Ⅴ)-(Ⅲ)	$H_3AsO_4+2H^++2e^- = H_3AsO_3+H_2O$	0.560
Cu(Ⅱ)-(Ⅰ)	$Cu^{2+}+Cl^-+e^- = CuCl$	0.56
Sb(Ⅴ)-(Ⅲ)	$Sb_2O_5+6H^++4e^- = 2SbO^++3H_2O$	0.581
Te(Ⅳ)-(0)	$TeO_2+4H^++2e^- = Te+2H_2O$	0.593
O(0)-(－Ⅰ)	$O_2+2H^++2e^- = H_2O_2$	0.695
Se(Ⅳ)-(0)	$H_2SeO_3+4H^++4e^- = Se+3H_2O$	0.74
Sb(Ⅴ)-(Ⅲ)	$H_3SbO_4+2H^++2e^- = H_3SbO_3+H_2O$	0.75
Fe(Ⅲ)-(Ⅱ)	$Fe^{3+}+e^- = Fe^{2+}$	0.771
Hg(Ⅰ)-(0)	$Hg_2^{2+}+2e^- = 2Hg$	0.7971
Ag(Ⅰ)-(0)	$Ag^++e^- = Ag$	0.7994
N(Ⅴ)-(Ⅳ)	$2NO_3^-+4H^++2e^- = N_2O_4+2H_2O$	0.803
Hg(Ⅱ)-(0)	$Hg^{2+}+2e^- = Hg$	0.851
N(Ⅲ)-(－Ⅲ)	$HNO_2+7H^++6e^- = NH_4^++2H_2O$	0.86
N(Ⅴ)-(Ⅲ)	$NO_3^-+3H^++2e^- = HNO_2+H_2O$	0.934
N(Ⅴ)-(Ⅱ)	$NO_3^-+4H^++3e^- = NO+2H_2O$	0.957
I(Ⅰ)-(－Ⅰ)	$HIO+H^++2e^- = I^-+H_2O$	0.987
N(Ⅲ)-(Ⅱ)	$HNO_2+H^++e^- = NO+H_2O$	0.983
V(Ⅴ)-(Ⅳ)	$VO_4^{3-}+6H^++e^- = VO_2^++3H_2O$	1.031
N(Ⅳ)-(Ⅱ)	$N_2O_4+4H^++4e^- = 2NO+2H_2O$	1.035
N(Ⅳ)-(Ⅲ)	$N_2O_4+2H^++2e^- = 2HNO_2$	1.065
Br(0)-(－Ⅰ)	$Br_2+2e^- = 2Br^-$	1.066
I(Ⅴ)-(－Ⅰ)	$IO_3^-+6H^++6e^- = I^-+3H_2O$	1.085
Se(Ⅵ)-(Ⅳ)	$SeO_4^{2-}+4H^++2e^- = H_2SeO_3+H_2O$	1.151
Cl(Ⅶ)-(Ⅴ)	$ClO_4^-+2H^++2e^- = ClO_3^-+H_2O$	1.189
I(Ⅴ)-(0)	$IO_3^-+6H^++5e^- = 1/2I_2+3H_2O$	1.195
Mn(Ⅳ)-(Ⅱ)	$MnO_2+4H^++2e^- = Mn^{2+}+2H_2O$	1.224
O(0)-(－Ⅱ)	$O_2+4H^++4e^- = 2H_2O$	1.229
Cr(Ⅵ)-(Ⅲ)	$Cr_2O_7^{2-}+14H^++6e^- = 2Cr^{3+}+7H_2O$	1.232
N(Ⅲ)-(Ⅰ)	$2HNO_2+4H^++4e^- = N_2O+3H_2O$	1.297
Br(Ⅰ)-(－Ⅰ)	$HBrO+H^++2e^- = Br^-+H_2O$	1.331
Cl(0)-(－Ⅰ)	$Cl_2+2e^- = 2Cl^-$	1.35793
Cl(Ⅶ)-(0)	$ClO_4^-+8H^++7e^- = 1/2Cl_2+4H_2O$	1.39
I(Ⅶ)-(－Ⅰ)	$IO_4^-+8H^++8e^- = I^-+4H_2O$	1.4
Br(Ⅴ)-(－Ⅰ)	$2BrO_3^-+6H^++6e^- = Br^-+3H_2O$	1.423
Cl(Ⅴ)-(－Ⅰ)	$ClO_3^-+6H^++6e^- = Cl^-+3H_2O$	1.451
Pb(Ⅳ)-(Ⅱ)	$PbO_2+4H^++2e^- = Pb^{2+}+2H_2O$	1.455
Cl(Ⅴ)-(0)	$ClO_3^-+6H^++5e^- = 1/2Cl_2+3H_2O$	1.47

续表

电对	电极反应	$\varphi^{\ominus}$/V
Cl(Ⅰ)-(－Ⅰ)	$HClO + H^+ + 2e^- \longrightarrow Cl^- + H_2O$	1.482
Br(Ⅴ)-(0)	$BrO_3^- + 12H^+ + 10e^- \longrightarrow Br_2 + 6H_2O$	1.482
Au(Ⅲ)-(0)	$Au^{3+} + 3e^- \longrightarrow Au$	1.498
Mn(Ⅶ)-(Ⅱ)	$MnO_4^- + 8H^+ + 5e^- \longrightarrow Mn^{2+} + 4H_2O$	1.507
Bi(Ⅴ)-(Ⅲ)	$NaBiO_3 + 6H^+ + 2e^- \longrightarrow Bi^{3+} + Na^+ + 3H_2O$	1.60
Cl(Ⅰ)-(0)	$2HClO + 2H^+ + 2e^- \longrightarrow Cl_2 + 2H_2O$	1.611
Mn(Ⅶ)-(Ⅳ)	$MnO_4^- + 4H^+ + 3e^- \longrightarrow MnO_2 + 2H_2O$	1.679
Au(Ⅰ)-(0)	$Au^+ + e^- \longrightarrow Au$	1.692
Ce(Ⅳ)-(Ⅲ)	$Ce^{4+} + e^- \longrightarrow Ce^{3+}$	1.72
O(－Ⅰ)-(－Ⅱ)	$H_2O_2 + 2H^+ + 2e^- \longrightarrow 2H_2O$	1.776
Co(Ⅲ)-(Ⅱ)	$Co^{3+} + e^- \longrightarrow Co^{2+}$	1.92
O(0)-(0)	$O_3 + 2H^+ + 2e^- \longrightarrow O_2 + H_2O$	2.076
F(0)-(－Ⅰ)	$F_2 + 2e^- \longrightarrow 2F^-$	2.866

B. 在碱性溶液中

电对	电极反应	$\varphi^{\ominus}$/V
Mg(Ⅱ)-(0)	$Mg(OH)_2 + 2e^- \longrightarrow Mg + 2OH^-$	－2.690
Al(Ⅲ)-(0)	$Al(OH)_3 + 3e^- \longrightarrow Al + 3OH^-$	－2.31
Si(Ⅳ)-(0)	$SiO_3^{2-} + 3H_2O + 4e^- \longrightarrow Si + 6OH^-$	－1.697
Mn(Ⅱ)-(0)	$Mn(OH)_2 + 2e^- \longrightarrow Mn + 2OH^-$	－1.56
As(0)-(－Ⅲ)	$As + 3H_2O + 3e^- \longrightarrow AsH_3 + 3OH^-$	－1.37
Cr(Ⅲ)-(0)	$Cr(OH)_3 + 3e^- \longrightarrow Cr + 3OH^-$	－1.48
Zn(Ⅱ)-(0)	$[Zn(CN)_4]^{2-} + 2e^- \longrightarrow Zn + 4CN^-$	－1.26
Zn(Ⅱ)-(0)	$Zn(OH)_2 + 2e^- \longrightarrow Zn + 2OH^-$	－1.249
N(0)-(－Ⅱ)	$N_2 + 4H_2O + 4e^- \longrightarrow N_2H_4 + 4OH^-$	－1.15
P(Ⅴ)-(Ⅲ)	$PO_4^{3-} + 2H_2O + 2e^- \longrightarrow HPO_3^{2-} + 3OH^-$	－1.05
Sn(Ⅳ)-(Ⅱ)	$[Sn(OH)_6]^{2-} + 2e^- \longrightarrow H_2SnO_2 + 4OH^-$	－0.93
S(Ⅵ)-(Ⅳ)	$SO_4^{2-} + H_2O + 2e^- \longrightarrow SO_3^{2-} + 2OH^-$	－0.93
P(0)-(－Ⅲ)	$P + 3H_2O + 3e^- \longrightarrow PH_3 + 3OH^-$	－0.87
Fe(Ⅱ)-(0)	$Fe(OH)_2 + 2e^- \longrightarrow Fe + 2OH^-$	－0.877
N(Ⅴ)-(Ⅳ)	$2NO_3^- + 2H_2O + 2e^- \longrightarrow N_2O_4 + 4OH^-$	－0.85
Co(Ⅲ)-(Ⅱ)	$[Co(CN)_6]^{3-} + e^- \longrightarrow [Co(CN)_6]^{4-}$	－0.83
H(Ⅰ)-(0)	$2H_2O + 2e^- \longrightarrow H_2 + 2OH^-$	－0.8277
As(Ⅴ)-(Ⅲ)	$AsO_4^{3-} + 2H_2O + 2e^- \longrightarrow AsO_2^- + 4OH^-$	－0.71
As(Ⅲ)-(0)	$AsO_2^- + 2H_2O + 3e^- \longrightarrow As + 4OH^-$	－0.68
S(Ⅳ)-(－Ⅱ)	$SO_3^{2-} + 3H_2O + 6e^- \longrightarrow S^{2-} + 6OH^-$	－0.61
Au(Ⅰ)-(0)	$[Au(CN)_2]^- + e^- \longrightarrow Au + 2CN^-$	－0.60
S(Ⅳ)-(Ⅱ)	$2SO_3^{2-} + 3H_2O + 4e^- \longrightarrow S_2O_3^{2-} + 6OH^-$	－0.571
Fe(Ⅲ)-(Ⅱ)	$Fe(OH)_3 + e^- \longrightarrow Fe(OH)_2 + OH^-$	－0.56
S(0)-(－Ⅱ)	$S + 2e^- \longrightarrow S^{2-}$	－0.47644
N(Ⅲ)-(Ⅱ)	$NO_2^- + H_2O + e^- \longrightarrow NO + 2OH^-$	－0.46
Cu(Ⅰ)-(0)	$[Cu(CN)_2]^- + e^- \longrightarrow Cu + 2CN^-$	－0.43
Co(Ⅱ)-(0)	$[Co(NH_3)_6]^{2+} + 2e^- \longrightarrow Co + 6NH_3(aq)$	－0.422
Hg(Ⅱ)-(0)	$[Hg(CN)_4]^{2-} + 2e^- \longrightarrow Hg + 4CN^-$	－0.37
Ag(Ⅰ)-(0)	$[Ag(CN)_2]^- + e^- \longrightarrow Ag + 2CN^-$	－0.30
N(Ⅴ)-(－Ⅰ)	$NO_3^- + 5H_2O + 6e^- \longrightarrow NH_2OH + 7OH^-$	－0.30
Cu(Ⅱ)-(0)	$Cu(OH)_2 + 2e^- \longrightarrow Cu + 2OH^-$	－0.222
Pb(Ⅳ)-(0)	$PbO_2 + 2H_2O + 4e^- \longrightarrow Pb + 4OH^-$	－0.16
Cr(Ⅵ)-(Ⅲ)	$CrO_4^{2-} + 4H_2O + 3e^- \longrightarrow Cr(OH)_3 + 5OH^-$	－0.13

电　对	电 极 反 应	$\varphi^\ominus$/V
Cu(Ⅰ)-(0)	$[Cu(NH_3)_2]^+ + e^- \rightleftharpoons Cu + 2NH_3(aq)$	−0.11
O(0)-(−Ⅰ)	$O_2 + H_2O + 2e^- \rightleftharpoons HO_2^- + OH^-$	−0.076
Mn(Ⅳ)-(Ⅱ)	$MnO_2 + 2H_2O + 2e^- \rightleftharpoons Mn(OH)_2 + 2OH^-$	−0.05
N(Ⅴ)-(Ⅲ)	$NO_3^- + H_2O + 2e^- \rightleftharpoons NO_2^- + 2OH^-$	0.01
Co(Ⅲ)-(Ⅱ)	$[Co(NH_3)_6]^{3+} + e^- \rightleftharpoons [Co(NH_3)_6]^{2+}$	0.108
N(Ⅲ)-(Ⅰ)	$2NO_2^- + 3H_2O + 4e^- \rightleftharpoons N_2O + 6OH^-$	0.15
I(Ⅴ)-(Ⅰ)	$IO_3^- + 2H_2O + 4e^- \rightleftharpoons IO^- + 4OH^-$	0.15
Co(Ⅲ)-(Ⅱ)	$Co(OH)_3 + e^- \rightleftharpoons Co(OH)_2 + OH^-$	0.17
I(Ⅴ)-(−Ⅰ)	$IO_3^- + 3H_2O + 6e^- \rightleftharpoons I^- + 6OH^-$	0.26
Cl(Ⅴ)-(Ⅲ)	$ClO_3^- + H_2O + 2e^- \rightleftharpoons ClO_2^- + 2OH^-$	0.33
Ag(Ⅰ)-(0)	$Ag_2O + H_2O + 2e^- \rightleftharpoons 2Ag + 2OH^-$	0.342
Cl(Ⅶ)-(Ⅴ)	$ClO_4^- + H_2O + 2e^- \rightleftharpoons ClO_3^- + 2OH^-$	0.36
Ag(Ⅰ)-(0)	$[Ag(NH_3)_2]^+ + e^- \rightleftharpoons Ag + 2NH_3(aq)$	0.373
O(0)-(−Ⅱ)	$O_2 + 2H_2O + 4e^- \rightleftharpoons 4OH^-$	0.401
Br(Ⅰ)-(0)	$2BrO^- + 2H_2O + 2e^- \rightleftharpoons Br_2 + 4OH^-$	0.45
Ni(Ⅳ)-(Ⅱ)	$NiO_2 + 2H_2O + 2e^- \rightleftharpoons Ni(OH)_2 + 2OH^-$	0.490
I(Ⅰ)-(−Ⅰ)	$IO^- + H_2O + 2e^- \rightleftharpoons I^- + 2OH^-$	0.485
Cl(Ⅶ)-(−Ⅰ)	$ClO_4^- + 4H_2O + 8e^- \rightleftharpoons Cl^- + 8OH^-$	0.51
Cl(Ⅰ)-(0)	$2ClO^- + 2H_2O + 2e^- \rightleftharpoons Cl_2 + 4OH^-$	0.52
Br(Ⅴ)-(Ⅰ)	$BrO_3^- + 2H_2O + 4e^- \rightleftharpoons BrO^- + 4OH^-$	0.54
Mn(Ⅶ)-(Ⅳ)	$MnO_4^- + 2H_2O + 3e^- \rightleftharpoons MnO_2 + 4OH^-$	0.595
Mn(Ⅵ)-(Ⅳ)	$MnO_4^{2-} + 2H_2O + 2e^- \rightleftharpoons MnO_2 + 4OH^-$	0.60
Br(Ⅴ)-(−Ⅰ)	$BrO_3^- + 3H_2O + 6e^- \rightleftharpoons Br^- + 6OH^-$	0.61
Cl(Ⅴ)-(−Ⅰ)	$ClO_3^- + 3H_2O + 6e^- \rightleftharpoons Cl^- + 6OH^-$	0.62
Cl(Ⅲ)-(Ⅰ)	$ClO_2^- + H_2O + 2e^- \rightleftharpoons ClO^- + 2OH^-$	0.66
Br(Ⅰ)-(−Ⅰ)	$BrO^- + H_2O + 2e^- \rightleftharpoons Br^- + 2OH^-$	0.761
Cl(Ⅰ)-(−Ⅰ)	$ClO^- + H_2O + 2e^- \rightleftharpoons Cl^- + 2OH^-$	0.81
N(Ⅳ)-(Ⅲ)	$N_2O_4 + 2e^- \rightleftharpoons 2NO_2^-$	0.867
O(−Ⅰ)-(−Ⅱ)	$HO_2^- + H_2O + 2e^- \rightleftharpoons 3OH^-$	0.878
Fe(Ⅵ)-(Ⅲ)	$FeO_4^{2-} + 2H_2O + 3e^- \rightleftharpoons FeO_2^- + 4OH^-$	0.9
O(0)-(−Ⅱ)	$O_3 + H_2O + 2e^- \rightleftharpoons O_2 + 2OH^-$	1.24

附录Ⅶ　条件电极电势

半 反 应	$\varphi^{\ominus\prime}$/V	介　质
$Ag(Ⅱ) + e^- \rightleftharpoons Ag^+$	1.927	$4mol \cdot L^{-1}$ HNO_3
$Ce(Ⅳ) + e^- \rightleftharpoons Ce(Ⅲ)$	1.70	$1mol \cdot L^{-1}$ $HClO_4$
	1.61	$1mol \cdot L^{-1}$ HNO_3
	1.44	$0.5mol \cdot L^{-1}$ H_2SO_4
	1.28	$1mol \cdot L^{-1}$ HCl
$Co^{3+} + e^- \rightleftharpoons Co^{2+}$	1.85	$4mol \cdot L^{-1}$ HNO_3
$[Co(en)_3]^{3+} + e^- \rightleftharpoons [Co(en)_3]^{2+}$	−0.2	$0.1mol \cdot L^{-1}$ KNO_3 + $0.1mol \cdot L^{-1}$ 乙二胺
$Cr(Ⅲ) + e^- \rightleftharpoons Cr(Ⅱ)$	−0.40	$5mol \cdot L^{-1}$ HCl
$Cr_2O_7^{2-} + 14H^+ + 6e^- \rightleftharpoons 2Cr^{3+} + 7H_2O$	1.00	$1mol \cdot L^{-1}$ HCl
	1.025	$1mol \cdot L^{-1}$ $HClO_4$
	1.08	$3mol \cdot L^{-1}$ HCl
	1.05	$2mol \cdot L^{-1}$ HCl
	1.15	$4mol \cdot L^{-1}$ H_2SO_4

半反应	$\varphi^{\ominus'}$/V	介质
$Cr_2O_4^{2-} + 2H_2O + 3e^- \rightleftharpoons CrO_2^- + 4OH^-$	−0.12	$1mol \cdot L^{-1}$ NaOH
Fe(Ⅲ)$+e^- \rightleftharpoons$ Fe(Ⅱ)	0.73	$1mol \cdot L^{-1}$ $HClO_4$
	0.71	$0.5mol \cdot L^{-1}$ HCl
	0.68	$1mol \cdot L^{-1}$ H_2SO_4
	0.68	$1mol \cdot L^{-1}$ HCl
	0.46	$2mol \cdot L^{-1}$ H_3PO_4
	0.51	$1mol \cdot L^{-1}$ HCl$+0.25mol \cdot L^{-1}$ H_3PO_4
$H_3AsO_4 + 2H^+ + 2e^- \rightleftharpoons H_3AsO_3 + H_2O$	0.557	$1mol \cdot L^{-1}$ HCl
	0.557	$1mol \cdot L^{-1}$ $HClO_4$
$[Fe(EDTA)]^- + e^- \rightleftharpoons [Fe(EDTA)]^{2-}$	0.12	$0.1mol \cdot L^{-1}$ EDTA pH=4～6
$[Fe(CN)_6]^{3-} + e^- \rightleftharpoons [Fe(CN)_6]^{4-}$	0.48	$0.01mol \cdot L^{-1}$ HCl
	0.56	$0.1mol \cdot L^{-1}$ HCl
	0.71	$1mol \cdot L^{-1}$ HCl
	0.72	$1mol \cdot L^{-1}$ $HClO_4$
I_2(水)$+2e^- \rightleftharpoons 2I^-$	0.628	$1mol \cdot L^{-1}$ H^+
$I_3^- + 2e^- \rightleftharpoons 3I^-$	0.545	$1mol \cdot L^{-1}$ H^+
$MnO_4^- + 8H^+ + 5e^- \rightleftharpoons Mn^{2+} + 4H_2O$	1.45	$1mol \cdot L^{-1}$ $HClO_4$
	1.27	$8mol \cdot L^{-1}$ H_3PO_4
O_s(Ⅷ)$+4e^- \rightleftharpoons O_s$(Ⅳ)	0.79	$5mol \cdot L^{-1}$ HCl
$SnCl_6^{2-} + 2e^- \rightleftharpoons SnCl_4^{2-} + 2Cl^-$	0.14	$1mol \cdot L^{-1}$ HCl
$Sn^{2+} + 2e^- \rightleftharpoons Sn$	−0.16	$1mol \cdot L^{-1}$ $HClO_4$
Sb(Ⅴ)$+2e^- \rightleftharpoons$ Sb(Ⅲ)	−0.75	$3.5mol \cdot L^{-1}$ HCl
$[Sb(OH)_6]^- + 2e^- \rightleftharpoons SbO_2^- + 2OH^- + 2H_2O$	−0.428	$3mol \cdot L^{-1}$ NaOH
$SbO_2^- + 2H_2O + 3e^- \rightleftharpoons Sb + 4OH^-$	−0.675	$10mol \cdot L^{-1}$ KOH
Ti(Ⅳ)$+e^- \rightleftharpoons$ Ti(Ⅲ)	−0.01	$0.2mol \cdot L^{-1}$ H_2SO_4
	0.12	$2mol \cdot L^{-1}$ H_2SO_4
	−0.04	$1mol \cdot L^{-1}$ HCl
	−0.05	$1mol \cdot L^{-1}$ H_3PO_4
Pb(Ⅱ)$+2e^- \rightleftharpoons$ Pb	−0.32	$1mol \cdot L^{-1}$ NaAc
	−0.14	$1mol \cdot L^{-1}$ $HClO_4$
$UO_2^{2+} + 4H^+ + 2e^- \rightleftharpoons$ U(Ⅳ)$+2H_2O$	0.41	$0.5mol \cdot L^{-1}$ H_2SO_4

参 考 文 献

[1] 黄蔷蕾，呼世斌主编．无机及分析化学．北京：中国农业出版社，2004.

[2] 浙江大学编．无机及分析化学．北京：高等教育出版社，2003.

[3] 潘祖仁主编．高分子化学．第5版．北京：化学工业出版社，2011.

[4] 董炎明，张海良编著．高分子科学简明教程．第2版．北京：科学出版社，2015.

[5] 大连理工大学无机化学教研室编．无机化学．第5版．北京：高等教育出版社，2006.

[6] 呼世斌，黄蔷蕾主编．无机及分析化学．第2版．北京：高等教育出版社，2005.

[7] 倪静安，商少明，翟滨主编．无机及分析化学教程．北京：高等教育出版社，2006.

[8] 徐春祥，曹凤歧主编．无机化学．第2版．北京：高等教育出版社，2008.

[9] 张正奇主编．分析化学．第2版．北京：科学出版社，2006.

[10] 李龙泉，林长山，朱玉瑞，吕敬慈，江万权编著．定量化学分析．第2版．合肥：中国科学技术大学出版社，2005.

[11] 浙江大学普通化学教研组．普通化学．第5版．北京：高等教育出版社，2006.

[12] 何凤姣主编．无机化学．第2版．北京：科学出版社，2006.

[13] 张金桐主编．普通化学．北京：中国农业出版社，2004.

[14] 杨苑臣，夏百根主编．普通化学．北京：中国农业出版社，2002.

[15] 潘才元主编．高分子化学．合肥：中国科学技术大学出版社，2001.

[16] 董元彦主编．无机及分析化学．第3版．北京：科学出版社，2011.

[17] 傅献彩主编．大学化学．北京：高等教育出版社，1999.

元素周期表

IUPAC 2013

+2 +3 +4 +5 +6	**95** Am 镅▲ $5f^7 7s^2$ 243.06138(2)✦

- 氧化态(单质的氧化态为0，未列入；常见的为红色)
- 原子序数
- 元素符号(红色的为放射性元素)
- 元素名称(注▲的为人造元素)
- 价层电子构型
- 以 $^{12}C=12$ 为基准的原子量(注✦的是半衰期最长同位素的原子量)

s区元素　p区元素　d区元素　ds区元素　f区元素　稀有气体

族 周期	1 ⅠA	2 ⅡA	3 ⅢB	4 ⅣB	5 ⅤB	6 ⅥB	7 ⅦB	8 Ⅷ B(Ⅷ)	9 Ⅷ B(Ⅷ)	10 Ⅷ B(Ⅷ)	11 ⅠB	12 ⅡB	13 ⅢA	14 ⅣA	15 ⅤA	16 ⅥA	17 ⅦA	18 ⅧA(0)	电子层
1	−1 +1 1 **H** 氢 $1s^1$ 1.008																	2 **He** 氦 $1s^2$ 4.002602(2)	K
2	+1 3 **Li** 锂 $2s^1$ 6.94	+2 4 **Be** 铍 $2s^2$ 9.0121831(5)											+3 5 **B** 硼 $2s^2 2p^1$ 10.81	−4 +2 +4 6 **C** 碳 $2s^2 2p^2$ 12.011	−3 −2 −1 +1 +2 +3 +4 +5 7 **N** 氮 $2s^2 2p^3$ 14.007	−2 −1 8 **O** 氧 $2s^2 2p^4$ 15.999	−1 9 **F** 氟 $2s^2 2p^5$ 18.998403163(6)	10 **Ne** 氖 $2s^2 2p^6$ 20.1797(6)	L K
3	−1 +1 11 **Na** 钠 $3s^1$ 22.98976928(2)	+2 12 **Mg** 镁 $3s^2$ 24.305											+3 13 **Al** 铝 $3s^2 3p^1$ 26.9815385(7)	−4 +2 +4 14 **Si** 硅 $3s^2 3p^2$ 28.085	−3 −2 +1 +3 +5 15 **P** 磷 $3s^2 3p^3$ 30.973761998(5)	−2 +2 +4 +6 16 **S** 硫 $3s^2 3p^4$ 32.06	−1 +1 +3 +5 +7 17 **Cl** 氯 $3s^2 3p^5$ 35.45	18 **Ar** 氩 $3s^2 3p^6$ 39.948(1)	M L K
4	−1 +1 19 **K** 钾 $4s^1$ 39.0983(1)	+2 20 **Ca** 钙 $4s^2$ 40.078(4)	+3 21 **Sc** 钪 $3d^1 4s^2$ 44.955908(5)	−1 0 +2 +3 +4 22 **Ti** 钛 $3d^2 4s^2$ 47.867(1)	0 ±1 +2 +3 +4 +5 23 **V** 钒 $3d^3 4s^2$ 50.9415(1)	−3 0 ±1 +2 +3 +4 +5 +6 24 **Cr** 铬 $3d^5 4s^1$ 51.9961(6)	−2 0 ±1 +2 +3 +4 +5 +6 +7 25 **Mn** 锰 $3d^5 4s^2$ 54.938044(3)	−2 0 +1 +2 +3 +4 +5 +6 26 **Fe** 铁 $3d^6 4s^2$ 55.845(2)	0 ±1 +2 +3 +4 +5 27 **Co** 钴 $3d^7 4s^2$ 58.933194(4)	0 ±1 +2 +3 +4 28 **Ni** 镍 $3d^8 4s^2$ 58.6934(4)	+1 +2 +3 +4 29 **Cu** 铜 $3d^{10} 4s^1$ 63.546(3)	+1 +2 30 **Zn** 锌 $3d^{10} 4s^2$ 65.38(2)	+1 +3 31 **Ga** 镓 $4s^2 4p^1$ 69.723(1)	+2 +4 32 **Ge** 锗 $4s^2 4p^2$ 72.630(8)	−3 +3 +5 33 **As** 砷 $4s^2 4p^3$ 74.921595(6)	−2 +2 +4 +6 34 **Se** 硒 $4s^2 4p^4$ 78.971(8)	−1 +1 +3 +5 +7 35 **Br** 溴 $4s^2 4p^5$ 79.904	+2 +4 36 **Kr** 氪 $4s^2 4p^6$ 83.798(2)	N M L K
5	−1 +1 37 **Rb** 铷 $5s^1$ 85.4678(3)	+2 38 **Sr** 锶 $5s^2$ 87.62(1)	+3 39 **Y** 钇 $4d^1 5s^2$ 88.90584(2)	+1 +2 +3 +4 40 **Zr** 锆 $4d^2 5s^2$ 91.224(2)	0 ±1 +2 +3 +4 +5 41 **Nb** 铌 $4d^4 5s^1$ 92.90637(2)	0 ±1 ±2 +3 +4 +5 +6 42 **Mo** 钼 $4d^5 5s^1$ 95.95(1)	0 ±1 +2 +3 +4 +5 +6 +7 43 **Tc** 锝▲ $4d^5 5s^2$ 97.90721(3)✦	0 +1 ±2 +3 +4 +5 +6 +7 +8 44 **Ru** 钌 $4d^7 5s^1$ 101.07(2)	0 ±1 +2 +3 +4 +5 +6 45 **Rh** 铑 $4d^8 5s^1$ 102.90550(2)	0 +1 +2 +3 +4 46 **Pd** 钯 $4d^{10}$ 106.42(1)	+1 +2 +3 47 **Ag** 银 $4d^{10} 5s^1$ 107.8682(2)	+1 +2 48 **Cd** 镉 $4d^{10} 5s^2$ 112.414(4)	+1 +3 49 **In** 铟 $5s^2 5p^1$ 114.818(1)	+2 +4 50 **Sn** 锡 $5s^2 5p^2$ 118.710(7)	−3 +3 +5 51 **Sb** 锑 $5s^2 5p^3$ 121.760(1)	−2 +2 +4 +6 52 **Te** 碲 $5s^2 5p^4$ 127.60(3)	−1 +1 +3 +5 +7 53 **I** 碘 $5s^2 5p^5$ 126.90447(3)	+2 +4 +6 +8 54 **Xe** 氙 $5s^2 5p^6$ 131.293(6)	O N M L K
6	−1 +1 55 **Cs** 铯 $6s^1$ 132.90545196(6)	+2 56 **Ba** 钡 $6s^2$ 137.327(7)	57~71 **La~Lu** 镧系	+1 +2 +3 +4 72 **Hf** 铪 $5d^2 6s^2$ 178.49(2)	0 ±1 +2 +3 +4 +5 73 **Ta** 钽 $5d^3 6s^2$ 180.94788(2)	0 ±1 ±2 +3 +4 +5 +6 74 **W** 钨 $5d^4 6s^2$ 183.84(1)	0 ±1 +2 +3 +4 +5 +6 +7 75 **Re** 铼 $5d^5 6s^2$ 186.207(1)	0 +1 +2 +3 +4 +5 +6 +7 +8 76 **Os** 锇 $5d^6 6s^2$ 190.23(3)	0 ±1 +2 +3 +4 +5 +6 77 **Ir** 铱 $5d^7 6s^2$ 192.217(3)	0 +2 +3 +4 +5 +6 78 **Pt** 铂 $5d^9 6s^1$ 195.084(9)	+1 +2 +3 +5 79 **Au** 金 $5d^{10} 6s^1$ 196.966569(5)	+1 +2 +3 80 **Hg** 汞 $5d^{10} 6s^2$ 200.592(3)	+1 +3 81 **Tl** 铊 $6s^2 6p^1$ 204.38	+2 +4 82 **Pb** 铅 $6s^2 6p^2$ 207.2(1)	−3 +3 +5 83 **Bi** 铋 $6s^2 6p^3$ 208.98040(1)	−2 +2 +4 +6 84 **Po** 钋 $6s^2 6p^4$ 208.98243(2)✦	±1 +5 +7 85 **At** 砹 $6s^2 6p^5$ 209.98715(5)✦	+2 86 **Rn** 氡 $6s^2 6p^6$ 222.01758(2)✦	P O N M L K
7	+1 87 **Fr** 钫▲ $7s^1$ 223.01974(2)✦	+2 88 **Ra** 镭 $7s^2$ 226.02541(2)✦	89~103 **Ac~Lr** 锕系	104 **Rf** 𬬻▲ $6d^2 7s^2$ 267.122(4)✦	105 **Db** 𬭊▲ $6d^3 7s^2$ 270.131(4)✦	106 **Sg** 𬭳▲ $6d^4 7s^2$ 269.129(3)✦	107 **Bh** 𬭛▲ $6d^5 7s^2$ 270.133(2)✦	108 **Hs** 𬭶▲ $6d^6 7s^2$ 270.134(2)✦	109 **Mt** 鿏▲ $6d^7 7s^2$ 278.156(5)✦	110 **Ds** 𫟼▲ 281.165(4)✦	111 **Rg** 𬬭▲ 281.166(6)✦	112 **Cn** 鿔▲ 285.177(4)✦	113 **Nh** 鿭▲ 286.182(5)✦	114 **Fl** 𫓧▲ 289.190(4)✦	115 **Mc** 镆▲ 289.194(6)✦	116 **Lv** 𫟷▲ 293.204(4)✦	117 **Ts** 鿬▲ 293.208(6)✦	118 **Og** 鿫▲ 294.214(5)✦	Q P O N M L K

★ 镧系	+3 57 **La**★ 镧 $5d^1 6s^2$ 138.90547(7)	+2 +3 +4 58 **Ce** 铈 $4f^1 5d^1 6s^2$ 140.116(1)	+3 +4 59 **Pr** 镨 $4f^3 6s^2$ 140.90766(2)	+2 +3 +4 60 **Nd** 钕 $4f^4 6s^2$ 144.242(3)	+3 61 **Pm** 钷▲ $4f^5 6s^2$ 144.91276(2)✦	+2 +3 62 **Sm** 钐 $4f^6 6s^2$ 150.36(2)	+2 +3 63 **Eu** 铕 $4f^7 6s^2$ 151.964(1)	+3 64 **Gd** 钆 $4f^7 5d^1 6s^2$ 157.25(3)	+3 +4 65 **Tb** 铽 $4f^9 6s^2$ 158.92535(2)	+3 +4 66 **Dy** 镝 $4f^{10} 6s^2$ 162.500(1)	+3 67 **Ho** 钬 $4f^{11} 6s^2$ 164.93033(2)	+3 68 **Er** 铒 $4f^{12} 6s^2$ 167.259(3)	+2 +3 69 **Tm** 铥 $4f^{13} 6s^2$ 168.93422(2)	+2 +3 70 **Yb** 镱 $4f^{14} 6s^2$ 173.045(10)	+3 71 **Lu** 镥 $4f^{14} 5d^1 6s^2$ 174.9668(1)
★ 锕系	+3 89 **Ac**★ 锕 $6d^1 7s^2$ 227.02775(2)✦	+3 +4 90 **Th** 钍 $6d^2 7s^2$ 232.0377(4)	+3 +4 +5 91 **Pa** 镤 $5f^2 6d^1 7s^2$ 231.03588(2)	+2 +3 +4 +5 +6 92 **U** 铀 $5f^3 6d^1 7s^2$ 238.02891(3)	+3 +4 +5 +6 +7 93 **Np** 镎 $5f^4 6d^1 7s^2$ 237.04817(2)✦	+3 +4 +5 +6 +7 94 **Pu** 钚 $5f^6 7s^2$ 244.06421(4)✦	+2 +3 +4 +5 +6 95 **Am** 镅▲ $5f^7 7s^2$ 243.06138(2)✦	+3 +4 96 **Cm** 锔▲ $5f^7 6d^1 7s^2$ 247.07035(3)✦	+3 +4 97 **Bk** 锫▲ $5f^9 7s^2$ 247.07031(4)✦	+2 +3 +4 98 **Cf** 锎▲ $5f^{10} 7s^2$ 251.07959(3)✦	+2 +3 99 **Es** 锿▲ $5f^{11} 7s^2$ 252.0830(3)✦	+2 +3 100 **Fm** 镄▲ $5f^{12} 7s^2$ 257.09511(5)✦	+2 +3 101 **Md** 钔▲ $5f^{13} 7s^2$ 258.09843(3)✦	+2 +3 102 **No** 锘▲ $5f^{14} 7s^2$ 259.1010(7)✦	+3 103 **Lr** 铹▲ $5f^{14} 6d^1 7s^2$ 262.110(2)✦